AF411309

DICTIONNAIRE

DES

SCIENCES NATURELLES.

TOME XLV.

RE = ROCHER.

DICTIONNAIRE

DES

SCIENCES NATURELLES,

DANS LEQUEL

ON TRAITE MÉTHODIQUEMENT DES DIFFÉRENS ÊTRES DE LA NATURE, CONSIDÉRÉS SOIT EN EUX-MÊMES, D'APRÈS L'ÉTAT ACTUEL DE NOS CONNOISSANCES, SOIT RELATIVEMENT A L'UTILITÉ QU'EN PEUVENT RETIRER LA MÉDECINE, L'AGRICULTURE, LE COMMERCE ET LES ARTS.

SUIVI D'UNE BIOGRAPHIE DES PLUS CÉLÈBRES NATURALISTES.

Ouvrage destiné aux médecins, aux agriculteurs, aux commerçans, aux artistes, aux manufacturiers, et à tous ceux qui ont intérêt à connoître les productions de la nature, leurs caractères génériques et spécifiques, leur lieu natal, leurs propriétés et leurs usages.

PAR

Plusieurs Professeurs du Jardin du Roi, et des principales Écoles de Paris.

TOME QUARANTE-CINQUIÈME.

F. G. LEVRAULT, Editeur, à STRASBOURG, et rue de la Harpe, N.° 81, à PARIS.

LE NORMANT, rue de Seine, N.° 8, à PARIS.

1827.

Liste des Auteurs par ordre de Matières.

Physique générale.

M. LACROIX, membre de l'Académie des Sciences et professeur au Collége de France. (L.)

Chimie.

M. CHEVREUL, professeur au Collége royal de Charlemagne. (Cv.)

Minéralogie et Géologie.

M. BRONGNIART, membre de l'Académie des Sciences, professeur à la Faculté des Sciences. (B.)

M. BROCHANT DE VILLIERS, membre de l'Académie des Sciences. (B. de V.)

M. DEFRANCE, membre de plusieurs Sociétés savantes. (D. F.)

Botanique.

M. DESFONTAINES, membre de l'Académie des Sciences. (Desf.)

M. DE JUSSIEU, membre de l'Académie des Sciences, professeur au Jardin du Roi. (J.)

M. MIRBEL, membre de l'Académie des Sciences, professeur à la Faculté des Sciences. (B. M.)

M. HENRI CASSINI, membre de la Société philomatique de Paris. (H. Cass.)

M. LEMAN, membre de la Société philomatique de Paris. (Lem.)

M. LOISELEUR DESLONGCHAMPS, Docteur en médecine, membre de plusieurs Sociétés savantes. (L. D.)

M. MASSEY. (Mass.)

M. POIRET, membre de plusieurs Sociétés savantes et littéraires, continuateur de l'Encyclopédie botanique. (Poir.)

M. DE TUSSAC, membre de plusieurs Sociétés savantes, auteur de la Flore des Antilles. (De T.)

Zoologie générale, Anatomie et Physiologie.

M. G. CUVIER, membre et secrétaire perpétuel de l'Académie des Sciences, prof. au Jardin du Roi, etc. (G. C. ou CV. ou C.)

M. FLOURENS. (F.)

Mammifères.

M. GEOFFROY SAINT-HILAIRE, membre de l'Académie des Sciences, prof. au Jardin du Roi. (G.)

Oiseaux.

M. DUMONT DE S.te CROIX, membre de plusieurs Sociétés savantes. (Cv. D.)

Reptiles et Poissons.

M. DE LACÉPÈDE, membre de l'Académie des Sciences, prof. au Jardin du Roi. (L. L.)

M. DUMERIL, membre de l'Académie des Sciences, prof. à l'École de médecine. (C. D.)

M. CLOQUET, Docteur en médecine. (H. C.)

Insectes.

M. DUMERIL, membre de l'Académie des Sciences, professeur à l'École de médecine. (C. D.)

Crustacés.

M. W. E. LEACH, membre de la Société roy. de Londres, Correspond. du Muséum d'histoire naturelle de France. (W. E. L.)

M. A. G. DESMAREST, membre titulaire de l'Académie royale de médecine, professeur à l'école royale vétérinaire d'Alfort, etc.

Mollusques, Vers et Zoophytes.

M. DE BLAINVILLE, professeur à la Faculté des Sciences. (De B.)

M. TURPIN, naturaliste, est chargé de l'exécution des dessins et de la direction de la gravure.

MM. DE HUMBOLDT et RAMOND donneront quelques articles sur les objets nouveaux qu'ils ont observés dans leurs voyages, ou sur les sujets dont ils se sont plus particulièrement occupés. M. DE CANDOLLE nous a fait la même promesse.

M. PRÉVOT a donné l'article *Océan*; M. VALENCIENNES plusieurs articles d'Ornithologie; M. DESPORTES l'article *Pigeon domestique*, et M. LESSON l'article *Pluvier*.

M. F. CUVIER est chargé de la direction générale de l'ouvrage, et il coopérera aux articles généraux de zoologie et à l'histoire des mammifères. (F. C.)

DICTIONNAIRE

DES

SCIENCES NATURELLES.

REA

RE DE QUAGLIE. (*Ornith.*) C'est, en Italie, le râle de terre, *rallus crex*, Linn. (CH. D.)

RE D'IPIVI. (*Ornith.*) Suivant le Nouveau Dictionnaire d'histoire naturelle, on nomme ainsi, en Piémont. le martinet à ventre blanc, *hirundo melba*, Linn.. et *cypselus melba*, Vieill., qui porte en Savoie le nom de *jacobin*. (CH. D.)

RE DI ROSSIGNEUI. (*Ornith.*) Nom de la rousserolle, *turdus arundinaceus*, Linn., en Piémont. (CH. D.)

RE DI SIEPE. (*Ornith.*) Nom italien du troglodyte, *motacilla troglodytes*, Linn. (CH. D.)

RÉACTIF. (*Chim.*) En bornant ce nom à ce qu'il a de spécial, on peut dire qu'un *réactif est un corps qui produit avec un autre corps un phénomène facile à constater;* d'où il suit que, si un réactif produit avec une matière dont on ignore la composition, un phénomène que l'on sait être le résultat de l'action de ce réactif sur un corps *A*, par exemple, on en concluera la présence de *A* dans la matière dont on cherche à connoître la nature. Mais, pour que cette conclusion soit justifiée, il est toujours nécessaire de faire plusieurs autres expériences, propres à servir de contrôle à la première. En général. plus la matière qu'on essaie par un réactif, est compliquée, et plus l'action de celui-ci présente d'incertitude, et les livres que l'on a composés sur l'emploi des réactifs, sont loin d'indiquer le moyen de lever ces incertitudes; cependant ce seroit là

45.   1

l'utilité spéciale de ces sortes d'ouvrages, et publier des traités d'analyse, sous le titre de traité des réactifs, c'est évidemment s'éloigner du but. Voyez, au mot Principes immédiats organiques, quelques réflexions sur l'usage des réactifs dans l'analyse organique immédiate. (CH.)

REALE. (*Ornith.*) Espèce de faisan du Mexique, dont il est fait mention, dans l'Abrégé des voyages, par Laharpe, tom. 11, pag. 333, et qui est huppée. (CH. **D.**)

RÉALGAL ou RÉALGAR. (*Min.*) C'est le nom d'une espèce d'Arsenic sulfuré (voyez ce mot). On peut donner à cette espèce ou le nom d'arsenic sulfuré rouge, ou plus simplement celui d'arsenic réalgar, en faisant connoître en quoi il diffère de l'autre espèce, qui est l'*orpiment*. (B.)

REALGARERA. (*Bot.*) Voyez Permenton. (J.)

REARMOUSE. (*Mamm.*) C'est l'un des noms anglois employés pour désigner la chauve-souris. (Desm.)

REATIN. (*Ornith.*) Nom du pouillot ou chantre, *motacilla trochilus*, Linn., dans le Boulonnois. (CH. **D.**)

REATTINO. (*Ornith.*) C'est le nom italien du troglodyte, *motacilla troglodytes*, Linn. (CH. **D.**)

RÉAUMURE, *Reaumuria*. (*Bot.*) Genre de plantes dicotylédones, à fleurs complètes, polypétalées, de la famille des *ficoïdes*, de la *polyandrie pentagynie* de Linnæus, distingué comme genre par un calice persistant, à cinq divisions, environné d'un involucre à plusieurs folioles linéaires ; cinq pétales, munis chacun à leur base de deux appendices ciliés ; un grand nombre d'étamines insérées sur le réceptacle ; un ovaire supérieur ; cinq styles ; une capsule supérieure, à cinq valves, à cinq loges polyspermes ; les semences oblongues et soyeuses.

Réaumure vermiculaire : *Reaumuria vermiculatus*, Linn. ; Lamck., *Ill. gen.*, tab. 489, fig. 1 ; Boccon., *Sic.*, tab. 4, fig. G ; Moris., 3, §. 12, tab. 12, fig. 6 ; Lob., *Ic.*, 380. Plante d'environ un pied de haut, dont la tige est presque ligneuse, droite, glabre, cylindrique ; l'écorce blanchâtre ; les rameaux alternes ; les feuilles glauques, charnues, éparses, nombreuses, à demi cylindriques, linéaires, subulées. Les fleurs sont solitaires, situées le long des rameaux ; les pédoncules courts, garnis vers leur sommet de folioles nombreuses, imbriquées ;

les découpures du calice ovales, aiguës; la corolle est blanche,
plus longue que le calice, à pétales elliptiques, obtus; la capsule
est lisse, ovale, pentagone, un peu plus longue que le calice,
s'ouvrant au sommet en cinq valves : souvent, en perdant les
cloisons qui les séparent, il ne paroît qu'une seule loge. Cette
plante croit sur les côtes maritimes, en Égypte, dans la Barbarie, la Sicile, etc.

Le *Reaumuria hypericoides*, Linn. (Lamk., *Ill. gen.*. tab. 489,
fig. 2), n'est, pour Marschall, qu'une variété de la précédente. C'est, pour M. de Labillardière, son *hypericum alter-
nifolium*. Willdenow en a formé un genre particulier sous le
nom de *beaumalix hypericoides*. (Poir.)

REBBE HUAL. (*Mamm.*) M. de Lacépède a rapporté ce
nom norwégien à l'espèce de la baléinoptère museau pointu.
(Desm.)

REBBES. (*Bot.*) Dans l'Anjou et le Poitou on nomme ainsi
la betterave rouge. (L. D.)

REBÈTRE. (*Ornith.*) Dans plusieurs cantons des départe-
mens qui formoient la Normandie, le troglodyte, *motacilla
troglodytes*, Linn., est ainsi nommé. On l'appelle ailleurs *re-
belrin* et *rebenet*. (Ch. D.)

REBHUHN. (*Ornith.*) Nom allemand de la perdrix grise,
tetrao perdix, Linn. (Ch. D.)

REBLE ou RIÈBLE. (*Bot.*) C'est le gaillet accrochant.
Voyez Rièble. (L. D.)

REBLETTE. (*Ornith.*) Ce nom et celui de *reblot* sont vulgairement donnés, près de Bayonne, au troglodyte, *motacilla
troglodytes*, Linn. (Ch. D.)

REBOULLIA. (*Bot.*) Genre fondé par Raddi (*Opusc. Bol.*,
2, pag. 357) sur le *marchantia hemispherica*, Linn., décrit
dans ce Dictionnaire à l'article Marchantia.

Il le caractérise ainsi : Pédoncule femelle portant à son sommet un réceptacle commun, convexe, sexangulaire, s'ouvrant
en dessous par six sillons aboutissant aux angles du réceptacle;
dans l'intérieur de chacun est un sporangium ou conceptacle
nu, ovale, sessile, s'ouvrant irrégulièrement ou plutôt se déchirant pour donner issue aux séminules. Les soies ou filamens,
articulés, comprimés, situés au point d'insertion du pédoncule avec le réceptacle commun, sont présumés être des an-

théres par Raddi. Ce naturaliste a dédié ce genre à M. Reboul, botaniste instruit d'Aix en Provence. (LEM.)

REBOULO ou REBOULETO. (*Mamm.*) Nom que l'on donne en Languedoc à la caillette ou quatrième estomac des veaux, employé pour faire prendre ou cailler le lait. (DESM.)

REBROUSSÉE [RADICULE]. (*Bot.*) Lorsque la radicule au lieu d'être droite, comme dans les conifères, se recourbe et rapproche sa pointe du hile, on la dit recourbée; exemple : *genista hispanica.* Lorsque la pointe, au contraire, s'éloigne du hile, on la dit rebroussée; exemple : *cornucopiæ cucullatum.* (MASS.)

REBROUSSES. (*Bot.*) Voyez PANEURS DE SOTRÉ. (LEM.)

RÉCALISSI. (*Bot.*) Suivant Garidel, les Provençaux donnent ce nom à la réglisse, *glycyrrhiza*, et ils nomment *récalissi fer*, l'*astragalus glycyphyllos*, qui est la réglisse sauvage. (**J.**)

RECAMA. (*Bot.*) Nom de la salsepareille, suivant Clusius, dans la partie du Portugal qui avoisine l'Andalousie. (J.)

RECCHIA. (*Bot.*) Genre de plantes dicotylédones à fleurs complètes, polypétalées, de la famille des *dilleniacées*, de la *décandrie* de Linnæus, distingué comme genre par : Son calice de cinq pièces ou sépales ovales, égales, ouvertes; sa corolle à cinq pétales oblongs, alternes, avec les pièces du calice plus longues, atténués à la base, un peu denticulés à leur extrémité; ses dix étamines; ses deux ovaires globuleux glabres; ses styles filiformes, courts, terminés par des stigmates en tête, mais élargis transversalement. Le fruit est inconnu. Ce genre, adopté par M. De Candolle et établi par Sessé, ne contient qu'une espèce, qui croît au Mexique, c'est le *R. mexicana*, Sessé et Moc., *Fl. mex. ined. icon. med.*; Decand., Syst. nat., 1, p. 411. C'est un arbrisseau rameux, à rameaux tortueux, anguleux dans leur jeune âge; à feuilles alternes, ovales, oblongues; à fleurs disposées, le long des rameaux supérieurs, en petites grappes, courtement pédicellées, à peine garnies de bractées, et à pétales jaunes. Ce genre paroît avoir de l'affinité avec le *curatella*, dont il diffère par le port, les étamines au nombre de dix, et nullement en nombre indéfini; par les stigmates dilatés et les ovaires glabres. (LEM.)

RÉCEPTACLE. (*Bot.*) On nomme réceptacle des fleurs, le clinanthe, partie évasée d'un pédoncule qui porte plusieurs fleurs ; exemples : synanthérées, *dorstenia*, etc. Le réceptacle de la fleur est la partie du végétal qui sert de point d'attache aux organes de la génération. Le réceptacle des graines est la partie du péricarpe où elles sont attachées (voyez PLACENTA, PLACENTAIRE). Le réceptacle des lichens, des hépatiques, etc., est le conceptacle dans lequel sont renfermés les organes reproducteurs de ces végétaux, et qui prend des noms particuliers suivant les diverses formes qu'il affecte (voyez CONCEPTACLE). Les réceptacles ou réservoirs des sucs propres sont des cavités qui contiennent des sucs huileux, résineux, etc., propres à certaines espèces de plantes, et ménagées çà et là dans le tissu cellulaire des écorces, de la moelle, des feuilles, etc. Voyez à l'article VAISSEAUX PROPRES. (MASS.)

RÉCEPTACULAIRE [STYLE]. (*Bot.*) Attaché sur le réceptacle au lieu d'être attaché sur l'ovaire ; exemples : bourrache, *symphytum*, etc. (MASS.)

RÉCEPTACULITE. (*Foss.*) Lorsqu'on écrit sur les corps organisés fossiles, on est souvent exposé à dire des choses peu lumineuses sur certains objets, et cependant on ne peut se dispenser de parler de ceux qui peuvent présenter quelque intérêt, lors même qu'après en avoir parlé, ils ne cesseroient pas d'être énigmatiques. Tel est le fossile dont il est ici question ; c'est un corps qui affecte différentes formes et dont je possède plusieurs individus. L'un, qui est conique et assez pointu, a deux pouces de hauteur et un pouce et demi de diamètre à sa base. Un autre, qui a la forme d'un mamelon, a environ un pouce d'élévation à son centre et deux pouces et demi de diamètre à la base. Enfin, un troisième, encore moins épais, a son centre à un pouce du bord, et, en prenant son accroissement, s'est étendu jusqu'à trois pouces du point central, en sorte qu'il a quatre pouces dans son plus grand diamètre et trois pouces dans l'autre. Ces corps ont été trouvés, dans des couches très-anciennes, aux environs de Chimay dans les Pays-Bas. Leur base, et probablement leur intérieur, est un schiste verdâtre, très-compacte, qui prend un assez beau poli. On pourroit douter s'ils sont des corps marins, si, en dessous, l'un de ces morceaux ne contenoit des portions de tiges d'encrinites.

Le premier des morceaux ci-dessus décrits est couvert de petites aspérités disposées en lignes régulières, qui tournent et se croisent, et d'une croûte qui ne paroît pas plus épaisse qu'une feuille de papier. La surface extérieure du second présente des protubérances rhomboïdales qui par leur disposition imitent très-bien celle d'un cône de pin. Une grande partie du troisième offre, du côté du sommet, des trous ronds, peu profonds, d'une ligne de diamètre, disposés en rangées courbes et qui s'entrecroisent, comme celles des graines du tournesol, dans leur réceptacle. La partie la plus éloignée du centre présente des compartimens rhomboïdaux, comme ceux qui couvrent le second morceau, et il y a lieu de croire que celle où se trouvent les petits trous a perdu une sorte d'épiderme qui les cachoit.

Deux autres morceaux que je possède, démontrent que ce corps étoit encroûtant et que son épaisseur varioit depuis moins d'une ligne jusqu'à près de trois. Ils sont de couleur grise et ne présentent aucune contexture fibreuse. Celui qui est le plus épais est couvert en dessus de petites lignes qui se croisent en tournant, et forment des losanges d'une ligne et demie de largeur environ, et à chacun des endroits où ces lignes se coupent, il se trouve un de ces trous ronds dont il a été question ci-dessus. Ils sont un peu plus larges à la partie supérieure qu'à leur base, et s'étendent jusqu'à la partie inférieure du morceau. Chacun d'eux se trouve rempli par une matière qui paroît être de la même nature que celle dans laquelle elle est contenue, mais qui est de couleur brune. Ces deux matières font effervescence avec les acides. Le dessous du morceau présente de petits cadres en losanges, au milieu desquels répondent les trous et la matière brune qui les remplit.

D'après la description ci-dessus on voit qu'il est difficile de rapporter ces corps à quelque chose qui soit déjà connu. Il sembleroit cependant qu'ils pouvoient appartenir à l'ordre des polypiers plutôt qu'à tout autre; mais ils sont si loin de ressembler à ceux qu'on connoît déjà, que je n'ose affirmer qu'ils en dépendent.

J'ai donné à ce corps le nom de réceptaculite, et à l'espèce celui de *receptacules Neptuni*. On voit des figures de ces morceaux dans l'atlas de ce Dictionnaire, pl. foss. (D. F.)

RECHAD. (*Bot.*) Nom arabe, suivant M. Delile, du cresson alénois, *lepidium sativum*, et du *cochlearia nilotica*. Le *rechad el-bahr* est l'*isatis pinnata* de Forskal, ou *cakile maritima* de Tournefort. Le même nom est donné au *raphanus lyratus* de Forskal, *raphanus recurvatus* de M. Persoon, qui croît dans l'Égypte auprès des Pyramides. Le *rechad-gebely* est le *lunaria parviflora* de M. Delile. (J.)

RECHTE BRACH-VOGEL. (*Ornith.*) L'oiseau que Frisch désigne par cette dénomination, est le pluvier doré, *charadrius pluvialis*, Linn. (Ch. D.)

RÉCIPIENT. (*Chim.*) Vaisseau destiné à recevoir les produits volatils qui se dégagent d'une opération. (Ch.)

RÉCIPIENT FLORENTIN. (*Chim.*) Lorsqu'on distille avec de l'eau des substances végétales qui contiennent des huiles volatiles, légères, et en une proportion plus grande que celle qui peut être dissoute par l'eau volatilisée, on se sert du récipient florentin pour recueillir ce produit volatil. Ce récipient a la forme d'une poire. La partie renflée est en bas. De quelques lignes au-dessus du fond part un tube, qui s'élève verticalement à un pouce au-dessous de l'ouverture du récipient. Ce tube est courbé à sa partie supérieure. A mesure que le récipient se remplit, l'huile qui est en excès à la quantité que l'eau peut dissoudre, s'élève au-dessus de ce liquide. Il arrive dès-lors que, tant que l'eau recouvre l'orifice inférieur du tube droit, il ne peut s'écouler par l'orifice supérieur du même tube que de l'eau, et toute l'huile reste dans le récipient. (Ch.)

RECISE. (*Bot.*) Un des noms, cités par Chomel, de la benoîte, *geum urbanum*, plante usuelle. (J.)

RECKOLTER-VOGEL. (*Ornith.*) L'oiseau qu'on désigne en Suisse par cette dénomination, est, suivant Gesner et Aldrovande, cités par Brisson, la litorne ou tourdelle, *turdus pilaris*, Linn. (Ch. D.)

RÉCLAME. (*Faucon. et Avicept.*) Ce terme s'emploie, en fauconnerie, pour exprimer l'action de rappeler l'oiseau de proie sur le poing, en lui montrant le leurre, et en aviceptologie il désigne les appeaux dont se servent les oiseleurs. (Ch. D.)

RÉCLAMEUR. (*Ornith*.) L'oiseau ainsi nommé par Levaillant, qui l'a figuré pl. 10, de son Ornithologie d'Afrique, est un merle, que M. Vieillot a appelé *turdus reclamator*. (Ch. D.)

RECLUS [Embryon]. (*Bot*.) Renfermé dans le périsperme ; exemples : *anagallis, campanula, saxifraga, galium*. (Mass.)

RECLUS MARIN. (*Malacoz*.) L'abbé Dicquemare a parlé sous ce nom, dans le Journal de physique, année 1777, tome 2, page 556, d'une espèce d'ascidie des mers du Nord, que Gmelin a nommée *A. mentula*. (De B.)

RÉCOLLET. (*Ornith*.) Suivant Salerne on donne, à Québec, ce nom au jaseur, *ampelis*, Linn., et *bombycivora*, Temm., à cause de la ressemblance que sa huppe a paru offrir avec le capuchon d'un récollet. (Ch. D.)

RECOURBÉ. (*Bot*.) Une graine est recourbée, lorsqu'elle est courbée de telle sorte que ses deux bouts sont très-voisins ; exemple : *potamogeton*. Une radicule est recourbée, lorsqu'étant courbée sur elle-même, sa pointe se rapproche du hile ; exemple : *genista hispanica*. Un embryon est recourbé, lorsqu'étant courbé sur lui-même, le sommet des cotylédons vient presque toucher la radicule ; exemple : *mirabilis jalappa*. (Mass.)

RECTIDENT. (*Bot*.) Nom françois proposé par Bridel pour le genre Orthodon (voyez ce mot), dans la famille des mousses. Bridel avoit d'abord rejeté ce genre, indiqué par Bory de Saint-Vincent ; mais à présent, se rangeant au sentiment de Schwægrichen, il l'adopte et le décrit dans sa Bryologie universelle, 1, pag. 251, et le caractérise ainsi : Péristome simple, à huit dents solitaires, droites, obscurément rayées ; coiffe mitriforme, quelquefois fendue à sa base, pilifère ; capsule égale, ayant à sa base une sorte d'apophyse. La seule espèce qui compose ce genre, l'*orthodon serratus*, Bory (Schwæg., Suppl., 2, tab. 106 ; Brid., Bryol. univ., 1, pag. 252), est l'*octobl pharum denté*, décrit dans ce Dictionnaire à l'article Octoblepharum (voyez ce mot). C'est dans ce genre que Bridel et Hooker l'avoient d'abord placée. (Lem.)

RECTIFICATION. (*Chim*.) Distillation par laquelle on obtient, à l'état de pureté ou à un état qui en est voisin, un liquide qui étoit uni avec un autre moins volatil que lui. (CH.)

RECTILIGNE [RADICULE]. (*Bot.*) Suivant sans déviation la direction de l'axe des cotylédons; exemples : conifères, synanthérées. (MASS.)

RECTINERVÉE [FEUILLE]. (*Bot.*) Dont les nervures se prolongent en ligne droite; exemples : *fagus castanea, carpinus betulus.* (MASS.)

RECTRICES. (*Ornith.*) Les plumes qui forment la queue sont pour les oiseaux une sorte de gouvernail, qui sert à les diriger dans leur vol; on les nomme *rectrices* ou *pennes caudales.* Ces pennes sont toujours en nombre pair, mais ce nombre varie dans les divers oiseaux. La queue a huit pennes dans le calao des Philippines; dix dans les toucans, les anis, les pics, les torcols, les colibris, les coucous; douze dans les passereaux et beaucoup d'autres; quatorze dans le coq et les poules, le lagopède, le cormoran, les fous, et dans plusieurs espèces de canards; seize dans la gelinotte, le macareux, le grand pingouin, la piette, le flammant, et dans plusieurs espèces de canards et d'oies; dix-huit dans les tétras, les perdrix et des espèces de harles; vingt dans l'outarde, les plongeons, le pélican, etc.

Les rectrices, considérées relativement à leur structure, sont roides chez les pics et le grimpereau familier; molles chez le torcol, le grimpereau de muraille, la sittelle; droites dans un grand nombre d'oiseaux; frisées en boucles dans le canard musqué; arrondies à l'extrémité chez divers oiseaux; pointues dans plusieurs espèces de canards; fourchues dans les pics; entièrement dénuées de barbes par le bout et terminées en pointe dans les hirondelles et l'engoulevent acutipennes, les sarcelles à queue épineuse et à longue queue, le talapiot, le picucule; aplaties par les côtés et relevées dans les poules; aplaties par les côtés, les deux intermédiaires beaucoup plus longues, recourbées en arc, dans le coq; aplaties en dessus et recourbées en dehors à l'extrémité, dans le petit tétras à queue fourchue; voûtées dans le faisan ordinaire et le faisan doré; larges dans les pigeons; étroites dans le grimpereau familier; coupées carrément dans le coq de roche ou rupicole, les pitpits, les manakins, etc.

Les pennes latérales de la queue diffèrent chez beaucoup d'oiseaux des pennes intermédiaires. Celles-ci sont, en général, plus étroites et plus aiguës que les latérales, qui sont plus larges et plus arrondies à l'extrémité. La première et la seconde de ces dernières sont souvent marquées dans une partie de leur longueur, sur le bord interne, d'une tache colorée qui offre des caractères pour les espèces.

Lorsqu'on veut compter les pennes de la queue, on commence par les latérales, et l'on continue jusqu'à celles du milieu; on prend ensuite la plume intermédiaire qui touche celle à laquelle on s'est arrêté, en recommençant par un. (Ch. D.)

RECTUM. (*Anat.*) Voyez Système digestif. (F.)

RECUIT. (*Chim.*) Opération que l'on fait subir aux métaux ductiles quand on les a battus au marteau et qu'ils ont acquis trop de dureté. Elle consiste à faire rougir ces métaux et à les laisser refroidir lentement, si toutefois ces métaux ne sont pas dans la catégorie des alliages de cuivre et d'étain, qui ont besoin d'être refroidis brusquement pour être ductiles. (Ch.)

RECURE DE CRAPAUD. (*Bot.*) C'est l'élatine verticillé. (L. D.)

RÉCURVIROSTRA. (*Ornith.*) Nom générique des avocettes. (Ch. D.)

RED - COD. (*Ichthyol.*) Nom de pays d'une Morue, dont nous avons parlé dans ce Dictionnaire, tom. XXXIII, pag. 5o. (H. C.)

RED - DEER. (*Mamm.*) Nom anglois du cerf. (Desm.)

RED - LEGGED - CRANE. (*Ornith.*) Les Anglois de la Jamaïque appellent ainsi l'échasse, *himantopus.* (Ch. D.)

REDGAME. (*Ornith.*) C'est en anglois le nom du ganga ou attagas, *tetrao alchata*, Linn. (Ch. D.)

REDIF. (*Bot.*) Nom arabe, suivant Forskal, d'un petit arbre à feuilles opposées et à fleurs disposées en panicule terminale, qu'il nomme *cissus arborea*, nom que Vahl reporte au *salvadora persica* de Linnæus, auquel M. Delile conserve le nom de Rak (voyez ce mot). Forskal dit qu'on mange ses baies, que les feuilles sont appliquées avec succès sur les tumeurs et les bubons, et surtout que c'est un contre - poison éprouvé. Ce *salvadora* est aussi nommé *rak* chez les Arabes, suivant M. Delile. Forskal cite encore le nom *redif* pour son *capparis oblongifolia.* (J.)

REDLARKE. (*Ornith.*) Ce nom désigne, dans la Zoologie britannique, l'alouette aux joues brunes de la Pensylvanie. (Cʜ. D.)

REDOU, REDOUL ou RÉDOUX; *Coriaria*, Linn. (*Bot.*) Genre de plantes dicotylédones apétales, qui appartient à la *dioécie décandrie* du Système sexuel, et dont M. de Jussieu n'a pas assigné la place dans l'ordre des familles naturelles, mais que M. De Candolle vient de prendre pour type d'un ordre particulier, sous le nom de *Coriariées*, rangé par lui à la fin de sa division des thalamifores, et que d'ailleurs M. Desvaux, considère comme ne devant pas être éloigné des malpighiacées. Il offre pour caractères : Des fleurs hermaphrodites, ou monoïques, ou dioïques, ayant un calice très-court de cinq folioles ovales, concaves; une corolle de cinq pétales très-petits, glanduliformes, placés entre les ovaires. Dix étamines insérées au réceptacle, à filamens filiformes, portant des anthères oblongues à deux loges ; un ovaire supère, à cinq angles, dépourvu de style et terminé par cinq stigmates alongés, subulés ; cinq capsules rapprochées, monospermes, indéhiscentes, imitant un fruit bacciforme, parce qu'elles sont recouvertes par les pétales glanduleux, peu apparens dans la fleur, mais qui prennent de l'accroissement et deviennent un peu charnus après la floraison.

Les rédoux sont des arbrisseaux à rameaux et à feuilles opposées, dont les fleurs sont disposées en grappes terminales. On en connoît sept espèces, dont une seule appartient à l'ancien continent.

Rédou a feuilles de myrte; *Coriaria myrtifolia*, Linn., *Sp.*, 1467. Ses tiges sont ligneuses, rameuses; elles s'élèvent en buisson à la hauteur de cinq à six pieds ; ses feuilles sont ovales, presque sessiles; et ses fleurs sont assez petites, verdâtres, disposées en petites grappes garnies de bractées. Cet arbrisseau croît dans les haies et les buissons du Midi de la France et de l'Europe ; on le trouve aussi dans le Nord de l'Afrique. Ses fruits sont vénéneux : plusieurs militaires françois en ayant mangé pendant qu'ils étoient en Espagne, deux d'entre eux périrent dans les premières vingt-quatre heures, avant d'avoir pu recevoir des secours; les autres furent sauvés. principalement en prenant l'émétique qui leur fit rendre par le vomissement une grande quantité de baies non digérées. Dans les pays où cet arbrisseau est commun, on emploie ses rameaux et ses feuilles pour le tannage des cuirs, et les fruits servent à teindre en noir. (L. D.)

REDOUTÉE. (*Bot.*) Voyez REDUTEA. (LEM.)

REDOYEL. (*Ornith.*) Nom du troglodyte, *motacilla troglodytes*, en Savoie. (CH. D.)

REDSTART. (*Ornith.*) Nom anglois du rossignol de muraille, *motacilla phœnicurus*, Linn. (CH. D.)

RÉDUCTION. (*Chim.*) Opération par laquelle on sépare en général l'oxigène d'un métal oxigéné. (CH.)

REDUTEA, RÉDOUTÉE. (*Bot.*) Genre de plantes dicotylédones, monadelphes, de la famille des *malvacées*, de la *monadelphie polyandrie* de Linnæus, offrant pour caractère essentiel : Un calice double, persistant; l'extérieur à plusieurs folioles; l'intérieur à cinq divisions; une corolle à cinq pétales onguiculés, connivens avec la base du tube des étamines; les filamens nombreux, réunis en tube à leur partie inférieure, libres et rameux à leur partie supérieure; un ovaire supérieur; un style surmonté de trois stigmates : une capsule à trois valves, séparées par des cloisons adhérentes au milieu des valves, à trois loges, renfermant chacune six ou huit semences, enveloppées d'un duvet lanugineux, attachées sur trois *placenta* fixés au fond de la capsule, alternes avec ses valves, droits et linéaires.

Ce genre, dit Ventenat, se distingue des *hibiscus* par son stigmate à trois divisions et par ses capsules à trois loges; des *gossypium*, par son calice extérieur à plusieurs folioles; du *fugosia*, par le nombre et la disposition des étamines, par ses trois stigmates, par son fruit polysperme et par ses semences laineuses; enfin, de toutes les malvacées connues, par ses trois *placenta* alternes avec les valves. Ventenat, l'auteur de ce genre, l'a dédié à M. Redouté, artiste très-distingué, et un de ceux qui ont le plus contribué à la perfection des divers ouvrages publiés avec figures sur la botanique.

REDUTEA HÉTÉROPHYLLE; *Redutea heterophylla*, Vent., Jard. de Cels., tab. 11. Plante herbacée, annuelle, parsemée sur toutes ses parties de petites écailles frangées et blanchâtres. Sa racine est pivotante; sa tige droite, longueuse, haute d'environ un pied et demi ; ses feuilles sont alternes, pétiolées, ovales, simples ou trilobées, d'un vert foncé: les pétioles coudés et comme articulés à leur insertion avec les feuilles. Les fleurs sont solitaires, axillaires, terminales, d'un beau jaune de soufre, tachées et rayées à leur base interne, d'un violet pourpre; les pédoncules dilatés à leur sommet, triangulaires, munis sur chaque angle d'une glande concave. Les pétales sont arrondis, un peu ondulés au sommet, rétrécis en un onglet très-court; les étamines d'un pourpre violet. Cette plante a été recueillie par Riedlé, à l'île de Saint-Thomas. La beauté de ses fleurs, l'élégance de son feuillage, lui méritent une place distinguée parmi les plantes qui ornent nos parterres. (Poir.)

RÉDUVE, *Reduvius*. (*Entom.*) Genre d'insectes hémiptères à ailes coriaces et croisées; à antennes longues, en soie, et par conséquent de la famille des sanguisuges ou zoadelges.

Ce genre, établi par Fabricius, a tiré son nom d'une particularité que nous ferons connoître avec plus de détails, mais qui consiste en ce que les larves de plusieurs espèces, et même les nymphes, se masquent et déguisent leur existence sous des corps étrangers qu'elles collent et font adhérer à leur surface, du mot latin *reduviæ*, dont ces insectes se dépouillent.

Les caractères essentiels de ce genre sont : Antennes longues, de quatre articles, dont le dernier plus grêle, séparées à leur insertion par un bec arqué, paroissant naître du front; tête dégagée, comme portée sur un col, à yeux globuleux, saillans; corps plat, large en dessus, caréné en dessous.

D'après ces notes, il est facile de distinguer les réduves, dont nous avons fait figurer une espèce sur la pl. 37, n.º 3, de l'atlas de ce Dictionnaire, d'avec les quatre autres genres compris dans la même famille des zoadelges.

D'abord, dans les punaises des lits et les mirides, le bec est plié et couché entre les pattes dans l'état de repos; ensuite ceux-ci ont la tête comme sessile ou engagée dans le corselet; les ploiéres et les hydromètres ont, à la vérité, le bec arqué, non coudé: mais dans ces deux genres, les pattes sont excessivement alongées, et le corps est linéaire ou dix fois plus alongé qu'il n'est large. Ces caractères, comme on voit, sont tout-à-fait distinctifs.

On connoit peu d'espèces de réduves en France, cependant ce genre en renferme beaucoup.

Dans le *Systema rhyngotorum* de Fabricius, il en est rapporté soixante-douze espèces; une quarantaine d'autres, qu'il a rangés dans le genre *Zelus*, qu'il en a séparé à cause de l'insertion des antennes, non sur le front, mais à la base du bec : ce sont d'ailleurs des espèces étrangères, la plupart d'Amérique.

Parmi les espèces de France nous citerons les suivantes.

1.º Le Réduve masqué, *Reduvius personatus*. C'est la punaise-mouche, décrite par Geoffroy, tome 1, p. 436, n.º 4, et figurée pl. IX, n.º 5.

Car. Velu, d'un brun noirâtre; ailes noires.

Cette espèce se trouve assez souvent dans nos demeures; elle est nocturne, et souvent le soir elle vole vers la lumière. Lorsqu'on la saisit, elle porte de l'odeur, et en se défendant elle pique avec sa trompe; cette piqûre est très-douloureuse, presque autant que celle de l'abeille. Il est probable que l'insecte insère, en même temps qu'il pique, un venin destiné à paralyser les insectes, qu'il suce pour s'en nourrir. On sait, en effet, que sous les trois états de larve, de nymphe mobile et de perfection, il est constamment à la recherche des insectes et surtout des punaises de lits, qu'il nous rend le service de détruire. Sous la forme de larve et de nymphe, le réduve emploie la ruse pour se procurer plus facilement sa nourriture. Peu agile et lent dans ses mouvemens, il marche en tous sens, à la manière des crabes; mais, comme nous l'avons dit, il est couvert d'ordures, de poussière, de poils, de laine et autres matières qu'il a rassemblées de toutes parts, ce qui le rend tout-à-fait méconnoissable sous ce déguisement, que l'insecte emprunte aux corps voisins. C'est tantôt de la farine, du plâtre, de la poussière de bois vermoulu, des poils, des fils d'araignées qui servent à son travestissement, ce qui augmente son volume quelquefois de plus des deux tiers. Il chemine alors par soubresauts; il s'arrête et reste immobile, puis il avance d'une manière ambiguë vers les araignées, les punaises et les autres insectes mous qu'il a trompés sous ce déguisement ; mais il n'emploie ces moyens que pendant une époque de son existence : car, lorsqu'il a pris des ailes et qu'il peut échapper aux dangers et subvenir facilement à tous ses besoins, il quitte le froc et cesse son manége : il est alors dépouillé de ces ordures, qui embarrasseroient son vol et qui lui sont désormais inutile. Lorsqu'on saisit l'insecte à cette époque, il produit un son très-distinct, qui provient du mouvement alternatif de frottement qu'il imprime à son corselet et qui vibre sur la base de son abdomen.

2.° RÉDUVE ANNELÉ, *Red. annulatus.* C'est l'espèce que nous avons fait représenter dans l'atlas de ce Dictionnaire, pl. 57, n.° 3, et la punaise rouge à pattes rouges, de Geoffroy, t. 1, pag. 457, n.° 5.

Car. Noir; à pattes et à abdomen rouges, variés ou tachetés de noir.

On trouve principalement cette espèce dans les bois et sur le tronc des arbres vermoulus. Sa larve est le plus souvent couverte de cette poussière de bois.

3.° RÉDUVE STRIDULE, *Red. stridulus.*

Car. Noir, à élytres rouges, bords de l'abdomen gris, ponctués de noir.

On le trouve aux environs de Paris et à Montpellier.

4.° RÉDUVE GOUTTELETTE, *Red. guttula.*

Car. Noir lisse; élytres et pattes rouges, et un point blanc sur l'aile.

5.° RÉDUVE APTÈRE, *Red. apterus.*

Car. Gris; abdomen noir, à taches rouges sur les bords.

Ces deux espèces ne sont pas rares aux environs de Paris. (C. D.)

REE-BOCK. (*Mamm.*) Ce nom, qu'on prononce *rit-bock*, et qui signifie *pelage de bouc*, est donné par les habitans du cap de Bonne-Espérance à une espèce d'ANTILOPE. Voyez ce mot. (DESM.)

REED-SPARROW. (*Ornith.*) Nom anglois de l'ortolan ou bruant des roseaux, *emberiza schæniclus*, Linn. (CH. D.)

REEDSU. (*Bot.*) Nom japonois, suivant M. Thunberg, de son *dolichos lineatus.* (J.)

REEM. (*Mamm.*) Animal, dont il est parlé dans la Bible, et que les commentateurs de ce livre saint ont généralement rapporté à une espèce de rhinocéros. (Desm.)

REEVE. (*Ornith.*) Les Anglois désignent par ce nom la femelle du combattant, *tringa pugnax*, Linn. (Ch. D.)

REFAIT. (*Mamm.*) Les chasseurs nomment ainsi les bois de cerf, de daim ou de chevreuil, lorsqu'ils viennent de repousser. (Desm.)

RÉFLÉCHI. (*Bot.*) Fléchi en dehors, de manière que la pointe regarde la terre et la courbure le ciel; exemples : ramification de l'*equisetum sylvaticum*; feuilles du *dracæna reflexa*, de l'*inula pulicaria*; involucre de l'*athamantha libanotis*; divisions du calice du *prunus cerasus*, du *ranunculus flammula*; limbe de la corolle du *solanum dulcamara*, de l'*asclepias*; pétales de l'*aralia arborea*; lèvre supérieure de la corolle du *plectranthus*; lèvre inférieure de la corolle du *chelone barbata*; style du *rumex scutatus*, du *nigella*; étamines de la pariétaire, de l'ortie. On dit les cotylédons réfléchis, lorsque, se recourbant, ils rapprochent leur sommet de la radicule; exemple : nyctaginées. (Mass.)

RÉFLEXINE ou ADOSSETTE ; *Anacampton*, Bridel. (*Bot.*) Genre de la famille des mousses, caractérisé par son péristome double, l'extérieur à seize dents pyramidales, se réfléchissant en dehors et finissant par s'appliquer sur l'urne; l'intérieur également à seize dents, mais alternes, avec autant de cils capillaires, beaucoup plus courts, infléchis en dedans et horizontaux: coiffe conique, glabre, fendue à la base.

Ce genre, que Bridel a fait connoître en 1819, ne comprend qu'une espèce, c'est l'*anacampton splachnoides* de Bridel, qui l'avoit d'abord placé dans le genre *Orthotrichum*, et qui, d'après Schwægrichen, seroit une espèce de *neckera*.

L'*anacampton splachnoides* est une mousse qu'on trouve aux environs d'Elwangen en Souabe, et, dit-on, dans diverses parties de l'Allemagne. Elle croit en forme de petits gazons sur les écorces du sapin, en y adhérant tellement qu'il est difficile de l'en détacher. Sa tige est rampante, rameuse, longue de six à douze lignes au plus, garnie à sa partie inférieure d'un grand nombre de petites racines; ses feuilles sont denses, ovales, lancéolées, pointues; ses capsules oblongues, longuement pédicellées, munies d'un opercule conique, un peu obtus, terminé en bec. (Lem.)

RÉFLEXION DE LA LUMIÈRE. (*Phys.*) Voyez à l'article Lumière, tom. XXVII, pag. 296. (L.)

RÉFLEXION DES CORPS ÉLASTIQUES. (*Phys.*) Voyez à l'article Ressort. (L.)

RÉFRACTAIRE. (*Chim.*) Épithète qui s'applique à un corps qui est infusible ou qui ne fond qu'aux températures les plus élevées. (Ch.)

RÉFRACTION DE LA LUMIÈRE. (*Phys.*) Voyez à l'article Lumière, tom. XXVII, pag. 299. (L.)

RÉFRIGÉRANT. (*Chim.*) C'est la partie d'un appareil distillatoire où l'on condense en liquide la vapeur produite dans la capacité de cet appareil, qui est exposée à l'action du feu. Le réfrigérant se compose de deux capacités; l'une, où pénètre la vapeur, l'autre qui environne la première et qui en est séparée par une paroi mince; celle-ci est remplie, soit d'eau froide, soit de glace ou de neige. On conçoit d'après cela que la paroi qui sépare ces deux capacités étant ainsi refroidie, la vapeur qui viendra la toucher devra se condenser. Une fois condensée en liquide, elle s'écoule dans le récipient qui est placé au-dessous du réfrigérant. (Ch.)

RÉGAGNON. (*Bot.*) Variété de froment cultivée dans les Hautes-Alpes, et dont le grain est gros, suivant M. Poiret. (J.)

REGAIN. (*Bot.*) On donne ce nom à la seconde et à la troisième coupe d'herbe que l'on fait dans les prairies. (L. D.)

REGALBULO. (*Ornith.*) Nom italien du loriot d'Europe, *oriolus galbula*, Linn., qu'on écrit aussi *regalbero*. (Ch. D.)

RÉGALEC, *Regalecus*. (*Ichthyol.*) Le naturaliste Ascagne, le premier, a créé sous ce nom un genre de poissons, qui appartient à la famille des péroptères parmi les holobranches apodes, et que l'on peut reconnoître aux caractères suivans :

Catopes nuls ou plutôt remplacés par de très-longs filets thoraciques; nageoire de l'anus nulle aussi; deux nageoires dorsales, la première peu étendue, la seconde régnant sur presque tout le corps; nageoires pectorales petites; une nageoire caudale.

Il devient ainsi facile de distinguer les Régalecs des Aptérichthes, qui n'ont aucune nageoire; des Ophisures, des Notoptères, des Leptocéphales, des Trichiures, des Carapes, des Gymnonotes, qui n'ont point de nageoire caudale; des Aptéronotes, qui sont privés de celle du dos; des Gymnètres, qui n'ont qu'une seule dorsale. (Voyez ces différens noms de genres et Péroptères.)

Le Régalec glesne ou le Roi des harengs du Nord : *Regalecus glesne*, Ascag.; *Gymnetrus remipes*, Schneid. Filamens thoraciques, terminés chacun par un disque membraneux; seconde dorsale réunie à la caudale; corps et queue très-alongés et comprimés ; mâchoires armées de dents nombreuses; teinte générale argentée, avec de petits points noirs, disposés en raies longitudinales; trois bandes brunes transversales sur la partie postérieure de la queue.

On rencontre souvent ce poisson au milieu des innombrables légions de harengs, ce qui l'a fait regarder par les pêcheurs norwégiens comme le roi de ces derniers, d'où son nom de *régalec* (*rex halecum*). Si, comme le pense M. Cuvier, il est le même animal que le *gymnetrus Gryllii*, dont il est question dans les *Nouveaux mémoires de Stockholm* pour 1798. il atteindroit une longueur de dix-huit pieds.

Le Régalec lancéolé; *Regalecus lanceolatus*, Lacépède. Nageoire de la queue lancéolée; corps alongé et serpentiforme.

Cette espèce a été établie par de Lacépède, d'après un dessin chinois. Elle paroît être d'une teinte d'or, mêlée de brun.

Le Régalec des Indes : *Regalecus Russelii; Gymnetrus Russelii*, Shaw. Filamens thoraciques en fils simples ; première dorsale élevée; un filament au bout de la queue. (H. C.)

REGALIOLUS. (*Ornith.*) Le roitelet est désigné par ce nom et par ceux de *regillus*, *orchillus*, dans plusieurs auteurs. (Ch. D.)

RÉGALUSSIA. (*Bot.*) Gouan cite ce nom languedocien de la réglisse. (J.)

REGARDEZ-MOI. (*Bot.*) La scabieuse noire-pourpre a été quelquefois désignée ainsi. (L. D.)

REGENPFEIFFER. (*Ornith.*) Nom allemand des pluviers. (Ch. D.)

REGENVOGEL. (*Ornith.*) Les Allemands nomment ainsi le courlis commun, *scolopax arcuata*, Linn., qui est le *regen spaar* des Danois. (Ch. D.)

REGEYO. (*Ornith.*) C'est un des noms que reçoit le loriot en Italie. (Desm.)

REGHAT. (*Bot.*) Nom arabe du *stachys palæstina*, selon M. Delile. (J.)

REGILLO. (*Ornith.*) Ce nom et celui de *reillo* désignent en italien le roitelet, qui est le *regillus* de Rzaczynski. (Ch. D.)

RÉGIME. (*Bot.*) On donne ce nom au *spadix* des palmiers et d'autres arbres. Le régime est simple ou rameux, et porte plusieurs fruits. (Lem.)

REGINA AURARUM. (*Ornith.*) Le roi des vautours, *vultur papa*, Linn., est ainsi désigné par plusieurs auteurs. (Ch. D.)

REGIO. (*Ornith.*) C'est, à Parme, le nom de l'alouette des champs, *alauda arvensis*, Linn. (Ch. D.)

REGISTEL. (*Bot.*) Nom languedocien de la garance, *rubia tinctoria*, cité par Gouan. (J.)

RÉGLISSE; *Glycyrrhiza,* Linn. (*Bot.*) Genre de plantes dicotylédones polypétales, de la famille des *légumineuses*, Juss., et de la *diadelphie décandrie* du Système sexuel, dont les principaux caractères sont les suivans : Calice monophylle, tubuleux, à deux lèvres, dont la supérieure à quatre dents inégales, et l'inférieure à une seule ; corolle papilionacée, ayant l'étendard droit, les ailes oblongues, semblables à la carène, mais plus courtes ; dix étamines, une libre, et les neuf autres réunies par leurs filamens ; un ovaire supère, plus court que le calice, surmonté d'un style subulé, à stigmate obtus ; une gousse ovale ou oblongue, à une seule loge, contenant une à six graines réniformes.

Les réglisses sont des herbes à racines vivaces, à feuilles ailées, munies de stipules séparées des pétioles, et dont les fleurs sont disposées en épis ou en tête. On en connoît huit espèces, dont sept croissent naturellement dans l'ancien continent, et une en Amérique.

Réglisse hérissée; *Glycyrrhiza echinata*, Linn., *Sp.*, 1046. Ses tiges sont hautes de quatre à six pieds, striées, rameuses, glabres, garnies de feuilles alternes, ailées, composées de neuf à onze folioles ovales-oblongues, glabres. Ses fleurs sont réunies en une tête épaisse, à l'extrémité de pédoncules axillaires, épais, plus courts que les feuilles. Il leur succède des gousses ovales, comprimées, mucronées, hérissées de pointes épineuses, et contenant une à deux graines. Cette plante croît en Italie, dans le Levant et en Tartarie, on la cultive au Jardin du Roi.

Réglisse fétide; *Glycyrrhiza fœtida*, Desf., Fl. Atl., 2, pag. 170, tab. 199. Ses tiges sont droites, striées, hautes de deux à trois pieds, rameuses, garnies de feuilles ailées, composées de neuf à onze folioles ovales-lancéolées, mucronées, chargées en dessous de points cendrés. Ses fleurs sont d'un jaune pâle, disposées en épis axillaires, au moins aussi longs que les feuilles. Les gousses qui leur succèdent sont ovales-oblongues, hérissées de poils roides, et elles contiennent deux à trois graines. Cette espèce croit naturellement en Barbarie; elle est cultivée au Jardin du Roi.

Réglisse glabre, Réglisse commune, Réglisse officinale ou tout simplement la Réglisse; *Glycyrrhiza glabra*, Linn., Sp., 1046. Ses racines sont cylindriques, de la grosseur du petit doigt ou environ, traçantes, ligneuses, roussâtres extérieurement, jaunes intérieurement, un peu succulentes et d'une saveur douce; elles produisent ça et là des tiges droites, un peu rameuses, hautes de trois à quatre pieds, garnies de feuilles ailées, composées de treize à quinze folioles ovales, glabres, un peu visqueuses. Ses fleurs sont petites, rougeâtres, disposées en épis portés sur des pédoncules axillaires. Les gousses sont oblongues, glabres, aiguës, et elles contiennent trois à quatre graines. Cette plante fleurit en Juillet et Août; elle croit naturellement dans le Midi de la France, en Espagne, en Italie, etc. On la cultive dans quelques cantons pour récolter ses racines, qui sont d'un usage fréquent en médecine.

C'est en terre sablonneuse et un peu substantielle que cette culture réussit le mieux. On ne sème point la réglisse, on préfère la multiplier en réservant, pour les planter, les bourgeons qu'on retire des pieds qu'on vient d'arracher lorsqu'on fait la récolte des racines, seule partie qui soit en usage. C'est ordinairement à la fin de l'hiver qu'on en fait la plantation dans un terrain rendu aussi meuble que possible par un profond labour, fait de préférence à la bêche ou à la houe, plutôt qu'à la charrue. Chaque éclat de racine, garni d'un ou plusieurs bourgeons, est mis en terre dans un trou fait à la pioche, en laissant entre tous les plants dix-huit pouces ou environ de distance, en tous sens.

La première année de la plantation les pieds de réglisse
ne font guère que reprendre et poussent peu ; il faut leur
donner au moins deux binages dans le courant du printemps
et de l'été, pour les débarrasser des mauvaises herbes. Pendant l'hiver suivant on fume, on laboure la plantation, et
pendant la belle saison de la seconde et de la troisième année on lui donne les mêmes façons que la première. A la fin
de la troisième année on fait la récolte, en arrachant toutes
les racines, lorsque les tiges sont desséchées : ces dernières,
que l'on coupe d'ailleurs chaque automne quand elles commencent à jaunir, servent, quand elles sont bien sèches, à
chauffer les fours.

Les racines de réglisse sont adoucissantes et pectorales. On
les emploie beaucoup .en médecine, principalement pour
édulcorer toutes les tisanes communes en guise de sucre ou
de miel. On prépare aussi, avec les racines de réglisse, un
extrait qu'on trouve dans le commerce à l'état solide et sous
forme de cylindres un peu comprimés, longs d'environ six
pouces, noirâtres, enveloppés dans des feuilles de laurier.
Cet extrait, connu sous le nom de suc ou jus de réglisse,
a une saveur douce et en même temps un peu amère : il doit
son amertume à ce qu'il est préparé à trop grand feu et
brûlé.

La majeure partie de celui qu'on trouve dans le commerce,
nous vient de l'Espagne et de la Sicile ; il est d'un usage jour-
nalier et populaire dans les rhumes et les affections catarrhales. Les pharmaciens le rendent plus agréable en le faisant
dissoudre dans de l'eau distillée, en filtrant la dissolution, pour
la débarrasser des corps étrangers qui y sont mêlés, et en la
faisant évaporer au bain-marie, pour lui donner de nouveau la
consistance nécessaire. Lorsqu'elle est assez épaisse, ils l'aro-
matisent avec l'huile essentielle d'anis, et la coulent aussitôt
sur une table de marbre légèrement enduite d'huile d'amandes douces, et sur laquelle ils l'étendent en plaques minces
en la pressant légèrement avec un rouleau. Enfin, lorsque le
nouvel extrait est réfroidi et a pris suffisamment de consistance, ils le coupent avec des ciseaux en fragmens menus.

D'un grand nombre de préparations pharmaceutiques dans
lesquelles la réglisse entroit autrefois, il ne reste plus guère

aujourd'hui que cet extrait et la pâte de réglisse, qui se fait avec la décoction et mieux avec l'infusion des racines, de la gomme arabique et du sucre. Cette pâte s'emploie dans les affections catarrhales et inflammatoires de la poitrine. Réduite en poudre, la racine même sert dans les pharmacies pour faciliter la composition des pilules de toutes sortes, qu'on roule dans cette poudre, soit pour leur donner de la consistance, soit pour les empêcher d'adhérer ensemble.

A Paris et dans d'autres grandes villes, l'infusion aqueuse de réglisse se vend, sur les places et dans les promenades publiques, au peuple, qui la prend comme boisson rafraichissante. (L. D.)

RÉGLISSE [Racine de]. (*Chim.*) Suivant M. Robiquet cette racine est formée : 1.° d'*amidon*; 2.° d'*albumine*; 3.° d'une matière sucrée particulière, qu'on peut appeler *glycyrrhize*; 4.° d'une matière *oléo-résineuse*; 5.° d'une matière *organique cristallisable*, qui a quelques propriétés communes avec l'asparagine ; 6.° de *ligneux*; 7.° de *phosphate de magnésie*; 8.° de *malate de magnésie*.

De la Glycyrrhize.

Elle est incristallisable, colorée en jaune sale.

La saveur en est sucrée et légèrement astringente.

C'est elle qui donne à la racine de réglisse, ainsi qu'à l'extrait qu'on en retire, et qui est connu sous le nom de jus de réglisse, la saveur douce qui les fait rechercher.

L'eau froide ne dissout qu'une très-foible quantité de glycyrrhize desséchée. L'eau bouillante la dissout assez facilement, et par le refroidissement elle se prend en une gelée transparente et consistante.

L'alcool la dissout bien, même à froid. La solution concentrée est sirupeuse et d'une couleur citrine foncée. Quand cette solution est évaporée spontanément, la glycyrrhize s'en sépare sous la forme de plaques minces, élastiques.

Mise en contact avec l'eau et la levure, elle n'éprouve pas la fermentation alcoolique.

La glycyrrhize précipite la gélatine ; mais il ne seroit pas impossible qu'elle dût cette propriété à un reste d'acide qui a servi à la précipiter, car l'infusion de racine de réglisse ne trouble pas le même réactif.

L'acide nitrique convertit la glycyrrhize en matière résineuse jaune, en amer de Welter. Il ne paroît pas se produire d'acide oxalique dans la réaction des corps.

La glycyrrhize, mise sur les charbons ardens, répand une odeur aromatique résineuse.

Préparation.

On fait une décoction de racine de réglisse.

On verse dans la liqueur filtrée et refroidie un peu d'acide acétique. La glycyrrhize, unie à un peu d'albumine et d'acide, se précipite à l'état d'une gelée qu'on sépare : après l'avoir lavée et desséchée, on la soumet à l'action de l'alcool, qui ne dissout pas l'albumine. La solution, filtrée et évaporée, donne la glycyrrhize, probablement unie à un peu d'acide acétique.

La décoction de racine de réglisse, concentrée suffisamment, se prend spontanément en gelée, quand on l'abandonne vingt-quatre heures à elle-même.

C'est en précipitant par l'acétate de plomb la décoction de réglisse filtrée, après qu'elle s'est prise en gelée par l'addition de l'acide acétique ; c'est en précipitant l'excès de plomb par l'acide hydrosulfurique, faisant évaporer la liqueur filtrée, qu'on obtient la *matière organique cristallisable*, sous la forme d'octaèdres rectangulaires, dont les deux arêtes les plus courtes sont remplacées par des facettes.

Ces cristaux sont presque insipides.

Quand on les jette sur un charbon ardent, ils se boursoufflent et laissent dégager de l'ammoniaque.

L'eau froide n'en dissout qu'une très-foible proportion. Cette solution n'est précipitée par aucun réactif.

Quand on les broie avec de la potasse, ils laissent dégager de l'ammoniaque au bout d'un certain temps.

L'acide sulfurique les dissout sans les noircir. (Сн.)

RÉGLISSE FAUSSE. (*Bot.*) Nom vulgaire de l'*astragalus glycyphyllos*. (J.)

RÉGLISSE DE MONTAGNE. (*Bot.*) Nom vulgaire du **trèfle des Alpes.** (L. D.)

RÉGLISSE SAUVAGE. (*Bot.*) C'est l'astragale réglisse. (L. D.)

REGOR. (*Mamm.*) En Languedoc, les agneaux qui naissent en automne portent ce nom. (Desm.)

RÉGULE. (*Chim.*) Les alchimistes, dans le principe, donnoient ce nom au métal obtenu au moyen de la fusion d'une mine, qu'ils considéroient comme étant celle d'un demi-métal. Régule signifioit *petit roi*, par allusion à l'or, qui étoit le métal par excellence, le *roi* des métaux. (Ch.)

RÉGULE D'ANTIMOINE. (*Chim.*) Les anciens désignoient par cette expression l'antimoine à l'état de pureté, et ils désignoient le *sulfure d'antimoine* par le nom d'antimoine. (Ch.)

RÉGULE D'ANTIMOINE MARTIAL. (*Chim.*) C'étoit l'antimoine séparé du sulfure au moyen du fer. L'antimoine obtenu par ce moyen n'est pas pur, il retient une portion du métal qui a servi à le désulfurer. (Ch.)

RÉGULE D'ARSENIC. (*Chim.*) Les anciens désignoient par cette expression l'arsenic métallique. (Ch.)

RÉGULE DE COBALT. (*Chim.*) Les anciens donnoient ce nom à la matière métallique fixe qu'ils obtenoient de la mine de cobalt; mais cette matière étoit un cobalt très-impur. (Ch.)

RÉGULE JOVIAL. (*Chim.*) Les anciens donnoient ce nom à l'alliage d'antimoine et d'étain, obtenu en fondant le sulfure d'antimoine avec l'étain. (Ch.)

RÉGULE MARTIAL. (*Chim.*) C'étoit, pour les anciens, l'antimoine provenant du sulfure d'antimoine décomposé par le fer. L'antimoine ainsi préparé contient du fer. (Ch.)

RÉGULE DE VÉNUS. (*Chim.*) Les anciens donnoient ce nom à l'alliage violet d'antimoine et de cuivre que l'on obtient en fondant le sulfure d'antimoine avec le cuivre, qu'ils appeloient *vénus*. (Ch.)

RÉGULIER. (*Bot.*) Un calice, une corolle sont réguliers, lorsque leurs parties correspondantes sont parfaitement semblables quelle que soit leur forme; exemples : calice du *borrago officinalis*, du *tormentilla*; corolle du *borrago officinalis*, du *kalmia*, de l'*aquilegia*, de la rose. Un corymbe est régulier, lorsque les pédoncules sont alongés en telle proportion que toutes les fleurs forment, par leur rapprochement, une surface égale, plane ou convexe; exemple : *achillea millefolium*. Le tissu cellulaire des végétaux est régulier, lorsque les cellules qui le composent, au lieu d'être alongées, sont toutes à peu près hexaèdres; c'est ce qu'on observe dans la moelle, l'écorce, les cotylédons épais, les racines charnues, les fruits pulpeux, etc. (Mass.)

REGULUS. (*Ornith.*) Nom latin moderne du roitelet. (Desm.)

REHGEISS et REISS. (*Bot.*) Deux noms de la chanterelle, espèce de champignon, aux environs de Ratisbonne. (Lem.)

REHUSAK. (*Ornith.*) Cet oiseau est le tétras ou la gelinotte de Laponie, *tetrao lapponicus*, Lath. (Ch. D.)

REICHARDIA. (*Bot.*) Roth et Mœnch donnoient ce nom, en mémoire de Reichard, éditeur d'une des éditions du *Species* de Linnæus, au *picridium* de M. Desfontaines, qui renferme les *scorzonera tingitana* et *picroides*, auparavant reportés successivement au *crepis* et au *sonchus*. Un autre *reichardia*, établi encore par Roth, est celui que Cavanilles nomme *usteria* et qui est maintenant le *maurandia* de Jacquin et de Willdenow. (J.)

REICHELIA. (*Bot.*) Schreber et Willdenow nomment ainsi le *sagonea* d'Aublet, genre de la famille des couvolvulacées. (J.)

REICHEMBACHIA. (*Bot.*) D'après M. Fée, ce genre de Sprengel est le même que le genre *Usnea*, dans la famille des lichens. (Lem.)

REIDER. (*Mamm.*) Nom lappon de la baléinoptère gibbar, selon M. de Lacépède. (Desm.)

REIDUR. (*Ichthyol.*) Nom spécifique d'un salmone de Norwége. Voyez Salmone. (H. C.)

REIGER. (*Ornith.*) Le héron commun, *ardea major* et *cinerea*, Linn., qu'on nomme ainsi en Suisse, est appelé *Reiger* en Hollande, *Reiher* en Allemagne, et *Reigher* en Flandre. (Ch. D.)

REIMARIA. (*Bot.*) Genre de plantes monocotylédones, à fleurs glumacées, de la famille des *graminées*, de la *triandrie digynie* de Linnæus, offrant pour caractère essentiel : Des fleurs disposées en épis digités; un calice uniflore, à une seule valve ; une corolle bivalve , persistante sur les semences ; trois et souvent deux étamines ; deux styles.

Reimaria a fleurs blanches : *Reimaria candida* , Flugg. , *Pasp.*, 214 ; *Paspalum candidum*, Kunth *in* Humb. et Bonpl., *Nov. gen.*, 1, tab. 25. Cette plante a des tiges hautes de deux pieds et plus, pubescentes sur les nœuds. Les feuilles sont planes, linéaires-lancéolées, pubescentes à leurs deux faces ; leur gaine est glabre, avec une membrane saillante à l'orifice ; les épis, au nombre de vingt à trente, sont serrés, presque longs d'un pouce, solitaires ou géminés ; les inférieurs, ternés ou quaternés, portent huit à seize épillets oblongs, obtus, d'un blanc de lait, disposés sur un seul rang ; le rachis est une fois plus long que les épillets, pubescent à sa base ; les pédicelles sont très-courts ; la valve du calice est glabre, à trois nervures, appliquée contre la corolle et de même longueur ; celle-ci a ses deux valves égales, l'intérieure convexe ; la semence est plane, un peu convexe, recouverte par la corolle. Cette plante croît dans l'Amérique méridionale.

Reimaria élégante : *Reimaria elegans*, Flugg., *loc. cit.*; *Paspalum pulchellum*, Kunth *in* Humb. et Bonpl., *loc. cit.*, tab. 26. Petite plante, haute d'environ six pouces, dont les tiges sont droites, simples, filiformes, nues à leur moitié supérieure, un peu pubescentes sur les nœuds ; les feuilles sont étroites, linéaires, pileuses, roulées à leurs bords ; les gaines pubescentes, plus courtes que les entre-nœuds (la supérieure très-longue, presque glabre), avec une membrane à peine sensible à l'orifice ; les épis, au nombre de deux ou trois, sont alternes, rapprochés, longs d'un pouce et demi ; le rachis est plane, lisse, un peu flexueux au sommet, barbu à sa base, de la largeur des épillets ; les pédicelles sont très-courts ; les épillets ovales, obtus, imbriqués sur deux rangs ; la valve du calice est d'un beau rouge, à cinq nervures ; celle de la corolle lisse, d'un jaune de cire, de la longueur du calice. Cette plante croît à Cumana, dans l'Amérique méridionale.

Reimaria aiguë : *Reimaria acuta*, Flugg., *loc. cit.*; Kunth *in* Humb. et Bonpl., *loc. cit.*, tab. 21. Sa tige est haute de huit à neuf pouces, souvent géniculée à sa base, très-rameuse, tombante, pubescente, radicante à ses nœuds inférieurs ; les feuilles sont étroites, linéaires, un peu pubescentes, roulées et saillantes en carène; les gaînes lâches, plus courtes que les entre-nœuds, barbues à leur orifice; les inférieures pileuses. Cette plante a quatre ou cinq épis alternes, longs d'un pouce et plus; le rachis trigone, une fois plus étroit que les épillets, un peu denté, cilié à ses bords; sur chaque épi sept à dix épillets un peu distans, linéaires-lancéolés, très-acuminés; la valve du calice blanche ou verdâtre, à trois nervures, pileuse, ciliée à ses bords; deux étamines. Cette plante croît dans l'Amérique méridionale. (Poir.)

REIN, REINTHIERS-GESCHLECHT. (*Mamm.*) Noms du renne, espèce de cerf, dans divers dialectes du Nord. (Desm.)

REINDEER. (*Mamm.*) Dénomination du renne en Angleterre. (Desm.)

REINE ou ROI DES ABEILLES. (*Entom.*) C'est la femelle, ordinairement unique, qui se trouve dans les ruches des abeilles à miel. Voyez Abeille. (C. D.)

REINE DES BOIS. (*Bot.*) Nom vulgaire de l'aspérule odorante. (L. D.)

REINE DES CARPES. (*Ichthyol.*) Nom donné à un grand cyprin carpe, lequel est caractérisé par le manque presque général d'écailles sur son corps, à l'exception de quelques parties, où il en existe de très-larges, mais en petit nombre. (Desm.)

REINE-CLAUDE. (*Bot.*) C'est une variété de prune. (L. D.)

REINE-MARGUERITE. (*Bot.*) C'est l'*aster chinensis* de Linnæus, dont M. de Cassini a fait un genre distinct sous le nom de *Calistemma*, qui n'a pas encore été adopté. On la connoît en France depuis que le père d'Incarville, jésuite missionnaire, en envoya les graines, en 1742, à Bernard de Jussieu : elle étoit d'abord simple et peu recherchée; mais lorsque, semée sur couche, elle donna des fleurs doubles, sa culture fut bientôt répandue, et elle devint l'ornement des jardins dans la saison de l'automne. (J.)

REINE-PAPILLON. (*Entom.*) On a nommé ainsi le *papilio io*, l'œil-de-paon ou le paon-du-jour. (C. D.)

REINE DES PRÉS. (*Bot.*) Nom vulgaire de la spirée ulmaire. (L. D.)

REINE DES SERPENS, *Regina serpentum*. (*Ichthyol.*) Séba

a donné ce nom à un ophidien du Brésil, remarquable par l'éclat de ses couleurs. (H. C.)

REINERIA. (*Bot.*) Sous ce nom Mœnch fait un genre du *galega stricta* de Willdenow, auquel il attribue un calice à deux lèvres ; un étendard évasé, des ailes conniventes, une carène beaucoup plus courte, un légume linéaire, non noueux, un peu comprimé. Voyez Téphrosie. (J.)

REINETTE. (*Bot.*) Variété de pommes très-cultivées à cause de la bonté de leur fruit, que l'on emploie de préférence pour faire des gelées, des sirops, des tisanes et autres préparations utiles en médecine. Voyez Pommier. (J.)

REINS. (*Anat.*) Voyez Sécrétions. (H. C.)

REINS DES REPTILES. (*Erpét.*) Voyez Reptiles. (H. C.)

REINWARDTIA. (*Bot.*) Sous ce nom le *linum trigynum* a été séparé du genre *Linum* par M. Dumortier, parce que son ovaire n'est terminé que par trois styles, au lieu de cinq, observés dans la plupart des autres espèces. Ce genre n'a pas encore été adopté. (J.)

REÏOFRICON. (*Bot.*) Nom arabe du millepertuis ordinaire, selon Daléchamps. (J.)

REISCHE. (*Bot.*) Voyez Reisk. (Lem.)

REISJUN. (*Bot.*) Nom japonois du coquelicot, *papaver rhœas*, cité par Thunberg. (J.)

REISK et REISCHE. (*Bot.*) Noms de l'*agaricus deliciosus*, Linn. (voyez à l'article Fonge) en Saxe, en Silésie et dans la Thuringe. (Lem.)

REISS. (*Bot.*) Voyez Rehgeiss. (Lem.)

REISVOGEL. (*Ornith.*) L'oiseau ainsi nommé par les Allemands est le gros-bec padda. (Ch. D.)

REIX-PAOUS. (*Ornith.*) C'est, d'après le Nouveau Dictionnaire d'histoire naturelle, le nom languedocien du roitelet, *motacilla regulus*, Linn. (Ch. D.)

REJET, REJETON. (*Bot.*) On donne ces noms aux pousses des arbres, des arbrisseaux ou des plantes vivaces qui sortent des racines et forment de nouvelles tiges. (L. D.)

REJET. (*Chasse.*) On donne ce nom et celui de *rejettoir* à un piége destiné à prendre divers oiseaux et surtout des bécasses, et qui, réduit à sa plus grande simplicité, consiste en une baguette de bois vert courbée, au bout de laquelle on attache un lacet; ce lacet, par son ressort, en serre le nœud coulant, et enlève l'oiseau. Une grande partie des bécasses qui se vendent à Paris ont été prises avec cet instrument. Quand on a reconnu, par la fiente blanche de ces oiseaux, qui se nomme *miroir*, les endroits où leurs passages sont fréquens, et où elles se plaisent à suivre la même raie, si elles ne trouvent pas d'obstacles, on y tend, de douze en douze pas, et avant la chute du jour, les rejets, dont les bécasses ne sont pas effrayées, et dont l'auteur de l'aviceptologie françoise a donné des figures, pl. 26 et 27. (CH. D.)

REKOTTYE-FA. (*Bot.*) Voyez KETO - FIZ. (J.)

REKRAK. (*Bot.*) Nom arabe du *melilotus indica*, cité par Forskal. (J.)

RELBUM. (*Bot.*) Nom que porte au Chili une espèce de garance, *rubia chiloensis* de Willdenow, mentionnée par Feuillée, laquelle a les feuilles verticillées quatre à quatre; sa racine est rouge et donne une teinture de même couleur. (J.)

RELHAMIA de Gmelin, *Syst. nat.* (*Bot.*) C'est le même genre que le *Curtisia* des botanistes. (LEM.)

RELHANIE, *Relhania*. (*Bot.*) Ce genre de plantes, établi en 1788 par l'Héritier, appartient à l'ordre des Synanthérées, à notre tribu naturelle des Inulées, et à la section des Inulées-Gnaphaliées, au commencement de laquelle nous l'avons placé. (Voyez notre Tableau des Inulées, tom. XXIII, pag. 560.)

Le genre *Relhania* comprend, selon nous, deux sous-genres, dont le premier, fondé sur la *Leysera paleacea* de Linné, doit conserver le nom de *Relhania*, et dont le second, institué par Banks et Gærtner, doit se nommer *Eclopes*.

I. RELHANIE, *Relhania*.

Calathide radiée : disque multiflore, régulariflore, androgyniflore; couronne unisériée, liguliflore, féminiflore. Péricline hémisphérique, supérieur aux fleurs du disque; formé de squames régulièrement imbriquées, appliquées, ovales, coriaces, surmontées d'un appendice arrondi, scarieux. Clinanthe plan, garni de squamelles linéaires, un peu supérieures aux fleurs. Ovaires du disque et de la couronne parfaitement uniformes, longs, grêles, très-glabres, subcylindracés, un peu anguleux; aigrette stéphanoïde, coriace-membraneuse, très-

haute, tubuleuse, indivise, dentée seulement au sommet
(rarement fendue). Anthères munies d'appendices basilaires
sétiformes. Stigmatophores d'Inulée-Gnaphaliée.

RELHANIE FAUSSE-BRUYÈRE : *Relhania ericoides*, H. Cass. ; *Relhania paleacea*, l'Hérit. ; *Leysera paleacea*, Gærtn., Linn. ; *Leysera
ericoides*, Berg. C'est un arbuste du cap de Bonne-Espérance,
dont les jeunes rameaux sont grêles, tomenteux et garnis de
petites feuilles sessiles, linéaires, à sommet tantôt arrondi,
tantôt mucroné et recourbé, très-entières sur les bords, épaisses, subtriquètres, coriaces-charnues. uninervées. à nervure
saillante en dessous, glabres sur la face externe convexe et
sur les bords de la face interne, tomenteuses seulement sur
le milieu de la face interne ou supérieure. qui est concave :
les calathides, larges d'environ six lignes, sont solitaires au
sommet des rameaux, dont la partie supérieure n'est point
pédonculiforme ; le péricline est campanulé, glabre, luisant,
roussâtre.

Nous avons fait cette description spécifique, et celle des
caractères génériques, sur un échantillon sec de l'herbier de
M. Desfontaines.

Le nom spécifique de *paleacea*. qui étoit convenablement
appliqué à cette plante, quand on la rapportoit au genre *Leysera*. forme aujourd'hui une sorte de pléonasme, et doit être
remplacé, comme nous le proposons, par celui d'*ericoides*.
déjà employé par Bergius.

II. ÉCLOPE, *Eclopes*.

Calathide radiée : disque multiflore, régulariflore, androgyniflore ; couronne unisériée, liguliflore, féminiflore. Péricline campanulé, supérieur aux fleurs du disque, formé de
squames régulièrement imbriquées, appliquées ; les extérieures
larges, ovales, coriaces, à large bordure scarieuse : les intérieures étroites, oblongues. surmontées d'un long appendice étalé. presque radiant, oblong, scarieux, roussâtre. Clinanthe planiuscule ou un peu convexe, garni de squamelles
inférieures aux fleurs, embrassantes, canaliculées, carénées.
linéaires-subulées, coriaces, diaphanes. *Fleurs du disque* : Ovaire
comprimé bilatéralement, oblong, glabre, bordé d'un bourrelet sur chacune de ses deux arêtes, extérieure et intérieure ;

aigrette stéphanoïde, continue ou interrompue, courte, membraneuse, très-profondément et irrégulièrement découpée. Corolle articulée sur l'ovaire, à tube long, à limbe divisé au sommet en cinq lobes courts. Anthères munies de longs appendices basilaires membraneux, découpés. Stigmatophores point tronqués au sommet. *Fleurs de la couronne :* Ovaire oblong, triquètre, hispide, aigretté comme celui des fleurs du disque. Corolle articulée sur l'ovaire, à tube long, à languette oblongue, plurinervée, à peine bi-tridentée au sommet.

Ces caractères génériques ont été observés par nous sur les trois espèces que nous allons décrire, et notamment sur la première (*E. subpungens*) que nous avons prise pour type.

Éclope a feuilles piquantes : *Eclopes subpungens*, H. Cass., *Relhania pungens*, l'Hérit. La tige est ligneuse, grêle, rameuse ; les rameaux sont longs, simples, pubescens, garnis de feuilles d'un bout à l'autre ; les feuilles sont alternes, rapprochées, sessiles ou presque sessiles, longues d'environ sept lignes, linéaires-lancéolées, étrécies vers la base, aiguës et un peu piquantes au sommet, très-entières sur les bords, glabriuscules en dessus, pubescentes en dessous, trinervées, comme striées, bordées d'un bourrelet formé par une sorte de nervure marginale ; les calathides, composées de fleurs jaunes, sont solitaires au sommet des rameaux, et ont le péricline glabre ; les squamelles du clinanthe sont linéaires-subulées ; les ovaires du disque sont entièrement glabres ; leur aigrette est très-courte, stéphanoïde, interrompue, très-irrégulière, membraneuse, lacérée ; celle des ovaires de la couronne est si profondément divisée, qu'elle semble composée de plusieurs squamellules paléiformes, souvent plus ou moins entregreffées à la base. Les caractères génériques sont d'ailleurs conformes à ceux décrits ci-dessus. Nous avons fait cette description sur un individu vivant, cultivé au Jardin du Roi. Ses feuilles exhalent, quand on les froisse, une odeur aromatique assez analogue à celle de la lavande.

Éclope a feuilles en aiguille ; *Eclopes acicularis*, H. Cass. Les jeunes rameaux sont cylindriques, tomenteux, garnis de feuilles jusqu'au sommet ; les feuilles sont alternes, sessiles, longues d'environ huit lignes, très-étroites, coriaces, dures, roides, subulées, canaliculées, ayant la partie supérieure spiniforme, très-piquante; leur face externe ou inférieure est convexe, plurinervée, striée, glabre, un peu laineuse seulement vers la base; la face interne ou supérieure est concave et tomenteuse; les calathides sont très-grandes, solitaires, sessiles au sommet des rameaux; leur péricline est égal aux fleurs de la couronne, glabre, luisant, roussâtre, accompagné à sa base d'écailles imbriquées, analogues aux vraies squames de ce péricline, et qui semblent lui appartenir, mais qui sont insérées bien plus bas que la face extérieure, inférieure ou basilaire du clinanthe; les corolles sont jaunes, mais elles noircissent en séchant, comme celles de la *Relhania ericoïdes*; le clinanthe est plan, garni de squamelles égales aux fleurs du disque, étroites, linéaires-subulées, très-aiguës, un peu piquantes; les ovaires de la couronne sont trigones, hispides; ceux du disque sont très-comprimés bilatéralement, obovales-oblongs, ciliés sur l'arête intérieure, glabres du reste; l'aigrette est assez courte, stéphanoïde, membraneuse, très-profondément et irrégulièrement découpée en trois, quatre ou cinq parties; les anthères sont pourvues d'appendices basilaires sétiformes; les stigmatophores ne sont point tronqués au sommet, ce qui est une anomalie dans les Gnaphaliées, et ce qui rapproche les *Eclopes* des *Buphthalmum*. Nous avons fait cette description sur un échantillon sec de l'herbier de M. Desfontaines, où il étoit étiqueté *Relhania acicularis*.

ÉCLOPE A FEUILLES PONCTUÉES : *Eclopes punctata*, H. Cass., *An? Relhania genistifolia*, l'Hér. La tige est ligneuse; les jeunes rameaux sont simples, grêles, roides, cylindriques, un peu striés, glabres, garnis de feuilles jusqu'au sommet; les feuilles sont alternes, très-peu distantes, sessiles, longues d'environ deux lignes et demie, larges d'environ une demi-ligne, oblongues, un peu élargies de bas en haut, très-entières sur les bords, à sommet épaissi, mucroné et recourbé en dessous; elles sont planes, vertes et glabriuscules sur les deux faces, munies d'une seule nervure saillante en dessous, parsemées d'une multitude de petits points glanduleux; chaque rameau se termine par un fascicule d'environ cinq petites calathides, portées chacune sur un pédoncule long d'environ deux lignes, presque filiforme, simple, nu, pubescent; les calathides, composées de fleurs jaunes assez peu nombreuses, sont oblongues, hautes de deux lignes et demie, courtement radiées, les fleurs de la couronne étant à peine plus longues que celles du disque; le péricline est inférieur aux fleurs du disque, ovoïde-cylindracé, très-glabre, luisant, roussâtre, formé de squames arrondies, coriaces, les intérieures ayant la partie supérieure scarieuse et appendiciforme; les squamelles du clinanthe sont très-inférieures aux fleurs, spatulées, à partie inférieure longue, étroite, presque linéaire, canaliculée, coriace, à partie supérieure courte, large, ovale, scarieuse, demi-transparente, roussâtre; les ovaires de la couronne sont oblongs et tout hérissés de longs poils; ceux du disque sont glabres, longs, étroits, minces, tétragones, et paroissant un peu comprimés bilatéralement; l'aigrette est courte, stéphanoïde, membraneuse, diaphane, très-profondément laciniée, à lanières nombreuses, étroites, subulées; les anthères ont de longs appendices basilaires sétiformes; les stigmatophores sont analogues à ceux des Inulées-Gnaphaliées; les languettes de la couronne sont très-entières au sommet. Nous avons fait cette description sur un échantillon sec de l'herbier de M. de Jussieu. Cette plante ressemble beaucoup par son port à l'*Eclopes viscida*, figurée par Gærtner (tab. 169, fig. 2); mais, outre que la plante de ce botaniste doit être visqueuse, et que la nôtre ne paroît pas l'être, Gærtner dit que les squamelles du clinanthe sont linéaires-oblongues, aiguës, que les fruits sont uniformes, comprimés, oblongs, un peu velus, et que leur aigrette est composée de cinq folioles paléacées, distinctes, acuminées; caractères qui ne conviennent point à notre *Eclopes punctata*. L'aigrette de trois ou quatre paillettes très-courtes, attribuée par Gærtner à son *Eclopes buxifolia*, convient encore moins à notre espèce. Quoi qu'il en soit, l'*Eclopes punctata* s'éloigne par son port, par ses caractères spécifiques, et même par quelques caractères génériques, des *Eclopes subpungens* et *acicularis*. Les ovaires du disque se rapprochent de ceux de la *Relhania ericoides*, et nous serions presque tenté de croire qu'ils sont stériles, auquel cas les fleurs du disque seroient mâles, et la plante dont il s'agit pourroit constituer un troisième sous-genre dans le genre *Relhania*.

Les deux sous-genres que nous y admettons diffèrent essentiellement en ce que, dans le vrai *Relhania*, les ovaires du disque et de la couronne sont parfaitement uniformes, longs, grêles, très-glabres, subcylindracés, un peu anguleux, surmontés d'une aigrette stéphanoïde, très-haute, tubuleuse, indivise, dentée seulement au sommet (rarement fendue); tandis que, dans les *Eclopes*, les ovaires de la couronne, fort différens de ceux du disque, sont triquètres, hispides, que ceux du disque sont comprimés bilatéralement, glabres ou seulement ciliés sur l'arête intérieure, et que l'aigrette est courte, très-profondément et irrégulièrement découpée.

Gærtner, auteur de l'*Eclopes*, nommoit *Leysera* le vrai *Relhania*; et il rangeoit ces deux sous-genres fort loin l'un de l'autre, sans même paroître soupçonner leur affinité, parce que sa classification, tout-à-fait artificielle, admettoit une division caractérisée par l'aigrette stéphanoïde (*pappo marginato aut cotyloide*), dans laquelle il plaçoit le vrai *Relhania*, et une autre division, caractérisée par l'aigrette de plusieurs squamellules paléiformes (*pappo phyllode aut palcaceo*), dans laquelle il plaçoit l'*Eclopes*. Cependant, s'il avoit soigneusement observé l'aigrette de l'*Eclopes*, il auroit reconnu qu'elle est stéphanoïde, comme celle du vrai *Relhania*, et qu'elle n'en diffère que parce qu'elle est plus courte et plus profondément divisée. Gærtner a probablement commis encore une autre erreur, en attribuant à son *Eclopes* des fruits uniformes, tous comprimés et un peu velus: l'analogie nous persuade que les deux espèces observées par ce botaniste ont, comme les trois nôtres, des fruits dissemblables, ceux de la couronne triquètres, hispides, ceux du disque comprimés et glabres ou ciliés.

Gærtner prétend que l'*Eclopes* est immédiatement voisin de l'*Athanasia*, et qu'il n'en diffère que par la présence d'une couronne de fleurs femelles ligulées: mais nous avons démontré (tom. XXVII, pag. 168) que les vraies *Athanasia* offrent dans leur aigrette une structure très-singulière, et qui assurément n'a aucune analogie avec celle de l'aigrette des *Eclopes*; d'ailleurs l'*Athanasia* et l'*Eclopes* ne sont point de la même tribu naturelle, ce qui est surtout clairement établi par les appendices basilaires des anthères, très-manifestes dans l'*Eclopes*, nuls dans l'*Athanasia*.

La *Relhania cricoides* et l'*Eclopes acicularis* ont les feuilles concaves et tomenteuses en dessus, convexes et glabres en dessous : c'est un caractère très-remarquable, mais qui leur est commun avec plusieurs autres plantes de la tribu des Inulées, et notamment de la section des Gnaphaliées. Voyez dans notre article MÉTALASIE (tom. XXX, pag. 225) nos observations sur ce phénomène. Conformément aux idées que nous avons émises dans cet article, nous sommes très-porté à croire que si, dans les deux plantes dont il s'agit, les feuilles ne sont point retournées sens dessus dessous, comme dans les *Metalasia*, c'est que leur face tomenteuse est probablement appliquée contre le rameau, ce qu'il faudroit vérifier sur des individus vivans. (H. Cass.)

RELIGIEUSE. (*Entom.*) Nom vulgaire de la mante, insecte orthoptère. (C. D.)

RELIGIEUSE. (*Ornith.*) Ce nom est donné à plusieurs oiseaux, tels que l'*hirondelle de fenêtre*, la *sarcelle blanche et noire de l'Amérique septentrionale*, la *bernache*, la *corneille mantelée*, le *pluvier à collier*. La *religieuse d'Abyssinie* est le *merle moloxita*. (Voyez, pour ce dernier oiseau, le LORIOT RIEUR, tom. XXVII du Dictionnaire des sciences naturelles, pag. 213 et 214. (Ch. D.)

RELIGIEUSES et PETITES RELIGIEUSES. (*Bot.*) Espèce de champignons connus des botanistes sous le nom d'*helvella monacella*, Linn. Voyez HELVELLE. (Lem.)

RELL ou RELLMOUSE. (*Mamm.*) Noms anglois du loir, qui s'appelle *Rellmaus* en allemand. (Desm.)

REMBERTIA. (*Bot.*) Adanson désigne sous ce nom le *diapensia* de Linnæus. (J.)

REMBUS. (*Entom.*) M. Latreille a employé ce nom de genre pour y ranger deux espèces de carabes des Indes orientales. (C. D.)

REMÉ. (*Bot.*) Nom sous lequel Adanson désigne le *trianthema* de Linnæus. Voyez RABA. (J.)

RÉMIGES. (*Ornith.*) Les pennes des ailes, faisant l'office de rames, ont été nommées *rémiges*. Elles se divisent en *primaires* et *secondaires*, ou grandes et moyennes. Les grandes pennes, c'est-à-dire les plus extérieures, ordinairement au nombre de dix, sont implantées sur l'os du carpe, et les moyennes, dont le nombre est variable, le sont sur l'avant-bras; les plumes qui suivent et qui sont attachées au bras, ne diffèrent presque point de celles qui couvrent le reste du corps : on les appelle *grandes couvertures des ailes.*

Les rémiges sont plus ou moins longues et larges, et différemment échancrées dans diverses espèces d'oiseaux, sans que leur volume, plus ou moins considérable, soit en proportion relative avec la grosseur du corps; mais leur longueur et la manière dont elles sont figurées ont une grande influence sur le vol. Leurs barbes sont plus longues du côté du corps, plus courtes à l'extérieur, et légèrement tournées en bas à leur pointe. De cette manière, lorsque l'aile est étendue et que l'oiseau fend l'air, ce fluide, divisé par le tranchant de l'aile, glisse le long des barbes externes, et s'insinue entre leurs lames, à travers desquelles il s'échappe ; mais, comme l'observe Mauduyt, quand l'oiseau, pour s'élever ou s'élancer, baisse l'aile et en frappe l'air qu'il retient dessous, le fluide, en réagissant, applique, du côté du corps, les lames les unes contre les autres, les presse en sens contraire à leur courbure, et empêche l'air qui est sous l'aile de s'échapper, de sorte que la force de l'aile agit sur la colonne d'air perpendiculaire.

Les barbes vont en décroissant de longueur, de la base de la plume à sa pointe. Chaque penne s'arrondit à son extrémité, du côté du corps, et forme une lame coupante et aiguë; ce qui facilite à l'aile, quand elle s'élève, les moyens de fendre et diviser l'air. Tantôt les barbes des pennes forment un tout continu qui décroît insensiblement, tantôt elles se raccourcissent subitement ; ce qui les fait paroître échancrées. Les oiseaux qui s'élèvent très-haut, qui forcent le vent et se soutiennent long-temps en l'air, ont toutes les pennes entières, et ceux qui volent bas, qui ne peuvent forcer le vent et dont le vol est court, ont les pennes plus ou moins échancrées : quand l'aile de ces derniers s'abaisse pour frapper l'air, une partie s'échappe par le vide que les échancrures laissent d'une penne à l'autre, et l'aile n'appuie que par une base entrecoupée.

En terme de fauconnerie la première des pennes primaires de l'aile s'appelle *cerceau*, et les pennes secondaires se nomment *vanneaux*.

Le nombre des pennes alaires est variable, et il n'est pas

constaté si ce nombre est toujours pair, comme celui des
pennes caudales, ou s'il est tantôt pair et tantôt impair. Les
rémiges se comptent dans chaque espèce d'après l'examen des
deux ailes, et non pas d'une seule, comme on le fait pour les
rectrices. (Сн. D.)

RÉMIPÈDE, *Remipes*. (*Crust.*) Genre de crustacés décapodes macroures, dont nous avons décrit les caractères et
fait connoître les principales espèces dans l'article Malacostracés, tome XXVIII, page 285. (Desm.)

RÉMIPÈDE. (*Foss.*) Voyez Ranine. (D. F.)

RÉMIPÈDES ou HYDROCORÉES. (*Entom.*) Noms sous lesquels nous avons désigné la famille des insectes hémiptères, vulgairement appelés punaises d'eau, tels que les naucores, notonectes, nèpes, ranatres et sigares. Voyez Hydrocorées. (C. D.)

RÉMIRE, *Remirea*. (*Bot.*) Genre de plantes monocotylédones, à fleurs glumacées, de la famille des *graminées*, de la
triandrie monogynie, ayant pour caractère essentiel : Une
balle uniflore, à deux valves inégales ; celles de la corolle
plus petites, aiguës, inégales ; trois étamines: un long style
terminé par trois stigmates ; une semence oblongue, à trois
faces, enveloppée par les valves de la corolle.

Rémire maritime : *Remirea maritima*, Aubl., Guian., 1, tab.
16 ; Lamk., *Ill. gen.*, tab. 57 ; Pal. Beauv., Fl. d'Ow. et Ben.,
tab. 75. Cette plante est pourvue de longues racines noueuses,
cylindriques et traçantes, produisant, à chaque nœud, un
grand nombre de fibres capillaires, roussàtres ; il s'en élève
des chaumes droits et fermes, qui se ramifient, vers leur
extrémité, en rameaux alternes, étalés, au nombre de trois
à sept. Les feuilles sont nombreuses, imbriquées, très-rapprochées, courtes, aiguës, finement denticulées à leurs bords.
Les fleurs sont disposées en panicules touffues, très-serrées à
l'extrémité de chaque rameau, presque sessiles, et en partie
enveloppées par les feuilles supérieures. Ces fleurs sont petites ; leur calice est à une seule valve concave, aiguë ; celles
de la corolle sont très-minces, inégales ; les filamens des étamines très-longs ; les anthères oblongues ; les stigmates de couleur purpurine. Cette plante croît dans le sable, sur le bord
de la mer, dans la Guiane et à Cayenne. Ses racines ont une
odeur aromatique assez agréable. Lorsqu'on les tient dans la

bouche, elles font sur la langue une impression désagréable. On les regarde, prises en tisane, comme très-propres pour exciter les sueurs et faire couler les urines. (Poir.)

RÉMITARSES ou NECTOPODES. (*Entom.*) Famille d'insectes coléoptères pentamérés, dont les tarses sont aplatis en forme de rames, tels que les dytiques, les haliples, les hyphydres, les tourniqets. Voyez à l'article Nectopodes. (C. D.)

RÉMIZ. (*Ornith.*) Cet oiseau, dont le nom s'écrit aussi *rémisch* ou *rémitsch* en polonois, et *remessof* en langue russe, forme, dans le genre Mésange, *Parus*, une section qui se distingue des mésanges ordinaires par un bec plus grêle et plus pointu, et par plus d'art dans la construction du nid. C'est le *Parus pendulinus*, Linn., dont la description se trouve au tome XXX de ce Dictionnaire, p. 195. Voyez aussi Penduline. (Ch. D.)

RÉMORA. (*Ichthyol.*) Voyez Échénéide. (H. C.)

REMORA. (*Conchyl.*) Mutien, d'après Pline, avoit donné ce nom à une coquille que l'on suppose du genre Porcelaine des zoologistes modernes, parce qu'un grand nombre s'étant attaché à la carène d'un vaisseau que Périandre, tyran de Corinthe envoyoit, portant l'ordre de mutiler trois cents enfans nobles de Corcyre, ce vaisseau ne put jamais avancer, malgré la faveur du vent. De là cette coquille fut aussi nommée conque de Vénus. C'est sans doute cette dénomination qui aura fait choisir les porcelaines, auxquelles elle a aussi été donnée, par une tout autre raison, pour l'application de cette histoire, et cela sans probabilité; car les espéces de ce genre sont fort rares dans la Méditerranée; elles n'ont pas l'habitude de s'attacher ainsi. On auroit mieux réussi en supposant que c'étoit une espéce de balane ou d'anatife, qui peuvent réellement, en s'accumulant sur les flancs d'un vaisseau, ralentir considérablement sa marche. (De B.)

REMORARATRI. (*Bot.*) Les anciens auteurs ont désigné par ce nom, qui signifie remora de la charrue, la bugrane ou arrête-bœuf, dont les racines, entrelacées et rampantes, opposent de la résistance à la charrue. (Lem.)

REMORE, REMORS ou REMORS DU DIABLE. (*Bot.*) Noms donnés à une scabieuse, *scabiosa succisa*, dont l'extrémité de la racine est coupée comme si un animal sous terre en avoit enlevé une partie. (J.)

REMPEUR. (*Ichthyol.*) Voyez RAMPEUR. (H. C.)

REMUE-QUEUE ou REMUE-CU. (*Ornith.*) Noms vulgaires donnés aux bergeronnettes. (Ch. D.)

REN. (*Bot.*) Nom arabe du *sida cordifolia* de Forskal, qui est le *sida indica*, selon Vahl. (J.)

REN, HATSIS. (*Bot.*) Noms japonois du *nelumbo*, plante aquatique, suivant M. Thunberg et Kæmpfer : ce dernier dit que cette plante est sacrée pour les payens et qu'ils ornent de ses fleurs les autels de leurs dieux. (**J.**)

RENAIRE. (*Bot.*) Plan et dont la circonscription ressemble à celle du rein; exemple : feuilles de l'*azarum europæum*; stipules du *salix capræa*. On emploie le mot réniforme lorsque l'objet n'est point plan; exemples : pepon de l'*elaterium* ; carcérule de l'*anacardium occidentale; graines de l'hedysarum onobrychis*; anthères de la digitale, de la lavande; pollen du *commelina tuberosa*. (Mass.)

RÉNANTHÈRE, *Renanthera*. (*Bot.*) Genre de plantes monocotylédones, à fleurs irrégulières, de la famille des *orchidées*, de la *gynandrie monogynie* de Linnæus, offrant pour caractère essentiel : Une corolle à cinq pétales oblongs; les deux supérieurs obtus, ondulés; les trois inférieurs plans; linéaires-lancéolés; un sixième, inférieur, à deux lèvres, l'intérieure oblongue, entière; l'extérieure à trois lobes; une anthère operculée, à deux lobes réniformes, divergens.

RÉNANTHÈRE ÉCARLATE; *Renanthera coccinea*, Lour., *Fl. Coch.*, 2, p. 637. Cette plante a des racines composées de bulbes linéaires, oblongues, latérales et radicantes. Elles produisent une tige cylindrique, presque simple, longue de cinq pieds, garnie de feuilles vaginales à leur base, épaisses, planes, ovales, oblongues. Les fleurs sont grandes, fort élégantes, d'un rouge écarlate, disposées en longues grappes terminales; chaque fleur est accompagnée d'une bractée arrondie, persistante; le filament court, inséré au sommet de la lèvre inférieure; l'anthère grande, à deux lobes distans s'ouvrant latéralement; l'ovaire inférieur, droit, linéaire, cannelé; le style plan, courbé, adhérent avec l'étamine. Cette plante croit dans les forêts, à la Cochinchine, rampante sur les arbres. (Poir.)

RENARD. (*Mamm.*) Espéce de quadrupéde carnassier, qui se rapporte au genre des CHIENS (voyez ce mot). Selon quelques auteurs, les *renards d'Afrique* seroient plus gros que ceux d'Europe, et auroient le poil plus jaunâtre avec les oreilles noires ; mais cette distinction n'a pas encore été suffisamment prouvée. Plusieurs autres espéces du genre des Chiens ont aussi reçu le nom de renards, et constituent dans ce genre une petite famille, caractérisée par la forme de la pupille, qui est elliptique et non pas ronde comme celle des loups, des chiens proprement dits et des chacals. De ce nombre sont le *renard antarctique*, le *renard argenté* ou le *renard noir*, le *renard bleu* ou l'*isatis*, qui n'est aussi que le *renard blanc*, le *renard croisé*, le *renard d'Égypte*, le *renard tricolor* ou *gris* de Brisson, le *renard rouge* et le *renard de Virginie*.

Une variété du renard d'Europe, remarquable par la teinte noire qu'on observe sur plusieurs parties de son pelage, est considérée comme une espéce particuliére par plusieurs zoologistes sous le nom de *renard charbonnier*. Le *renard châtain* est une espéce à peu prés inconnue, qui habite le Kamtschatka, et dont Sonnini dit la fourrure précieuse. Le *renard du Cap* est une espéce particuliére de chacal, ainsi que le *renard jaune* ou *corsac* et le *renard karagan*.

Le chien crabier d'Amérique a été quelquefois appelé *renard crabier*.

Enfin, le *canis thous* de Linné et Erxleben, se rapporte à une espéce inconnue qui n'est peut-être que le renard crabier, et que l'on a désignée sous le nom de renard de Surinam. Voyez l'article CHIEN. (DESM.)

RENARD. (*Conchyl.*) C'est le nom vulgaire d'une espéce de cône, *C. vulpinus*. (DE B.)

RENARD. (*Ichthyol.*) C'est le nom d'une espéce de squale. (DESM.)

RENARD MARIN et RENARD DE MER. (*Ichthyol.*) Noms vulgaires d'un CARCHARIAS et d'un SYNODE. Voyez ces mots. (H. C.)

RENARD VOLANT. (*Mamm.*) L'un des noms donnés par les voyageurs au galéopithéque roux. (DESM.)

RENARDE. (*Mamm.*) Nom de la femelle du renard. (DESM.)

RENARDEAU. (*Mamm.*) C'est le nom du jeune renard.
(Desm.)

RENDANG. (*Bot.*) Voyez Carandas. (J.)

RENDENA. (*Ornith.*) Nom italien des hirondelles. (Ch. D.)

RENÉ. (*Ornith.*) Ce nom, qui a été donné par des Europpeens à l'oiseau‑mouche, vient probablement de ce que cet
oiseau est le même que le *vicicili* du Mexique, ou *tomineios*
du Pérou, dénomination qui signifie *ressuscité*, d'après l'opinion où sont les Indiens, qu'il s'endort au mois d'Octobre pour
se reveiller en Avril, principale saison des fleurs. Voyez l'Histoire générale des voyages, tom. 12, in‑4.º, p. 626. (Ch. D.)

RENÉ. (*Ichthyol.*) Nom spécifique d'un poisson de Lorraine, qui paroît appartenir au genre Salmone. Voyez ce
mot. (H. C.)

RENEALMIA. (*Bot.*) Ce nom avoit d'abord été donné par
Plumier à un genre que Linnæus a ensuite réuni à son *tillandsia*, appartenant à la famille des Broméliacées; Feuillée le
donnoit aussi à une plante voisine de la précédente dans
l'ordre naturel, et qui est devenue le genre *Puya* de Molina,
reproduit plus tard dans la Flore du Pérou sous le nom de
pourretia, non adopté. Linnæus fils avoit encore nommé *renealmia* le catimban de l'Inde, genre de plantes amomées dont son
père faisoit auparavant une espèce de *globba*, et que nous
avons cité dans le *Genera* sous le nom de *catimbium*. Il conviendra peut‑être dans la suite de diviser en deux le genre
Tillandsia, et de restituer le nom de *renealmia* aux espèces
dont le calice est divisé jusqu'à sa base. Il faut citer encore
le *renealmia* de Houttouyne, qui n'est autre que le *villarsia*
de Gmelin, et fondé sur le *menyanthes ovata*, Willd. Voyez
Rénéaulme. (J.)

RÉNÉAULME, *Renealmia*. (*Bot.*) Genre de plantes monocotylédones, à fleurs monopétales, irrégulières, de la famille
des *amomées*, de la *monandrie monogynie* de Linnæus, offrant
pour caractère essentiel : Un calice tubulé, à deux ou trois
dents; une corolle tubulée; le limbe à trois découpures; muni
en dedans à sa base d'un appendice à deux dents, trois lobes
à son sommet; la troisième découpure inférieure chargée de
l'anthère; une seule étamine sessile; l'anthère longue, linéaire;
un ovaire inférieur; un style; un stigmate pelté; une baie

charnue, à trois sillons, à trois loges; plusieurs semences.

RENÉAULME ÉLEVÉ : *Renealmia exaltata*, Linn., Suppl. ; *Amomum renealmia*, Lamk., *Ill. gen.*, n.° 3; *Catimbium*, Juss., *Gen.*, 62. Arbre qui s'élève au moins à vingt pieds de haut sur un tronc droit, simple, cylindrique, garni de feuilles alternes, dont les pétioles engaînent les tiges glabres, étroites, lancéolées, longues de cinq à six pieds, rétrécies à leur base, acuminées au sommet. Les fleurs sont disposées en grappes pendantes, munies de bractées alternes, lancéolées, canaliculées, glabres, nerveuses, caduques; les pédoncules courts, solitaires, recourbés, pubescens, situés dans l'aisselle des bractées, terminés par une spathe d'une seule pièce, s'ouvrant à son sommet, où elle se divise en deux ou trois découpures, d'où sortent deux ou trois fleurs. Le calice ressemble à cette spathe : les fruits pendent en longues grappes; ils ont la grosseur et la forme de ceux du *momordica elaterium* ; ce sont des baies rougeâtres, très-charnues, divisées intérieurement en trois loges, séparées par des cloisons molles, membraneuses, contenant des semences noires, petites, très-glabres. Cette plante croît aux Indes et à Surinam. Les habitans aiment beaucoup ses fruits préparés convenablement. (Poir.)

RENÉBRÉ. (*Bot.*) Nom languedocien d'une patience, *rumex acutus*, cité par Gouan. (J.)

RÉNÉGAT. (*Ornith.*) Voyez Arnéat. (Ch. D.)

RENETTE. (*Erpét.*) Voyez Raine et Rainette. (Desm.)

RENGE-SO. (*Bot.*) Nom japonois du *sedum anacampseros*, suivant Thunberg. (J.)

RENGIO. (*Bot.*) Nom japonois, suivant Thunberg, de son *syringa suspensa*. (J.)

RENGIS FISKAR. (*Mamm.*) Les cétacés à fanon, et dont le ventre est marqué de plis, c'est-à-dire les baléinoptères, sont ainsi désignés par les Islandois. (Desm.)

RENGLORIO. (*Erpét.*) Nom donné en Languedoc au lézard gris des murailles, qui y est aussi appelé *onglora*, *englora*, *rigolou*, *petingloro* et *lagremuzo*. (Desm.)

RENILLE, *Renilla*. (*Zoophyt.*) Genre de pennatulaires, établi par M. de Lamarck dans son Système des animaux sans vertèbres, tome 2, page 428, pour une espèce qui différeroit beaucoup des autres, s'il étoit certain que ses polypes n'cussent que six tentacules, au lieu de huit qu'en ont tous les autres; en voici les caractères : Corps libre, lombriciforme, terminé par un élargissement en forme de rein, portant irrégulièrement épars, sur une de ses faces, des polypes à six tentacules et des stries rayonnantes sur l'autre. M. de Lamarck ne connoissoit qu'une seule espèce dans ce genre : mais MM. Quoy et Gaimard en ont décrit et figuré une autre dans la partie zoologique du Voyage de l'Uranie.

La RENILLE D'AMÉRIQUE: *R. americana; Penn. reniformis*, Pall., *Zooph.*, p. 374; Ellis, *Acta Angl.*, vol. 53, page 427, tab. 19, fig. 6 — 10. Corps lombriciforme ; l'épatement réniforme, convexe d'un côté, plan de l'autre. Couleur toute rouge ; les pores des cellules jaunes.

Des mers d'Amérique.

La R. VIOLETTE ; *R. violacea*, Quoy et Gaimard, Voyage de l'Uranie, Zool., pl. 86, fig. 5. Corps court, l'épatement également convexe des deux côtés. Couleur toute violette ; les polypes jaunes. (DE B.)

RENNE. (*Mamm.*) Nom d'une espèce du genre des CERFS. Voyez ce mot. (DESM.)

RENNTHIER. (*Mamm.*) Nom du renne dans l'un des dialectes du Nord. (DESM.)

RENONCULACÉES. (*Bot.*) Cette famille de plantes, l'une des plus naturelles, reçoit son nom de la renoncule, genre très-nombreux en espèces. Elle est placée à la tête de la classe des hypopétalées ou dicotylédones polypétales à étamines insérées sous le pistil; son caractère général est formé par la réunion des suivans.

Calice composé de plusieurs sépales; pétales à préfloraison imbriquée, insérés sous le pistil, en nombre défini ou rarement indéfini, quelquefois réunis par le bas, nuls dans quelques genres; étamines également insérées sous le pistil, en nombre ordinairement indéfini, défini dans trois ou quatre genres; filets distincts; anthères adnées au sommet des filets, le plus souvent en dehors, plus rarement en dedans. Pistil composé de plusieurs ovaires, portés sur un réceptacle commun, ordinairement nombreux, réduits quelquefois à deux ou trois (même à un seul dans un *delphinium*, dans l'*actœa* et le *podophyllum*), surmontés chacun d'un style et d'un stigmate.

Ces ovaires deviennent autant de capsules, indéhiscentes et monospermes dans beaucoup de genres, déhiscentes et mono- ou polyspermes dans un petit nombre et s'ouvrant alors du côté intérieur en deux demi-valves, au bord desquelles sont attachées les graines; celles-ci sont remplies par un périsperme corné, creusé près du point d'attache d'une fossette, dans laquelle est niché un très-petit embryon dicotylédon.

Les plantes de cette famille sont la plupart herbacées, quelques-unes sont des sous-arbrisseaux ou des arbrisseaux à tige sarmenteuse. Les feuilles sont alternes (opposées seulement dans le *Clematis* et l'*Atragene*), simples ou diversement composées, formant quelquefois, par la base de leur pétiole, une demi-gaine autour de la tige. La disposition des fleurs n'est point uniforme.

On divise cette famille en plusieurs sections, caractérisées par l'indéhiscence ou la déhiscence des capsules, la régularité ou l'irrégularité des pétales, l'attache des anthères en dehors ou en dedans des filets, la pluralité ou l'unité des ovaires.

Dans la première section, qui présente des capsules indéhiscentes et monospermes, des pétales réguliers ou quelquefois nuls, des anthères adnées extérieurement aux filets, on place les genres *Atragene* et son congénère *Naravelia* de M. De Candolle; *Clematis*, comprenant aussi le *Muralta* d'Adanson; *Thalictrum*, auquel se rattache le *Didymista* de Thunberg; *Tetractis* de M. Sprengel; *Hydrastis*; *Anemone* et *Pulsatille*, réunis depuis long-temps par Linnæus; *Hepatica*, qui en étoit séparé par Dillenius et plus récemment par M. De Candolle (tous genres à pétales, excepté l'*Atragene*); *Hamadryas* de Commerson; *Anamenia* de Ventenat, ou *Knowltonia* de M. Salisbury; *Adonis*; *Casalæa* de M. de Saint-Hilaire; *Ranunculus*; *Ceratocephalus*, qui en a été séparé par Mœnch; *Ficaria*; *Myosurus*.

Des capsules mono- ou polyspermes s'ouvrant du côté intérieur en deux demi-valves, aux bords desquelles sont attachées les graines; des pétales irréguliers (que Linnæus nommoit nectaires), et des anthères adnées extérieurement aux filets, caractérisent la seconde section, à laquelle se rapportent les genres *Caltha*, qui est apétale; *Trollius*; *Eranthis*, détaché du suivant par M. Salisbury, et dont le *Kællea* de

M. Biria et le *Robertia* de M. Merat sont synonymes ; *Helleborus*, auquel il faut peut-être réunir le *Coptis* de M. Salisbury ; *Isopyrum*, dont il est difficile de séparer l'*Enemion* de M. Rafinesque ; *Aphyllostemma* de M. de Saint-Hilaire ; *Nigella* ; *Garidella* ; *Aquilegia* ; *Delphinium* ; *Aconitum*.

La troisième section, ayant des capsules polyspermes, déhiscentes de la même manière, des pétales réguliers et des anthères adnées intérieurement aux filets, contient seulement les genres *Pæonia*, *Lanthorina* et *Cimicifuga*.

La quatrième, qui a également les pétales réguliers et les anthères adnées intérieurement aux filets, diffère de la précédente par l'unité d'ovaire et de fruit, qui devient une baie un peu sèche, portant deux séries de graines sur un placenta unique, appliqué contre le point du fruit correspondant à la ligne par laquelle s'ouvrent les capsules dans les genres des deux sections précédentes : elle renferme les genres *Actæa* et *Podophyllum*.

A la suite de ces sections sont placés deux genres ayant quelque affinité avec la famille, le *Jeffersonia* de Michaux, qui a le port et l'unité d'ovaire du *Podophyllum*, mais dont le fruit en diffère beaucoup par sa structure et sa manière de s'ouvrir, et l'*Achlys* de M. De Candolle, qui a le même port, mais dont les anthères s'ouvrent transversalement et dont on ne connoît pas le fruit.

Nous avions placé depuis long-temps le *podophyllum* à la fin des renonculacées, à la suite du *cimicifuga* et de l'*actæa*, près desquels nous persistons à le laisser, quoique M. De Candolle en ait fait le type d'une nouvelle famille des podophyllées, qu'il a placée assez loin des renonculacées. Nous l'avons mentionnée dans ce Dictionnaire, en détaillant les motifs qui nous ont paru contraires à son admission, et, pour en éviter la répétition, nous renvoyons à cet article. Voyez PODOPHYLLÉES. (J.)

RENONCULE ; *Ranunculus*, Linn. (*Bot.*) Genre de plantes dicotylédones polypétales, qui a donné son nom à la famille des *renonculacées*, Juss., et qui, dans le Système sexuel, appartient à la *polyandrie polygynie* ; ses principaux caractères sont les suivans : Calice de cinq folioles caduques ; corolle de cinq pétales, munis à la base de leur onglet d'une petite écaille convexe ou concave; étamines nombreuses, à filamens plus courts que la corolle, insérés au réceptacle (quelques espèces n'en ont que cinq à dix); ovaires supères, en nombre indéterminé, dépourvus de style, ramassés en tête, et devenant autant de capsules monospermes, indéhiscentes, terminées en pointe plus ou moins alongée et plus ou moins recourbée.

Les renoncules diffèrent des adonides par la présence de l'écaille qui est la base de leurs pétales; elles se distinguent du genre Ratoncule parce que les folioles de leur calice ne sont pas prolongées au-dessous de leur base. Ces plantes sont des herbes à feuilles entières, lobées ou découpées; leurs fleurs sont le plus ordinairement terminales, rarement axillaires. On en connoît aujourd'hui au-delà de cent cinquante espèces, dont une grande partie croit naturellement en Europe, et parmi lesquelles plus de quarante se trouvent en France.

Le nom de *ranunculus*, donné à ce genre, lui vient de ce que plusieurs des espèces qui le composent ont leur habitation ordinaire dans les prairies humides et marécageuses, où se rencontre aussi fréquemment la grenouille, *rana*; et c'est de là encore que plusieurs de ces plantes portent le nom vulgaire de *grenouillette*.

Les renoncules aquatiques font l'ornement de nos rivières, de nos étangs, dont leurs longues tiges viennent gagner la surface, et s'y étendent en tapis de verdure émaillés d'une multitude de fleurs blanches. D'autres espèces ornent de leurs fleurs jaunes nos champs, nos prairies, nos marais, nos bois; enfin quelques-unes se trouvent sur les plus hautes montagnes et fleurissent dans le voisinage des neiges et des glaces éternelles. La beauté des fleurs de plusieurs espèces leur a fait trouver place dans nos jardins.

Presque toutes les renoncules sont plus ou moins âcres, caustiques et même vénéneuses. La phlogose de la bouche, l'excoriation de la langue, suivent de près la mastication de ces plantes. Introduites dans l'estomac, elles ne tardent pas à l'irriter violemment et à produire de vives douleurs, des convulsions affreuses, des anxiétés, des défaillances, et ces accidens peuvent être suivis de la mort. A l'ouverture des corps de ceux qui ont succombé à cet empoisonnement on trouve les organes de la digestion enflammés et ulcérés. Les espèces qui passent pour être les plus àcres et les plus vénéneuses, sont la renoncule bulbeuse, la renoncule àcre, la renoncule scélérate, celle des champs, la renoncule flammule, celle des Alpes, d'Illyrie et le thora. Non-seulement ces plantes peuvent produire sur nos organes intérieurs une violente irritation, mais leur principe àcre agit encore avec assez d'énergie à l'extérieur, lorsqu'elles sont mises en contact avec la peau. Écrasées et appliquées à la surface du corps, elles enflamment bientôt la partie, soulèvent l'épiderme en vésicules, qui ne tardent pas à suppurer et à produire de profondes ulcérations, si elles ont été laissées trop long-temps. Certains mendians, pour exciter la pitié, se font, avec les renoncules àcre, bulbeuse et scélérate, des ulcères feints, de même qu'avec la clématite des haies ou herbe aux gueux.

Le principe vénéneux des renoncules ne tient, d'après les expériences de Krapf, ni de la nature des acides, ni de celle des alcalis. Les acides minéraux, le vinaigre, le vin, l'alcool, le miel, le sucre, ne font que rendre son action plus intense; et d'un grand nombre de substances végétales que ce médecin essaya pour en mitiger la causticité, l'oseille et les groseilles non encore mûres lui parurent seules produire quelque effet; mais de tous les remèdes qu'on peut employer contre cette espèce d'empoisonnement, il regarde l'eau comme préférable. Le meilleur moyen pour remédier à l'empoisonnement par les renoncules prises à l'intérieur sera donc de chercher à procurer le vomissement des parties àcres et délétères de ces plantes par des boissons émollientes et mucilagineuses, données en abondance, et en chatouillant l'œsophage avec le doigt ou les barbes d'une plume. On évitera de donner des émétiques, qui pourroient augmenter l'irritation déjà existante.

Cependant quelque caustique que soit le principe àcre des renoncules, comme ce principe est très-volatil, l'ébullition et la dessiccation le leur fait perdre, et elles cessent alors d'être malfaisantes. On assure même que la renoncule scélérate et la renoncule rampante, qui, à l'état frais, sont des plus caustiques, se mangent sans inconvénient dans certaines contrées, après qu'on les a fait cuire.

Ce n'est que dans l'état frais que les renoncules peuven

être nuisibles aux bestiaux ; une fois séchées et mêlées aux
autres herbes des prairies , ils les mangent sans aucun danger.

*Fleurs blanches ou rougeâtres; feuilles lobées ou
découpées.*

RENONCULE A FEUILLES DE RUE ; *Ranunculus rutæfolius*, Linn.,
Spec., 777. Sa racine est vivace, divisée en plusieurs fibres
jaunâtres; elle produit trois à quatre feuilles pétiolées, un peu
glauques, très-glabres, deux fois ailées, à folioles partagées
en trois lobes eux-mêmes incisés. Du milieu de ces feuilles
s'élève une tige ordinairement très-simple , haute de trois à
six pouces, chargée d'une ou deux feuilles, dont la supérieure est sessile et toujours moins découpée que les radicales.
Cette tige est terminée par une seule fleur, composée de six à
dix pétales ovales ou ovales-oblongs, blancs, un peu tachetés
de rouge en dehors. Cette espèce croit sur les hautes montagnes auprès des neiges ; on la trouve dans les Alpes, les Pyrénées, et aussi . dit-on , dans les Vosges : elle fleurit en Juin
et en Juillet. Elle a une variété à fleurs doubles qu'on cultive
dans quelques jardins.

RENONCULE AQUATIQUE, vulgairement GRENOUILLETTE; *Ranunculus aquatilis* , Linn. , *Spec.*, 781.

RENONCULE A TROIS DIVISIONS ; *Ranunculus tripartitus*, Decand.,
Ic. rar. , fasc. 1 , pag. 15 , tab. 49.

RENONCULE CAPILLAIRE; *Ranunculus capillaceus* , Thuil. , *Fl.
par.*, 278.

RENONCULE GAZONEUSE; *Ranunculus cæspitosus* , Thuil., *Fl.
par.*, 279.

RENONCULE A FEUILLES DE PEUCÉDAN; *Ranunculus peucedanifolius* , All. , *Fl. Ped.*, n.° 1469.

Les cinq plantes ci-dessus avoient été réunies par Linné en
une seule espèce; la plupart des botanistes modernes les ont
au contraire séparées en plus ou moins d'espèces, qu'ils ont
regardées comme distinctes; quelques-uns, à la vérité en plus
petit nombre, ont suivi l'exemple du botaniste suédois, et
n'ont reconnu, comme lui , qu'une seule espèce avec plusieurs
variétés. Sans me prononcer précisément pour ces derniers,
j'ai cru cependant devoir ne donner qu'une seule description

pour ces cinq plantes, qui ne croissent que dans l'eau, ou au moins ne vivent que dans les lieux qui naguère étoient inondés. Leurs racines sont fibreuses, vivaces, d'après le plus grand nombre des botanistes; elles produisent des tiges rameuses, de longueur très-variable, selon les circonstances dans lesquelles elles se trouvent: ainsi, dans les eaux basses ou dans les lieux restés à sec après l'écoulement des eaux, elles n'ont que quelques pouces de haut; dans les étangs et les rivières elles peuvent acquérir douze, quinze, vingt pieds et même plus. D'ailleurs, ces tiges sont toujours cylindriques, fistuleuses, glabres, garnies de feuilles plus variables encore qu'aucune autre partie de ces plantes, et qui ne peuvent point être décrites en général; mais il faut les considérer dans chaque espèce séparément. Dans la première et dans la seconde elles sont de deux sortes: les inférieures, inondées, se partagent plusieurs fois en divisions trichotomes, capillaires et divergentes; les supérieures, nageant à la surface de l'eau, sont pétiolées, souvent à trois lobes entiers et arrondis ; mais la figure de ces lobes et leur profondeur varient de bien des manières. Si ces lobes ne pénètrent que jusqu'au milieu de la feuille et qu'ils soient entiers, ou les latéraux simplement échancrés, la plante appartiendra à la première espèce. Si les lobes pénètrent jusqu'au pétiole et que la feuille paroisse comme composée de trois folioles, ce sera alors la seconde espèce (*ranunculus tripartitus*). Mais ce n'est pas là la seule modification que les feuilles supérieures puissent éprouver; j'en ai vu dont les lobes étoient à deux, à trois, à quatre dents, tantôt obtuses, tantôt aiguës, et mêmes toutes ces variations existent quelquefois sur la même tige. La troisième, la quatrième et la cinquième espèce, ont toutes leurs feuilles uniformes; celles-ci se partagent en trois divisions plusieurs fois trichotomes ou bifurquées, et déchiquetées en lanières capillaires ou linéaires. Dans la troisième et la quatrième (R. *capillaceus* et *cæspitosus*), les lanières sont divergentes, assez courtes; dans la cinquième (R. *peucedanifolius*), elles sont plus ou moins alongées et parallèles, ce qui n'est peut-être dû qu'à ce que, la plante naissant dans les eaux courantes, toutes ses parties s'alongent et sont forcées d'obéir à l'impulsion de l'eau qui les entraine dans le sens de son courant, tandis que dans les deux autres, dont

l'une croît dans les eaux stagnantes et l'autre sur les bords
de celles-ci , les lanières restent courtes et sont divergentes, parce qu'elles ne sont pas tirées ni entraînées dans
le même sens. Au reste, la différence que la troisième et la
quatrième espèce présentent, quant aux feuilles, c'est que
dans la troisième les lanières sont capillaires, et que dans la
quatrième elles sont linéaires, quelquefois un peu élargies à
leur sommet. Dans les cinq espèces ou variétés les fleurs sont
portées sur des pédoncules d'un à trois pouces de longueur,
solitaires, opposés aux feuilles supérieures, et ces fleurs varient, quant à la grandeur, sans suivre en cela de régularité dans les espèces précédemment indiquées ; cependant
la première a en général les plus grandes fleurs, souvent
d'un pouce de largeur ; dans les autres elles n'ont quelquefois
que de six à huit lignes : leurs pétales sont toujours blancs,
avec un onglet jaune, ovales-alongés, rétrécis en coin à leur
base, le plus souvent arrondis à leur sommet, assez rarement
échancrés en cœur ou aigus. Les étamines varient en nombre
depuis dix jusqu'à trente et plus. Les graines ou capsules sont
ovales, un peu comprimées, ridées transversalement, quelquefois légèrement velues. Toutes ces plantes fleurissent depuis le mois d'Avril jusqu'en Août. La renoncule aquatique
et celle à feuilles de peucédan croissent dans les eaux courantes et dans les rivières ; la renoncule capillaire, celle à
trois divisions, viennent dans les eaux stagnantes, les mares ;
enfin, la renoncule gazoneuse se trouve sur les bords des eaux
ou dans les lieux inondés pendant l'hiver et qui se dessèchent
l'été.

Dans certains cantons de l'Angleterre, de l'Allemagne, et
dans quelques parties de la France, les gens de la campagne retirent de l'eau les renoncules aquatiques, les font
sécher pour les donner ensuite à manger à leurs vaches, et
cette nourriture ne nuit ni à l'abondance du lait ni à la bonne
qualité du beurre ; mais dans la plupart des pays on se con-
tente de laisser pourrir ces plantes sur les bords des eaux
dont on les a tirées, et on s'en sert ensuite en guise de fumier.

RENONCULE A FEUILLES DE LIERRE: *Ranunculus hederaceus*,
Linn., *Spec.*, 781; *Fl. Dan.*, t. 321. Sa racine est fibreuse,
annuelle ; elle produit une tige couchée ou qui nage à la sur-

face de l'eau, longue de six pouces et plus, divisée en nombreuses ramifications, tantôt opposées, tantôt dichotomes, quelquefois alternes, glabres, prenant racine à chaque articulation. Ses feuilles sont longuement pétiolées, réniformes, arrondies, un peu charnues, lisses et très-glabres, ayant leurs bords découpés en trois ou cinq lobes arrondis, peu profonds. Ses fleurs sont pédonculées, petites, blanchâtres, avec du jaune dans le centre, opposées aux feuilles quand celles-ci sont alternes, placées dans les bifurcations de la tige et des rameaux, quand ceux-ci sont dichotomes. Leurs pétales sont ovales-oblongs, et les étamines au nombre de cinq à dix. Cette plante fleurit depuis le mois de Mai jusqu'en Août; elle croît dans les lieux inondés, sur les bords des mares et des fontaines.

Renoncule des Alpes : *Ranunculus alpestris*, Linn., *Sp.*, 778; Jacq., *Fl. Aust.*, tab. 110. Sa racine est vivace, composée de nombreuses fibres alongées, blanchâtres; elle produit une ou plusieurs tiges simples, garnies inférieurement de feuilles plus ou moins profondément divisées en trois lobes, eux-mêmes partagés en trois ou quatre découpures obtuses : ces feuilles sont glabres, comme toute la plante, et portées sur des pétioles dilatés à leur base en une membrane qui embrasse le bas de la tige et le fait paroître renflé. La tige elle-même est haute de deux à quatre pouces, chargée vers sa partie moyenne, quelquefois un peu plus haut, d'une seule feuille, ordinairement simple et lancéolée, quelquefois partagée en deux ou trois divisions profondes, et elle se termine par une fleur blanche, large de huit à dix lignes, dont les pétales sont en cœur et dont le calice est parfaitement glabre. Cette espèce croît sur les plus hautes montagnes, au voisinage des neiges, dans les Alpes, les Pyrénées, en Suisse, en Allemagne, etc. Haller l'a trouvée à fleurs doubles; elle fleurit en Juin et Juillet.

Renoncule des glaciers: *Ranunculus glacialis*, Linn., *Sp.*, 777; *Fl. Dan.*, t. 19. Sa racine est vivace, composée de longues fibres un peu épaisses. Ses feuilles radicales sont pétiolées, élargies à leur base en une membrane qui embrasse la partie inférieure de la tige et la fait paroître renflée : ces feuilles se divisent en trois folioles pétiolées et elles-mêmes

découpées une seconde ou une troisième fois en lobes lancéolés, velus dans leur jeunesse, glabres dans l'âge adulte,
ainsi que le reste de la plante. La tige est feuillée, haute de
trois à six pouces, partagée en trois à quatre rameaux terminés chacun par une fleur: quelquefois elle ne se divise pas
et reste uniflore; d'autres fois elle se ramifie tellement, selon Villars, qu'elle porte dix à quinze fleurs. Celles-ci sont
larges d'environ un pouce, composées de cinq pétales un
peu en cœur, rarement entièrement blancs; le plus souvent
colorés d'une teinte rouge ou purpurine : leur calice est formé
de cinq folioles toutes couvertes de poils roussâtres. Cette espèce fleurit en Juillet, et se trouve auprès des neiges dans les
Pyrénées, les Alpes et sur les hautes montagnes d'Autriche,
de Suisse, de Hongrie, etc. « Dans le Piémont, le Briençon-
« nois, la Maurienne, les habitans des montagnes se servent,
« dit Villars (Hist. des pl. du Dauph., tom. 3, pag. 740), de la
« renoncule des glaciers, qu'ils appellent *carline* ou *caralline*,
« pour provoquer la sueur dans les pleurésies et les rhumatis-
« mes, en prenant sa décoction dans l'eau. Leur méprise seroit
« funeste, s'ils ne la prenoient étendue dans beaucoup d'eau;
« ces bonnes gens avalent le poison sans le connoître. »

Renoncule a feuilles d'aconit; *Ranunculus aconitifolius*,
Linn., *Sp.*, 776.

Renoncule a feuilles de platane; *Ranunculus platanifolius*,
Linn., *Mant.*, 79.

Linné avoit d'abord réuni ces deux espèces en une seule,
et il les a ensuite séparées; mais les caractères qui peuvent
servir à établir la différence entre ces deux plantes sont si
incertains et si variables, que j'ai préféré, à l'exemple de
plusieurs autres botanistes, ne les présenter que comme formant deux variétés d'une seule espèce. La racine de ces plantes
est vivace, composée de plusieurs fibres épaisses, blanchâtres,
un peu réunies en faisceau; elle produit une tige cylindrique,
fistuleuse, droite, glabre comme toute la plante, rameuse,
haute d'un à deux pieds, quelquefois davantage. Les feuilles
inférieures sont longuement pétiolées, divisées plus ou moins
profondément en trois lobes, qui paroissent en faire cinq,
parce que les latéraux sont eux-mêmes découpés en deux
presque jusqu'à leur base: ces lobes varient beaucoup selou

les différens individus ; ils sont plus étroits ou plus larges, lancéolés ou cunéiformes à leur base, inégalement dentés à leur sommet. Les feuilles de la tige ont la même forme que les radicales, si ce n'est que leurs pétioles sont plus courts, et qu'elles deviennent même sessiles dans la partie supérieure de la plante. Les fleurs sont blanches, terminales, larges de dix à douze lignes ; leur calice est légérement rougeâtre en dehors et très-caduc. Les graines sont très-lisses et très-glabres. La renoncule à feuilles d'aconit et celle à feuilles de platane fleurissent en Mai et Juin ; elles croissent dans les pâturages humides et les lieux ombragés des montagnes, en France, en Belgique, en Suisse, en Allemagne, en Italie, etc. On en cultive dans les jardins, sous le nom de *bouton d'argent*, une variété à fleurs doubles qui fait un joli effet. Cette plante a besoin d'être placée dans un lieu frais, ombragé, et d'être souvent arrosée pendant les sécheresses. On la multiplie par la séparation des racines des vieux pieds, lorsque ceux-ci deviennent trop forts. Comme elle perd toutes ses feuilles après la floraison, et qu'elles ne repoussent qu'au printemps suivant, il est bon de marquer la place qu'elle occupe avec un piquet, afin de ne pas risquer de blesser ses racines en labourant.

**** *Fleurs blanches ou rougeâtres ; feuilles entières.***

RENONCULE DES PYRÉNÉES ; *Ranunculus pyrenæus*, Linn., *Mant.*, 248. Sa racine est vivace, composée de fibres charnues, blanchâtres ; elle produit une tige droite, entourée à sa base d'un réseau formé par la partie inférieure des anciennes feuilles, et haute de deux à six pouces, rarement davantage. Les feuilles sont linéaires ou lancéolées, d'un vert glauque, glabres, ainsi que la partie inférieure de la tige. Les fleurs sont blanches, larges d'un pouce ou environ, terminales et en nombre très-variable. Sur les sommets des hautes montagnes presque tous les individus sont uniflores ; mais à mesure que la plante descend, sa tige se ramifie davantage, et elle porte depuis trois à cinq fleurs jusqu'à neuf, selon Villars, et même jusqu'à vingt, selon Haller. Cette espèce fleurit en Juin et Juillet ; elle croit auprès de la neige fondante, dans les pâturages les plus élevés des Pyrénées et des Alpes.

Renoncule amplexicaule; *Ranunculus amplexicaulis*, Linn., *Sp.*, 774. Sa racine est comme celle de la précédente; elle donne naissance à une tige cylindrique, légèrement striée, droite, glabre, haute de six à douze pouces, simple ou rameuse. Ses feuilles radicales sont ovales-oblongues, ou ovales-lancéolées, pétiolées, engaînantes à leur base; celles de la tige sont lancéolées, embrassantes. Ses fleurs sont blanches, larges de dix à quinze lignes, terminales et en nombre variable, de même que dans la renoncule des Pyrénées. Cette plante fleurit en Juin et Juillet; on la trouve dans les Pyrénées, les Alpes, les montagnes de l'Apennin, etc.

Renoncule a feuilles de Parnassie; *Ranunculus parnassifolius*, Linn., *Sp.*, 774. Sa racine ne diffère pas de celle des deux précédentes. Sa tige est cylindrique, striée, haute de deux à quatre pouces, pubescente et un peu rameuse à sa partie supérieure. Ses feuilles radicales sont longuement pétiolées, ovales, un peu cordiformes à leur base, plus ou moins chargées de poils mous et blanchâtres, portées sur de longs pétioles, élargis à leur base en une gaine embrassante. Ses fleurs sont blanches ou légèrement teintes de rouge, larges d'un pouce ou environ, terminales, rarement solitaires, le plus souvent au nombre de trois à cinq. Cette renoncule fleurit en Juin et Juillet : elle croît au voisinage des neiges dans les Alpes et les Pyrénées.

*** *Fleurs jaunes; feuilles entières ou simplement dentées.*

Renoncule graminée : *Ranunculus gramineus*, Linn., *Sp.*, 773; Bull., Herb., t. 123. Sa racine est vivace, composée d'une sorte de renflement bulbiforme, de la base duquel sort un faisceau de grosses fibres charnues, et son collet est enveloppé d'un tissu filamenteux, formé des débris de la base des anciennes feuilles. Ses tiges sont droites, hautes de six pouces à un pied, très-glabres, peu garnies de feuilles; celles-ci sont presque toutes radicales, au nombre de six à dix, lancéolées-linéaires, très-entières, chargées de quelques poils en leurs bords. Ses fleurs sont d'un beau jaune, larges de douze à quinze lignes, solitaires au sommet de la tige ou de chaque rameau. Cette espèce fleurit en Mai et Juin; elle croît dans les pâturages secs des montagnes, en France, en Suisse, en Italie, en Espagne, en Portugal.

RENONCULE FLAMMULE, vulgairement PETITE DOUVE : *Ranunculus flammula*, Linn., *Sp.*, 772 ; Bull., Herb., t. 15. Sa racine est vivace, composée de fibres longues, simples, réunies en faisceau ; elle produit une tige longue d'un pied ou environ, redressée ou couchée, quelquefois même radicante à ses articulations. Ses feuilles sont alternes, glabres, entières ou munies de quelques dents écartées ; les inférieures ovales ou ovales-lancéolées, pétiolées, les supérieures lancéolées ou lancéolées-linéaires. Ses fleurs sont d'un jaune d'or brillant, larges de quatre à cinq lignes, portées à l'extrémité des tiges sur des pédoncules souvent géminés. Cette espèce fleurit en Mai, Juin et pendant une partie de l'été ; elle croit dans les prés marécageux en France et dans le reste de l'Europe, ainsi que dans plusieurs contrées de l'Asie, de l'Afrique et de l'Amérique.

L'abondance de cette renoncule dans les prés humides est nuisible aux bestiaux qu'on y met paître ; cependant le plus souvent ces animaux ne la mangent pas, et on voit ordinairement ses touffes s'élever intactes dans les pâturages dont tout le reste a été brouté. Elle ne paroît d'ailleurs vénéneuse pour ces animaux que lorsqu'ils en ont mangé trop abondamment au défaut d'autres herbes ; car quelques agronomes assurent que, prise seulement en petite quantité, elle agit comme stimulant et facilite leur digestion. Quoi qu'il en soit, elle fait, dit on, enfler les chevaux, et leur cause l'inflammation et la gangrène des viscères du bas-ventre.

Certains auteurs de matière médicale ont vanté l'eau distillée de cette renoncule comme un bon émétique, et les paysans allemands employoient autrefois son infusion dans le vin contre le scorbut.

RENONCULE LANGUE, vulgairement GRANDE DOUVE : *Ranunculus lingua*, Linn., *Spec.*, 773 ; *Fl. Dan.*, t. 755. Sa racine est vivace, horizontale, garnie de fibres nombreuses à ses articulations. Sa tige est cylindrique, fistuleuse, redressée, feuillée, un peu rameuse dans sa partie supérieure, glabre ou légèrement velue, haute de trois à quatre pieds. Ses feuilles sont alternes, étroites, lancéolées, presque tout-à-fait glabres.

longues de six à neuf pouces, bordées de quelques dents écartées et peu marquées, rétrécies à leur base en un court pétiole semi-amplexicaule. Ses fleurs sont larges de seize a dix-huit lignes, d'un jaune d'or luisant, portées sur des pédoncules souvent bifurqués au sommet de la tige et des rameaux. Cette plante fleurit en Juin, Juillet et Août; elle croît dans les marais, en France, en Europe, en Sibérie et dans l'Amérique septentrionale.

RENONCULE NODIFLORE; *Ranunculus nodiflorus*, Linn., *Spec.*, 773. Sa racine est fibreuse, annuelle; elle produit une tige haute de trois à six pouces, partagée le plus souvent dès la base en ramifications dichotomes, étalées; quelquefois presque simple, garnie de feuilles glabres, comme toute la plante; les inférieures ovales ou ovales-lancéolées, longuement pétiolées; les supérieures étroites, lancéolées, opposées sous les bifurcations des tiges; alternes quand les ramifications restent simples. Ses fleurs sont jaunes, très-petites, sessiles ou presque sessiles dans les bifurcations des tiges, ou opposées aux feuilles lorsque la tige est simple. Cette espèce fleurit en Mai et Juin; elle se trouve autour des mares et dans les lieux inondés pendant l'hiver, à Fontainebleau, en Anjou et en Hongrie.

RENONCULE GRUMELEUSE; *Ranunculus bullatus*, Linn., *Sp.*, 774. Sa racine est vivace, formée d'un grand nombre de petits tubercules alongés, réunis en faisceau. Ses feuilles sont ovales, pétiolées, légèrement velues, bordées de crénelures ou de dents un peu aiguës, toutes radicales. Du milieu de ces feuilles s'élève une hampe simple, haute de trois à six pouces, pubescente, terminée par une seule fleur jaune, large d'un pouce ou environ, et composée de cinq à huit pétales. Cette plante fleurit en automne, et elle croît en Corse, en Espagne, en Portugal, en Sicile, en Crète, en Barbarie.

RENONCULE THORA : *Ranunculus thora*, Linn., *Spec.*, 775; Jacq., *Fl. Aust.*, t. 442. Sa racine est vivace, composée de petits tubercules fusiformes, réunis en faisceau; elle donne naissance à une tige striée, glabre, nue à sa base, haute de quatre à six pouces, munie vers sa partie moyenne d'une seule feuille réniforme, sessile, crénelée : quelquefois une seconde feuille se trouve placée plus haut sur la tige, et elle est toujours beaucoup plus petite, de forme variable, entière et lancéolée, ou à trois lobes. Les fleurs sont d'un jaune brillant, larges de six à huit lignes, solitaires au sommet de la tige, ou au nombre de deux, lorsque celle-ci se bifurque. Cette renoncule fleurit en Mai, Juin et Juillet ; elle croît sur les hautes montagnes, en France, en Suisse, en Italie, etc.

Le thora étoit regardé autrefois comme un poison très-violent. Les chasseurs des Alpes et des Pyrénées, avant de faire usage du fusil et de la poudre, employoient son suc pour y tremper leurs flèches et en rendre l'effet plus sûr. Gesner et Lobel disent que de leur temps on vendoit encore le suc de thora renfermé dans des vessies ou dans des cornes de bœuf, pour l'usage des chasseurs. Ce suc étoit préférable recueilli au printemps ou en automne, que pendant la floraison. On s'en servoit aussi pour empoisonner les loups et les renards, mais il ne produisoit pas des effets aussi certains étant donné à l'intérieur que lorsqu'il étoit introduit dans une plaie. Daléchamps et J. Bauhin rapportent qu'un animal blessé d'une flèche trempée dans le suc de thora périssoit en moins d'une demi-heure, et qu'une grenouille ou un pigeon expiroient presque tout de suite pour avoir été seulement piqués avec une aiguille imbue de ce poison. Cependant plusieurs auteurs recommandables, parmi lesquels il faut citer Haller, ne croient pas que le suc de thora puisse produire des effets aussi délétères.

**** *Fleurs jaunes ; feuilles découpées.*

RENONCULE SCÉLÉRATE : *Ranunculus sceleratus*, Linn., *Sp.*, 776 ; *Ranunculus sylvestris primus*, Dod., *Pempt.*, 426. Sa racine est annuelle, composée de fibres menues, nombreuses ; elle produit une tige droite, cylindrique, épaisse, feuillée, glabre, rameuse dans sa partie supérieure, haute d'un pied à un pied et demi. Ses feuilles inférieures sont pétiolées, partagées jusqu'aux deux tiers en trois à cinq divisions, elles-mêmes deux fois découpées en lobes arrondis ; les supérieures sont sessiles, incisées en lanières linéaires et comme digitées. Ses fleurs sont jaunes, petites, pédonculées, très-nombreuses, disposées en bouquet à l'extrémité de la tige et des rameaux ; elles ont leur calice un peu velu. Cette plante fleurit en Mai, Juin et une partie de l'été; elle se trouve dans les lieux marécageux et aux bords des eaux, dans toute l'Europe et dans plusieurs parties de l'Asie, de l'Afrique et de l'Amérique.

La renoncule scélérate, comme nous l'avons déjà dit, est une des plus âcres de toutes ses congénères. Ses seules émanations peuvent produire l'éternument et faire couler abondamment les larmes. D'après les expériences de Krapf, les fleurs et les ovaires, avant leur maturité, sont les parties les plus vénéneuses de la plante. Ayant fait sur lui-même des expériences pour s'assurer des effets de cette espèce de renoncule, il éprouva des douleurs très-vives et des mouvemens convulsifs dans l'intérieur du bas-ventre, pour avoir pris une seule fleur qu'il avoit avalée broyée: deux gouttes du suc exprimé de cette plante lui occasionèrent, outre les symptômes énoncés, une douleur brûlante et convulsive dans toute la longueur de l'œsophage. Enfin, dans une troisième expérience, ayant mâché les feuilles les plus épaisses et les plus succulentes de cette espèce, sa bouche se remplit de salive, sa langue s'enflamma, les papilles en étoient élevées, d'un rouge vif; elle étoit crevassée au bout; il ne distinguoit plus les saveurs; ses dents, agacées, éprouvoient de temps en temps des tiraillemens; les gencives étoient fort rouges et saignoient au plus léger attouchement.

Cependant le suc de la renoncule scélérate, à la dose d'un demi-gros, et mêlé dans six onces d'eau, peut sans inconvénient être ingéré dans l'estomac, selon le même expérimentateur. Réduit en extrait par l'évaporation, il lui a paru de même ne produire aucun accident.

Un des symptômes de l'empoisonnement par la renoncule scélérate est, dit-on, une sorte de rire produit par la contraction spasmodique des muscles de la bouche et des joues. Les anciens ont donné à ce rire apparent le nom de sardonique, parce qu'il étoit surtout causé par une plante commune en Sardaigne, qu'ils appeloient *herba sardoa*, et que quelques auteurs ont cru reconnoître dans la renoncule scélérate.

Renoncule acre, vulgairement Bouton d'or, Grenouillette; *Ranunculus acris*, Linn., *Spec.*, 779. Sa racine est horizontale, rampante, garnie en dessous d'une grande quantité de fibres; elle produit une tige cylindrique, plus ou moins velue, ainsi que les feuilles, un peu rameuse dans sa partie supérieure, haute de deux pieds ou environ. Ses feuilles radicales et celles du bas de la tige sont pétiolées, partagées presque jusqu'à la base en trois divisions, dont les deux latérales sont elles-mêmes bifides, ce qui fait que chaque feuille paroît être à cinq divisions, qui se partagent encore en lobes anguleux et dentés. Ses fleurs sont assez grandes, d'un jaune luisant, portées sur des pédoncules cylindriques, non sillonnés. Cette espèce fleurit en Mai, Juin et Juillet; elle est commune dans les prés, les pâturages et aux bords des champs, dans toute l'Europe, la Sibérie et dans plusieurs parties de l'Amérique septentrionale. On en cultive dans les jardins une variété à fleurs très-doubles, à laquelle les jardiniers donnent particulièrement le nom de bouton d'or. Elle forme des touffes d'un joli aspect. La plante a besoin d'un terrain un peu frais; on la multiplie par les éclats de ses racines.

La renoncule âcre est, comme l'indique son nom, une des espèces dont le suc a le plus d'âcreté. M. Orfila a fait des expériences en introduisant, soit le suc de cette plante dans l'estomac d'un chien, soit en appliquant son extrait sur le tissu cellulaire de la cuisse d'un autre chien, et ces animaux sont morts douze et quatorze heures après. Dans ces deux expériences les parties du corps qui avoient principalement éprouvé l'influence immédiate du suc ou de l'extrait de la renoncule âcre, présentoient des traces d'une inflammation évidente, d'où M. Orfila croit pouvoir conclure que le danger des renoncules dépend de l'inflammation locale et violente qu'elles produisent.

Renoncule lanugineuse; *Ranunculus lanuginosus*, Linn., *Sp.*, 779. Cette espèce ressemble beaucoup à la précédente; mais sa racine non rampante, composée de fibres fasciculées, et la saveur de toute la plante, qui n'est pas sensiblement âcre, la distinguent suffisamment.

Renoncule bulbeuse : *Ranunculus bulbosus*, Linn., *Sp.*, 778; Bull., Herb., t. 27. Sa racine est formée d'un renflement arrondi, bulbiforme, garni en dessous de fibres nombreuses; elle produit une ou plusieurs tiges droites, cylindriques, rameuses, hautes d'un pied ou un peu moins. Ses feuilles inférieures sont pétiolées, un peu velues, ainsi que le reste de la plante, partagées jusqu'au pétiole en trois divisions trifides et incisées; les supérieures sont sessiles et découpées en lanières linéaires. Ses fleurs sont d'un jaune brillant, larges d'environ un pouce, portées sur de longs pédoncules et solitaires ou deux à deux à l'extrémité de la tige et des rameaux; les divisions de leur calice sont entièrement réfléchies sur le pédoncule. Cette plante fleurit en Avril, Mai et Juin; elle croît dans les pâturages, les buissons et les bords des bois de toute l'Europe et de l'Amérique septentrionale. La racine de cette renoncule est un poison mortel pour les rats, et en général la plante entière a une grande âcreté. Cependant, par une préparation particulière de cette racine, on peut en retirer une fécule douce et nutritive. La renoncule bulbeuse offre une variété à fleurs doubles qu'on cultive comme plante d'ornement dans quelques jardins.

RENONCULE RAMPANTE, vulgairement BASSINET, PIED-POU, PIED-DE-POULE : *Ranunculus repens*, Linn., *Sp.*, 779; *Fl. Dan.*, t. 795. Cette espèce ne diffère guère de la précédente par ses feuilles et ses fleurs; mais elle s'en distingue toujours par sa racine fibreuse, par ses tiges moins élevées, de la base desquelles naissent des rejets couchés sur la terre et prenant racine à chaque nœud formé par l'insertion des feuilles; enfin, par les folioles du calice, qui sont simplement ouvertes et non réfléchies. Elle fleurit depuis le mois de Mai jusqu'à la fin de l'été; on la trouve communément dans les pâturages et les lieux cultivés, dans toute l'Europe, en Sibérie et dans le Nord de l'Amérique.

Cette renoncule se multiplie avec une rapidité si prodigieuse, tant par ses graines que par ses rejets rampans, qu'il n'est pas rare de voir des champs laissés en jachère, des vignes et des jardins qu'on a négligé de faire labourer pendant l'été, en être complétement couverts à la fin de l'automne, surtout lorsque le terrain est un peu humide ou que la saison a été pluvieuse. Ce n'est que par des binages multipliés en été qu'on peut se débarrasser de cette plante importune et qui nuit aux cultures. Les chèvres et les moutons la mangent, mais les autres bestiaux n'en veulent point lorsqu'elle est fraîche; elle paroît cependant avoir moins d'âcreté que la renoncule bulbeuse. Ses fleurs peuvent doubler par la culture ; mais ses rejets rampans la rendent incommode dans un jardin.

Renoncule cerfeuil ; *Ranunculus chærophyllos*, Linn., *Sp.*, 780. Sa racine est vivace, composée de tubercules alongés, réunis en faisceau; elle produit une tige droite, souvent simple, divisée quelquefois en un ou deux rameaux, un peu velue comme toute la plante, cylindrique, haute de quatre à huit pouces, chargée vers le milieu de sa hauteur d'une seule feuille simple ou découpée en trois lanières linéaires. Ses feuilles radicales sont pétiolées et de deux sortes : les premières, qu'on ne trouve que rarement lorsque la végétation de la plante est un peu avancée, sont entières, simplement découpées en cinq à sept lobes; les autres se partagent jusqu'au pétiole en trois divisions, elles-mêmes plus ou moins découpées en lanières profondes et linéaires. Ses fleurs sont jaunes, larges d'environ un pouce, solitaires au sommet de la tige ou de chaque rameau. Le calice est simplement ouvert et non réfléchi. Cette plante fleurit en Mai et Juin; elle se trouve dans les bois secs et montueux, sur les collines, en France, dans les parties méridionales de l'Europe et le Nord de l'Afrique.

Renoncule de Montpellier : *Ranunculus monspeliacus*, Linn., *Sp.*, 778; Decand., *Ic. rar.*, t. 5o. Cette plante a beaucoup de caractères communs avec la renoncule cerfeuil; sa racine est de même composée de tubercules alongés, réunis en faisceau. Sa tige a le même port, mais elle est très-velue, plus ou moins couverte de poils courts, soyeux et blanchâtres; ses feuilles sont composées de folioles plus larges; enfin, ses fleurs sont plus grandes et plus nombreuses. Cette renoncule se trouve dans les champs incultes et sur les montagnes, dans le Midi de la France et de l'Europe.

Renoncule asiatique ; *Ranunculus asiaticus*, Linn., *Sp.*, 777. Sa racine est vivace, composée de plusieurs petits tubercules alongés, réunis en faisceau; les jardiniers lui donnent le nom de griffe : elle produit une tige cylindrique, droite, pubescente, simple ou peu rameuse, haute d'environ un pied. Ses feuilles radicales sont pétiolées, simples, lobées ou incisées, pubescentes, particulièrement en dessous; celles de la tige sont alternes, ternées ou presque deux fois ailées, à folioles ordinairement pétiolées, partagées, plus ou moins profondément en trois lobes, eux-mêmes divisés en découpures lancéolées, aiguës ou obtuses. Ses fleurs sont terminales, de couleur jaune dans l'état de nature, et variant de mille nuances ou couleurs différentes dans la plante cultivée. Cette plante est originaire du Levant et du Nord de l'Afrique. On en cultive dans les jardins de nombreuses variétés à fleurs doubles et semi-doubles, parmi lesquelles on distingue deux races particulières. La première comprend les *renoncules pivoines*, dont les fleurs sont larges de deux pouces à deux pouces et demi, entièrement doubles ou pleines, toutes les étamines étant changées en pétales, et les ovaires étant le plus souvent avortés ou changés en une sorte de bouton foliacé et pétaloïde. Dans cette race les fleurs ne varient de couleur que du rouge foncé au jaune ou à l'orangé. Les plantes de la seconde race, nommées *semi-doubles* par les jardiniers, parce que leurs fleurs ne sont jamais entièrement pleines, ont les pétales plus ou moins multipliés; mais il reste toujours assez d'étamines pour que les ovaires puissent être fécondés et se changer en graines, par le moyen desquelles on peut multiplier les variétés à l'infini. C'est ainsi qu'on a obtenu par les semis des graines de *semi-doubles*, des fleurs de presque toutes les couleurs possibles. On en a de blanches, de jaunes, d'orangées, de rouges, de violettes, de pourpre plus ou moins foncées, de noirâtres: M. Féburier assure même en avoir obtenu de vertes; enfin on en a qui sont panachées ou nuancées de deux, trois, ou plusieurs couleurs à la fois. Il n'y a que la couleur bleue que la nature ait jusqu'à présent refusée à ces fleurs.

Les premières plantes de la renoncule asiatique furent, dit-on, apportées en Europe par des croisés; mais elles ne s'y multiplièrent pas beaucoup, et ce ne fut que sous le règne de Mahomet IV, sultan des Turcs, que les belles variétés commencèrent à se répandre dans nos jardins. Ce prince, renommé par sa passion pour la chasse, prit aussi le goût des fleurs, qui lui fut inspiré par son visir Cara Mustapha, qui vint, en 1683, mettre le siége devant Vienne. Devenu amateur de fleurs, il fit bientôt rassembler dans les jardins du sérail tout ce que Candie, Chypre, Rhodes et Damas possédoient de plus beau et de plus curieux en renoncules.

Celles-ci y furent pendant assez long-temps exclusivement renfermées, parce que Mahomet les faisoit garder presque avec le même soin que ses femmes; mais des ambassadeurs et de riches négocians trouvèrent moyen, à force d'or, de corrompre la fidélité des Bostangis, et de se procurer plusieurs de ces belles fleurs, dont le sultan se montroit si jaloux. Les premiers envoyèrent leurs griffes de renoncules pour les jardins des princes qu'ils représentoient; les autres en firent part à leurs amis, et Marseille dut à sa position de devenir le premier entrepôt des renoncules. C'est ainsi que ces plantes se sont répandues de proche en proche: les amateurs en ont multiplié, par les semis, les variétés à l'infini, et le patient et laborieux Hollandois en a fait le premier, ainsi que de plusieurs autres fleurs, une branche de commerce.

Les variétés des renoncules semi-doubles n'ont pas tardé à devenir si nombreuses, qu'il eût été impossible de les désigner d'après les caractères qu'elles présentent, lesquels échappent à l'observateur. Leurs couleurs même se nuancent à un tel point, que cela ne pourroit suffire pour les distinguer. Ces considérations ont sans doute engagé les amateurs et les fleuristes à donner des noms de fantaisie à toutes leurs variétés, et ces noms sont tirés de ceux des dieux ou personnages de la fable, des rois, des hommes célèbres de tous les temps, et s'ils font servir la couleur des fleurs aux dénominations qu'ils leur donnent, ils ajoutent presque toujours à celles-ci une épithète plus ou moins pompeuse et même souvent emphatique: ainsi telle renoncule d'une couleur très-foncée est le *velours noir*, le *roi des noires*, l'*aigle noir*; telle autre, d'une couleur plus claire, est le *diadème du pourpre*, la *rose superbe*, la *toison d'or*, le *soleil d'or*, la *couronne des roses*, etc. Pour exemple des dénominations tirées de la fable, etc., on peut citer des renoncules qui portent les noms d'*Hector*, d'*Hercule*, de *Jules-César*, du *grand Pompée*, *du sultan Achmet*, de la *reine de France*, du *roi de la Grande-Bretagne*, du *maréchal de Villars*, etc.

Les renoncules pivoines et les semi-doubles ne se plantent pas habituellement mêlées avec les autres fleurs dans la longueur des plates-bandes ordinaires des jardins. Les amateurs et les fleuristes leur réservent toujours des plates-bandes à part, ou planches larges de quatre ou cinq pieds, et plus ou moins longues, selon le plan général du jardin; quelquefois ils en font des massifs arrondis ou ovales. Ces plantes ont besoin d'une terre un peu légère, mais en même temps assez substantielle et fraîche. Si le terrain qu'on leur destine contient beaucoup de pierres, il faut le faire passer à la claie; lorsqu'il est au contraire naturellement assez bon par lui-même, il faut seulement, quelques mois avant de faire la plantation des renoncules, le labourer et le fumer avec des engrais bien consommés, et au moment même de planter les griffes, on fait faire un nouveau labour, afin de rendre la terre aussi meuble que possible. Quelle que soit la forme du terrain dans lequel on plante les renoncules, on fait toujours en sorte de disposer la plantation d'une manière régulière, en plaçant les pieds en carré ou en quinconce. Si la plantation se fait dans une longue plate-bande, on trace au cordeau des lignes longitudinales et d'autres transversales, à quatre, cinq ou six pouces les unes des autres, selon que la terre est plus substantielle ou plus légère. Lorsque les lignes sont tracées sur chaque planche, on place, à tous les points d'intersection des lignes, une griffe que l'on enfonce dans un trou fait au plantoir et à deux pouces de profondeur, en ayant le soin de la tenir entre les doigts en l'enfonçant, afin qu'elle se trouve placée perpendiculairement, l'œil en dessus, et que les petits tubercules dont elle est composée ne se rompent pas. Lorsque toutes les griffes ont été placées, on recouvre la plate-bande avec du terreau bien consommé, et on finit par unir le terrain, en y passant le rateau.

Les amateurs de renoncules qui en possèdent des variétés nombreuses et choisies, prennent le soin de disposer leurs plantes dans les plates-bandes de parade, en sorte que, lorsqu'elles seront fleuries, leurs couleurs soient mélangées de manière à en faire ressortir les différentes nuances le plus qu'il est possible, et à cet effet ils ont la précaution de placer à côté l'une de l'autre les variétés dont les couleurs contrastent le plus entre elles.

Ces mêmes amateurs ont le soin, pour prolonger la durée des fleurs de leurs renoncules, de faire étendre par-dessus leurs planches des toiles d'un tissu assez serré pour les défendre contre les rayons d'un soleil brûlant qui les passeroit promptement, ou contre les grandes pluies qui les saliroient et les renverseroient. Pour la même raison , lorsque ces plantes ont besoin d'arrosemens quand elles sont en fleurs, on ne les leur donne qu'avec un arrosoir à goulot long et étroit, avec lequel on peut diriger l'eau sur le pied de la plante sans en faire tomber sur la fleur.

On plante les renoncules et les semi-doubles depuis le mois d'Octobre jusqu'en Juillet, et même jusqu'au commencement d'Août. En les mettant ainsi en terre, à des époques différentes, on peut jouir des fleurs de ces plantes depuis le milieu du printemps jusqu'à la fin de l'été. On peut même s'en procurer pendant tout l'hiver, en plantant, dans des pots, des griffes en automne, et en les rentrant pendant la mauvaise saison dans la serre chaude, ou en les plaçant sous des châssis jusqu'au moment de la fleur ; alors on les porte dans les appartemens. Les plantations faites avant l'hiver ont besoin d'être garanties des gelées par le moyen de paille de litière , dont on couvre les planches , et qu'on relève dès que les froids ne sont plus à craindre, et dans le jour toutes les fois qu'il ne gèle pas. Mais, pour éviter ces peines, beaucoup de personnes dans le climat de Paris, et surtout ceux qui sont encore plus au Nord, ne plantent leurs renoncules qu'à la fin de Février ou même en Mars, lorsqu'il n'y a plus de fortes gelées à redouter. Dans ce cas il est bon de faire tremper les griffes pendant vingt-quatre heures dans l'eau ; cela hâte beaucoup leur végétation. Les renoncules plantées avant l'hiver fleurissent de la mi-Avril à la fin de ce mois, selon que le printemps a fait sentir plus tôt ou plus tard sa douce influence. Comme ces plantes aiment un terrain frais, il faut avoir soin de les arroser avant la fleur, si le terrain est sec, léger, et qu'il ne pleuve pas ou trop peu pendant les mois de Mars et d'Avril. Les renoncules plantées en Mars et Avril ne fleurissent qu'en Mai et Juin, et ainsi des autres qui ont encore été plantées plus tard. Lorsque les feuilles des renoncules commencent à sortir de terre, il faut encore avoir soin de les faire débarrasser de toutes les mauvaises herbes qui pourroient les embarrasser. Les tiges et les feuilles ne tardent pas à sécher peu après que la fleur est passée ; il faut alors cesser les arrosemens, excepté pour les pieds qu'on veut réserver pour graine, et aussitôt que les parties herbacées des plantes sont suffisamment sèches, on relève les griffes de terre, on les débarrasse des débris des tiges et des feuilles qui y tiennent encore, et on les serre enfin dans un lieu sec, jusqu'au moment de les replanter l'année suivante : elles peuvent même se conserver pendant deux ans hors de terre.

Les personnes qui disposent, dans leurs plates-bandes, les renoncules en suivant un ordre selon la couleur de leurs corolles, ont des espèces de casiers numérotés, dont les divisions correspondent aux numéros de chaque plante dans la plate-bande, et ils conservent facilement l'ordre de leur plantation, en plaçant dans la case correspondante chaque griffe aussitôt qu'elle est retirée de terre ; mais cela, comme on le pense bien, complique beaucoup le travail.

Pour qu'une renoncule soit belle aux yeux d'un amateur, il faut que son feuillage soit bien découpé et d'un beau vert ; que ses tiges soient droites, hautes, fermes, et qu'elles soutiennent une fleur grosse, bombée, composée d'un grand nombre de pétales étoffés, larges, arrondis, de couleurs franches et vives. Quant aux semi-doubles, que l'éclat ou la bizarrerie de leurs couleurs fait admettre, les personnes qui se piquent de bon goût veulent encore que les panachures soient en couleurs tranchantes, que les fleurs, aussi doubles qu'elles peuvent l'être, laissent peu apercevoir ce bouton noir qui est au centre, et qui est formé de l'assemblage des pistils et des étamines ; quelquefois ce bouton noir donne à des fleurs stériles l'apparence de la fécondité, d'autres fois il est trop visible et gâte les fleurs, qu'alors les jardiniers appellent trivialement *gueules noires*.

Les renoncules-pivoines ne donnent point de graines ; on n'a d'autre moyen de les multiplier que les jeunes griffes qui se forment à côté des anciennes, et qu'on en détache toutes les fois qu'on retire celles-ci de terre ou seulement au moment de les replanter. Quant aux semi-doubles, elles produisent une grande quantité de graines, par le moyen desquelles on peut les multiplier autant qu'on le désire. N'ayant jamais fait de semis de semi-doubles, je vais indiquer, d'après Mordant de Launay, la méthode qu'on doit suivre dans cette espèce de culture.

« L'amateur qui sème n'aura besoin que de quelques an-
« nées pour se faire une collection choisie de plantes belles
« et bien variées; mais, pour les obtenir de cette sorte, le
« choix des graines ne sauroit être indifférent. Il faudra les
« avoir prises sur les individus les plus vigoureux, qui au-
« ront donné les fleurs les mieux conformées, les plus doubles
« et dans les couleurs les mieux prononcées, les plus vives
« et les plus franches, que peut-être encore aujourd'hui la
« mode fait préférer dans le violet et le rembruni. Pour bien
« recueillir ces graines et parvenir à les bien conserver, il
« est prudent de couper le sommet des tiges à une certaine
« hauteur, au moment où l'on voit que les graines sont assez
« mûres, et sans attendre qu'elles se détachent et tombent à
« terre. Il faut choisir, pour faire cette opération, le moment
« où le soleil et la chaleur du jour auront dissipé toute l'hu-
« midité de la nuit ou de la rosée. On réunit ces sommités
« en paquets, et on les suspend dans un endroit sec. A l'épo-
« que seulement où l'on veut semer, on frotte les têtes entre
« les mains; les semences s'en détachent, et on les répand
« aussitôt sur une plate-bande située au levant et préparée
« à l'avance, ou mieux, pour le climat de Paris, dans des
« terrines pleines d'un mélange anciennement fait de bonne
« terre de potager ou de pré avec du terreau bien consom-
« mé de feuilles ou de gazons. Ces graines doivent être se-
« mées plus ou moins dru, selon qu'on en aura reconnu un
« plus ou moins grand nombre de bonnes, car il s'en faut
« qu'elles le soient toutes. On les appuie avec la main, et
« on les recouvre ensuite de deux à trois lignes de même
« terre, qu'on crible également par-dessus, et d'un lit de
« mousse hachée. On entretient fraîchement le semis, au
« moyen d'arrosemens qui se font de haut et avec la pomme
« d'arrosoir à trous fins, de peur de ramasser en pelotons
« les graines, qui mettront environ six semaines à lever. Si
« l'on a semé en automne, il faudra, ou rentrer les terrines
« pendant la gelée, ou couvrir la plate-bande au moyen de
« paillassons soutenus à trois pouces au-dessus de terre par
« des piquets auxquels on attache des traverses en tout sens.
« Dans tout son contour la plate-bande doit encore être mu-
« nie d'une épaisseur d'environ un pied de litière. Chaque

« fois que le temps le permet , on donne au semis du jour
« et de l'air. Au printemps, on sort les terrines, qu'on met à
« l'exposition du levant, ou bien on découvre tout-à-fait la
« plate-bande, et l'on répand, au crible ou à la main, deux
« ou trois lignes de terreau bien consommé, de fumier de
« cheval, sur le jeune plant, dont on a soin de ne pas enter-
« rer les feuilles. Aux mois d'Avril et de Mai on ne ménage
« pas les arrosemens, jusqu'à ce que les fanes commencent
« à jaunir. Quelques personnes ne sément qu'au printemps;
« mais leurs griffes ne sont jamais aussi belles ni si bien nour-
« ries que celles produites par un semis d'automne. Il en
« est de même du semis en terrine, qui n'est jamais si beau
« que celui fait en plate-bande; mais ce dernier court de bien
« plus grands risques, et exige beaucoup plus de soin que
« l'autre. Quelques jeunes plantes donneront des fleurs la pre-
« mière année; le plus ordinairement ces fleurs sont simples
« et à rejeter. Dans le climat de Paris, il faut nécessaire-
« ment, surtout si l'on a semé en plate-bande, relever les
« racines ou griffes des *pucelles* (c'est ainsi que les jardiniers
« appellent ces jeunes renoncules); et on les replante à la
« même époque que les anciennes. La seconde année, quel-
« ques autres donneront encore des fleurs, et le plus grand
« nombre sera encore à rejeter; enfin, la troisième année,
« toutes fleuriront, et c'est alors qu'on pourra choisir celles
« qui seront doubles et bien faites : quant aux couleurs, il
« ne sera guère possible de rien décider, car elles ne seront
« bien assurées que dans les deux ou trois autres années qui
« suivront. C'est donc dans cet intervalle qu'il faudra faire
« l'élite des plantes propres à former ce qu'on appelle des
« *planches de parade.* On les levera aussi par couleurs, afin de
« les pla er de manière que réciproquement elles puissent se
« faire valoir. »

RENONCULE VERRUCULEUSE. *Ranunculus verruculosus.* Je réunis
ici sous ce nom trois plantes qui ont été regardées par les
auteurs comme des espèces distinctes, et qui ne sont évidemment que des variétés : le *R. philonotis,* Retz; le *R. parvulus,*
Linn., et le *R. trilobus,* Desf.

La racine de cette espèce est annuelle, composée de fibres
longues et menues; elle produit une tige redressée et quel-

quefois assez simple, souvent rameuse dès la base et étalée, velue dans la première variété, ou la plante la plus commune, et dans la seconde; glabre dans la dernière, ainsi que toute la plante; haute seulement de quelques pouces dans le *R. parvulus*, s'élevant à six ou huit pouces dans le *R. philonotis*, et à plus d'un pied dans la dernière. Les feuilles radicales et du bas de la plante sont pétiolées, partagées en trois lobes ou en trois folioles plus ou moins incisées, et dont la moyenne est souvent pétiolée; les feuilles de la partie supérieure des tiges sont sessiles ou presque sessiles, divisées en lanières ordinairement linéaires. Très-souvent dans la seconde variété, plus rarement dans les deux autres, on trouve des feuilles arrondies parmi les radicales, dont les bords ne sont que fortement dentés, mais non partagés en lobes distincts. Les fleurs sont jaunes, larges de six à neuf lignes dans les deux premières variétés, beaucoup plus petites dans la dernière, portées à l'extrémité des tiges et des rameaux sur des pédoncules alongés. Les graines qui leur succèdent sont comprimées, arrondies, de forme lenticulaire, entourées d'un rebord particulier, et chargées sur leurs deux faces de petites verrues plus ou moins saillantes, disposées irrégulièrement. Cette espece fleurit en Mai, Juin et Juillet; sa première variété est commune en France et dans une grande partie de l'Europe, dans les moissons et les lieux cultivés; la seconde se trouve dans les lieux où l'eau a séjourné pendant l'hiver, et qui souvent deviennent très-secs en été; la troisième croît dans les prairies humides du Midi de la France, en Barbarie, en Grèce, etc.

Renoncule des champs: *Ranunculus arvensis*, Linn., *Sp.*, 780; Bull., Herb., tab. 117. Sa racine est annuelle, fibreuse; elle produit une tige cylindrique, presque glabre comme le reste de la plante, rameuse, droite, haute de huit à quinze pouces. Ses feuilles radicales sont à trois lobes, bi- ou tridentées, et les supérieures à trois divisions, elles-mêmes découpées en deux ou trois lanières linéaires. Ses fleurs sont latérales, d'un jaune pâle, petites, portées sur des pédoncules opposés aux feuilles. Les graines sont en petit nombre, comprimées, hérissées, sur leurs deux faces, d'aiguillons droits et roides. Cette renoncule fleurit en Mai et Juin; elle est commune dans les moissons, en France, dans une grande partie de l'Europe, en Sibérie, etc : elle est très-vénéneuse. Les moutons paroissent la manger avec plaisir, et elle leur est souvent funeste. Son abondance dans certains champs nuit beaucoup aux récoltes ; le seul moyen connu d'en débarrasser les terres qui en sont infestées, est de les cultiver pendant quelque temps en prairies artificielles.

RENONCULE EN FAUX : *Ranunculus falcatus*, Linn., *Sp.*, 781, Jacq., *Fl. Aust.*, t. 48 ; *Ceratocephalus falcatus*, Pers., *Synops.*, 1, p. 341. Sa racine est annuelle, pivotante, et elle pousse de son extrémité un plus ou moins grand nombre de fibres verticillées, simples. Ses feuilles sont toutes radicales, pétiolées, étalées en rosette, pubescentes comme toute la plante, digitées ou partagées en trois découpures linéaires, bifides ou trifides. Du milieu de ces feuilles s'élèvent une ou plusieurs hampes nues, hautes d'un à trois pouces, terminées chacune à leur sommet par une petite fleur jaune, qui n'a souvent que cinq étamines. Les graines sont nombreuses, disposées en épi et prolongées en longue pointe en forme de faux. Cette plante fleurit en Mars et Avril. On la trouve dans les champs et les lieux cultivés du Midi de la France et de l'Europe. (L. D.)

RENONCULE. (*Conchyl.*) Nom spécifique d'une espèce de coquille du genre Cône, *C. ranunculus*, ainsi nommée à cause de sa coloration. (DE B.)

RENONCULE DES BOIS. (*Bot.*) Nom vulgaire de l'anémone des bois. (L. D.)

RENONCULE DE MONTAGNE. (*Bot.*) C'est le trolle d'Europe. (L. D.)

RENOUÉE ; *Polygonum*, Linn. (*Bot.*) Genre de plantes dicotylédones apétales, qui, dans la Méthode naturelle de M. de Jussieu, a donné son nom à la famille des *polygonées*, et qui, dans le Système sexuel, appartient à l'*octandrie trigynie*. Ses principaux caractères sont d'avoir un calice monophylle, partagé en cinq découpures pétaloïdes, persistantes ; point de corolle ; cinq à neuf étamines, le plus souvent huit ; un ovaire supère, à trois côtés, surmonté de deux ou trois styles courts, terminés par des stigmates simples ; une capsule monosperme, indéhiscente, environnée par le calice persistant.

Les renouées sont des plantes herbacées, plus rarement des

arbustes; elles ont des feuilles entières, alternes, munies pour la plupart, à leur base, de stipules membraneuses, embrassantes; leurs fleurs, quelques espèces exceptées, ont peu d'éclat et sont axillaires ou terminales, disposées en épis, en cime ou en panicule. On en connoît près de cent espèces; quelques-unes de ces plantes présentent de l'intérêt à cause de leurs graines farineuses, qui non-seulement servent à la nourriture des oiseaux granivores, mais qui, même pour l'homme, peuvent remplacer, jusqu'à un certain point, le blé et les autres céréales dont il tire son principal aliment.

* *Un seul épi; neuf étamines.*

RENOUÉE BISTORTE, vulgairement BISTORTE : *Polygonum bistorta*, Linn., *Sp.*, 516; Bull., Herb., tab. 314. Sa racine est tubéreuse, oblongue, vivace, contournée; elle produit une tige très-simple, haute d'un pied à dix-huit pouces, terminée par un seul épi de fleurs d'une couleur purpurine claire. Ses feuilles sont ovales-lancéolées, décurrentes sur leur pétiole. Dans une variété la tige est un peu plus élevée, la racine est plus contournée. Cette plante fleurit en Juin et Juillet; elle se trouve dans les prés et les pâturages des montagnes, en France, en Allemagne, en Suisse, etc.

La racine de bistorte a une saveur austère et styptique; elle est tonique et astringente. Elle a été employée dans toutes sortes de flux atoniques, dans les gonorrhées anciennes, les pertes utérines, les fleurs blanches: d'après quelques expériences, il paroîtroit qu'elle peut aussi être utile dans les fièvres d'accès. Elle se prend en substance et en poudre ou en décoction; elle entre dans quelques compositions pharmaceutiques, parmi lesquelles il faut surtout compter le *diascordium*.

Les chevaux ne veulent point des feuilles de cette plante, mais tous les autres bestiaux les aiment, surtout les vaches, qui en sont friandes. Pour cette raison on cultive la bistorte pour fourrage, en Suisse et dans le Jura. Les Islandois mangent ses graines cuites, et c'est un de leurs alimens favoris.

RENOUÉE VIVIPARE : *Polygonum viviparum*, Linn., *Sp.*, 516; *Fl. Dan.*, tab. 13. Ses racines sont dures, épaisses, vivaces; elles produisent une ou plusieurs tiges simples, hautes de six à dix pouces, terminées par un seul épi de fleurs blanchâtres, vivipares dans la partie inférieure de l'épi. Les feuilles sont lancéolées, pétiolées, non décurrentes. Cette espèce croit dans les pâturages des montagnes du Midi de la France, de l'Europe, etc.; elle fleurit en Juin et Juillet.

** *Plusieurs épis ; pistil bifide ; moins de huit étamines.*

RENOUÉE AMPHIBIE : *Polygonum amphibium*. Linn., *Sp.*, 517 ; *Fl. Dan.*, tab. 282. Sa racine est vivace ; elle produit une ou plusieurs tiges articulées, flottantes sur l'eau ou rampantes sur la terre, garnies de feuilles oblongues, glabres dans une variété, velues dans une autre. Ses fleurs sont d'un pourpre clair ou presque roses, disposées, en épis ovales-oblongs, dans les aisselles des feuilles ou au sommet des tiges et des rameaux ; elles n'ont que cinq étamines, plus courtes que la corolle dans la variété qui flotte sur l'eau, et plus longues dans celle qui rampe sur la terre. Cette espèce croit dans les étangs et les rivières, ou dans les lieux humides et les prairies inondées pendant l'hiver. Tous les bestiaux, excepté les vaches, la mangent, et les chevaux surtout en sont friands ; mais ce n'est pas pour eux une bonne nourriture. Cette plante fait un assez joli effet sur la surface des eaux lorsqu'elle est en fleurs ; c'est une raison pour en planter quelques pieds dans les bassins et les petites rivières des jardins paysagers, qu'elle embellira pendant la plus grande partie de l'été.

RENOUÉE PERSICAIRE, vulgairement l'PERSICAIRE : *Polygonum persicaria*, Linn., *Sp.*, 518 ; *Fl. Dan.*, t. 702. Sa racine est fibreuse, annuelle ; elle produit une tige droite, haute de dix à dix-huit pouces, garnie de feuilles lancéolées, glabres. Ses fleurs sont roses ou quelquefois blanches, à six étamines, et disposées en épis ovales-oblongs, pédonculés, axillaires et terminaux. Cette plante fleurit en Juillet et Août ; elle est commune dans les fossés et les lieux humides, en Europe, en Asie et dans l'Amérique septentrionale. Elle a été employée en médecine comme astringente, antiputride et vulnéraire. Les cochons et les vaches n'en veulent pas, mais les chevaux, les chèvres et les moutons la mangent.

RENOUÉE DES TEINTURIERS : *Polygonum tinctorium*, Loureir., *Fl. Cochin.*, pag. 297. Ses tiges sont hautes de deux pieds, rameuses, presque droites, garnies de feuilles ovales, un peu aiguës à leur sommet, épaisses, succulentes, glabres, pétiolées. Ses fleurs sont rougeàtres, disposées en épis effilés, rameux, presque terminaux; leur calice, à cinq divisions conniventes, renferme six étamines et un style à trois divisions. Cette espèce croît à la Cochinchine, où les habitans du pays savent en extraire une fécule bleue, par des procédés analogues à ceux employés pour l'indigo.

RENOUÉE D'ORIENT, vulgairement GRANDE PERSICAIRE ; *Polygonum orientale*, Linn., *Sp*. Sa racine est fibreuse, annuelle; elle produit une tige cylindrique, articulée, haute de cinq à huit pieds, garnie de feuilles ovales-arrondies, très-grandes, pétiolées, alternes. Ses fleurs sont d'un rouge vif, quelquefois tout-à-fait blanches, disposées en épis nombreux, pendans, dont l'ensemble forme une large panicule. Leur calice est divisé en cinq parties ovales, et renferme six à sept étamines. Cette plante est originaire du Levant et des Indes. On la cultive pour l'ornement des jardins et des grands parterres ; elle y fleurit en Août et Septembre. Elle n'est pas délicate et se sème souvent d'elle-même. Lorsqu'on veut en avoir de beaux pieds, il faut la semer, au mois de Mars, sur couche ou en pleine terre bien ameublie par un bon labour et le mélange d'une certaine quantité de terreau, et avoir soin de la mettre à l'abri de la gelée, qu'elle redoute extrêmement. Lorsque le plant a six pouces de hauteur, on le plante à demeure, en ayant soin d'arroser souvent dans les premiers jours de la transplantation : ensuite il n'a plus besoin d'aucun soin. Ses graines sont très-recherchées par les petits oiseaux.

RENOUÉE POIVRE D'EAU, vulgairement CURAGE, POIVRE D'EAU : *Polygonum hydropiper*, Linn., *Sp*., 517 ; *Fl. Dan.*, t. 282. Sa racine est rampante, annuelle; elle produit une tige droite, haute d'un pied à dix-huit pouces, garnie de feuilles lancéolées. Ses fleurs sont d'un blanc sale, à six étamines, et disposées en épis très-grêles. Cette plante est commune sur les bords des fossés et dans les lieux humides, en France et par toute l'Europe. Toutes ses parties sont àcres et même corrosives. Cependant le poivre d'eau a été autrefois regardé comme apéritif, diurétique, vermifuge, et on trouve dans les anciens auteurs qu'on l'employoit dans la jaunisse, les obstructions, l'hydropisie, la gravelle, le catarrhe de la vessie; aujourd'hui les médecins n'en font plus usage. La plante entière, fraiche, pilée et mise en contact avec la peau, agit comme rubéfiant. Elle peut servir à teindre les laines en jaune. Ses graines peuvent. jusqu'à un certain point, servir à remplacer le poivre. Tous les bestiaux rebutent cette plante à cause de son àcreté.

*** *Fleurs le plus souvent axillaires; huit étamines.*

Renouée maritime; *Polygonum maritimum*, Linn., *Sp.*, 519. Sa tige est suffrutescente, couchée, très-rameuse, longue de six à douze pouces et plus, garnie de feuilles lancéolées, glauques, toujours vertes, à gaines membraneuses, un peu obtuses. Ses fleurs sont d'un pourpre clair, axillaires, pédonculées et trois à cinq ensemble. Cette plante croit sur les plages sablonneuses de l'Océan et de la Méditerranée ; elle fleurit en Mai, Juin et pendant tout l'été.

Renouée des oiseaux, vulgairement Centinode, Renouée, Trainasse; *Polygonum aviculare*, Linn. Sa racine est annuelle; elle produit une tige couchée, très-rameuse, longue de six pouces à un pied et plus, garnie de feuilles linéaires-lancéolées, plus longues ou plus courtes, à gaines scarieuses, courtes. Ses fleurs sont d'un rose clair, axillaires, solitaires ou deux ensemble, brièvement pédicellées. Cette plante est sujette à varier beaucoup selon la nature du terrain et de l'exposition. Elle fleurit pendant tout l'été, et elle est commune dans les champs après la moisson, sur les bords des chemins, en France, dans toute l'Europe, dans une grande partie de l'Asie et dans l'Amérique septentrionale. Tous les bestiaux la mangent, et les petits oiseaux granivores recherchent ses graines. On la dit détersive, astringente et vulnéraire; mais, quoique Tournefort l'estimât beaucoup sous ce dernier rapport, on n'en fait plus maintenant que peu ou point d'usage en médecine.

Renouée des sables; *Polygonum arenarium*, Waldst., *Pl. Hung.*, 1, tab. 67. Ses tiges sont herbacées, diffuses, un peu redressées, hautes de dix à quinze pouces, garnies de feuilles lancéolées ou lancéolées-linéaires, à gaines membraneuses et lacérées. Ses fleurs sont d'un rouge très-clair, géminées, disposées dans le haut des rameaux en épi lâche; elles paroissent pendant tout l'été. Cette espèce croit en Hongrie, et elle a

été retrouvée en France, aux environs de Toulon, par M.
G. Robert.

RENOUÉE ÉQUISÉTIFORME; *Polygonum equisetiforme*, Smith,
Prod. Flor. Græc., 1, p. 267. Sa tige est suffrutescente, divisée
en rameaux nombreux, très-grêles, longs de deux à trois
pieds, garnis, seulement dans leur jeunesse, de feuilles ovales,
très-petites, et à gaines scarieuses; nus dans l'âge adulte. Ses
fleurs sont blanchâtres ou purpurines, axillaires, deux à trois
ensemble, l'une mâle, les autres femelles. Cette espèce fleurit
depuis le mois de Mai jusqu'en Octobre. Elle croît en Égypte,
dans l'île de Crète, et a été retrouvée en Corse par MM. So-
leirol et de Pouzolz.

*** *Fleurs en grappe, en corymbe ou en panicule;*
huit étamines; trois styles.

RENOUÉE DES ALPES; *Polygonum alpinum*, All., *Fl. Ped.*,
n.° 2049, t. 68, fig. 1. Sa racine est vivace; elle produit une
tige droite, rameuse, haute de deux à trois pieds, garnie de
feuilles ovales-lancéolées, presque glabres, ciliées en leurs
bords. Ses fleurs sont d'un blanc tirant sur le rose, et disposées en une panicule large et terminale. Cette plante fleurit
en Juillet et Août dans les prairies des Alpes de la Suisse, de
l'Italie, et dans les Pyrénées.

RENOUÉE SARRASIN, vulgairement BLÉ NOIR, SARRASIN; *Po-*
lygonum fagopyrum, Linn., *Sp.*, 522. Sa racine est fibreuse,
annuelle; elle produit une tige droite, glabre comme toute
la plante, rameuse, haute d'un pied à dix-huit pouces, garnie de feuilles cordiformes, les inférieures pétiolées, les supérieures sessiles. Ses fleurs sont d'un pourpre clair ou presque
blanches, disposées en corymbe au sommet de la tige et des
rameaux. Les graines sont triangulaires. Cette plante est originaire de l'Asie, mais transportée depuis long-temps en Europe, où elle est cultivée pour ses usages économiques, elle
y est aujourd'hui naturalisée et elle s'y multiplie souvent
comme spontanément. Elle fleurit en Juillet, Août et Septembre.

Il est peu de provinces en France où l'on ne voie le sarrasin,
et dans quelques-unes, surtout celles situées au Midi, il est
l'objet d'une culture assez considérable. Il aime principalement

les terres sablonneuses et légères. Il se sème à deux époques :
ou au printemps, lorsque les froids ne sont plus à craindre, car
la plus petite gelée lui fait un tort irréparable ; ou à la fin de
l'été, sur des terres qui ont déjà rapporté une première récolte. Les semis du printemps se font pour récolter les graines ;
ceux de l'été ou de l'automne n'ont pour objet que de se procurer du fourrage, ou d'être employés comme engrais en en-
terrant les tiges avec la charrue, au moment où elles commencent à fleurir. Lorsqu'on cultive le sarrasin pour en récolter les graines, il faut le semer clair, parce qu'il se ramifie
alors davantage et produit plus de fleurs et par conséquent
plus de graines. Mais lorsqu'on a l'intention de l'enterrer pour
servir d'engrais, il faut le semer épais. C'est généralement à
la volée qu'on répand ses semences : cependant quelques cultivateurs le mettent en rayons, afin de pouvoir le biner et le
butter. Il donne ses productions en moins de trois mois ;
mais comme il fleurit pendant long-temps, il en résulte
que ses premières graines sont mûres lorsque les dernières
ne font que commencer à se former ; et comme elles tombent
aussitôt après leur maturité, il y en a toujours une partie
de perdue.

La plante entière de sarrasin, soit fraîche, soit sèche, peut
être donnée pour fourrage aux bestiaux. En la brûlant lorsqu'elle est sèche, elle fournit beaucoup de potasse.

La farine faite avec ses graines est assez blanche et a une
saveur qui n'est pas désagréable ; on ne peut en faire du pain
qu'en la mêlant avec une certaine quantité de farine de seigle
ou de blé ; mais on en fait des gâteaux très-nourrissans et de
bonne bouillie. La consommation en est considérable, sous
ce dernier rapport, dans certains cantons, particulièrement
dans l'ancienne Bretagne.

Tous les oiseaux de basse-cour aiment la graine de sarrasin,
et il est des pays où les cultivateurs en donnent à leurs chevaux en place d'avoine, ou seulement mêlée avec cette dernière. Elle est très-bonne pour engraisser les bœufs, les cochons et les moutons, surtout lorsqu'elle est réduite en farine
et qu'on en fait une espèce de bouillie, qu'on donne à ces
animaux, chaude et un peu salée.

RENOUÉE DE TARTARIE : *Polygonum tataricum*, Linn., *Sp.*, 521 :

Gmel., *Fl. Sib.*, 3, p. 64, t. 13, fig. 1. Cette espèce diffère de la précédente, parce que ses fleurs sont verdâtres, disposées en épis lâches, presque simples, et parce que ses graines sont un peu bossues et à angles obtus. Elle est originaire de Tartarie: on la cultive dans quelques cantons, de même que le sarrasin. On la dit préférable à ce dernier, dont elle a d'ailleurs toutes les propriétés, parce qu'elle supporte beaucoup mieux le froid, parce que son grain est plus gros et qu'il mûrit plus tôt.

RENOUÉE LISERON, vulgairement VRILLÉE BATARDE; *Polygonum convolvulus*, Linn., *Sp.*, 522. Sa tige est volubile, anguleuse, haute de dix à quinze pouces ou plus, garnie de feuilles en cœur, sagittées. Ses fleurs sont d'un blanc sale, à anthères violettes, pour la plupart axillaires et obtusément carénées. Cette espèce croit dans les champs et les lieux cultivés, en Europe, en Sibérie. Elle est annuelle.

RENOUÉE DES BUISSONS, vulgairement GRANDE VRILLÉE BATARDE: *Polygonum dumetorum*, Linn., *Spec.*, 522; *Fl. Dan.*, t. 756. Sa tige est volubile, lisse, haute de deux à trois pieds, garnie de feuilles en cœur, sagittées. Ses fleurs, d'un blanc sale, à anthères blanches, sont ramassées en paquets axillaires ou disposées en épis lâches. Cette plante fleurit en Août et Septembre: on la trouve dans les haies, les buissons et les bois, en France et dans le reste de l'Europe.

Tous les bestiaux, surtout les vaches et les moutons, paroissent aimer ces deux renouées. Elles produisent une grande quantité de graines, qui ont la même propriété que celles du sarrasin, mais qui sont plus petites; les petits oiseaux et les volailles les recherchent. (L. D.)

RENOUÉE ARGENTÉE. (*Bot.*) C'est la paronique en tête. (L. D.)

RENOUILLE. (*Erpét.*) Voyez GRENOUILLE. (DESM.)

RENTRANTES [VALVES]. (*Bot.*) Se recourbant et s'enfonçant par leurs bords dans l'intérieur du péricarpe; exemples: colchique, *rhododendrum*. (MASS.)

RÉNULITE ou RÉNULINE. (*Foss.*) A ma connoissance, on n'a rencontré ce petit corps que dans la couche du calcaire grossier de Grignon, département de Seine-et-Oise, et il est tellement fragile, qu'il n'a pu se conserver que lorsqu'il s'est

trouvé dans des coquilles univalves qui l'ont protégé. Il res-
remble si peu à une coquille, que je ne suis pas persuadé
qu'il en soit une. Voici cependant ce que l'auteur des Animaux sans vertèbres en dit : « En regardant cette coquille,
« on croit voir un opercule mince, fragile, très-aplati, semi-
« lunaire et dont la surface est chargée de sillons arqués et
« parallèles à son bord arrondi; mais, en l'examinant bien,
« on s'aperçoit qu'elle est composée de deux tables opposées
« l'une à l'autre, et creusées, en leur face interne, de sillons
« arqués et contigus. Dans le rapprochement de ces deux
« tables, les sillons opposés complètent autant de loges bien
« séparées les unes des autres. Ce n'est point la structure d'un
« opercule quelconque. »

Si ce corps est une coquille, elle doit nécessairement avoir
été intérieure, vu sa grande fragilité. On ne connoît que l'espèce suivante.

RÉNULITE OPERCULAIRE : *Renulites opercularis*, Lamk., Anim.
sans vert., tom. 7, p. 606; *Renulites opercularia*, Ann. du Mus.,
tom. 5, pag. 354, et tom. 9, pl. 17, fig. 6; Encycl., pl. 465,
fig. 8. Coquille semi-lunaire, très-plate, à sillons courbés et
concentriques. Largeur, une ligne. (D. F.)

RENVERSÉ, *Resupinatus*. (*Bot.*) La corolle bilabiée est dite
renversée, lorsque la lèvre supérieure semble avoir pris la
place de l'inférieure; exemples : basilic, *plectranthus*. La cupule
du calybion est renversée, lorsque son orifice, au lieu de regarder le point opposé à la base de son support (exemple :
taxus), regarde au contraire la base du support; exemple :
podocarpus. La graine considérée dans le fruit est également
dite renversée, lorsque le hile situé au-dessous du placenta est
la partie la plus élevée de la graine dans la loge du péricarpe;
exemple : *asclepias*, frêne, etc. (MASS.)

RÉOPHAGE, *Reophax*. (*Conchyl.*) Denys de Montfort
(Conchyl. syst., tom. 1, pag. 331) a établi sous ce nom un
genre qu'il regarde comme polythalame et qu'il définit :
Coquille libre, univalve, cloisonnée, droite, sinnée et in-
sectée, ou offrant plusieurs étranglemens; les concaméra-
tions augmentant de volume avec l'âge : bouche arrondie,
terminale; siphon central. Mais on peut dire que presque tous
ces caractères sont tirés de l'imagination de l'auteur; car la

figure de Soldani (*Test.*, pl. 162, fig. *K*) n'indique rien de tout cela, mais seulement un empilement de six petites masses polygonales, irrégulières, croissant de la première à la dernière, et même dont il ne m'a pas été possible de trouver de description dans le texte. Denys de Montfort nomme ce corps, duquel il n'y a réellement rien à dire, si ce n'est qu'on ne peut savoir ce que c'est, le R. QUEUE-DE-SCORPION, *R. scorpiurus*, en ajoutant qu'il se trouve dans les sables de la mer Adriatique, et que, lorsqu'il est frais, sa couleur est orangée, et se change en ochracée par l'exposition au soleil. (DE B.)

RÉOPHAX. (*Conchyl.*) Nom latin du genre RÉOPHAGE. Voyez ce mot. (DE B.)

RÉPARÉE. (*Bot.*) Un des noms vulgaires de la poirée ou bette. (J.)

RÉPENELLE. (*Chasse.*) Sorte de piége à ressort pour prendre les petits oiseaux et qui porte divers noms, tel que *rejet*, *répuce*, *sauterelle*, *raquette*, etc. On en trouve la description et la figure dans l'*Aviceptologie françoise*. Lorsque cette chasse a pour objet les merles, les geais, elle se fait à la fin des vendanges. (CH. D.)

REPERIT. (*Ornith.*) L'un des noms languedociens du roitelet. (DESM.)

REPLIÉE [GRAINE]. (*Bot.*) Pliée en deux de manière que les deux moitiés sont appliquées l'une contre l'autre ; exemples : *alisma plantago*, *sagittaria*. L'embryon de ces graines est également replié. (MASS.)

RÉPONCE. (*Bot.*) Voyez RAIPONCE (L. D.)

REPOUNCHOUS. (*Bot.*) La raiponce, *campanula rapunculus*, est ainsi nommée vulgairement dans le Languedoc, selon Gouan. (J.)

REPRISE. (*Bot.*) Nom vulgaire de l'orpin, *sedum telephium*. (J.)

REPRODUCTION DES POISSONS. (*Ichthyol.*) Ainsi que dans toutes les autres classes d'animaux, les espèces se perpétuent par l'acte de la génération dans celle des poissons, où l'on voit les pélagiens, qui sont répandus indifféremment dans l'immensité des mers des deux mondes ; les littoraux, qui ne peuvent vivre qu'auprès des côtes ; ceux que la Nature a relégués dans des parages particuliers; ceux qui, chaque année, remontent le cours des fleuves et des rivières; ceux qui ne quittent jamais l'eau douce des lacs ou des ruisseaux; ceux qui vivent de proie, comme ceux qui se contentent des débris des corps organisés que la fange qu'ils habitent offre à leur appétit grossier; ceux qui restent solitaires, comme ceux qui parcourent en légions innombrables un Océan dont les bornes semblent se reculer pour eux; tous, en un mot, se reproduire avec une énergie dont les mammifères, les oiseaux et les reptiles ne nous offrent point d'exemple, et participer à l'étonnante fécondité dont sont pourvues la plupart des autres races aquatiques. Mais un sang glacé circule dans leurs vaisseaux : si la Nature a répandu sur eux le souffle de la vie, elle leur a refusé le feu du sentiment. Chez eux, nul attachement d'un sexe pour l'autre : ils ne cèdent qu'à un besoin du moment, qu'à un appétit grossier, qu'à une jouissance aussi peu partagée que fugitive; ils ne connoissent ni mère qui les surveille dans leur premier âge; ni compagne qui les aide plus tard dans leurs recherches, qui les secoure dans leurs dangers, qui partage avec eux les soins de la famille; ni petits qu'ils aient à préserver de la dent cruelle de leurs ennemis. On chercheroit en vain au sein des mers cet amour sans partage, cette tendresse si vive, cette fidélité conjugale, ce dévouement maternel sans bornes, dans l'exercice desquels tant d'oiseaux, tant de quadrupèdes, deviennent pour l'homme même des modèles sans cesse renouvelés de vertus et de félicité, et qui distinguent éminemment les fourmis, les termites et les abeilles, qu'il admire sous ce rapport, et même ces viles araignées, qu'il méprise à tant d'autres égards. Ici nulle communauté de plaisirs, de besoins et d'affections tendres; nulle apparence de ces relations mutuelles qui se perpétuent par des soins réciproques. Dans leurs amours, les poissons ne tendent qu'à un but, et ce but est matériel; la fécondation des œufs : la Nature paroît ne rien exiger de plus, et les deux sexes restent presque étrangers l'un à l'autre.

On se tromperoit cependant si l'on pensoit que cette mère commune des êtres animés a complétement disgracié les poissons sous le rapport de l'accomplissement d'un acte aussi important que celui de la reproduction des espèces. Lorsqu'à l'époque du frai, époque variable suivant les latitudes et ces espèces elles-mêmes, l'influence d'une nouvelle force se déploie en eux et les oblige d'obéir à une impulsion renovatrice et irrésistible, ils semblent se couvrir d'une *livrée d'amour*. L'éclat des couleurs dont ils brillent ordinairement devient plus vif; alors les banderolles des chétodons se dessinent plus nettement; le vêtement d'or des zées paroît plus riche; le manteau de pourpre des rougets se colore d'une teinte plus intense; les rubis, les hyacinthes, les saphirs, les émeraudes, les topazes, qui scintillent habituellement sur la robe des coryphènes, des spares, des labres, répandent de nouveaux feux; le poli des plaques d'or, d'argent et des autres métaux précieux, qui décorent tant de familles aquatiques, est plus resplendissant, offre des reflets plus variés, plus changeans, plus multipliés. Alors aussi, d'autres modifications peuvent être signalées dans plus d'un point de leur économie, et, par exemple, les muscles des saumons prennent une teinte plus rouge; le corps des pighos mâles se couvre de tubercules comme varioleux. Chez tous, en général, les mouvemens deviennent plus actifs, plus rapprochés les uns des autres; une sorte d'inquiétude semble les diriger.

Or, tous ces changemens, toutes ces modifications diverses tiennent au développement, au gonflement, à l'extension périodique des organes de la génération, qui, quoique disposés pour une fécondité presque sans pareille, n'en sont pas moins très-simples chez les poissons.

On a rencontré dans cette classe d'animaux plusieurs espèces qui semblent réunir les deux sexes dans un seul individu, et que l'on peut regarder, par conséquent, comme hermaphrodites, tels sont les carpeaux du Rhône, si estimés des amateurs de la bonne chère. On a observé aussi cette particularité, mais accidentellement, dans les merlans et dans les carpes. M. Él. Bloch, de Berlin, conservoit dans sa collection une de ces dernières qui étoit dans le cas dont il s'agit.

Le plus ordinairement cependant on trouve, dans chaque espèce, des individus mâles et des individus femelles, et il paroît même que souvent le nombre des premiers est double

de celui des seconds. Quand le contraire a lieu , c'est par
une sorte d'exception; mais aussi cette exception est quelquefois poussée si loin, qu'on a cru que certaines espèces,
comme les syngnathes et la fistulaire paradoxale de Linnæus
(voyez SOLÉNOSTOME) n'avoient que le sexe féminin, et que
Pallas, dans le huitième fascicule de ses *Spicilegia zoologica* ,
a supposé qu'elles se reproduisoient à la manière des pucerons et de certaines phalènes, qui, dit-on, pondent parfois
des œufs féconds sans l'intervention du mâle.

Les testicules des poissons ont une structure bien différente de celle qui appartient aux testicules des animaux vertébrés des classes supérieures à la leur, et peuvent être
rangés dans deux sections, suivant qu'ils appartiennent aux
raies, aux squales et aux autres genres de la famille des
chondroptérygiens plagiostomes, ou aux autres poissons cartilagineux ou osseux.

Ceux de la première section, assez semblables en apparence aux testicules des batraciens anoures, sont grands,
alongés, larges, plats et étendus sous le rachis au-dessus du
canal intestinal et de l'estomac. Ils sont formés, en grande
partie, d'une agglomération de tubercules de la grosseur
d'un pois , pressés les uns contre les autres, creusés chacun
d'un petit enfoncement au centre de leur face externe,
réunis entre eux par des filamens très-forts et par une membrane ténue qui les enveloppe, et ne paroissant composés
que d'une multitude de très-petits grains ronds, et ils offrent, en second lieu, en arrière, une masse glanduleuse,
homogène, mince, étendue sous toute la face inférieure de
la portion tuberculeuse.

Les testicules des autres poissons, de ceux de la seconde section, nommés généralement et d'une manière collective *laite*
et *laitance*, se présentent sous l'aspect de deux grands sacs,
en partie membraneux, en partie glanduleux, de forme régulière, cylindriques, coniques ou divisés en lobes, dont le
volume augmente singulièrement dans le temps du frai, et par
conséquent à des retours périodiques, et qui sont remplis,
dans la saison des amours, d'une matière blanchâtre, opaque
et laiteuse. Ils ne paroissent essentiellement composés que de
cellules, d'autant plus distinctes qu'elles se rapprochent da-

vantage de la queue, et dont les parois, formées d'une membrane des plus déliées, sécrètent le fluide séminal, qui les gonfle et les distend. Réunis par leur extrémité postérieure, ils s'ouvrent au dehors par un orifice commun, situé auprès de celui de l'anus, par lequel sort également l'urine, et qui est la terminaison de deux longs canaux qui parcourent la plus grande partie de chacun d'eux.

Examinée au microscope, la laitance de ces poissons paroît composée de myriades de globules arrondis et d'une telle quantité d'animalcules, que l'infatigable micrographe Leuwenhœck a estimé que celle d'une seule morue en contenoit 150,000,000,000, vivans et différens de ceux qui animent le sperme des autres poissons.

La double laitance de beaucoup de poissons a souvent, comme dans la carpe, par exemple, des dimensions considérables eu égard au volume absolu du corps, et est, constamment ou à peu près, placée le long du dos, de manière à ce que chacun de ses deux lobes égale presque la longueur de l'abdomen.

Pour être plus simples en apparence que les testicules des autres animaux vertébrés, ceux des poissons n'en ont pas moins une influence remarquable sur toute l'économie. Comme par la castration on rend plus délicate la chair des mammifères et des oiseaux, de même, en enlevant la laitance aux poissons, on les engraisse et on communique à leur chair une saveur plus délicate. C'est une opération qu'a imaginée un pêcheur anglois, nommé Samuel Tull, et sur laquelle le président de la société royale de Londres, Hans Sloane, a consigné des détails importans dans les Transactions philosophiques. Quoique, dès le temps de Gesner et dès celui de Willughby, on sût que l'on pouvoit ouvrir le ventre du brochet et de quelques autres poissons sans leur donner la mort et même sans leur causer une longue incommodité, la soustraction des organes génitaux dans ces animaux n'a été pratiquée d'abord qu'à l'époque que nous venons de signaler, et il est facile de concevoir toutes les conséquences d'une semblable opération, tant chez les mâles que chez les femelles, quand on vient à réfléchir sur la tuméfaction de ces organes au moment du frai, tuméfaction qui doit, en

concentrant sur eux les forces de la vie, en accumulant
dans leur intérieur les produits de la nutrition presque tout
entiers, enchaîner une partie des forces des poissons, émousser
quelques-unes de leurs facultés, diminuer la masse des autres
organes de leur économie. Toute la partie de leur substance
qui se porte ordinairement sans obstacle vers leur laitance
ou vers leurs ovaires, et qui y donnoit naissance ou à des
centaines de milliers d'œufs, ou à des quantités considérables
de sperme, reflue dans le tissu cellulaire et s'y accumule
sous l'apparence de graisse.

N'oublions pas non plus que certains poissons, ou au
moins des animaux rangés par l'universalité des naturalistes
parmi les poissons, n'ont point encore offert de laitance aux
yeux des observateurs. Sans un fait particulier, communiqué,
il y a quelques années, à l'académie royale des sciences, par
les docteurs Desmoulins et Magendie, on ne connoîtroit pas
encore, par exemple, le mâle de la lamproie. (Voyez Pétro-
myzon.)

L'épididyme des plagiostomes est très-gros et alongé. Il
ne tient au testicule que par un prolongement mince que
celui-ci lui envoie de son bord externe et antérieur, et dans
lequel sa dernière portion paroît se continuer. Il n'est, au
reste, qu'un canal assez gros, mille et mille fois replié sur
lui-même, et qui, manifestement dilaté vers son extrémité
postérieure, ne fait plus que des zigzags qui se touchent, jusqu'au moment où, cessant d'être ainsi flexueux, il marche
le long du bord interne du rein de son côté, contre lequel
il est collé, et sous le gros bout duquel il aboutit dans une
vésicule ou plutôt dans une dilatation de ses propres parois,
dont l'entrée et la sortie sont un peu anfractueuses et qui
s'ouvre, avec celle du côté opposé, au milieu d'une papille
cylindrique que renferme le cloaque. (Voyez Raie, Squale.)

Il n'y a chez les poissons aucune trace, ni de vésicules sé-
minales proprement dites, ni de vésicules accessoires.

Tous les poissons osseux femelles, à l'exception de quelques espèces vivipares, ont des ovaires d'une structure fort
simple, au nombre de deux, le plus habituellement, et occupant dans l'abdomen une place analogue, pour l'étendue
et pour les connexions, à celle que les laites y occupent

dans les mâles. Ces ovaires sont composés des œufs visibles, tous du même volume, et destinés à sortir tous à la même époque, et d'une membrane mince, délicate, translucide, formant un long et ample sac, cloisonné ou partagé en cellules par des replis frangés et fournissant des points d'attache aux œufs qui y sont renfermés.

Ceux-ci, fort petits par rapport à la grandeur des animaux qui les produisent, semblent généralement disposés par couches transversales et parallèles, et tiennent les uns aux autres par de nombreux vaisseaux sanguins.

Ils ont, en arrière de l'anus, une issue commune aux deux ovaires, dont ils s'échappent immédiatement sans traverser un oviducte.

Leur forme est arrondie.

Leur nombre est immense et surpasse souvent l'énorme quantité de 200,000. Il est cependant facile de l'apprécier par le procédé suivant, né de l'observation que l'on a faite que ces œufs sont tous à peu près égaux, quand ils sont arrivés au même degré de développement, et qu'ils sont également serrés les uns contre les autres. On pèse la totalité d'un ovaire; on pèse ensuite à part une petite portion de cet organe; on compte les œufs que cette petite portion renferme, et on multiplie le nombre trouvé par le quotient de la masse entière, divisée par la petite portion. C'est ainsi que Leuwenhœck a trouvé jusqu'à 9,344,000 œufs dans une seule morue; qu'on s'assure qu'un hareng, de taille médiocre, en possède bien 10,000; que Petit en a compté 262,224 dans une carpe de quatorze pouces de longueur, et 342,144 dans une autre, qui avoit seize pouces; M. Rousseau, le père, 1,467,856 dans un esturgeon du poids de cent soixante livres; 129,200 dans un maquereau d'une livre trois onces; 69,216 dans une perche d'une livre deux onces; 167,400 dans une carpe de deux livres cinq onces; 166,400 dans un brochet de vingt livres; qu'un autre observateur a estimé à 7,653,200 la quantité des œufs pondus par une seule femelle d'esturgeon, dont le poids total de l'ovaire étoit de cent dix-neuf livres.

Certes, de pareils résultats sont effrayans quand on se donne la peine de supputer combien de millions de morues pondent, chaque année, autant d'œufs que Leuwenhœck en a observé dans celle qui fut soumise à ses recherches ; combien de millions de femelles de chacune des espèces de poissons qui peuplent les mers multiplient dans des proportions analogues. Cette inépuisable fécondité de la Nature auroit fini par entraîner à sa suite les inconvéniens les plus graves, si cette bonne mère n'avoit trouvé elle-même le moyen de mettre des bornes à cette inconcevable profusion. Les poissons eux-mêmes dévorent une grande partie du frai les uns des autres et même du leur propre. Les hommes, les mammifères aquatiques, les oiseaux de rivage, les palmipèdes, n'en détruisent pas moins ; souvent il demeure à sec sur une plage aride ; souvent aussi les courans, les tempêtes le dispersent au loin, et c'est ainsi que des quantités incalculables des œufs dont nous parlons se trouvent anéanties sans ressource.

D'un autre côté, riche en moyens, la Nature n'a pas voulu que la quantité seule de ces œufs compensât la consommation qui s'en fait dans l'ordre immuable de l'univers : elle a donné à quelques-uns d'entre eux des qualités qui les mettent à l'abri de la destruction. Ceux du barbeau et du brochet, par exemple, sont manifestement indigestes et purgatifs : ce qui fait que les animaux, qui, tels que les canards, les grèbes et les oies, les avalent, les rendent dans l'état où ils les ont pris, et même favorisent la multiplication des espèces, en transportant ainsi, sans altération, les germes au loin, à peu près comme on dit que les grives disséminent les baies du gui. En outre, lorsque les étangs et les mares, habités par des poissons, viennent à se dessécher durant les chaleurs de l'été, ceux-ci périssent tous ; mais, chose remarquable, leurs œufs fécondés se conservent sans pourrir dans la boue, même privée d'humidité ; aussi, à défaut d'alevin, on peut empoissonner les étangs avec des œufs fécondés de poissons, qu'on place dans des endroits favorables, et où les petits, nouvellement éclos, puissent être abrités du froid et trouver une nourriture convenable et une pâture suffisante.[1]

---

[1] Dans des notes envoyées à Buffon en 1758 par J. L. Jacobi, lieutenant des miliciens du comté de Lippe-Detmold en Westphalie, on

Quoi qu'il en soit, à mesure que les laites se tuméfient chez le mâle, les œufs, renfermés dans les ovaires, croissent de leur côté chez la femelle, dont, en grossissant, ils compriment chaque jour davantage les organes intérieurs, et qu'ils surchargent d'un poids de plus en plus fort successivement. Bientôt cette pression et la gêne qui en dépend sont portées à leur comble : il survient du mal-aise, peut-être même de la douleur, et, par des efforts rapprochés, l'animal se débarrasse en une seule fois d'un fardeau incommode.

Que, si la sortie des œufs n'est point déterminée assez efficacement par ces efforts intérieurs, le poisson en travail se procure le secours d'un frottement extérieur, et souvent, au moment du frai, on voit les femelles d'un grand nombre d'espèces se froisser l'abdomen contre le gravier du fond des ruisseaux, sur les rochers sous-marins ou sur les autres corps durs qui sont à leur portée ; ce que font fréquemment aussi les mâles pour faciliter l'écoulement de la liqueur prolifique qui distend leurs laites.

Dans ce moment les poissons, occupés uniquement de l'acte qu'ils sont appelés à accomplir, opposent à leurs ennemis moins de ruse, d'adresse et de courage, et sont plus faciles à prendre ; tous cherchent, et des abris plus sûrs et une température plus convenable à leur organisation, une nourriture plus abondante, des fonds plus commodes, une eau plus adaptée à leur état. Ceux qui habitent la haute-mer s'approchent des rivages ; d'autres remontent les grands fleuves ; quelques-uns quittent les lacs pour se rapprocher des sources des rivières et des ruisseaux ; certains descendent, au contraire, vers les côtes maritimes ; les carpes cherchent les fonds herbus ; la tanche, l'anguille et la barbotte préfèrent

---

trouve des observations qui prouvent que les œufs fécondés depuis plusieurs jours se corrompent et pourrissent, quand ils sont mis en contact avec des matières altérées, et d'autres, au contraire, qui démontrent que des œufs non fécondés ne perdent point la faculté de l'être par un séjour de quatre ou cinq jours dans le corps d'une femelle morte. Cet expérimentateur, au reste, ayant pris les œufs murs d'une truite morte depuis quatre jours et déjà puante, les arrosa de la liqueur d'un mâle vivant, et les vit éclore en leur temps.

la vase et les eaux dormantes; les truites, les corégones, les perches, les goujons, les loches, aiment les eaux vives et coulant sur le gravier, etc.

A peine, au reste, les femelles se sont-elles déchargées du fardeau qui leur étoit confié, ce qui a lieu pour les grosses espèces en général avant les petites, pour la lotte pendant l'hiver, pour la plupart des autres poissons au printemps, que quelques-unes avalent une partie des œufs qu'elles viennent de pondre, et c'est là ce qui a donné lieu de croire qu'une sorte de sollicitude maternelle les portoit à couver ces œufs dans leur gueule ou dans leur estomac. Mais le plus grand nombre d'entre elles les abandonnent dès qu'elles en sont délivrées, et vont, plus libres dans leurs mouvemens, réparer leurs pertes et ranimer leurs forces par de nouvelles chasses.

Alors, attirés de très-loin et sans doute par des émanations qui échappent à nos sens, les mâles arrivent auprès des œufs abandonnés ainsi par les femelles, et dont ils se nourrissent quelquefois, au lieu de chercher à leur donner la vie. Mais le plus habituellement ils passent et repassent au-dessus de la masse que ces œufs, couverts d'une gelée glaireuse, forment par leur agglomération, et ils laissent enfin échapper de leurs laites pressées le principe qui va communiquer le mouvement à ces globules organisés et les animer.

Très-rarement les œufs ainsi arrosés de la liqueur prolifique du mâle demeurent infécondés, parce que la plus petite gouttelette de cette humeur laiteuse suffit pour donner la vie à une grande multitude d'entre eux à la fois. Remarquons aussi que presque toujours, d'ailleurs, les produits d'une même ponte sont l'objet des empressemens successifs ou simultanés de plusieurs mâles.

Ce mode de fécondation est donc à peu près semblable à celui des batraciens anoures, comme les crapauds et les grenouilles. Dans les poissons, de même que chez ceux-ci, le sperme se mêle à l'eau pour pénétrer dans les œufs.

La connoissance de ces particularités a engagé plus d'un expérimentateur a féconder artificiellement les œufs des poissons, et Jacobi, en particulier, a réussi dans ce genre de fécondation sur ceux de la truite et du saumon. Souvent, de cette manière, on obtient des monstres, tels que des poissons à deux têtes, à deux queues, etc.

Comme il arrive que le sperme d'un poisson mâle tombe quelquefois sur des œufs d'une autre espèce que la sienne, il peut se former des variétés nombreuses et des races de métis ou de mulets, si cette espèce n'est pas très-éloignée de la sienne. C'est ainsi que le characin et la gibèle produisent ensemble des métis plus gros.

Il n'y a donc point d'accouplement dans la très-grande généralité des poissons ; car les Raies, les Carcharias, les Myliobates, les Rhina, les Émissoles et quelques autres genres font seuls exception, comme nous le verrons bientôt. Lorsque, vers les approches de la ponte, on voit, chez certains poissons osseux, les mâles se mêler avec les femelles, exécuter divers mouvemens autour d'elles, ce n'est que dans le but de se débarrasser plus tôt de la surabondance de leur laite sur le paquet que celles-ci vont mettre bas. Ainsi qu'elles, ils compriment leur ventre contre les cailloux, le gravier et le sable.

Il est aussi une erreur qu'il convient d'autant plus de signaler qu'elle a été accréditée par des hommes de mérite : c'est celle qui veut que les poissons femelles soient fécondés par la bouche, parce que souvent on leur voit avaler avec avidité la liqueur laiteuse que les mâles répandent sur les œufs déjà déposés. Il est facile, d'après ce que nous venons de dire, que rien n'est plus faux que cette opinion.

Nous n'avons pas besoin non plus de réfuter une autre erreur, non moins singulière : c'est celle dans laquelle sont tombés plusieurs naturalistes, et en particulier Rondelet, quand ils ont cru que de l'eau seule pouvoit engendrer des poissons, parce qu'on en a trouvé dans des pièces d'eau où l'on n'avoit porté aucun de ces animaux, où l'on n'avoit jeté aucun œuf, et qui n'avoient de communication ni avec la mer, ni avec aucun lac ou étang, ni avec aucune rivière. Ne pourroit-on pas expliquer ce fait par la facilité avec laquelle les oiseaux palmipèdes peuvent transporter du frai de poisson fécondé sur les membranes de leurs larges pattes ?

On reconnoît les œufs fécondés en ce qu'ils sont moins opaques et un peu moins épais que ceux qui ne le sont point. Jacobi assure aussi qu'au microscope on y aperçoit très-distinctement une petite ouverture, qui n'existoit point avant la fécondation.

Le temps qui s'écoule depuis le moment où les œufs, déposés par la femelle, sont fécondés par le mâle, jusqu'à celui où les petits se débarrassent de leur prison, est, aux différences près qu'y apportent les variations dans les degrés de chaleur ou de froid, à peu près le même pour les gros et pour les petits poissons, et ne varie que suivant les espèces. Quelquefois de quarante à cinquante jours, il n'est, le plus communément, que de huit à neuf. La chaleur des rayons du soleil hâte toujours le terme de développement.

Dans tout œuf de poisson on trouve un blanc et un jaune, et au milieu une petite place transparente, en forme de croissant, laquelle est le germe. Dès le second jour du contact avec le sperme, on voit un petit point animé se montrer entre le blanc et le jaune; le lendemain on distingue le cœur et ses pulsations; le corps, qui est attaché au jaune, et la queue, qui est libre. Vers le sixième jour, au travers des parties molles de l'embryon, qui sont transparentes, on aperçoit la colonne vertébrale et les arêtes costiformes qui s'y rapportent. Au septième jour les yeux paroissent sous l'apparence de deux points noirs, et la queue est repliée en raison du défaut d'espace. Le fœtus s'agite avec vivacité, tourne sur lui-même en entrainant le jaune qui tient à son ventre et en étendant ses nageoires pectorales, qui naissent avant les autres. Le neuvième jour, enfin, un effort de la queue déchire la membrane de l'œuf, parvenu à son plus haut point d'extension et de maturité, et l'animal sort, la queue la première, dégage sa tête, aspire l'eau dans ses cavités branchiales. En même temps le sang qui circule dans ses vaisseaux acquiert un mouvement beaucoup plus rapide, et cela d'une manière instantanée, puisqu'on ne compte que quarante pulsations du cœur tant que les enveloppes de l'œuf ne sont point déchirées, et que le nombre en monte à soixante aussitôt que leur rupture a eu lieu.

Dans plusieurs espèces le petit poisson nouvellement éclos conserve une partie du jaune dans une poche formée par la région inférieure de son abdomen, et tire pendant plusieurs jours sa subsistance de cette matière. En même temps que celle-ci s'épuise, la bourse, qui la contient, s'affaisse et s'oblitère.

L'animal grandit ensuite avec plus ou moins de vitesse, selon la famille à laquelle il appartient; mais constamment dans les premières heures qui suivent sa sortie de l'œuf, il croît presque autant que pendant les quinze ou vingt jours qui les suivent.

Lorsqu'il est parvenu au dernier terme de son développement, lorsqu'il a atteint, par exemple, comme certaines espèces gigantesques, la taille de vingt-cinq à trente pieds, si l'on vient à comparer son poids, son volume et sa figure actuels, avec ceux qu'il a présentés à sa sortie de l'œuf, on voit qu'il possède dans son économie seize mille fois plus de matière, et que sa dimension la plus étendue est cent fois plus considérable.

Telle est l'histoire de la fécondation des œufs dans le plus grand nombre des poissons. Mais dans cette classe d'animaux il est certaines espèces qui présentent, dans leur reproduction, des phénomènes bien différens.

On trouve, par exemple, des *poissons vivipares*, ou plutôt, *ovo-vivipares*, parmi ceux à squelette osseux, et parmi les chondroptérygiens, où ils sont plus nombreux. Ici les œufs, d'une forme très-particulière et d'une taille toujours de beaucoup supérieure à celle des œufs des autres poissons, sont fécondés, parcourent toutes les périodes de leur développement et éclosent même dans l'intérieur du corps de la femelle. La liqueur prolifique du mâle doit donc parvenir aux ovaires de celle-ci, et, pour cela, un accouplement est nécessaire. Les Raies, les Squatines, les Requins, les Renards de mer, les Aigles de mer, sont, en particulier, dans ce cas, et, dans toutes ces espèces, on voit les mâles rechercher les femelles, être attirés vers elles par une puissante impulsion, s'unir étroitement à elles de la manière la plus favorable à un véritable accouplement, qui se prolonge plus ou moins long-temps et au moyen d'organes d'une nature spéciale, que nous avons décrits avec soin, de même que les phénomènes du développement des œufs, dans la Raie batis en particulier (voyez tome XLIV, pages 381 et suivantes).

Les femelles, comme nous l'avons déjà dit aussi au sujet de la Raie bouclée (même tome, pages 374 et 375), présentent dans leurs ovaires une disposition propre à elles, et qui distingue immédiatement leur appareil génital de celui des autres espèces, chez lesquelles les œufs ne subissent point une véritable incubation dans le sein maternel.

Parmi les poissons osseux, les Blennies, les Pholis, les Salarias, les Clines, les Gonnelles présentent plusieurs espèces ovovivipares comme les plagiostomes, et dans lesquelles les mâles n'offrent aucune apparence de verge. Dans l'Anableps de Surinam, au contraire, lequel est également ovo-vivipare, il paroît que la nageoire anale du mâle, disposée en tube, fait l'office de pénis, et conduit le sperme dans les ovaires de la femelle.

On a souvent parlé, comme d'un phénomène singulier, de la manière dont les œufs du prétendu silure ascite n'éclosent, pour ainsi dire, ni tout-à-fait dans le corps, ni tout-à-fait hors du corps de la femelle, et de la grosseur considérable à laquelle ils parviennent. On a dit qu'à mesure qu'ils se développent, le ventre se gonfle, ses tégumens se distendent, s'amincissent et, enfin, se déchirent longitudinalement; qu'alors les œufs, détachés de l'ovaire, et dépourvus de blanc et d'enveloppe membraneuse, se rapprochent de l'ouverture ventrale, et que le plus avancé d'entre eux se fend à l'endroit qui répond à la tête de l'embryon ; que la membrane qui en forme l'enveloppe se retire ; que l'on aperçoit le jeune animal recourbé et attaché sur le jaune par une sorte de cordon ombilical vasculaire, jusqu'au moment où ce jaune, suffisamment diminué, s'échappe lui-même par l'ouverture et soit suivi d'un second œuf, et ainsi successivement; qu'il se faisait là naturellement une véritable opération césarienne. Il paroît, malheureusement pour une si curieuse série de faits extraordinaires, que le *silurus ascita*, figuré par Linnæus (*Mus. Ad. Frid.*, pl. xxx, fig. 2, 2), n'est qu'un pimélode ordinaire, sortant de l'œuf, et dont le jaune n'est pas encore tout-à-fait rentré dans l'abdomen. Le célèbre professeur d'Upsal a pris ce jaune pour un ovaire, et son erreur a été paraphrasée par Bloch, dit M. Cuvier.

Enfin, la génération des syngnathes présente cela de particulier, que leurs œufs se glissent et éclosent dans une poche qui se forme par une boursouflure de la peau, dans les uns sous le ventre, dans les autres sous la base de la queue, et qui se fend pour laisser sortir les petits. (H. C.)

REPTANTIA. (*Mamm.*) Nom donné par Illiger à une famille de mammifères qui correspond à celle des monotrèmes de M. Geoffroy. Il y ajoute un animal qui, mentionné dans l'ouvrage de Bontius, paroit être une tortue. Cet animal, qui forme le genre *Panphractus* d'Illiger, doit disparoître des méthodes. (Desm.)

REPTILES, *Reptilia*. (*Erpét.*) Dans l'histoire de la Nature, histoire immense, inépuisable comme son objet, variée à l'infini comme la multitude prodigieuse des œuvres qu'elle a à examiner, il est un point qui peut, durant de longues années, occuper un véritable ami de la science avec un intérêt sans cesse renaissant, et qui ne porte pourtant que sur des animaux méprisés du vulgaire, repoussés avec une horreur involontaire par la plupart des hommes, dans tous les temps et dans tous les lieux, en apparence justement flétrie par l'opinion publique, et généralement redoutés comme des êtres malfaisans, ou condamnés pour leur stupidité. Mais, à l'œil du sage, que font les vaines opinions et les préventions absurdes? Le pouvoir de la Nature brille avec autant d'éclat dans ces vils objets d'une animadversion universelle, que chez ces créatures favorisées, que notre admiration poursuit, que notre intérêt cherche à captiver et essaie de s'approprier. Il s'y développe avec une énergie tout aussi étonnante.

Peu d'êtres, en effet, plus que les Reptiles si généralement proscrits, si impitoyablement poursuivis, et à l'histoire desquels nous consacrons les pages suivantes, sont dignes de toute l'attention des observateurs. Si, planant dans l'espace, le vaste génie des naturalistes nous frappe par le riche tableau, par la peinture élégante des mammifères et des oiseaux, par l'exposé fidèle de leurs mœurs, il ne nous surprend pas moins toutes les fois que, descendant des hautes régions où il s'étoit d'abord élevé, il nous aide à pénétrer dans les sombres retraites habitées par ces animaux au sein de la terre, derrière les masses anfractueuses des rochers, sous les débris épars des végétaux gigantesques; nous fait suivre leurs évolutions à la surface paisible des lacs, des canaux et des fleuves ; nous met à même de développer les longs replis par lesquels ils s'attachent aux branches ; nous dévoile le mécanisme qui leur permet de ramper, de grimper, de marcher, de courir, de nager, de sauter, de voler même ; offre à nos yeux les admirables images des divers actes de leur vie ; nous peint leurs mœurs si curieuses, leurs habitudes si remarquables, leur industrie si incompréhensible, leur instinct si merveilleux, leur organisation si variée, leur coloris si éclatant, leur parure souvent si magnifique, leurs formes si fréquemment bizarres ou fantastiques, leurs armes si terribles.

C'est sur eux que nous allons tâcher de diriger les rayons du flambeau de la science. En réunissant dans ce cadre rétréci la somme des faits intéressans que présente l'histoire de chacun d'eux en particulier, nous espérons convaincre nos lecteurs, s'ils ne le sont déjà d'avance, de la justice qu'il y a à accorder des soins, à juger dignes d'un examen approfondi, ces habitans des eaux, de l'air et de la terre tout à la fois, qui fournissent des matériaux à notre industrie, des ressources à nos besoins, des remèdes à nos maux, des alimens à notre commerce, qui nous ouvrent une source inépuisable d'instruction, qui nous présentent des sujets de recherches aussi intéressans que fréquemment renouvelés. De quelle importance, de quelle utilité, d'ailleurs, n'est point leur étude pour l'homme qui a consacré sa vie au soulagement des maux qui affligent ses semblables ! Par leur histoire il apprend à tirer parti des uns sous ce rapport lui-même ; à éloigner tels autres, qui se rendent redoutables par leurs armes offensives ; enfin, à combattre les poisons mortels que certaines espèces distillent dans la plaie qu'elles ont faite, et qui circulent, avec le sang, dans l'intérieur de nos organes, troublant et altérant l'exercice de leurs fonctions.

Il est des peuples pour lesquels les reptiles sont un aliment habituel, et voilà pourquoi autrefois on reconnoissoit une nation de *chélonophages*, ou mangeurs de tortues, et une nation d'*ophiophages*, ou mangeurs de serpens. L'usage de la chair de plusieurs de ces animaux est recommandé par les médecins contre plus d'une maladie, et souvent, dans des voyages, dans des temps difficiles, on savoure avec délices celle des iguanes et des tortues, ou l'on est forcé de se contenter de celle des serpens, des lézards, des crapauds : elle soutient le courageux guerrier qui défend ses foyers; elle ranime le matelot intrépide, que des courses longues et périlleuses ont épuisé.

Que de motifs donc se réunissent ici pour faire surmonter à l'ami de la vérité les dégoûts inséparables de l'étude d'êtres dont le nom sert si habituellement à caractériser la basse envie de ceux chez qui le bonheur mérité d'autrui excite les convulsions du désespoir et les accès de la rage, ou à peindre l'orgueil cynique des obscurs ennemis du talent et de la vertu, et l'atrocité ignoble de ces hommes sans ame, qui préparent et sèment dans l'ombre les traits empoisonnés d'une lâche et perfide calomnie!

Il nous faut donc ici, comme nous l'avons fait naguère pour les poissons, considérer les reptiles sous le point de vue de leur organisation, de leurs facultés, de leur manière de vivre et de leurs habitudes; de leur utilité sous le triple rapport de la bromatologie, des arts et de l'industrie; des moyens qu'ils ont de nuire, enfin.

On apprendra ainsi à estimer à sa juste valeur tel animal dont on a fait l'emblème de la difformité morale et de la laideur physique, qu'on redoute partout à cause de l'affreux venin, qu'on lui accorde gratuitement la puissance de distiller, quand on saura qu'il est parfaitement innocent du mal dont on l'accuse; qu'il est intéressant à étudier à cause de la foule de faits curieux que présentent ses mœurs; qu'enfin, sa chair, en apparence si répugnante, a pu être servie dans des repas dont on n'a point dédaigné de prendre sa part. (Voy. Crapaud.)

§. 1.er *Idée générale de l'Organisation des Reptiles.*

Il est indispensable que nous fassions connoître ici d'une manière générale les principaux traits de l'organisation des Reptiles. Rien n'est plus propre à faciliter l'intelligence de ce que nous disons dans cet ouvrage de chaque espèce en particulier, que le tableau, tracé à grands coups, des diversités de formes, des degrés de composition, des combinaisons de forces, des nuances de la vie, qui se succèdent chez ces animaux dans un nombre presque infini de directions différentes; tableau où, aussi bien que dans celui des plus grandes races d'êtres vivans, on peut voir la Nature déployer sa sagesse, sa puissance et sa magnificence.

L'histoire générale des Reptiles, dont l'étude porte le nom spécial d'Erpétologie, en tant qu'elle nous les fait connoître collectivement, ou plutôt qu'elle les met en opposition les uns avec les autres, de manière à rendre leur comparaison facile et à les faire distinguer promptement et avec certitude, remonte, nous le savons déjà, à une haute antiquité, et est liée de la manière la plus intime à celle de la zoologie et même de l'histoire naturelle tout entière. La science qui traite de leur organisation, qui apprend à comparer les instrumens de leur vie à ceux que nous offrent les autres animaux, est, au contraire, d'une création moderne; car, depuis peu de temps seulement, l'anatomiste a forcé tous les êtres organisés de rentrer dans son domaine et a fait valoir sur les reptiles des droits non moins bien établis que ceux que révendique le naturaliste.

On sait généralement que les mammifères offrent tant de différences dans leur conformation et dans leur manière de vivre, qu'il est presque impossible d'en généraliser l'histoire anatomique, et l'on est obligé d'entrer dans les détails à chaque espèce en particulier; tandis qu'il n'en est nullement ainsi des oiseaux, rattachés les uns aux autres par des rapports multipliés, qui font que toutes les espèces se ressemblent, et qui permettent de se livrer à des considérations plus vastes, plus étendues.

Les reptiles rejettent l'erpétologiste dans le même embarras que celui où se trouve le mammalogiste à l'égard des mammifères.

Si, en effet, tous les animaux de cette classe se ressemblent en cela, qu'ils *respirent l'air par des poumons*, qu'ils ont le *sang rouge et froid*, que jamais la *totalité* de ce liquide ne passe *à la fois* dans ces organes, qu'ils *manquent de diaphragme*, qu'ils sont *dépourvus de poils ou de plumes*, qu'ils sont *ovipares*, qu'ils ne *couvent* jamais leurs œufs et qu'ils ne *portent point de mamelles*, il y a parmi eux des espèces qui marchent et qui rampent, d'autres qui nagent, et quelques-unes qui volent ou qui peuvent au moins se soutenir dans l'air pour quelque temps. Les uns n'ont pas de queue du tout; chez quelques

autres, qui en ont une, elle paroît inutile, et il en est qui
se servent de cet organe comme d'une main ou d'une nageoire;
on en voit qui sont totalement privés de membres, tandis que
d'autres en offrent deux très-courts, ou quatre plus ou moins
longs et en forme de pattes ou de nageoires; enfin, la quantité de leur respiration n'est pas fixe, comme celle des mammifères et des oiseaux : elle varie avec la proportion du diamètre de l'artère pulmonaire comparé à celui de l'aorte, et
de là des différences d'énergie et de sensibilité plus grandes
que celles qui existent entre un oiseau et un autre oiseau,
entre un mammifère et un autre mammifère; de là des variétés sans nombre dans les formes, les mouvemens et tout
l'organisme; de là des modifications dans tous les sens au
plan général que la Nature a suivi dans la formation des animaux vertébrés, et spécialement dans ceux qui constituent
les ordres des ovipares.

Il n'est donc pas très-étonnant que les naturalistes aient
éprouvé une véritable difficulté quand il s'est agi d'assigner
un nom à une classe d'animaux qui renferme des espèces si
diverses.

Le célèbre professeur d'Upsal et ses nombreux disciples
avoient rassemblé les Reptiles sous la dénomination collective
d'*Amphibies*, dénomination équivoque et peu précise; puisque, ainsi que le remarquait l'exact et scrupuleux Daubenton, si l'on prend pour amphibies des animaux aquatiques
qui peuvent vivre pendant quelque temps sur terre, ou des
animaux terrestres qui peuvent rester durant quelque temps
dans l'eau, tous les animaux, même l'homme, sont *amphibies*.
Or, il est des reptiles qui ne se plongent jamais dans l'eau, et
il en est qui n'abandonnent jamais le sein de ce fluide.

Sans être beaucoup plus heureux que Linnæus, Daubenton, partageant les Reptiles en deux grandes divisions, avait
appelé les uns *Quadrupèdes ovipares*, et les autres *Serpens*; dénominations qu'adopta plus tard l'illustre comte de Lacépède,
auquel l'erpétologie a d'immenses obligations. Ce dernier,
cependant, tout en admettant les deux classes de Daubenton,
intercala entre elles celle des *bipèdes*; tandis que le professeur Hermann, de Strasbourg, dans ses *Tabulæ affinitatum ani-
malium*, vouloit qu'on changeât le nom d'amphibies en celui

de *cryéroses*, lequel est tiré du grec et signifie *froid, dégoûtant et livide.*

Aujourd'hui le nom de *Reptiles* a prévalu manifestement.

Quoi qu'il en soit, l'anatomie de ces animaux nous offre présentement un grand nombre de matériaux à mettre en œuvre, et beaucoup d'auteurs nous ont laissé des détails d'un haut intérêt sur ces êtres, dont l'organisation et la conformation ressemblent si peu à celles de l'homme. Parmi les traités et les mémoires dont nous avons eu à profiter, nous signalerons avec reconnoissance ceux de Heinrich Sander, de George Seger, de Geoffroy, d'Emmanuel Weiss, de Gabriel Brunelli, de François Pourfour-Dupetit, de William Hewson, de J. Gottl. Schneider, de Robert Townson, de F. G. Cuvier, de L. Jacobson, d'Ét. Geoffroy Saint-Hilaire, de Giovanni Caldesi, de Guichard-Joseph Duvernoy, de Jean Méry, de Paul Bussières, de George Ent, de James Parsons, de Giuseppe Bonvicini, de Christoph Gottwaldt, de François de la Roche, d'Ulrich, de Gothofredus Voigt, de Claude Perrault, de L. von Hammen, de Ben. Hopfer, de Jos. Fr. de Jacquin, de B. Hussem, de A. E. V. Braam-Houckgeest, de P. Camper, de F. Tiedemann, de J. B. Hodierna, de Bald. Aug. Abbatius, de Moïse Charas, d'Engelbert Kæmpfer, d'Edw. Tyson, de John Bartram, de Jos. Lanzon, de Hans Sloane, de M. F. C. Duméril, d'Oligerus Jacobæus, d'Aug. Quir. Rivinus, de Guettard, de Demours le père, de Rusconi, de J. Spix, de Lazaro Spallanzani, de Charles Bonnet, de C. G. Carus, d'Ant. de Heyde, de Christ. Fr. Paullini, de J. Swammerdam, de M. Troja, de Frid. Menzio, de P. L. Moreau de Maupertuis, de Ch. Fr. de Cisternay du Fay, de William Molyneux, de Richard Waller, de Karl Aug. à Bergen, de Frid. Wilh. Korch, de Vicenzo Ignazio Platereti, de Jos. Verotti, de Graberg, de Phil. Fermin, de Murray, de Floriano Caldani, de C. G. Kloëtcke, d'Edwards, de Vesling, de Plumier, de Grew, d'Oken, de J. F. Meckel, de Bojanus, de Wiedemann, de Breyer, de Steffen, de Benj. Smith Barton, de Patrick Russel, de Van Hasselt, de Ducrotay de Blainville, d'E. R. A. Serres, et de beaucoup d'autres, parmi lesquels nous pourrions citer encore notre frère Jules Cloquet, MM. Gall, Spurzheim, Latreille, Desmarest, etc.

A. *Du Squelette et des Organes de la Locomotion en général dans les Reptiles.*

Dans les mammifères, malgré les proportions variées des os, malgré la singularité des formes extérieures qui en résultent souvent, on peut saisir sans beaucoup de peine les rapports ostéologiques qui lient telle espèce avec telle et telle autre; il existe pour tous un plan commun, une composition à peu près pareille, qui permettent de reconnoître chacune des pièces du squelette et par sa position et par ses usages; elle a beau subir une foule de métamorphoses, grandir, se rapetisser, elle ne sauroit échapper à l'œil investigateur de l'anatomiste; toujours il sait la distinguer et semble se jouer des efforts que la Nature fait pour la déguiser. A quelques exceptions près, depuis l'homme jusqu'à l'ornithorhynque, au cachalot et à la baleine, on peut suivre la série des os qui composent la charpente du corps. M. Cuvier nous en fournit une preuve irrécusable dans les premiers volumes de son bel Ouvrage sur les Ossemens fossiles.

Il n'en est point de même pour les Reptiles; l'analogie ne se soutient plus entre eux et les mammifères et les oiseaux, sous le rapport du squelette, que si l'on prend, pour terme de comparaison, le système osseux d'un des premiers avant l'époque de la naissance, chez le fœtus. Alors toutes les pièces constituantes des os sont encore distinctes; leur nombre normal peut être, jusqu'à un certain point, considéré comme le même dans toutes les classes, et l'on pourroit soutenir avec quelque chance de réussite, que les différences ne dépendent que des époques variables pour telle ou telle espèce, où les os se soudent les uns avec les autres.

Il résulteroit donc de là que les reptiles qui conservent, par exemple, toujours à la tête beaucoup plus de sutures que les mammifères, sont, à cet égard, des mammifères à l'état de fœtus, tout comme les oiseaux qui, dans leur premier âge, en ont autant que les reptiles, et qui, dans l'âge adulte, en offrent moins que les mammifères, seroient, au contraire, comme le dit le professeur Cuvier, des mammifères passant plus rapidement d'un état à l'autre.

C'est un sujet que MM. Geoffroy Saint-Hilaire, G. Cuvier,

C. Duméril, J. Spix, Oken, Ulrich , Rosenthal, Bojanus. etc., ont traité avec beaucoup de succès, mais dans ces derniers temps seulement ; car auparavant on n'avoit aucunement pensé à approfondir ce point de doctrine.

Au reste, nous sommes conduits à indiquer ici un nouvel ordre de théories : plusieurs de ces anatomistes célèbres à si juste titre, ont non-seulement cherché à assigner à chaque os , dans les animaux vertébrés ovipares, sa correspondance avec un os ou une partie d'os dans les mammifères, ils ont encore voulu , conformément aux principes panthéistiques de cette philosophie de la nature, qui jouit aujourd'hui d'une si grande faveur dans le Nord de l'Europe, retrouver dans la tête une représentation de la totalité du corps, vu que, dans la métaphysique idéaliste de cette prétendue philosophie , *chaque partie, et chaque partie de partie, doit constamment représenter le tout.*

L'ostéologie des Reptiles a partout servi de base , de fondement à une manière de voir aussi éloignée des idées généralement reçues, séparée encore des faits par une si grande distance, et a fourni un grand nombre de prétendues preuves à ceux qui l'ont adoptée, et qui ont suivi, pour arriver à des résultats du même genre, des routes aussi différentes que le point dont ils partoient, admettant même souvent des transports singuliers d'os ou de parties d'os, des retournemens, des renversemens plus ou moins complets, aimant mieux, suivant l'expression du professeur Cuvier, qu'il faut si souvent citer quand il s'agit d'anatomie comparative, oublier l'immensité d'organes et de parties molles, qu'il seroit impossible de ne pas déplacer, pour faire passer un seul os d'un lieu dans un lieu voisin, que de ne point prétendre contraindre la Nature à se plier à leurs idées systématiques.

Au reste, et ceci est en manifeste opposition avec leur doctrine, les os des autres parties du corps, loin d'être composés de pièces multipliées, comme ceux de la tête, n'ont pas même toujours dans la jeunesse les épiphyses des extrémités.

Dans les tortues, les chélonées, les émydes, les gavials, les crocodiles, les caïmans, les extrémités des os longs et leurs principales éminences sont encroûtées d'un cartilage plus ou moins mince, qui durcit et s'ossifie avec l'âge, mais dans lequel il ne se forme point, comme cela a lieu dans les mammifères et les oiseaux, de ces noyaux osseux isolés par une suture de la diaphyse jusqu'à un certain âge, et connus généralement sous le nom d'*épiphyses*. Cette circonstance est d'autant plus singulière que les sauriens, et spécialement les monitors, ont à leurs os longs des épiphyses très-marquées.

Les os des reptiles ont, en général, un tissu beaucoup plus homogène que ceux des oiseaux, qui semblent formés de lames collées les unes sur les autres; la matière calcaire est, chez eux, plus uniformément répandue dans le parenchyme gélatineux.

Les os longs de beaucoup de reptiles sont dépourvus de canal médullaire; les tortues, par exemple, sont dans ce cas, ainsi que l'ont remarqué Giov. Caldesi et le professeur Cuvier, qui en a cependant reconnu un très-prononcé dans les os longs du crocodile.

· Souvent aussi, le squelette des reptiles mérite de fixer notre attention par la manière dont sont articulées entre elles les pièces qui le composent. On sait que chez l'homme et les autres mammifères les os du crâne et de la face sont les seuls qui soient unis par suture; mais, dans les tortues, les côtes, extrêmement élargies, s'engrainent entre elles et avec les vertèbres du dos, pour former la *carapace*, ce qui a induit en erreur certains oryctologistes, qui ont pris pour des fragmens de crânes de géans, des fragmens fossiles de carapace de tortues. Les diverses pièces du sternum sont, dans les mêmes reptiles, unies entre elles aussi par des sutures dentées, de manière à former le plastron sur un plan analogue à celui suivant lequel est construite la carapace.

Le squelette des reptiles présente de grandes différences dans sa structure, selon les genres dont il provient, et offre des caractères spéciaux dans chacun des quatre grands ordres de la classe, soit sous le rapport du nombre et du volume proportionnel des os, soit sous celui de leur conformation et même de leur structure.

C'est ce que nous démontreront manifestement les faits exposés dans les paragraphes suivans, où nous verrons les vertèbres ne manquer jamais; le sternum ne point exister chez les serpens; les côtes être réduites à rien dans les grenouilles, les crapauds et tous les batraciens en général, et ne pouvoir être distinguées en vraies et en fausses dans les ophidiens, qui sont privés de sternum ; dans les crocodiles, où il est de ces os qui tiennent au sternum sans aller jusqu'au rachis, et dans le caméléon, où les côtes qui viennent des vertèbres s'unissent en avant à la côte correspondante, sans que le sternum existe entre elles : la mâchoire supérieure être immobile dans les chéloniens et le crocodile, et pouvoir exécuter des mouvemens dans les serpens ; la clavicule être double dans les tortues, les grenouilles et plusieurs lézards, etc.

Rien n'est plus important, en anatomie comparative, que l'examen des os de la tête dans les diverses classes des animaux vertébrés. Cette partie du squelette ne nous intéresse que légèrement, à la vérité, sous le rapport de la masse, des mouvemens qu'elle est appelée a exécuter, des muscles qui agissent sur elle ; mais rien dans l'économie animale peut-il lui être opposé, quand il s'agit des variétés et de la complication, des usages et des connexions ? L'encéphale, les principaux nerfs, les organes de la vision, de l'audition, de l'olfaction et de la gustation, ceux de la manducation, de la déglutition, de le respiration, de la voix, ne lui appartiennent-ils pas en tout, ou au moins en partie ?

Si nous la rapprochons de celle des mammifères et des oiseaux, nous serons conduits aux résultats les plus extraordinaires et en même temps les plus utiles pour la physiologie comparative, sans que, pour cela, nous soyons obligés de chercher à faire voir les choses autrement qu'elles ne sont, de prétendre que les os de la tête soient absolument les mêmes dans tous les genres, de nous plier à une opinion théorique conçue d'avance.

Parmi les Chéloniens, les Tortues proprement dites, telles que la grande Tortue indienne, ont une tête ovale, obtuse en avant, et l'intervalle qui sépare leurs orbites est large et bombé, si ce n'est pourtant dans la tortue grecque, qui fait exception à cet égard. Le sphénoïde antérieur manque entièrement.

Dans les Émydes, ou Tortues d'eau douce, la tête est plus aplatie, et la région basilaire ne forme qu'un seul plan avec la palatine. Le museau est court.

Dans les Trionyx, ou Tortues molles, la tête est déprimée, alongée de l'arrière, terminée en avant par un museau pointu ou court, et arrondi suivant les espèces.

Dans les Chélonées, ou Tortues marines, une lame du pariétal, le frontal postérieur, le temporal et le jugal s'unissent entre eux, et avec la caisse, par des sutures, et recouvrent toute la région de la tempe d'une sorte de toit osseux, qui donne à la tête de ces animaux un aspect tout-à-fait particulier, et d'autant plus remarquable, que leur museau est très-court et leurs fosses orbitaires fort grandes.

La tête de la Matamata, *Chelys fimbriata*, est encore plus hétéroclite ; extraordinairement large et plate, elle semble avoir été écrasée, et ses orbites sont tout près du museau. Les fosses temporales sont larges, horizontales, nullement recouvertes, si ce n'est postérieurement, par l'union de l'angle postérieur du pariétal avec le mastoïdien ; elles ne sont point non plus encadrées en dehors, parce qu'il n'existe point de temporal osseux dans ce chélonien.

Parmi les SAURIENS, le Crocodile, qui se présente d'abord, a cela d'avantageux à l'étude de son ostéologie, que ses sutures ne s'effacent point. M. Cuvier les a toutes retrouvées sur les plus vieilles têtes qu'il a eues à sa disposition. Son museau est alongé et déprimé. Entre le lacrymal et le frontal existe en outre, chez ce reptile, un os particulier, que, dans ses Leçons d'anatomie comparée, M. Cuvier avoit d'abord considéré comme un *second lacrymal*, mais que depuis il a appelé *frontal antérieur*, avec d'autant plus de raison, qu'il suffit de placer une tête de mammifère, de bœuf, de chèvre ou de cerf, par exemple, à côté d'une tête de crocodile, pour s'assurer qu'il s'est fait chez celui-ci un démembrement du frontal, puisque, sans rien déranger, il devient facile de dessiner sur cet os, dans le mammifère, la suture qui existe dans le crocodile, et de détacher ainsi, dans le premier, un *frontal antérieur*, qui auroit la même position, presque la même figure et absolument le même emploi que dans le second, et qui correspondroit exactement à l'*apophyse orbitaire interne* de l'homme, ou à l'*apophyse antorbitaire* des quadrupèdes. Aussi M. Geoffroy Saint-Hilaire, qui d'abord avoit regardé cet os comme l'analogue du cornet supérieur de l'ethmoïde, a-t-il fini par adopter cette détermination , que M. Ulrich a également reconnue. qui me paroit sans réplique aucune ; mais contre laquelle se sont élevés , d'une part , M. Oken, qui prononce que cette pièce répond à l'*os planum* de l'ethmoïde , et de l'autre , M. J. Spix, qui la considère comme le lacrymal.

En arrière de l'orbite , chez le crocodile également, on voit encore un os qui complète le cadre de cette cavité , en allant, par une apophyse. rencontrer une apophyse correspondante du jugal. Cet os répond à la partie du frontal qui donne l'*apophyse post-orbitaire*, chez les mammifères, dans une famille desquels, celle des ruminans. il offre d'ailleurs les mêmes connexions avec le jugal. C'est lui que M. Cuvier a nommé *frontal postérieur*, tandis que M. Geoffroy Saint-Hilaire en fait le *frontal proprement dit*, que M. Oken en fait ; tantôt la partie écailleuse du temporal, ou la *fourchette du membre supérieur de la tête*, tantôt les apophyses de la grande aile du sphénoïde, et que M. J. Spix le regarde comme la partie postérieure du jugal , ou *l'omoplate du membre supérieur de la tête.*

Comme dans un grand nombre de mammifères , chez le crocodile encore , les ailes internes des apophyses ptérygoïdes du sphénoïde demeurent distinctes du reste de l'os, et constituent de véritables *Os ptérygoïdiens*, qui viennent se réunir l'un à l'autre sous le corps de l'os.

Enfin , dans le crocodile , comme dans presque tous les reptiles , il existe un os spécial , qu'on ne trouve séparé ni dans les mammifères, ni dans les oiseaux, qui offre trois branches , et qui se porte de l'os ptérygoïdien interne à la réunion du jugal, du maxillaire et du frontal postérieur.

C'est cet os que M. Cuvier a nommé *Os transverse*, que M. Geoffroy prend pour la grande aile temporale, et que M. Oken appelle *jugal antérieur* ou *radius du membre supérieur de la tête*, tandis que M. Spix n'en fait que le correspondant de l'humérus de la même partie.

Il faut aussi remarquer que, dans le même saurien , le temporal est représenté par cinq os isolés, une *caisse*, un *rocher*, un *tympanique* ou *os carré*, un *temporal écailleux* et un *mastoïdien*; il existe des *inter-maxillaires*; les grandes ailes du sphénoïde demeurent constamment séparées du corps de cet os; l'ethmoïde reste en grande partie cartilagineux ; le **frontal** occupe la même place et les mêmes fonctions que dans les mammifères; l'occipital se trouve divisé en quatre parties, comme dans les fœtus de ces derniers; le corps du sphénoïde n'est point séparé du sphénoïde antérieur; la partie zygomatique du temporal et l'apophyse ptérygoïde externe sont représentées par des os entièrement isolés.

Dans les sauriens de la famille des lézards, la partie postérieure du crâne est fermée par un anneau composé de quatre occipitaux, en avant desquels sont le sphénoïde, inférieurement, et le rocher, latéralement: le pariétal couvrant le tout comme un toit. Le sphénoïde est visible par toute sa face inférieure, et n'a de rapports avec les ptérygoïdiens que par un seul point uniquement; la paroi latérale et antérieure du crâne, depuis le rocher jusqu'à la cloison inter-orbitaire, est membraneuse, et contient seulement de chaque côté un os diversement configuré, suivant les espèces, et qui représente l'aile temporale et l'aile orbitaire du sphénoïde. La voûte de cette cavité est soutenue par une tige osseuse que M. Cuvier a proposé de nommer *Columelle*, et qui constitue encore un os particulier. L'os transverse se comporte comme chez le crocodile. Il existe également des frontaux antérieurs et postérieurs.

Du reste, la famille des lézards est partagée, comme nous avons déjà eu occasion de le dire dans plus d'un endroit de ce Dictionnaire, en deux sections, sous le rapport même de la composition de la tête. Celle des monitors de l'Ancien Continent, qui n'ont qu'un seul os du nez, et dont le frontal propre est partagé en deux, et celle des sauve-gardes du Nouveau Monde, où il y a deux os du nez et un frontal seulement.

Dans les premiers, la tête est en cône alongé, déprimé, à pointe mousse, à régions frontale et pariétale antérieures planes: ils offrent un os particulier qu'on peut nommer *surcilier*.

Les seconds ont la tête plus courte et moins déprimée, le museau plus relevé. On ne leur voit qu'un seul inter-maxillaire; l'os surcilier ou surorbitaire leur manque, et le frontal postérieur est divisé par une suture en deux os distincts.

Dans les lézards proprement dits, comme le lézard vert de

nos campagnes, le frontal principal est divisé en deux os, et l'on observe au-dessus de l'orbite de petites squames osseuses arrondies. Il existe aussi chez eux un large surorbitaire.

Dans les stellions fouette-queue, la tête est déprimée et élargie par la direction en dehors et la grandeur des jugaux.

Dans l'agame umbre, *agama umbra* de Merrem, le jugal s'élargit de manière à couvrir une bonne partie de la tempe et de la joue; le museau est court et plat.

Les marbrés de M. Cuvier ont le museau court, large et aplati.

Les anolis ont, comme les sauve-gardes, la tête alongée et déprimée; et le basilic ne diffère de ceux-ci que par un museau un peu plus court.

Les iguanes, et spécialement l'iguane cornu, ont le museau renflé et bombé, le front plat, la voûte du crâne percée par un trou dans la suture transverse, qui unit le frontal au pariétal.

Les geckos ont le museau plus ou moins alongé selon les espèces.

La tête du caméléon est des plus bizarres. Le casque de son occiput est soutenu par trois arêtes, dont l'une appartient au pariétal, et les deux autres aux temporaux. Son frontal antérieur et son frontal postérieur se joignent pour former en dessus le cadre de l'orbite et l'espèce de crête dentelée que ce singulier reptile porte en cet endroit.

Dans les scinques à grosse queue le frontal postérieur, uni au pariétal et au temporal, couvre tout le dessus de la tempe, excepté un très-petit trou en arrière.

La tête de l'orvet ressemble à celle du scinque. Son frontal postérieur est divisé.

Dans l'ordre des Ophidiens, on distingue d'abord ceux de la tribu des *doubles marcheurs* à leur tête, qui est tout d'une venue avec le reste du corps, et qui porte la mâchoire inférieure à l'aide d'un os tympanique, immédiatement articulé sur le crâne, auquel se trouvent fixées aussi très-solidement les branches de la mâchoire supérieure. Les deux branches de la mâchoire inférieure étant d'ailleurs soudées pareillement entre elles, il en résulte que leur gueule n'est point dilatable. Les typhlops et les amphisbènes sont dans ce cas.

Mais les *Serpens proprement dits*, qui semblent former une tribu à part dans le même ordre, ont l'os tympanique, ou le pédicule de la mâchoire inférieure, mobile, et presque toujours suspendu lui-même à un autre os, analogue au mastoïdien et attaché sur le crâne par des muscles et des ligamens qui lui laissent de la mobilité. Les branches de cette mâchoire ne sont point d'ailleurs unies entre elles, et celles de la supérieure ne tiennent à l'os inter-maxillaire que par des ligamens, en sorte qu'elles peuvent grandement s'écarter, ce qui donne à ces animaux la faculté de dilater leur gueule au point d'avaler des corps plus gros qu'eux.

Parmi ces serpens, il en est quelques-uns qui, tels que les rouleaux, ont les os mastoïdiens compris dans le crâne, et d'autres qui, comme les boas et les couleuvres, ont ces mêmes os détachés.

Dans les Batraciens anoures, la composition de la tête se simplifie beaucoup.

Il n'y a plus chez eux que les deux occipitaux latéraux, sans basilaire et sans occipital supérieur; qu'un seul sphénoïde dépourvu d'ailes; qu'un seul os pour représenter tout à la fois le frontal principal et l'ethmoïde : les frontaux postérieurs manquent totalement, quoique les frontaux antérieurs, les pariétaux et les rochers existent. L'os transverse d'ailleurs ne fait qu'un seul os avec le ptérygoïdien; l'os temporal est uni avec le tympanique, et, s'il y a deux vomers, il n'y a point de mastoïdien. Le tube du crâne est formé en avant par un seul os annulaire disposé en forme de ceinture. C'est ce qui arrive constamment dans tous les anoures, c'est-à-dire les grenouilles, les rainettes, les crapauds et les pipas. Dans ces derniers, la partie antérieure de la tête est écrasée et mince comme une carte.

Dans la grenouille verte, *Rana esculenta*, la tête est déprimée, à cause de l'écartement des maxillaires et des jugaux, de la grandeur des orbites, et de la situation presque horizontale de leur plan.

Le contour extérieur, formé par les inter-maxillaires, les maxillaires et les jugaux, et terminé, de chaque côté, par l'extrémité postérieure des tympaniques, est à peu près parabolique.

Il n'en est point tout-à-fait de même dans les Uɴᴏᴅᴇ̀ʟᴇs, et, en particulier, dans la Salamandre terrestre, où la composition de la tête, qui ressemble à celle des grenouilles pour l'arrière et le dessous du crâne, en diffère étonnamment sous d'autres rapports, et, par exemple, le crâne n'offre point d'*os en ceinture* à sa partie antérieure. Il n'y a, d'ailleurs, comme dans les autres batraciens, que deux occipitaux, mais chacun d'eux s'unit intimement avec la partie analogue au rocher. Ainsi que dans les grenouilles, les vomers sont au nombre de deux. A la paroi antérieure et interne de l'orbite est un grand espace membraneux, entre le maxillaire, le frontal antérieur et le vomer, du côté correspondant.

Les salamandres aquatiques de nos contrées diffèrent de la salamandre terrestre, parce que l'ensemble de la tête est plus oblong. La sirène se rapproche beaucoup de celles-là sous ce rapport : on ne trouve, d'ailleurs, chez elle, ni mastoïdien, ni ptérygoïdien, ni occipital supérieur, ni basilaire.

Le protée seroit comme la sirène, pour ce qui est de la disposition de sa tête, si celle-ci n'étoit pas plus déprimée et pourvue de ptérygoïdiens.

Dans les reptiles, comme dans les poissons, le crâne est placé presque entièrement en arrière de la face, et sa cavité, quoique petite, n'est environ qu'à moitié remplie par le cerveau, ce qui fait qu'il est moins important que dans les mammifères de tenir compte et de sa forme et de sa grandeur, et que les indications qui résultent de son examen, méritent une moindre confiance.

La forme générale de cette cavité, à l'intérieur, est oblongue dans tous les reptiles ; sa largeur est à peu près la même dans toute son étendue, et ne diminue qu'entre les oreilles. Très-souvent sa partie antérieure n'est que membraneuse ou cartilagineuse, et n'est point fermée par des os. Mais les variétés de détail qu'elle offre, tant au dehors qu'au dedans, dans chacun des ordres, des familles et souvent même des genres de cette classe, sont innombrables, et leur exposition nous forceroit à sortir des bornes prescrites par la nature de cet ouvrage, si nous ne prenions point le parti de les grouper d'une manière systématique et suivant la division admise par les naturalistes.

Convenons néanmoins qu'on se feroit du crâne de la plupart des animaux dont nous parlons, une bien fausse idée, si on le supposoit, tel qu'est celui de l'homme, une boîte régulièrement fermée par des parois percées seulement de trous pour le passage des vaisseaux et des nerfs. Le plus communément il n'est qu'une sorte de charpente à jour, où les pièces, en se rencontrant par leurs extrémités, ne se touchent point par toute l'étendue de leurs bords, et ont leurs intervalles complétés par des membranes, des cartilages, etc.

Parmi les CHÉLONIENS, les *tortues de terre* ou les *tortues proprement dites* ont en arrière la région pariétale du crâne alongée en une grande épine occipitale très-saillante, et ont de chaque côté deux très-grandes fosses temporales, sous lesquelles sont deux énormes caisses. Derrière celles-ci, et un peu en dessus, on observe deux grosses protubérances mastoïdiennes, et, sous elles, les apophyses, qui servent à l'articulation de la mâchoire inférieure, et qui descendent verticalement sans se porter en arrière, comme cela a lieu dans le crocodile. En dessous, la région basilaire est plane. La région occipitale paroît coupée verticalement dans son ensemble. quoique l'épine occipitale, les protubérances mastoïdiennes et le condyle articulaire de la tête, qui est un tubercule très-saillant, la rendent fort inégale.

A l'intérieur, dans les mêmes tortues de terre, le crâne offre une cavité plus haute que large, à fond très-uni, parallèle au palais, et creusé en avant, dans le sphénoïde, d'une fossette profonde, d'une sorte de selle turcique, destinée à loger le corps pituitaire, et des côtés de laquelle naissent des cloisons cartilagineuses, qui, jointes à une cloison anté-cérébrale du frontal, ferment en avant la cavité du crâne, soutiennent toute la partie antérieure de l'encéphale, et semblent remplacer la lame criblée de l'ethmoïde, le sphénoïde antérieur et la plus grande partie des ailes temporales. Ses parois latérales sont presque verticales.

Le passage des nerfs olfactifs et optiques est pratiqué au travers de cet assemblage de cloisons cartilagineuses du crâne ; on ne voit pas par conséquent, dans le squelette osseux, les trous par lesquels il s'effectue chez les autres animaux.

Il en est de même de celui des nerfs des troisième et quatrième paires ; mais ceux de la sixième s'échappent du crâne par un petit canal qui traverse le corps du sphénoïde.

Le nerf trifacial sort de la cavité encéphalique par un grand trou, divisé en deux à l'extérieur, et placé entre le rocher et l'aile temporale. Dans les chélonées ou tortues de mer, ce trou, qui représente à la fois une partie de la fente sphénoïdale et les trous maxillaires supérieur et inférieur, est ovale, très-grand, et pratiqué entre la partie descendante du pariétal, le ptérygoïdien et le rocher. Du reste, ces dernières ressemblent exactement, pour l'intérieur du crâne, aux tortues de terre, et ont, comme elles, ainsi que les émydes et les chélydes, les quatre apophyses clinoïdes dirigées en avant.

Parmi les SAURIENS, dans le crocodile, au-dessus de la cloison inter-orbitaire, on voit l'espace vide, dont nous avons déjà parlé, et qui est borné ici latéralement par les ailes temporales, supérieurement par le frontal, et inférieurement par une lame verticale tronquée du sphénoïde. C'est par le haut de cet espace, au milieu duquel, dans l'état frais, aboutit, en se bifurquant, pour le fermer, la cloison inter-orbitaire membraneuse et cartilagineuse, que passent les nerfs olfactifs, tandis que les nerfs optiques traversent sa partie moyenne. Quant aux parties latérales de la tête, elles ne recouvrent, comme dans la tortue, que les fosses temporales.

Des deux côtés de la lame verticale osseuse du sphénoïde passent des vaisseaux, tandis que les nerfs des troisième, quatrième, et la première branche de la cinquième paire, sortent par des trous particuliers de l'aile temporale, et que ceux de la sixième traversent un canal creusé dans le corps du sphénoïde.

C'est entre la grande aile temporale et la caisse qu'est percé le trou destiné au passage de la cinquième paire de nerfs.

Du reste, la petitesse de la cavité du crâne, relativement au volume extérieur de la tête, est plus marquée dans le crocodile que dans aucun autre reptile, car le pouce y est à peine admis, dans un individu de plus de douze pieds de longueur, et l'aire de la coupe du crâne ne représente pas la vingtième partie de celle de toute la tête.

La figure de cette coupe est d'ailleurs oblongue, un peu plus large par devant ; elle descend en arrière.

Dans le même saurien, la fosse pituitaire est considérable, et la cavité cérébrale n'est pas plus large que haute.

Dans les autres sauriens, en faisant abstraction des crocodiles, l'anneau qui entoure l'encéphale en arrière et que composent les quatre occipitaux, représente parfaitement, surtout chez le caméléon, la forme générale des vertèbres.

Dans les grenouilles, qui appartiennent à l'ordre des Batraciens, le crâne, situé entre les orbites, et de la figure d'un parallélipipède alongé, s'élargit en arrière en deux bras transverses, qui contiennent les oreilles internes, et qui, par le moyen des tympaniques, s'unissent à l'angle postérieur externe de la parabole que forme la tête entière.

Il est, d'ailleurs, formé en avant par un os prismatique, triangulaire, dont une face est supérieure, dont les deux autres faces sont latérales, et dont l'arête inférieure repose sur le prolongement antérieur du sphénoïde. Cet os, évasé antérieurement, est creusé dans le sens de deux cavités conoïdes qui servent de fond aux narines, et par la pointe desquelles passent les nerfs olfactifs, à côté d'un pertuis que traverse le filet nasal de l'ophthalmique de Willis. Il entoure complétement, en forme d'anneau ou de ceinture, la partie antérieure du crâne, dont la région postérieure est formée par les deux occipitaux latéraux, qui ont chacun un condyle articulaire.

Il n'y a, comme nous l'avons déjà dit, ni occipital supérieur, ni basilaire.

Chez le Pipa, de la même famille des batraciens anoures, l'os en ceinture dont nous venons de parler est remplacé par deux os qui représentent les frontaux principaux, et que sépare l'un de l'autre une partie avancée du pariétal. Le dessous du crâne est formé spécialement par le sphénoïde, et sa partie postérieure est complétée par les branches rentrantes des os ptérygoïdiens et par les occipitaux latéraux. L'aplatissement excessif du crâne fait d'ailleurs ici que ses côtés, creusés d'un sillon profond, sont fort peu élevés. Enfin, entre le pariétal et le sphénoïde, sans qu'on puisse affirmer qu'elle appartienne à l'un plutôt qu'à l'autre, existe une cellulosité osseuse que traverse le nerf olfactif avant de sortir de la cavité encéphalique. Le nerf optique s'engage dans un très-petit trou de la partie du côté du crâne qui appartient au frontal. Les petits nerfs de l'œil et la plus grande partie du nerf trifacial passent par un grand trou situé entre cette partie du frontal et le rocher.

Dans la salamandre terrestre, le crâne, presque cylindrique, est élargi en avant vers la face, qui représente un demi-cercle, et en arrière pour deux branches disposées en croix et contenant les oreilles internes. Il n'y a, du reste point d'os en ceinture, comme dans les grenouilles et les crapauds, et les deux occipitaux latéraux, les seuls qui existent, sont unis intimement avec la partie analogue au rocher.

Dans les tortues de terre, les frontaux principaux sont au nombre de deux, c'est-à-dire que la suture, qui n'existe chez l'homme que dans les premiers âges de la vie, est persistante chez ces reptiles. Ils laissent entre eux une large ouverture, fermée dans le frais par un cartilage qui laisse passer les filets du nerf olfactif. Ils sont fort courts et ne forment que la voûte des orbites, entre lesquelles ne passe point le crâne. Leur ensemble représente une losange plus large que longue.

Dans les tortues d'eau douce ou émydes, les frontaux principaux, au nombre de deux aussi, n'atteignent pas toujours le bord de l'orbite. C'est ce que l'on remarque surtout dans l'*emys europœa*.

Dans les trionyx ou tortues molles les mêmes os forment presque un carré et atteignent le bord de l'orbite.

Dans la matamata, les frontaux principaux s'avancent entre les frontaux antérieurs jusqu'au bord des narines externes.

Dans le crocodile il n'y a qu'un seul frontal principal, qui, comme dans les mammifères, couvre l'intervalle des orbites, leur fournit un plafond ou plutôt un bord interne, et descend presque jusqu'à la racine des os du nez. Dans les jeunes individus de cette espèce, et surtout chez ceux qui sortent de l'œuf, l'os dont il s'agit offre la trace de la suture longitudinale que l'on observe dans les mammifères; mais elle s'efface promptement. Il ne descend pas d'ailleurs dans l'orbite sous forme osseuse, et tout l'espace entre lui et le palatin jusqu'au sphénoïde est simplement cartilagineux ou même membraneux dans l'état frais; ce qui le laisse entièrement vide dans le squelette sec; disposition dont on retrouve déjà quelques traces dans certains mammifères, chez le saïmiri et chez plusieurs chevrotains, par exemple, où la cloison inter-orbitaire, réduite à une simple lame, offre des espaces membraneux.

L'apophyse orbitaire interne est remplacée ici par un os particulier, par le *frontal antérieur.*

L'externe l'est pareillement par un autre os, le *frontal postérieur.* La même disposition a lieu chez les tortues.

Dans le crocodile, d'ailleurs, comme dans tous les reptiles, il n'y a aucune trace de *sinus frontaux.*

Dans les autres SAURIENS, le frontal principal est analogue à ce qu'il est dans le crocodile et les chélonieus. Seulement, dans les Monitors de l'Ancien Continent, une suture le partage en deux os distincts, tandis que dans la famille des sauve-gardes du Nouveau Monde il demeure entier et unique.

Dans l'ouaran des Arabes, ou grand monitor du Nil, en particulier, les deux frontaux occupent leur place ordinaire entre les orbites, et ont en dessous chacun une lame qui s'unit à sa correspondante pour compléter le canal des nerfs olfactifs.

Les Lézards proprement dits, tels que le *Lacerta agilis* de Linnæus, ont leur frontal principal divisé longitudinalement en deux os. Dans les Stellions fouette-queues il est fort étroit, et très-court dans le Stellion ordinaire et le Dragôn. Celui de l'Iguane cornu est plat; celui des Geckos est large, surtout en arrière, et légèrement concave.

Dans le Caméléon il n'y a qu'un frontal principal, bordé, de chaque côté et au-dessus de l'orbite, par les frontaux antérieur et postérieur.

Dans les OPHIDIENS, les frontaux principaux, au nombre de deux, sont presque carrés.

Dans les BATRACIENS un seul os paroît remplacer à la fois le frontal principal et l'ethmoïde, et peut prétendre également à l'un et à l'autre de ces noms. Cet os, en forme d'anneau, dans la grenouille commune, et entourant entièrement la partie antérieure du tube du crâne, représente très-bien les deux frontaux des serpens réunis, et n'est jamais divisé, même

45. 8

dans de très-jeunes individus. Nous en avons déjà parlé avec quelque détail.

Dans la grenouille mugissante d'Amérique (*Rana boans*, Linn.), la cloison mitoyenne de cet os, entre les deux cônes, se porte si avant dans les narines qu'elle y forme une cloison osseuse. Quant à ses parties latérales, elles se portent tellement en arrière, que l'espace membraneux des côtés du crâne est très-petit.

Dans le crapaud calamite, le frontal est très-découvert en dessus.

Dans le pipa de Surinam, au lieu d'un os en ceinture, il existe deux frontaux principaux, séparés l'un de l'autre par une partie avancée du pariétal, triangulaires et engagés, par leur angle postérieur, chacun dans une échancrure du même os.

Dans les salamandres terrestres, reptiles de la famille des Urodèles, la partie antérieure des frontaux s'articule avec les os du nez en avant et latéralement avec les frontaux antérieurs.

Dans la salamandre gigantesque des monts Alleghanys, les frontaux principaux sont plus étroits et plus alongés que dans les salamandres terrestres et aquatiques de nos contrées. Ils pénètrent postérieurement en pointe entre les pariétaux, et antérieurement ils se portent jusque sur l'ouverture externe des narines.

Dans les reptiles, jamais l'os frontal ne porte de cornes, ni creuses, ni pleines et solides. Daubenton cependant a nommé le *cornu*, un ophidien qu'Hasselquist, Linnæus, Schneider, ont appelé *anguis cerastes*. Ces dénominations sembleroient devoir porter à penser que cet animal, qui est l'*Eryx turcicus* de Daudin, et le *Boa turc* d'Olivier, et que le professeur Duméril confond à juste titre avec l'érix javelot, est effectivement pourvu de cornes. Il n'en est pourtant point ainsi. Les appendices cornées, qui s'élèvent au-dessus de sa tête et que certains auteurs ont considérées comme des dents très-longues traversant la mâchoire supérieure, sont le résultat d'un effet de l'art. Pour les produire, on implante, sous la peau de la tête au-dessus de l'œil, un ongle d'oiseau récemment coupé avec sa phalange ; il se fait une sorte d'ente ou de greffe aniinale analogue à celle qu'on produit en France sur les chapons : cet ongle continue de pousser. Hasselquist a consigné le fait dans les *Actes d'Upsal;* mais il ne s'en est plus souvenu en écrivant le *Supplément de son Voyage.* (Voyez Érix.)

M. Cuvier a donné le nom d'os *surcillier* ou *surorbitaire* à un os particulier qui existe, non point dans tous les reptiles en général, mais bien dans quelques sauriens seulement et qu'on retrouve dans les oiseaux. Cet os, dans la tribu des monitors de l'Ancien Continent et en particulier dans l'*ouaran* des Arabes, s'articule par une partie alongée au bord orbitaire du frontal antérieur et protège en arrière une apophyse pointue qui protège le dessus de l'œil.

Cet os manque dans la tribu des sauve-gardes d'Amérique.

Il est, au contraire, très-large et divisible en plusieurs pièces dans les lézards proprement dits, où il s'unit à la fois au frontal principal, au frontal antérieur et au frontal postérieur, pour couvrir le dessus de l'orbite.

Nous avons déjà dit que le frontal antérieur, véritable démembrement du frontal proprement dit, représente l'apophyse orbitaire interne de celui-ci chez l'homme, ou son apophyse antorbitaire chez les mammifères. Propre à la plupart des reptiles, il se trouve communément interposé entre le lacrymal et le frontal principal, et descend de l'orbite au nez.

Parmi les Chéloniens, dans les tortues de terre, cet os occupe une place dans le cadre de l'orbite, s'articule avec l'apophyse antorbitaire du maxillaire, descend en dedans de l'orbite, forme la cloison antérieure qui sépare celle-ci du nez, et s'articule encore inférieurement avec le palatin et le vomer, laissant, entre ces deux os et le maxillaire et lui, un trou oblong, qui donne dans les arrière-narines.

Dans les trionyx, les frontaux antérieurs avancent, en dessus, entre les maxillaires, et tiennent ainsi exactement la place des os propres du nez, sans qu'aucune suture les distingue. Ils viennent même former une pointe sur l'ouverture extérieure des narines, comme souvent les os du nez le font dans les mammifères.

Dans la matamata, les frontaux antérieurs forment, avec les postérieurs, le dessus de l'orbite.

Chez le crocodile, de l'ordre des Sauriens, c'est entre les

frontaux antérieurs que les nerfs olfactifs sortent du crâne après s'être renflés en ganglions et divisés en de nombreux filets.

Dans les lézards, en général, la disposition du frontal antérieur est analogue à ce qu'elle est dans les crocodiles et les tortues.

Dans l'ouaran des Arabes et dans toute la section des monitors de l'ancien continent, il offre une partie frontale et une partie orbitaire qui sert de cloison postérieure à la cavité nasale.

Chez les sauve-gardes d'Amérique, la pointe du bord de l'orbite appartient au frontal antérieur.

Chez les lézards proprement dits, cet os descend peu dans l'orbite où le lacrymal tient beaucoup de place.

Dans le stellion ordinaire, son angle antérieur est fort saillant.

Dans l'iguane cornu, il est large sur la joue et a un tubercule au-devant de l'orbite.

Chez les geckos, il borde presque tout le dessus de l'orbite, sans atteindre cependant le frontal postérieur.

Dans le caméléon, il se joint à celui-ci, pour former en dessus le cadre de l'orbite, et en même temps l'espèce de crête dentelée que le reptile dont il s'agit porte en cet endroit.

Dans le caméléon à museau fourchu, ce sont les frontaux antérieurs qui, joints aux maxillaires supérieurs, produisent les branches de la fourche ou ses tubercules.

Chez les Ophidiens, les frontaux antérieurs existent comme dans tous les reptiles précédens, ainsi qu'on peut s'en convaincre sur la cécilie, sur l'amphisbène, sur le grand python de Java, sur le crotale.

Dans les grenouilles, les crapauds, les pipas, et, en général, dans tous les batraciens anoures, les frontaux antérieurs sont très-grands, triangulaires, plus larges que longs, et prolongés par leur angle externe pour s'articuler avec la mâchoire et limiter l'orbite en avant.

M. Cuvier a nommé os *frontal postérieur* une pièce osseuse distincte, et qui, comme la précédente, se retrouve dans un grand nombre de reptiles, avec des modifications diverses de forme, de simplicité, de volume, d'étendue, de régularité, quoique toujours évidemment le résultat d'un démembrement de frontal proprement dit.

Dans les émydes, cet os est beaucoup plus large que dans les tortues d'eau douce.

Dans les chélonées ou tortues de mer, il concourt avec le temporal, le pariétal et le jugal, à former l'espèce de toit qui recouvre la tempe. Fort étroit, il offre une partie qui descend dans la tempe et qui s'unit à une portion montante du palatin et à une portion rentrante du jugal, de manière à former une cloison qui sépare l'orbite de la fosse temporale.

Dans l'émyde serpentine, il s'élargit pour s'unir au pariétal et au jugal; mais le toit sus-temporal, qu'il concourt à former ainsi, est beaucoup moins étendu que dans les chélonées.

Dans les trionyx, il est aussi large dans le haut qu'il est élevé.

Dans la matamata, il s'articule avec le ptérygoïdien par son angle postérieur externe. Le reste de son bord postérieur est libre et se continue avec celui du pariétal pour couvrir un canal de communication large et plat, allant de la tempe à l'orbite et formé en dessous par le ptérygoïdien et le palatin.

Chez les crocodiles, la plus légère inspection suffit pour démontrer que cet os correspond parfaitement à la partie du frontal qui, chez les mammifères, donne naissance à l'apophyse post-orbitaire. Il complète, en effet, le cadre de l'orbite, en allant, par une apophyse, rencontrer une avance osseuse du jugal; il est placé au devant de la fosse temporale et du crotaphite, sur la jonction du frontal et du pariétal.

Dans les autres sauriens, ce même os ressemble d'une manière générale à ce qu'il est dans les tortues et les crocodiles.

Dans le monitor du Nil, il est articulé à l'extrémité de la ligne d'union des frontaux avec le pariétal, moitié sur celui-ci, moitié sur le frontal. Il donne une apophyse orbitaire et envoie en arrière une autre apophyse, grêle, pointue, qui s'unit obliquement au temporal pour former l'arcade zygomatique.

Dans les sauve-gardes d'Amérique, le frontal postérieur est, par une suture oblique, divisé en deux os, dont l'un ne tient qu'au frontal et au pariétal, et l'autre au jugal et au temporal.

Dans les lézards proprement dits, le frontal postérieur, chargé à son bord postérieur de petites écailles osseuses dans le genre de celles qui sont sur l'orbite, s'unit au pariétal pour couvrir le dessus de la tempe, comme cela a lieu chez le cordyle.

Dans les fouette-queues, il est, ainsi que le frontal antérieur, fort petit et non divisé.

Il présente un angle saillant dans les marbrés.

Il n'est point divisé dans le basilic.

Dans l'iguane cornu, il est partagé en deux parties; une qui fait un tubercule en arrière de l'orbite, et l'autre qui descend pour en compléter le cadre et s'élargit vers le bas pour joindre le jugal et le temporal.

Dans l'ophisaure, il est divisé, ainsi que dans le scinque à longue queue du Levant et dans l'orvet de nos campagnes; mais dans les grands scinques à grosse queue il s'unit au pariétal et au temporal pour couvrir le dessus de la tempe, excepté un petit trou en arrière.

Il n'existe point dans la grenouille et les autres reptiles de la famille des anoures.

Dans la grande tortue indienne les os pariétaux forment ensemble un pentagone, dont l'angle le plus aigu va s'unir à l'épine occipitale. Ils couvrent plus de la moitié de la boîte cérébrale et se reportent en arrière, en s'unissant, par suture squameuse, avec l'occipital et le rocher. De chaque côté ils descendent très-bas dans la fosse temporale.

Dans les chélonées, et en particulier dans la tortue franche, chaque pariétal donne naissance à une lame osseuse, qui se réunit au frontal postérieur, au mastoïdien, au temporal, au jugal et à la caisse, par le moyen de sutures, et qui couvre toute la région de la tempe d'un toit osseux, qui n'offre aucune solution de continuité.

Dans la matamata, où ils forment à eux seuls presque tout le toit du crâne, ils représentent en dessus un grand rectangle, et s'unissent, par leurs parties descendantes, aux palatins, aux ptérygoïdiens, aux rochers et aux occipitaux supérieurs.

Il s'en faut de beaucoup qu'il en soit de même dans le crocodile, même au sortir de l'œuf. Ici, derrière le frontal principal et les deux frontaux antérieurs, on trouve un grand os impair qui recouvre tout le milieu et l'arrière du crâne, et donne, par ses côtés, attache à une partie du crotaphite. Il est évident que cet os unique est le représentant des deux pariétaux de l'homme confondus l'un avec l'autre, et qui sont pareillement joints entre eux chez beaucoup de mammifères adultes.

M. Geoffroy prétend que cet os unique du crocodile n'est que l'*interpariétal*, parce qu'il regarde les mastoïdiens comme les vrais pariétaux.

Dans les gavials, le pariétal laisse, de chaque côté, entre lui, le frontal postérieur et le mastoïdien, un énorme trou, plus grand même que l'orbite, et beaucoup plus large que long dans l'adulte, ce qui rétrécit à proportion la région pariétale du crâne.

Dans les autres Sauriens, les pariétaux sont réunis et ne forment de même qu'une seule pièce, qui couvre comme un toit le dessus du crâne.

Chez ceux de ces reptiles qui appartiennent à la famille des monitors de l'ancien continent, chez l'ouaran du Nil, par exemple, ce pariétal, unique, peltiforme, élargi en avant, creusé sur les côtés des deux fosses temporales, fourchu en arrière, se divise en deux longues apophyses qui s'écartent pour aller, avec le temporal, le jugal et une saillie de l'occipital latéral, donner un point de suspension à l'os tympanique.

Dans ce reptile et chez beaucoup d'autres sauriens en outre, il existe un trou vers le milieu du pariétal.

C'est dans la bifurcation postérieure de cet os que se trouve fixé l'occipital supérieur à l'aide d'un ligament rond et sans l'intermède d'une suture.

Dans les animaux de la famille des sauve-gardes d'Amérique, il n'y a point de trou au pariétal, comme chez les monitors. Dans la dragonne, il offre une partie temporale ou descendante assez considérable et qui rappelle ce qui a lieu dans la tortue. Dans les fouette-queues, ses branches postérieures sont extraordinairement longues; son bord antérieur, dans l'endroit où il se joint au frontal, est échancré par un large trou que ferme une simple membrane. Chez les anolis, ses crêtes temporales se réunissent postérieurement en une seule et sont très-saillantes, tandis que ses branches forment une crête demi-circulaire, assez semblable à la crête occipitale de certains mammifères.

Dans les geckos, il existe deux pariétaux comme chez l'homme, et chacun d'eux envoie en arrière une branche sur la jonction de l'occipital latéral et du tympanique.

Le pariétal du caméléon, fort étroit et unique, au lieu de se bifurquer pour envoyer des branches aux temporaux, s'élève en pointe comme un sabre, dont l'extrémité se joint à des arêtes pointues, qui montent pareillement des temporaux. Encadré par le frontal et l'occipital supérieur, entièrement superposé à ce dernier os, il se prolonge en arrière comme une longue épine au-dessus du cou.

Dans les OPHIDIENS, comme l'Amphisbène, l'Ophisaure, le grand Python de Java, le Crotale, le pariétal est unique et forme, en se repliant en bas jusqu'au sphénoïde, la paroi latérale du crâne.

Dans la Cécilie seule, parmi les reptiles de cet ordre, on observe deux pariétaux séparés l'un de l'autre.

Dans la grenouille commune, le dessus du crâne est formé par deux pariétaux, qui se soudent de bonne heure l'un avec l'autre, pour ne plus en former qu'un seul os de figure rectangulaire, qui règne depuis le dessus des occipitaux jusque sur l'os en ceinture, sur la partie postérieure et supérieure duquel il s'étend par une avance squameuse. En arrière il s'élargit pour s'unir aux rochers et aux occipitaux. Sur les côtés il se replie un peu en dessous, mais pas assez pour descendre jusqu'au sphénoïde, comme le fait l'os en ceinture.

Dans les très-jeunes Batraciens anoures, et même dans la rainette et le crapaud sonneur à l'état adulte, les deux pièces du pariétal sont séparées par un intervalle longitudinal que ferme une membrane.

Dans la Grenouille mugissante d'Amérique (*Rana boans*, L.)

le pariétal est surmonté de deux crêtes, une sagittale et une occipitale.

Dans le Crapaud calamite ses deux crêtes temporales s'unissent en arrière par une crête transversale, tandis que dans un crapaud de la Caroline, observé par le professeur Cuvier, elles se terminent chacune par un gros tubercule sur le bord postérieur de chaque orbite.

Chez le Pipa de Surinam le pariétal s'avance depuis la crête occipitale jusqu'entre les frontaux antérieurs, où il se prolonge en pointe.

Dans les Salamandres terrestres il existe deux pariétaux qui, chez la sirène lacertine, occupent la plus grande partie du dessus du crâne, et ont, en avant, chacun une pointe qui s'écarte pour loger entre elles deux la partie postérieure des frontaux principaux.

Dans la plupart des Reptiles l'occipital est partagé en quatre et même quelquefois en six pièces, absolument comme dans les jeunes mammifères.

Quand il n'existe que quatre de ces pièces, deux, l'*occipital* supérieur et le *basilaire*, sont situées sur la ligne moyenne ; deux autres, les *occipitaux latéraux*, sont placées sur les côtés.

Tel est le cas du Crocodile.

Quand on compte six de ces pièces, les deux qui accroissent le nombre ordinaire, sont dites *occipitaux extérieurs*.

Les Chéloniens, qui n'ont qu'un seul condyle occipital, offrent cette disposition, au moins durant les premières périodes de leur vie.

Dans la Tortue de terre, dont le condyle est prolongé et divisé en deux, les occipitaux extérieurs ne sont qu'un véritable démembrement des occipitaux latéraux ordinaires, et chacun d'eux est inséré entre l'occipital supérieur, le mastoïdien, la caisse et le rocher, avec lequel il contribue à la formation de la fenêtre ronde.

Dans les Chélonées le condyle occipital offre trois facettes articulaires en forme de trèfle.

Chez les Crocodiles les occipitaux, au nombre de quatre, sont situés à la même place et remplissent les mêmes fonctions que les quatre pièces de l'occipital du fœtus des mammifères, seulement le condyle articulaire unique, placé au-dessous du grand trou occipital, appartient presque entièrement au basilaire, tandis que les occipitaux latéraux et l'occipital supérieur sont creusés de cavités pour l'oreille interne, à laquelle le rocher est loin de pouvoir suffire.

Dans les autres Sauriens les quatre occipitaux forment une sorte d'anneau qui entoure l'encéphale en arrière, comme chez les Crocodiles ; les occipitaux extérieurs manquent et le condyle articulaire est unique.

Dans les Ophidiens, pour la plupart, l'anneau occipital de la tête est formé du même nombre de pièces que dans les sauriens : en général aussi, chez eux, le condyle occipital est formé par trois facettes disposées en trèfle et rapprochées en un tubercule au-dessous du trou occipital.

Les Amphisbènes n'ont qu'un occipital unique, et, comme les Cécilies, offrent deux condyles articulaires très-écartés l'un de l'autre.

Dans les Batraciens on n'observe plus que les deux occipitaux latéraux, sans occipital supérieur et sans basilaire. Les deux condyles sont très-séparés l'un de l'autre et placés de chaque côté du trou occipital.

De même que l'Occipital, dans la plupart des Reptiles, le Temporal est divisé en plusieurs pièces distinctes.

Nous devons faire d'abord connoître la manière dont il se comporte dans le Crocodile, où il est composé d'une Caisse et de trois autres os, dont deux sont extérieurs au Crâne, tandis que l'autre paroît tout-à-fait intérieur.

a. La *Caisse*, dont l'intérieur ne renferme pas à beaucoup près, toute la cavité auditive, donne attache à la Membrane du Tympan et loge l'Osselet de l'Ouie. En dehors elle offre une surface concave qui s'articule avec le sphénoïde, le ptérygoïdien et la grande aile temporale. Son bord postérieur, libre, fait saillie en arrière et porte presque en entier la facette articulaire sur laquelle vient poser la mâchoire inférieure ; comme on voit dans beaucoup de Mammifères l'os de la caisse, et, chez l'Homme même, la paroi inférieure du tympan, contribuer déjà à former la paroi postérieure de la cavité glénoïde temporo-maxillaire.

Cet os remplit ici les fonctions dont est chargé, chez les Oiseaux, l'os carré, qui ne s'en distingue que par sa mobilité, comme l'a fait observer M. Schneider, le premier ; mais son analogie avec l'os de la caisse des Mammifères a été mise hors de doute par les professeurs Geoffroy Saint-Hilaire et G. Cuvier.

b. Le *Rocher* se reconnoît chez le Crocodile à sa position intérieure, en ce qu'il loge en grande partie le Labyrinthe, en ce qu'il contribue essentiellement à la formation de la Fenêtre ovale.

c. La *Portion squameuse* ou le *Temporal écailleux* est un os lamelleux, séparé du crâne et inséré entre la caisse et le jugal.

d. Le *Mastoïdien*, qui est triangulaire, adhère au crâne, couvre en partie les cellules mastoïdiennes et s'avance jusqu'au frontal postérieur.

Dans les Tortues de terre les caisses sont énormes et les protubérances mastoïdiennes fort grosses. La portion squameuse du temporal forme à elle seule l'arcade zygomatique, comme chez beaucoup de cétacés.

Dans les Émydes les tubercules mastoïdiens sont déprimés et terminés par une pointe.

Dans les Trionyx la portion squameuse ne fait qu'une très-petite partie de l'arcade zygomatique.

Dans les Chélonées le mastoïdien et le temporal écailleux s'unissent au pariétal, au frontal postérieur, au jugal et à la caisse par des sutures, et forment ainsi une sorte de toit osseux qui règne sur la tempe.

Dans le Caméléon il s'élève des temporaux des arêtes pointues, qui vont unir leur sommet à celui de la lame pariétale ensiforme, et qui contribuent ainsi à soutenir le casque de l'occiput.

Dans les Batraciens anoures il n'y a point de mastoïdien, et le temporal ne fait qu'un seul et même os avec le tympanique, qui a trois branches dans la grenouille commune.

Dans la Salamandre terrestre le rocher et l'occipital latéral sont représentés par un seul os.

Dans le Protée anguillard il n'y a ni temporal écailleux ni mastoïdien.

Dans la plupart des Reptiles le sphénoïde, cet os fondamental du crâne, est composé, comme les précédens, d'un plus ou moins grand nombre de pièces distinctes.

Dans les Tortues terrestres, et spécialement dans la grande Tortue des Indes, il n'y a aucune trace de sphénoïde antérieur, et ce que feu J. Spix et M. Ulrich nomment ainsi, n'est qu'une portion du corps du sphénoïde, saillante au-dessous et en avant de la fosse pituitaire, et qui donne attache à la cloison interorbitaire. Jamais cette partie n'est détachée du reste de l'os, et d'ailleurs, comme le remarque M. Cuvier, elle ne remplit nullement les fonctions du sphénoïde antérieur. L'aile temporale de l'os est, en outre, réduite à une très-petite pièce, qui s'unit, d'une part, à la partie descendante du pariétal; de l'autre, au palatin, à l'os ptérygoïde interne, au corps du sphénoïde, à la caisse, au rocher, et que M. Wiedemann a décrit pour la partie écailleuse du temporal.

Dans la Tortue franche, où M. Geoffroy Saint-Hilaire l'a prise pour l'analogue de l'os transverse des Crocodiles, qui manque dans les Chéloniens, cette dernière pièce est encore plus petite et se trouve couchée sur la suture de la portion descendante du pariétal.

Elle n'existe point dans le Caret et dans la Caouane.

Les apophyses ptérygoïdes sont, dans les Chéloniens, détachées et isolées, et restent distinctes du corps de l'os jusqu'à un âge avancé, comme chez beaucoup de mammifères et chez la plupart des autres reptiles. Elles constituent ce que les anatomistes modernes ont appelé os *ptérygoïdiens*.

Ces os, dans les Tortues de terre, entourent les palatins en arrière et en dehors, et, s'étendant le long de leur bord extérieur jusqu'aux maxillaires, après avoir couvert la face inférieure du crâne, entre les deux caisses et les deux ailes temporales, laissent voir, en arrière seulement, une petite partie triangulaire du corps du sphénoïde.

Dans certaines Émydes, comme dans l'*Emys expansa*, le sphénoïde occupe, en dessous du crâne, une surface beaucoup plus large que dans les Tortues de terre.

Dans les Trionyx ou Tortues molles, le corps de l'os parvient aux palatins, en marchant entre deux os ptérygoïdiens, qui ne s'unissent point l'un à l'autre, et qui arrivent de l'occipital latéral jusqu'aux maxillaires, en passant entre les caisses et le basilaire.

Il n'y a aucune trace ni du sphénoïde antérieur, ni de ses ailes. Une membrane assez mince en tient lieu, et ferme de chaque côté le devant de la cavité cérébrale. L'aile temporale est placée au-dessous et en avant du grand trou de la cinquième paire; elle entre mieux dans la composition du crâne et se fait mieux reconnoître pour ce qu'elle est que dans les autres Chéloniens.

Dans la Matamata les os ptérygoïdiens sont énormes, et forment la plus grande partie de la base du crâne et du fond de la tempe. Leur bord externe est recourbé dans sa partie antérieure, pour se continuer avec le bord libre du frontal postérieur. Il n'y a, du reste, ni ailes orbitaires, ni ailes temporales. (Voyez CHÉLYDE.)

Chez les CROCODILES on reconnoît aisément les grandes ailes ou ailes temporales du sphénoïde dans deux os distincts, qui les représentent exactement pour la position, pour la figure et pour la fonction de porter les lobes moyens du cerveau, et qui offrent une grande analogie avec ce que l'on observe chez les fœtus des mammifères avant leur réunion au corps. Ces deux os, que M. Geoffroy Saint-Hilaire a négligés dans son analyse de la tête du Crocodile, mais que MM. Oken, J. Spix, et G. Cuvier ont, à juste titre, déterminés et décrits, doivent renfermer dans leur masse une grande partie de l'aile d'Ingrassias; car les nerfs des troisième, quatrième et sixième paires, ainsi que la première branche de la cinquième, passent par des trous pratiqués sur leur corps même, et dont l'ensemble paroit remplacer la fente sphénoïdale de l'homme.

Dans les mêmes reptiles, les os ptérygoïdiens, réunis, dès le fœtus, l'un à l'autre sous le corps du sphénoïde, forment d'une part le plafond des arrière-narines, et de l'autre, constituent le plancher du tube nasal, divisé lui-même en deux par une arête qui de son plafond descend vers un autre, qui monte de son plancher. Ils s'étendent d'ailleurs horizontalement en une grande aile, à laquelle s'insèrent supérieurement les muscles ptérygoïdiens, et que double inférieurement la membrane du palais. Leur lame supérieure se dirige en avant sous la forme de deux demi-cylindres.

Quant au corps du sphénoide, il est placé, chez les Crocodiles encore, au centre du plancher du crâne. Légèrement concave et soutenant la partie du cerveau située derrière les tubercules optiques, il s'articule par ses côtés, en avant, avec les ailes temporales, en arrière, avec les rochers; par son extrémité postérieure, avec l'occipital inférieur. Il ne se montre à l'extérieur qu'au-dessous de celui-ci, et par une très-petite surface, où l'on voit l'orifice d'un canal qui le traverse dans toute son étendue, et s'ouvre antérieurement, par deux branches, dans un vaste entonnoir où est logé le corps pituitaire, et en avant duquel le sphénoïde émet une lame verticale tronquée, qui entre dans la composition de la cloison inter-orbitaire, qui en est la seule partie osseuse, et dans laquelle seulement on pourroit chercher un représentant osseux du sphénoïde antérieur, quoiqu'aucune suture, même dans les fœtus, ne la fasse distinguer du reste de l'os.

Dans la plupart des autres SAURIENS, dans les Lézards en particulier, le sphénoïde, placé en avant des occipitaux, est visible, par toute sa face inférieure, à l'extérieur du crâne. Les os ptérygoïdiens, semblant former une simple continuation des os palatins, se prolongent jusqu'au bord interne des caisses, ne touchant au sphénoïde que par une tubérosité latérale de cet os, et ne s'unissant point entre eux.

Un os particulier, et que l'on nomme *transverse*, les joint aux os jugaux et maxillaires, tandis qu'une tige osseuse, formant un os propre également à ces animaux, et que M. Cuvier appelle *columelle*, monte d'une fossette articulaire de leur bord supérieur jusqu'au bord latéral du pariétal. C'est de la columelle que M. Bojanus a parlé sous le nom de *tympanique*.

Le sphénoïde, du reste, chez ces animaux, se prolonge en avant, sous la face, en une tige cartilagineuse sur laquelle s'élève la cloison inter-orbitaire. Un os, diversement configuré selon les espèces, est logé de chaque côté dans la paroi latérale et antérieure du crâne, et représente les ailes temporales et orbitaires tout à la fois; ailes en grande partie, d'ailleurs, membraneuses.

Certaines familles, certains genres offrent encore sous ce rapport des particularités à noter. C'est ainsi, par exemple, que les Lézards proprement dits, tels que le *Lacerta agilis* et les Anolis, ont, de chaque côté, près du bord interne de leurs os ptérygoïdiens et vers le milieu de la longueur de ceux-ci,

Latéralement on observe entre le frontal, le frontal antérieur et le vomer, un assez grand espace fermé dans l'état frais par un cartilage qui représente l'os planum.

Il n'y a point ou presque point de cloison interorbitaire cartilagineuse simple, et les orbites elles-mêmes sont grandes, arrondies, encadrées de toutes parts et dirigées de côté et un peu en avant.

En regardant la face dans ces reptiles par-dessous, on voit derrière les maxillaires et les frontaux postérieurs, des deux côtés du vomer, les palatins entourés en arrière et en dehors par les os ptérygoïdiens, qui eux-mêmes s'étendent jusqu'aux maxillaires, et couvrent la face inférieure du crâne entre les deux caisses et les deux ailes temporales, ne laissant voir postérieurement qu'une très-petite partie du corps du sphénoïde. La région basilaire est plane, et la palatine est concave.

Dans les Émydes ou Tortues d'eau douce la région basilaire et la région palatine sont sur un même plan, les palatins n'étant pas même concaves.

Chez l'*Emys expansa*, qui manque de vomer osseux, les arrière-narines n'ont qu'un seul orifice dans le squelette.

Dans les diverses espèces de ce genre la tempe est, comme chez les Chélonées, recouverte par le pariétal, le temporal, le jugal et le frontal postérieur. L'os ptérygoïdien s'unit en avant au palatin et au jugal, et non au maxillaire, qui ne va pas jusque-là en arrière.

Dans l'*Émyde serpentine* les trous ptérygo-palatins sont fort développés.

Dans les Trionyx ou Tortues molles la face forme quelquefois un museau pointu, comme dans celui du Nil, ou arrondi et court, comme dans quelques autres espèces. Les intermaxillaires sont très-petits, et n'ont ni apophyse palatine, ni apophyse nasale. On observe derrière eux un grand trou incisif.

Les maxillaires s'unissent entre eux, dans le palais, sur un assez long espace, ce qui repousse l'orifice des arrière-narines plus loin que dans les Tortues de terre.

Les palatins ne se réunissent point en dessous pour prolonger le palais; ils sont antérieurement creusés en demi-canal et moins étendus aussi que chez celles-ci.

Les os ptérygoïdiens ne s'unissent point l'un à l'autre, mais se portent depuis l'occipital latéral, entre les caisses et le basilaire, jusqu'aux palatins et aux maxillaires. ce qui rend toute la région basilaire et palatine large et plate.

En s'avançant entre les maxillaires, les frontaux antérieurs tiennent exactement la place des os propres du nez, et viennent même, ainsi que ceux-ci le font dans beaucoup de mammifères, former une pointe sur l'ouverture extérieure des fosses nasales.

Les Chélonées ou Tortues marines, outre le toit osseux qui recouvre chez elles toute la région de la tempe, se reconnoissent encore, sous le rapport de la construction de leur face, à leur museau plus court que dans les autres espèces; à la grandeur de leurs orbites, telle que les fosses nasales, aussi hautes et aussi larges que longues, ont des dimensions sensiblement rétrécies, en même temps que l'espace interorbitaire membraneux ou cartilagineux est plus étendu.

Dans la Matamata, au contraire, les orbites sont remarquables par leur petitesse et par leur rapprochement de l'extrémité du museau.

Les deux maxillaires forment ensemble un arc transversal, au milieu duquel, en dessous, est un interpariétal unique, et en dessus, l'ouverture extérieure des narines, laquelle, chez l'animal frais, est surmontée d'une petite trompe charnue.

En dessous, les deux palatins et le vomer remplissent la concavité de cet arc, et ont en avant les deux arrière-narines bien séparées, mais non entourées inférieurement par les palatins.

Le trou ptérygo-palatin, pratiqué sur le bord postérieur de l'os palatin, est grand.

En dessous, la tête de ce chélonien, lisse et presque plane, présente comme une sorte de compartiment régulier, formé, d'avant en arrière, par les intermaxillaires, les maxillaires, le Vomer, les Palatins, les Ptérygoïdiens, le Sphénoïde, les Rochers, les Caisses, le Basilaire, les Occipitaux latéraux et les Occipitaux extérieurs.

Dans les Crocodiles, parmi les Sauriens, la face ressemble à une moitié de cône irrégulièrement aplatie à sa face convexe. Le museau est alongé et déprimé: l'ouverture ex-

térieure des narines, placée près de son extrémité, est dirigée en dessus, à peu près comme dans le lamantin, et entourée d'une manière annulaire par les deux intermaxillaires.

Comme chez ce mammifère encore, il n'existe qu'un seul
trou incisif, parce que les intermaxillaires n'ont pas d'apophyses mitoyennes; mais il est considérable. Les fosses nasales se continuent, d'ailleurs, en un tuyau long et étroit,
jusque sous le trou occipital.

Entre une apophyse qui descend du frontal antérieur vers
le palatin, et ce dernier d'une part, et le maxillaire de
l'autre, au-dessous du lacrymal, est une grande ouverture,
qui pénètre dans la cavité nasale et tient lieu tout à la fois
de canal sous-orbitaire et des trous ptérygo- et sphéno-pala-
tins. Dans l'état frais elle est remplie par des muscles mo-
teurs de la mâchoire inférieure, propres aux vertébrés ovipares.

La fosse temporale ne communique au dehors que par
un trou plus petit que l'orbite. Le plan des bords de l'orbite
est dirigé vers le ciel.

Dans les autres sauriens, où les os du palais n'ont point de
lame palatine, les ouvertures postérieures des narines sont,
sur le squelette, de grands trous, pratiqués dans la partie
antérieure de la voûte du palais, entre les maxillaires, les
vomers et les palatins.

Les ouvertures extérieures de ces mêmes narines sont
toujours séparées par une apophyse de l'os intermaxillaire et
quelquefois du maxillaire.

Dans toute la tribu des Monitors de l'Ancien Continent on
n'observe qu'un seul os du nez; ce qui donne à la face de
ces animaux un aspect tout-à-fait particulier.

Dans l'Ouaran des Arabes, les orbites ont une figure
ronde et occupent à peu près le milieu de chacun des côtés
de la tête. Les ouvertures extérieures des fosses nasales remontent presque jusqu'à leur hauteur. Il existe, de chaque
côté du palais, entre le maxillaire et l'intermaxillaire, un
trou incisif fort apparent.

Les Sauve-gardes d'Amérique ont le museau un peu plus
relevé que les Monitors. Ils ont deux grands os propres du
nez, et les ouvertures antérieures de leurs fosses nasales sont

très-petites et situées fort en avant. Ils ont un trou lacrymal unique, qui est pratiqué entre le frontal antérieur et le lacrymal, et au-dessous duquel on voit un trou ptérygo-palatin ou sous-orbitaire postérieur, percé entre le frontal antérieur, le palatin, le maxillaire et le lacrymal. En dessous, les os intermaxillaires présentent en arrière une échancrure dans laquelle entrent les pointes des maxillaires et des vomers. Les trous incisifs sont excessivement petits et les fosses nasales, fort étroites par suite du transport des palatins plus en avant, se continuent sous ceux-ci dans une concavité de leur surface.

Dans la cloison interorbitaire on trouve des lamelles ossifiées et distribuées de manière à laisser libre un trou commun à cette cloison et à celle du cerveau, pour le passage des nerfs optiques.

Derrière les ailes temporales et en avant du point vis-à-vis duquel est la columelle, passent les nerfs de la troisième, de la quatrième et de la sixième paire, ainsi que le nerf ophthalmique de Willis; et derrière cette même columelle, dans une échancrure du rocher qui répond aux trous grand, rond et ovale tout à la fois, passe le reste de la cinquième paire.

La Dragonne, sous ces divers rapports, a la plus grande ressemblance avec la Sauve-garde, de laquelle se rapprochent pourtant encore davantage le Lézardet (*Lacerta bicarinata*, Linn.) et l'Améiva (*Lacerta ameiva*, Linn.).

Il en est de même des Lézards proprement dits, tels que le Lézard vert des campagnes et le Lézard gris des murailles, lesquels, ainsi que les Cordyles, ont, sur la tempe et sur l'orbite, une voûte osseuse, formée par le frontal postérieur et le surorbitaire.

Dans les Stellions fouette-queues les joues sont saillantes, même dans l'état frais, en raison de la direction et de la grandeur des os jugaux. L'ouverture extérieure des narines et les orbites sont remarquables par leurs dimensions considérables; ce que l'on n'observe point au même degré dans le Stellion ordinaire, ni dans le Dragon.

Certains Agames, tels que l'Umbre, ont une bonne partie de la tempe et de la joue couverte par l'os jugal. Leur museau est court et aplati ; leurs narines sont petites.

Les Iguanes, comme l'Iguane cornu, ont le museau renflé et bombé.

Les Geckos diffèrent beaucoup des autres Sauriens par la petitesse extrême de leur jugal. Leur museau est plus ou moins alongé ou déprimé, suivant les espèces et les os du nez, et les mâchoires s'accommodent, chez eux, à ces variétés. Leurs orbites sont vastes, rondes et incomplètes du côté de la tempe.

Chez le Caméléon, par suite d'une exception notable, c'est dans le maxillaire que sont percées les ouvertures extérieures des fosses nasales, une de chaque côté. En dessous, les orifices postérieurs des mêmes cavités sont fort en avant. La face est, du reste, concave supérieurement et bordée dans tout son pourtour par une arête dentelée. On y voit deux trous qui communiquent avec les orbites, et deux autres trous ovalaires qui répondent aux incisifs de la face palatine. Le plan des bords de l'orbite est latéral.

La face des Serpens est arrondie, à peu près comme celle des Lézards : elle manque d'os jugaux ; mais on y distingue assez bien les deux os du nez, les deux maxillaires supérieurs, l'intermaxillaire, des arcades palatines garnies de dents et analogues à celles des oiseaux, enfin, deux os particuliers qui unissent ces arcades à l'os maxillaire supérieur. Le plan des bords de l'orbite est d'ailleurs latéral.

Il existe de plus, dans les espèces à crochets venimeux, comme les Vipères, les Trigonocéphales et les Crotales ou Serpens à sonnettes, deux petits os particuliers qui supportent ces dents et qui sont situés sur les os intermaxillaires et sur l'extrémité antérieure de la branche qui joint le maxillaire supérieur à l'arcade palatine.

Dans les Batraciens anoures, c'est-à-dire, dans les Grenouilles, les Crapauds, les Rainettes et les Pipas, la face est singulièrement élargie par l'écartement des maxillaires et des jugaux, et dans le Crapaud commun spécialement son contour décrit à peu près un demi-cercle. Les orbites chez ces animaux sont en outre fort grandes, et le plan de leurs bords, tourné vers le ciel, paroît presque horizontal ; enfin les os du nez et les intermaxillaires, très-courts, sont plus larges que longs.

Il n'y a point de lacrymal chez ces reptiles ; l'espace que cet os devroit occuper à la partie antérieure de l'orbite est occupé par une membrane.

Le trou lacrymal manque également.

Il existe deux vomers échancrés en avant pour les orifices postérieurs ou internes des fosses nasales, lesquels sont ainsi antérieurs aux palatins.

La face du Pipa est mince, aplatie et comme écrasée. Formée d'abord en dessus par les deux frontaux antérieurs, au-dessous desquels sont comme collés les deux intermaxillaires, et, plus extérieurement, les maxillaires, elle porte, entre les uns et les autres, les os propres du nez, semblables à un filet aplati, courbé en forme d's et ne laissant d'entrée aux narines qu'un très-petit trou vers le bout du museau.

Dans la Salamandre terrestre les ouvertures extérieures des narines sont très-écartées ; ce qui tient à la largeur des apophyses montantes des intermaxillaires, et il existe, comme dans les Grenouilles, deux vomers, à la partie antérieure desquels, au-delà des intermaxillaires, on découvre un large espace ovale, qui est rempli par la membrane du palais. Chez elle encore, à la paroi antérieure de l'orbite, est un grand espace membraneux, au bas duquel, entre le maxillaire, le frontal antérieur et le vomer, est percé, de chaque côté, l'orifice postérieur de la fosse nasale correspondante. La cavité orbitaire, d'ailleurs, n'ayant point de plancher, communique librement avec la fosse palatine, et le canal des fosses nasales est très-court. Le fond de la première, entre le frontal et le pariétal d'une part, et le vomer et le sphénoïde de l'autre, est occupé par un os oblong qui traverse le trou optique et qui remplace évidemment l'aile d'Ingrassias. Cet os est, chez la Grenouille, représenté par une cloison membraneuse, qui manque même dans les Ophidiens, où cette partie est suppléée par le pariétal et le frontal, chacun pour moitié.

Dans les Salamandres aquatiques de notre pays les orifices extérieurs des fosses nasales sont plus rapprochés. L'espace vide qui existe entre les vomers n'est qu'un fort petit trou.

Dans la Sirène le museau est des plus rétrécis en avant, à cause de l'excessive réduction des maxillaires, qui ne représentent qu'un petit point osseux. A son extrémité est une ouverture qui n'est point celle des narines et qui est fermée dans l'animal frais, où la narine est percée de chaque côté en dehors de l'intermaxillaire, comme l'a démontré le professeur Cuvier. Tout le dessous du crâne et de la face à la fois est composé d'un grand et large sphénoïde, qui s'étend jusqu'aux intermaxillaires depuis le trou occipital. Au palais, sous la partie antérieure et latérale du sphénoïde, sont collées deux plaques minces, toutes hérissées de dents crochues, et qu'on pourroit prendre pour des vestiges de vomers et de palatins, ou de palatins et de ptérygoïdiens.

Dans le Protée anguillard les os propres du nez sont réduits presque à rien. Il n'y a ni maxillaires, ni palatins, ou, du moins, ces os sont réduits à des vestiges cartilagineux ou membraneux.

Dans les Tortues de terre, parmi les Chéloniens, la partie palatine des os maxillaires est évidée jusqu'au quart antérieur du museau ; ils concourent, d'ailleurs, à la formation des fosses nasales.

Chez les Trionyx ces os s'unissent entre eux, dans le palais, sur un assez long espace ; ce qui fait que l'ouverture postérieure des fosses nasales est ici repoussée plus en arrière que dans les tortues proprement dites.

Dans la Matamata, ainsi que nous l'avons déjà dit, ils forment ensemble un arc transversal.

Chez les Crocodiles, de chaque côté, l'os maxillaire, par un prolongement spécial, supporte en arrière le jugal, et contribue, avec son semblable, les intermaxillaires et les palatins, à la formation du plafond de la bouche. Il laisse, d'ailleurs, entre ces derniers os et les prolongemens qu'il envoie vers le jugal, un vide qui sert au passage du muscle crotaphyte.

Dans les Gavials l'os maxillaire entre pour les deux tiers dans l'énorme prolongement du museau qui caractérise ces animaux.

Dans l'Ouaran du Nil et dans la plupart des espèces de la famille des Monitors, les os maxillaires embrassent en avant, par une partie déprimée, la portion élargie de l'intermaxillaire, et forment les bords du palais, ainsi que les côtés du museau ou les joues. Ils se terminent en se dilatant vers l'orbite, dont ils sont séparés par le frontal antérieur, le lacrymal et le jugal.

Leur disposition est à peu près la même dans les Sauvegardes, dans la Dragonne, dans le Lézardet et dans l'Améiva.

Le museau du Caméléon est formé par les os dont il s'agit ici, et entre lesquels, chez ce reptile, on rencontre un fort petit intermaxillaire. C'est dans leur épaisseur que sont percées les ouvertures antérieures des fosses nasales, une de chaque côté, et à l'exclusion, par conséquent, des os propres du nez.

Dans les Caméléons à museau fourchu ils concourent, avec les frontaux antérieurs, à la production des branches ou des tubercules de la fourche.

Parmi les Ophidiens, ceux qui appartiennent à la tribu des *Double-marcheurs*, comme les Amphisbènes et les Typhlops, ont l'os maxillaire supérieur fixé au crâne et à l'os intermaxillaire, ce qui empêche leur gueule de se dilater comme dans la tribu des *Vrais Serpens*, où, ainsi que cela a lieu dans les Boa, les Couleuvres, les Érix, les Pythons, les Crotales, les Vipères, les Trigonocéphales, les branches des os maxillaires ne sont unies à l'intermaxillaire que par des ligamens, et peuvent s'écarter plus ou moins, ce qui donne à ces animaux la faculté d'avaler des corps plus gros qu'eux.

Dans la Grenouille, parmi les Batraciens, les os maxillaires sont très-grêles. Chez le Pipa ils joignent la branche antérieure des ptérygoïdiens et se collent dessous sans la dépasser. Dans la Salamandre terrestre leur partie dentaire se porte en arrière, mais ne se joint ni au ptérygoïdien, ni au jugal. Dans la Sirène ils sont réduits à l'état d'un très-petit point osseux, suspendu dans les chairs, au-dessous de l'ouverture extérieure des fosses nasales et sans aucun vestige de dents. Ils manquent tout-à-fait dans le Protée anguillard.

Les os intermaxillaires existent, au nombre de deux, dans presque tous les Reptiles; quelques espèces cependant n'en offrent qu'un seul, placé sur la ligne moyenne. Leurs variétés de formes, de dimensions, etc., sont, du reste, presque infinies.

Dans les Tortues de terre, par exemple, ils concourent à la formation de la partie osseuse du bout du museau et de la cavité du nez, et n'ont point d'apophyse montante. Ils marchent en arrière dans le palais, entre les maxillaires et même entre les arrière-narines jusqu'au vomer.

Dans les Trionyx ils sont fort petits et n'ont d'apophyse ni nasale ni palatine. Ils sont arrondis, mousses, et beaucoup plus volumineux dans les Chélonées.

Dans la Matamata il n'y a qu'un os intermaxillaire, unique, et placé en dessous du milieu de l'arc transversal formé par les deux maxillaires.

Dans les Crocodiles, et en particulier dans le Crocodile à lozanges, si bien décrit par M. Cuvier, les os intermaxillaires entourent les orifices antérieurs des fosses nasales, excepté dans un endroit fort étroit où la pointe des os propres du nez se glisse entre eux. Nous savons déjà que beaucoup de mammifères sont à peu près dans ce cas.

Dans le grand Monitor du Nil il n'y a qu'un seul intermaxillaire élargi en avant, où il porte quatre dents de chaque côté, montant, par une grande apophyse comprimée, jusque vers le milieu des narines, pour s'unir à une apophyse semblable de l'os du nez. Sa partie élargie est embrassée par les maxillaires.

Chez la Sauve-garde d'Amérique il n'y a également qu'un intermaxillaire impair, mais dont l'apophyse nasale est beaucoup plus courte, et qui est échancré inférieurement en arrière, pour recevoir les pointes des maxillaires et des vomers.

Dans les Stellions fouette-queues le bord de l'intermaxillaire saille entre les dents maxillaires, sans porter lui-même aucune dent, tandis qu'il est armé de deux de ces ostéides dans le Stellion ordinaire.

L'intermaxillaire impair du Caméléon est extrêmement petit.

Dans le Scinque commun des boutiques il forme une petite corne en avant.

Parmi les Ophidiens il n'y a de même qu'un seul os intermaxillaire impair dans l'Amphisbène, dans le grand Python de Java, dans le Crotale. La plupart des autres espèces ont deux os intermaxillaires, qui, chez la Cécilie, sont unis aux os propres du nez.

Dans la Grenouille les os intermaxillaires complètent le pourtour des mâchoires par leur partie dentaire, et ont chacun une apophyse montante, courte, étroite, qui n'atteint pas le frontal antérieur, et qui ne touche point à sa correspondante.

Dans la Sirène ils sont grêles et pointus en arrière ; ils descendent des côtés des os du nez, en s'élargissant pour soulever le bord antérieur de la mâchoire. Ils ne portent point de dents, mais leur bord est tranchant et garni, dans l'animal frais, dit M. Cuvier, d'une gaîne presque cornée qui se détache aisément de la gencive, et qui a son analogue dans les têtards de la grenouille. Enfin, en remontant jusqu'au frontal, ils rendent les os du nez entièrement étrangers au cadre de l'ouverture extérieure des fosses nasales, qui, comme dans tous les Reptiles, à l'exception du Crocodile, est percée en dehors de leur apophyse montante.

Dans le Protée anguillard les os intermaxillaires ont de longues apophyses montantes, entre lesquelles se glissent de fort petits os du nez. Leur bord est garni d'une rangée de huit ou dix dents pour chacun.

Les os de la pommette et les os jugaux n'existent point dans tous les Reptiles.

Dans les Tortues de terre, parmi les Chéloniens, comme la grande Tortue des Indes, l'os jugal s'articule avec l'angle externe et postérieur de l'os maxillaire. Il est étroit et règne sous l'orbite, en arrière de laquelle il rencontre le frontal postérieur et le temporal écailleux.

Dans les Émydes il concourt, avec le pariétal, le temporal et le frontal postérieur, à la formation du toit osseux qui recouvre la tempe. Il s'unit en arrière à l'os ptérygoïdien.

Dans les Trionyx il forme une partie du bord postérieur et inférieur de l'orbite et presque toute l'arcade zygomatique, dont le temporal écailleux fait seulement une petite partie en avant de la caisse.

Dans les Chélonées ou Tortues marines il concourt, comme chez les Émydes, et encore plus, à la composition du toit sustemporal.

Dans la Matamata cet os s'étend depuis l'angle postérieur de l'orbite, entre le maxillaire et le frontal postérieur, qu'il ne dépasse point, et concourt à former la branche osseuse qui sépare l'orbite de la fosse temporale.

Chez les Crocodiles l'os jugal, qui forme le bord extérieur de l'orbite, est supporté en avant par le maxillaire, et s'unit par une apophyse à une saillie correspondante du frontal postérieur, que M. Spix regarde même comme la partie postérieure du jugal, ou l'*omoplate du membre supérieur de la tête*.

Dans l'Ouaran du Nil et dans les Monitors de l'Ancien Continent, l'os jugal touche au lacrymal, au palatin et au transverse; il a la forme d'un stylet arqué et pointu, et n'atteint ni le frontal postérieur, ni le temporal, en sorte que l'orbite demeure incomplète, ce qui, parmi les Sauriens, ne se retrouve que dans les Geckos.

Dans les Sauve-gardes du Nouveau Monde ce même os va rejoindre le frontal postérieur et clot l'orbite. Il en est de même de la Dragonne.

Dans les Stellions fouette-queues il est très-large et très-bombé.

Chez certains Agames, tels que l'Umbre, il s'étend au point de couvrir une grande partie de la tempe et de la joue.

Dans les Anolis il est étroit et peu saillant.

Dans le Basilic il est, au contraire, large et court.

Dans les Geckos il est fort petit et s'attache au bord inférieur de l'orbite, sur l'angle postérieur du maxillaire, et est bien éloigné d'atteindre le frontal postérieur.

Chez le Caméléon il remonte pour s'unir au frontal postérieur et au temporal.

Dans le Bipède de la Nouvelle-Hollande, *Pygopus lepidopus*, de Merrem, l'os jugal ne s'ossifie point.

On retrouve des os jugaux dans l'Ophisaure, mais les Ophidiens proprement dits en sont dépourvus.

Dans la Grenouille l'os jugal est une tige courte et grêle, allant depuis la pointe postérieure du maxillaire jusqu'à la facette articulaire, qui lui appartient presque entièrement, le tympanique ne faisant que s'appuyer sur sa face externe. En cela la Grenouille a une analogie évidente avec les Oiseaux, et surtout avec les Poissons.

Dans le Pipa de Surinam l'os jugal est des plus petits et n'occupe que la place de l'articulation.

Dans les Salamandres c'est à un os qui remplace à la fois l'occipital et le rocher, et entre le ptérygoïdien et le tympanique, que ce même os supporte aussi, que s'attache le jugal, lequel est placé transversalement sur le ptérygoïdien, n'est uni que par un ligament à la pointe postérieure du maxillaire et offre seul la facette pour l'articulation de la mâchoire.

La Sirène n'offre aucune trace d'os jugaux.

Il paroît en être de même du Protée anguillard.

Les os du palais, de même que les os jugaux, n'existent point dans certains Reptiles, en particulier chez le Protée anguillard.

Dans les Tortues de terre, spécialement dans la grande Tortue des Indes, ils n'ont point de plancher palatin et offrent un point d'articulation avec le frontal antérieur. Entourés en arrière des os ptérygoïdiens, ils sont logés aux deux côtés du vomer et n'ont absolument que leur partie supérieure, celle qui, chez les Mammifères, sépare les fosses nasales des orbites; ils manquent aussi de cette partie recourbée qui prolonge le plancher du palais en arrière des maxillaires.

Dans les Émydes ou Tortues d'eau douce les os du palais ne sont nullement concaves. Ceux de l'*Emys expansa* en particulier manquent de partie palatine. Il en est de même dans la Tortue serpentine, qui est certainement une émyde.

Chez les Trionyx ils ne se réunissent point en dessous pour prolonger le palais; creusés en demi-canal en avant, ils sont moins étendus qu'aux Tortues de terre. Ils ont des connexions avec le corps du sphénoïde entre les os ptérygoïdiens.

Dans les Chélonées ou Tortues de mer la portion palatine, la lame inférieure des os dont il s'agit, reparoît évidemment et contribue a la formation du plancher des fosses nasales.

Dans la Matamata les deux os palatins sont situés en dessous dans la concavité de l'arc formé par la réunion transversale des deux os maxillaires. A leur bord postérieur est un assez grand trou ptérygo-palatin.

Dans le Crocodile les os palatins prolongent le plafond fourni à la bouche par les intermaxillaires et par les maxillaires; mais ils le prolongent en le rétrécissant en raison du vide qu'ils laissent entre eux et les *processus* des maxillaires qui portent les jugaux.

Dans les Caïmans ils avancent plus dans le palais et s'élargissent en avant.

Dans les Gavials ils se prolongent dans le palais en une pointe qui n'entre dans la composition du museau que pour un sixième de la longueur.

Dans les autres Sauriens les os du palais n'ont point de lame palatine , ou du moins ces lames ne sont pas assez étendues pour s'unir.

Parmi eux, dans l'Ouaran des Arabes et les Monitors de l'Ancien Continent, ces os sont courts, concaves en avant pour conduire aux arrière-narines. Ils forment une partie du plancher de l'orbite, laissent entre eux un grand vide, et s'unissent aux vomers, aux frontaux antérieurs, aux maxillaires, aux transverses et aux ptérygoïdiens. Ils sont percés chacun d'un pertuis analogue au trou ptérygo-palatin. (Voyez Monitor.)

Dans les Sauve-gardes d'Amérique ce trou est pratiqué entre le frontal antérieur, le palatin, le maxillaire et le lacrymal. Les os du palais eux-mêmes se portent plus en avant, s'écartent moins l'un de l'autre et contribuent au prolongement des arrière-narines par une concavité de leur surface.

Dans les Anolis ces os sont remarquablement élargis.

Dans le Caméléon, le canal qu'ils forment est presque transverse.

Dans l'Ophisaure ils sont armés de dents, et leurs branches sont aplaties verticalement.

Dans l'Orvet on ne remarque point les petites dents palatines qui existent dans l'Ophisaure. (Voyez Orvet.)

Dans la tribu des Serpens proprement dits, parmi les Ophidiens, les os palatins forment des arcades analogues à celles que l'on observe dans les oiseaux, qui participent à la mobilité des branches de la mâchoire supérieure, et qui sont armées de dents aiguës et recourbées en arrière, mais fixes et non percées. (Voyez Ophidiens.)

Dans la Grenouille, parmi les Batraciens, les analogues des os du palais, situés sous la partie antérieure et évasée de l'os en ceinture, en avant de la partie du sphénoïde, ont la figure d'une branche transversale ou d'un secteur de cercle qui va se joindre à l'os maxillaire, sous l'endroit d'où cet os donne une petite apophyse montante qui va s'unir à l'angle latéral du frontal antérieur. Leur circonférence est munie de dents pointues, qui manquent dans les Crapauds.

Le Pipa manque d'os palatins, comme de jugal.

Leur existence est douteuse dans la Sirène, à moins que l'on ne prenne pour eux deux plaques minces, dont nous avons déjà parlé et qui sont toutes hérissées de dents en crochets. (Voyez Sirène.)

Dans le Protée ils sont réduits à de simples vestiges membraneux ou cartilagineux, ou même manquent totalement. (Voyez Protée.)

Les os lacrymaux n'existent point dans les reptiles de l'ordre des Chéloniens, quoique M. Ulrich ait cru voir leur union avec les os du nez dans les frontaux antérieurs.

Chez le Crocodile les os lacrymaux occupent sur la joue un espace oblong entre le nasal, le maxillaire et le jugal de chaque côté. Ils rentrent dans les orbites par un plan continu à ces deux derniers, et dans lequel est percé le canal lacrymal.

Dans les Caïmans ils descendent beaucoup moins sur le museau que dans les crocodiles proprement dits.

Dans les Gavials ils se prolongent le long des os du nez en une pointe aiguë, qui se porte beaucoup au-delà du frontal antérieur. (Voyez Gavial.)

Dans l'Ouaran des Arabes, parmi les Sauriens, le lacrymal est en partie sur la joue, en partie dans l'orbite; il a une pointe saillante au bord de celle-ci et un trou lacrymal en dedans; il laisse un autre trou assez grand entre lui et le frontal antérieur.

Chez les Sauve-gardes d'Amérique il est fort étroit et non percé. La pointe du bord de l'orbite, au lieu de lui appartenir, dépend du frontal antérieur. Le trou lacrymal est pratiqué entre les deux os.

Dans les Grenouilles, parmi les Batraciens, il n'y a point d'os lacrymal, et une membrane semble occuper sa place naturelle. Le trou lacrymal n'existe pareillement point.

Chez les Salamandres terrestres, de la famille des urodèles, on rencontre un très-petit lacrymal à l'angle externe du frontal antérieur.

Un des caractères distinctifs des Chéloniens, en général, est de manquer des os propres du nez. (Voyez Tortue.)

Dans le Crocodile la pointe de ces os vient se loger entre les intermaxillaires.

Dans les Gavials les os du nez sont bien éloignés d'aboutir à l'ouverture des narines. Ils se terminent en pointe vers le quart de la longueur du museau.

Dans les Monitors de l'ancien monde, dans l'Ouaran en particulier, il n'existe qu'un seul os du nez, impair et sur la ligne médiane, quoiqu'il y ait deux frontaux, auxquels il se joint vers le haut en se bifurquant.

Dans les Sauve-gardes de l'Amérique les os propres du nez, au nombre de deux, sont grands et recouvrent la plus grande partie de la cavité nasale, ce qui rétrécit d'autant les orifices extérieurs des narines et les repousse vers le bout du museau. Le frontal principal est ici, au contraire, unique.

Il en est de même dans les Lézards ordinaires.

Dans l'Iguane cornu ces mêmes os sont renflés et bombés.

Dans les Geckos ils sont plus ou moins alongés et aplatis, suivant les espèces.

Dans le Caméléon leur petitesse est extrême et ils sont entourés de toutes parts par le frontal principal, les frontaux antérieurs et les maxillaires.

Dans les Scinques leur forme est à peu près celle que présentent ceux des Iguanes, seulement ils sont moins larges.

Dans les *Ophidiens* on distingue assez bien les deux os du nez.

Dans la Grenouille commune, parmi les Batraciens, et en général dans tous les Reptiles de la famille des anoures, il n'existe qu'un vestige d'os nasal. C'est une très-petite pièce osseuse, dentelée, suspendue, en dehors du trou de la narine extérieure et près de la pointe des apophyses montantes des os intermaxillaires, dans la membrane qui représente les quatre ailes du sphénoïde. M. Cuvier a très-exactement décrit cette disposition; mais M. Bojanus, faute de l'avoir connue, a transporté le nom d'os *nasal* au véritable frontal antérieur.

Dans le Pipa de Surinam les os nasaux, semblables à un filet aplati, sont courbés en manière de S.

Les os du nez chez la Salamandre terrestre forment une voûte au-dessus de chacune des fosses nasales, fort écartées l'une de l'autre. Dans le *Triton Gesneri* ils laissent entre eux, sur le devant du museau, un fort petit trou.

Dans la Sirène ils semblent représentés par deux os grêles, prolongés postérieurement en une pointe logée dans une rainure des frontaux principaux. Ils marchent à côté l'un de l'autre jusqu'au bout du museau.

Dans le Protée anguillard ils sont réduits presque à rien. (Voyez Protée.)

Les Chéloniens, les Batraciens, les Ophidiens, sont privés des cornets inférieurs des fosses nasales.

Il paroît en être de même dans les Crocodiles, parmi les Sauriens. (Voyez ce mot.)

Mais dans l'Ouaran et dans les Monitors, qui appartiennent à la même famille ou plutôt au même ordre, ils ont une figure cochléariforme, et, concaves en arrière et convexes en avant, ils occupent toute la partie antérieure et inférieure de chaque fosse nasale.

On les retrouve également à l'état osseux dans les Sauvegardes, où ils sont pourtant moins apparens et où les os du nez les recouvrent.

Chez l'Homme et dans la plupart des autres animaux vertébrés on ne trouve qu'un seul vomer. Il est des Reptiles chez lesquels cet os manque totalement ; il en est aussi où il est double.

Dans la grande Tortue indienne il s'articule supérieurement avec le frontal antérieur, concourt à la formation de la cavité osseuse du nez et de l'ouverture postérieure des fosses nasales.

Il n'existe aucunement à l'état osseux dans l'*Emys expansa*.

Dans la Matamata il est situé entre les deux os palatins.

Chez les Caïmans on l'aperçoit en partie dans le palais, entre les intermaxillaires et les maxillaires.

Dans les Monitors de l'Ancien Continent les vomers, au nombre de deux, forment le milieu du dessous du palais. Creusés chacun antérieurement en un petit canal, ils s'étendent de l'intermaxillaire aux os du palais.

Dans les Sauve-gardes ces vomers sont plus courts, plus larges et non creusés.

Dans le Basilic ils sont larges et concaves.

Dans le Caméléon ils paroissent étroits et courts.

Dans la Grenouille ils sont plats et occupent l'espace triangulaire situé entre les deux palatins et le bord antérieur des mâchoires du côté du palais. Du côté externe ils offrent trois pointes et deux échancrures ; et c'est dans leur échancrure postérieure et en avant du palatin qu'est percée la narine interne. Du bord par lequel ils se touchent, naît sur chacun une lame verticale, souvent cartilagineuse, adossée à son analogue et formant avec elle la cloison des narines.

Près de leur articulation avec le palatin ils portent chacun une rangée transversale de petites dents pointues, qui manquent dans les Crapauds en général, excepté dans le Crapaud sonneur, dont, pour cette raison, on devroit faire une véritable Grenouille. (Voyez CRAPAUD.)

Dans le Pipa on ne trouve pas plus de vomer que de palatins et de jugaux.

Dans les salamandres, les vomers, larges et triangulaires, forment le plancher des fosses nasales, et donnent chacun une apophyse grêle. Ces deux apophyses marchent parallèlement en arrière et portent, comme les vomers eux-mêmes, des dents palatines, malgré l'assertion contraire de M. Rusconi, dans ses *Amours des salamandres.*

Dans la Salamandre gigantesque des Monts Alleghanys les deux vomers portent leurs dents, non pas longitudinalement, mais bien en travers à leur bord antérieur et parallèlement aux dents des intermaxillaires et des maxillaires.

Chez les Larves des Salamandres aquatiques les vomers sont moins fixés à la base des narines que dans les individus adultes, et, au lieu d'une seule série de dents, ils en ont leur surface toute garnie. (Voyez SALAMANDRE et URODÈLES.)

Dans la Sirène, l'existence de ces os n'est point encore clairement démontrée.

Chez le Protée ils semblent représentés par des plaques qui garnissent en dessous la partie antérieure du museau, et dont il ne se rencontre que des vestiges plus ou moins reconnoissables dans la Sirène. Chacune de ces plaques a

45.   10

vingt-quatre dents dans sa rangée et se continue en arrière avec une branche qui porte aussi quelques dents, et qui va s'attacher au bord interne du tympanique.

De même que dans la plupart des autres animaux vertébrés, la mâchoire inférieure dans les Reptiles a généralement la forme d'un arc, dont le contour supérieur est communément semblable, dans sa plus grande étendue, au contour inférieur de la mâchoire opposée. Habituellement aussi, relativement à celle-ci, sa longueur est plus considérable, parce qu'elle s'articule très en arrière et se prolonge même au-delà de son articulation.

Elle s'alonge d'ailleurs ou se raccourcit avec le museau, et son épaisseur dépend beaucoup du nombre, de la figure et du volume des dents qu'elle supporte ou de l'absence de celles-ci.

Nulle part, en outre, sa composition ne paroît aussi compliquée que dans les Reptiles. Dans les Mammifères, même a l'état de fœtus, aussitôt que la mâchoire inférieure a pris quelque consistance, elle n'offre plus qu'un os de chaque côté : ce n'est que dans de très-petits embryons que l'on peut encore en séparer les groupes de fibres. Dans les Reptiles on voit, au contraire, ceux-ci former des os distincts et unis par des sutures.

La mâchoire inférieure, dans les Chéloniens, varie pour sa forme générale. Pointue dans les Trionyx et le Caret, obtuse et parabolique dans la Tortue franche et les Tortues de terre, elle devient demi-circulaire en avant des apophyses coronoïdes dans la Matamata.

Elle est creusée d'un sillon étroit, profond, également large, dans les Tortues de terre ; s'élargissant et s'approfondissant vers la symphyse, dans la chélonée mydas.

Ce sillon manque entièrement dans les Trionyx et le Caret.

Quoi qu'il en soit, la mâchoire inférieure des reptiles de cet ordre est formée d'un moins grand nombre de pièces que dans les Crocodiles et les Sauriens en général. Son corps, dépourvu de toute apparence de symphyse, même dans le jeune âge, n'offre qu'un seul os en arc et analogue aux deux dentaires du Crocodile, au moins dans les Chélonées, les Trionyx, les Émydes, les Tortues de terre; car dans la Matamata, à toutes les époques de la vie on observe la trace d'une division à la partie antérieure de cet os.

De chaque côté des branches de cet arc sont surajoutées cinq pièces osseuses, plus ou moins distinctes, selon les espèces, et de nature à lier les chéloniens, d'une part aux Oiseaux, de l'autre aux Sauriens.

L'une des pièces dont il s'agit, est l'*operculaire*, placé, comme chez le Crocodile, à la face interne de la mâchoire, mais reporté plus en arrière. Il atteint jusqu'à l'extrémité postérieure.

Une seconde, l'*angulaire*, placée au-dessous, fait le bord inférieur de la mâchoire.

Plus haut, au contraire, est le *surangulaire*, qui occupe la face externe de cette partie de la mâchoire, et va aussi jusqu'à l'extrémité postérieure, en ne touchant l'angulaire que tout-à-fait en arrière, et en demeurant séparé antérieurement par une longue pointe du dentaire.

En dessus encore et en arrière, entre l'operculaire et le surangulaire, on trouve l'*articulaire*, comme dans les Oiseaux, mais réduit à de plus petites dimensions. Il ne sert absolument qu'à l'articulation et à l'insertion du muscle abaisseur.

Quant à l'*apophyse coronoïde*, elle semble former ici un os isolé et situé entre le dentaire, l'operculaire et le surangulaire en avant de l'orifice du canal maxillaire inférieur, lequel se trouve au bord supérieur, au lieu d'être pratiqué sur la face interne.

Dans l'*Emys expansa*, M. Cuvier a vu le surangulaire, l'operculaire et l'articulaire, soudés ensemble, leurs sutures étant effacées à une époque où toutes les autres étoient encore visibles.

Dans la mâchoire inférieure des Crocodiles on compte six pièces osseuses de chaque côté; savoir :

a. Le *dentaire*, dans lequel sont creusés les alvéoles de toutes les dents : il s'articule seul en avant avec son semblable pour former l'angle antérieur ou la symphyse.

b. L'*operculaire*, qui couvre toute la face interne, excepté tout en avant, au niveau du dentaire, sur lequel pourtant il repose par une lame mince dans une grande étendue.

c et *d*. L'*angulaire* et le *surangulaire*, placés au-dessus l'un de l'autre, étendus jusqu'à l'extrémité postérieure, laissant entre eux, en avant, un espace occupé par la fin du dentaire et terminé par un grand trou ovale.

Le premier de ces deux os forme l'angle postérieur de la mâchoire et se recourbe en dessous pour venir occuper un espace à sa face interne. Entre lui et l'operculaire, à cette même face, est un petit trou ovale, surmonté d'un grand vide.

Le second ne se recourbe pas, comme le précédent, vers la face interne. Il donne attache, par une petite crête, au muscle crotaphyte, et c'est là ce qui lui a valu autrefois le nom d'*os coronoïdien*.

e. Le *complémentaire*, qui remplit la pointe du vide que laissent entre eux l'operculaire et l'angulaire. Il est petit et en forme de croissant.

f. L'*articulaire*, auquel appartiennent le condyle, toute la face supérieure de l'apophyse postérieure qui donne attache à l'analogue du muscle digastrique, et toute la face interne de cette partie.

Les mâchoires inférieures des Crocodiles proprement dits ne diffèrent entre elles que par leur plus ou moins grand prolongement, qui lui-même correspond à celui du museau.

Celle du Gavial, outre son excessif alongement, a cela de particulier que sa symphyse règne jusqu'auprès de la dernière dent, en sorte que l'operculaire concourt pour un tiers en longueur, à peu près, à la formation de cette suture. Le surangulaire, l'angulaire, l'articulaire et le complémentaire y sont comme dans les vrais Crocodiles. Il en est de même de l'articulation, des deux trous ovales, du grand vide de la face interne et de l'apophyse postérieure.

De même que celle des Tortues et des Crocodiles, la mâchoire inférieure de la plupart des Sauriens est composée de six os de chaque côté; mais ces os sont un peu autrement disposés, et ils donnent lieu à une forme générale différente, ce qui tient surtout à ce que l'apophyse coronoïde est plus saillante et plus en devant, à ce que l'angle inférieur est aussi plus en avant, et, enfin, à ce que la partie dentaire est plus courte à proportion.

L'os dentaire ne porte pas, comme dans le Crocodile, les dents dans des alvéoles; ces ostéides adhèrent à sa face interne, tandis que l'externe s'unit en arrière, par suture squameuse, à celle du complémentaire, du surangulaire et de l'angulaire.

La partie de la face interne du dentaire que, chez ces animaux, l'operculaire couvre au-dessous et en arrière des dents, varie beaucoup en étendue selon les genres. L'operculaire s'adapte en arrière à la face interne du complémentaire, de l'articulaire et de l'angulaire, et souvent à celle du surangulaire.

Le complémentaire forme seul l'apophyse coronoïde, en avant de laquelle il s'étend sur le bord supérieur de la mâchoire, tandis qu'en arrière il descend à la face interne, où il traverse le surangulaire pour s'unir à l'articulaire.

L'articulaire donne la facette glénoïde, l'apophyse qui existe derrière elle pour le muscle digastrique, et qui porte souvent une épiphyse à son sommet. Il s'avance à la face interne, et même quelquefois le long du bord inférieur, jusqu'à l'operculaire.

L'angulaire, chez les Sauriens, s'étend toujours sous la portion du bord inférieur qui est entre l'angle inférieur d'une part, et le dentaire et l'operculaire de l'autre. Ce n'est pas toujours à lui qu'appartient entièrement l'angle de la mâchoire, auquel l'operculaire contribue aussi quelquefois.

Le surangulaire occupe presque toute la face externe de la moitié postérieure entre les quatre os que l'on voit à cette face. Il forme le bord supérieur entre l'apophyse coronoïde et l'articulation.

Derrière l'apophyse coronoïde et à la face interne, on observe une grande ouverture pour l'entrée des nerfs et des vaisseaux, entre le complémentaire, le surangulaire et l'articulaire. Les orifices de sortie sont pratiqués sur les faces externe du dentaire et interne de l'operculaire, et varient en nombre et en position selon les genres et les espèces.

Parmi celles-ci, quelques-unes méritent une attention à part sous le rapport des différences qui caractérisent leur mâchoire inférieure.

Chez le Monitor le dentaire s'unit presque carrément aux trois os qui sont derrière lui. L'articulaire est deux fois plus haut que long, et son bord inférieur est concave. L'angle inférieur appartient à l'operculaire, qui ne couvre à la face interne qu'une petite partie du dentaire, lequel ne remonte point vers le côté interne des racines des dents.

Dans le même saurien on aperçoit, à la face externe du dentaire, un assez grand trou pour la sortie des nerfs; puis quatre ou cinq plus petits le long du bord alvéolaire. La face interne de l'operculaire en présente également un près de son bord inférieur, et enfin il en existe un entre celui-ci et le dentaire. (Voyez Monitor.)

Dans la Sauve-garde la face externe du dentaire est échancrée en arrière; le bord interne de l'angulaire forme un angle saillant vers le bas et en dedans. L'operculaire s'étend sur toute la face interne du dentaire, dont le bord alvéolaire interne est très-relevé. Il n'y a que de petits trous à la partie antérieure du dentaire; mais il en existe un assez grand à la face interne de l'operculaire.

Dans la Dragonne on ne voit rien du surangulaire à la face interne, et à l'externe il s'avance moins que le complémentaire; la totalité de la mâchoire est aussi plus haute à proportion.

Cette même mâchoire dans les Lézards se fait remarquer par une arête saillante longitudinale, qui règne sur le surangulaire et fait rentrer son plan inférieur presque horizontalement. L'articulaire, chez eux, occupe peu de place à la face externe; mais à la face interne l'operculaire couvre tout le dentaire, son bord alvéolaire interne excepté : il a un fort grand trou; tandis qu'à la face externe du dentaire on en compte sept ou huit petits et rapprochés du bord supérieur.

Dans les Iguanes le bord alvéolaire interne est peu marqué; l'operculaire est réduit à un petit rhomboïde, qui ne couvre pas le tiers de la longueur du dentaire. L'angle du bord inférieur de l'articulaire est fort saillant et crochu en dedans. La face externe du dentaire ne porte que trois ou quatre petits trous; la lèvre interne du bord supérieur de l'operculaire en présente un assez grand.

Dans les Scinques il y a sept à huit petits trous sur la moitié antérieure du dentaire et au milieu de sa hauteur. L'operculaire en offre un grand près de sa pointe antérieure.

Chez les Stellions et les Agames le dentaire s'étend davantage en arrière, en sorte que le surangulaire et la portion externe de l'articulaire sont très-raccourcis. L'operculaire est réduit presque à rien, et laisse en avant, au lieu d'un simple trou, un long sillon creusé dans le dentaire.

Dans les Orvets chaque branche de la mâchoire inférieure ne présente que quatre pièces, une antérieure unie en devant à sa pareille, et trois postérieures.

On n'en compte que quatre en tout dans les Amphisbènes, qui, de même que les précédens, n'ont pas les branches séparées par devant.

Parmi les Ophidiens, dans la tribu des Doubles-marcheurs, la mâchoire inférieure, portée comme dans tous les reptiles précédens, par un os tympanique immédiatement articulé sur le crâne, a ses deux branches soudées en avant.

Les Amphisbènes et les Typhlops sont dans ce cas.

Dans la tribu des véritables Serpens l'os tympanique ou le pédicule de la mâchoire inférieure, mobile et suspendu à un os analogue au mastoïdien, n'est attaché sur le crâne que par des muscles et des ligamens, en même temps que les branches de la mâchoire elles-mêmes ne sont unies l'une à l'autre que par syndesmose uniquement, ce qui leur donne la faculté de s'écarter plus ou moins, et de contribuer à la dilatabilité de la gueule.

A la mâchoire inférieure de la Grenouille et des autres Batraciens anoures on ne peut apercevoir que trois os de chaque côté. Le principal, qui en fait sans aucun doute la plus grande partie, surtout du côté interne, présente une élévation qui tient lieu de l'apophyse coronoïde. Il est creusé extérieurement d'un sillon, dont la moitié antérieure est fermée par un second os, plat et mince, qui dépasse le premier en avant et s'y renfle pour former la symphyse avec celui de l'autre côté. Le troisième de ces os est un tubercule articulaire, posé sur l'extrémité du premier.

Les Salamandres ont à leur mâchoire inférieure un véritable dentaire, formant la symphyse avec son congénère, et portant les dents à peu près comme dans la plupart des lézards. Le reste est composé, dans les Salamandres adultes, d'une seule pièce, qui double la précédente à la moitié postérieure de sa face interne, donne une crête coronoïde, une proéminence en arrière, et porte le tubercule articulaire, qui s'y soude intimement.

Dans la Salamandre d'Amérique ce deuxième os est lui-même divisé en deux, un *coronoïdien* et un *articulaire*.

La mâchoire inférieure de la Sirène se compose de quatre os de chaque côté, dont un forme la symphyse et le bord tranchant de la mâchoire, qu'il revêt extérieurement jusque vers son extrémité postérieure, et qui, quoique analogue au dentaire, ne porte point les dents; car son tranchant, dans l'animal frais, est revêtu d'une lame cornée, à l'extrémité postérieure de ce tranchant plus relevée que le reste de l'os et remplaçant pour ainsi dire l'apophyse coronoïde. Le second de ces os fait la plus grande partie de la face interne et l'angle postérieur, et porte en dessus le troisième, qui est le tubercule articulaire. Le quatrième, enfin, est une lame mince et étroite, qui fait l'office de l'operculaire et couvre à la face interne un vide laissé entre les deux premiers. Il est chargé de petites dents pointues disposées en quinconce.

Dans le Protée anguillard la mâchoire inférieure est assez semblable à ce qu'elle est dans la Salamandre, et a le pourtour de son dentaire garni de dents. Elle est assez haute et son apophyse coronoïde, quoique obtuse, est fort marquée.

En général, dans les Reptiles, l'angle formé en avant de la mâchoire inférieure, par la réunion des deux, dentaires offre d'infinies variétés. Arrondi et très-ouvert chez les Chéloniens, quoiqu'à un moindre degré encore que chez les Batraciens, il n'existe réellement dans les Ophidiens que lorsque les branches mobiles de l'os sont rapprochées l'une de l'autre. Un peu plus arrondi dans les Amphisbènes que dans les Orvets, il l'est encore beaucoup dans les Geckos: mais il se forme mieux dans les Caméléons et les Stellions, les Scinques et les Lézards, quoique chez tous ces animaux les branches qui le composent ne se joignent que vers l'extrémité. Dans le Crocodile du Nil ces deux branches offrent encore la même disposition; mais dans celui du Gange, dans le Gavial, elles sont réunies, dans la plus grande partie de leur étendue, comme dans les Cachalots et forment ainsi un long bec sur lequel sont implantées les deux séries des dents.

Il faut remarquer encore que, chez tous les animaux de la classe que nous examinons, cette portion de la mâchoire inférieure à laquelle, chez l'Homme et chez la plupart des Mammifères, on donne le nom de *branche montante*, n'est nullement représentée.

Dans tous aussi, et c'est un point de fait sur lequel on ne sauroit trop insister, il n'y a aucune apparence de condyle à l'extrémité postérieure des branches de la mâchoire inférieure; on n'y voit qu'une facette articulaire, glénoïdale, creusée pour recevoir une saillie condyloïde de l'os tympanique, lequel représente l'os carré des Oiseaux, et n'en diffère le plus ordinairement que par une moindre mobilité. Une disposition tout-à-fait inverse à celle que l'on observe dans les Mammifères existe donc ici.

Plus, au reste, le condyle du tympanique est porté en arrière, et plus les branches de la mâchoire se rapprochent dans le sens de la longueur : c'est ce que l'on peut voir dans le Crocodile, le Gavial, la Grenouille, les Salamandres, etc. Si, au contraire, cette éminence descend verticalement ou fort obliquement, comme dans les Caméléons et les Iguanes, elle fournit une sorte de pédicule à la mâchoire inférieure, dont les branches, ainsi éloignées du crâne, sont respectivement beaucoup plus écartées. Le Lézard vert, le Dragon et quelques autres Sauriens, tiennent le milieu entre ces deux modes extrêmes d'organisation.

De tous les Reptiles, les Crocodiles sont ceux qui présentent la plus longue apophyse pour l'attache du muscle digastrique. Elle diminue notablement dans le Caméléon, le Gecko, le Tupinambis et les Tortues de terre. Elle manque tout-à-fait dans le Pipa, les Chélonées, les Crapauds, les Grenouilles, les Salamandres.

L'apophyse coronoïde est peu saillante dans la plupart des Reptiles. On n'en voit déjà plus qu'un vestige dans les Chéloniens, le Caméléon et quelques Lézards, comme l'Iguane, et elle manque même totalement dans les Crocodiles, les Grenouilles et les Salamandres.

Dans l'Amphisbène la mâchoire inférieure est courte à proportion du crâne, et elle s'articule avec le condyle tympanique, par son point le plus reculé. Elle est extrêmement évasée en arrière pour produire l'apophyse coronoïde.

Chez les Boas et les Couleuvres les deux branches de cet os sont susceptibles d'écartement.

Tous les Reptiles n'ont point les mâchoires armées de ces sortes d'ostéides, qu'on est convenu d'appeler *dents*, et les Chéloniens, par exemple, en sont complétement dépourvus.

La structure des dents, du reste, n'offre rien de spécialement notable dans toute cette classe d'animaux vertébrés. Leur substance osseuse y est en général dure et compacte, l'émail paroît peu épais, et il n'y a jamais de cément, par la raison même que toutes ces dents sont constamment simples. Comme, d'ailleurs encore, les Sauriens, les Ophidiens et les Batraciens, les seuls chez lesquels on observe ces pièces de l'appareil masticatoire, sont dans le cas des Cétacés et ne mâchent guère leur proie, les dents ne servent chez eux qu'à la retenir et non à la diviser; aussi ont-elles bien moins d'influence sur leur économie que sur celle des mammifères.

Presque toujours ces dents sont semblables dans les diverses parties de l'étendue des mâchoires. On ne sauroit donc, comme cela a lieu pour ces derniers, les diviser en diverses sortes, quant à leur configuration. Un petit nombre d'espèces fait seul exception.

Les dents des reptiles peuvent n'être attachées qu'aux deux mâchoires seulement, comme dans les Sauriens, à l'exception des Iguanes, des Marbrés et des Anolis, qui possèdent des dents palatines; dernière particularité que l'on observe aussi dans presque tous les Ophidiens; les Amphisbènes seuls n'en présentant point de cette sorte.

Le nombre de ces ostéides n'offre point aux naturalistes, dans la classe des animaux que nous examinons en ce moment, la même importance qu'ils y attachent dans les mammifères, tant parce qu'ici il est considérable et peu déterminé, que parce que la chute en a lieu d'une manière irrégulière et qui ne coïncide ni avec la situation, ni avec les périodes du temps. Nous nous attacherons donc peu à ce genre de considération.

Les Crocodiles, parmi les Sauriens, et que l'on a distingué

récemment en Caïmans, en Crocodiles proprement dits, et en Gavials, n'ont que des dents aiguës, coniques, creuses, le plus souvent un peu crochues et toujours marquées de côtes longitudiuales saillantes. Elles se croisent quand les mâchoires sont fermées.

Le nombre de ces dents, dont l'évolution présente des phénomènes tout-à-fait extraordinaires, ne change point avec l'âge, ce dont M. Cuvier s'est assuré, en particulier, sur une série de huit têtes croissant en grandeur depuis un pouce jusqu'à deux pieds : en exceptant tout au plus les dernières qui sont alors un peu cachées par le tissu des gencives, le crocodile qui sort de l'œuf en possède autant que celui qui a atteint la taille de vingt pieds.

Dans le genre des Caïmans (*Alligator*), que l'on a long-temps confondu avec les véritables Crocodiles, les dents, inégales, sont au nombre de dix-neuf, et quelquefois de vingt-deux en bas de chaque côté, et de dix-neuf et souvent de vingt de chaque côté aussi en haut. A un certain âge, les premières de la mâchoire inférieure percent la mâchoire supérieure ; les quatrièmes qui sont les plus longues, entrent dans des trous et non dans des échancrures seulement de cette même mâchoire qui les cache quand la bouche est fermée.

Les Crocodiles, proprement dits, en ont quinze de chaque côté en bas et dix-neuf en haut. A un certain âge, les premières de la mâchoire inférieure percent aussi la supérieure, laquelle n'offre que des échancrures pour les quatrièmes qui sont les plus longues de toutes.

Les Gavials ont les dents presque égales, ce qui fait que leurs mâchoires ne sont point festonnées comme dans les Caïmans et les Crocodiles véritables, chez lesquels ce festonnement augmente avec l'âge et avec la grosseur des dents qui en est la suite; on compte de vingt-cinq à vingt-sept de celles-ci de chaque côté en bas, et vingt-sept à vingt-huit en haut de chaque côté pareillement.

Ces trois genres de Sauriens ont, du reste, tous les trois les première et quatrième dents de chaque côté en bas, et la troisième en haut plus longues et plus grosses que les autres : ensuite dans les Caïmans et les Crocodiles, proprement dits.

ce sont les huitième et neuvième d'en haut et la onzième d'en bas.

Le Caïman à paupières osseuses fait une légère exception : ce sont la douzième d'en bas et la dixième d'en haut qu'il a les plus longues.

La quatrième dent d'en bas peut aussi en général, chez eux, porter le nom de *canine*, car elle répond, comme le remarque le baron Cuvier, a la suture qui sépare l'intermaxillaire du maxillaire supérieur.

Les cinq ou six dernières dents de chaque côté sont plus obtuses et plus comprimées que les autres, et leur couronne se distingue de leur racine par un étranglement notable, qu'on ne rencontre que dans les Crocodiles et les Caïmans, et qui manque chez les Gavials.

Dans les autres reptiles de la famille des Sauriens, les dents ne sont point, comme celles du Crocodile, renfermées dans des alvéoles. Leurs noyaux gélatineux adhèrent à la face interne de l'os dentaire, sans qu'il existe entre eux de cloisons osseuses, et souvent même leur base n'est séparée de la cavité de la bouche que par la gencive.

Cette base ne se divise point en racines, mais, dans les adultes, elle s'ossifie et adhère intimement à la mâchoire, de sorte que la dent ne semble être qu'une apophyse ou une proéminence de celle-ci, dont elle ne se distingue réellement que par la couche d'émail qui la revêt.

Du reste, les dents de ces animaux varient beaucoup suivant les espèces soumises à notre examen : elles diffèrent quelquefois dans un même genre.

Dans le Monitor élégant de l'Archipel des Indes, le Monitor bigarré de la Nouvelle-Hollande, le Monitor étoilé d'Afrique, le Monitor marbré, le Monitor cépédien et le Monitor piqueté du Bengale, l'Ouaran-el-hard ou Monitor terrestre d'Égypte, par exemple, elles sont aiguës, arquées et tranchantes, tandis que dans l'Ouaran des Arabes ou Monitor du Nil, et dans celui du Congo, où l'on en compte de vingt-quatre à trente à chaque mâchoire, elles sont coniques, droites, non arquées, et celles du fond de la bouche grosses et à pointes mousses, non tranchantes en avant et en arrière, comme dans les espèces précédemment désignées.

Les Monitors à dents tranchantes, ont le tranchant de ces dents finement crénelé, disposition qu'on n'aperçoit quelquefois qu'à la loupe.

Tous ces reptiles n'ont de dents qu'aux mâchoires, ils en manquent au palais.

Dans la Dragonne il n'y a point non plus de dents au palais; celles des mâchoires sont coniques, d'autant plus grosses et plus arrondies qu'on les examine plus en arrière.

Dans le Sauve-garde et l'Améiva, il n'y a point non plus de dents palatines. (Voyez ces mots.)

Les Stellions, les Agames, les Basilics, les Caméléons, les Cordyles n'ont point de dents au palais, de même que les Fouette-queues, les Tapayes, les Changeans. (Voyez ces divers mots.)

En général, les dents maxillaires et mandibulaires de tous ces sauriens sont sur une seule rangée, courtes, comprimées, uniformes, adhérentes au bord des mâchoires, de manière à sembler n'être que des dentelures de celles-ci.

Dans les trois premiers de ces genres, ainsi que dans les quatre derniers, les dents de devant prennent une forme plus pointue, et quelques-unes deviennent plus longues, de manière à former des espèces de canines.

Dans les Caméléons, au contraire, les dents intérieures deviennent graduellement plus courtes que les postérieures, qui sont d'ailleurs bien moins fines et à trois pointes. On en compte dix-huit en haut et dix-neuf en bas de chaque côté.

Dans les Agames, en particulier, on compte de dix-neuf à vingt dents de chaque côté des mâchoires; toutes offrent trois dentelures.

Dans le Stellion il existe de chaque côté seize ou dix-sept dents triangulaires, avec une petite dentelure en avant et en arrière, et deux canines grosses et coniques. On observe de plus en haut deux petites dents intermaxillaires coniques, et auxquelles rien ne répond en haut.

Les Dragons ont le même nombre de dents que les Stellions, si ce n'est que leurs canines pointues sont plus longues que les incisives. Il existe, à chaque mâchoire, quatre de ces dernières qui sont petites, et, de chacun de leurs côtés, une ca-

nine longue et pointue, et une douzaine de mâchelières triangulaires et trilobées.

Chaque mâchoire des Iguanes est entourée d'une rangée de
dents comprimées, triangulaires, à tranchant dentelé, allant
en augmentant d'avant en arrière.

Dans les mêmes Sauriens il y a des dents palatines nombreuses et disposées sur deux séries formant un chevron dont
l'angle est dirigé en avant. Elles occupent les bords postérieurs
du palais.

Les Marbrés ont des dents maxillaires tranchantes et munies
d'une dentelure seulement de chaque côté de leur couronne.
Les deux séries de leurs dents palatines sont presque parallèles.

Elles le deviennent tout-à-fait dans les Lézards ordinaires,
dont les dents maxillaires, tranchantes, ont des dentelures
peu apparentes. L'espèce commune en a de vingt-une à vingt-
deux de chaque côté.

Les Anolis ont les dents maxillaires tranchantes et à trois
dentelures qui s'effacent promptement aussi. Les séries de
leurs dents palatines se rapprochent un peu en devant.

Les Geckos manquent de dents palatines. Leurs dents maxillaires ont le sommet simple, tantôt pointu, tantôt comprimé,
et un peu obtus suivant les espèces. Elles sont d'ailleurs petites, très-serrées et toutes égales, au nombre de trente-cinq à
trente-six de chaque côté, spécialement dans le Gecko à tête
plate.

Les Scinques, en général, ont les mâchoires garnies tout
autour de petites dents serrées, coniques, courtes et égales.

Le Scinque à grosse queue courte, *Lacerta scincoides* de
Shaw, manque de dents palatines, et a le tranchant de ses
dents maxillaires dentelé.

Le Scinque des boutiques a des dents palatines et des dents
maxillaires simples. On lui en compte vingt-deux de chaque
côté, tant en haut qu'en bas.

Les Seps et les Bipèdes ont à peu près les dents des Scinques
vulgaires; mais l'Orvet manque de dents palatines et a des
dents maxillaires aiguës, tranchantes, en petit nombre et un
peu crochues.

L'Ophisaure a des dents maxillaires serrées, simples, coniques, et deux groupes de dents palatines courtes, obtuses,

disposées sur plusieurs rangs, et garnissant d'une sorte de pavé les os ptérygoïdiens et une portion des os du palais.

Parmi les OPHIDIENS, dans la tribu des Doubles-marcheurs, les Amphisbènes manquent de dents palatines et ont des dents maxillaires peu nombreuses et coniques.

Dans la tribu des Serpens proprement dits les arcades palatines sont armées de dents aiguës et recourbées en arrière.

Dans les Serpens non venimeux les branches des deux mâchoires et les arcades palatines sont garnies tout du long de dents fixes et non percées: il y a donc quatre rangées à peu près égales de ces dents dans le dessus de la bouche et deux dans le dessous. (Voyez SERPENS.)

Parmi eux le Boa Devin en a, de chaque côté, vingt maxillaires et quatorze palatines; la Couleuvre Molure, dix-huit maxillaires aussi, vingt mandibulaires et vingt-quatre palatines; la Couleuvre nasique, seize maxillaires, dix-huit mandibulaires et vingt-cinq palatines; la Couleuvre ordinaire, dix-huit maxillaires, vingt-quatre mandibulaires et vingt-huit palatines.

Parmi les Serpens venimeux il en est qu'on n'a bien distingué que depuis peu de temps, et dont les mâchoires, organisées et armées à peu près comme celles des précédens, ont seulement un moindre nombre de dents à la rangée extérieure, et la première d'entre celles-ci, plus grande que les autres, est percée, et conduit le venin dans la plaie.

Les Bongares, les Trimérésures, les Hydrophis, les Pélamides, les Chersydres sont dans ce cas.

Les Serpens venimeux, par excellence, ceux dont les os maxillaires sont, comme nous l'avons dit, portés sur un long pédicule et jouissent d'une grande mobilité, n'ont pour toutes dents à chacun des côtés de la mâchoire supérieure qu'une sorte de crochet aigu, percé d'un petit canal, qui donne issue à une liqueur sécrétée par une glande considérable située sous l'œil, liqueur empoisonnée et qui porte le ravage et la mort dans le corps des malheureux animaux que le reptile a piqués.

Cette dent, que les naturalistes ont nommée *crochet mobile*, quoique ce soit réellement l'os maxillaire, et non point elle qui jouisse de la faculté de se mouvoir, se cache dans un repli de la gencive quand le serpent, qui en est armé, ne veut pas s'en servir, et l'on aperçoit derrière elle le germe de plusieurs crochets analogues, destinés à se fixer à leur tour pour la remplacer si elle se casse dans une plaie.

Quand, dans ces espèces de reptiles malfaisans, on examine le haut de la bouche, on ne voit que les deux rangées des dents palatines, car les os maxillaires ne portent aucune autre dent que les crochets dont il vient d'être question.

Quant aux dents palatines elles-mêmes, leur nombre varie suivant les espèces de serpens venimeux où on les examine. Le Serpent à sonnettes, le terrible Crotale en a, par exemple, quatorze de chaque côté; l'Aspic des anciens, celui que la mort de la reine Cléopâtre a rendu si célèbre, l'Haje des Égyptiens modernes, en possède vingt-cinq, avec une rangée parallèle de plus petites; ce qui, soit dit en passant, le rapproche d'une manière marquée des Naja de l'Inde, qui se trouvent complétement dans le même cas. (Voyez Naja.)

Parmi les Batraciens, qui ont tous des dents palatines, à l'exception toutefois du Pipa, qui n'a ni vomers, ni os du palais, les Salamandres en ont, en outre, aux deux mâchoires; mais les grenouilles n'en ont qu'à la supérieure seulement, et les Crapauds n'en possèdent, ni à l'une, ni à l'autre. (Voyez Crapaud, Grenouille, Pipa.)

Dans les Grenouilles, c'est la partie dentaire des os inter-maxillaires qui complète le pourtour de la mâchoire supérieure, qui est garnie tout autour d'une rangée de petites dents fines. Les vomers, près de leur articulation avec les os du palais, portent chacun aussi une rangée transversale de petites dents pointues. Aussi, suivant la remarque judicieuse de M. Cuvier, peut-on regarder le reptile, que l'on nomme communément le *Crapaud sonneur* (*Rana bombina*), comme une véritable grenouille, puisqu'il a des dents aux mâchoires et sur les vomers. (Voyez Crapaud.)

Le Crapaud commun n'en offre pas même à ces derniers, et ses dents palatines, les seules qui existent, forment une ligne transversale interrompue.

C'est aux larges vomers triangulaires des Salamandres et à leurs apophyses, qu'adhèrent les deux rangées longitudinales des dents palatines de ces batraciens. Leurs deux mâchoires, du reste, sont armées d'autres dents nombreuses et petites.

Dans la Salamandre gigantesque des Monts Alleghanys, les deux vomers portent leurs dents, non pas longitudinalement, mais en travers, à leur bord antérieur et parallèlement aux dents des maxillaires et des intermaxillaires. (Voyez Salamandre.)

Lorsque les Salamandres aquatiques de nos contrées sont encore à l'état de larve, les vomers, ainsi que l'ont observé MM. Rusconi et Cuvier, et comme je m'en suis assuré après eux sur un grand nombre d'individus, au lieu de porter une seule série de dents, en ont leur surface toute garnie.

Dans la Sirène, le palais donne attache à deux plaques osseuses, minces, toutes hérissées de dents obliques, pointues en crochets. La première, qui est la plus grande, en porte six à sept rangées, disposées comme les dents d'une carde. Chacune de ses rangées, au milieu, en contient douze ; les antérieures et les postérieures en offrent moins. La seconde est armée de quatre rangées de dents pareilles, au nombre de cinq à six pour chaque rangée.

A la mâchoire inférieure, chez ce même reptile, ce n'est point le dentaire qui porte les dents ; celles-ci, pointues et disposées en quinconce, tiennent à l'operculaire.

Le bord de chacun des intermaxillaires du Protée anguillard est armé de huit à dix dents, au-delà desquelles on en observe une rangée parallèle, mais qui se dirige beaucoup plus en arrière le long de chaque côté du palais. Elle appartient aux os qui paroissent les analogues des vomers et qui, plus considérables que les plaques de la Sirène, garnissent en dessous le devant du museau. Chacun d'eux a vingt-quatre dents dans sa rangée. En cela le Protée se rapproche de la Salamandre, car, pour tout ce qui concerne le reste de sa tête, il ressemble à la Sirène.

Le nombre des vertèbres et tous les autres attributs qui caractérisent ces os varient extraordinairement dans la classe des Reptiles.

Dans les Tortues, par exemple, on compte sept vertèbres au cou, huit au dos, une aux lombes, deux au sacrum. Celles de la queue sont plus ou moins nombreuses, suivant les espèces ; on en compte vingt dans la Chélonée franche.

Parmi les Sauriens, le Crocodile a sept vertèbres cervicales, onze dorsales, cinq lombaires, deux sacrées et trente-six caudales.

Le Caméléon, dans le même ordre, n'en présente que deux cervicales et une sacrée; mais il en a dix-sept dorsales, trois lombaires et soixante-neuf caudales.

Le Tupinambis en possède sept cervicales, dix-huit dorsales, quatre lombaires, deux sacrées et cent-quatre caudales.

L'Iguane, encore du même ordre des Sauriens, n'en possède que cinq cervicales, onze dorsales, neuf lombaires, deux sacrées et soixante-douze caudales.

Entre les Ophidiens, la Couleuvre en a deux cent quarante-quatre qui portent des côtes, et plus de soixante qui n'en portent point et qui soutiennent la queue.

La Vipère n'en a que cent trente-neuf des premières et cinquante-cinq des secondes.

Le Naja en a soixante-trois de celles-ci et cent quatre-vingt-douze des autres.

Le Boa devin en présente deux cent cinquante-deux costales et cinquante-deux non costales.

Le Crotale en a cent soixante-quinze dans le premier cas et vingt-six dans le second.

L'Amphisbène n'a que cinquante-quatre vertèbres portant les côtes, et sa queue n'en offre que sept.

Les Grenouilles n'ayant point de côtes, on ne peut distinguer les vertèbres de ces reptiles en différentes classes, et on ne leur en compte que dix en tout. Dans le Pipa de Surinam il n'y en a même que huit.

Les Salamandres en offrent quatorze de la tête au sacrum, et vingt-six à la queue.

Remarquons encore que, dans les Serpens, les vertèbres forment à elles seules presque tout le squelette, et qu'elles ont, à peu de chose près, la même figure depuis la tête jusqu'à la queue; on y distingue très-bien un corps, une apophyse épineuse, des apophyses transverses et des apophyses articulaires. Dans certaines espèces, dans les Boas entre autres, les apophyses épineuses, qui règnent le long du dos, sont séparées les unes des autres, et se permettent réciproquement un mouvement assez marqué. Cette disposition des apophyses épineuses coïncide constamment avec une disposition du corps telle qu'il ne présente sur sa face abdominale qu'une ligne saillante peu marquée.

Dans d'autres espèces, au contraire, comme dans le Crotale, les apophyses épineuses sont longues et si larges qu'elles se touchent les unes aux autres; elles ont pour base les apophyses obliques, qui se recouvrent ici par une sorte d'imbrication. Il résulte de là que le mouvement de l'épine est très-borné du côté du dos, mais que son mouvement du côté du ventre est fort étendu. Les corps des vertèbres jouent là facilement les uns sur les autres, et portent une épine très-aiguë et dirigée vers la queue, qui ne borne le mouvement qu'autant qu'il pourroit produire une luxation.

Dans les Chéloniens, l'axis et les vertèbres cervicales suivantes ont le corps à peu près rectangulaire, caréné en dessous, concave en avant, convexe en arrière. Leur partie annulaire demeure distincte du corps pendant toute la vie par deux sutures, et est relevée en dessus d'une crête au lieu d'apophyse épineuse. Les apophyses articulaires antérieures, placées d'abord sous les postérieures de la vertèbre précédente, se relèvent obliquement pour les embrasser un peu jusqu'à la sixième, et reprennent à peu près une position horizontale dans les deux suivantes.

A l'angle antérieur de chaque côté du corps est une petite facette, commune à ce corps et à la portion annulaire.

La huitième vertèbre, qui, dans ces reptiles, paroît autant dorsale que cervicale, est placée obliquement en avant de la première de celles qui font partie intégrante de la carapace. Son apophyse épineuse s'alonge et grossit un peu pour s'articuler par synchondrose avec un tubercule de la face inférieure de la première des plaques de la série mitoyenne du plastron.

L'Atlas ou la première des vertèbres est composée de quatre pièces dans les Chéloniens.

Les deux premières de ces pièces sont unies en dessus, de manière à former une légère protubérance épineuse, et, après avoir entouré le canal rachidien, et donné en arrière chacune une apophyse articulaire, viennent concourir avec une troisième, fort petite, à la formation d'un anneau qui reçoit le condyle de l'occipital, et dont le fond est rempli par une quatrième pièce, qui est un véritable corps de vertèbre sans partie annulaire, articulé en arrière par une facette concave sur celui de l'axis, présentant en avant une convexité dans le vide de l'anneau lui-même, et paroissant manifestement remplacer l'apophyse odontoïde de la seconde vertèbre des Mammifères.

Sur leur jonction en dessous est encore attaché un petit os figuré à peu près comme une rotule.

Dans la Matamata, spécialement, la quatrième pièce de l'atlas se soude aux trois premières, et prend la forme d'une vertèbre. Elle s'articule avec l'axis, et offre en dessous une crête longitudinale, et sur les côtés de petites apophyses transverses.

Dans tous les squelettes de Crocodiles, ainsi que dans ceux de Caïmans et de Gavials, parmi les Sauriens, on ne compte que sept vertèbres cervicales.

Toutes ces vertèbres, comme celles des régions dorsale, lombaire et caudale, ont la face postérieure de leur corps convexe et l'antérieure concave, et ces deux faces, du reste, sont circulaires.

Les cinq dernières d'entre elles se ressemblent beaucoup, et leur partie annulaire se joint constamment au corps par deux sutures dentées.

Leurs apophyses articulaires sont dans une position oblique à l'horizon, mais parallèle à l'axe du rachis. Les antérieures sont toujours les extérieures dans l'articulation.

Les apophyses épineuses sont médiocrement hautes, comprimées, plus étroites en haut, et légèrement inclinées en arrière.

Le corps a une apophyse épineuse en dessous, courte et un peu fléchie en avant.

Il y a de chaque côté deux apophyses transverses, courtes; la supérieure un peu plus longue, et tenant à la portion annulaire; l'inférieure plus courte, plus voisine du bord antérieur, et dépendante du corps. Ces deux proéminences servent à porter les apophyses transverses costiformes, qui, dans le Crocodile, gênent la flexion du cou, et qui offrent chacune un pédicelle supérieur, représentant en quelque sorte le tubercule d'une côte, et un inférieur qui remplace sa tête; ces deux pédicelles réunis forment une branche longitudinale, terminée par deux pointes comprimées, qui se portent, l'une en avant, l'autre en arrière, pour toucher les deux vertèbres contiguës.

L'atlas du Crocodile est composé de six pièces, qui, à ce qu'il paroît, demeurent toute la vie distinctes, et ne sont tenues en rapport que par des cartilages.

La première est une lame transverse qui fait le dos de la partie annulaire et qui, pour toute apophyse épineuse, n'a qu'une crête à peine sensible. Elle est supportée, comme sur deux pilastres, par deux autres pièces latérales, qui ont chacune une facette en avant pour le condyle occipital et une en arrière pour une facette correspondante de la pièce antérieure de l'axis, et qui sont surmontées d'une apophyse dirigée en arrière et munie elle-même en dessous d'une facette que l'on peut regarder comme la véritable surface articulaire. Une quatrième pièce représente le corps et s'articule en avant avec le condyle occipital, et en arrière avec l'apophyse odontoïde de l'axis. Celle-ci porte sur ses côtés les deux dernières pièces, qui sont deux longues lames minces et étroites, et qui remplacent évidemment les apophyses transverses.

Quant à l'axis, il n'a que cinq pièces.

La supérieure ou annulaire se joint au corps par deux sutures dentées, et son apophyse épineuse est une crête plus élevée en arrière.

Ses quatre apophyses articulaires sont presque horizontales.

A l'aide d'un cartilage, une pièce convexe à cinq lobes, dont le moyen semble tenir lieu d'apophyse odontoïde, est jointe à la face antérieure du corps. Ses lobes latéraux supérieurs s'articulent avec les facettes postérieures inférieures de l'atlas, tandis que les inférieurs portent chacun une branche; comme à l'atlas il y en a deux, et qui ne paroît soutenue aussi que par des cartilages,

Dans une des espèces de Crocodiles fossiles conservés dans le territoire d'Honfleur, la face postérieure du corps de l'axis est concave, tandis qu'elle est convexe dans tous les Crocodiles vivans connus. Dans l'autre espèce, l'axis est plus long à proportion, et, au lieu d'une simple carène en dessous, il y a une facette longue et plate, qui fait de son corps un prisme quadrangulaire.

Dans les autres Sauriens les vertèbres cervicales offrent de nombreuses variétés.

Chez le Monitor, par exemple, les troisième, quatrième, cinquième, sixième et septième ressemblent à l'axis, excepté qu'elles n'ont point d'apophyse odontoïde ; leur face antérieure offre une concavité proportionnée à la convexité de la vertèbre précédente ; leur crête dorsale s'élève et devient moins longue ; les pointes de leurs arêtes latérales s'agrandissent un peu et présentent une facette convexe qui porte la côte cervicale ; leur corps offre une crête inférieure, ce qui le distingue de celui des vertèbres dorsales, qui est uni en dessous, à l'exception toutefois des trois premières, qui présentent encore dans ce sens un vestige de tubercule. A la pointe de ces crêtes est une épiphyse.

Dans le même reptile l'atlas est un anneau composé de trois pièces, deux supérieures unies l'une à l'autre à la partie dorsale, échancrées en avant et en arrière, et une inférieure.

La face antérieure de l'axis, c'est-à-dire la portion de cette vertèbre analogue à l'apophyse odontoïde, pénètre dans l'anneau de l'atlas et remplit à peu près la moitié de sa largeur, ne laissant en avant qu'une concavité pour le condyle occipital. En dessous, sur la jonction de l'atlas, de l'odontoïde et du corps de l'axis, est une pièce triangulaire qui donne un crochet pointu dirigé en arrière.

L'axis lui-même est comprimé ; sa partie annulaire est en dessus en forme de crête longitudinale aiguë ; ses facettes articulaires antérieures ont leur plan tourné en dehors, et les postérieures en dessous ; le corps se termine en une convexité transversale réniforme, et offre sur chacune de ses faces latérales une petite crête peu saillante, surmontée elle-même d'une pointe vers son tiers antérieur. En dessous on observe une crête qui va en s'élargissant en arrière. Les sutures qui séparent sa partie annulaire de son corps s'effacent assez promptement ; mais on voit persister long-temps une petite épiphyse à la pointe postérieure des deux crêtes.

Dans les Grenouilles, parmi les Batraciens, il est, comme

nous l'avons déjà dit, et vu l'absence des côtes, impossible de distinguer les vertèbres cervicales parmi les neuf os qui constituent l'épine.

La première ou l'atlas n'a point d'apophyses transverses, et offre en avant deux facettes pour les condyles occipitaux.

Dans le Pipa l'atlas est soudé avec l'axis, ce qui réduit le nombre des vertèbres à sept.

L'atlas des Salamandres s'articule avec la tête par deux facettes concaves et avec la seconde vertèbre par la face postérieure de son corps, qui est aussi concave. Toutes les vertèbres suivantes ont la face postérieure de leur corps convexe, au contraire, ce qui est l'inverse chez les Grenouilles et les Lézards.

Dans le Protée anguillard l'atlas est court et en forme d'anneau.

Dans les CHÉLONIENS les vertèbres du dos, au nombre de huit, entrent avec les côtes dans la composition de la carapace. Ce qu'elles ont de très-remarquable, c'est que leurs parties annulaires alternent avec les corps et ne leur répondent pas directement.

La première des vertèbres dont il s'agit est assez courte, et porte cependant, comme la dernière cervicale, sa partie annulaire propre, dont l'apophyse épineuse, assez prolongée, s'attache par un cartilage à la seconde des plaques de la série mitoyenne du plastron, laquelle ne fait qu'un os avec la portion annulaire qui est au-dessous, dont la partie antérieure est articulée par deux petites éminences avec les apophyses articulaires de son corps, et qui appartient véritablement à la seconde vertèbre dorsale, dont le corps n'est uni que par sa moitié antérieure avec la partie postérieure de cette portion annulaire, tandis que par la postérieure il se joint à la moitié antérieure de la troisième partie annulaire; et cette alternative continue de manière que le corps de la quatrième vertèbre répond aux parties annulaires des troisième et cinquième, et ainsi de suite.

Dans les Crocodiles les cinq ou six premières vertèbres du dos seules présentent des apophyses épineuses inférieures. Les apophyses articulaires deviennent, dans cette région, de plus en plus horizontales, à mesure qu'on s'éloigne du cou. Pour les quatre premières, qui ont seules à leur corps une facette costale, l'apophyse transverse n'est que le prolongement du premier tubercule latéral des cervicales, et elle ne s'articule par son extrémité qu'avec le tubercule très-saillant de la côte. L'autre tubercule latéral est encore attaché au corps de la vertèbre, et reçoit la tête de la côte. Dans les six suivantes le tubercule latéral dont il s'agit, s'alongeant et se déprimant toujours, devient une apophyse transverse ordinaire, en même temps que le tubercule de la côte, dont la tête s'articule sur elle à l'aide d'une facette pratiquée sur sa face inférieure et sur son bord antérieur, ne fait plus qu'une légère saillie. Il résulte de là que ces six vertèbres ont deux facettes costales à leur apophyse transverse. Les deux dernières vertèbres de cette portion du rachis ne présentent plus qu'une seule facette au même lieu, et cette facette est unie à l'extrémité des deux dernières côtes.

Chez le Monitor les vertèbres dont il est question ont constamment une crête dorsale carrée, une face antérieure concave et une postérieure convexe, toutes deux réniformes; des apophyses articulaires, horizontales : la postérieure regardant en dessous, l'antérieure en dessus, et de chaque côté, sous l'antérieure et pour toute apophyse transverse, un tubercule en ovale vertical pour porter la côte.

On compte dans cette seule région vingt-deux vertèbres.

Dans l'Iguane leurs apophyses épineuses sont peu hautes et coupées fort obliquement. Ces éminences sont hautes, au contraire, et étroites dans le Basilic.

Il en est de même dans les Agames.

Elles sont basses dans les Stellions et peu obliques en arrière dans les Lézards.

Dans la Grenouille, parmi les Batraciens, les vertèbres s'articulent les unes sur les autres par un tubercule reçu dans une facette concave de la vertèbre suivante. Elles ont toutes d'ailleurs un corps et une portion annulaire. Le premier, dans le Têtard, a ses deux faces également concaves, comme l'ont démontré MM. Dutrochet et G. Cuvier.

Leurs apophyses transverses sont longues; les épineuses sont courtes; et les articulaires, presque horizontales, sont disposées de façon que les postérieures d'une vertèbre posent sur les antérieures de la vertèbre suivante.

L'atlas n'a point d'apophyses transverses.

La dernière, au contraire, en offre de grandes et larges, auxquelles sont suspendus les os coxaux. Elle offre en arrière deux tubercules articulés, chacun avec une facette d'un os unique, qui s'étend jusqu'au-dessus de l'anus, et qui semble représenter le coccyx.

Les apophyses transverses sont en général plus larges dans les Crapauds que dans les Grenouilles. Dans le *Rana bombina* elles s'évasent au point que leur bord externe surpasse en étendue leur largeur transversale.

Dans le Pipa, qui n'a en tout que huit vertèbres, la dernière de celles-ci est soudée avec le coccyx. Les apophyses transverses des troisième et quatrième, très-longues, cylindriques, dirigées obliquement en arrière, sont terminées par une lame cartilagineuse. Celles de la dernière sont si larges et s'évasent tellement en dehors, que leur bord externe est plus que double de leur axe transversal.

Dans la Salamandre terrestre les apophyses articulaires sont horizontales et réunies de chaque côté par une crête en forme de toit rectangulaire à bords latéraux un peu rentrans. Les postérieures d'une vertèbre posent sur les antérieures de celle qui la suit.

Il n'y a pour apophyse épineuse qu'une légère arête longitudinale.

Le corps, cylindrique, rétréci dans son milieu, est protégé par l'espèce de toit dont il vient d'être question.

Les apophyses transverses sont placées sous les crêtes latérales et se trouvent dirigées un peu en arrière. Chacune de leurs faces étant divisée par un sillon, leur extrémité offre deux tubercules, et c'est sur ceux-ci que portent les branches de la bifurcation qui se remarque à la base de chacun des vestiges de côtes.

Parmi les Salamandres aquatiques on remarque que le *Triton Gesneri* a les crêtes dorsales de ses vertèbres plus aiguës et plus relevées, et que chez le *Triton cristatus* elles sont tellement effacées, que le dessus de la vertèbre est presque plan.

Les vertèbres de la Sirène, toutes parfaitement complètes et ossifiées, ne ressemblent à celles d'aucun autre animal.

Les corps de ces os ont leurs deux faces articulaires creuses et réunies par un cartilage en forme de double cône, comme dans les poissons.

Leurs apophyses articulaires sont horizontales, et les postérieures d'une vertèbre posent sur les antérieures de la suivante. Une crête horizontale de chaque côté va, d'ailleurs, de l'antérieure à la postérieure.

Au lieu d'apophyse épineuse, elles ont une crête verticale qui, à moitié de leur longueur, se bifurque pour aller se terminer par chacune de ses branches sur l'apophyse articulaire postérieure.

Les apophyses transverses, très-larges, se composent de deux lames unies à leur bord postérieur jusqu'à leur pointe commune: la supérieure, oblique, vient de dessous l'apophyse articulaire antérieure et de dessous la partie voisine de la crête latérale; l'inférieure naît des côtés du corps, auquel elle tient par une ligne horizontale.

Le corps est comprimé en dessous en une arête aiguë.

Dans celles de ces vertèbres qui portent des vestiges de côtes, la lame supérieure de l'apophyse transverse est peu marquée, et la pointe est grosse et divisée en deux lobes pour les tubercules de la côte, comme dans les Salamandres.

Chez le Protée anguillard, les corps de ces vertèbres, de même que dans la Sirène et dans les Poissons, s'unissent par des faces creuses, remplies de cartilages. Ces os sont plus longs ici que dans les Salamandres : plats en dessus, rétrécis dans leur milieu, ils sont élargis aux deux bouts pour les apophyses articulaires, qui sont horizontales, et posées les postérieures d'une vertèbre sur les antérieures de la vertèbre suivante. Il n'existe ni apophyse, ni crête épineuse, et le bord postérieur de la partie annulaire se relève un peu sur la partie suivante et est un peu bilobé ou échancré dans le milieu.

En dessous, le corps est comprimé et tranchant, et a de chaque côté. sous la crête qui unit les apophyses articulaires, une autre crête qui dépasse celle-ci, qui est latérale et triangulaire, et qui tient lieu d'apophyse transverse.

Dans les Chéloniens, en général, la neuvième vertèbre après les cervicales est la seule qu'on puisse appeler lombaire. Elle ne porte point de côte.

Dans les Chélonées, la partie annulaire donne encore une plaque à la série longitudinale du bouclier dorsal, et cette plaque est la plus petite de la série.

Dans le Crocodile de Timor, parmi les Sauriens, on compte, selon M. Cuvier, cinq vertèbres lombaires, qui ne diffèrent des dorsales que parce qu'elles n'ont point du tout de facettes costales. Leurs apophyses épineuses sont droites, larges et carrées.

Il paraît en être de même dans les Caïmans et les Gavials.

A l'exception de la Sauve-garde d'Amérique, de la Sauvegarde à traits noirs et de l'Améiva, qui en présentent chacun une, et des Caméléons d'Égypte et du Sénégal, qui en offrent chacun deux, tous les autres sauriens, règle générale, sont privés de vertèbres lombaires.

Dans les Chéloniens, les dixième et onzième vertèbres après les cervicules sont les vertèbres sacrées. A leurs côtés s'attachent deux pièces latérales assez semblables aux têtes des côtes, mais plus fortes, surtout la première, renflée au bout, pour s'unir à l'angle postérieur et supérieur de l'os coxal. Leur partie annulaire, aplatie carrément et sans épine en dessus, est close et complète, et ne fait point corps avec les plaques du bouclier dorsal qui suivent celle de la onzième vertèbre. Leur corps est concave en avant, convexe en arrière.

Dans les Crocodiles les vertèbres sacrées, au nombre de deux aussi, ont de fortes apophyses prismatiques, qui s'élargissent en dehors pour porter l'os coxal. Ces apophyses appartiennent au corps de l'os, et non à la partie annulaire, comme les apophyses transverses ordinaires, qui ici semblent réduites à rien.

La suture qui sépare la partie annulaire passe sur la racine de ces grosses apophyses, qui, dans les jeunes individus, sont même complétement isolées du corps par une suture spéciale.

Dans tous les autres Sauriens, les Monitors, les Lézards, les Scinques, les Geckos, les Caméléons, les Dragons, les Dragonnes, les Stellions, les Cordyles, les Agames, les Basilics, les Iguanes, les Marbrés, les Sauve-gardes, etc., ces vertèbres sont également au nombre de deux.

La première, au lieu d'un petit tubercule, a une grosse apophyse renflée en dehors et présentant à l'os coxal une facette articulaire échancrée en arrière et en forme de fer à cheval.

La deuxième a aussi une grande apophyse, mais simplement élargie et aplatie horizontalement.

Les Ophidiens, ne présentant point de bassin, sont, par conséquent, dépourvus de l'os sacrum ou des vertèbres qui en tiennent la place. Il en est de même de la Sirène parmi les Batraciens urodèles. (Voyez Urodèles.)

Dans les Batraciens anoures, comme la Grenouille et le Crapaud, la dernière vertèbre, qu'on peut considérer comme remplaçant le sacrum, a de grandes et larges apophyses transverses, auxquelles sont suspendus les os coxaux, et en arrière elle offre deux tubercules, qui s'articulent dans deux facettes d'un os unique, qui s'étend jusqu'au-dessus de l'anus et qui semble être l'analogue du coccyx. (Voyez Crapaud.)

Les apophyses transverses de la vertèbre sacrée sont plus larges dans les Crapauds que dans les autres genres de la famille des Anoures.

Dans le Pipa, cet os est soudé au coccyx. Ses apophyses transverses sont remarquables par leur évasement.

C'est une chose singulière, remarque M. Cuvier, que la variété des points où le bassin s'attache à l'épine chez les Salamandres. Ce savant professeur possède des individus de la Salamandre terrestre où il est suspendu à la quinzième vertèbre, et d'autres où il tient à la seizième. M. Schultze, dans les *Archives physiologiques* de Meckel, dit avoir vu le squelette d'un de ces reptiles, où il tenoit d'un côté à la seizième et de l'autre à la dix-septième.

Dans le *Triton palmatus* et le *Triton alpestris* le bassin est constamment suspendu à la quatorzième vertèbre.

Dans les *Triton punctatus* et *Triton Gesneri* il tient à la quinzième, et dans le *Triton cristatus* il tient à la dix-septième ou à la dix-huitième.

Ainsi donc la position numérique de la vertèbre sacrée varie beaucoup dans les Urodèles que nous venons de citer; mais sa figure est semblable à la figure de celles qui la précèdent. Elle offre même de chaque côté une petite côte, à l'extrémité de laquelle l'os des iles est suspendu par un ligament.

Dans le Protée anguillard les deux vertèbres, auxquelles sont attachés les vestiges cartilagineux du bassin, ne présentent rien de particulier. Elles sont ossifiées, comme celles qui les précèdent.

Dans les Chéloniens les vertèbres coccygiennes sont libres, comme celles du cou, en sorte que, dans le bouclier dorsal, les plaques de la série longitudinale, qui suivent la dixième, n'adhèrent point à des vertèbres. Ces vertèbres ont chacune un *corps* concave en avant, convexe en arrière ; une *partie annulaire* aplatie carrément et sans *épine* en dessus ; des *apophyses articulaires antérieures* embrassant par-dessous les *postérieures* de la vertèbre précédente, et deux *apophyses transverses* courtes, articulées de chaque côté sur la suture qui joint le corps à la partie annulaire.

Dans plusieurs tortues de terre, en particulier dans les Tortues grecque et indienne, on compte vingt-trois vertèbres caudales. Il en existe vingt-sept dans le *Testudo radiata*, et dix-huit seulement dans la Tortue géométrique.

Les Chélonées et les Émydes n'en ont également que dix-huit.

Dans les Crocodiles, parmi les Sauriens, les vertèbres caudales, au nombre de quarante-deux et composées des mêmes parties que les lombaires, ont leur corps de plus en plus mince et comprimé ; leurs apophyses articulaires verticales jusqu'à la seizième ou dix-septième, au-delà desquelles deux postérieures se réunissent en un plan oblique et échancré au milieu, lequel appuie dans une échancrure plus large de la vertèbre suivante ; leurs apophyses transverses de plus en plus petites jusqu'à la seizième ou dix-septième, et ensuite manquant tout-à-fait ; les apophyses épineuses rétrécies et alongées jusqu'à la vingt-deuxième ou vingt-troisième, et ensuite de plus en plus petites, jusqu'à ce qu'à la fin elles disparoissent complétement.

A compter de la seconde, leur corps offre en dessous, à son bord postérieur, deux facettes pour porter un os mobile à deux branches et en forme de chevron, qui représente une espèce d'apophyse épineuse inférieure. M. Cuvier a vu la série de ces os se prolonger jusqu'aux dernières vertèbres de cette région ; mais ils vont en se raccourcissant et leur pointe en se dilatant dans le sens de la longueur de l'animal.

Dans le Monitor du Nil, où l'on compte quatre-vingt et quelques vertèbres caudales, et dans celui de Java, qui en a jusqu'à cent dix-sept, ces os ont leurs apophyses épineuses et transverses longues et étroites, et leurs apophyses articulaires presque verticales, l'antérieure regardant en dedans et la postérieure en dehors. Ils offrent, d'ailleurs, à la partie postérieure de leur face inférieure, deux petits tubercules pour porter l'os en chevron.

Comme chez tous les Sauriens, en général, leur face antérieure est concave et la postérieure se trouve convexe.

Leur volume diminue aussi à mesure qu'on approche de l'extrémité de la queue ; toutes leurs éminences finissent même par s'y réduire à rien, ou à peu près à rien.

Dans la Sauve-garde d'Amérique, qui possède vingt-six de ces os, les crêtes inférieures de celle-ci se montrent comme des osselets particuliers attachés sur l'articulation de deux vertèbres et en forme de chevron.

Dans l'Iguane ordinaire, où l'on compte vingt-quatre de ces vertèbres, et dans l'Iguane ardoisé, où il y en a cinquante-cinq, leurs corps sont très-alongés, en sorte qu'avec un moindre nombre elles forment encore une plus grande longueur. Leurs apophyses épineuses décroissent fort rapidement.

Dans les Basilics, et spécialement dans le Basilic à crête, où l'on ne compte que vingt-quatre vertèbres caudales, ces dernières apophyses sont plus hautes et plus étroites, au moins sur une partie de la queue.

Une grande partie des vertèbres caudales des Lézards ordinaires, où leur nombre varie de cinquante à soixante environ, sont divisées verticalement dans leur milieu en deux portions, qui se séparent fort aisément, parce que le périoste seul les maintient en rapport. C'est probablement à cause de cette particularité, si peu d'accord, comme le remarque le professeur Cuvier, avec aucun système sur la correspondance dans le nombre des pièces osseuses, que la queue des Lézards se rompt si facilement.

Il paroît en être de même dans les Iguanes et les Anolis. Parmi ceux-ci, le Grand Anolis noir-bleuâtre n'offre, au reste, que seize vertèbres caudales.

Dans les Ophidiens ces vertèbres ne sont distinctes des

autres que parce qu'elles ne portent point de côtes, et que leurs épines, tant abdominales que dorsales, sont doubles et constituent deux rangées de tubercules.

Leur nombre, du reste, est habituellement considérable. On en trouve plus de cinquante dans la plupart des espèces, et la Couleuvre à collier en présente cent douze.

Dans les Batraciens anoures, qui manquent de queue, le coccyx est représenté par un os unique, qui s'étend depuis la vertèbre sacrée jusqu'au-dessus de l'anus, et qui, très-long et terminé par un appendice cartilagineux pointu, est relevé, tout le long de la face dorsale, d'une crête, dans la base de laquelle le canal vertébral se termine en se rétrécissant beaucoup.

Tel est le cas de la Grenouille, du Crapaud, des Rainettes, du Pipa. (Voyez ANOURES.)

Dans ce dernier même, le coccyx est intimement soudé avec la vertèbre sacrée. (Voyez PIPA.)

Au nombre de vingt-cinq ou vingt-six dans la Salamandre terrestre, les vertèbres de la queue ont des crêtes et des apophyses transverses comme celles du dos, mais celles-ci deviennent de plus en plus petites, et, à compter de la troisième caudale, il y a sous le corps une lame transverse dirigée obliquement en arrière, et percée d'un trou à sa base, qui remplace les os en chevron des Sauriens.

Dans les *Triton alpestris* et *cristatus*, parmi les Salamandres aquatiques de nos contrées, on compte trente-trois vertèbres caudales; il y en a trente-quatre dans le *Triton Gesneri* et trente-six dans le *Triton punctatus*. Cette circonstance suffit pour faire distinguer, au premier abord, les Batraciens de la famille des Urodèles de ceux de la famille des Anoures.

Dans ceux-là, au reste, les vertèbres dont il s'agit forment une queue aplatie latéralement, comprimée de droite à gauche, à cause de l'élévation des crêtes supérieures et inférieures.

Dans l'Axolotl du Mexique, qui a des côtes à toutes les vertèbres, excepté à l'atlas, la queue est composée de vingt-trois os, comme l'ont reconnu sir Everard Home et M. G. Cuvier.

Dans la Sirène, les apophyses transverses des vertèbres

caudales, primitivement assez petites, disparoissent promptement, et leurs apophyses articulaires diminuent progressivement.

Le corps de ces os prend une forme très-comprimée, et donne en dessous deux petites lames, qui interceptent un canal pour les vaisseaux, comme les os en chevron des Lézards.

Dans le Protée anguillard il existe vingt-cinq vertèbres depuis le bassin jusqu'au bout de la queue : excepté les dernières, elles sont bien ossifiées. Elles manquent d'apophyses ou de crêtes épineuses, et à mesure qu'on arrive vers l'extrémité, elles deviennent de plus en plus comprimées, perdent de leurs crêtes latérales, et prennent en dessous des apophyses qui tiennent lieu d'os en chevron.

Le bassin n'existe point dans tous les Reptiles. Les Ophidiens, par exemple, en sont privés, et dans le Protée anguillard, parmi les Batraciens, il est tellement peu ossifié qu'à peine trouve-t-on quelque chose de durci dans le cartilage qui répond à l'os coxal.

Dans les *Chéloniens* le bassin se compose constamment de trois os distincts, dont deux contribuent, comme dans les Quadrupèdes, à la composition de la fosse cotyloïde, et ne sont fixés au plastron que par des ligamens dans les Chélonées, dans les Émydes et dans les Tortues de terre, tandis que, dans les Chélydes, ils se joignent par de larges surfaces à lui et au bouclier dorsal.

Dans les Chéloniens les os coxaux ou innominés sont composés chacun de trois pièces, un *ilium* alongé, un *ischium* dilaté, pour aller rejoindre son semblable et le plastron, et un *pubis*, qui se porte en s'élargissant vers celui-ci, et s'y réunit de même à son semblable.

A l'endroit, où ils s'unissent pour former la cavité cotyloïde, chaque os a trois faces; une pour chacun des deux autres, et une pour la cavité.

Sur le reste de sa longueur l'os coxal est oblong dans sa portion iliaque : l'ischion va en s'élargissant directement vers la symphyse et le pubis, après s'être d'abord porté en avant, se courbe vers la symphyse aussi et s'élargit également pour y arriver.

Dans les Tortues de terre ce dernier donne de l'angle, où il se courbe une apophyse pointue, qui se dirige vers le plastron.

Dans les Émydes cette apophyse, aplatie et dirigée latéralement, est souvent tronquée ou arrondie. Mais, ainsi que chez les précédentes, les pubis vont ensemble s'unir aux ischions, en laissant de chaque côté un trou ovalaire.

Dans les Chélonées et les Trionyx les pubis et les ischions ne s'unissent au milieu que par un cartilage, en sorte qu'une seule ouverture très-grande semble remplacer les deux trous ovalaires ou sous-pubiens.

Autre particularité non moins singulière encore, dans les Chéloniens, l'ilium et par conséquent la masse entière du bassin auquel cet os est soudé, se meut sur le rachis.

Dans la grande Tortue marine c'est la partie de l'os coxal qui correspond au pubis qui est la plus considérable. Elle vient de la cavité cotyloïde, par une portion qui se porte en avant et s'élargit en une lame mince et plate, divisée en deux parties: l'une, qui se porte vers la ligne moyenne, par laquelle les deux os correspondans se joignent; l'autre, libre et dirigée du côté externe. La portion qui est analogue à l'ischion se porte en arrière et en bas et forme le véritable cercle osseux du bassin, tandis que l'ilium, court, étroit et épais, appuie sur le test et se joint au sacrum.

D'après cette conformation si singulière il sembleroit, comme le dit M. Cuvier, que le bassin de cette tortue, vu hors de sa position naturelle, pourroit très-aisément être confondu dans ses parties; car les pubis ressemblent aux iliums, et ceux-ci aux ischions.

Dans les Tortues, les Émydes, les Chélonées et les Trionyx le bassin n'est soudé au plastron que par des ligamens; dans les Chélydes il s'engraine plus solidement avec lui et avec le bouclier dorsal; l'ilium s'articulant par une large surface à la huitième côte dilatée, et l'ischion et le pubis à la dernière pièce du plastron.

La position de cette partie du squelette est toujours telle que l'ilium se porte obliquement d'arrière en avant et vers le plastron, que la surface commune des pubis et des ischions est parallèle au sternum, et que la fosse cotyloïde regarde de côté.

45. 12

Dans les Trionyx et les Chélonées le pubis est simplement dilaté en éventail à sa partie antérieure et légèrement divisé par un arc rentrant en deux lobes, dont l'interne va former la symphyse.

L'ischion des Chélonées est simplement oblong ; tandis que dans les Trionyx et les Émydes, il s'élargit carrément du côté de la symphyse, ce qui fait que son bord postérieur offre un angle saillant, qui devient, au reste, pointu dans les Tortues proprement dites.

Dans les Crocodiles, parmi les Sauriens, l'os des îles est placé presque verticalement : concave en dehors, il est convexe en dedans, où il reçoit les apophyses transverses des vertèbres sacrées ; son bord antérieur et supérieur forme les deux tiers d'un demi-cercle. Son angle antérieur est émoussé et offre une sorte de facette articulaire : le postérieur est aigu ; la facette qui fait partie de la fosse cotyloïde est en croissant. Les pubis reçoivent les côtes ventrales.

L'ischion est fait à peu près comme l'os coracoïdien. La facette par laquelle il se joint à son semblable est plane et de la figure d'un triangle isocèle. Son col est épais et sa tête encore plus. Elle offre deux facettes : une rugueuse, qui s'unit à l'ilium, et une lisse, qui concourt à la formation de la cavité cotyloïde. Une apophyse plane, qui supporte le pubis, s'élève de son col en avant et un peu en dehors.

Le bassin dans la plupart des Sauriens de la famille des Lézards, dans le Monitor en particulier, est composé de trois os, qui, comme chez les Mammifères, concourent à la composition de la fosse cotyloïde, laquelle est ici peu profonde. L'ilium en prend la moitié supérieure ; son col est large et court ; sa portion spinale, au lieu de se diriger en avant, comme dans les vivipares, ou de s'arrondir, comme dans le crocodile, se porte obliquement en arrière en forme de bande étroite, et il n'a en avant qu'une petite pointe.

Le pubis et l'ischion s'unissent chacun à son opposé dans la ligne moyenne inférieure ; mais le pubis ne s'articule point avec l'ischion, et les deux trous ovalaires ne sont séparés que par un ligament. Le col de ces deux os est court, large et plat ; celui du pubis est percé d'un trou assez grand, et son bord antérieur produit une pointe qui se recourbe au bas et en dehors.

Dans les Monitors la symphyse du pubis se fait par une troncature large, qui est moins apparente dans les Sauvegardes et dans les Lézards, les Dragons, les Stellions, etc., par une pointe étroite.

Celle de l'ischion a toujours lieu par une large troncature.

Le Caméléon se distingue de tous les autres Sauriens par l'étroitesse de son ilium, qui va directement s'attacher à l'épine, et qui, comme l'omoplate, porte à sa partie supérieure un cartilage triangulaire.

La symphyse de son pubis, dépourvue de pointe latérale, se fait par une troncature.

Ses ischions forment, par leur réunion, une crête saillante.

Dans l'Ophisaure et dans l'Orvet il subsiste encore des vestiges de bassin, qui consistent dans un petit ilium avec une trace d'ischion, mais sans apophyse, et que M. Cuvier n'a pu découvrir dans le Bimane.

Dans les Batraciens de la famille des Anoures les pubis et les ischions, manifestement raccourcis, sont soudés en un disque solide vertical, qui se bifurque en dessus pour les os des îles.

Dans le Pipa les ailes de ces derniers deviennent horizontales en avant et s'attachent sous les énormes apophyses transverses du sacrum.

La suture de séparation des os des îles, dans les Anoures, traverse directement de l'angle postérieur du disque à son bord antérieur, en divisant en deux la cavité cotyloïde. Leur aile est très-longue, rétrécie immédiatement au-dessus de celle-ci, puis un peu dilatée, et ensuite se rétrécissant peu à peu jusqu'au sommet, qui est creux et rempli par un cartilage qui le suspend à l'apophyse transverse de la dernière vertèbre. Le bord supérieur de cette partie alongée de l'os est tranchant; l'inférieur est mousse et arrondi.

Nous avons déjà dit combien, dans les Salamandres, est grande la variété des points où le bassin s'attache à l'épine. Ce bassin est, d'ailleurs, tout autrement fait que celui des Grenouilles : la vertèbre qui le porte a, comme celles qui la précèdent, une petite côte de chaque côté, et c'est à l'extrémité de celle-ci que l'ilium est attaché par un ligament. Ce dernier os est cylindrique et s'élargit un peu en arrivant à la cavité cotyloïde. Le pubis et l'ischion se soudent ensemble et forment avec ceux de l'autre côté, dont ils demeurent distincts, un grand disque, concave en dessus, plat en dessous, coupé carrément en avant, échancré latéralement, rétréci derrière les fosses cotyloïdes, et terminé en arrière en arc concave. Le pubis est bien plus long-temps cartilagineux que l'ischion, avec lequel il s'unit par une suture qui fait une croix avec la symphyse. En avant de celle-ci est un cartilage en forme d'Y, qui est plongé dans les muscles et qui représente assez bien les os marsupiaux des Didelphes.

Dans la Sirène il n'y a aucun vestige de bassin.

Le Thorax des Reptiles varie beaucoup sous le rapport de sa composition.

Les Grenouilles, les Crapauds, les Raines, par exemple, ont un sternum et sont privés de côtes.

Les Ophidiens possèdent des côtes sans sternum.

Chez les Chéloniens les côtes sont soudées avec les vertèbres dans le bouclier dorsal, et le sternum est confondu dans le plastron.

Les Sauriens, dont les côtes sont parfaites, ont un sternum en grande partie cartilagineux.

Ces différences d'organisation ne sauroient nous étonner, puisque les Reptiles diffèrent beaucoup entre eux par la quantité de respiration qui leur est propre.

Nous savons déjà que tous les Ophidiens sont privés de l'appareil sternal.

Dans les Chéloniens, en général, le sternum paroit être une des pièces les plus importantes du squelette; on diroit, suivant l'expression ingénieuse d'un anatomiste moderne, et tant tout le reste de l'organisation lui est subordonné, qu'il est le caractère dominant, le grand caractère de cet ordre du Règne animal. Il est modelé, en effet, sur des dimensions extraordinaires; car, établi sur une échelle des plus grandes, il ne se borne pas à couvrir, à protéger la région de la poitrine uniquement : il abrite toute la surface inférieure du corps. C'est à lui que les zoologistes ont donné le nom de plastron.

Constamment ici le sternum est composé de neuf pièces, desquelles huit sont paires, dont la neuvième, placée entre les

quatre antérieures, est impaire, et dont la figure varie infiniment selon les genres et les espèces.

Dans les Tortues proprement dites, les Émydes et les Chélydes, ces diverses pièces du sternum ne laissent de vides
entre elles que dans le premier âge seulement, où elles sont
formées de rayons osseux, dirigés en divers sens dans le disque encore cartilagineux du plastron ; plus tard elles se joignent de toutes parts et constituent une plaque compacte,
unie à la carapace dans une plus ou moins grande étendue de
chaque côté.

Dans les Trionyx et les Chélonées ces expansions rayonnantes laissent entre elles toutes, et, de chaque côté, entre
elles et le bouclier dorsal, de grands espaces bouchés par un
tissu cartilagineux uniquement.

Dans les véritables Tortues, les Tortues terrestres, la première paire de ces plaques sternales forme une avance diversement configurée sous le cou de l'animal, et dont la face supérieure donne, en arrière, une pointe qui rentre vers la
poitrine. La quatrième et dernière forme une proéminence
sous le ventre et sous la queue de l'animal. La deuxième et
la troisième forment, en commun, une échancrure pour le
passage des pieds de devant. Une apophyse de cette dernière
constitue, avec la septième pièce marginale, une autre échancrure, moins profonde, pour le passage des pieds de derrière.

La pièce impaire est ovale à l'extérieur et paroît triangulaire en dedans. Elle est pointue en arrière.

C'est surtout aux dépens des pièces de la deuxième paire
qu'est pratiquée sa place.

Dans les Émydes à boîte, comme l'*Emys subnigra*, l'*Emys
clausa*, l'*Emys odorata*, etc., qui devroient, comme dans plus
d'une occasion déjà nous avons eu sujet de le dire, former
peut-être un genre à part dans l'ordre des Chéloniens, le sternum, oblong et mobile, est divisé en deux battans par une
articulation en charnière. La portion mobile de ce plastron
est demi-ovale et composée des cinq premières pièces de l'appareil sternal, dont l'impaire est fort grande. La portion fixe,
plus grande et pareillement semi-elliptique, est formée par les
quatre autres pièces. Ce sternum n'offre aucune échancrure,
et il n'existe, pour loger les pieds, d'autres vides que ceux

qui résultent de la courbure relevée des bords latéraux du bouclier dorsal.

D'autres Émydes, comme la Tortue de nos eaux douces (*Emys europæa*), ressemblent, ainsi que l'ont observé MM. Bojanus et Cuvier, aux précédentes par un peu de mobilité dans la partie antérieure de leur plastron.

Cette partie dans les Chélydes, au contraire, présente, avec le bouclier dorsal, une articulation des plus fortes, qui se fait par des processus des deuxième et troisième paires, unies aux quatrième, cinquième, sixième, et même septième pièces marginales, ainsi qu'aux première et quatrième des côtes élargies. La dernière paire de ces pièces est unie très-solidement aux huitième et neuvième côtes par l'intermédiaire des os du bassin.

Dans les Chélonées ou Tortues de mer la première paire forme, par deux arcs, le cadre de la saillie antérieure. La pièce impaire, articulée avec elle par deux saillies transversales, se prolonge en arrière en une apophyse pointue. Ses pièces de la deuxième paire s'unissent chacune à celle qui la précède, par une apophyse pointue et oblique, et à celle qui la suit par une suture transversale.

Les Trionyx d'Égypte et de Java ont celles de la première paire en forme de chevrons, qui se regardent par leur angle, et la pièce impaire est un troisième chevron, qui réunit les deux autres en tournant son angle en avant. Les trois ensemble prennent la figure d'un *H* ou d'un *X*.

Dans ces Tortues, comme dans celles de mer, il n'y a point d'articulation du sternum avec le bouclier dorsal, et ces deux parties de la cuirasse ne sont réunies que par des cartilages.

Dans les Reptiles de l'ordre des SAURIENS, le sternum, le plus souvent, ne sauroit être décrit isolément des os de l'épaule, qui forment avec lui une espèce de cuirasse pour le cœur et les gros vaisseaux.

Chez les Crocodiles spécialement il n'a d'osseux, même dans les plus vieux individus, qu'une seule pièce en forme de spatule, plate, alongée, pointue en avant et en arrière, dont la partie antérieure se porte sous le cou au-dessous des os coracoïdiens, tandis que la postérieure s'enchâsse dans un disque cartilagineux, rhomboïdal ou elliptique, au bord latéral antérieur duquel est pratiqué de chaque côté une rainure pour l'articulation de ces derniers, tandis que les cartilages des deux dernières vraies côtes s'insèrent au bord latéral postérieur. Il se prolonge, d'ailleurs, en arrière en une languette d'abord étroite, s'élargissant par degrés, recevant les cartilages des trois côtes suivantes, puis se bifurquant, recevant encore sur ses branches, qui se dirigent de côté, les cartilages des trois dernières vraies côtes et offrant, au lieu même de la bifurcation, uue petite pointe xiphoïde.

Dans les autres reptiles de cet ordre le sternum constitue le plus souvent, avec l'épaule, une espèce de cuirasse pour le cœur et les gros vaisseaux, comme nous venons de le dire. Il est plus compliqué que dans les Crocodiles, et consiste essentiellement dans un os long, étroit, déprimé, qui, antérieurement, se porte en avant sous le cou, après avoir jeté, à droite et à gauche, deux branches plus ou moins récurrentes, selon les espèces, et qui pénètre en arrière dans une lame cartilagineuse rhomboïdale, recevant par ses côtés antérieurs le bord sternal des os claviculaires, et par les postérieurs, l'insertion des fausses-côtes. Dans les Monitors, en particulier, il a la figure d'une arbalète et ses branches sont longues. Dans les Sauve-gardes, les Stellions, les Agames et les Iguanes, il est sagittiforme et ses branches sont courtes; dans les Lézards, et spécialement dans le lézard vert de Fontainebleau, ainsi que dans les Scinques, il ressemble à une croix, dont les branches vont toucher, de leur extrémité, un angle saillant du bord postérieur des Clavicules : dans les Agames les branches de la flèche sont plus courtes et la pointe postérieure du disque rhomboïdal se prolonge en deux longues tiges grêles, qui portent chacune deux cartilages de côte; ce qui les distingue anatomiquement des Anolis, où chacune de ces tiges a des rapports avec trois cartilages : dans les Geckos, le sternum est de figure rhomboïdale. Le Caméléon présente dans son appareil sterno-huméral une simplicité presque égale à celle que l'on observe dans le Crocodile; car il n'offre en avant qu'un disque cartilagineux et rhomboïdal, dont les bords postérieurs s'articulent avec quatre cartilages de côtes, tandis que l'angle qui les sépare n'en porte qu'une.

Dans les Reptiles Ophidiens il n'existe point de sternum.

Parmi les Batraciens nous voyons les Grenouilles privées de côtes, offrir un sternum réduit à trois pièces, placées bout à bout, c'est-à-dire, un mince filet osseux, logé entre les clavicules et entre les os coracoïdiens; une plaque qui se continue en avant en une lame cartilagineuse semi-lunaire, et; enfin, une autre plaque, rétrécie au milieu, large à ses deux extrémités, et terminée par un appendice xiphoïde, en forme de croissant, avec le bord postérieur convexe ou fortement échancré.

Dans le Pipa, la pièce antérieure manque même entièrement, et la postérieure, suspendue en arrière, est entièrement cartilagineuse. Quoique ici les cartilages, en forme de croissant, aient pris une très-grande extension et se joignent sur la ligne médiane sans se croiser, comme ils paroissent appartenir à l'épaule bien plus qu'au sternum, on peut dire que celui-ci est, ainsi que chez les Crapauds et les Salamandres, constitué uniquement par le cartilage xiphoïde, qui est rhomboïdal et presque aussi large que long.

Dans le Crapaud sonneur le sternum n'est qu'un cartilage qui se bifurque en arrière en deux longs filets.

La Salamandre terrestre et la plupart des Batraciens urodèles, avec elle, n'ont qu'un vestige de sternum, et plutôt membraneux même que cartilagineux.

Le bouclier dorsal des Chéloniens, cette carapace, cette cuirasse qui distingue de tous les autres vertébrés, sans exception, les animaux de cet ordre, et qui, enveloppant les muscles de leur thorax, est réellement formée par les os de cette cavité placés ainsi au dehors, offre dans sa composition huit paires de côtes, unies vers le milieu par une suite longitudinale de plaques anguleuses, qui adhèrent aux portions annulaires d'autant de vertèbres ou en font même partie, et sont engrénées par des sutures avec les côtes, lesquelles sont de même engrénées entre elles sur toute ou partie de leur longueur, suivant les espèces.

Chaque côte présente, outre la plaque engagée dans la carapace, une petite branche qui part de sa face inférieure, s'articule entre deux corps de vertèbres et semble correspondre à ce que l'on nomme la *tête* dans les côtes de l'homme, tandis que la partie dilatée, celle où l'engrénement s'opère avec les plaques de la série longitudinale, en représente la *tubérosité*.

Les côtes se terminent à un cadre de pièces osseuses, au nombre de onze de chaque côté le plus habituellement, toutes engrénées ensemble ainsi qu'avec les deux plaques extrêmes de la série longitudinale, et entourant toute la carapace. Ces pièces marginales, sous un point de vue philosophique, peuvent être regardées comme les analogues des cartilages sterno-costaux, et cela avec d'autant plus de probabilité que dans les Chélonées ou Tortues de mer les extrémités rétrécies des côtes entrent dans des fossettes creusées à leur face interne et s'y articulent par synchondrose.

Dans le Crocodile, parmi les Sauriens, tout le long de la ligne blanche, qui est purement ligamenteuse, s'attachent des cartilages abdominaux au nombre de six ou sept paires, dont la dernière touche au bord externe des os pubis par ses extrémités externes, qui se recourbent à cet effet : chacune de ces branches cartilagineuses, qui garantissent tout le bas-ventre, est composée de deux pièces, ainsi que l'a démontré M. G. Cuvier.

Ainsi donc le Crocodile offre, sous le rapport de la composition des parois de son thorax, une disposition tout-à-fait particulière. Ses côtes sont au nombre de douze de chaque côté, sans compter les appendices costiformes des vertèbres cervicales dont nous avons déjà parlé, et que l'on pourroit fort bien nommer des *fausses-côtes;* car la septième, à la longueur près, ressemble à la première côte exactement.

La première côte et les deux suivantes ont leur partie supérieure bifurquée, et s'articulent par une sorte de tête au corps de la vertèbre et par une tubérosité à son apophyse transverse, dont l'extrémité est échancrée à compter de la quatrième côte, pour recevoir la tête par un des points de la bifurcation.

La première et quelquefois les deux premières côtes proprement dites n'ont point de cartilage qui les joigne au sternum; les huit ou neuf suivantes ont chacune un cartilage ou partie sternale qui s'ossifie promptement; mais qui se joint à la portion vertébrale par une portion intermédiaire, long-temps et peut-être toujours cartilagineuse. Les six côtes qui suivent la troisième ont vers le bas de leur partie osseuse, au bord postérieur, un appendice cartilagineux qui rappelle l'apophyse récurrente des côtes des oiseaux. On observe sous le ventre cinq paires de cartilages sans côtes, fixés par les aponévroses des muscles, et dont les deux dernières vont se terminer aux côtés du pubis.

Sous le rapport anatomique, les Dragons se distinguent au premier coup d'œil de tous les autres Sauriens, parce que leurs six premières fausses-côtes, au lieu de se contourner autour de l'abdomen, s'étendent en droite ligne, et soutiennent une production de la peau, qui forme une espèce d'aile comparable à celle des chauves souris, mais indépendante des quatre pieds.

La plupart des autres Sauriens, l'Iguane et le Tupinambis en particulier, ont des côtes grêles et rondes, sans division à leur extrémité vertébrale en Tête et en Tubercule, et dont celles qui suivent les six premières, sont libres.

Dans les Monitors, les antérieures de ces côtes sont un peu plus élargies que les autres.

Dans plusieurs genres, comme les Anolis, les Marbrés et les Caméléons, au lieu des simples côtes ventrales, qu'on observe dans le Crocodile, on voit, après ceux de ces os qui s'unissent au sternum, des côtes qui se soudent mutuellement à leur correspondante, et entourent ainsi l'abdomen par des cercles entiers; disposition qui, comme l'a fait remarquer M. Cuvier, paroît propre aux Sauriens qui ont la faculté de changer de couleur.

Dans les Ophidiens, où il n'existe pas de sternum, on observe, qu'à partir de la tête, toutes les vertèbres, excepté celles de la queue, portent des côtes en nombre très-variable, d'abord rudimentaires, puis de plus en plus longues et arquées, autour des côtes du corps, de nouvelles fort courtes dans le voisinage de la queue, toujours fines, grêles, arrondies, fort pointues, et venant aboutir par leur extrémité à l'un des deux bouts d'une des larges plaques abdominales chez les Hétérodermes en particulier, c'est-à-dire dans les Couleuvres, les Trigonocéphales, les Vipères, les Crotales, etc. Dans la Vipère ammodyte, Charas a compté cent quarante-cinq paires de ces côtes jusqu'à l'anus.

Les côtes des Salamandres et des autres Batraciens urodèles sont si courtes, qu'elles semblent n'être que des apophyses transverses de vertèbres. N'ayant qu'un seul point d'articulation sur lequel ils sont peu mobiles, ces os rudimentaires existent au nombre de douze de chaque côté.

Dans la Sirène M. Cuvier a trouvé huit vestiges de côtes de chaque côté, à partir de la deuxième vertèbre. Le Protée en offre encore moins.

On ne rencontre aucune trace des membres dans les Ophidiens et dans quelques Sauriens urobènes, comme l'Ophisaure et l'Orvet.

Les membres antérieurs ou thoraciques manquent dans tous les Ophidiens, dans l'Ophisaure, dans l'Orvet, dans l'Hystérope, dans le Bipède.

On les rencontre seuls, au contraire, dans les Bimanes ou Chirotes, parmi les Sauriens, et dans la Sirène lacertine de la Caroline, parmi les Batraciens.

Chez les Chéloniens, dans l'obligation singulière, où, comme le dit M. Cuvier, étoit la Nature de mettre les os du bassin et de l'épaule au-dedaus du tronc, et d'y attacher leurs muscles, elle semble avoir fait des efforts pour s'écarter le moins possible de son plan général, et l'épaule en particulier offre trois branches osseuses; l'une de celles-ci, l'*Os coracoïdien*, se retrouve dans la plupart des Reptiles.

Dans les Sauriens, les os de l'épaule sont confondus avec le sternum et ne peuvent être décrits sans lui.

L'épaule de la Grenouille et des autres Batraciens anoures est remarquable en ce que ses trois os concourent à la formation de la cavité glénoïde.

Dans le Protée anguillard, excepté le col de l'omoplate, toute l'épaule est cartilagineuse.

Dans les Chéloniens la clavicule manque, à moins qu'on ne veuille la chercher dans la paire antérieure des pièces du sternum dont la position, relativement à la pièce impaire, rappelle celle de la clavicule des Sauriens et de l'Ornithorhynque. Cependant, si une suture, que M. Cuvier a observée dans une Chélonée marine, étoit constante, il faudroit. dans les Tortues, faire la clavicule de l'extrémité sternale de l'os qui va de la carapace au sternum : ce qui seroit d'autant plus naturel qu'il va s'attacher à la pièce impaire de celui-ci.

Telles sont les deux opinions entre lesquelles se partage aujourd'hui le savant professeur Cuvier, qui avoit d'abord pensé que la branche osseuse qui, dans les chéloniens, va de la première côte au sternum, avoit du rapport avec la clavicule et la fourchette des oiseaux.

M. Geoffroy Saint-Hilaire cherche, au contraire, l'apophyse épisternale dans la paire antérieure des pièces du sternum.

Dans tous les Chéloniens l'os coracoïdien est aplati et se porte en arrière. Dans les Chélonées marines, dans le Caret, en particulier, il est très-long et peu élargi à son extrémité sternale. Chez les Tortues de terre il est court et tellement élargi que son bord sternal égale sa longueur. Dans les Émydes il est plus long que large. Dans les Chélydes, plus large et plus court que dans celles-ci, il l'est moins cependant que dans les Tortues de terre. Dans les Trionyx il est remarquable par sa forme particulière. Plus élargi que dans les genres précédens, il a un bord externe convexe, qui se continue avec le postérieur, tandis que l'interne est un peu concave, et cette disposition donne à son contour une ressemblance marquée avec l'omoplate de certains mammifères.

Il n'y a, dans le Crocodile, aucune véritable clavicule. L'os coracoïdien fait seul, chez lui, l'office d'arc-boutant contre le sternum ; ce qui l'a fait, dans plus d'un cas, confondre avec celle-ci.

Cet os coracoïdien a d'ailleurs ici une telle ressemblance avec l'omoplate, que Grew a cru que le Crocodile avoit deux omoplates de chaque côté.

Dans les autres Sauriens la clavicule, plus ou moins grande, mais toujours bien développée. s'appuie d'une part contre l'os grêle du sternum ou contre sa branche latérale, et souvent aussi contre la clavicule du côté opposé ; de l'autre part, elle va appuyer contre le bord antérieur de l'omoplate, soit de sa portion osseuse, soit de celle qui demeure plus long-temps cartilagineuse, et qui souvent est surmontée d'un tubercule ou d'une petite crête pour la recevoir.

Dans les mêmes reptiles l'os coracoïdien prend un développement considérable et concourt à la formation de près de la moitié de la fosse glénoïde. Plus élargi que la partie osseuse de l'omoplate, il vient s'articuler au bord du rhomboïde sternal par un large bord sécuriforme. Il porte en outre deux apophyses, au moyen desquelles il soutient un grand arc cartilagineux croisé, sur l'os grêle et avancé du sternum, et articulé avec celui de l'os coracoïdien du côté opposé.

Il y a toujours ici encore un petit trou vasculaire percé dans le col de cet os entre ses apophyses et sa facette glénoïde.

Les apophyses qui vont se joindre au demi-cercle ou disque cartilagineux, laissent entre elles une ou deux couvertures ovales, qui ne sont fermées que par des membranes.

Avec l'âge ce demi-cercle cartilagineux prend de la consistance et même de la dureté, par suite de l'accumulation de petits grains calcaires, ainsi qu'il arrive au squelette des poissons chondroptérygiens.

On l'a comparé avec assez de justesse à la pièce osseuse qui adhère à l'os coracoïdien de l'Ornithorhynque et de l'Échidné, à laquelle du reste il ressembleroit exactement sans les grands vides membraneux par lesquels il est échancré.

Dans les divers genres de la nombreuse famille des Sauriens les pièces osseuses de l'épaule ne sauroient rester les mêmes, et c'est en effet ce qui arrive à la clavicule et à l'os coracoïdien. Quoique ces différences soient de peu d'importance, elles méritent cependant d'être signalées aux amis de la science.

Dans les Monitors, par exemple, la clavicule est grêle et ne vient point toucher son opposée : il y a deux ouvertures ovales entre l'os coracoïdien et son cartilage.

Dans les Sauve-gardes les clavicules, larges et fortes, se touchent l'une l'autre par leur bord interne, où elles offrent un espace ovale simplement membraneux. Leur autre extrémité est appuyée sur un angle saillant de l'omoplate, qui porte aussi sur elle une apophyse particulière. Or, comme l'os coracoïdien donne lui-même trois apophyses pour porter son apophyse cartilagineuse, il existe dans cette partie de la cuirasse pectorale trois espaces membraneux.

Chez les Lézards proprement dits, et spécialement chez le Lézard vert de Fontainebleau, les clavicules sont larges et tantôt percées en avant d'un espace membraneux, tantôt simplement échancrées; elles se touchent l'une l'autre au devant de l'os impair de l'appareil sterno-costal. L'os coracoïdien n'a d'ailleurs ici que deux apophyses et ne forme qu'un espace membraneux avec son cartilage.

Dans les Iguanes la clavicule n'est point percée, et il y a quatre espaces vides dans la cuirasse scapulaire, attendu que l'apophyse de l'omoplate est assez longue pour en laisser encore un entre elle et l'endroit où la clavicule touche à son bord.

Les Geckos ont une clavicule large, qui n'offre qu'un petit trou à la place d'un espace membraneux.

Leur os coracoïdien présente deux de ces espaces.

Les Scinques ont, comme les Lézards, la clavicule large et percée. Leur os coracoïdien ne présente qu'un espace membraneux.

Les Ophisaures et les Orvets ont encore sous la peau une clavicule grêle et un os coracoïdien, avec deux espaces membraneux. Ils sont cependant absolument privés de membres.

La clavicule manque totalement dans le Caméléon.

Les os coracoïdiens de ce reptile, fort élargis, mais sans espaces membraneux, s'enchâssent dans une rainure des bords du disque cartilagineux et rhomboïdal du sternum et se touchent l'une l'autre en avant de son angle antérieur.

Dans les Grenouilles l'extrémité humérale de la clavicule est élargie pour correspondre au bord articulaire de l'omoplate. Son angle postérieur contribue à la cavité glénoïde, qui a, entre cette partie de son fond et celle que lui fournit l'omoplate, un trou assez large. L'os coracoïdien complète ici cette cavité, et s'articule à cet effet et avec la clavicule et avec l'omoplate.

Le corps de celle-là est ferme, grêle, droit et va, sur la

ligne médiane, s'unir à son semblable. L'os coracoïdien en fait autant en s'élargissant toutefois beaucoup à sa ligne de rencontre, après s'être rétréci dans son milieu.

On voit dans certaines espèces, par exemple dans la grande Grenouille d'Amérique, à la partie antérieure de la clavicule, une petite pièce triangulaire qui passe par-dessus celle-ci, s'élargit et va s'unir à la clavicule du côté opposé, de sorte que cet os ne s'unit à son congénère que par sa face inférieure.

Les extrémités sternales de la clavicule et de l'os coracoïdien sont jointes, dans chaque épaule, par un cartilage en forme de croissant, celui du côté droit passant sous le gauche, et considéré par M. Steffen comme une pièce du sternum.

L'épaule de la Salamandre est fort curieuse par la prompte soudure de ses trois os en un seul qui porte la fossette glénoïde à son bord postérieur, qui envoie vers l'épine un lobe quadrilatère élargi vers le haut, lequel est l'omoplate, et qui fournit à la poitrine un disque arrondi et composé de la clavicule et de l'os coracoïdien, séparés assez long-temps par une suture. Ce disque, toujours percé d'un petit trou, est entouré d'une grande lame cartilagineuse en forme de croissant, laquelle se croise sous la poitrine avec sa congénère.

La clavicule et l'os coracoïdien de la Sirène lacertine sont représentés par deux lobes cartilagineux, l'un dirigé en avant; l'autre, beaucoup plus large, se portant sur la poitrine, et croisé sur celui du côté opposé.

Dans le bord externe de ce cartilage coracoïdien, un peu au-delà de la fosse articulaire, on trouve une lame osseuse semi-lunaire, seul vestige du coracoïdien osseux.

Il n'y a rien de semblable pour la clavicule.

Dans le Protée anguillard la clavicule et l'os coracoïdien sont cartilagineux. Les deux os coracoïdiens s'entrecroisent et laissent voir en arrière d'eux une lame cartilagineuse xiphoïdale.

Dans les CHÉLONIENS l'omoplate est représentée par une branche osseuse, s'étendant du bouclier dorsal au sternum et suspendue par un ligament sous la dilatation de la seconde côte, mais en avant de la première.

Dans le ligament qui la suspend il y a quelquefois un et même deux petits os particuliers. MM. Bojanus et G. Cuvier ont observé cette particularité dans la Tortue d'Europe et dans un Émyde à boîte d'Amérique ; mais rien de semblable ne s'est encore présenté dans les grandes Tortues de terre et dans les Chélonées.

L'omoplate est d'abord, du reste, à peu près cylindrique ; elle se porte en avant, et, après avoir fourni de sa face externe une portion de la fosse glénoïde, elle va, en faisant une inflexion plus ou moins prononcée en dedans, attacher son autre extrémité à la face interne du sternum, vers l'angle latéral de la pièce impaire.

Ainsi, au-delà de la facette articulaire, elle porte un acromion qui l'égale presque en volume elle-même.

Dans les Tortues de mer la branche acromiale est plus comprimée que dans celles de terre et fait, avec le corps de l'omoplate, un angle beaucoup plus prononcé que dans celles-ci et même que dans les Émydes.

L'omoplate du Crocodile est fort petite pour la taille de l'animal. Sa partie plane est un triangle isocèle, étroit, sans épine. Son col, cylindrique, se recourbe en dedans, et s'évase ensuite pour présenter à l'os coracoïdien une longue face, qui porte en avant à son bord externe une apophyse qui contribue avec une apophyse correspondante de la clavicule à former la fosse glénoïde pour la tête de l'humérus.

Dans les autres Sauriens l'omoplate ne contribue aussi qu'en partie à la composition de cette cavité. Elle se porte, en s'élargissant, sur le côté du thorax et vers le dos, et, dans le tiers ou le milieu de sa longueur à peu près, sa partie osseuse se termine tout d'un coup, et elle se continue en une portion cartilagineuse ou présentant un caractère spécial d'ostéopoïèse, comme le cartilage adhérent à l'os coracoïdien.

L'omoplate de la Grenouille est divisée en deux parties, une spinale, plus large, beaucoup plus mince, qui ne s'ossifie pas entièrement et conserve toujours un bord cartilagineux, et une toute osseuse, plus épaisse, articulée avec la première par synchondrose mobile, et allant en se rétrécissant vers le col, au bord postérieur duquel est une facette pour la cavité glénoïde. Plus loin l'os s'avance en s'élargissant pour s'articuler avec la clavicule, dont l'extrémité humérale est élargie en conséquence.

L'omoplate de la Salamandre a son bord spinal augmenté d'un appendice cartilagineux.

Dans la Sirène elle est grêle, presque cylindrique, rétrécie dans son milieu et augmentée, du côté spinal, d'une lame cartilagineuse.

Chez le Protée, excepté son col, elle est entièrement cartilagineuse comme le reste des os de l'épaule.

Dans les Chéloniens l'humérus est singulièrement tourné sur son axe, et cela en raison de la position exigée, pour le pied de devant, par l'échancrure étroite qu'il doit traverser pour se dégager de la cuirasse osseuse qui recouvre le corps; il s'articule à la fois avec l'omoplate et l'os coracoïdien par une large tête ovale, fort convexe, dont le grand diamètre est dans le sens de l'aplatissement de l'os, et qui est sortie hors de l'axe plus que dans aucun autre animal.

Par l'effet même de sa courbure, sa tubérosité interne est devenue postérieure et supérieure, tandis que l'externe est devenue interne et un peu postérieure aussi : toutes deux sont très-grandes, très-saillantes, et laissent entre elles une concavité assez profonde.

L'interne est la plus volumineuse des deux, elle a la forme d'une longue crête obtuse, analogue à la crête deltoïdienne. Dans les Chélonées elle dépasse le niveau de la tête, et ressemble à un olécrâne.

L'externe représente aussi une crête, mais beaucoup plus courte. Dans les Chélonées elle ressemble à un chevron transversal.

L'une et l'autre s'étendent jusque près des bords de la tête.

Elles sont plus écartées dans les Trionyx que dans les Tortues proprement dites.

Le corps de l'os est arqué; sa concavité regarde en bas et répond à la partie antérieure de celui de l'Homme; sa face supérieure, qui est convexe, offre un petit creux dans le haut vis-à-vis la fin de la fosse qui est entre les deux tubérosités.

Il est plus grêle et moins arqué dans les Émydes que dans les autres Chéloniens, à l'exception des Chélydes, où, tout en étant plus gros, il est encore moins arqué, et des Chélonées où il demeure presque droit.

45. 13

L'extrémité cubitale est élargie et un peu aplatie d'avant en arrière; son bord externe est creusé d'un sillon qui, dans les Chélonées, sépare presque la tête inférieure en deux parties inégales, et qui, peu prononcé dans les Tortues de terre, est plus profond dans les Émydes et les Chélydes, ainsi que dans les Trionyx. Ce sillon est le meilleur caractère que l'on puisse indiquer pour distinguer l'humérus des Chéloniens de leur fémur.

L'extrémité cubitale de l'os se termine effectivement en bas par une tête d'une convexité uniforme qui s'articule avec les os de l'avant-bras sans leur offrir deux facettes distinctes.

L'humérus du Crocodile est courbé en deux sens; sa partie supérieure est un peu convexe en avant, et l'inférieure concave. Il rappelle la figure de la lettre S.

Son extrémité scapulaire offre une tête comprimée transversalement et ressemble un peu au tibia. Elle n'est surmontée que d'une tubérosité unique, antérieure et en forme de crête.

Son bord externe, vers son cinquième supérieur, est surmonté, en avant, d'une crête deltoïdale presque triangulaire.

Son extrémité cubitale, comprimée et élargie transversalement, est divisée antérieurement en deux condyles.

L'humérus des autres Sauriens a de grands rapports de forme avec celui des oiseaux; sa tête supérieure est de même comprimée pour répondre à la cavité cylindroïde que lui présentent, en commun, l'omoplate et l'os coracoïdien; sa poulie inférieure est formée de même de deux portions saillantes de roue, arrondies en tous sens, et dont l'externe remonte davantage; le condyle interne est beaucoup plus saillant que l'externe; la crête deltoïdale produit un angle très-marqué en avant; la tubérosité postérieure est peu crochue. Toutes les faces articulaires de l'os sont bien mieux prononcées que dans le crocodile.

Il n'est d'ailleurs ni creux, ni percé de trous pour l'entrée de l'air dans son intérieur, ce qui le distingue au premier coup d'œil de l'humérus des oiseaux.

Dans les Batraciens anoures, comme les Grenouilles et les Crapauds, l'humérus offre, à son extrémité scapulaire, une tête convexe, un peu échancrée à son côté interne; en avant il est surmonté d'une crête deltoïdienne, forte et saillante vers le bas; il est aplati en arrière, et la plus grande partie de sa poulie articulaire est occupée par une espèce de globe pour sa jonction avec les os de l'avant-bras. Du côté externe on remarque une crête un peu aiguë.

Dans les Salamandres, parmi les Batraciens urodèles, l'humérus a, dans le haut, une tête arrondie; un peu plus bas et en avant, une tubérosité comprimée et obtuse, et en arrière, encore un peu plus bas, une grosse apophyse pointue.

La Salamandre aquatique a, dans le haut, cet os moins élargi que la Salamandre terrestre; son extrémité inférieure est aplatie d'avant en arrière, élargie pour arriver aux condyles, entre lesquels est une tête articulaire, ronde et surmontée, en avant, d'une petite fossette.

L'humérus de la Sirène lacertine est rétréci dans sa partie moyenne; comprimé latéralement dans le haut, il est aplati d'avant en arrière dans le bas.

Ses extrémités sont cartilagineuses.

Il en est de même, par rapport à celles-ci, dans le Protée anguillard; ici l'os est, dans son ensemble, petit et grêle.

L'avant-bras des Chéloniens, des Crocodiles, des Sauriens pourvus de membres thoraciques, des Salamandres, et celui du Protée anguillard, sont composés de deux os distincts.

Celui des Grenouilles, des Crapauds et des autres Anoures n'offre qu'un seul os, que nous sommes en conséquence forcés de décrire immédiatement. Cet os est court, et l'on y reconnoît manifestement encore le radius et le cubitus, malgré la soudure qui les joint intimement l'un à l'autre. Il présente en effet un sillon de chaque côté dans sa moitié inférieure, et il est creusé intérieurement d'un double canal médullaire. Son extrémité supérieure s'articule par une cavité hémisphérique sur une grosse tubérosité arrondie qui existe entre les deux condyles de l'humérus. En arrière de cette cavité on remarque un vestige d'olécrâne, remplacé quelquefois par un osselet qui se développe dans le tendon des muscles extenseurs de l'avant-bras. Son extrémité inférieure est plus grande, oblongue; on y voit en dedans une petite convexité, et en dehors une autre convexité plus large et plus plane.

Dans les Chélonées ou Tortues de mer, de même que dans

les autres genres de la famille des CHÉLONIENS, les deux os de l'avant-bras, peu mobiles l'un sur l'autre, sont toujours dans un état de pronation plus ou moins forcée.

Lors de la marche, en effet, ils sont placés de façon que le radius forme le bord intérieur du membre, tandis que le cubitus en constitue le bord extérieur.

Dans les Salamandres ces deux os sont situés l'un au-dessus de l'autre.

Dans les CHÉLONIENS le cubitus est comprimé. Sa tête supérieure est triangulaire et coupée obliquement, en sorte que son bord externe s'élève plus que son bord radial, sans cependant former d'olécrâne : ce bord est tranchant ; l'extrémité inférieure est coupée carrément.

Dans les Trionyx, le cubitus n'est point aussi comprimé que dans les autres genres de la famille des Chéloniens. Il est même rond dans le milieu, où il est aminci, et il a, vers le bas en avant, une arête saillante, qui le rend presque prismatique, ainsi que chez les Chélonées ; il est d'ailleurs plus court que le radius.

Dans le Crocodile le cubitus n'a ni olécrâne, ni facette sigmoïde. Il s'articule supérieurement avec le condyle externe de l'humérus par une facette ovale, plus large du côté radial. Son corps est rétréci et comprimé dans le sens transversal, et se courbe légèrement en dehors. Son extrémité inférieure, plus petite que la supérieure et comprimée transversalement, descend, en s'élargissant, un peu du côté radial.

Dans les autres SAURIENS le cubitus est comprimé et tranchant sur son bord radial. Il offre une facette sigmoïde, ovalaire et un olécrâne peu saillant. Son extrémité carpienne représente une tête ovale et uniformément convexe.

Dans la Sirène, cet os, rétréci dans son milieu et assez grêle, a ses extrémités cartilagineuses.

Il en est de même dans le Protée anguillard.

Dans les Chéloniens, en général, le radius offre supérieurement une tête demi-circulaire et un peu concave. Son corps est aminci, et son extrémité inférieure, comprimée, est coupée obliquement, en sorte qu'il est plus court au côté cubital.

Dans les Trionyx, comme dans les Chélonées, il dépasse le cubitus, et dans ces dernières il est placé sous le bord antérieur de cet os, en supposant toutefois le carpe horizontal. Chez elles aussi il est plus long que le cubitus, presque cylindrique vers le haut, terminé en prisme à trois arêtes inférieurement, et comprimé et rétréci aux deux bouts.

Dans les Crocodiles, presque cylindrique, il est plus court et plus mince que le cubitus. Sa tête humérale est ovale; la carpienne est oblongue et plus mince vers le cubitus.

Dans les autres SAURIENS, dans les Lézards en particulier, il est mince. Sa tête humérale est ovale et concave; la carpienne, un peu renflée, est articulée avec le premier os du carpe par un tubercule arrondi et par une fossette semilunaire.

Dans la Sirène lacertine le radius est interne et élargi par le bas. Il est d'ailleurs grêle et ses extrémités restent cartilagineuses.

Le Protée présente la même disposition.

Dans les Chélonées tous les os du carpe sont plats et coupés à peu près carrément. Ils sont placés sur trois rangs.

Au premier rang sont deux os qui adhèrent au cubitus, le cubitus étant le plus long.

Sous le premier de ces os et sur le deuxième et le troisième du dernier rang il en existe un intermédiaire, qui paroît répondre au démembrement du trapézoïde que l'on observe dans les singes, et qui constitue à lui seul le second rang du carpe.

Le troisième rang de cette partie est composé de cinq os d'un petit volume, qui portent les cinq os du métacarpe.

Enfin, il en existe un de figure semi-lunaire, qui est véritablement hors de rang et qui adhère au bord externe de celui qui est au-dessus du métacarpien du petit doigt.

Entre celui qui est sur le métacarpien du pouce et le radius il n'y a pendant long-temps que des ligamens. Avec l'âge, il se montre en cet endroit un petit os radial.

Dans les Tortues de terre on trouve, au premier rang du carpe, un grand os radial, nommé par M. Cuvier *os scaphoïdo-semi-lunaire*, et deux os cubitaux presque carrés.

Le second rang a cinq os qui soutiennent les cinq méta-carpiens. Il existe un os intermédiaire, placé entre le grand os radial, le premier cubital et ceux qui portent le troisième et le quatrième métacarpiens, et assez fréquemment soudé avec le scaphoïdo-semi-lunaire.

Dans les Émydes c'est un seul os du carpe qui porte les deux métacarpiens externes. Le second rang de cette région du squelette est formé par cinq os, dont un, très-petit, est situé en dehors du côté du pouce. Au premier rang quatre os sont en rapport avec le cubitus, deux grands, un petit intermédiaire et un petit hors de rang : c'est au moins ce qu'on observe dans l'*Emys europœa*; car, dans les Émydes-à-boîte, les deux petits os manquent.

Le grand os scaphoïdo-semi-lunaire passe en partie sous les deux os cubitaux.

Dans les Chélydes l'os radial est petit et rentré vers le dedans du carpe à côté de l'os intermédiaire.

Les Trionyx sont dans le même cas.

Chez les Crocodiles il n'y a que quatre os au carpe, un radial, plus grand, et un cubital, plus petit, qui sont chacun rétrécis dans le milieu et élargis aux extrémités; un troisième, sorte de pisiforme, qui s'articule avec le cubitus et avec l'osselet cubital, et qui, arrondi en devant, est surmonté d'un petit crochet en arrière et en dehors, et, enfin, un dernier, de figure lenticulaire, et placé entre l'osselet cubital et les métacarpiens de l'index et du doigt médius.

Dans les autres Sauriens le carpe est composé de neuf os, un radial et un cubital, assez grands; un pisiforme, collé contre le bas du cubitus; cinq petits, disposés en ligne courbe et répondant aux cinq os du métacarpe, et, enfin, un neuvième, logé entre les deux grands os du premier rang et les quatre premiers du second rang.

Dans le Caméléon, c'est la proportion des os du carpe qui diffère plutôt que leur nombre et leur arrangement. Les cinq os du dernier rang sont plus grands et oblongs, au lieu d'être aplatis; le pisiforme est collé le long du côté interne du cubitus et entre lui et le radius, à cause de l'état de pronation et de torsion où se trouve le pied. L'os cubital et l'os radial sont petits; le central est le plus grand de tous;

autour de lui sont rangés en rayons les cinq os du dernier rang, lesquels sont plus longs que dans les lézards.

Dans les Batraciens anoures, en général, et dans les Grenouilles spécialement, on compte six os au carpe : deux au premier rang, dont un radial, à face supérieure concave, et à face inférieure en poulie oblique, et un cubital, qui offre en arrière une petite cavité pour recevoir la convexité du cubitus ; un au second rang, interposé entre le radial et les deux premiers du troisième rang, qui sont petits et répondent au métacarpien de l'index et au vestige du pouce ; enfin, un dernier, qui est le plus volumineux de tous, qui répond à la fois aux deux os du premier rang et aux trois derniers métatarsiens, et qui porte en dessous une assez grosse protubérance.

Chez les Salamandres le carpe est composé de cinq os et de deux cartilages, tous plats, anguleux, disposés un peu à la manière des pavés. Au premier rang il en existe deux, un radial, plus petit et cartilagineux, et un grand qui tient au radius et au cubitus tout à la fois. Entre eux en est, au second rang, un seul ; puis on en compte, au troisième rang, quatre pour les quatre os métacarpiens. Le premier reste cartilagineux.

Dans la Sirène ces os demeurent à l'état cartilagineux.

Il en est de même chez le Protée anguillard.

Les os du métacarpe, dans les Tortues de mer, sont au nombre de cinq : celui du pouce est court et large ; les autres sont longs et grêles. Dans les Tortues de terre ils sont plus courts même que les phalanges des doigts. Chez les Émydes ils sont assez longs, et les deux externes sont portés sur un seul os du carpe.

Dans le Crocodile ils ont une ressemblance manifeste avec ceux des mammifères.

Dans les autres Sauriens ces os, au nombre de cinq, sont grêles et alongés. Celui du pouce et celui du petit doigt sont un peu plus courts que les trois mitoyens.

Nous n'avons pas besoin de rappeler que dans tous les Ophidiens, sans exception, il n'y a point de métacarpe.

Dans les Batraciens anoures il n'y a que quatre os du métacarpe, qui diffèrent peu en longueur ; celui de l'index est gros et anguleux.

En même nombre dans les Salamandres, ces os y sont courts, plats, rétrécis dans leur milieu.

Dans la Sirène lacertine il existe aussi quatre os du métacarpe seulement, et le Protée anguillard en offre encore un de moins.

Le nombre des doigts et leur mobilité sont exposés à plus de variétés dans les Reptiles que dans les autres classes des animaux vertébrés.

Il faut remarquer d'abord que tous les Ophidiens et quelques Sauriens urobènes en sont totalement privés.

Les Tortues de terre en ont cinq, courts et composés chacun de deux phalanges seulement, phalanges qui sont plus longues que les os du métacarpe.

Les Chélonées ont un petit doigt formé de deux phalanges et qui n'est pas plus long que le pouce. Leurs trois autres doigts, surtout le médius, s'alongent beaucoup, et il résulte du tout une main pointue, constituée par cinq doigts.

Dans les Émydes ou Tortues d'eau douce les trois doigts moyens ont leurs trois phalanges bien développées; mais il n'y en a que deux au pouce et au petit doigt. En tout on compte chez elles cinq doigts.

Il en est de même des Chélydes ou Tortues à gueule, comme la Matamata.

Dans les Trionyx les trois premiers doigts ont leurs troisièmes phalanges grandes, larges et pointues pour porter les ongles. Le quatrième en a quatre, toutes assez grêles, et le dernier trois. Le Tyrsé et la Tortue molle d'Amérique sont dans ce cas.

Parmi les Sauriens le Crocodile a cinq doigts, et le nombre de leurs phalanges est très-inégal. Le pouce en offre deux, l'index trois, et le petit doigt trois aussi; tandis que le médius et le quatrième en présentent quatre.

Les autres Sauriens, comme les Lézards, les Iguanes, les Dragones, les Basilics et autres genres chez lesquels les membres pectoraux sont bien développés, ont aussi cinq doigts parfaitement reconnoissables sur le squelette.

Leur pouce a deux phalanges seulement.

L'index et le petit doigt en présentent trois.

Le médius en offre quatre.

Le quatrième doigt, qui répond à l'annulaire de l'Homme, en présente cinq.

En somme leur main est assez arrondie.

Le Caméléon cependant offre, parmi eux, quelques particularités qu'il est bon de noter. Ses premières phalanges semblent tenir la place des os du métacarpe, soudés au dernier rang de ceux du carpe, et son pouce est composé de deux de ces os : son index et son petit doigt en renferment chacun trois, et les deux doigts intermédiaires chacun quatre.

Chez les Seps et les Chalcides on ne compte que trois fort petits doigts.

Dans les Batraciens anoures l'index et le doigt médius ont chacun deux phalanges ; les deux autres doigts chacun trois. En somme il n'y a que quatre doigts en tout chez ces reptiles.

Les Salamandres n'ont aussi que quatre doigts : le premier n'offre qu'une phalange ossifiée ; le deuxième et le quatrième en ont chacun deux ; le troisième en présente trois.

Dans la Sirène lacertine on ne trouve que deux phalanges à chacun des quatre doigts.

Le Protée anguillard n'a que trois doigts en totalité, et chacun d'eux n'a que deux phalanges ossifiées uniquement.

Dans les Tortues de mer le pouce est, avec l'index, le seul doigt dont la dernière phalange serve à supporter un ongle. Il n'est point plus court que le petit doigt.

Dans les Émydes il n'a que deux phalanges.

Celui des Crocodiles est aussi dans ce dernier cas.

Il en est de même, sous ce rapport, dans les autres Sauriens.

Les Grenouilles et les autres Anoures n'ont au pouce qu'une seule phalange.

Dans le Crocodile les deux derniers doigts, étant dépourvus d'ongle, ont une dernière phalange grêle et courte.

Les Ophidiens et quelques Sauriens, comme les Bimanes, les Orvets, les Ophisaures, n'ont aucune apparence de membres pelviens. Les Sirènes, parmi les Batraciens, en sont pareillement privées.

Dans les Grenouilles et les Rainettes la longueur de ces membres dépasse de beaucoup celle des membres thoraciques.

Ils sont composés, d'ailleurs, ainsi que dans les autres animaux, d'une cuisse, d'une jambe et d'un pied, divisé lui-même en tarse, en métatarse et en orteils.

Le Fémur ou l'os de la cuisse ressemble, en général, à celui des autres animaux vertébrés ; cependant il a une double courbure, plus ou moins prononcée, et il présente, en devant, une convexité vers son extrémité tibiale, et une concavité du côté du bassin.

Dans les Tortues de terre, parmi les Chéloniens, il seroit facile de prendre cet os pour un humérus de mammifère. Sa tête, ovalaire, s'écarte du corps de l'os sans en être précisément séparée par un col étroit. Le trochanter est remplacé par une crête transversale peu élevée et que sépare de la tête un enfoncement demi-circulaire. Le milieu de la diaphyse est aminci et rond, et le bas paroit comprimé d'avant en arrière et s'élargit pour former l'extrémité articulaire, qui représente une portion transverse de cylindre un peu infléchie du côté postérieur.

Dans les Émydes la tête du fémur est plus oblongue que dans les autres genres de l'ordre des Chéloniens, et les deux trochanters sont deux tubercules distincts, séparés l'un de l'autre par un arc rentrant de la crête.

Dans les Trionyx cette dernière séparation est encore plus marquée.

Dans les Chélonées la tête est ronde, et il n'y a qu'une crête plus élevée et plus grosse dans son milieu. L'os est d'ailleurs plus court et plus épais.

Dans le Crocodile, le fémur, un peu plus long que l'humérus, est courbé en sens contraire. Sa tête est comprimée dans un sens presque longitudinal, c'est-à-dire d'avant en arrière. Vers le quart supérieur la face interne est surmontée d'un trochanter pyramidal et mousse. Son extrémité tibiale, plus large dans le sens transversal, se divise en arrière en deux condyles écartés.

Le fémur des autres Sauriens, par sa partie supérieure, ressemble beaucoup à celui du Crocodile, tandis que leur humérus (on se le rappelle sans doute) se rapproche beaucoup de celui des oiseaux. Sa tête est comprimée et courbée en avant ; le trochanter s'élève sur la face tibiale, c'est-à-dire presque en dessous, en raison de la direction du pied dans ces reptiles : il est voisin de la tête, très-saillant et comprimé.

Son extrémité tibiale ressemble beaucoup à ce qu'elle est dans les oiseaux : à son côté elle offre un sillon pour la tête du péroné.

Dans les Batraciens anoures le fémur est long, cylindrique, un peu courbé en S ; sa tête est arrondie ; son extrémité tibiale un peu dilatée et tronquée ; sa face postérieure porte une crête longitudinale pour tout trochanter. La coupe de son corps est arrondie.

Il est plus long dans les Grenouilles et dans les Rainettes que dans les Crapauds. Sa coupe est très-aplatie dans le Pipa de Surinam.

Les Salamandres ont la tête de leur fémur ovale. Cet os, chez elles, porte, à la face interne de son col, une apophyse pointue tenant lieu de trochanter : son extrémité tibiale est élargie et aplatie d'avant en arrière.

Le fémur du Protée est petit et grêle.

La Rotule est très-petite, souvent à peine visible et quelquefois même nulle dans les Reptiles.

Dans les Crapauds elle est cartilagineuse et logée dans l'épaisseur des tendons.

Dans les Chéloniens le tibia est presque droit ; plus gros et à peu près demi-cylindrique dans le haut, il se rétrécit au milieu et s'élargit de nouveau en bas.

Il s'articule avec l'astragale par une surface un peu concave, uniforme.

Dans les Tortues de terre son milieu est assez grêle ; son extrémité fémorale présente deux facettes légèrement concaves, et le côté interne de la tarsienne porte un tubercule saillant, qui correspond à une facette concave de l'astragale.

Dans les Émydes ce tubercule inférieur existe aussi ; l'extrémité fémorale est un peu convexe.

Dans les Chélydes le tibia est plus égal en grosseur ; l'extrémité fémorale est convexe, et le tubercule astragalien peu prononcé.

Dans les Trionyx il en est à peu près de même.

Dans les Chélonées cet os est presque aussi large au milieu qu'aux extrémités, qui sont convexes. Le tubercule astragalien manque.

Dans le Crocodile le tibia s'éloigne peu des formes ordinaires aux mammifères. Son extrémité supérieure est grosse et triangulaire; l'inférieure, dont la surface est convexe, représente un croissant posé obliquement.

Dans les autres Sauriens le tibia est volumineux, et a son extrémité supérieure triangulaire; l'inférieure est transversalement oblongue et plane.

Dans les Batraciens anoures, à la suite du fémur vient un os que la plupart des anatomistes ont considéré à tort comme le représentant des deux os de la jambe. Il n'est, comme je l'ai déjà démontré ailleurs (tom. XI, pag. 524), qu'une pièce particulière au squelette de ces animaux, et beaucoup moins longue dans les Crapauds que dans les Grenouilles. C'est le *femur secundarium* de M. Rudolphi, qui retrouve le tibia et le péroné dans les deux grands os qu'on a regardés comme constituant le tarse de ces reptiles.

M. Cuvier, cependant, et son autorité est, en pareille matière, d'un poids incomparable, croit, contradictoirement à l'opinion que nous émettons ici et à celle de M. Rudolphi, que la jambe des anoures est composée de deux os soudés ensemble sur toute leur longueur, comme le métacarpe et le métatarse des Ruminans, et qui ne font plus sentir leur distinction que par un sillon plus ou moins marqué de leur face antérieure et postérieure, par un trou percé d'avant en arrière au milieu de leur longueur et par le double canal médullaire, dont leur intérieur est creusé.

L'extrémité supérieure de cet os double est, en tout cas, arrondie en avant et en dessus, et s'articule avec le fémur par une demi-poulie; l'inférieure est aplatie et forme une poulie plus large en travers pour s'articuler avec les deux os suivans, soit qu'ils appartiennent au pied, comme le veulent quelques-uns, soit qu'ils constituent la jambe, comme d'autres le prétendent.

Les extenseurs de la jambe s'y insèrent immédiatement, selon M. Cuvier. C'est dans l'épaisseur de leur tendon qu'on observe un noyau cartilagineux, qui semble analogue à la rotule.

Dans les Salamandres, le tibia, fort gros par le haut, porte en avant une arête, qui se détache de la partie supérieure de l'os en une tige grêle, assez semblable au vestige de péroné qui existe chez plusieurs rongeurs. Il descend moins bas que le péroné.

Cet os, en raison même de l'absence de tout le membre pelvien, n'existe point dans la Sirène.

Dans le Protée il est petit et grêle. Ses extrémités sont cartilagineuses.

Toutes les fois que le tibia manque dans un reptile, le péroné n'existe point non plus.

Dans les Chéloniens, en général, cet os, à peu près droit, est plus large et plus comprimé dans le bas, où il s'articule avec l'astragale par une surface un peu convexe et rhomboïdale.

Le Péroné du Crocodile est grêle et cylindrique. Son extrémité fémorale est très-comprimée. La tarsienne est légèrement triangulaire.

Celui des autres Sauriens, et, en particulier, du Monitor, est aplati et élargi dans le bas, où il s'unit au tarse par une ligne droite.

Dans les Iguanes et plusieurs autres genres de la même famille il est grêle et à peu près tout d'une venue. Son extrémité supérieure est comprimée; l'inférieure, demi-ovale, est un peu oblique.

Dans les Salamandres il est aussi gros et descend un peu plus bas que le tibia.

Dans le Protée anguillard il est grêle et petit, et est terminé par des extrémités cartilagineuses.

Le tarse des Chéloniens, considéré dans son ensemble, est plat comme un carpe.

Dans les Chélonées il se compose de six ou de sept os, suivant que l'on regarde comme lui appartenant ou non le premier os du petit orteil.

Le premier rang est formé de deux os; savoir :

a. L'astragale. Plus grand, à peu près rhomboïdal, répondant également au tibia et au péroné.

b. Le Calcanéum. Plus petit, à peu près cubique, articulé seulement avec le péroné, et sans aucune trace de proéminence en arrière.

Le second rang présente quatre os : trois cunéiformes pour chacun des métatarsiens du gros orteil et des deux orteils suivans, et un, plus grand, pour les deux derniers os du métatarse.

Dans les Tortues de terre l'astragale est plus gros, plus épais, et le calcanéum plus petit que dans les Chélonées. Les quatre os du second rang n'offrent rien de remarquable.

Les Émydes s'éloignent peu des Tortues de terre sous ce rapport; mais, chez elles, le calcanéum, quand il n'est point réuni à l'astragale, est plus grand.

Dans les Trionyx, le calcanéum descend en dehors des trois os cunéiformes, et porte la moitié de la tête du troisième métatarsien et toute celle du quatrième. A son bord externe adhère un grand os carré, qu'on pourroit prendre à peu près également, ou pour le métatarsien du petit doigt, ou pour un os hors de rang du tarse, et qui existe aussi, avec des modifications de volume et de figure, dans les Tortues de mer et de terre.

Dans les Chélydes le tarse est à peu près ce qu'il est dans les Trionyx. Seulement les os analogues de l'astragale et du calcanéum sont divisés transversalement chacun en deux pièces, en sorte que celui qui se détache du calcanéum forme un quatrième cunéiforme pour le quatrième métatarsien, et que celui qui se sépare de l'astragale est un vrai scaphoïde, qui porte les trois premiers cunéiformes.

Chez le Crocodile le calcanéum diffère assez peu de ce qu'il est dans les mammifères. Il offre, comme chez ceux-ci, une tubérosité postérieure, une facette péronienne, une apophyse interne qui porte une facette calcanienne, enfin, une tête cuboïdale. Cet os est d'ailleurs court et large.

Comme chez tous les Sauriens en général, l'astragale du Crocodile offre une figure singulière et fort irrégulière. Le contour de son côté antérieur est déterminé par quatre faces: une *supérieure*, petite, carrée, pour le péroné; une *interne*, oblique et alongée, pour le tibia; une *externe*, en forme de croissant, qui porte contre le côté interne de la proéminence péronienne du calcanéum. Il présente inférieurement une surface irrégulière très-bombée, qui appuie en arrière sur l'apophyse astragalienne du calcanéum, et qui porte en devant les deux premiers os du métatarse.

L'analogue du cuboïde est placé entre le calcanéum et les deux derniers os du métatarse.

Il n'y a qu'un seul os cunéiforme, lequel est fort petit et répond aux second et troisième os du métatarse.

Le tarse offre enfin pour cinquième et dernier os, chez le Crocodile, un os surnuméraire, aplati, triangulaire, surmonté d'une pointe en crochet et attaché au dehors du cuboïde.

C'est cet os qui tient lieu de cinquième orteil.

Dans les autres Sauriens le tarse n'a que quatre os ; savoir, au premier rang :

a. Un *os tibial*, qui s'étend en partie sous le péroné et lui offre une facette articulaire ; irrégulièrement rectangulaire, plus large que long, un peu concave en avant. Cet os est plus épais en dedans et offre, de profil, quelque ressemblance avec l'astragale d'un ruminant : il porte seul l'os du métatarse du premier orteil.

b. Un *os péronien* plus petit et bientôt uni intimement au précédent.

Et au second rang :

c. Un os plus grand, triangulaire en avant, plus gros en arrière, où il s'articule avec les deux os du premier rang, et portant les quatrième et cinquième os du métatarse.

d. Un os plus petit, placé entre le précédent et les métatarsiens des troisième et deuxième orteils. Il touche un peu à l'astragale.

Dans le Caméléon les deux os du premier rang sont très-petits, et l'os du centre, articulé avec tous les deux et en forme de sphère, sert de pivot aux mouvemens du pied. Cet os en porte un autre au côté externe, et a le reste de son pourtour occupé par les cinq os du métatarse.

Ainsi que nous avons déjà eu occasion de nous en convaincre, il n'est pas très-facile, chez les Batraciens anoures, d'assigner leur véritable nom aux os du tarse.

Les deux principaux, soudés ensemble par leurs extrémités, et laissant entre eux, dit M. Cuvier, un grand vide ovale, égalent en longueur la moitié de l'os de la jambe ; l'externe est le plus gros : tous les deux sont rétrécis dans leur milieu. Leurs extrémités, renflées et soudées ensemble, présentent à la jambe, continue ce célèbre professeur, une poulie arti-

culaire, obliquement creusée d'une large fosse dans son milieu, et au pied, une autre, qui est échancrée en arrière,
du côté externe, et qui se termine dans ce sens en un petit
crochet.

D'après l'opinion émise ci-dessus, il devient manifeste que
l'on a pris plus d'une fois pour les os de la jambe ceux que
M. Cuvier regarde comme étant les principaux os du tarse
chez les Anoures.

Quoi qu'il en soit, chez ces Reptiles, entre ces deux grands
os et le métatarse, on trouve quatre osselets, un triangulaire,
hors de rang au bord interne ; deux anguleux, qui répondent
au métatarsien du gros orteil, et un très-aplati, qui porte les
second et troisième métatarsiens, et a la forme d'un scaphoïde.
Il tient, comme le deuxième anguleux, à l'interne des deux
grands os. C'est l'ensemble de ces osselets que nous sommes
portés à considérer comme formant le tarse véritablement.

Il existe, dans le Pipa, encore un osselet au-dessous des
autres.

Chez les Salamandres le tarse a neuf os, tous plats et disposés en pavé. Le premier rang en renferme quatre : un *tibial*,
petit, au bord interne : un *péronien*, grand, au bord externe ;
un *tibio-péronien*, oblong, obliquement placé entre deux ; un
central, de forme carrée. Au second rang on en compte cinq
pour les cinq os du métatarse.

Il en est de même de l'Axolotl.

Dans le Protée anguillard le tarse, comme le carpe, demeure à l'état cartilagineux.

Dans les Chélonées les os du métatarse, qui appartiennent
au gros et au petit des orteils, sont plus courts que les autres,
et singulièrement larges et aplatis. Celui du petit orteil peut,
jusqu'à un certain point, ainsi que nous l'avons déjà dit, passer pour un os hors de rang du tarse.

Dans les Tortues proprement dites le métatarsien du pouce
est très-court, mais non aplati ; les autres sont un peu plus
longs.

Dans le Crocodile ces os n'offrent rien de remarquable ;
ils sont plus longs et plus réguliers que ceux du métacarpe.

Dans les autres Sauriens les quatre premiers métatarsiens
sont grêles et à peu près droits.

Le cinquième est court, élargi, recourbé supérieurement vers le grand os du second rang du tarse, avec lequel il s'articule par le côté.

Dans le Caméléon les cinq os du métatarse sont disposés au pourtour de l'os central du tarse. Ils sont courts et étranglés au milieu.

Dans les Batraciens anoures les os du métatarse vont en grandissant du premier au quatrième orteil. Le cinquième redevient un peu plus court.

Dans les Salamandres on compte pareillement cinq os métatarsiens.

Le Protée anguillard n'en a que deux : ils sont ossifiés.

Plus homogènes que ceux des oiseaux, les os frais des reptiles montrent leur matière calcaire plus uniformément répandue dans le parenchyme gélatineux.

Le *Péricrâne* et le *Périoste* n'offrent rien de propre aux reptiles.

Les *Cartilages diarthrodiaux* sont dans le même cas absolument.

La *Moelle* n'est point rassemblée en masse dans de grandes cavités à l'intérieur des os longs chez les Chéloniens.

Ces cavités existent d'une manière marquée chez les Crocodiles, comme il a été dit.

En général, la disposition de l'articulation de la mâchoire inférieure avec la tête est à peu près la même dans les reptiles que dans les oiseaux. L'extrémité postérieure de la mâchoire, au lieu de présenter un condyle, offre une facette creusée pour recevoir une éminence de la base du crâne, comme nous l'avons déjà dit.

Cette facette, presque transverse et glénoïdale, est quelquefois parcourue, dans sa partie moyenne, par une ligne saillante qui en fait une sorte de poulie, et précède souvent un processus osseux, plus ou moins long, et destiné à l'insertion d'un muscle analogue au digastrique.

Plus le condyle crânien est porté en arrière, comme dans les Chélonées, les Émydes, les Crapauds, les Gavials, et plus les mâchoires se rapprochent dans leur longueur.

Si, au contraire, ainsi que cela a lieu dans les Caméléons et les Iguanes, il est très-alongé et descend presque verticale-

45. 14

ment; alors il forme à la mâchoire inférieure une sorte de pédicule, qui, en s'éloignant du crâne, produit un écartement respectif beaucoup plus considérable.

Les Lézards ordinaires, les Dragons et quelques autres Sauriens tiennent le milieu entre ces deux extrêmes.

Dans les Ophidiens, les apophyses crâniennes ou les tympaniques se prolongent en arrière, et l'os intermédiaire avec lequel elles s'articulent, est beaucoup plus court et bien moins mobile dans les espèces à mâchoire supérieure fixe et à mandibule soudée. Dans les autres cet os est très-long et descend quelquefois perpendiculairement, comme dans les Boas, ou en arrière, ainsi que dans les Couleuvres. Son extrémité temporale est ordinairement élargie et creusée d'une petite fosse. L'inférieure est arrondie en forme de condyle et reçue dans une fossette de l'extrémité postérieure de la branche correspondante de l'os maxillaire inférieur.

D'après la nature de cette articulation, les branches de celui-ci peuvent non-seulement s'élever et s'abaisser, ouvrir et fermer la bouche en jouant sur l'os intermédiaire, comme cela seulement est possible dans l'Amphisbène; mais encore elles peuvent se porter en dehors toutes les fois que la mâchoire supérieure s'élargit et se dilate. Les extrémités postérieures des arcades ptérygoïdiennes sont effectivement unies à la partie interne de la mandibule.

Dans la Sirène le tympanique est collé obliquement par sa tige postérieure sur la face supérieure du rocher; il s'élargit en dessous en manière de trompette, et offre là une facette à l'os maxillaire inférieur.

La tête des reptiles est constamment articulée très en arrière.

Dans le Crocodile il n'y a, pour cette articulation, qu'un seul condyle, situé au-dessous du trou occipital, et qui, chez les autres Sauriens, est comme partagé en deux par un sillon longitudinal superficiel.

Les Chéloniens n'ont aussi qu'un seul condyle, qui, dans les Tortues de terre, est prolongé et divisé en deux comme celui des Lézards, et qui, dans les Chélonées, présente trois facettes articulaires en forme de trèfle.

Comme ce tubercule est très-enfoncé dans la partie correspondante de l'atlas, le mouvement de la tête sur le côté est nécessairement fort gêné.

Les Grenouilles, les Rainettes, les Crapauds et les Salamandres ont la tête articulée par deux condyles sur un atlas peu mobile.

Chez les Serpens la tête est articulée sur l'atlas à l'aide de trois facettes disposées en trèfle et rassemblées en un tubercule au-dessous du trou occipital. La tête, chez eux, n'est pas plus mobile sur la première vertèbre, que les autres vertèbres ne le sont entre elles.

Il est de remarque notoire que, généralement chez les reptiles, la fibre musculaire est d'une teinte rouge, peu intense, et qu'elle ne renferme que peu d'osmazome ; elle est rassemblée en faisceaux peu serrés et minces, que lie entre eux une cellulosité fine et lâche. A ces différences près, elle est absolument semblable ici à ce qu'elle est dans les autres animaux vertébrés.

Les Reptiles peuvent exécuter une foule de mouvemens différens, soit à l'aide de leurs membres, soit à l'aide des autres parties de leurs corps.

Comme les cuisses des quadrupèdes ovipares qui appartiennent à cette classe, sont dirigées en dehors et que les inflexions des pattes se font dans des sens perpendiculaires au rachis, le poids du corps agit chez eux par un très-long levier, ce qui nuit au redressement du genou, en sorte que cette articulation reste constamment pliée et que le ventre traîne à terre entre les jambes.

On en peut dire autant, sous ce rapport, des membres thoraciques.

Dans les mammifères quadrupèdes, au contraire, les jambes se fléchissent en avant et en arrière dans des plans à peu près parallèles à l'épine et peu éloignés du plan moyen du corps, dans lequel agit la pesanteur. De là, un mode de station tout-à-fait différent dans les uns et dans les autres de ces animaux.

Les Reptiles quadrupèdes, qui ont les pieds de devant très-courts à proportion de ceux de derrière, élèvent, quand ils marchent, ou plutôt quand ils sautent, le train de devant en entier, avant de le pousser en avant par le moyen des pieds de derrière. Lorsqu'ils veulent aller lentement en plaine, ils sont réduits à se mouvoir sur leurs pieds de devant et à se traîner simplement sur ceux de derrière : c'est ce qu'on observe en particulier dans les Grenouilles.

Lorsque, comme dans les Tortues, les pieds de derrière sont très-écartés, leur impulsion devient latérale, et le tronc, poussé alternativement à chaque pas sur les côtés, fait que la démarche devient tortueuse.

Les Chélonées ou Tortues marines, dont les quatre pattes sont tournées en dehors, aplaties et alongées en forme de nageoires, se reposent sur ces nageoires et sur leur plastron, de manière à pouvoir, pour l'exécution de leurs mouvemens de natation, être comparées aux phoques. Elles se servent d'ailleurs de ces pattes non-seulement pour nager, mais encore pour cheminer le long des rivages et pour creuser des trous dans le sable quand le temps de la ponte est venu.

Quelques reptiles grimpent avec une grande facilité. Sous ce rapport, parmi eux, le caméléon semble être aussi avantageusement partagé que les quadrumanes parmi les mammifères, à cause de ses mains en tenaille et de sa queue prenante.

D'autres marchent et courent avec une grande agilité (voyez Sauriens) : tels sont les Lézards, les Tupinambis, les Geckos, etc. (Voyez ces mots.)

Il en est qui sautent à des distances considérables. Les Grenouilles, spécialement, sont dans ce cas. (Voyez Anoures, Batraciens, Grenouille.)

Quelques-uns nagent, soit à l'aide de leurs membres, soit par le moyen de leur queue. (Voyez Chélonée, Émyde, Grenouille, Salamandre, Pélamide, Dragonne, etc.)

D'autres rampent, par suite d'une impulsion du corps, en avant ou en arrière, et par l'application alternative d'une ou de plusieurs de ses parties inférieures contre le sol. Tous les Serpens sont dans ce cas, ainsi que quelques Sauriens. (Voyez Ophidiens et Urobènes.)

Quelques espèces, comme les têtards des Batraciens anoures, c'est-à-dire des Rainettes, des Grenouilles et des Crapauds, nagent à l'aide de deux branchies ptérygoïdes et d'une queue comprimée.

La Sirène lacertine nage à l'aide de deux pieds, d'une queue comprimée et de deux branchies du même genre.

Quant aux têtards des Salamandres et au Protée anguillard des lacs souterrains de la Carniole, il se meuvent dans l'eau par le moyen de leurs quatre pieds, de leur queue comprimée et de deux branchies également exertes.

Les Dragons sont les seuls Reptiles qui possèdent la faculté de voler; ils ont, pour cela, sur chaque flanc, entre les pieds, une large membrane, qui se développe en éventail et qui se plie, au gré de l'animal, à l'aide de rayons osseux articulés sur les vertèbres du dos. (Voyez DRAGON.)

B. *Des Organes de la Sensibilité en général chez les Reptiles.*

Ces organes sont extrêmement variables dans chacun des quatre ordres de la classe des Reptiles, et comme, en traitant à part de ces quatre grandes divisions, nous sommes obligés de consacrer un article spécial à leur description, nous ne croyons point devoir insister ici à cet égard, et nous prions le lecteur de vouloir bien consulter nos articles ANOURES, BATRACIENS, CHÉLONÉE, CHÉLONIENS, CRAPAUD, GRENOUILLE, LÉZARD, OPHIDIENS, SAURIENS, SENSATIONS, SENSIBILITÉ, TORTUE, URODÈLES.

Nous rappellerons seulement, d'une manière générale, que l'irritabilité musculaire est, chez les animaux dont nous faisons l'histoire, d'une énergie qui paroît hors de proportion avec le peu de développement de leur sensibilité, avec le peu de délicatesse de la plupart de leurs sens, avec le petit volume relatif de leur cerveau. Exposés à toutes les intempéries des saisons, obligés de vivre dans des retraites souterraines et profondes, n'ayant pour asiles que des antres ténébreux ou de vastes forêts, plongés dans la fange des marais, ou tapis sous les racines et dans les trous des arbres, ils n'écoutent en effet qu'un brutal instinct, ne suivent que les penchans physiques, et cela pendant un temps limité chaque année; temps après lequel non-seulement l'exercice intérieur de leurs sens et du sentiment, mais même l'appétit grossier de la nourriture et le besoin vénérien semblent anéantis, au point qu'ils tombent dans un état de sommeil et d'engourdissement prolongé, qui rappelle l'image de la mort et qui a de grands rapports avec ce que l'on observe parmi les Mammifères et les Oiseaux, dans les Loirs, les Marmottes, les Chauve-souris, les Hérissons et les Hirondelles. (Voyez Torpeur hivernale.) Chez eux, la sensibilité pouvoit donc, sans de graves inconvéniens, être émoussée ; c'est en effet ce qui arrive, et cependant l'activité des fonctions de leur vie intérieure n'en semble qu'en partie ralentie. On sait que plusieurs de leurs organes, tant extérieurs qu'intérieurs, se meuvent après avoir été arrachés ou détachés du reste du corps. Pendant long-temps encore le cœur des tortues, celui des crapauds, palpite après avoir été enlevé du thorax. On a vu des serpens ouvrir et refermer la gueule plusieurs heures après que leur tête avoit été coupée. Rédi et Boyle citent des reptiles du même genre qui donnoient encore des signes de vie après vingt-quatre heures de séjour dans le vide, et Daudin assure que cela est arrivé à certains animaux de cette classe, que l'on tenoit dans l'alcool depuis quatre heures environ. Edward Tyson, dont la véracité du reste est généralement reconnue, rapporte, dans le n.° 144 des Transactions philosophiques de la Société royale de Londres, qu'un serpent à sonnettes, qu'il disséquoit, vivoit encore plusieurs jours après la dilacération de sa peau et l'arrachement de la plupart de ses viscères. Pendant le premier séjour que Cook fit sur les côtes de la Nouvelle-Hollande, on tua une tortue entre les deux épaules de laquelle étoit un harpon de bois barbelé, aussi gros que le doigt et long d'environ quinze pouces : ce corps étranger paroissoit avoir été introduit là depuis long-temps déjà, puisque la plaie qui lui avoit livré passage étoit entièrement cicatrisée.

D'après une remarque de Spallanzani, il paroît encore que, si l'on arrache le cœur ou quelque membre à une grenouille, à une salamandre ou à un crapaud, durant la période de l'engourdissement, ces parties vivent pendant plus de temps que si l'on faisoit l'opération dans les circonstances habituelles de l'existence de ces animaux. Ce fait vient à l'appui d'un principe de physiologie, établi naguère par le professeur G. Cuvier, principe qui veut que l'irritabilité musculaire s'épuise d'autant moins vîte que la respiration, moins nécessaire à l'animal, est moins prompte à la réparer.

Peut-être encore faut-il attribuer à une cause du même genre la faculté qu'ont les lézards de reproduire leur queue, et les salamandres de rétablir les membres qu'on leur a amputés. (Voyez Sauriens, Salamandre, Triton et Urodèles.)

C. *Des Organes de la Digestion dans les Reptiles.*

Les Reptiles ne se nourrissent en général que de matières animales; mais, comme ils sont moins parfaits que les vertébrés à sang chaud, que la quantité proportionnelle de leur sang et la dépense de leurs humeurs excrémentitielles paroissent être moindres que chez eux, qu'ils sont susceptibles, sans paroître en souffrir, de demeurer dans un état prolongé d'engourdissement, ils peuvent, pendant plusieurs mois, vivre sans manger. Durant la moitié entière d'une année, on a gardé, sans leur donner d'alimens, des couleuvres et des vipères, et l'activité de ces ophidiens n'en a paru nullement diminuée. Quant à ce qu'on a dit du goût qu'ont certains serpens pour telle ou telle espèce de fruits, de l'habitude où sont, dans certaines campagnes, les couleuvres d'aller sucer le pis des vaches, ce que nous savons sur l'anatomie et la physiologie des Reptiles a fait généralement réléguer aujourd'hui ces opinions vulgaires dans le domaiue des fables, où viennent s'ensevelir tant d'assertions populaires, tant de prétendues vérités de l'ancienne histoire naturelle.

Dans les pages précédentes nous avons déjà fait connoître la conformation des mâchoires, le nombre, la figure, la place, la disposition des dents chez les Reptiles. Nous nous garderons bien de revenir sur ce sujet, et quant à ce qui concerne la nature des autres organes de la digestion dans ces mêmes animaux, on trouvera tous les détails qui les concernent, et tels que l'état actuel de la science nous permet de les donner, à nos articles Anoures, Batraciens, Chéloniens, Crapaud, Grenouille, Ophidiens, Salamandre, Sauriens, Têtard, Tortue, Urodèles. (Voyez aussi Vie des Reptiles.)

D. *Des Organes de la Circulation dans les Reptiles.*

(Voyez Sanguification.)

E. *Des Organes de la Respiration et de la Voix des Reptiles.*

(Voyez Respiration et Voix.)

F. *Des Voies urinaires et des autres Appareils sécréteurs des Reptiles.*

(Voyez aux mots Sécrétion et Venin.)

§. 2. *De la Génération et des Métamorphoses des Reptiles.*

(Voyez les articles Anoures, Batraciens, Chéloniens, Ophidiens, Sauriens, Têtard et Vie des reptiles.)

§. 3. *Des Mœurs, de la Manière de vivre, de l'Utilité et des Moyens de nuire des Reptiles.*

La longueur déjà considérable de cet article, pour lequel nous avons mis à profit, plus d'une fois, les nombreuses observations de notre maître, le professeur Duméril, et les recherches nouvelles du professeur G. Cuvier, qui nous a mis d'ailleurs à même de profiter de l'inépuisable collection d'anatomie comparée qu'il a formée, nous oblige à renvoyer l'examen de ces divers points de l'histoire des Reptiles aux mots Usages, Venin et Vie des reptiles. Un grand nombre de détails particuliers sur le même objet est en outre consigné dans nos articles Batraciens, Chélonée, Chéloniens, Couleuvre, Crapaud, Crocodile, Crotale, Gecko, Grenouille, Iguane, Lézard, Ophidiens, Protée, Raine, Sauriens, Scinque, Serpens, Stellion, Tortue, Trigonocéphale, Vipère. (H. C.)

REPTILES. (*Foss.*) Nous traiterons dans cet article de ceux des reptiles dont on a trouvé les restes à l'état fossile, et dont il n'a pu être parlé dans la partie de cet ouvrage qui précède.

Crocodiles.

Dans son grand ouvrage sur les ossemens fossiles, M. Cuvier, dont nous empruntons la presque-totalité de cet article, an-

nonce qu'il en a observé à l'état fossile au moins six espèces
parfaitement distinctes, et qui ne diffèrent pas moins des crocodiles vivans qu'elles diffèrent entre elles. Deux ont été trouvées à Honfleur, une aux environs de Caen, et la quatrième à
Monheim, toutes quatre appartenant au sous-genre des gavials,
et les deux espèces de Montmartre et d'Argenton, dont le
sous-genre paroit être plutôt celui des crocodiles ou des caïmans. Dans un Mémoire publié par M. Geoffroy Saint-Hilaire,
dans le tome 12 des Mém. du Mus. d'hist. nat., ce savant
annonce que dans les espèces trouvées à Honfleur il a reconnu
un genre particulier, auquel il a donné le nom de *Steneosau-
rus*, et aux espèces ceux de *S. rostro-major* et *S. rostro-minor*.
Celle trouvée aux environs de Caen, lui a paru dépendre
d'un autre genre, auquel il a donné le nom de *Teleosaurus*,
et à l'espèce celui de *T. cadomensis*.

Une pierre qui portoit l'empreinte d'un squelette de crocodile, que Stukely a décrit dans le 33.ᵉ vol. des *Trans. phil.*,
pag. 963, fut trouvée à Elston près de Newark, dans le comté
de Nottingham : elle est argileuse, bleuâtre, et venoit probablement des carrières de Fulbeck, lesquelles appartiennent
au penchant occidental de la longue chaîne de collines qui
s'étend dans tout le comté de Lincoln, et recèle beaucoup de
coquillages et même des poissons.

Un morceau qui a été décrit dans le 50.ᵉ vol. des *Transact.
philos.*, et qui contient un squelette qu'on a rapporté à celui
d'un crocodile, a été trouvé au bord de la mer près de Witby,
dans le comté d'York. On y voit des ammonites dont l'intérieur est rempli de concrétions spathiques.

Il n'est pas certain si ces deux squelettes n'appartiennent
pas au *Plesiosaurus* ou à l'*Ichthyosaurus*.

Une des contrées les plus célèbres pour les pétrifications,
est celle qui s'étend le long des rives de l'Altmuhl, l'un des
affluens du Danube, vers Pappenheim et Aichstett, où l'on
trouve des empreintes de poissons et de crustacés entièrement étrangers à l'Allemagne d'aujourd'hui et peut-être encore, pour la plupart, inconnus dans la nature vivante.

Les schistes qui contiennent ces fossiles appartiennent à cette
prolongation de la chaîne du Jura, qui, après avoir laissé
tomber le Rhin à Schaffhouse, s'étend en Allemagne, jusque

sur les bords du Mein et près de Cobourg. Ils contiennent aussi des reptiles, des astéries; mais presque pas d'autres coquilles que deux espèces de tellines et quelques petites ammonites dans leurs couches supérieures.

La plus célèbre des carrières de ces schistes est celle de Solenhofen dans la vallée de l'Altmuhl, un peu au-dessous de Pappenheim.

C'est au sud-ouest de Solenhofen, à deux lieues de Monheim, qu'on a découvert un squelette de gavial presque entier et dont M. Cuvier a donné une figure réduite, *loc. cit.*, tom. 4, pl. 6, fig. 1. Quoiqu'il ressemble au premier coup d'œil au petit gavial plus qu'à aucun animal connu, il constitue une espèce inconnue jusqu'à ce jour, à laquelle M. de Sœmmering a donné le nom de *crocodilus priscus*, dans un Mémoire lu à l'académie de Munich, le 16 Avril 1816, et imprimé dans le recueil de cette compagnie savante. Ce fossile a deux pieds onze pouces de longueur.

Depuis quelques années on a trouvé dans le calcaire de Caen, aux environs de cette ville, les restes au moins de dix individus d'une espèce de crocodile qui a beaucoup de rapport avec l'espèce qui précède et qui en forme une parfaitement distincte de celles qu'on connoît à l'état vivant. On voit des figures de quelques-uns de ces restes dans l'ouvrage de M. Cuvier, ci-dessus cité, pl. 6 et 7. Cette espèce s'est rencontrée aussi, dans les couches du Jura, avec des os de tortues d'eau douce. M. Buckland a découvert aussi dans l'oolithe de Stonesfield, près d'Oxford, les restes d'une espèce qui paroît avoir de grands rapports avec celle de Caen.

L'abbé Bachelet, dont Guettard parle souvent dans ses Mémoires, avoit recueilli une riche collection d'os de crocodile dans les couches vis-à-vis les Vaches-noires. Cette collection se trouve aujourd'hui déposée dans les galeries du Muséum d'histoire naturelle, et elle contient, entre autres choses les plus remarquables, les mâchoires de crocodiles de deux espèces différentes, qui se trouvent figurées dans la pl. 8 de l'ouvrage ci-dessus cité, fig. 1—4.

On a trouvé dans la craie de Meudon une dent d'un crocodile qui pouvoit avoir vingt pieds de long, et qui ne diffère pas beaucoup de celles des crocodiles ordinaires.

M. Mantell a trouvé dans le comté de Sussex, dans des couches plus anciennes que la craie, des ossemens de crocodiles mêlés avec des os de tortues et d'autres reptiles.

Les couches inférieures au calcaire grossier qu'on a fouillées près d'Auteuil, ont présenté des fragmens d'ossemens et une très-petite dent de crocodile.

M. Blavier, ingénieur en chef des mines, a trouvé dans le milieu d'une couche de charbon de terre, à Minot, département des Bouches-du-Rhône, la moitié supérieure d'un fémur gauche, que M. Cuvier a jugé être celui d'un crocodile.

L'île de Sheppey, à l'embouchure de la Tamise, et dont la plus grande partie appartient à la formation de l'argile plastique, a présenté des restes de crocodiles avec des crustacés et des fruits fossiles.

On a trouvé, dans les carrières à plâtre de Montmartre, des débris de crocodiles, qui n'appartenoient pas au sous-genre des gavials; mais bien à des crocodiles proprement dits ou à des caïmans et d'une espèce très-voisine du caïman à lunettes. Ces débris se sont trouvés avec ceux des *palæotheriums* et des lophiodons.

Dans les marnières d'Argenton on a trouvé, avec quelques vertèbres d'assez grands serpens, des os de crocodiles dont les plus grands individus pouvoient avoir douze à quinze pieds de longueur.

Avec des os de lophiodons on a trouvé dans la Montagne noire, près de Castelnaudary, des os de crocodiles qui indiquoient des individus de six et neuf pieds de longueur.

M. Jouannet a trouvé aux environs de Blaye, dans un banc calcaire, à vingt pieds de profondeur, des dents de crocodile qui ne diffèrent en rien de celles d'un individu qui auroit huit ou dix pieds de longueur; elles étoient mêlées avec les dents d'un quadrupède voisin de l'hippopotame, mais plus petit que le cochon.

En 1791 on découvrit à Breatfort, dans le comté de Middlesex, un calcanéum de crocodile avec des os d'éléphans, d'hippopotames, de rhinocéros et de cerfs.

Si ce morceau n'avoit point été transporté à l'endroit où il fut trouvé, avec les débris d'autres couches, ce seroit l'un des restes les plus récens du genre des Crocodiles.

Dans les environs de Ballon, à trois lieues du Mans, on a découvert une portion de mâchoire qui contient six dents entières et qui a appartenu à un gavial. Une dent qui a été déposée par M. Cuvier au Cabinet du Roi, et qui vient du même pays, semble annoncer un individu de trente pieds au moins.

Enfin, dans la commune de Chaufour, près du Mans, on a trouvé dans une pierre calcaire coquillière une partie de mâchoire et une énorme vertèbre de crocodile.

Les squelettes de crocodiles, qu'on a presque toujours pris pour des squelettes humains, ne sont pas très-rares dans les couches secondaires anciennes. Les connoissances sur ce genre prouvent que les crocodiles ont subi la même loi que les mammifères, et que leurs espèces n'ont point résisté aux catastrophes qui ont bouleversé la croûte extérieure du globe; mais ce qu'elles ont surtout de bien remarquable, c'est qu'elles apprennent que les diverses classes d'animaux vertébrés ne datent pas de la même époque, et que les reptiles, en particulier, sont de beaucoup antérieurs aux mammifères.

Les crocodiles paroissent dans les premiers terrains secondaires; les monitors des schistes cuivreux les précèdent seuls dans le temps; mais il se montrent immédiatement après dans le *lias* des Anglois et dans le *banc bleu* des Normands, ou dans une marne calcaire bleuâtre et pyriteuse qui a tant d'analogie avec le schiste cuivreux.

Depuis lors, jusqu'à l'avant-dernière époque, il en a subsisté toujours quelques espèces; à ceux de la formation du Jura succèdent ceux de la craie. Il y en a au-dessus de cette dernière substance. Il s'en trouve au-dessus du calcaire grossier, et l'on peut soupçonner qu'il s'en trouve dans les couches meubles et superficielles où sont enfouis tant de cadavres d'éléphans et d'autres grands quadrupèdes.

Des Sauriens du genre des Monitors.

Dans presque toutes les parties de la Thuringe et du Voigtland, dans les portions limitrophes de la Hesse, et jusqu'en Franconie et en Bavière, il règne une couche de schiste marneux et bitumineux qui a rarement plus de deux pieds d'épaisseur et souvent pas plus de deux pouces; elle repose sur un grès rouge qui contient de la houille en divers endroits. Au-dessus du schiste cuivreux sont des couches qui contiennent des coquilles, des bélemnites, des encrines, des anomies et autres. Le gypse accompagné de sel gemme surmonte ce calcaire, et est surmonté à son tour par des grès que recouvre une seconde sorte de gypse, dépourvu de sel et surmonté par un autre calcaire analogue à celui du Jura.

Dans cette couche de schiste bitumineux, l'une des plus anciennes parmi celles qui contiennent des débris de corps organisés, on trouve une foule de poissons dont il a été fait mention à l'article Poissons fossiles.

L'opinion générale est que ce sont des poissons d'eau douce, et l'examen qu'en a fait M. Cuvier ne prouve précisément ni pour ni contre cette opinion.

Parmi ces poissons on trouve des débris de quadrupèdes ovipares que quelques auteurs ont pris pour des crocodiles, d'autres (Swedenborg) les ont regardés comme des débris de guenon ou de sapajou, et c'est sous ce titre qu'une empreinte de ce genre, trouvée, en 1733, dans les mines de Glücksbrunn près d'Altenstein, dans le pays de Meinungen, a été citée dans la plupart des traités sur les pétrifications et notamment dans les ouvrages de d'Argenville et de Knorr.

La longueur de cet animal devoit approcher de celle de trois pieds, et il doit évidemment être placé parmi les monitors ou tupinambis. On voit des figures de ces squelettes dans l'ouvrage de M. Cuvier, ci-dessus cité, pl. 26, fig. 1 et 2.

Du grand Saurien de Maëstricht.

Dans la montagne de formation crayeuse de Saint-Pierre de Maëstricht on a trouvé dans les collines, dont le côté gauche ou occidental de la vallée de la Meuse est bordé, des débris d'un grand saurien, qui ont été pris par Faujas pour ceux d'un crocodile (Hist. nat. de la mont. de Saint-Pierre de Maëstricht), mais que M. Cuvier regarde comme devant être placé entre les monitors et les iguanes, dont la longueur devoit être de vingt-quatre pieds trois pouces ou à peu près. M. Conybeare lui a donné le nom de *mosasaurus*. Une tête de cet animal, qui se trouve déposée au Muséum d'histoire naturelle, a été figurée dans plusieurs ouvrages, et entre autres dans celui de M. Cuvier, ci-dessus cité, pl. 18, fig. 1.

D'un grand reptile des environs de Monheim.

On a trouvé dans le canton dit Meulenhardt, près de Monheim, à dix pieds de profondeur et à quelques pas du crocodile auquel M. Sœmmering a donné le nom de *crocodilus priscus*, dont il a été parlé ci-dessus, les restes d'un grand reptile, que M. Cuvier considère comme un nouveau sousgenre intermédiaire entre les crocodiles et les monitors, et auquel il a donné le nom de *geosaurus*.

Ils étoient enveloppés dans un banc plus marneux que celui où le crocodile étoit incrusté; ils étoient moins bien conservés, et ce n'est qu'avec peine que l'on a pu en dégager assez certaines parties pour en reconnoître les caractères.

Ces précieux débris ont été publiés par M. Sœmmering dans les Mémoires de Munich, pour 1816, avec une belle lithographie, dont M. Cuvier donne une copie réduite, *loc. cit.*, pl. 21, fig. 2—8.

Cet animal pouvoit avoir douze à treize pieds de longueur.

Du Mégalosaurus.

On a découvert à Stonesfield, lieu de l'Oxfordshire, à douze milles d'Oxford, en Angleterre, dans un banc de schiste calcaire qui devient sablonneux en quelques endroits, des os d'un grand reptile d'une espèce fort voisine de celle qui précède, et qui paroît tenir des sauriens et des crocodiles, et auquel on a donné le nom de *mégalosaurus*. Son seul fémur, long de trente-deux pouces anglois, annonceroit, en lui supposant les proportions d'un monitor, une longueur totale de plus de quarante-cinq pieds, et même, s'il y avoit de ces fémurs, comme on l'a annoncé, qui ont plus de quatre pieds, sa longueur seroit encore bien plus considérable; mais il est probable que sa queue n'est pas si longue à proportion : en le comparant seulement au crocodile, il doit avoir plus de trente pieds. C'est M. Buckland qui a fait cette belle découverte.

La pierre où l'on trouve ces débris est placée un peu au-dessous de la région moyenne des couches oolithiques et au-dessus du lias.

Tout ce qui accompagne ces débris dans les carrières où ils sont ensevelis, annonce que cet animal étoit marin. On y voit des nautiles, des ammonites, des trigonies, des bélemnites, des dents de squales, des os de poissons et des crustacés. On y a aussi trouvé quelques os longs qui paroissent venir d'oiseaux de l'ordre des échassiers, et même, ce qu'on assure, deux fragmens de mâchoires qui ressemblent beaucoup à celles des sarigues.

M. Mantell a trouvé dans le sable ferrugineux de la forêt de Tilgate en Angleterre, des os de mégalosaurus d'une dimension énorme, ainsi que des dents du même animal.

On voit des figures de ces débris dans l'ouvrage de M. Cuvier, ci-dessus cité, pl. 21, fig. 9 — 27.

M. Mantell a aussi trouvé, avec ces os de mégalosaurus, des débris de crocodiles, de tortues, de plésiosaurus, de cétacés, d'oiseaux, et d'autres, dont il n'est pas possible d'assigner le genre. Du nombre de ces derniers se trouvent des dents (représentées, même pl., fig. 28 — 32) qui peuvent venir d'un poisson, mais que M. Cuvier croit pouvoir provenir d'un saurien encore plus extraordinaire que tous ceux dont on a connoissance.

Du Saurien des environs de Lunéville.

On a trouvé dans les carrières de Réhainvilliers et de Monts, à une lieue au sud de Lunéville, dans une pierre composée de coquilles de moules, de térébratules, d'huitres, de gryphées et d'ammonites, des débris d'un reptile inconnu, très-probablement d'un genre intermédiaire entre les crocodiles et les sauriens. Ces débris consistent en une vertèbre, un côté de mâchoire inférieure, quelques côtes et des os de l'épaule et du bassin.

Avec ces débris on a rencontré des corps remarquables, qui offrent des rapports avec des becs de sèche, mais d'une espèce qui auroit le bec de nature testacée et non pas cornée ; on y a trouvé aussi des dents de squales et des os qui paroissent appartenir à des tortues de mer.

Des Ichtyosaurus.

Les ichtyosaurus et les plésiosaurus, dont on trouve des débris dans les couches anciennes, depuis le nouveau grès rouge, en montant jusqu'au sable vert qui est immédiatement sous la craie, sont de tous les reptiles et peut-être de tous les animaux fossiles, ceux qui ressemblent le moins à ce que l'on connoît. Les premiers offrent un museau de dauphin, des dents de crocodile, une tête et un sternum de lézard, des pattes de cétacé, mais au nombre de quatre, enfin des vertèbres de poissons. On n'en trouve que dans les bancs de pierres marneuses ou de marbres grisâtres remplis de pyrites et d'ammonites, ou dans les oolithes; tous terrains du même ordre que la chaîne du Jura. C'est en Angleterre surtout que ces débris paroissent être abondans, car on en a rencontré dans le comté de Sommerset, de Glocester et de Leicester, près de Bath, dans la vallée de l'Avon et sur la côte du comté de Dorset, où les falaises d'entre Lymes et Charmouth paroissent en être des carrières inépuisables, dans lesquelles on trouve les ichtyosaurus à peu près comme dans nos plâtrières de Montmartre on trouve les palœothériums, et leurs os y sont généralement entourés de quantité de petites ammonites. Ces os sont jusqu'à ce jour beaucoup plus rares sur le continent; mais cependant on en a trouvé à Honfleur, à Condat en Agénois, à Ranguy près Corbigny, département de la Nièvre. Il y en a aussi en Allemagne, et notamment dans des carrières de marbre gris, semblable au lias des environs d'Altorf, où l'on trouve des crocodiles. On en a trouvé un squelette presque entier à Boll, dans le Wurtemberg, avec des crocodiles et d'autres fossiles, dans un schiste calcaire analogue à celui de Solenhofen.

Le nombre de leurs dents s'élève de trente à quarante-cinq de chaque côté, à chaque mâchoire.

MM. de la Bêche et Conybeare ont trouvé assez de différence parmi ces dents pour en déduire les caractères de quatre espèces distinctes, ssvoir :

L'*I. communis*, dont les dents ont la couronne conique, médiocrement aiguë, légèrement arquée et profondément striée. Cette espèce est généralement grande, et c'est à elle qu'appartiennent les individus les plus gigantesques qui ont jusqu'à vingt-six pieds de longueur.

L'*Ichtyosaurus platyodon*, où cette couronne est comprimée et offre de chaque côté une arête tranchante. Les individus de cette espèce varient en longueur de cinq à quinze pieds.

L'*I. tenuirostris*, où les dents sont plus grêles, et qui, en outre, a le museau plus long et plus mince.

Enfin l'*I. intermedius*, à dents plus aiguës et moins profondément striées que celles du *communis*, moins grêles que dans le *tenuirostris*.

Les deux dernières espèces n'atteignent pas plus de moitié de la taille à laquelle l'*I. communis* peut.parvenir.

L'ichtyosaurus étoit un reptile à queue médiocre et à long museau, pointu, armé de dents aiguës; deux yeux d'une grosseur énorme devoient donner à sa tête un aspect tout-à-fait extraordinaire et lui faciliter la vision pendant la nuit. Il n'avoit probablement aucune oreille extérieure, et la peau passoit sur le tympanique, comme dans le caméléon, la salamandre ou le pipa, même sans s'y amincir.

Il respiroit l'air en nature, et non pas l'eau, comme les poissons; ainsi il devoit revenir souvent à la surface de l'eau. Néanmoins ses membres courts, plats, non divisés, ne lui permettoient que de nager, et il y a grande apparence qu'il ne pouvoit pas même ramper sur le rivage autant que les phoques; mais que, s'il avoit le malheur d'y échouer, il y demeuroit immobile, comme les baleines et les dauphins.

Il vivoit dans une mer où habitoient avec lui les mollusques qui nous ont laissé les cornes d'ammon, des térébratules, diverses espèces d'huîtres.

M. Cuvier a donné les figures des différens débris de ces reptiles dans son ouvrage ci-dessus cité, tom. 5, 2.ᵉ part., pl. 28, 29 et 30.

On a trouvé dans les carrières d'Œningen, avec des squelettes de poissons semblables à ceux de nos eaux douces, les débris d'une salamandre aquatique de taille gigantesque et d'une espèce inconnue, que quelques auteurs ont regardés comme provenant d'un silure, et que Scheuchzer a décrit comme ceux d'un homme, dans les Transactions philosophiques pour 1726 (tom. 34, p. 38); il reproduisit cette description dans sa *Phy-*

45. 15

sique sacrée, pl. 49, assurant (pag. 66) « qu'il est indubitable
« — et qu'il contient une moitié, ou peu s'en faut, du sque-
« lette d'un homme; — que la substance même des os, et qui
« plus est, des chairs et des parties encore plus molles que
« les chairs, y sont incorporées dans la pierre; — en un mot,
« que c'est une des reliques les plus rares que nous ayons de
« cette race maudite qui fut ensevelie sous les eaux. »

Cet auteur, qui étoit médecin et qui, sans une sorte d'a-
veuglement d'esprit, n'auroit pas dû se tromper si grossièrement en prenant ces débris pour des squelettes humains, en
fit l'objet d'une dissertation particulière intitulée *l'Homme
témoin du déluge* (*Homo diluvii testis*).

On voit des figures de ces débris dans l'ouvrage de M. Cuvier, ci-dessus cité, pl. 26, et dans l'Oryctologie de d'Argenville, pl. 17, fig. 1.

On a encore trouvé, dans les mêmes carrières, un animal
du genre de la grenouille, qui étoit dans le cabinet de La-
vater, à Zurich, et dont on voit une figure réduite de moitié
dans l'ouvrage de M. Cuvier, ci-dessus cité, pl. 25, fig. 5.

Dans la première édition de cet ouvrage, ce savant avoit
annoncé qu'il ne doutoit pas que ce fût un crapaud différent
de tous ceux que nous connoissons.

A l'égard des ptérodactyles, des plésiosaurus et des tortues
qu'on a trouvés à l'état fossile, voyez aux mots PTÉRODAC-
TYLE, PLÉSIOSAURUS et TORTUES FOSSILES. (**D. F.**)

REPTITATRIX. (*Ornith.*) Turner désigne par cette dénomination le grimpereau d'Europe, *certhia familiaris*, Linn.
(**Cн. D.**)

RÉPUBLICAIN. (*Ornith.*) Levaillant a ainsi appelé des oiseaux de l'ordre des passereaux, qu'il a trouvés en Afrique,
et qui sont de la taille du gros-bec ordinaire. Cette dénomination a été motivée sur la forme de leur nid commun, qui
présente une suite de cellules qu'on pourroit, jusqu'à un certain point, comparer à une ruche, et dont la description se
trouve dans le second Voyage de cet auteur en Afrique,
tom. 2, in-4.°, p. 322. Le mode de construction de ces nids
est bien différent de celui qu'offrent les nids des tisserins ou
tisserands proprement dits, puisque ceux-ci ne présentent
que des sortes de bourses artistement travaillées et suspen-

dues isolément à des branches d'arbres ; mais les républicains, comme les tisserins, annoncent également des mœurs sociales, puisqu'on voit souvent des centaines de leurs nids sur un même arbre ; et cette circonstance, jointe à d'autres considérations tirées des caractères génériques, a sans doute déterminé Daudin et M. Cuvier à les réunir. C'est le *loxia socia* de Daudin et de Latham, le *coccothraustes socia* de M. Vieillot, et le *ploceus socius* de M. Cuvier. Voyez TISSERIN. (CH. D.)

REPUCE. (*Chasse.*) Voyez, pour la construction de ce piége, les mots REJET et REPENELLE. (CH. D.)

RÉPULSION. (*Phys.*) Voyez aux articles ÉLECTRICITÉ, tom. XIV, pag. 297 ; MAGNÉTISME, tom. XXVIII, pag. 45, et l'article TUBES CAPILLAIRES. (L.)

REQRAQ. (*Bot.*) Voyez NASAL. (J.)

REQUIEM. (*Ichthyol.*) Voyez REQUIN. (DESM.)

RÉQUIENIA. (*Bot.*) Genre de plantes dicotylédones, à fleurs complètes, papilionacées, de la famille des *légumineuses*, de la *diadelphie décandrie* de Linnæus, offrant pour caractère essentiel : Un calice persistant, à cinq divisions un peu inégales, aiguës, point renflé après la floraison ; une corolle papilionacée ; les pétales libres ; la carène obtuse ; dix étamines réunies en une gaine fendue au sommet ; un ovaire supérieur, le style filiforme, à peine courbé ; une gousse ovale, comprimée, monosperme, courbée en crochet au sommet par la base du style.

Ce genre, très-différent des *podalyria*, avec lesquels il avoit été confondu, se rapproche davantage, d'après M. De Candolle, qui l'a établi, des *anthyllis*, des *hallia*, etc. Il renferme des sous-arbrisseaux, originaires du cap de Bonne-Espérance, à feuilles simples, en cœur renversé, mucronées, à nervures en aile, munies de deux stipules. Les fleurs sont fort petites, presque sessiles, ramassées par paquets dans l'aisselle des feuilles. M. De Candolle y rapporte, sous le nom de *requienia sphærosperma*, une plante découverte au cap de Bonne-Espérance, par M. Burchell. Les stipules sont plus courtes que le calice ; les gousses pubescentes, rétrécies à leur base ; les semences sphériques. Il y ajoute

Le RÉQUIENIA EN CŒUR : *Requienia obcordata*, Dec., Ann. des sc. nat., vol. 4, p. 91 ; *Podalyria obcordata*, Poir., Enc.,

5, p. 445 ; Lamk., *Ill. gen.*, tab. 327, fig. 5. Arbrisseau dont les branches sont droites, effilées, à peine rameuses, blanchâtres, pubescentes, garnies de feuilles nombreuses, éparses ou alternes, très-rapprochées, presque sessiles, entières, ou en ovale renversé, quelquefois échancrées au sommet, souvent munies d'une petite pointe particulière, rétrécies à leur base, petites, blanchâtres, pubescentes et soyeuses à leurs deux faces, les anciennes presque glabres, à nervures saillantes tant en dessus qu'en dessous, accompagnées de petites bractées velues et subulées. Les fleurs sont nombreuses, solitaires, sessiles dans l'aisselle des feuilles, le long des rameaux. Le calice est divisé en cinq découpures profondes, inégales, velues, linéaires. Le fruit est une gousse assez petite, très-velue, ovale, ne contenant qu'une semence ovale. Cette plante croît au Sénégal. (POIR.)

REQUIN. (*Ichthyol.*) Voyez CARCHARIAS et SQUALE. (H. C.)

REQUIN [DENTS DE]. (*Foss.*) Voyez GLOSSOPÈTRE. (DESM.)

REREMOULY. (*Bot.*) Nom caraïbe de la griffe-de-chat, *bignonia unguis cati*, cité par Nicolson. (J.)

RÉSEAU. (*Erpét.*) Un serpent du genre Orvet ou *Anguis* porte ce nom. (DESM.)

RÉSEAU, *Rete.* (*Spong.*) Petiver (Gaz., tab. 52, fig. 1) figure sous cette espèce de nom générique une singulière espèce d'éponge, roide, flabelliforme, à réseau composé de fibres grossières et larges, le *sp. flabelliformis* de Linné et Gmelin. (DE B.)

RÉSEAU BLANC ou CAME BLANCHE A RÉSEAU DE L'AMÉRIQUE. (*Conchyl.*) Nom marchand d'une espèce de vénus de Linné, *venus tigerina*, faisant maintenant partie des cythérées de M. de Lamarck. (DE B.)

RÉSEAU CORNET. (*Conchyl.*) C'est le nom vulgaire du *conus mercator*, Linn., le cône marchand de Bruguière. (DE B.)

RÉSÉDA ; *Reseda*, Linn. (*Bot.*) Genre de plantes dicotylédones polypétales, que M. de Jussieu regardoit comme ayant de l'affinité avec les *capparidées*, et dont M. De Candolle fait maintenant le type d'une famille particulière ; il appartient d'ailleurs à l'*icosandrie trigynie* du Système sexuel, et ses caractères sont les suivans : Calice monophylle, partagé en quatre ou six divisions persistantes; corolle de quatre à six pétales inégaux, irréguliers, les uns frangés ou divisés, les autres entiers; douze à vingt étamines, ayant leurs filamens insérés au-dessous et autour de la base de l'ovaire, et portant des anthères ovales; un ovaire supère, élevé au dedans du calice sur un pédicule court, épais, et surmonté de trois à cinq styles, quelquefois immédiatement terminé par autant de stigmates sessiles; une capsule ovale-oblongue, s'ouvrant à son sommet et contenant plusieurs graines attachées à ses parois. Dans une espèce la capsule est étoilée, à trois ou cinq rayons ne s'ouvrant que par leur séparation, et contenant chacun une seule graine.

Les résédas sont des plantes herbacées, annuelles ou vivaces, à feuilles alternes, entières ou découpées; leurs fleurs sont disposées en épi terminal. On en connoît aujourd'hui une vingtaine d'espèces qui croissent toutes dans l'ancien continent, et parmi lesquelles quatre croissent naturellement en France.

* *Feuilles entières.*

Réséda étoilé; *Reseda sesamoides*, Linn., *Sp.*, 644. Sa racine est fibreuse, annuelle; elle produit une tige divisée, dès sa base, en plusieurs rameaux simples ou presque simples, couchés inférieurement, ensuite redressés, longs de six pouces à un pied, garnis de feuilles linéaires, sessiles, les inférieures un peu plus larges et disposées en rosette à la base des rameaux. Ses fleurs sont brièvement pédicellées, d'abord rapprochées les unes des autres en épi serré; mais cet épi s'alonge à mesure que la floraison avance, et, en fruit, il a souvent plus de six pouces de longueur. Le calice est à quatre divisions, et la corolle à cinq pétales, dont quatre digités et un entier, oblong. Les étamines sont au nombre de douze. La capsule est à trois ou cinq rayons obtus, qui s'ouvrent en travers et en autant de parties par la séparation totale des rayons, et de l'ouverture de chaque rayon il s'échappe une seule graine. La forme toute particulière du fruit de cette espèce avoit engagé Tournefort à en faire un genre, sous le nom de *Sesamoides*. Ce réséda croît dans les lieux sablonneux en France et dans le Midi de l'Europe; il fleurit en Mai, Juin et Juillet.

Réséda des teinturiers, vulgairement Gaude, Herbe a jaunir: *Reseda luteola*, Linn., *Sp.*, 643; *Fl. Dan.*, t. 864. Sa racine est pivotante, annuelle; elle produit une tige droite, roide, effilée, simple ou peu rameuse, haute d'un pied et demi à trois pieds, et ayant quelquefois jusqu'à six pieds. Ses feuilles sont linéaires-lancéolées, un peu obtuses, légèrement ondulées, surtout dans leur jeunesse, glabres comme toute la plante. Ses fleurs sont petites, verdâtres, portées sur de courts pédoncules, et disposées en grand nombre en un long épi terminal. Le calice est quadrifide, et la corolle à quatre pétales blanchâtres et de forme très-irrégulière. La capsule est irrégulièrement arrondie, surmontée de trois pointes, et à une seule loge. Cette espèce fleurit en Mai, Juin et Juillet: elle est commune dans les lieux pierreux, sur les bords des chemins et même dans les bois, en France et dans le reste de l'Europe.

La décoction de la gaude dans de l'eau donne une belle couleur jaune, qui est employée pour teindre les étoffes, et, sous ce rapport, la consommation de cette plante est assez considérable pour qu'on en fasse, dans quelques cantons, l'objet d'une culture particulière.

La gaude n'est pas difficile sur la nature du sol; elle réussit dans les plus mauvaises terres, et il n'est pas rare d'en trouver de très-beaux pieds qui sont venus naturellement dans les décombres. Dans un sol fertile et profond elle s'élève davantage, mais elle fournit comparativement moins de matière tinctoriale; dans les terrains secs et sablonneux elle s'élève moins, et elle est plus riche en principe colorant.

On sème la gaude à l'automne ou au printemps. Les semis faits avant l'hiver sont toujours plus beaux. La graine étant très-petite, il faut, pour la semer, la mêler avec une certaine quantité de sable, et cependant la répandre assez drue, parce que, lorsque les pieds sont trop espacés, ils se ramifient davantage, et que, dans le commerce, on estime, au contraire, d'autant plus la gaude que ses tiges sont simples ou au moins peu rameuses.

Lorsque le semis est levé et que les feuilles forment déjà une rosette large de deux pouces ou environ, on le débarrasse des mauvaises herbes qui s'y trouvent toujours mêlées, soit par un sarclage, soit par un binage ; après cela la gaude n'a plus besoin d'autres soins jusqu'à la récolte, dont l'époque s'annonce par la maturité des premières graines, qui tombent alors à terre, et par la teinte jaunâtre que prend toute la plante. Cette récolte se fait d'ailleurs plus tôt ou plus tard, en Juillet ou en Août, selon le climat et selon qu'on a semé à l'automne ou seulement au printemps. On ne coupe pas la gaude à la faucille ou autrement, parce qu'on la veut dans le commerce avec sa racine ; mais on l'arrache brin à brin, et on en fait de petites bottes ou poignées, qu'on laisse sécher sur le champ si le temps est beau, et qu'on transporte à la maison si le temps est incertain ou pluvieux, afin de pouvoir mieux en soigner la parfaite dessiccation, en étalant les plantes contre les murs des maisons ou des jardins et au long des haies, à l'exposition du soleil.

Lorsque la dessiccation de la gaude est complète, ce qui arrive en peu de jours par un beau temps, on en recueille la graine en secouant les tiges dans un tonneau ou sur des draps. Ensuite on remet la gaude en bottes qu'on peut faire de la grosseur qu'on veut, et qui peut dès-lors se garder plusieurs années sans altération, en ayant soin de la placer sous des hangars ou dans des greniers suffisamment aérés.

Quelques agronomes ont dit que la gaude pouvoit être cultivée pour être donnée à manger en vert aux bestiaux : M. Bosc doute qu'elle puisse être utile sous ce rapport, parce que les bestiaux laissent presque toujours sans les brouter les pieds qui croissent naturellement dans les pâturages ou sur les bords des chemins.

Les graines de la gaude, traitées par expression, pourroient servir à donner de l'huile ; mais, comme ces graines ne mûrissent que succecsivement, c'est un obstacle à ce que leur récolte puisse être profitable sous ce rapport. Les tiges sèches peuvent être incinérées pour en retirer de la potasse.

*** Feuilles divisées, pinnées ou pinnatifides.*

RÉSÉDA JAUNE : *Reseda lutea*, Linn., *Sp.*, 645 ; Bull. Herb., t. 281. Sa racine est vivace, un peu ligneuse ; elle donne naissance à une tige cylindrique, légèrement striée, rameuse, haute de huit à quinze pouces, hérissée de quelques poils courts, et garnie de feuilles d'une forme très-variable ; les radicales sont ovales-oblongues, entières ; les suivantes trifides, et enfin les caulinaires sont pinnatifides et même bipinnatifides. Ses fleurs sont jaunâtres, nombreuses, disposées en un épi d'abord assez serré, mais qui s'alonge à mesure que la floraison avance. Leur calice est à six divisions, et la corolle à six pétales irréguliers, les quatre supérieurs découpés, et les deux inférieurs simples ; les étamines sont au nombre de quinze à dix-huit. Cette plante fleurit depuis le mois de Mai jusqu'en Août ; on la trouve assez communément sur les bords des champs, dans les lieux pierreux et dans les fentes des vieux murs.

Réséda raiponce : *Reseda phyteuma*, Linn., *Sp.*, 645 ; Jacq., *Fl. Aust.*, t. 132. Sa racine est annuelle, pivotante ; elle produit une tige cylindrique, un peu anguleuse, rameuse, étalée, hérissée, ainsi que les pédoncules et les calices, de poils très-courts. Ses feuilles sont ovales-oblongues, entières ou divisées en trois ou cinq lobes. Ses fleurs sont blanchâtres, moins nombreuses que dans l'espèce précédente, disposées, à cause de la longueur de leur pédoncule, plutôt en grappe qu'en épi. Leur calice est à six divisions linéaires, plus grandes que les pétales, au nombre de six et de forme différente, les uns frangés, les autres simples. Les étamines, au nombre de vingt ou environ, ont leurs anthères d'un jaune rougeâtre. Cette espèce fleurit depuis le mois de Mai jusqu'à la fin de l'été ; elle croît dans les champs du Midi de la France et de l'Europe.

Réséda odorant ; *Reseda odorata*, Linn., *Sp.*, 646. Sa racine est vivace ; elle produit une tige naturellement divisée dès sa base en rameaux étalés, glabres, hauts de huit à dix pouces, garnis de feuilles lancéolées, obtuses, simples ou divisées en deux ou trois lobes. Ses fleurs sont d'un blanc verdâtre, disposées en épi, ayant peu d'apparence, mais douées d'un parfum très-agréable. Cette espèce est originaire de l'Égypte et de la Barbarie ; on la cultive dans les jardins depuis près de quatre-vingts ans, à cause de l'odeur suave de ses fleurs. Quoique vivace dans son pays natal, on la traite habituellement comme plante annuelle, en la semant au printemps, soit en place, soit sur couche, pour la repiquer dans des pots ; elle donne alors ses fleurs depuis le mois de Juin jusqu'aux gelées.

On peut en faire une sorte d'arbuste qui dure six à huit ans et peut-être plus, en ne lui laissant qu'une seule tige, qu'on soutient au moyen d'un tuteur, et en lui formant une tête à la hauteur d'un pied à dix-huit pouces. Ces arbustes seront charmans dans la serre ou dans les appartemens, où ils continueront à donner des fleurs pendant tout l'hiver. (L. D.)

RÉSÉDA DE MER ou MARIN, *Reseda marina*. (*Zoophyt.*) Quelques auteurs anciens, et même Pallas, ont désigné ainsi une espèce de gorgone, la *G. lepadifera* de Gmelin, type du genre *Primnoa* de Lamouroux. (DE B.)

RÉSÉGAL et RÉSIGAL. (*Min.*) Synonymes de RÉALGAR. (B.)

RÉSIDU. (*Chim.*) Nom générique par lequel on désigne, 1.° la matière fixe, obtenue, soit de l'évaporation d'un liquide, soit d'une distillation ; 2.° la portion insoluble qu'on sépare d'une matière, traitée par un liquide, qui dissout l'autre portion de cette matière. (CH.)

RESINARIA. (*Bot.*) Commerson avoit fait sous ce nom un genre de l'arbre résineux de l'Isle-de-France, nommé bienjoint, parce que son bois est dur et compacte, et par corruption benjoin ; ce qui a induit en erreur quelques auteurs, qui, trompés d'ailleurs à cause de la résine qui en découle, le prenoient pour le vrai benjoin, en méconnoissant que c'est une espèce de badamier. C'est le *terminalia benzoin* de Linnæus fils, le *terminalia angustifolia* de Jacquin. (J.)

RÉSINE ANIMÉE ou GOMME ANIMÉE. (*Bot.*) On en connoît deux sortes : l'une d'Amérique, produite par le courbaril ; l'autre d'Orient et d'Éthiopie, beaucoup plus rare, et dont l'arbre qui la produit est encore inconnu aux botanistes. (LEM.)

RÉSINE DE LA BILE. (*Chim.*) En 1824 je démontrai que ce qu'on a appelé *résine de la bile* (voyez BILE, t. IV, p. 100), n'est point un principe immédiat pur, mais une réunion de plusieurs de ces principes. Les résines de la bile de bœuf, de la bile humaine, de la bile d'ours, etc., sont principalement formées d'acides oléique et margarique (et probablement d'acide stéarique), de cholesterine et de principes colorans, qui ne s'y trouvent que dans une très-foible proportion. La résine de la bile de porc, outre ces principes immédiats, en contient un autre fort remarquable, doué d'une saveur amère et de l'acidité. Il me paroit probable que cette substance se trouve dans la plupart des biles, et qu'elle contribue à leur donner de l'amertume; mais jusqu'ici je ne l'ai trouvée en quantité notable que dans la bile de porc. (CH.)

RÉSINE DE CACHIBOU. (*Bot.*) Elle est produite par une espèce de gomart. (LEM.)

RÉSINE COPAL ou GOMME COPAL. (*Bot.*) Elle est recueillie sur le ganitre copalifère. Voyez GANITRE. (LEM.)

RÉSINE COPAL FOSSILE. (*Min.*) C'est une dénomination mauvaise en tout; car, si ce combustible fossile n'est pas différent du succin, il faut lui en conserver le nom. Si c'est une espèce distincte de toutes les autres, il faudra le désigner par un nom particulier, et dans tous les cas éviter de lui en donner un qui, comme celui-ci, établisse une identité de ce fossile avec un corps d'origine végétale actuelle et avec une espèce particulière de ce corps, le copal, dont il diffère essentiellement.

En effet, le corps combustible fossile auquel on a donné ce nom, n'a aucun des caractères réels de la résine copal : il est d'un jaune pâle ou brunâtre, presque opaque, quelquefois brun, extrêmement fragile, ayant une cassure conchoïde à éclat entièrement résineux. Il n'est point soluble dans l'alcool, contient à peine quelques atomes d'acide succinique et diffère en cela du vrai succin; mais il se trouve comme lui dans les argiles plastiques supérieures à la craie, à Highgate près Londres, etc.; il se rencontre aussi dans le lignite de l'île d'Aix, inférieur à cette roche. Nous reviendrons sur cette substance, dont la nature n'est pas très-bien connue, à l'article du SUCCIN. (B.)

RÉSINE ÉLASTIQUE. (*Bot.*) Synonyme de gomme élastique. Voyez HÉVÉ. (LEM.)

RÉSINE ÉLÉMI ou GOMME ÉLÉMI. (*Bot.*) Elle est produite par l'*amyris elemifera*, arbre d'Amérique. On apporte aussi d'Égypte une résine élémi, dont l'arbre qui la produit n'est pas connu; elle a une odeur de fenouil, et s'exporte en morceaux du poids de deux livres. (LEM.)

RÉSINE ÉPINETTE du Canada. (*Bot.*) C'est le baume de Canada. (LEM.)

RÉSINE JAUNE ou GALIPOT. (*Bot.*) Voyez Pin et Résines. (Lem.)

RÉSINE LIQUIDE de la Nouvelle - Espagne. (*Bot.*) C'est la même chose que le baume de Copahu. Voyez ce mot. (Lem.)

RÉSINE OLAMPI. (*Bot.*) Cette résine, qu'on apportoit autrefois d'Amérique, paroît être la même que la résine animée. (Lem.)

RÉSINE TACAMAQUE. (*Bot.*) Elle découle d'une espèce de peuplier, le *populus balsamifera;* il y a encore deux autres *résines tacamaques* ou *tacamahaca :* l'une, plus connue sous le nom de baume vert, se trouve à Bourbon et Madagascar ; l'autre est le *baume focot* ou *faux tacamaca :* elle découle d'une espèce de peuplier, qui croît au Mexique. (Lem.)

RÉSINE DE L'URINE. (*Chim.*) Lorsqu'on mêle de l'acide sulfurique à de l'urine épaissie, qu'on distille doucement et qu'on ajoute de l'eau à la liqueur concentrée, il se précipite peu à peu, suivant Proust, une *résine*, qui est molle et qui finit par durcir. Cette matière est d'un rouge brun. Proust lui attribue l'odeur et la couleur de l'urine. Elle est soluble dans l'alcool, d'où elle est précipitée par l'eau, Proust la considère comme de la résine de la bile, dont la nature a été modifiée par les organes urinaires. Cette matière est certainement composée de plusieurs principes immédiats, dont quelques - uns peuvent avoir été plus ou moins altérés. (Ch.)

RÉSINE DE VERNIS. (*Bot.*) C'est la sandaraque. Voyez Résines. (Lem.)

RÉSINES. (*Chim.*) On a donné généralement le nom de résines à des matières organiques, végétales, solides, cassantes, rarement molles, moins fusibles que la cire, plus ou moins odorantes, insolubles dans l'eau, solubles dans l'alcool et dans l'éther, brûlant avec une flamme alongée, en répandant beaucoup de noir de fumée, et s'électrisant par le frottement avec une grande facilité.

Le nom de résine a été ensuite appliqué à des matières organiques, animales, douées de propriétés plus ou moins analogues à celles que nous venons d'énoncer.

On a dit que les résines étoient des huiles volatiles, épaissies par l'oxigène. L'on s'est fondé sur ce que quelques-unes de ces huiles, et notamment celle de térébenthine, exposées à l'air, en absorbent l'oxigène, se solidifient et prennent les propriétés des résines. Mais ce seroit devancer l'observation que de conclure que toutes les résines, indistinctement, proviennent d'une huile volatile, et les grandes différences que présentent les huiles volatiles qu'on a analysées, sont loin d'être conformes à cette conclusion. On ignore encore si les huiles volatiles qui se résinifient sous l'influence de l'oxigène, le font en s'assimilant l'oxigène qu'elles absorbent, ou en éprouvant un changement dans la proportion de leur carbone à leur hydrogène.

Il suffit de parcourir l'histoire chimique des résines pour voir que ces substances ne constituent point un genre d'espèces *définies*; qu'elles n'offrent qu'une réunion de matières qui sont évidemment composées, au moins pour la plupart, de plusieurs espèces de principes immédiats, lesquels ne paroissent point assujettis entre eux à des proportions définies. J'ai fait l'analyse de plusieurs résines et j'en ai retiré un *acide*, des *principes colorans*, une *huile volatile* et un *principe solide*, soluble dans l'alcool, et l'éther hydraté insoluble dans l'eau, brûlant avec une flamme alongée et en répandant du noir de fumée. L'analyse du liége m'a offert une résine que j'ai réduite en *cérine*, en une *matière grasse* plus fusible que la résine, en un *acide organique*, en un *principe colorant jaune* et en un *principe colorant rouge*.

Si nous consacrons un article spécial aux *résines*, c'est que plusieurs des substances auxquelles on a donné ce nom sont employées dans les arts, et conséquemment, par la même raison que nous avons décrit les huiles fixes, les huiles volatiles, les gommes résines, nous devons décrire les principales résines.

RÉSINE ANIMÉE.

Elle découle de l'*hymenæa courbaril*.

Elle est solide, friable, d'un jaune légèrement verdâtre.

Elle a une odeur forte, qu'elle doit à une huile volatile qu'on en obtient en la distillant avec de l'eau.

Elle est assez soluble dans l'alcool : c'est ce qui peut la

faire distinguer du copal, qui ne s'y dissout que très-peu.

Elle est employée en médecine et dans la préparation des vernis.

Baume de la Mecque.

Il découle de l'*amyris opobalsamum*.

Il est sous la forme d'un liquide visqueux, blanc, ou très-légèrement coloré en jaune.

Il est plus léger que l'eau.

Il a une odeur de citron et une saveur aromatique, amère et astringente.

C'est à une huile volatile qu'il doit son odeur.

Il s'épaissit à l'air.

Il est très-rare de se procurer en Europe le baume qui découle de l'arbre. Les Orientaux y attachent un grand prix.

Celui qui se trouve dans le commerce a été obtenu en mettant dans l'eau bouillante la feuille et les rameaux de l'*amyris opobalsamum*.

Il est employé comme vulnéraire et antiseptique.

Baume de copahu.

Il coule des incisions que l'on a faites au *copaifera officinalis*.

Il est d'un blanc jaunâtre, visqueux.

Il a une saveur âcre, amère, et une odeur forte.

Sa densité est de 0,95.

Il s'épaissit à l'air.

Il est employé aux mêmes usages que le précédent, mais il est moins estimé.

Résine copal, Copal, Gomme copal.

On la retire du *rhus copalinum*, qui croît dans l'Amérique septentrionale. Il y a des personnes qui prétendent qu'on en retire dans l'Amérique espagnole de plusieurs espèces d'arbres, qui est d'une qualité supérieure à celle de la résine qui provient du *rhus copalinum*.

La résine copal est jaune; il y en a d'incolore. Elle est presque toujours transparente; cependant il y en a des échantillons qui sont opaques : dans cet état ils sont blanchâtres ou colorés en brun.

Sa densité est de 1,045 à 1,139.

Elle est foiblement odorante.

Elle se fond par la chaleur ; mais à la température de 40° elle est encore friable. Aussi, quand on la met dans la bouche, on peut la broyer avec les dents.

Sous la pression ordinaire, l'alcool bouillant n'en dissout qu'une très-petite quantité. Je me suis assuré qu'on en dissout une quantité très-notable en augmentant la température de l'alcool au moyen de la pression.

L'huile volatile de térébenthine se comporte à la manière de l'alcool. En opérant dans un vase ouvert, on ne dissout que très-peu de copal dans l'huile de térébenthine ; tandis qu'on en dissout davantage si on met les corps dans un matras fermé avec un bouchon de liége. Une dissolution faite de cette manière, à laquelle on ajoute de l'huile de pavot, donne un beau vernis.

Résine élémi.

Elle provient de l'*amyris elemifera*, auquel on a fait des incisions.

Elle est sous forme de gàteaux.

Sa couleur est le jaune-verdàtre léger. Son odeur est forte.

Elle doit cette propriété à une huile volatile, qu'on en retire lorsqu'on la distille avec de l'eau.

Elle est employée comme antiseptique, fondante et détersive.

Mastic.

Il s'écoule des incisions que l'on a faites au *pistacia lentiscus*.

Il est en grains jaunàtres et cassans.

Il n'a qu'une très-légère odeur, qui est due à une foible quantité d'une huile volatile.

Il est presque insipide. Quand on le màche, il se ramollit et devient légèrement ductile.

Mathews dit que l'alcool en sépare 0,20 de son poids d'une matière analogue au caoutchouc. Nous croyons d'autant moins à cette analogie, que Brand dit que cette matière devient cassante par son exposition à l'air.

Sandaraque.

Elle provient du *juniperus communis*.

Elle en exsude spontanément.

Elle est en larmes arrondies, de couleur jaune, semblables au mastic; mais ce qui la distingue de ce dernier, c'est qu'au lieu de se ramollir dans la bouche, elle se réduit en poudre quand on la presse entre les dents.

Elle ne laisse qu'un foible résidu lorsqu'on la traite par l'alcool : 8 parties de ce liquide dissolvent 1 partie de sandaraque.

Elle est dissoute par les alcalis et les acides qui dissolvent le galipot.

Elle entre dans la composition du vernis.

Lorsqu'on veut écrire de nouveau sur du papier dont on a enlevé l'écriture au moyen d'un grattoir, on imprègne le papier de poudre de sandaraque, pour l'empêcher de boire l'encre des nouveaux caractères qu'on y tracera.

Térébenthine de Chio.

Il découle du *pistacia terebinthus* une matière liquide qui acquiert à l'air de la viscosité : c'est la *térébenthine de Chio*. Si on la soumet à la distillation, on en retire de l'huile volatile de térébenthine, et il reste une matière résineuse.

Térébenthine de Venise.

Elle découle du mélèze.

C'est cette térébenthine qui est particulièrement employée en médecine.

Térébenthine de Strasbourg.

Elle découle du sapin qui croît dans les montagnes de la Suisse.

Térébenthine du pinus maritima.

Nous allons décrire la préparation de plusieurs produits du *pinus maritima*, d'après les renseignemens de Darracq, qui en a amélioré beaucoup la qualité.

Du mois de Février au mois d'Octobre on fait sur des pins âgés de trente à quarante ans, des incisions de $0^m,08$ de largeur et de $0^m,014$ de hauteur, qui pénètrent jusqu'au bois. On commence à inciser près du pied ; on nettoie au couteau les incisions une ou deux fois par semaine ; on les continue de bas en haut jusqu'à la hauteur de $2^m,59$ à $2^m,92$; ce qui demande quatre ans environ. C'est alors qu'on pratique deux nouvelles incisions du côté opposé à celui par lequel on a commencé, et on les continue de la même manière : quand ces incisions sont à la hauteur des premières, on en recommence de nouvelles, et ainsi de suite tout autour de l'arbre. Lorsque les plus anciennes incisions se sont cicatrisées, on peut en faire sur leurs bords.

En suivant cette marche, l'exploitation d'un seul arbre peut durer soixante ans.

La matière qui s'écoule des bords des incisions se présente sous deux formes différentes : à l'état de *térébenthine brute*, elle est molle, visqueuse ; elle tombe dans une cavité que l'on a creusée, pour la recueillir, dans une des grosses racines de l'arbre : cette cavité a une capacité telle, qu'elle peut contenir tout ce qui s'écoule pendant un mois. A l'état de *barras* ou *galipot*, elle est solide ; on la détache en hiver de la surface des incisions où elle s'est figée.

Préparation de la térébenthine fine et de la térébenthine commune.

Pour préparer de la *térébenthine fine*, susceptible de remplacer la *térébenthine de Chio*, on met la térébenthine brute dans des barriques dont un des fonds est percé de petits trous. Ces barriques exposées au soleil, en reçoivent assez de chaleur pour que la térébenthine coule au travers des trous.

Pour préparer la *térébenthine commune*, on fond la térébenthine brute et on la verse ensuite doucement sur un filtre de paille.

Préparation de l'huile essentielle de térébenthine et du brai sec ou colophane.

On distille la térébenthine commune dans des alambics. L'huile essentielle se volatilise et le résidu refroidi se fige en une matière sèche, friable, appelée *brai sec ou colophane*.

25 Parties de térébenthine commune donnent 22 parties de colophane et 3 parties d'huile volatile.

Préparation de la résine proprement dite.

La *résine commune* se prépare en fondant environ 1 partie de galipot et 3 parties de brai sec, en passant le tout dans un filtre de paille et projetant sur la matière, qui a été reçue dans un auge et qui est encore fluide, une certaine quantité d'eau. La plus grande partie de ce liquide se réduit brusquement en vapeur, en entraînant de l'huile de térébenthine, tandis que l'autre partie reste dans la résine. L'addition de l'eau change la couleur brune du produit en une couleur jaune d'or.

La *résine des boutiques* se prépare comme la précédente ; mais on ne mêle au galipot qu'une proportion très-foible de brai sec.

C'est l'eau retenue dans la résine qui lui donne la propriété de petiller quand on la brûle par l'intermédiaire d'une mêche.

Préparation de la poix grasse.

Elle se prépare avec les matières résineuses qui restent attachées à la paille dans laquelle on a filtrée la térébenthine brute et la résine. Pour cela on lui fait subir une sorte de distillation *per descensum* dans un four d'une forme ovale, de 3 à 4 mètres de hauteur et dont le plus grand diamètre en largeur est de $1^{m},8$. Ce four a deux ouvertures très-inégales : c'est par la plus grande, placée dans la partie supérieure du four, qu'on introduit la paille qu'on veut brûler : elle doit avoir été préalablement divisée par paquets, dont on ne brûle qu'un seul à la fois. C'est par la plus petite ouverture du four, pratiquée au milieu du carrelage, que la matière résineuse, qui s'est liquéfiée, s'écoule dans un petit *réservoir* carré : de ce réservoir, qui a une ouverture à son fond, elle est conduite par une gouttière verticale dans une cuve. La matière recueillie est soumise à l'action de la chaleur dans une chaudière de fonte jusqu'à ce que les parties qui donnoient de la mollesse au produit en aient été volatilisées. On cesse de chauffer lorsque le résidu se prend en masse par le refroidissement. A cette époque on le coule dans des moules de terre. Cette matière porte le nom de *poix grasse* et de *pègle grasse* dans le département des Landes. Une distillation dure quinze jours.

Préparation du goudron.

Du 15 Septembre au 1.er Novembre on abat les vieux pins, dont on ne peut plus extraire de résine. On choisit ceux qui en retiennent le plus, pour la préparation du goudron, et on ne prend de ces arbres qu'une longueur de 1^m à 3^m,5 à partir de la racine. Les vieilles souches, qui sont restées sur pied pendant six à onze ans, donnent un goudron de première qualité. On coupe cette partie de l'arbre en deux parties égales.

Au commencement du printemps, lorsque le bois a le degré de sécheresse convenable, on le distille après avoir coupé les buches en deux, puis avoir divisé longitudinalement chaque moitié en billettes.

Le four dans lequel se fait la distillation, se compose de l'*aire*, d'une *gouttière*, d'une cave servant de *récipient*. L'aire est concave; sa circonférence est de 10 à 15 mètres; elle s'élève de 2 mètres environ au-dessus du terrain environnant; le centre est carrelé jusqu'aux ²/₄ de l'étendue de l'aire. L'espace qui est au-delà est garni d'argile battue, formant une ceinture large de 0^m,66 environ autour de la partie carrelée. Au centre de l'aire il y a une ouverture correspondante à la gouttière, destinée à conduire le goudron dans la cave. La cave est une fosse, dont la forme est celle d'un carré long, qui a 1 mètre de profondeur et une capacité correspondante à celle du four. Elle est garnie dans l'intérieur de madriers équarris et parfaitement joints entre eux. Elle est recouverte par de forts madriers chargés de terre et posés longitudinalement suivant l'inclinaison de l'aire du four, dont cette couverture soutient une partie.

La gouttière à l'ouverture de l'aire est dans cette partie construite en briques. Enfin, le reste de la gouttière se compose de deux pièces de bois perforées, dont la supérieure est verticale et l'inférieure est inclinée. Cette dernière traverse les madriers de la voûte de la cave et les dépasse de 0^m,15 environ. L'ouverture de cette pièce est de 0^m,06 à 0^m,07 de diamètre. Une perche mobile, adaptée à cette ouverture,

permet de la fermer ou de la découvrir à volonté. Pour charger
le four, on implante à l'orifice supérieur de la gouttière
une perche verticale; puis on dispose tout autour les billettes sur l'aire, de façon que leur axe soit dirigé de la circonférence de l'aire à son centre. Quand le bûcher est
achevé, il a environ 3 mètres de hauteur et la forme d'un
cône. On le laisse pendant quelques jours tasser sous son
propre poids; puis on le chaperonne avec du gazon. On ménage au rez de l'aire, tout autour du bûcher, des ouvertures
d'environ un tiers de mètre carré. Vingt-quatre heures après
que le bûcher a été chaperonné, on débouche une des ouvertures et on met le feu aux billettes avec des copeaux
résineux secs. Quand le feu est bien vif, on ferme l'ouverture avec le gazon, qu'on en avoit enlevé et on met le feu
à l'ouverture suivante, et ainsi de suite, en ayant soin de
n'avoir jamais qu'une seule ouverture débouchée. Après
quatre ou cinq jours d'un feu concentré, on débouche la
gouttière pour la première fois, et pendant un moment seulement. On l'ouvre ensuite deux ou trois fois les jours suivans.

La raison pourquoi on ne débouche la gouttière qu'après
cinq jours, est la suivante : les produits liquides, rassemblés
sur l'aire du four, sont de la résine, de l'huile volatile et
de l'eau acide. Pour que ce produit se convertisse en goudron, il faut qu'il perde la plus grande partie de l'eau et de
l'huile volatile, et en outre que la résine éprouve une certaine altération; de là la nécessité qu'il soit exposé quelque
temps à l'action de la chaleur. Comme l'eau séparée du bois
est plus abondante dans les premiers temps de l'opération
que dans les suivans, il en résulte qu'après quatre à cinq
jours il n'y a plus de nécessité de laisser le produit si long-
temps exposé à la chaleur.

On augmente la qualité de certains goudrons en y ajoutant de l'huile essentielle de térébenthine.

Préparation du brai gras.

Elle est très-simple, puisqu'elle ne consiste qu'à fondre
ensemble parties égales de goudron, de brai sec et de poix
grasse. On met la matière dans des tonneaux, ou on la coule
dans des moules.

Préparation de la poix bâtarde.

La poix bâtarde ne diffère du brai gras que par une proportion plus forte de brai sec.

Préparation du noir de fumée.

On met les matières résineuses qu'on veut brûler dans des vases de terre ou de fonte ; on les allume après les avoir placées dans une chambre faite avec du bois de sapin et garnie intérieurement de grosses toiles. On ferme la porte de la chambre, et on ne l'ouvre qu'après la combustion. Dans cette opération il se forme beaucoup de noir de fumée, qui se dépose sur la toile, tandis que les produits aériformes se dégagent au travers.

Propriétés du galipot.

Il a une couleur jaune, tirant plus ou moins sur le brun. Il est translucide.

Il retient un peu d'huile volatile, qu'on peut en séparer en le chauffant, et en faisant arriver un courant de vapeur d'eau dans la matière fondue. En perdant de l'huile, il a perdu de son odeur et est devenu moins fusible.

L'eau ne le dissout pas ; mais le galipot fondu, sur lequel on jette de l'eau, en retient une petite quantité, qui lui donne de l'opacité et une couleur jaune plus prononcée.

L'alcool et l'éther hydratique le dissolvent bien. La première solution est précipitée par l'eau ; la seconde n'est précipitée par ce liquide qu'après qu'on l'a étendue d'alcool.

Beaucoup d'huiles fixes et l'huile volatile de térébenthine la dissolvent.

Le galipot, chauffé avec une petite quantité d'huile de térébenthine, l'absorbe et forme un composé plus fusible que le galipot.

L'acide acétique dissout le galipot sans l'altérer. La solution est précipitée par l'eau.

L'acide hydrochlorique le dissout.

L'acide sulfurique concentré le dissout à froid. La dissolution est transparente, d'un brun jaunâtre, visqueuse. Lorsqu'on y verse de l'eau, le galipot s'en précipite sans avoir éprouvé d'altération bien sensible.

Si l'on fait chauffer la dissolution sulfurique de galipot, il se dégage du gaz acide sulfureux : la matière noircit. Si, lorsque la matière commence à noircir, on la précipite par l'eau, on trouvera dans la liqueur de l'acide hypo-sulfurique, uni à une matière organique, et si on traite le précipité par l'alcool, qu'on filtre, qu'on distille la liqueur et qu'on mêle le résidu avec de l'eau, celle-ci dissoudra une matière qui a la propriété de précipiter la gélatine et qui a été appelée *tannin artificiel* par M. Hatchett, qui l'a obtenue le premier. Si cette matière est analogue au tannin artificiel qu'on prépare avec le camphre et l'acide sulfurique, elle doit contenir de l'acide hypo-sulfurique.

Le galipot, traité par l'acide nitrique d'une densité de 1,38, s'y dissout sans éprouver d'abord une grande altération, comme on peut s'en convaincre en le précipitant par l'eau; mais si l'on continue à faire bouillir les matières pendant un temps suffisant, on finira par obtenir de l'acide oxalique et une sorte de tannin artificiel, suivant l'observation de M. Hatchett.

L'ammoniaque ne paroît pas avoir d'action sur le galipot, au moins dans l'espace de quelques jours. Il n'en est pas de même de l'eau de potasse et de soude et de leurs sous-carbonates. Ces dissolutions sont orangées. Quand on les conserve pendant quelque temps étendues d'eau, il s'en dépose une matière pulvérulente, légèrement acide au tournesol. Cette matière retient une quantité sensible d'alcali en combinaison. Il est probable que dans la solution alcaline de la résine il se passe quelque chose d'analogue à ce qu'on observe dans les solutions de savon formées d'acide margarique et oléique.

La baryte, la strontiane, la chaux, paroissent susceptibles de s'incorporer et de contracter une véritable union chimique avec le galipot.

Le galipot chauffé dans une cornue, donne de l'eau, une liqueur épaisse, acide, beaucoup de gaz inflammable, et un peu de charbon.

Le galipot, chauffé suffisamment avec le contact de l'air,

prend feu et brûle avec une flamme rougeâtre en répandant beaucoup de noir de fumée.

Des Vernis.

Les vernis sont des substances liquides, qui ont la propriété de laisser un enduit solide à la surface des corps sur lesquels on les applique, afin de préserver ces corps de l'action de l'atmosphère, ou, plus généralement, du contact d'agens extérieurs qui pourroient les altérer.

Il existe un grand nombre de vernis. Dans l'impossibilité de les décrire tous, nous nous bornerons à citer ceux qu'on emploie le plus fréquemment.

Vernis à l'alcool.

On prend 6 parties de mastic et 3 parties de sandaraque, réduites en poudre fine : on les introduit dans un matras avec 4 parties de verre pilé grossièrement; on verse sur le matras 32 parties d'alcool concentré; on plonge le matras dans un bain d'eau, dont on élève la température de 80 à 90^d ; on remue fréquemment la matière avec un tube de verre ; 1 ½ heure après, on verse dans le matras 3 parties de térébenthine de Venise, bien pure ; on fait chauffer encore pendant ½ heure ; puis on laisse refroidir : au bout de 24 heures on verse doucement la liqueur sur un filtre de coton.

Le vernis à l'alcool est employé pour des boites, des étuis en carton, des découpures, etc.

Vernis à l'essence.

On met dans un matras 12 parties de mastic en poudre, ½ partie de camphre en morceaux, 5 parties de verre grossièrement pilé et 36 parties d'huile essentielle de térébenthine. On fait chauffer ces corps pour obtenir une dissolution ; puis on ajoute ½ partie de térébenthine de Venise.

Ce vernis est employé pour les tableaux à l'huile.

Vernis gras.

On fait fondre dans un matras de verre 2 parties de copal, réduites en poudre. On verse dessus 1 partie d'huile de lin, presque bouillante, qui a été préalablement rendue siccative au moyen de la litharge. Quand la température des matiéres n'est plus que de 80 à 90^d, on verse dans le ballon 2 parties d'huile essentielle de térébenthine chaude ; on verse le tout sur un linge et on conserve le vernis dans un vase à large orifice, qui ferme exactement.

Au lieu des proportions précédentes, on emploie encore 4 parties de copal, 1 partie d'huile de lin et 5 parties d'huile volatile de térébenthine.

Ce vernis est employé pour les voitures, pour les ouvrages précieux en bois, pour des vases, des instrumens de fer, de cuivre, de cuivre jaune, de fer-blanc, etc. (Ch.)

RÉSINIER D'AMÉRIQUE. (*Bot.*) Voyez Gomart. (Lem.)

RÉSINITE. (*Min.*) C'est une expression qualificative qu'on a donnée à une variété principale de silex qui diffère des autres par son éclat résineux, par la présence de l'eau, etc. (Voyez Silex résinite.)

Mais à l'article Pechstein de ce Dictionnaire on a renvoyé à ce mot, comme nom scientifique du *pechstein* fusible des Allemands. C'est une faute typographique, on doit lire Rétinite, qui est le nom sous lequel on décrira les pierres fusibles, nommées *pechstein* par les minéralogistes allemands. (B.)

RÉSOLU. (*Bot.*) Suivant Richard, on nomme ainsi, à la Martinique, le *rondeletia hirsuta*, plante rubiacée. (J.)

RESPIRATION, *Respiratio.* (*Physiol. générale.*) La respiration est une fonction propre aux animaux, qui consiste dans une élaboration nouvelle de la substance destinée essentiellement à nourrir, et qui est l'effet du contact de l'air avec cette substance. Quelle que soit la forme de l'organe consacré à son accomplissement, quel que soit le mécanisme de ce contact, le phénomène est constamment le même. Les poumons, les branchies des vertébrés, les houppes, les panaches, les franges et toutes les parties destinées à la respiration dans les animaux des classes inférieures, ne sont que des moyens employés par la Nature pour étaler l'air et le liquide en circulation sur de plus grandes surfaces, pour multiplier les points de contact. La respiration n'est donc que l'action intime et réciproque qu'exercent l'un sur l'autre, le fluide ambiant et le liquide nourricier. Toujours, quand elle s'accomplit, le sang ou le fluide qui le remplace, après avoir circulé dans tout le corps et reçu des matériaux réparateurs, vient acquérir de nouvelles qualités dans un appareil organique particulier.

C'est dans ce but que, chez les mammifères et dans les oiseaux, ainsi que dans la plupart des Reptiles, l'air est introduit dans le thorax pour en être expulsé ensuite, et c'est là ce qui constitue l'*inspiration* et l'*expiration*. Chez eux, au reste, comme dans tous les autres animaux, la respiration tient essentiellement à la vie, qui cesse par suite de son interruption un peu prolongée : elle est une de ces fonctions que les anciens appeloient *vitales*, parce que leur abolition entraine nécessairement la mort.

La respiration est donc une action physiologique de la plus haute importance. Aucune, peut-être, dans l'économie animale, n'est plus essentielle, plus remarquable. Elle existe même chez les insectes et chez les zoophytes, où il n'y a point de véritable circulation. Son étendue est constamment en rapport avec l'énergie des mouvemens et des sensations, qui paroissent sous sa dépendance jusqu'à un certain point. Les oiseaux, si vifs, si sensibles, ayant le sang si chaud, ont des surfaces respiratoires d'une immense étendue. Il est d'ailleurs évident que l'excitation normale de tous les organes est due à l'état dans lequel l'exercice de la respiration a mis le liquide en circulation. Aucune fonction ne s'exerce plus dès que l'influence de l'air sur le sang a cessé d'avoir lieu. Chez les individus asphyxiés et où tous les tissus de l'économie sont gorgés de sang noir, les sécrétions sont évidemment ralenties, par exemple.

§. 1.er *De la Respiration dans l'Homme et dans les Mammifères.*

Dans notre espèce en particulier, et dans tous les animaux à poumons, en général, la respiration commence à l'instant de la naissance par une inspiration, se continue jusqu'à l'heure de la mort et finit par une expiration. La série de ses phénomènes, le jeu de ses organes, la nature de ses résultats, sont les mêmes dans l'homme et dans les mammifères. On a toujours été d'accord à ce sujet ; mais les opinions des physiologistes ont beaucoup varié, toutes les fois qu'il s'est agi d'établir la véritable nature de la fonction.

Les anciens, Hippocrate et Galien entre autres, ont pensé qu'elle servoit à introduire dans le sang certains principes spéciaux, ce certain *pabulum vitæ*, plus subtil que l'air même, lequel se portoit au cœur au moyen des nerfs ou des vaisseaux, et y rafraîchissoit le sang échauffé par les actes de la vie.

Après bien des siècles, quand on découvrit le mécanisme de la circulation, on imagina que la respiration étoit faite pour le favoriser, et une expérience de Hoock semble le démontrer; mais les conséquences en furent beaucoup trop exagérées. Cet anatomiste, ayant ouvert la poitrine d'un mammifère, vit que ses poumons s'affaissoient et que la circulation cessoit en même temps que la respiration, mais que la première de ces fonctions recommençoit dès qu'on insuffloit de l'air dans les poumons.

On a cru encore qu'en se divisant dans les poumons, le sang veineux diminuoit de volume, tandis que la forme de ses molécules étoit changée; ce qui devoit favoriser le mélange des principes hétérogènes qu'il contient. Un seul fait contredit cette assertion. Les phénomènes chimiques de la respiration ne sont point le résultat d'un simple mélange, en effet.

Helvétius a enseigné, d'autre part, que la respiration rafraîchissoit le sang échauffé par son frottement contre les parois des vaisseaux qu'il parcouroit. La base de sa théorie consistoit à faire l'artère pulmonaire d'un calibre bien supérieur à celui des quatre veines du même nom. Hales, Haller, Santorini, Dumas, ont plus ou moins partagé cette dernière opinion, qui est pourtant contraire à ce que l'expérience démontre journellement, tant dans l'homme que dans les mammifères.

Enfin, Priestley, prétendit que le sang, dans les poumons, enlevoit à l'air une portion de son phlogistique.

Quoi qu'il en soit, il demeure constant aux yeux des observateurs, que, dans les classes supérieures des animaux, la respiration a pour *instrumens* le thorax et les poumons; qu'elle a pour *agens*, l'air et le sang; qu'elle présente des *phénomènes mécaniques* et des *phénomènes chimiques*, et qu'elle a pour effet immédiat de changer le sang veineux en sang artériel, le sang noir en sang rouge. Tel est le résultat évident des observations, des recherches, des expériences faites avec plus ou moins de bonheur par les physiologistes et les chimistes de ces derniers temps, entre autres par Chaussier. Dumas, Richerand, Brande, Éverard Home, Contanceau, Nysten, Goodwyn, Davy, J. Hunter, Crawford, etc.

Ce n'est point ici le lieu de décrire les organes à l'aide desquels la respiration s'effectue; nous n'exposerons point non plus ici le tableau des diverses théories physiologiques de cette fonction, fondées sur la structure des poumons et sur la capacité des bronches. Nous dirons seulement qu'on se demande souvent encore aujourd'hui par quels genres de propriétés vitales sont animés les poumons, si, dans la respiration. ils sont actifs ou simplement passifs et subordonnés à l'action des parois du thorax. La question est assez difficile à décider, car ses élémens sont fréquemment en opposition les uns avec les autres. Ayant cru reconnoître que, dans certaines plaies de poitrine, la portion sortie des poumons, se contracte et se dilate, Galien et Sennert les ont regardés comme actifs, et Brémont, d'après une expérience contraire dans ses résultats à toutes celles que l'on a tentées depuis, partagea cette manière de voir. Mais il paroît assez bien prouvé que les poumons sont dépourvus de la faculté de se resserrer sur eux-mêmes d'une manière active, et les expérimentateurs sont d'accord sur ce point, depuis surtout que Haller a fait voir qu'aucun réactif ne pouvoit y développer des signes d'irritabilité.

Les phénomènes mécaniques de la respiration sont au reste de deux sortes : les uns ont pour but l'arrivée du sang dans les poumons; les autres déterminent l'abord de l'air dans les mêmes organes, par la dilatation de la poitrine, qui le chasse ensuite en venant à se resserrer. Ce sont cette dilatation et ce resserrement alternatifs que l'on nomme proprement *inspiration* et *expiration*.

Le premier de ces actes, l'inspiration, est une dilatation du thorax dont les parois s'éloignent de l'axe, et qui, dans un homme tranquille, se répète de seize à vingt fois par minute, de manière à répondre à quatre battemens du pouls. Le mouvement en vertu duquel le thorax se dilate pour cet acte, n'est qu'en partie soumis aux lois de la volonté, et il est impossible de le suspendre au-delà d'un temps fort court. Aussi faut-il ranger au nombre des fables ce que l'on a dit de ces esclaves désespérés, qui se faisoient mourir en cessant volontairement de respirer. Chaque cinquième inspiration est d'ailleurs plus profonde que les quatre qui la précèdent ou la suivent immédiatement.

Il est d'observation encore qu'il y a une égalité assez constante entre les deux temps de la respiration, si l'individu est en santé. Une foule de causes cependant ne laissent point que d'avoir une influence très-marquée sur eux. L'âge doit nécessairement, par exemple, les modifier, puisqu'ils sont subordonnés à la fréquence plus ou moins grande du pouls; aussi remarque-t-on que, chez l'enfant et chez la femme, ils sont plus rapprochés que chez l'homme adulte. Les exercices du corps ont un effet évident sur eux aussi, et il suffit d'avoir couru ou sauté pour être convaincu de cette vérité. Pendant le sommeil ils se ralentissent sans aucun doute, et ils deviennent moins faciles au moment de la digestion.

Chez les petites espèces de mammifères et chez les carnivores ils sont plus précipités aussi que dans les gros quadrupèdes et chez les phytophages.

L'inspiration, d'ailleurs, dans toutes les conditions de la vie, peut être plus ou moins étendue, et, sous ce rapport, elle présente trois degrés distincts, que nous allons examiner dans notre espèce comme type des mammifères.

Quelquefois, et c'est ce qui a lieu le plus habituellement chez l'homme en repos et sain, elle est douce, tranquille, sans efforts. Elle est le résultat d'un agrandissement de la poitrine dans son diamètre vertical par l'action du diaphragme, qui, après avoir pris son point fixe aux piliers, s'abaisse vers le ventre, qui cède.

Chez les vieillards, dont les cartilages sterno-costaux sont ossifiés, cette sorte d'inspiration est la seule qui puisse avoir lieu.

Lors d'une inspiration plus profonde, les côtes, en prenant

leur point fixe sur la première d'entre elles, élevée elle-même et maintenue en place par les scalènes contractés, s'élèvent et s'écartent transversalement et successivement de haut en bas, depuis la deuxième jusqu'à la dernière. Les muscles intercostaux, internes et externes, et les surcostaux, leur impriment simultanément, à leur élévation, un mouvement de rotation qui, vu l'obliquité de ces os par rapport au rachis, les éloigne de ceux du côté opposé, en portant leur bord inférieur en dehors, et cela d'une manière d'autant plus marquée qu'on les observe plus inférieurement, où ils ont plus de longueur et plus de mobilité. En outre, le diaphragme s'abaisse aussi, quoiqu'à un moindre degré que précédemment. Les muscles intercostaux et surcostaux sont les agens principaux de l'élévation des côtes dans ce cas. C'est une vérité sur laquelle on n'a pas toujours été du même avis, et qui a été un sujet de grandes et longues controverses, de discussions plus ou moins vives, spécialement entre Hamberger et Haller, le premier regardant les intercostaux internes comme des muscles expirateurs, et le dernier professant l'opinion que nous avons émise et qui est la plus généralement suivie aujourd'hui.

On a demandé aussi si, dans l'élévation des côtes, les espaces qui séparent ces os étoient agrandis ou diminués : mais le fait est facile à décider; car, comme le bord supérieur de la côte, qui se tord en s'élevant, se porte en dedans, il ne sauroit y avoir rapprochement des deux bords contigus, puisque le bord inférieur de la côte qui lui correspond se porte en dehors, et, d'ailleurs, quand, sur un homme qui respire, on étend un fil de la clavicule à l'hypocondre, on observe qu'il devient trop court au moment de l'inspiration, pour occuper l'espace qu'il mesuroit durant l'expiration.

Dans un troisième degré de l'inspiration la poitrine s'agrandit autant que possible, suivant tous ses diamètres. Le sternum se porte en avant par suite de la torsion des côtes, qui se communique aux cartilages sterno-costaux, et conséquemment les dimensions du diamètre antéro-postérieur sont augmentés, surtout en bas; car ce changement de direction ne sauroit avoir lieu sans que l'on éprouve simultanément un mouvement de bascule, et cela en raison de la longueur différente des côtes.

Lorsque cette inspiration très-profonde s'exécute, de nouvelles puissances musculaires joignent leur action au diaphragme, aux intercostaux, aux surcostaux, etc., et l'on voit se contracter, pour l'opérer, les muscles scalènes, souclaviers, grands et petits pectoraux, grands dentelés, petits dentelés, postérieurs et supérieurs, grands dorsaux.

Le mouvement opposé à l'inspiration, dans l'acte de la respiration, est l'expiration, qui offre de même trois degrés différens d'intensité.

Dans le premier degré, simple résultat du relâchement du diaphragme qui avoit été mis en contraction pour l'i spiration, le diamètre vertical du thorax diminue, et les vi ceres abdominaux, repoussés par l'élasticité des parois distendues du bas-ventre, refoulent en effet ce muscle vers le haut.

Dans le second degré les côtes présentent successivement plusieurs ordres de mouvemens inverses à ceux par lesquels elles se sont élevées; mais ces mouvemens s'opèrent d'une manière passive. Les espaces intercostaux se rétrécissent; la torsion des côtes cesse d'avoir lieu par l'effet de l'élasticité des cartilages, qui devient alors une véritable puissance motrice.

Dans le troisième degré on observe les mêmes phénomènes que dans les deux degrés précédens; mais, de plus, le sternum s'abaisse et se rapproche du rachis, surtout inférieurement. Ici, plusieurs muscles agissent d'une manière spéciale. Le carré lombaire, par exemple, fixe la dernière côte, comme les scalènes avoient fixé la première lors de l'inspiration, et, sur cet os, devenu solide ainsi, les intercostaux, en se contractant progressivement de bas en haut, abaissent les côtes supérieures, en même temps que les transverses et les muscles grands et petits obliques de l'abdomen.

Pendant l'inspiration les poumons sont manifestement dilatés; ils sont resserrés sur eux-mêmes, au contraire, durant l'expiration, mais sans que cela tienne à une force propre de leur tissu, car on anéantit constamment la respiration d'un animal lorsqu'on vient à lui ouvrir la poitrine. Si l'on a mis la plèvre à découvert, on observe à travers cette membrane, à laquelle il reste toujours contigu, ces deux états différens et passifs du poumon; et c'est ce qui a conduit Mayow à comparer le thorax à un soufflet à l'ame duquel auroit été adaptée une vessie. C'est, en effet, par suite seulement de l'arrivée de l'air dans les bronches que la dilatation des poumons s'opère, et cet abord de l'air est lui-même déterminé par la tendance qu'il a à se mettre sans cesse en équilibre avec lui-même. Il ne faut voir en cela qu'un simple phénomène d'hydrostatique, et les viscères mous et spongieux de l'intérieur suivent l'écartement des parois de la cavité qui les renferme.

Le fluide atmosphérique, d'ailleurs, ne stagne pas très-longtemps dans les voies de la respiration; il ne tarde pas à en être expulsé, d'une manière purement mécanique, par le resserrement des parois du thorax, lors de l'expiration.

Mais durant ce court séjour il donne naissance à certains phénomènes, dont les uns ont lui-même pour sujet, et dont les autres appartiennent au sang qui pénètre les poumons, qui s'étale dans les mailles du tissu vasculaire épanoui à la surface de la membrane muqueuse des bronches et de leurs subdivisions, non point comme dans un simple récipient chimique, mais bien comme dans un appareil vivant et doué d'une force propre à le modifier, à le digérer même, pour ainsi dire.

Ces phénomènes avoient été signalés en partie à l'attention des anciens par Willis, Lower, Mayow, et notés plus récemment par Priestley, Schéele et Bergmann; mais Fontane paroît être le premier qui ait tenté des expériences à cet égard et qui ait reconnu qu'il y avoit diminution dans le volume de l'air inspiré. Les résultats qu'il avoit obtenus furent confirmés par Lavoisier lors de la naissance de la nouvelle chimie; mais cet illustre savant démontra, en outre, dans l'air expiré, la présence de l'eau et du gaz acide carbonique et une privation presque totale de gaz oxigène: ce qui le conduisit à conclure que ce dernier principe, appelé dèslors *air vital*, servoit essentiellement à l'exercice de la respiration. Un peu plus tard, Goodwin estima les variations qu'éprouvoient, pendant l'acte dont il s'agit, les principes d'une quantité donnée d'air, et reconnut qu'au lieu de 0,18 d'oxigène, on n'en trouvoit plus que 0,05; que l'azote restoit

en même proportion, et qu'au lieu de 0,02 de gaz acide
carbonique, il y en avoit 0,15.

L'influence de ces mutations sur le sang est des plus prononcées aussi. Sans penser, avec la plupart des anciens, que le
fluide des artères est aussi différent de celui des veines que
l'air l'est du sang, on ne peut s'empêcher d'admettre entre
eux de nombreuses sources de dissemblances, ainsi que l'ont
fait, depuis nombre d'années déjà, Willis, Mayow et Lower,
et contradictoirement à l'assertion émise par Haller, qui, chose
étonnante, a prétendu que le sang contenu dans les veines pulmonaires étoit le même que celui renfermé dans l'artère du
même nom, quand le plus simple examen suffit pour prouver
la fausseté de ce qu'il avance. La couleur seule, en effet, suffiroit déjà pour autoriser à les distinguer, quand bien même
une expérience concluante de Bichat ne démontreroit point
le fait d'une manière incontestable, en même temps qu'elle
ne laisse aucun doute sur l'action qu'a l'air sur le sang veineux en circulation dans les poumons. Ce célèbre physiolo-
giste, après avoir ajusté un tube à robinet à la trachée-artère
d'un chien, suspendoit et rétablissoit à volonté l'exercice de
la respiration chez cet animal, et put s'assurer ainsi, que le
sang s'échappoit noir des artères comme des veines pendant
l'occlusion du tube; tandis qu'il devenoit rutilant dans les artères, tout en restant noir dans les veines, dès, qu'en ouvrant
celui-ci, on rétablissoit le libre abord de l'air dans les poumons. Le sang rouge, d'ailleurs, fait monter le thermomètre
de deux ou trois degrés plus haut que le sang noir, peut-être
parce qu'il faut lui supposer une capacité plus grande pour
le calorique, comme l'ont fait Crawford et Séguin. On assure
en outre que le premier, naturellement écumeux, a une pesanteur spécifique moins grande que celle du dernier; mais,
ce qui est incontestable, c'est qu'il est éminemment plus con-
crescible et surtout plus homogène dans ses diverses parties, et
il en doit être ainsi, puisque le système veineux est le réservoir commun de tous les fluides absorbés dans l'économie, à
la surface du corps et à celle des membranes muqueuses, du
chyle et de la lymphe, par exemple : aussi, quand on pratique l'opération de la phlébotomie peu de temps après le repas, on voit le chyle nager sur le produit de la saignée. Enfin,

suivant quelques chimistes, il paroîtroit aussi que le sang noir contient encore plus de carbone et d'hydrogène que le rouge, qui, de plus, est écumeux et laisse séparer moins de sérum.

Lavoisier, créateur de la théorie chimique de la respiration, théorie qui explique cette fonction comme le phénomène de la combustion, a pensé que, dans cet acte, l'oxigène de l'air entroit en combinaison immédiatement avec une partie du carbone du sang noir, d'une part, ce qui donnoit naissance au gaz acide carbonique expiré, et de l'autre oxidoit une portion de l'hydrogène du même liquide, ce qui démontre naturellement la formation de l'eau expirée également. Il vouloit aussi qu'une troisième portion de cet oxigène circulât avec le sang artériel pour se combiner lentement avec lui, et c'est ainsi que le développement de la chaleur animale trouvoit une explication plausible. Le poumon étoit ainsi un véritable foyer de calorique, qui servoit tant à augmenter la température du sang rouge, qu'à produire la gazéification de l'eau et de l'acide carbonique formés, et cela avec une vraisemblance d'autant plus grande que, dans les animaux des diverses classes, la température du corps est d'autant plus élevée que les moyens respiratoires sont plus grands et plus vastes, comme on l'observe entre autres dans les oiseaux et dans les mammifères.

Cette théorie, si inattaquable en apparence, a cependant été l'objet d'une foule d'objections, non-seulement de la part des physiologistes vitalistes, mais même de celle des chimistes, dont les calculs n'ont point toujours, à cet égard, été d'accord. On a demandé aussi comment, en l'admettant, on pourroit rendre raison de ce qui arrive lorsque l'on plonge un thermomètre dans les poumons d'un animal vivant. Si toutes les combinaisons dont il s'agit avoient lieu dans ce viscère, il en devroit résulter une grande quantité de calorique à l'état libre, et le mercure ne monte pas plus haut dans le tube de l'instrument, que si celui-ci étoit introduit dans toute autre cavité splanchnique. Ne paroît-il pas très-probable aussi d'ailleurs, que, dans ce cas particulier, l'eau produite est le fruit d'une exhalation de la membrane muqueuse des bronches, qui ne différeroit pas ainsi des autres membranes muqueuses de l'économie?

Au reste, en substituant leurs idées à la théorie des chimistes, en croyant que le gaz acide carbonique existoit tout formé dans le sang noir et étoit le résultat d'une exhalation, en ne voulant point que l'oxigénation du sang fût analogue à l'oxidation des métaux, la plupart des physiologistes se sont plutôt appliqués à détruire l'édifice élevé qu'à réédifier. Quelques-uns d'entre eux cependant nous ont donné une idée du rôle que jouoient les propriétés vitales dans cette importante fonction. Ce rôle ne sauroit en effet être mis en doute par ceux qui ont observé que, chez les asthmatiques, l'air qui a pénétré dans les conduits des poumons en ressort souvent sans avoir subi aucune altération sensible; que, quand un animal est arrivé au dernier degré d'affoiblissement, l'air et le sang, mis en rapport sur la surface bronchique, restent sans action l'un sur l'autre, malgré l'exercice entier des mouvemens du diaphragme, des côtes et du sternum; que, pendant la fièvre, après la digestion, dans toutes les circonstances, en un mot, où il y a accélération des mouvemens du cœur et du thorax, il y a, comme l'a noté Jurine, plus de gaz acide carbonique produit et plus d'oxigène absorbé; enfin que, dans le frisson, dans les hémorrhagies, etc., dans toutes les circonstances d'une nature opposée aux précédentes, l'air inspiré souffroit peu d'altération.

L'influence des propriétés vitales des poumons sur l'acte de la respiration est encore démontrée d'une manière incontestable par une foule d'expériences. Willis avoit causé une mort prompte par la section des nerfs de la huitième paire chez un animal. Baglivi avoit remarqué seulement dans ce cas une gêne de la respiration; mais ni l'un ni l'autre n'avoient suffisamment expliqué ce fait: il étoit réservé à Bichat, à Dumas et à MM. Dupuytren, Provençal, de Blainville, de Humboldt, de démontrer que les nerfs pneumo-gastriques agissoient sur les poumons; et le fait est aujourd'hui hors de tout doute. Si on ne lie que le tronc de l'un d'eux, on voit la respiration, d'abord un peu gênée, reprendre ensuite son premier état; si on le coupe, il en est de même: si, après quelque temps, on opère la section de celui du côté opposé, la respiration devient pénible, ses phénomènes chimiques s'interrompent, le sang sort noir des artères, tous les symptômes d'une asphyxie se déclarent, et la mort survient après que, dans les derniers momens, l'air a été expiré comme il étoit entré dans les bronches, et que l'hématose a cessé d'avoir lieu.

Tels sont les phénomènes principaux qui caractérisent la respiration chez l'Homme et chez les Mammifères. Voyons maintenant ce qu'elle est dans les Oiseaux.

§ 2. *De la Respiration dans les Oiseaux.*

Tout animal entretient avec l'air des communications nécessaires et indispensables à l'exercice, à l'entretien de sa vie. Chaque individu, dans chaque espèce, possède un appareil organique plus ou moins compliqué, mais toujours disposé de manière à mettre en contact les liquides de son économie avec les fluides atmosphériques; cet appareil, quel qu'il soit, ne peut suspendre l'exécution de ses fonctions sans que la mort arrive presque immédiatement, en raison de la cessation des combinaisons réciproques que détermine la respiration; mais sa structure et, par suite, l'étendue de l'acte auquel il préside, sont bien différentes entre les diverses classes des animaux. Nous le connoissons déjà chez l'Homme et les Mammifères, où le système de la respiration a dû nous paroître fort complexe, et cependant, il faut l'avouer, dût l'orgueil de notre espèce en être offensé, considérés sous le rapport dont il s'agit, les Oiseaux tiennent évidemment le premier rang parmi les êtres animés. Rien plus que l'étendue de la respiration ne distingue d'une manière tranchée leur classe de toutes celles que renferme le cadre zoologique. Cette fonction, qui domine toutes les autres chez ces habitans des airs, imprime son énergie à toute leur constitution; la grande extension de leurs poumons, l'absence d'un diaphragme, l'existence de cellules sacciformes, d'appendices membraneuses, de réservoirs supplémentaires à ces viscères et de conduits propres à distribuer l'air dans toute l'habitude du corps, dans l'intérieur même des os, dans le tissu cellulaire, sous la peau, dans les plumes même, conduits si bien vus et décrits par P. Camper, par Hunter, par Malacarne, par Michele Gerardi, par Méry, par M. Cuvier et par une foule d'autres anatomistes, peuvent faire dire d'eux à juste titre qu'ils sont embrasés et

comme consumés du feu de la vie dans toute leur organisation. L'oxigène pénètre de toutes parts dans leurs tissus, il
entre, pour ainsi dire, par torrens dans leurs voies respiratoires et, par une sorte de perpétuelle *combustion vitale*, y devient le foyer qui entretient l'énergie dont ils sont habituellement animés.

Il est facile de concevoir d'après cela, c'est-à-dire d'après
l'excessive activité de la fonction, proportionnée d'ailleurs à
une telle grandeur du réceptacle pneumatique, comment,
de tous les animaux, les oiseaux sont ceux qui développent
le plus de chaleur et consomment le plus d'oxigène. La température de leur corps est constamment supérieure à celle des
autres êtres vivans; par exemple, elle surpasse toujours de
deux ou trois degrés, et, suivant quelques observateurs, même
de dix, celle de l'homme. La main qui, dans les mêmes circonstances, saisit un oiseau ou une grenouille, apprécie aisément l'énorme différence qui existe entre la température
de ces deux sortes d'êtres. C'est d'après cette double raison
que l'on peut expliquer encore pourquoi, durant l'hiver, les
Chinois s'échauffent les mains au moyen de cailles ou de perdrix vivantes qu'ils tiennent au lieu de manchons, et pourquoi, placé sous un récipient pneumatique de capacité égale,
un oiseau meurt beaucoup plus promptement par défaut d'air
vital, qu'un reptile de même volume et de même poids.

C'est aussi par la même cause qu'on voit les plus petites
espèces, comme le roitelet, résister aux froids rigoureux de
la mauvaise saison de nos climats septentrionaux.

Enfin, rien non plus ne pourroit subvenir à l'étonnante dépense d'énergie musculaire qui caractérise les oiseaux, si ce
n'étoit cette flamme continuelle de la respiration. Comment,
sans elle, l'aigle, en s'élançant au-dessus des nuages, pourroit-
il passer tout à coup de l'orage dans le calme, et jouir, en
planant dans la plaine éthérée, d'un ciel serein et d'une lumière pure, tandis que les autres animaux dans l'ombre sont
battus de la tempête? Comment, sans elle, s'entretiendroient
cette aptitude au mouvement qui paroît leur être plus naturelle que le repos? cette continuité de contractions musculaires si nécessaire aux oiseaux de paradis, qui ne s'arrêtent
que par instans; aux mouettes et aux martins-pêcheurs, qui

se joignent, se choquent, semblent s'unir dans l'air, saisissent et dévorent leur proie tout en volant et sans se détourner? Cette rapidité dans la succession de ces mêmes contractions, qui permet à un milan qui s'éloigne, à un aigle qui s'élève et qui présente en étendue une surface de plus de quatre pieds de diamètre, d'être hors de la portée de la vue en moins de trois minutes, ce qui suppose la faculté de parcourir plus de sept cent cinquante toises par minute ou vingt lieues dans une heure, tandis que le cerf, le renne et l'élan, obligés de prendre des points d'appui et des momens de repos, n'en peuvent faire que quarante en un jour entier.

Maintenant, que nous connoissons les causes des effets étonnans de la respiration dans les oiseaux, examinons avec quelque attention le mécanisme à l'aide duquel cet acte s'exécute chez eux.

D'après la disposition des vastes cellules aériennes, dont nous avons indiqué l'existence, qui communiquent avec l'extérieur des bronches; qui servent à conduire l'air dans toutes les parties du corps, à le mettre une seconde fois en contact, plus ou moins immédiat, avec le fluide nourricier autour du foie, du cœur, du larynx inférieur, des intestins, le long de la colonne cervicale, de la moelle rachidienne, dans tous les os des parois du thorax, dans ceux des ailes et des cuisses, dans les tuyaux des plumes; qui, véritables poumons supplémentaires, opèrent une seconde respiration, propre à augmenter à un haut degré les qualités que le sang acquiert par la première; il devient évident que chez les oiseaux, l'air ambiant baigne non-seulement la surface des vaisseaux pulmonaires, mais encore celle d'une infinité de vaisseaux du reste du corps.

Ainsi donc, à certains égards, ces animaux respirent par les rameaux de l'aorte comme par ceux de l'artère pulmonaire; l'énergie de leur respiration est ainsi expliquée. On conçoit ainsi comment deux moineaux francs consomment autant d'air qu'un cochon d'Inde, comme l'ont clairement démontré les expériences dont Lavoisier a consigné les résultats dans le tome 1.er de ses *Mémoires de Chimie*, et comme on peut le présumer d'après ce qui a été dit ci-dessus.

Remarquons encore, d'ailleurs, que dans les animaux qui

nous occupent, la situation reculée des poumons, qui sont enfoncés dans les intervalles des côtes, à droite et à gauche de la colonne vertébrale, et, par conséquent, près de la portion des parois du thorax, qui ne jouit presque d'aucune mobilité pour les aider à se dilater ou à se resserrer, a dû empêcher que chez eux la respiration eût pour principal agent un diaphragme semblable à celui des mammifères, et qui n'auroit jamais pu dilater à la fois et les poumons et les grandes cellules dans lesquelles ces viscères s'ouvrent.

Cependant l'inspiration étant, dans les oiseaux comme chez les mammifères, une suite de la dilatation des cavités aériennes, il a fallu que des puissances situées hors de celles-ci, pussent déterminer cette dilatation.

Ces puissances appartiennent, d'une part, aux poumons eux-mêmes ; de l'autre, aux cellules qui en dépendent.

Dans le premier cas sont des muscles qu'on a nommés *pulmonaires*, et qui, relativement aux poumons, remplissent à peu près les usages que le diaphragme est appelé à remplir chez les mammifères.

Dans l'Autruche et dans le Casoar ces muscles, plus forts que dans aucune autre espèce, s'attachent chacun inférieurement aux côtes par cinq portions distinctes, larges, aplaties, qui remontent en dedans de la poitrine jusqu'à la face inférieure des poumons, sous lesquels les fibres qui les composent s'épanouissent sur une large aponévrose qui tapisse la paroi de la cellule qui répond à leur face inférieure, et va, vers le rachis, se confondre avec celle du côté opposé.

Dans les autres oiseaux les portions constituantes de ces muscles restent constamment séparées les unes des autres, et forment quatre ou cinq petits muscles distincts, comme dans l'aigle, par exemple.

Ces muscles pulmonaires sont le seul agent qui produise immédiatement la dilatation des poumons ; car, dans la partie qui touche à ces viscères, les parois thoraciques sont trop peu mobiles pour avoir la moindre influence en cela. Cependant la dilatation de ces parois, dans le reste de leur étendue, n'est point inutile à l'acte de l'inspiration, elle sert puissamment à dilater les grandes cellules, et, en déterminant par là l'air à se précipiter dans la cavité de celles-ci, elle l'oblige à s'introduire dans les poumons et à traverser leur masse parenchymateuse. N'oublions point non plus de faire remarquer que dans ces animaux la disposition des côtes favorise singulièrement la dilatation et le resserrement de la cavité thoracique, par l'articulation mobile qui réunit les deux portions de celles qui vont se porter au sternum. L'angle que forment ces deux portions, s'ouvre en effet dans l'inspiration, ce qui écarte le sternum de la colonne dorsale et augmente considérablement le diamètre sterno-rachidien de la cavité, en même temps que les côtes se portent en dehors et augmentent le diamètre transversal. Pendant l'expiration, au contraire, l'angle de ces os se ferme comme il s'étoit ouvert lors du premier mouvement.

Ainsi donc, dans l'exercice de ces deux actes, le sternum des oiseaux est comparable au côté d'un soufflet dont les côtes représenteroient le cuir, et dont l'autre côté seroit à peu près immobile.

Ce soufflet est plus particulièrement mis en jeu par les muscles de l'abdomen qui soulèvent le sternum et diminuent l'ouverture de l'angle des côtes. Quant à la portion du fluide atmosphérique qui a pénétré dans les cellules des os, elle n'en peut ressortir facilement par suite du travail de l'expiration ; elle ne s'en échappe que par l'impulsion que communiquent les cellules extérieures, et en vertu des changemens de température.

§. 3. *De la Respiration des Reptiles.*

Les Reptiles ont le cœur disposé de manière qu'à chaque contraction il n'envoie dans le poumon qu'une seule portion du sang qu'il a reçu des diverses parties du corps, et que le reste de ce fluide retourne aux organes sans avoir passé par le poumon, et sans avoir éprouvé l'influence des phénomènes chimiques de la Respiration.

Il résulte de là que l'action de l'oxigène sur le fluide nourricier est moindre que dans les mammifères, et surtout que dans les oiseaux, en sorte que si la quantité de respiration de ceux-ci, où tout le sang est contraint de traverser les poumons avant de retourner au reste du corps, est exprimée par l'unité, la quantité de respiration des reptiles ne pourra être représentée que par une fraction de cette unité, d'autant plus petite d'ailleurs que la portion de sang qui se rend au poumon à chaque contraction du cœur sera moindre.

Or, comme l'étendue de la respiration non-seulement donne la mesure de la chaleur dont les divers animaux sont pénétrés, mais encore se trouve en proportion avec l'activité des autres fonctions, le reptile, dont le poumon vésiculeux ne reçoit que peu de sang à la fois, dont les inspirations se font à des intervalles prolongés, et peuvent même être entièrement suspendues pendant un certain temps, a le sang froid, l'énergie musculaire moins développée que les mammifères, les habitudes généralement paresseuses, la digestion excessivement lente et les sensations obtuses, au point que dans les pays froids ou tempérés il reste engourdi et sans mouvement durant des saisons tout entières, et qu'il supporte sans peine de longs jeûnes.

C'est la petitesse des vaisseaux pulmonaires qui permet aux reptiles de suspendre leur respiration sans arrêter le cours du sang ; c'est à cette circonstance qu'ils doivent aussi la facilité de plonger plus long-temps et mieux que les mammifères et les oiseaux.

La respiration est donc moins nécessaire à ces animaux qu'à ceux des deux classes supérieures ; l'irritabilité musculaire chez eux s'épuise d'autant moins vite qu'il y a moins de moyens de la réparer, et de là la faculté dont jouit leur chair, de conserver son irritabilité bien long-temps après avoir été séparée du reste du corps ; leur cœur bat encore plusieurs heures après avoir été arraché du thorax, et sa perte n'empêche point le corps de se mouvoir encore long-temps. (Voyez REPTILES.)

La quantité de respiration des Reptiles n'est pas fixée, comme celle des Mammifères et des Oiseaux ; elle varie avec la proportion du diamètre de l'artère pulmonaire comparé à celui de l'aorte. C'est ainsi que les Chéloniens et les Sauriens respirent beaucoup plus que les Batraciens, et c'est ainsi encore que l'on peut expliquer comment de tel à tel reptile il existe des différences d'énergie et de sensibilité beaucoup plus grandes qu'il ne peut en exister d'un mammifère à un autre, d'un oiseau à un autre. On trouvera la preuve de ce fait important dans l'histoire de la physiologie générale à nos articles ANOURES, BATRACIENS, CRAPAUD, CHÉLONIENS, GRENOUILLE, OPHIDIENS, SAURIENS, TORTUE.

Remarquons encore que le mécanisme de la respiration varie beaucoup dans chacune des quatre grandes sections qui se partagent la classe des reptiles, et que dans toutes les espèces où le poumon pénètre dans l'abdomen, et le crocodile est le seul où cela ne soit point, ce viscère est enveloppé, comme les intestins, par un prolongement spécial du péritoine.

Dans les Chéloniens, par exemple, malgré la grande étendue des poumons, le thorax étant le plus communément immobile, c'est par le jeu de la bouche que s'opère l'inspiration; toute tortue qui respire, en effet, tient les mâchoires bien fermées, et abaisse et élève alternativement l'os hyoïde: le premier mouvement fait entrer l'air par les narines, et la langue fermant ensuite leur ouverture intérieure, le second mouvement contraint cet air à pénétrer dans les voies pulmonaires. (Voyez CHÉLONIENS, TORTUE.)

Dans les Sauriens le poumon s'étend plus ou moins loin vers l'arrière du corps et pénètre souvent fort avant dans l'abdomen, tandis que d'autre part les muscles transverses de celui-ci se glissent sous les côtes et jusque vers le cou pour l'embrasser. Chez eux, la respiration est plus particulièrement ventrale.

Parmi eux on remarque le caméléon, dont le poumon est si vaste que, quand il est gonflé, son corps paroit transparent, ce qui a fait dire aux anciens qu'il se nourrissoit d'air. C'est le volume de ce viscère qui donne à l'animal la propriété de changer de couleur, non pas, comme on l'a cru, selon les corps sur lesquels il se trouve, mais bien selon les besoins qu'il ressent et les passions dont il est agité. Son poumon, en effet, le rend plus ou moins transparent, contraint plus ou moins le sang à refluer vers la peau, colore même ce fluide plus ou moins vivement, selon qu'il se remplit ou se vide d'air.

Il ne faut point oublier non plus, dans cette famille des Sauriens, les Dragons, qui, au premier coup d'œil, se distinguent de tous les autres Reptiles, parce que leurs six premières fausse-côtes, au lieu de se contourner autour de l'abdomen, s'étendent en droite ligne et soutiennent une production de la peau, qui forme une espèce d'aile comparable à celle des chauve-souris, en sorte que ces os sont tout-à-fait, chez eux, étrangers à l'acte de la respiration.

Quant aux Batraciens, qui n'ont au cœur qu'une seule oreillette et un seul ventricule, leur respiration varie aux différentes époques de la vie; car ils respirent, dans leur état adulte, par deux poumons, auxquels, dans le premier âge, se joignent deux branchies plus ou moins analogues à celles des poissons et portées aux deux côtés du cou par des arceaux cartilagineux qui tiennent à l'os hyoïde. La plupart perdent ces branchies et l'appareil qui les supporte, en arrivant à l'état parfait. Les Sirènes et les Protées sont les seuls de ces reptiles chez lesquels elles soient persistantes.

Dans les Grenouilles, en particulier, qui sont entièrement dépourvues de côtes, et cela de même que dans les Crapauds et les Rainettes, qui offrent la même disposition, l'inspiration de l'air ne se fait que par les mouvemens des muscles de la gorge, laquelle, en se dilatant, reçoit de l'air par les narines, et en se contractant, pendant que celles-ci sont fermées au moyen de la langue, oblige cet air à passer dans les poumons. L'expiration, au contraire, s'opère par l'action des muscles abdominaux. (Voyez Anoures et Batraciens.)

Voilà pourquoi, quand on ouvre le ventre de ces animaux vivans, on voit leurs poumons se dilater sans pouvoir s'affaisser, et quand on leur tient la bouche ouverte de force, on les asphyxie. Dans ce dernier cas, en effet, ils ne sauroient renouveler l'air de leurs poumons.

Ces faits sur le mode de respiration de Batraciens anoures ont été constatés nombre de fois par le docteur Townson, par les professeurs Heroldt et Rafn de Copenhague, et Cuvier et Duméril de Paris, dont les recherches sont consignées dans le Bulletin des sciences de la Société philomatique pour l'an 7.

§. 4. *De la Respiration dans les Poissons.*

De même que les Reptiles, les Poissons ne voient point la température de leur corps accrue par l'accomplissement de la Respiration; mais, chez eux, cette fonction s'opère uniquement par l'intermède de l'eau et a l'aide d'un appareil particulier placé aux deux côtés du cou et consistant en feuillets suspendus à des arceaux qui tiennent eux-mêmes à l'os hyoïde, et composés chacun d'une foule de lames séparées à la file et recouvertes d'un réseau délicat de vaisseaux sanguins aussi remarquables par leur nombre incalculable que par la ténuité de leurs parois. (Voyez BRANCHIES et POISSONS.)

Dans cet acte, l'eau que le poisson avale s'échappe entre ces lames et sort par des ouvertures nommées *ouies*, après avoir, au moyen de la petite quantité d'air qu'elle contient, agi sur le sang continuellement envoyé aux *branchies* ou à l'appareil que nous venons de décrire par le cœur, qui ne représente que l'oreillette et le ventricule droits des animaux à sang chaud. (Voyez SANGUIFICATION.)

Ainsi donc dans cette classe si nombreuse d'animaux à sang rouge et froid les branchies tiennent la place des poumons. Elles sont protégées par un couvercle mobile auquel les ichthyologistes ont donné le nom d'*opercule*; et la preuve qu'elles ne vivifient uniquement, comme l'ont déjà reconnu Priestley et Spallanzani, et comme l'a démontré depuis M. le baron de Humboldt, le sang pulmonaire qu'à l'aide de l'air dissous dans l'eau, c'est qu'on asphyxie un poisson, quoique plongé dans ce dernier liquide, si l'on bouche exactement le vase dans lequel il est renfermé, et qu'on arrive au même résultat en plaçant le bocal sous le récipient de la machine pneumatique, où l'on opère ensuite le vide.

Les poissons meurent également dans les eaux saturées d'acide carbonique ou d'un autre gaz non respirable, tandis que des carpes sont conservées vivantes dans de la mousse humide, preuve nouvelle qu'il suffit d'empêcher leurs branchies de se dessécher pour qu'elles puissent remplir leurs fonctions et agir sur l'air atmosphérique.

§. 5. *De la Respiration dans les Animaux invertébrés.*

La position, la structure et la nature même des organes consacrés à cette fonction varient autant que possible dans les diverses familles de cette grande classe du Règne animal, où le plus habituellement la chimie comparative, l'analyse des liquides organiques, laissent l'observateur dans l'embarras, et où l'on se trouve forcé de ne mettre en parallèle que des machines organisées, actuellement vivantes, où toute comparaison entre la nature morte et la nature animée peut mener à des résultats erronés.

Et, en commençant par les Mollusques, quel défaut d'uniformité dans l'exercice de la fonction! quelles variétés frappantes dans la série d'organes qui lui sont consacrés! quelle différence dans l'agent extérieur qui est appelé à modifier plus ou moins profondément le liquide nourricier! Les uns, en effet, ne respirent-ils pas l'air élastique, et les autres, l'eau douce ou salée?

Les céphalopodes ont deux branchies placées dans leur sac, une de chaque côté et en forme de feuille de fougère très-compliquée. Aussi chez eux la Respiration se fait par l'eau qui entre dans le sac et qui en sort au travers de l'entonnoir. Il paroît, en outre, qu'elle peut également pénétrer dans deux cavités du péritoine que les veines caves traversent en se rendant aux branchies, et qu'elle peut agir sur le sang veineux par le moyen d'appareils glanduleux attachés à ces veines. (Voyez Céphalopodes, Mollusques et Seiche.)

Dans les Clios, parmi les ptéropodes, les nageoires sont chargées d'un réseau vasculaire qui tient lieu de branchies, tandis que dans les pneumodermes, de la même section, celles-ci sont attachées à la surface du corps.

Parmi les Gastéropodes on voit les Nudibranches porter à nu des branchies sur telle ou telle partie de leur dos; les Inférobranches les cacher sous les rebords de leur manteau; les Tectibranches les présenter au-dessous d'une lame spéciale de ce manteau; les Pulmonés respirer l'air en nature dans une cavité dont ils ouvrent et ferment à volonté l'étroite ouverture; les Pectinibranches respirer l'eau par des branchies renfermées dans une cavité dorsale largement ouverte au-dessus de la tête; les Scutibranches offrir la même disposition; les Cyclobranches avoir leur pied tout entouré de branchies. (Voyez ces divers mots et Gastéropodes.)

Dans les Acéphales les branchies sont presque toujours de grands feuillets couverts d'un réseau vasculaire, sur ou entre lesquels passe l'eau pour l'exercice de la Respiration.

On trouvera avec détail tout ce qui concerne la Respiration des Insectes aux pages 460 et suivantes du tome XXIII de ce Dictionnaire. La matière a été épuisée par notre savant ami et collaborateur, M. Duméril.

Les Crustacés respirent par des branchies situées sur les côtés du corps ou sous sa partie postérieure. (Voyez tome XXVIII, l'article Malacostracés de M. Desmarest, page 189 et suivantes.)

Les Annélides ont des organes respiratoires qui tantôt se développent au dehors et tantôt restent à la surface de la peau.

Quelques Arachnides respirent par de vrais poumons qui s'ouvrent aux deux côtés de l'abdomen, tandis que d'autres reçoivent l'air par des trachées, comme les insectes. Les uns et les autres ont, au reste, des ouvertures latérales, de vrais stigmates.

On ne connoît point d'organes respirateurs chez les Entozoaires.

Les Acalèphes sont dans le même cas, ainsi que les Polypes et les Infusoires. Voyez ces divers mots, et Radiaires et Zoophytes. (H. C.)

RESPORCHI. (*Mamm.*) Dénomination du hérisson dans le Brescian. (Desm.)

RESSORT. (*Phys.*) Ce mot exprime la propriété qu'ont beaucoup de corps, de reprendre, plus ou moins exactement, leur première forme, après en avoir changé par l'effet d'une compression ou d'une extension. Dans ce sens le ressort est la même chose que l'*élasticité*, en sorte que les expressions *corps élastiques* et *corps à ressort* sont synonymes. Dans les arts, on donne le nom de ressort à des lames, le plus communément d'acier, au moyen desquelles l'on entretient ou l'on règle les mouvemens.

Nous avons déjà exposé (art. Mouvement, tome XXXIII, page 248) ce qui se passeroit dans le choc de deux corps parfaitement élastiques, c'est-à-dire susceptibles de reprendre exactement la forme qu'ils avoient avant le choc. L'élasticité suppose évidemment la Porosité (voyez ce mot); mais de plus elle indique, entre les molécules, une réaction de forces intérieures qui ramène les choses dans l'état primitif. Cette dernière circonstance n'a point lieu pour les corps mous. Quand ils le sont au plus haut degré, ils conservent la forme qu'ils ont prise en vertu de la pression ou de l'extension qu'ils ont subie. Leurs molécules restent en équilibre, dans leur nouvel arrangement comme dans l'état primitif. Les corps que l'on connoît pour les plus élastiques, ne le sont pas parfaitement ; ils ne reprennent pas avec une exactitude rigoureuse, et après une compression ou une extension quelconque, la forme qu'ils avoient auparavant ; mais celle dans laquelle ils s'arrêtent, n'en diffère pas sensiblement, lorsque la force perturbatrice est renfermée dans certaines limites.

Je dis la figure dans laquelle ces corps *s'arrêtent*, parce qu'après la compression ou l'extension, les molécules prennent un mouvement qui s'accélère et les porte au-delà de leur position primitive, par rapport à celle qu'ils quittent, ainsi que cela arrive dans l'oscillation (tome XXXIII, page 253). Par exemple, quand on frappe un anneau circulaire d'une matière élastique, on le voit s'alonger dans le sens perpendiculaire à celui du choc, se rétrécir dans ce dernier, et prendre une forme elliptique ; mais ensuite les extrémités du grand diamètre se rapprochent, pendant que le point choqué, et celui qui lui est directement opposé, s'éloignent, et il en résulte un nouvel alongement de l'anneau, dans le sens perpendiculaire à celui du premier. Ces alternatives se répètent avec une étendue de plus en plus petite, jusqu'à ce que l'anneau soit redevenu circulaire. Elles se nomment *vibrations* (tome XXXIII, page 254), et dans certaines circonstances il en résulte des Sons (voyez ce mot). Les cloches, lorsqu'on les frappe, offrent dans leur circonférence des changemens analogues. Pour prouver l'aplatissement d'une bille d'ivoire qu'on laisse tomber sur un plan de marbre, on enduit d'abord sa surface d'huile, et après le choc il reste sur le marbre une tache qui montre l'étendue dans laquelle s'est effectué le contact. Tout le monde connoît ce qui se passe dans les vibrations des cordes sonores.

La compression qui met en jeu l'élasticité d'un corps, rapproche les molécules dans certaines parties, et les éloigne dans d'autres. La réaction qui a lieu dans le premier cas, agissant en sens contraire de l'attraction réciproque des molécules du corps, paroît indiquer entre ces molécules une force répulsive, au moins dans des circonstances particulières. Quelques physiciens ont attribué cette force au CALORIQUE (voyez ce mot); mais dans le fait on n'a encore donné aucune explication complétement satisfaisante des phénomènes de l'élasticité. Il y a lieu de croire qu'elle dépend aussi de l'arrangement des molécules, puisque la trempe augmente beaucoup celle de l'acier, et qu'il la perd quand on le chauffe. Cet arrangement paroît être altéré aussi, quand la pression est trop forte ou trop long-temps continuée; car les meilleurs ressorts, lorsqu'ils ont beaucoup servi, ne reviennent plus à leur première forme.

L'air et les gaz sont des fluides *élastiques* dont les molécules paroissent animées seulement de forces répulsives, puisqu'ils tendent toujours à se dilater. Ils souffrent de grandes réductions de volume, et reprennent ensuite celui qu'ils avoient d'abord, lorsqu'ils se trouvent dans les mêmes circonstances de pression et de température, mais cependant avec certaines limites; car on a trouvé des pressions qui en ramènent quelques-uns à l'état liquide. Voyez GAZ, tom. XVIII, pag. 212; les *Annales de chimie et de physique*, tome XXIV, page 399; le *Bulletin des sciences*, publié par M. Férussac, Ire sect., tom. VI, pag. 304; et pour les forces attractives et répulsives, TUBES CAPILLAIRES. (L. C.)

RESTENCLÉ. (*Bot.*) Le lentisque, *pistacia lentiscus*, est connu sous ce nom vulgaire dans le Languedoc, selon Gouan. (J.)

RESTIACÉES. (*Bot.*) Cette famille nouvelle de plantes, établie par M. R. Brown, tire son nom du *restio*, qui, réuni auparavant à celle des joncées, dont il continue à rester voisin, est devenu ainsi le type d'un ordre distinct. Cet ordre est placé à la tête de la classe des monopérigynes ou monocotylédones, à étamines insérées au calice, et il sert de transition à la classe précédente des monohypogynes, terminée par les Cypéracées, avec lesquelles il a quelque conformité dans le port et dans l'organisation. Ses limites précises ne sont peut-être pas encore suffisamment déterminées, de sorte qu'on y rapporte des genres qui pourront en être séparés.

La plupart sont dioïques, plusieurs sont hermaphrodites, quelques-uns monoïques. Le calice est ordinairement à six divisions, dont trois plus intérieures, quelquefois à quatre, dont deux intérieures, rarement a deux ou même à une seule. Il y a ordinairement, selon le nombre de ces divisions, trois ou deux étamines insérées au bas des divisions intérieures; dans quelques genres il n'y a qu'une étamine, dans deux ou trois on en compte six opposées aux six divisions du calice. Un ovaire simple et libre, à une ou a trois loges monospermes (polyspermes dans le *xyris*), est surmonté d'un style terminé par un à trois stigmates, ou de deux à trois styles et d'autant de stigmates. Il devient un fruit capsulaire contenant une à trois loges, ou osseux et uniloculaire, dont les graines sont pendantes, attachées au sommet des loges. Elles sont remplies par un périsperme creusé supérieurement d'une fossette, dans laquelle est niché un petit embryon lenticulaire monocotylédone, à radicule montante.

Les tiges sont herbacées, ou rarement ligneuses formant des sous-arbrisseaux. Les feuilles sont simples, très-étroites, formant à leur base autour des tiges une gaine fendue jusqu'à sa naissance; quelquefois la seule gaine subsiste et on ne voit point de feuilles. Les fleurs sont souvent rassemblées en tête et séparées par des bractées ou petites écailles propres.

On peut diviser cette famille en plusieurs sections, qui peut-être deviendront dans la suite des ordres distincts.

La première, qui paroit constituer la famille des véritables restiacées, est caractérisée par des fleurs dioïques, un calice à six ou plus rarement quatre divisions, dont deux ou trois alternativement intérieures, portant chacune à leur base une étamine. On y rapporte les genres *Thamnochortus* de Bergius; *Loxocarya* de M. R. Brown, peu différent du précédent; *Chætanthus* du même, qui ont un style terminé par un seul stigmate; *Restio*; *Willdenowia*, de Thunberg (voyez RESTIOLE); *Leptanthus* de M. Brown, et *Schœnodum mas*, son congénère, suivant cet auteur, dont le style est couronné par deux stigmates; *Schœnodum* (*fœmina*) de M. Labillardière, différent du précédent et caractérisé par un style muni de trois stigmates.

Dans la même section viennent les genres suivans, distingués par deux ou plus souvent trois styles : *Hypolœna* de M. Brown ; *Elegia* de Thunberg ; *Lepirodia* et *Anarthria* de M. Brown, presque congénères du précédent ; *Calopsis* de Beauvois ; *Chondopetalum* de Rottboll ; *Lyginia* de M. Brown. A la suite de ces genres, tous munis ordinairement de trois ou rarement de deux étamines, il paroît qu'on doit laisser le *Calorophus* de M. Labillardière, que l'auteur dit également dioïque, mais muni de six étamines.

Dans une seconde section, caractérisée par des fleurs hermaphrodites, ayant également trois ou plus rarement deux étamines, se placent les genres *Xyris*, *Abolboda* de M. Kunth, *Johnsonia* de M. Kunth, qui ont trois étamines, et *Gaimarda* de M. Gaudichaud, qui n'en a que deux.

On laissera dans une troisième section les genres *Eriocaulon* et *Tonina* d'Aublet ou *Hyphydra* de Schreber, peut-être congénères et distingués par des fleurs monoïques, dont les mâles portent quatre ou six étamines.

Une dernière section, dont M. Desvaux faisoit sa famille des centrolépidées et que M. Brown a ramenée aux restiacées, se distingue par des fleurs hermaphrodites, un calice nul ou n'ayant qu'un ou deux lobes, une seule étamine (hypogyne et à anthère simple, selon M. Desvaux) ; un pistil composé de plusieurs ovaires, munis chacun de leur style et devenant autant de capsules ou utricules monospermes. On doit y rapporter les genres *Alepyrum* de M. Brown ; *Devauxia* du même, qui cite le *centrolepis* de M. Labillardière comme son congénère ; *Tristycha* de M. du Petit-Thouars, et peut-être l'*Aphelia* de M. Brown, qui diffère cependant par un ovaire simple.

La différence observée dans ces diverses sections semble prouver que cette famille devra être soumise à un nouvel examen et probablement subdivisée en plusieurs. (J.)

RESTIARIA. (*Bot.*) Rumphius, dans son Herbier d'Amboine, vol. 3, donne ce nom à deux arbres, dont un, le *R. alba* pl. 119 ?, est donné par Forster pour son *Commersonia echinata*. Le second, le *R. nigra* (pl. 120), paroît être la même plante que le *Restiaria cordata*, Loureiro.

Ce genre *Restiaria* de Loureiro est lui-même peu connu.

et paroît voisin du *butonica*. Il ne comprend que l'espèce que nous venons de citer. C'est un grand arbrisseau à rameaux grimpans, ayant des feuilles opposées, cordiformes, rugueuses, velues et entières. Les fleurs sont dioïques, en panicules axillaires : on ne connoît que les fleurs femelles ; elles ont un calice oblong, partagé en cinq parties lancéolées, qui entourent un ovaire oblong, inférieur, couronné d'un style sessile et concave. On n'a point observé de corolle. Le fruit est une capsule formée par le calice épaissi, ovale-oblongue, à cinq nervures, velue, biloculaire, bivalve, contenant plusieurs graines comprimées, rondes, munies d'une aile membraneuse.

Cet arbrisseau croît dans les forêts de la Cochinchine ; on fait avec son écorce fibreuse et tenace des cordes, semblables aux mèches à canon, dont on se sert pour conserver et transporter le feu, et à plusieurs autres usages. (Lem.)

RESTIO. (*Bot.*) Genre de plantes monocotylédones, à fleurs dioïques, de la famille des *restiacées*, de la *dioécie triandrie* de Linnæus, offrant pour caractère essentiel : Des fleurs dioïques ; des épis composés d'écailles imbriquées, uniflores ; une corolle glumacée, à quatre ou six pétales (calice, Juss.) quelquefois inégaux ; deux ou trois étamines. Dans les fleurs femelles un ovaire supérieur, trois styles bifides, persistans, quelquefois un ou deux ; une capsule à deux ou trois loges monospermes, s'ouvrant par les angles.

Ce genre, composé d'abord de très-peu d'espèces, a été considérablement augmenté par les découvertes modernes de plusieurs voyageurs. Kœnig, Thunberg et Sonnerat en ont observé un assez grand nombre au cap de Bonne-Espérance ; Rottboll nous a fait connoître les espèces de Kœnig ; Thunberg a publié les siennes : un bien plus grand nombre, de la Nouvelle-Hollande, a été découvert et publié par M. Robert Brown.

Ce genre a beaucoup de rapports avec les scirpes. M. de Jussieu avoit cru devoir le rapporter à la famille des joncées, ayant pour fruit une capsule à deux ou trois loges. Un caractère commun à toutes les espèces de ce genre, est d'avoir sur les tiges et les rameaux, au lieu de feuilles, des gaines en forme de spathe, ordinairement cylindriques, tubulées, terminées quelquefois par un prolongement subulé, écarté de la tige ou appliqué contre elle. Les plus remarquables des espèces sont :

* *Tiges simples.*

RESTIO A GROS ÉPILLETS : *Restio spicigerus*, Lamk., *Ill. gen.*, tab. 804, fig. 2 ; Thunb., *Diss. de rest.*, pag. 506, n.° 6. Plante dont la tige simple est un peu cylindrique, droite, glabre, articulée, haute de deux pieds et plus, garnie à chaque articulation d'une gaîne cylindrique, longue d'environ un pouce, soutenant, depuis son milieu jusqu'au sommet, des épillets oblongs, disposés en ombelles presque paniculées, nombreuses, étalées, un peu pendantes; chaque épillet garni d'écailles imbriquées sur six rangs, élargies à leur sommet, concaves, lancéolées, acuminées, de couleur brune; six pétales comprimés; les deux extérieurs plus grands, ovales, lancéolés; trois étamines; les filamens très-courts. Dans les fleurs femelles les épillets sont plus gros, presque en grappe; les écailles larges, lancéolées, aiguës, disposées sur six rangs. Cette plante croît au cap de Bonne-Espérance. Rob. Brown a fait de cette espèce un genre particulier sous le nom de *thamnocortus*, à cause du style entier et des pétales extérieurs ailés sur leur carène; le fruit est une noix monosperme.

RESTIO DES TOITS : *Restio tectorum*, Linn., *Supp.*; Thunb., *loc. cit.*; *Chondropetalum deustum*, Rottb., *Pl. desc.*, tab. 3, fig. 2. Des racines simples, fusiformes et tomenteuses, produisant plusieurs rejets cylindriques, horizontaux, couverts d'écailles imbriquées, brunes, ovales; de chaque nœud s'élèvent des tiges droites, fasciculées, presque nues; les gaînes sont terminées par un filament roide, subulé; les inférieures luisantes, d'un pourpre noir; les tiges se terminent par des épis droits, unilatéraux; de chaque spathe sortent deux épis, un inférieur presque sessile, un supérieur pédonculé. Les épillets sont petits, garnis d'écailles noirâtres; les pétales coriaces, de même longueur; les anthères naviculaires de la longueur des pétales. Cette plante croît dans les plaines sablonneuses, au cap de Bonne-Espérance.

RESTIO ACUMINÉ : *Restio acuminatus*, Thunb., *loc. cit.*; *Chondropetalum nudum*, Rottb., *Pl. desc.*, tab. 3, fig. 3. Les tiges sont droites, comprimées, grisâtres, très-lisses, munies de gaînes un peu renflées, noirâtres, caduques, terminées par une pointe roide, sétacée. Les fleurs sont disposées en une petite panicule terminale; les pédoncules sont courts, dépourvus de spathe; les épillets agglomérés, petits, ovales; les fleurs peu nombreuses; les écailles très-noires, concaves, un peu arrondies; les trois pétales extérieurs, oblongs, lancéolés, dont deux concaves, comprimés, le troisième plan, ovale, obtus: les trois intérieurs une fois plus longs; dans les fleurs mâles tous les pétales sont égaux; l'ovaire est comprimé, à trois faces, surmonté de trois styles divergens, à stigmates plumeux. Cette plante croît au cap de Bonne-Espérance.

Restio a grappes : *Restio racemosus*, Lamk., *Ill. gen.*, tab. 804, fig. 4; Poir., Encycl., n.° 35. Cette plante a une tige droite, glabre, à demi cylindrique, canaliculée à une de ses faces; les gaînes un peu renflées, oblongues, scarieuses à leur sommet; les fleurs en petites grappes fasciculées dans les aisselles de plusieurs spathes alternes, fort amples, presque planes, ovales, obtuses, dont les supérieures sont aiguës, d'un brun sombre, longues d'environ un pouce, plus longues que les grappes : celles-ci sont droites, médiocrement ramifiées, chargées de petits épillets de couleur marron; les écailles ovales, obtuses, un peu blanchâtres et membraneuses à leurs bords; le fruit est une capsule à trois angles, à trois loges, renfermant chacune une semence ovale, tronquée au sommet. Cette plante a été recueillie au cap de Bonne-Espérance.

Restio en thyrse : *Restio thyrsifer*, Rottb., *Descr. pl.*, p. 8, tab. 3, fig. 4; Lamk., *Ill. gen*, tab. 804, fig. 3; *Elegia juncea*, Linn., *Mant.*, 297. Sa tige est cylindrique, haute d'environ quatre pieds, d'un brun verdâtre; les gaînes sont rares, brunes, caduques, un peu mucronées : il n'en reste qu'un anneau noir un peu proéminent. Les fleurs sont disposées en thyrse sur une longueur de sept à huit pouces et plus; elles forment de petits épis, à peine rameux, droits, serrés, longs d'environ un pouce, dans l'aisselle d'une large spathe ovale, oblongue, concave, quelquefois déchirée, comme lobée, d'un roux clair en dehors, d'un blanc argenté et luisant en dedans; les épillets sont agglomérés, presque sessiles, chaque paquet est muni d'une spathe particulière, ovale, aiguë; les écailles des épillets sont lancéolées, presque subulées ; l'ovaire est relevé en bosse, assez gros, surmonté de deux ou trois stigmates épais, réfléchis, pubescens. Cette plante croit au cap de Bonne-Espérance.

** *Tiges rameuses.*

RESTIO A QUATRE FOLIOLES ; *Restio tetraphyllus*, Labill., *Nov. Holl.*, 2, tab. 226, 227. Cette plante est pourvue d'une souche épaisse, horizontale, couverte d'écailles ovales, striées, revêtues d'un duvet touffu, lanugineux, d'où s'élèvent plusieurs tiges cylindriques, hautes de trois ou quatre pieds, divisées en rameaux dichotomes, comprimés, trigones à leur base, munis de gaînes coriaces, un peu acuminées, avec une touffe de poils lanugineux, placés sous chacune d'elles. Les fleurs sont dioïques, disposées en une très-longue panicule un peu serrée ; les pédoncules ramifiés, accompagnés d'écailles ovales, imbriquées, acuminées ; les épillets mâles presque globuleux, munis d'écailles uniflores ; les épillets femelles ovales, alongés ; les écailles quelquefois biflores, une fois plus larges que celles des mâles ; leur corolle n'est composée que de quatre pétales égaux, alongés, aigus ; les deux styles sont velus. Cette plante a été découverte par M. de Labillardière au cap Van-Diémen à la Nouvelle-Hollande.

RESTIO A LONGS RAMEAUX : *Restio vimineus*, Rottb., *Descr. pl.*, pag. 4, tab. 2, fig. 1 ; *Schœnus capensis*, Linn., *Spec.; Equisetum junceum*, etc., Breyn., *Cent.*, tab. 91 ; Petiv., *Gazoph.*, tab. 7, fig. 5. Ses tiges sont glabres, cylindriques, couchées ou redressées ; les rameaux très-longs, filiformes, fasciculés au sommet ; les gaînes terminées par une longue pointe subulée, mucronée, un peu réfléchie ; celles des rameaux fertiles, ovales, aiguës, plus courtes. Les fleurs sont réunies en un épi solitaire, simple, quelquefois un peu rameux à sa base, composé de quatre ou huit épillets, les uns sessiles, d'autres pédicellés, droits, glabres, ovales, alternes, un peu alongés ; les écailles sont scarieuses à leurs bords ; les pétales inégaux ; les anthères brunes et ovales. Cette plante, qui offre plusieurs variétés, croit sur les collines, le revers des montagnes, au cap de Bonne-Espérance.

RESTIO PANICULÉ; *Restio paniculatus*, Rottb., *Descr. pl.*, 4, tab. 2, fig. 3. Cette plante a des tiges flexueuses, très-élevées, canaliculées à une de leurs faces, anguleuses à la face opposée; les rameaux alternes : les inférieurs simples, les supérieurs ramifiés, garnis, à l'origine de chaque rameau, de gaînes courtes, d'un brun noir. Les fleurs forment une panicule alongée, resserrée, très-rameuse, longue d'un pied et demi, composée d'épillets alternes, presque sessiles, ovales, oblongs, d'un brun noirâtre; les écailles ovales, naviculaires, entourées d'un rebord membraneux, d'un blanc argenté. Cette plante croît au cap de Bonne-Espérance.

RESTIO EFFILÉ; *Restio virgatus*, Rottb., *loc. cit.*, tab. 1, fig. 2. Cette espèce se distingue par ses rameaux stériles, dichotomes, plus longs que la tige principale, qui seule porte des fleurs disposées en petites grappes agglomérées. Les tiges sont hautes de deux pouces, de la grosseur d'une plume de cygne; les rameaux nombreux, presque filiformes; les gaînes striées, ponctuées en noir, enveloppant la base des rameaux, terminées par une pointe subulée, presque épineuse. Les épillets sont placés sur un rachis plane, rameux, flexueux, muni de petites bractées ovales et caduques; les écailles sont ovales, concaves, mucronées, blanchâtres et scarieuses à leurs bords; les filamens membraneux, dilatés à leur base, de la longueur de la corolle. Cette plante croît au cap de Bonne-Espérance.

RESTIO COMPRIMÉ; *Restio compressus*, Rottb., *loc. cit.*, tab. 2, fig. 4. Cette plante a des tiges droites, épaisses, un peu comprimées, légèrement ponctuées, ramifiées, garnies de feuilles vaginales, spathacées, un peu renflées, longues d'environ quatre pouces, écartées de la tige à leur sommet, terminées par une pointe recourbée; les inférieures très-rapprochées. Les fleurs forment un épi terminal, composé de quelques épillets alternes, longs d'environ un demi-pouce, garnis d'écailles lancéolées, très-aiguës; le rachis comprimé, articulé, souvent recouvert d'un duvet tomenteux, un peu rougeâtre. Cette plante croît au cap de Bonne-Espérance.

RESTIO ÉLÉGANT; *Restio elegans*, Poir., Encycl., n.° 16. Cette plante est une des plus belles espèces de ce genre. Elle se rapproche, par la disposition de ses fleurs, du *restio racemosus*, très-remarquable d'ailleurs par ses belles panicules panachées de rouge et de blanc, et par la disposition de ses rameaux. Ses tiges sont fortes, à demi cylindriques, garnies de deux ou trois gaînes assez grandes, desquelles sortent un grand nombre de rameaux fasciculés : toutes ces gaînes sont d'un gris brun, ponctuées, mucronées et subulées à leur sommet. Les fleurs sont disposées en petites panicules, dans une longueur de huit à dix pouces; chacune d'elle sort du sein d'une spathe lancéolée, large, jaunâtre, ponctuée, subulée au sommet, presque aussi longue que la panicule; une autre spathe, beaucoup plus petite, accompagne chaque division, elle est blanche et membraneuse. Les épillets sont luisans ; les écailles ovales, aiguës, rougeâtres, bordées d'un liséré blanc ; les pédicelles courts, capillaires, inégaux. Cette espèce croit au cap de Bonne-Espérance. (Poir.)

RESTIOLE, *Willdenowia*. (*Bot.*) Genre de plantes monocotylédones, à fleurs dioïques, de la famille des *restiacées*, de la *dioécie trigynie*, offrant pour caractère essentiel : Des fleurs dioïques; dans les mâles, un calice composé d'écailles imbriquées ; une corolle à six pétales; un appendice charnu, à six lobes, entourant la corolle; trois étamines; dans les fleurs femelles, un ovaire supérieur ; un style surmonté de deux ou trois stigmates plumeux; un drupe ou une noix dure, à une seule loge monosperme.

Restiole cylindrique: *Willdenowia teres*, Thunb., *Act. Holm.*, 1790, pag. 27, tab. 2, fig. 2; Willd., *Spec.*, 4, pag. 717; Poir., Encycl., 6, pag. 178. Cette plante, découverte au cap de Bonne-Espérance, a des tiges droites, lisses, cylindriques, rameuses, très-dures, articulées, un peu canaliculées du côté où s'appliquent les rameaux, munis de gaînes spathacées, imbriquées, tronquées obliquement à leur orifice, terminées par une pointe subulée. Les pédoncules sont anguleux, épais, fasciculés, terminés chacun par un épillet ovale, composé d'écailles d'un brun clair, coriaces, blanchâtres à leurs bords, surmontées d'une pointe subulée ; les pétales sont courts, ovales, obtus; l'ovaire est tronqué au sommet ; le style court, terminé par deux stigmates plumeux. Le fruit est une petite noix dure, ovale, tronquée, à une seule loge, enveloppée par la corolle persistante. Cette plante croit au cap de Bonne-Espérance.

A cette espèce Thunberg en a ajouté deux autres : 1.° la

RESTIOLE COMPRIMÉE ; *Willdenowia compressa* , Thunb. , *loc. cit.* , tab. 2 , fig. 1 , très-rapprochée de la précédente : elle ne s'en distingue que par ses rameaux comprimés, les tiges étant d'ailleurs très-lisses, feuillées et presque cylindriques ; 2.° la RESTIOLE STRIÉE ; *Willdenowia striata*, Thunb. , *loc. cit.* , tab. 2 , fig. 3. Cette espèce a des tiges striées et cylindriques, tandis qu'elles sont très-lisses dans les deux espèces précédentes. Toutes deux croissent dans les terrains sablonneux, au cap de Bonne-Espérance. (POIR.)

RESTRÉPIE , *Restrepia.* (*Bot.*) Genre de plantes monocoty-lédones , à fleurs incomplètes, irrégulières, de la famille des *orchidées*, de la *gynandrie diandrie* de Linnæus, offrant pour caractère essentiel : Une corolle à six divisions très-profondes, étalées : trois extérieures ; les deux latérales, concaves, ob-longues, conniventes ; la supérieure concave, très-rétrécie à son sommet ; les deux divisions intérieures et latérales li-néaires, lancéolées, rétrécies au sommet ; la troisième libre, en forme de lèvre, plane, étroite, non éperonnée, dilatée à sa base, avec deux prolongemens filiformes ; une anthère terminale, à deux loges ; le pollen distribué en quatre paquets.

RESTRÉPIE ANTENNIFÈRE : *Restrepia antennifera* , Kunth. *in* Humb. et Bonpl. , *Nov. gen.* , 1 , pag. 367, tab. 94 ; Poir. , *Ill. gen.* , tab. 991. Cette plante a des tiges simples, un peu an-guleuses, longues de six à sept pouces, pourvues de gaines membraneuses, en carène , parsemées vers leur base de glandes purpurines fort petites : ces tiges sont radicantes ; de chaque nœud sortent des petites racines et deux feuilles, l'une infé-rieure, l'autre terminale, planes, elliptiques, ovales, aiguës , striées, arrondies à leur base, longues de deux pouces et demi, larges de six lignes ; les pédoncules, plus longs que les feuilles, sortant de leur base, solitaires ou réunies au nombre de trois ou quatre, glabres, comprimés, uniflores. Les fleurs sont longues d'un pouce et demi, accompagnées d'une bractée très-courte : le pétale supérieur est rouge, avec des nervures écarlates ; les pétales latéraux sont rougeâtres, d'un jaune brun en dedans ; les intérieurs plus courts ; la lèvre est trois fois plus courte que les pétales extérieurs. Cette plante croit sur le tronc des vieux arbres, au revers des Andes du Paraguay. (POIR.)

RESUPINATUS. (*Bot.*) On trouve décrit dans les genres de champignons suivans, *Dædalea*, *Polyporus*, *Hydnum* et *Thelephora*, des espèces qui sont fixées par la partie supérieure de leur chapeau de telle sorte que la partie fructifère se trouve en dessus, c'est-à-dire dans une situation opposée à celle dans laquelle elle s'observe dans les autres espèces. On en a donc fait, dans chacun de ces genres, un sous-genre, dont le nom de *resupinatus* rappelle la distinction. (LEM.)

RÉSURE. (*Ichthyol.*) On donne ce nom et ceux de *Rave* et de *Roque* à une préparation d'œufs de poissons, qu'on fabrique dans le Nord, et qui est employée comme appât pour la pêche des maquereaux et des sardines. (DESM.)

RETAMA. (*Bot.*) Les Espagnols nomment ainsi le *spartium monospermum*, au rapport de Clusius. C'est le *retam* de M. Delile, le *rœtœn beham* de Forskal, qui le nomme *genista rœtam*, mais que Vahl, possesseur de son herbier, a reporté au *spartium* désigné plus haut. Voyez RÆTÆN. (J.)

RETAMA CIMARRONA. (*Bot.*) Voyez TAUCCA-TAUCCA. (J.)

RETAMILLA. (*Bot.*) La plante ainsi nommée dans l'herbier du Pérou, de Dombey, est le *colletia ephedra* de Ventenat; le *retama* du même herbier est le *colletia horrida* de Willdenow, nommé *junco marino* dans l'herbier de Joseph de Jussieu. (J.)

RETAN. (*Conchyl.*) Adanson, Sénég., page 181, pl. 12, fig. 2, décrit et figure une espèce de toupie, *trochus labio*, Linn., Gmel., espèce du genre Monodonte de M. de Lamarck, le Monodonte double-bouche. (DE B.)

RETEIRO. (*Ornith.*) C'est le nom provençal du grimpereau commun, *certhia familiaris*, Linn. (CH. D.)

RÉTELET. (*Ornith.*) Un des noms vulgaires du troglodyte, *motacilla troglodytes*, Linn. (CH. D.)

RÉTÉPORE, *Retepora*. (*Polyp.*) M. de Lamarck (Système des anim. sans vert., tome 2, page 180) établit sous ce nom un genre particulier de polypiers subpierreux pour un certain nombre d'espèces que Linné, ainsi que Solander et Ellis, plaçoient parmi les millepores. Ce genre peut être caractérisé ainsi : Polypes inconnus, contenus dans des cellules éparses à l'une des surfaces seulement, d'expansions aplaties, minces, fragiles, libres ou anastomosées en réseau, dont l'ensemble constitue un polypier pierreux, celluleux, cassant dans l'état sec, mais mollasse et même flexible, surtout dans les parties supérieures, quand il est frais. Dans la composition de ce genre, M. de Lamarck, n'ayant eu égard absolument qu'à la forme du polypier et à la position des cellules, sans considérer la forme de celles-ci et encore moins les polypes qu'elles peuvent contenir, a nécessairement formé un genre artificiel et dont les espèces sont souvent très-peu congénères.

On en trouve dans toutes les mers des pays chauds, et même dans la Méditerranée.

Le Rétépore réticulé : *R. reticulata; Mill. reticulata*, Linn., Gmel., p. 3786, n.° 20; Esp., vol. 1 ; *Millep.*, t. 2. Polypier formé d'expansions grossièrement réticulées, très-rameuses, irrégulièrement contournées en cornet ou en coupe lisse d'un côté, très-poreuse et verruqueuse de l'autre.

De la mer Méditerranée, et même de celle du Groënland, d'après Othon Fabricius.

Le R. dentelle de mer : *R. cellulosa ; Millep. cellulosa*, Linn., Gmel., page 3787, n.° 21 ; Ellis, *Corall.*, tab. 25, fig. *d, D, F*, vulgairement la Manchette de Neptune. Polypier composé d'expansions submembraneuses, minces, fenestrées en réseau par des trous elliptiques, turbinées, évasées supérieurement, rétrécies et subtubuleuses inférieurement; la surface interne poreuse; l'externe lisse. Couleur blanche, fauve, ou même rose.

De la Méditerranée et de l'océan Indien.

Cette jolie espèce de rétépore n'atteint guère plus de trois pouces de hauteur; elle vit adhérente aux rochers, aux fucus et même aux gorgones et à d'autres polypiers dans la Méditerranée. MM. Péron et Lesueur en ont rapporté de l'Inde de jolies variétés, soit sous le rapport de la couleur, qui est quelquefois pourpre, soit sous celui de la forme, qui est tantôt turbinée, prolifère, tubuleuse, et tantôt à tubes rameux et dichotomes.

Le R. frondiculé : *R. frondiculata; Mill. lichenoides.*, Linn., Gmel., page 3785, n.° 11; Ellis, *Corall.*, tab. 35, fig. *b, B*. Polypier dendroïde, finement ramifié, à ramifications flabelliformes, irrégulièrement contournées, scabres et subépineuses à leur face interne, lisses et linéées par des fissures en dehors. Couleur blanche.

Cette espèce, qui diffère des précédentes par la forme de ses ramifications, le défaut d'anastomose et la forme des cellules, qui sont tubuleuses, n'atteint guère au-delà d'un à deux pouces de hauteur. Elle se trouve dans la Méditerranée et dans les mers de Norwége, d'après Othon Fabricius, qui ajoute que les tubes de la face interne sont disposés au nombre de quatre ou cinq par séries.

Le RÉTÉPORE VERSIPALME; *R. versipalma*, de Lamk., *loc. cit.*, n.° 4. Très-petit polypier, très-rameux, à rameaux subpalmés, courts, dirigés en tout sens, hérissés intérieurement de pores un peu saillans et lisses ou à peu près lisses en dehors.

Des mers Australes.

Le R. RAYONNANT; *R. radians*, id., *ibid.*, n.° 5. Polypier encore plus petit que le précédent, à rameaux dichotomes, s'étalant de la base en une sorte d'étoile rameuse, épineux et celluleux à la surface supérieure. Couleur rougeâtre ou bleuâtre.

Des mers de la Nouvelle-Hollande, comme la précédente, dont elle n'est probablement qu'une variété.

Le R. AMBIGU; *R. ambigua*, id., *ibid.*, n.° 6. Polypier membraneux, concave, irrégulier, fenestré en réseau par des trous assez grands et arrondis, creusé à sa surface interne par de grands pores disposés en quinconce, bosselé et très-finement poreux en dehors.

Cette singulière espèce, qui provient du voyage de MM. Péron et Lesueur, contient en certains temps, à sa surface interne, un très-grand nombre de grains oviformes, que M. de Lamarck regarde comme étant probablement des gemmes reproducteurs. (DE B.)

RÉTÉPORE. (*Foss.*) Les espèces de ce genre ne se trouvent ordinairement que dans les couches crayeuses et dans celles qui sont plus nouvelles ; mais cependant j'ai trouvé dans le marbre ancien de Valognes un petit polypier qui sera décrit ci-après et qui paroît appartenir à ce genre.

RÉTÉPORE FRUSTULÉ; *Retepora frustulata*, Lamk., Anim. sans vert., tom. 2, pag. 184. Polypier à expansions irrégulièrement contournées en cornet, ou en coupe, ou en éventail, et percées de trous assez réguliers. Il a de très-grands rapports avec le rétépore dentelle-de-mer. On trouve cette espèce aux environs d'Angers et dans la Touraine.

Rétépore d'Ellis ; *Retepora Ellisiana*, Def. Je possède de cette espèce un morceau d'un pouce environ de largeur, et qui présente une expansion plate, percée de trous arrondis, anastomosés en réseau, et qui diffèrent de ceux de l'espèce ci-dessus ; les pores sont très-peu apparens sur la surface qui en est couverte, et celle de dessous en est dépourvue. Cette espèce se trouve à Orglandes, département de la Manche, dans une couche analogue à celle de la montagne de Saint-Pierre de Maëstricht.

Rétépore ? Amélie ; *Retepora ? Ameliana*, Def. Ce polypier a beaucoup d'analogie avec les rétépores ; mais il n'en a pas tous les caractères et pourroit dépendre d'un autre genre. Ses rameaux sont anostomosés en filet, dont les mailles sont rhomboïdales ; l'une des surfaces est dépourvue de pores : les mailles sont composées de lames plates, tranchantes sur les bords opposés à la surface dépourvue de pores, et garnies de petits sillons transverses, granulés, et sur lesquels je n'ai pu découvrir aucun pore. Ce polypier, qui a été trouvé à Orglandes, dans la même couche ci-dessus, paroît avoir des rapports, pour la forme des mailles, avec celui représenté dans l'Histoire naturelle de la montagne de Saint-Pierre de Maëstricht, par Faujas, pl. 39, fig. 3.

Rétépore très-ancien ; *Retepora antiquissima*, Def. J'ai trouvé dans le marbre ancien de Valognes deux petits morceaux de cette espèce, qui est très-remarquable, en ce que l'une des surfaces est anastomosée en réseau à petites mailles, tandis que l'autre, qui est celle qui paroît dépourvue de pores, est divisée en rameaux bifurqués.

Rétépore ? rameux : *Retepora ? ramosa*, Def. ; Fauj., *loc. cit.*, pl. 35, fig. 5 et 6. Ce polypier s'est présenté en rameaux d'un pouce de longueur sur une ligne environ de diamètre. L'une de ses surfaces est couverte de pores, et l'autre en paroît dépourvue. Ses tiges sont garnies, sur les côtés, d'une dentelure composée de rameaux courts qui ont la forme de bourgeons un peu alongés. On trouve cette espèce dans la montagne de Saint-Pierre de Maëstricht.

Rétépore? de Solander; *Retepora? Solanderi*, Def. Ce polypier rameux est un peu aplati, tant sur sa tige que par la disposition de ses rameaux, qui s'anastomosent quelquefois. J'en possède des débris qui ont deux pouces de longueur et dont la tige a trois à quatre lignes de largeur. L'une de ses surfaces est poreuse, et l'autre est couverte de petites lignes longitudinales. Ces morceaux ressemblent beaucoup aux fossiles qui existent à Doué en Anjou, mais je ne suis pas certain s'ils y ont été trouvés.

On rencontre à Grignon, département de Seine-et-Oise, et à Thorigné près d'Angers, des débris de polypiers branchus dont les tiges arrondies sont poreuses sur une de leurs surfaces. On voit qu'ils ont appartenu au genre que nous venons de traiter; mais ces débris présentent trop peu de caractères pour en déterminer l'espèce. (D. F.)

RÉTÉPORITE. (*Foss.*) C'est le nom qui a été donné par M. Bosc au genre que, depuis, M. de Lamarck a nommé Dactylopore, et c'est encore celui qui lui a été conservé par Lamouroux dans l'Exposition méthodique des polypiers. M. de Lamarck n'a pas cru sans doute devoir conserver ce nom, parce que, ayant reconnu que, les dactylopores ne pouvant entrer dans le genre des Rétépores, le nom de rétéporite, qui exprime le rétépore à l'état fossile, pouvoit faire naître des erreurs. Voyez au mot Dactylopore. (D. F.)

RETICULA. (*Bot.*) Adanson, en établissant ce genre dans sa famille des byssus, le définit ainsi : Réseau en toile ou en tuyau, formé de mailles anguleuses, dont les filets sont cylindriques, d'une substance herbacée ou charnue solide; graines .... Il donne pour exemples : 1.° le *conferva*, n.° 14, de Dillen., *Musc.*, pl. 4, qui est le *conferva reticulata*, Linn., et le genre *Hydrodyction* des algologues modernes.

2.° Les *agaricum*, n.ᵒˢ 20, 21, 22, de Michéli, *Gener.*, p. 125, dont l'espèce n.° 20, figurée pl. 66, fig. 3, est le *rhizomorpha subcorticalis*, Pers., et celle n.° 22, qui paroît être la plante figurée dans Marsigli, *De fung.*, pl. 10, laquelle a bien la forme d'un *rhizomorpha*, et non ses caractères ni sa manière de végéter.

On peut conclure de ce qui précède, que le genre *Reticula* d'Adanson est on ne peut plus artificiel; qu'il réunit des plan-

tes, non-seulement de genres différens, mais encore de plusieurs familles, et qu'il est rejeté avec raison.

Dans l'une des tables de l'*English fung.* de Sowerby on lit
reticula pour RETICULARIA ; voyez ce mot. (LEM.)

RÉTICULAIRE. (*Ichthyol.*) Nom spécifique d'une MURÈNE,
que nous avons décrite dans ce Dictionnaire, tome XXXIII,
page 322. (H. C.)

RÉTICULAIRE. (*Foss.*) Quelques auteurs anciens ont donné
le nom de pierre réticulaire à des fragmens de pierre plate,
dont la face supérieure est marquée ou de stries profondes,
ou de pores plus ou moins grands, plus ou moins profonds,
et plus ou moins fréquens, qui lui donnent la figure d'un filet.
Il paroît qu'elle a été placée par eux dans la classe des polypiers pierreux, mais on ne sait de quel genre ils ont voulu
parler. Scheuchzer, dans son *Herb. diluv.*, a rangé ces pierres
dans les champignons. (D. F.)

RETICULARIA, RÉTICULAIRE. (*Bot.*) Genre de la famille des
champignons, de l'ordre des champignons vrais, établi par
Bulliard et caractérisé ainsi par lui : Champignons mollasses
dans leur jeunesse, plus fermes dans un âge plus avancé, et
friables après la dessiccation; semences pulvérulentes, fines,
retenues dans l'intérieur de la plante par des cloisons membraneuses, ou par un réseau chevelu, ou dans des étuis coriaces. Les espèces vivent à la surface des végétaux ou sur des
matières végétales pourries, rarement à terre; elles sont ornées
de couleurs vives. Gmelin, *Syst. nat.*, adopte ce genre très-
artificiel, caractérisé ainsi qu'il est dit, et y ramène seize espèces.

M. Persoon l'a considérablement réduit, et des espèces principales a fait le genre *Fuligo*, que Fries propose de nommer
Fuligia ou *Fuligoria*, auquel M. De Candolle rendoit avec raison le nom de *Reticularia*. Les autres espèces sont dispersées
dans les genres *Spumaria*, *Physarum*, *Diderma*, *Lycogala*, *Lycoperdon*, *Uredo*, *Ægerita*, etc.

Les caractères du *Reticularia* modifié ou du *Fuligo* sont décrits à ce dernier mot.

Nous ajouterons ici que l'espèce principale, la FLEUR DU
TAN, *Mucor septicus*, Linn.; *Reticularia hortensis*, Bull., Champ.,
pl. 424, fig. 2; *Fuligo vaporaria*, Pers., est le genre *Æthalium*

de Link, qui est le *Fuligo* encore plus restreint, caractérisé ainsi qu'il est dit à l'article Mycologie, tom. XXXIII, p. 552, et qui est considéré comme formé d'un double péridium. Link lui rapporte, comme variété, le *reticularia lutea* de Bulliard, pl. 380, champignon remarquable par sa belle couleur jaune, sa consistance gélatineuse, un peu gluante, et ses séminules noires. La plante entière se réduit en poussière par l'effet de la sécheresse. M. Vallot croit y voir le *mel aëreum* des anciens.

Les autres espèces forment, pour la plupart, le genre *Reticularia* de Fries, que cet auteur donne pour celui de Bulliard, et qu'il décrit ainsi : Péridium de forme indéterminée, simple, membraneux, se déchirant; sporidies rassemblées en tas, renfermées et contenues dans des filamens floconneux, rameux, adhérens par leur base et entrelacés.

Fries (*Syst. orb. veget.*) veut qu'on porte dans ce genre le *lycogala argenteum*; le *strongylium*, Dittm.; le *diphtherium* de Ehrenberg, le *lignidium* de Link, les *fuligo* lisses, et plusieurs autres espèces de *reticularia* qu'il a fait connoître.

Baumgarten avoit donné le nom de *reticularia* au *lichen pulmonarius*. Ce lichen est marqué en dessous de veines ou nervures en réseau. (Lem.)

RÉTICULÉE [Graine]. (*Bot.*) Marquée de lignes en réseau; exemple : *geranium rotundifolium*. (Mass.)

RÉTICULÉE-VEINÉE [Feuille]. (*Bot.*) Dont les veines s'anastomosent de toutes parts en réseau; exemples : *arbutus alpina, salix reticulata*. (Mass.)

RÉTIFÈRES, *Retifera*. (*Malacoz.*) Nom d'une famille de malacozoaires, de l'ordre des cervicobranches, dans le système malacologique de M. de Blainville, établi pour placer le grand genre Patelle, dans lequel l'appareil respiratoire est composé, suivant lui, par un organe en réseau et aérien, et non, comme on l'a dit, par les plis qui existent tout autour du rebord du manteau. Voyez Patelle et Mollusques. (De B.)

RÉTINARIA. (*Bot.*) Fruit que Gærtner (*De fruct.*, t. 120) a décrit comme devant former un genre particulier, qui paroît devoir être réuni au *Gouania*. Ce fruit est composé de trois capsules conniventes, à trois ailes arrondies; chaque capsule renferme une semence dure, ovale, luisante, un peu comprimée. Cette plante croit à l'Isle - de - France. (Poir.)

RÉTINASPHALTE. (*Min.*) C'est le nom un peu trop composé et un peu trop long que M. Hatchett a donné à une matière bitumineuse fossile, qui lui a paru différer de tous les combustibles fossiles connus; aussi a-t-on voulu le changer en lui donnant le nom de *rétinite*, déjà pris pour désigner une pierre d'aspect résineux. Il faut désirer et espérer que le nom de rétinasphalte restera, malgré ses défauts, puisqu'il a pour lui M. Hatchett (qui l'a découvert, et qui seul avoit le droit de lui imposer un nom), MM. Jameson, Aikin, Phillips, Hausmann et Beudant. M. Breithaupt paroît être le premier qui ait voulu changer son nom, en l'appelant rétinite. M. Leonhard a suivi son exemple.

Le rétinasphalte est un fossile bitumineux, d'un jaune brunâtre, tirant quelquefois sur la couleur de l'ocre ou de la rouille de fer; il est opaque; sa texture est vitro-résineuse: son aspect est terreux, prenant par le frottement ou la rupture un éclat résineux : sa cassure est imparfaitement conchoïde; il est tendre, se laissant entamer par l'ongle; sa pesanteur spécifique est de 1,13.

C'est surtout par ses propriétés chimiques et par sa composition que ce bitume résineux diffère des autres espèces. Il fond à une très-basse température, brûle très-facilement par le simple contact avec la flamme d'une bougie, et en répandant une odeur très-forte et beaucoup de fumée.

L'alcool le dissout en partie et à la manière des résines, et la potasse dissout l'autre partie à la manière des bitumes, et c'est ce caractère qui établit la différence essentielle.

M. Hatchett, qui a fait l'analyse du rétinasphalte de Bovey, le considère comme étant composé :

De matière résineuse	55
De bitume asphalte	41
Le reste se compose de corps étrangers terreux.	3
Et de la perte	1.

M. Troost, docteur en médecine, a fait connoître un bitume fossile du Maryland qui paroît appartenir au rétinasphalte par sa composition.

Matiére résineuse 42,5
Bitume 55,5
Fer et alumine 1,5
Perte . . . . 5,5.

Sa pesanteur spécifique est de 0,97 à 1,04.

Le rétinasphalte de Hatchett s'est trouvé dans le terrain de lignite de Bovey-Tracey en Devonshire. Il s'y rencontre en masses pugillaires isolées, disséminées, en partie enveloppées de gypse sélénite et en partie accompagnées de nodules de fer pyriteux. Il se trouve aussi en lits d'environ deux millimètres d'épaisseur, dans la formation de houille de la partie sud du Staffordshire. Ces lits sont parallèles à ceux de la houille. (Phillips.)

On croit pouvoir rapporter à cette espèce, mais avec des degrés de certitude bien différens, d'abord :

Le rétinasphalte découvert au cap Sable, rivière Magoshy, comté d'Arundel en Maryland. Sa composition, qu'on a fait connoître plus haut, laisse peu de doutes à ce sujet. Il est opaque ou légèrement translucide sur les bords ; ses couleurs varient du jaune au gris et sont disposées en couches concentriques ; sa cassure, facile, est parfaitement conchoïde ; néanmoins il a quelquefois assez de dureté pour recevoir le poli. Il a quelquefois aussi la texture poreuse, l'aspect terreux, et alors il est friable. Le rétinasphalte du cap Sable se présente en nodules, qui varient de la grosseur d'un pois à celle d'une noix, accompagnés de pyrites.

Viennent ensuite les bitumes regardés comme rétinasphalte, et qu'on cite à Mertendorf, près la saline de Rosen, aux environs de Naumburg en Thuringe, à Langenbogen, Seeben, etc., aux environs de Halle sur la Saale, dans le terrain de lignite de ce canton. La composition de celui-ci l'éloigne cependant beaucoup des précédens ; il contient, suivant Bucholz :

Résine particulière 91
Matière bitumineuse . . . . . . 9.

Près de Salzachstrome, dans le voisinage du château de Wildshut en Autriche. — A Uttigshof en Moravie ; dans l'argile schisteuse de Welkow et de Litezko dans le Bannat. —

A Iset près Kamensk en Sibérie ; dans le Groënland. (Leonhard.)

Et peut-être, suivant Wagner, le bitume nommé succi-
nasphalte, qui se trouve dans les lits de minérai de fer argileux grenu dans le Weidwiese des montagnes de Bavière,
et, suivant Emmerling, le fossile qui se présente en nids
dans les couches de lignite de Oberwöllstadt dans les environs de Friedberg en Wettéravie appartiennent-ils aussi à ce
combustible fossile ?

M. Léman y rapporte avec beaucoup de vraisemblance
le minéral bitumineux décrit par Voigt sous le nom de
graue bituminöse Holzerde, qui se trouve à Alsdorff et à Hel-
bra, comté de Mansfeld, dans un lignite terreux, en morceaux pugillaires mous, lorsqu'ils sont encore humides,
friables, lorsqu'ils sont desséchés. (B.)

RÉTINE. (*Anat.*) Voyez Sens [Organes des]. (Desm.)

RÉTINIPHYLLE, *Retinyphyllum.* (*Bot.*) Genre de plantes
dicotylédones, à fleurs complètes, monopétalées, de la famille
des *rubiacées*, de la *pentandrie monogynie* de Linnæus, très-
voisin du *nonatelia*, offrant pour caractère essentiel : Un calice
persistant, entouré de bractées à sa base, tubuleux-cam-
panulé, à cinq dents ; une corolle en soucoupe ; le limbe à
cinq divisions étalées ; cinq étamines saillantes, insérées à
l'orifice du tube de la corolle ; un ovaire inférieur ; un style ;
un stigmate simple. Le fruit est une baie globuleuse, striée,
couronnée par le calice, contenant cinq osselets monospermes.

RÉTINIPHYLLE A FLEURS UNILATÉRALES : *Retiniphyllum secundi-
florum*, Humb. et Bonpl., *Pl. æquin.*, 1, pag. 86, tab. 25 ; Poir.,
Ill. gen., tab. 922. Arbrisseau d'environ douze pieds. Son tronc
est droit, épais de quatre pouces ; le bois blanc, très-léger ;
l'écorce d'un gris cendré ; les rameaux sont opposés en croix,
enduits, ainsi que les feuilles, d'une substance résineuse et
jaunâtre, chargés vers leur sommet de feuilles pétiolées, opposées, ovales, entières, échancrées au sommet, lisses, coriaces, d'un beau vert, blanchâtres en dessous, longues de deux
ou trois pouces ; les stipules courtes, entières, vaginales. Les
fleurs sont couleur de chair, disposées en grappes unilatérales,
presque en épi, avec quatre ou cinq bractées subulées, for-

45.   19

mant une sorte d'involucre à la base du calice, colorées, persistantes, un peu pileuses, ainsi que le calice : celui-ci est prolongé en tube au-dessus de l'ovaire ; les divisions de son limbe sont droites, subulées ; la corolle est couverte de poils argentés ; le tube deux fois plus long que le calice ; les divisions du limbe sont de la longueur du tube ; les anthères versatiles, à deux loges, d'une belle couleur rose ; l'ovaire est sphérique ; le drupe rougeâtre, de la grosseur d'un pois, à plusieurs stries longitudinales. Cette plante croît dans l'Amérique méridionale. (Poir.)

RÉTINITE. (*Min.*) La ressemblance frappante que la plupart des variétés qui appartiennent à cette espèce ont avec la résine, ressemblance d'éclat, de cassure, de translucidité, de couleur, est un caractère tranché de la pierre à laquelle on a donné, dans presque toutes les langues, le nom de pierre de poix [1]. Cependant, comme des minéraux d'une couleur très-différente présentent ce même aspect, il faut avoir recours à d'autres caractères que les propriétés extérieures, pour les distinguer, et c'est ce que Dolomieu a fait le premier.

Le caractère essentiel du rétinite est de fondre au chalumeau avec assez de facilité, d'abord en une masse boursouflée, qui se résout ensuite en un émail grisâtre ou jaunâtre.

Il ne présente aucune *structure* qui puisse indiquer une forme régulière, ni par conséquent un état cristallin. Sa texture est serrée ; il est néanmoins très-facile à casser : sa cassure est vitreuse, avec l'éclat résineux, quelquefois cette cassure, toujours vitreuse en dernière analyse, c'est-à-dire, dans les petits fragmens, divise les masses en grains irréguliers, à surface lisse, à arêtes arrondies ; la dureté est foible, inférieure à celle du felspath et à celle de l'acier ordinaire, mais supérieure à celle de la chaux phosphatée.

Sa pesanteur spécifique s'étend de 2,19 à 2,38. (Hoffmann.) [2]

---

1 *Pechstein*, Hoffm. — *Pitchstone*, Jam., Phill. — Felspath résinite, Haüy. — Rétinite, De la Méth. — On a indiqué au mot Pechstein, dans ce Dictionnaire, les deux espèces de minéraux, auxquelles ce nom avoit été donné.

2 On donne aussi 2,64, d'après Klaproth (Ann. de chim., tome 45, page 16, et Mém. de chim., par Klaproth, trad. de Tassaert, tome 2,

Le rétinite n'est jamais transparent, mais il a une translucidité gélatineuse, qui varie beaucoup en approchant tantôt de la transparence, tantôt, et plus ordinairement, de l'opacité. Il est néanmoins toujours translucide dans les parties minces. Son éclat est constamment résineux, quelquefois cependant un peu gras.

Nous avons parlé de l'action du feu du chalumeau sur ce minéral : mais elle est variable. Il y a des rétinites qui fondent assez difficilement (telle est la variété *rouge* des environs de Meissen en Saxe), et d'autres qui se boursoufflent à peine et fondent promptement.

Le degré de fusion de ces pierres varie, suivant Kirwan, depuis 3o jusqu'à 165^d du pyromètre de Wedgwood.

Mais un autre caractère du rétinite, qui sert à le distinguer des obsidiennes, est pris de la quantité assez considérable d'eau qu'il renferme, et qui se manifeste très-aisément au moyen du tube ou petit matras de verre.

La composition du rétinite, comme celle de tous les minéraux qui, n'étant pas transparens, ne paroissent pas parfaitement purs ou homogènes, est difficile à établir d'une manière précise.

	Silice.	Alumine.	Soude.	Eau.	Eau et bitume.	Fer.	Chaux.	
De Gersebach près Meissen en Saxe..	73	14,5o	1,75	8,5o	—	1,1o	1	Klaproth.
Le même..........	73	1o,8,	1,48	9,4o	—	1,9o	1,4	Duménil.
De Planitz en Saxe..	59	18,5	3	8	—	3,5	4	M. Bergmann.
Du Cantal (Auvergne)	78	3	3	7	—	2	4,5	*Idem.*
De Newry en Irlande.	72,8o	11,5o	2,85	—	8,5o	3,03	1,12	Knox.

C'est à M. Knox, de Dublin, que l'on doit la découverte du bitume dans le rétinite de Newry. Ce bitume se rapproche du naphte. Quoique l'auteur n'ait pu en déterminer la proportion exacte, il paroît que la quantité peut être évaluée à 3 p. %. Il présume que cette substance se trouve également, mais dans de moindres proportions, dans le rétinite

page 4oo); mais on peut présumer qu'il y a erreur dans cette évaluation. M. Hoffmann émet le même doute.

d'Arran et même dans celui de Meissen, et que c'est à sa présence qu'est due la fausse supposition que cette pierre renferme du manganèse. M. Knox n'a pu en trouver dans celui de Newry, et il a été sur le point de prendre le bitume pour ce métal. Le bitume s'obtient par la simple distillation des rétinites à une chaleur rouge.

Suivant M. Berzelius il y a un peu de potasse unie à la soude dans le rétinite de Saxe; mais il n'y a point de lithine.

On a regardé le rétinite comme une modification du felspath. D'après cette idée, qui ne me paroît pas être suffisamment fondée, on l'a placé parmi les variétés de cette espèce sous le nom de felspath résinite.

Le rétinite présente une grande variété de couleurs, quelques-unes de structure, de texture et d'éclat; mais, en général, ces différences sont trop peu tranchées pour fonder des variétés réelles.

Les principales variétés de couleurs qu'on peut y distinguer, sont:

Le vert olivâtre, brunâtre ou même noirâtre, plus ou moins translucide.

Le jaune sale, tirant sur le brun ou le verdâtre.

Le rouge sale, tirant sur le brun.

Le grisâtre, fort rare.

Le noirâtre presque toujours avec une nuance de vert, ou même quelquefois de bleuâtre.

Plusieurs variétés de couleurs se trouvent dans le même lieu; elles sont même quelquefois mélangées dans le même morceau par veines ou taches; mais cette circonstance est plus rare.

La structure est souvent nulle, c'est-à-dire que le minéral est homogène, dense, sans aucune fissure; quelquefois il y a des joints nombreux, qui divisent les masses en une multitude de parallélogrammes irréguliers. (Celui de Newry en Irlande.)

Les météores atmosphériques altèrent le rétinite et lui font perdre sa solidité, son éclat, sa couleur et une partie de son eau. M. Knox attribue cette altération à l'action de l'air sur le bitume et sur l'eau renfermés dans cette pierre.

Le rétinite est maintenant reconnu dans un grand nombre
de lieux; mais sa position géognostique est souvent difficile
à déterminer, et son origine aqueuse ou ignée a été le sujet
de beaucoup de controverses entre les géologues.

Tantôt le rétinite se présente en masse sans stratification,
comme épanché à la surface du sol, faisant la base ou la
pâte d'une roche mélangée, qui a la texture porphyroïde
et qui renferme disséminé des petits cristaux de felspath,
des petits grains d'amphibole et même de quarz, et quelquefois du mica. C'est la roche que les géognostes allemands
appellent *Pechstein-Porphyr*, et que nous avons nommée stigmite : c'est la manière d'être de la plupart des rétinites de
Saxe, de Hongrie, d'Auvergne.

Tantôt il est engagé sous forme de filons ou même de couches
puissantes dans des eurites, dans des porphyres, dans des
trappites, des vakites, des spilites, et même dans du granite.
Les rétinites d'Irlande et des îles d'Écosse offrent des exemples
de cette disposition.

En France, on en trouve près du lieu nommé les Chazes,
au Puy-Griou, département du Cantal, une variété d'un vert
de poireau, translucide et renfermant un assez grand nombre
de petits grains de felspath. Sa structure en grand est presque schistoïde. Ce rétinite se rencontre d'abord en morceaux
épars et se montre ensuite dans sa position originaire. C'est une
espèce de filon ou de couche, à fissures nombreuses et verticales, encaissé dans une roche de trachyte ou d'argilophyre,
désignée sous le nom de porphyre, d'une nature très-problé-
matique, et qui forme une masse puissante dans cette montagne d'origine ignée.

On en connoît de brun presque noir, dans quelques
autres parties de l'Auvergne.

On en cite aussi à Saint-Banzile dans le département de
l'Ardèche.

En Espagne, dans le Guipuscoa.

A Ténériffe : il se présente, ou comme base d'un stigmite,
semblable à celui de Meissen (DE HUMBOLDT), ou en morceaux, avec du pyroxène, dans la coulée d'obsidienne de
la Guancha. (L. DE BUCH.)

En Italie, dans les monts Euganéens, où il est gris, verdàtre. Il passe à l'obsidienne perlée par des nuances si insensibles, qu'on ne sait comment établir ici la distinction réelle de ces deux pierres. — Dans le Monte-Gloso, au nord-ouest de Bassano en Vicentin, il est presque noir et sert de base à un stigmite. — Dans la vallée de Grantola, sur le lac Majeur, faisant partie de la formation de grès rouge, qui remplit cette vallée, et qui passe lui-même à l'argilophyre. (BEUDANT). — Dans l'île d'Ischia. — Dans le Palatinat : on connoît dans les environs d'Oberstein un rétinite d'un vert-noirâtre très-foncé, presque opaque, à cassure raboteuse.

En Saxe, dans un assez grand nombre de lieux, mais tous peu éloignés de Meissen ; savoir : entre Korbiz et Gersebach, et dans la vallée de Triebisch, où le rétinite présente les caractères les plus tranchés et les couleurs les plus variées. Il renferme quelquefois des lamelles de mica. On ne connoît pas bien clairement sa position géologique. Il paroit être mêlé avec un argilophyre et reposer sur une eurite porphyroïde brune, passant à la syénite, et alternant lui-même avec cette roche. — Auprès de Freiberg, avec le gneiss qui renferme un rétinite absolument semblable au précédent, qui est traversé par des filons métallifères. — A Mohorn et près de Herzogswald, dans un argilolite avec des fragmens de gneiss et d'autres roches primitives. — A Spechtshausen et à Braunsdorf, entre Dresde et Freiberg ; près Dittersdorf, entre Œderan et Frankenberg. (HOFFMANN). — A Planitz près Zwickau ; il est noirâtre, passant au vert-foncé brunâtre et forme une masse entière sans stratification. C'est dans cette variété qu'on observe des parties d'un noir brillant, fibreuses, très-dures, incombustibles, qu'on a prises pour du charbon et qu'on a nommées *Kohlenhornblende*. En effet, cette substance renferme une quantité assez notable de carbone, quoiqu'elle appartienne, comme on l'a reconnu, à l'espèce de l'amphibole. M. Beudant présume que les rétinites de la Saxe appartiennent à la formation du grès rouge.

Dans le Thuringerwald, au milieu des montagnes porphyriques de ce pays. (VOIGT.)

En Hongrie, dans les montagnes entre Kremnitz et Schemnitz, principalement dans la vallée de Glashütte, où il forme la base d'une roche porphyrique. (BEUDANT). — Près de Hodritz. — Dans la contrée de Tokay, etc.

Les rétinites sont très-abondans en Écosse, dans les îles écossoises et en Irlande.

On citera en Écosse celui d'Eskdalemnir, dans les montagnes de Dumfriesshire, d'Ardnamurchan dans l'Argyleshire, et des cheviot-hills traversant en filons des roches trappéennes et de transition ; celui du sommet de la montagne de Cairngorm, observé par M. Macculloch est dans le granite.

Dans les îles écossoises on remarquera celui d'Arran, qui renferme du bitume et qui traverse le granite et le grès rouge en filons puissans, tandis que le rétinite des îles de Mull, de Canna et de Skye se trouve en veines dans les roches de trappite plus récentes. (JAMESON.)

En Irlande, le rétinite de Newry, dans le comté de Down, observé d'abord par M. Joy, est devenu célèbre par le bitume que M. Knox y a découvert. Il est d'un vert porreau, plus ou moins pâle, divisible en pièces rhomboïdales et répandant une odeur huileuse ; il se désagrège très-facilement. Le docteur Fitton dit qu'il forme un filon traversant un granite gris, peu solide, passant même à la lithomarge, et traversé plus loin par un filon de basalte. Le filon de rétinite a environ 2 ½ pieds de puissance. Au point de contact les deux roches sont désagrégées ; le rétinite y est presque argileux et devient d'autant plus dur qu'il approche de l'axe du filon. Il n'y a pas deux morceaux absolument semblables. Il est tantôt homogène et tantôt mêlé de cristaux de felspath et de quelques grains de quarz. Les fissures sont perpendiculaires à l'horizon et aussi aux parois du filon. Il y a en outre d'autres fissures presque verticales et perpendiculaires aux premières.

On trouve aussi des rétinites :

En Islande, dans des trappites?

En Sibérie, à Kolywane, près de Mursinsk, dans les monts Ourals.

En Amérique, dans le Mexique. Dans le Pérou, entre Guamanga et Couzco ; aux environs de Quito, de Popayan, etc., dans des argilophyres.

Dans les États-Unis d'Amérique, à Barehills près Balti-more, dans une serpentine, et près de New-Heaven dans le Connecticut. (SILLIMAN.)

Annotations. Le rétinite des environs de Meissen est quel-quefois employé comme pierre de construction, mais pres-que uniquement dans la campagne. Il se laisse très-difficile-ment et très-mal tailler.

On connoît le rétinite depuis environ cinquante ans. C'est à un minéralogiste de Dresde, nommé Schulz, et quinze ans plus tard, à M. Pöhsch, qu'on en doit la connoissance. (HOFFMANN.) (B.)

RÉTIPÈDES. (*Ornith.*) On appelle ainsi les oiseaux qui ont la peau des tarses réticulée, c'est-à-dire couverte d'écailles en réseaux. Voyez-en des exemples au tome XXXVI de ce Dictionnaire, p. 387, où ce mot est, par erreur, écrit *rété-pède.* (CH. D.)

RETIRA. (*Bot.*) Un des noms arabes de l'*astragalus traga-cantha*, cité par Rauwolf. (J.)

RETON. (*Ichthyol.*) C'est la raie lisse. (DESM.)

RETORTE. (*Chim.*) Les anciens auteurs employoient ce nom au lieu de celui de cornue. (CH.)

RETORTUNO. (*Bot.*) Nom péruvien de l'*acacia strombuli-fera* de Willdenow, dont la gousse est jaune, contournée en spirale en forme de tire-bouchon. (J.)

RÉTRACTÉE [RADICULE]. (*Bot.*) Au lieu de se prolonger au-dessous du point d'attache des cotylédons, comme dans le *cheiranthus*, par exemple, elle se laisse déborder par eux de façon qu'elle semble s'être retirée en arrière; exemples : *quer-cus, corylus,* etc. (MASS.)

RÉTROFLÉCHI. (*Bot.*) Courbé brusquement en arrière; exemples : rameaux de l'*asparagus retrofractus*, du *solanum re-trofractum;* pédoncules du *cerastium aquaticum*, du *spergula arvensis.* (MASS.)

RETROUSSÉS. (*Bot.*) Champignons du genre *Agaricus* dont Paulet fait une petite famille, remarquables par leur irré-gularité, leur stipe aminci du bas, et leur chapeau, dont les bords sont relevés et retroussés de telle manière que la surface, avec celle des feuillets, représente un plateau. Trois espèces suspectes composent ce groupe, ce sont : le *champignon lie de vin*, le *vert des bois* et le *mousseron sauvage.*

1. Le CHAMPIGNON LIE DE VIN, Paul., Trait., 2, pag. 150, pl. 57, fig. 1 et 2, est d'un rose foncé ou lie de vin, plus intense au milieu du chapeau, et colorant seulement la tranche des feuillets. Il a été trouvé dans la forêt de Sénart. Il incommode les animaux à qui on en fait manger.

2. Le VERT DES BOIS, Paul., *loc. cit.*, pl. 57, fig. 3 et 4, est un agaric de la taille de cinq à six pouces; son chapeau est de couleur verte en dessus, et les feuillets sont blancs, ainsi que le stipe. Cette plante est un peu àcre au goût.

3. Le MOUSSERON SAUVAGE, Paul., *loc. cit.*, pl. 58, fig. 1—4. Cette espèce est très-commune au printemps et en automne, selon Paulet, dans les bois aux environs de Paris, et surtout à Vincennes. Elle ressemble, en naissant, au mousseron de bonne qualité; elle est toute blanche, haute de quatre à cinq pouces; sasaveur est fade, et son odeur celle de terre humide et presque vireuse. Ce champignon, que l'on confond avec le véritable mousseron, est porté quelquefois comme tel dans nos marchés, d'où il doit être sévèrement exclu, à cause des effets graves qu'il produit sur les personnes qui en ont mangé. (LEM.)

RETS-SAILLANT. (*Chasse.*) Cette sorte de filet, qui sert à prendre des pluviers, des canards et de plus petits oiseaux, est toujours composée de mailles à losanges et ne diffère que par les dimensions, la force du fil, délié ou retors, et la grandeur des mailles. (CH. D.)

RÉTUSE [FEUILLE]. (*Bot.*) Terminé par un sinus peu profond; exemples : *vaccinium vitis idæa, amaranthus lividus, frankenia pulverulenta.* (MASS.)

RETZ MARIN. (*Malacoz.*) M. Bosc dit dans le Nouveau Dictionnaire d'histoire naturelle de Déterville, que l'on donne vulgairement ce nom aux masses de coques d'œufs de mollusques, rejetées par la mer, et qui, en effet, présentent, à cause de l'ouverture de chacune d'elles, une sorte de réseau. (DE B.)

RETZ DES PHILIPPINES. (*Actin.*) Nom vulgaire donné à l'éponge flabelliforme. (DESM.)

RETZIE, *Retzia.* (*Bot.*) Genre de plantes dicotylédones, à fleurs complètes, monopétalées, de la famille des *convolvula-*

cées, de la *pentandrie monogynie* de Linnæus, offrant pour caractère essentiel · Un calice à cinq divisions; une corolle tubulée, velue en dehors; le limbe très-court, à cinq lobes; cinq étamines; un ovaire supérieur; un style; un stigmate bifide. Le fruit est une capsule à deux loges polyspermes.

Retzie du Cap: *Retzia spicata*, Thunb., *Act. Lond.*, 1, p. 55, tab. 1, fig. 2; Lamk., *Ill. gen.*, tab. 103; *Retzia spicata*, Willd., *Sp.*, 1, pag. 843. Petit arbrisseau d'environ quatre pieds de haut, divisé en rameaux roides, peu nombreux, courts, épais, inégaux, médiocrement velus, garnis de feuilles nombreuses, très-rapprochées, quatre par quatre, presque verticillées, sessiles, lancéolées, droites, linéaires, obtuses, marquées, à leur face supérieure, d'un sillon formé par une suite de petits points, et à leur face inférieure, d'un double sillon. Les fleurs sont latérales vers l'extrémité des rameaux, droites, sessiles, rapprochées, souvent cachées par les feuilles, accompagnées de bractées lancéolées, velues, élargies à leur base, aiguës au sommet, plus longues que le calice: celui-ci est au moins d'un tiers plus court que la corolle, velue, à cinq divisions ciliées à leurs bords; la corolle d'un brun roussâtre, cylindrique, un peu rétrécie à sa base; les lobes sont obtus, velus en dehors; les filamens très-courts, attachés au sommet du tube; les anthères presque en cœur; l'ovaire est petit et conique; la capsule oblongue, aiguë, à deux sillons, à deux valves; les semences fort petites. Cette plante croît sur les montagnes, au cap de Bonne-Espérance. (Poir.)

REUSSIN[1]. (*Min.*) On a confondu sous ce nom univoque deux sels qui paroissent appartenir à deux espèces différentes. M. Leonhard les a réunis sous la dénomination de sulfate de natron, et nous l'avons imité, en les désignant dans le tableau des espèces minérales sous celui de reussin; il paroît convenable de les séparer.

Le sulfate de soude aquifère, ou Soude hydro-sulfatée, formera une espèce qu'on décrira sous ce nom. Le reussin en formera une autre, dont on va présenter l'histoire.

Ce sel est sapide; sa saveur est salée et amère. Il est très-soluble dans l'eau; sa dissolution précipite par l'ammoniaque.

---

[1] Reussine, Beudant, et Reussite, Jameson.

Ses cristaux dérivent d'un prisme rhomboïdal homoédrique
(et oblique, BEUDANT).

On n'y connoît pas de clivage et sa cassure est conchoïde.
Son éclat est vitreux.

Il est incolore, limpide ou blanc.

Sa composition est le caractère essentiel qui le distingue
du sulfate de soude.

Le reussin, analysé par Reuss, a donné les principes suivans :

Soude sulfatée	66,04
Magnésie sulfatée	31,35
Magnésie muriatée	2,19
Chaux sulfatée	0,42.

Ce sel est rarement pur, et accompagne assez ordinairement le sulfate de soude. Il paroît en efflorescence au printemps dans le marais de Serpina, dans la contrée de Sedlitz
et de Saidschütz, près Billin. Il se trouve aussi à Pilln près
Brüx en Bohème.

Il est présumable que beaucoup de lieux, qui sont indiqués
comme se couvrant à certaines époques d'efflorescences de
soude sulfatée, donnent aussi du reussin. (B.)

REUSSINE [BEUDANT]. (*Min.*) Voyez REUSSIN. (B.)

REUSSITE [JAMESON]. (*Min.*) Voyez REUSSIN. (B.)

REUTMAUS. (*Mamm.*) Nom allemand désignant les musa-
raignes et le campagnol vulgaire. (DESM.)

RÉVEIL-MATIN. (*Bot.*) Nom vulgaire d'une espèce d'eu-
phorbe. (L. D.)

RÉVEIL-MATIN. (*Ornith.*) On appelle ainsi une espèce
de caille qui se trouve dans les bois de l'île de Java, et qui
jette des cris au lever du soleil. C'est le *tetrao suscitator* de
Gmelin, et le *perdix uscitator* de Latham. (CH. D.)

RÉVEILLEUR. (*Ornith.*) Espèce de cassican à laquelle ce
nom a été donné parce qu'elle ne cesse de s'agiter pendant la
nuit, et de jeter des cris qui interrompent le sommeil des
hommes et des animaux. Cet oiseau, qui est très-commun
à l'île de Norfolk, est le *coracias strepera* de Latham, et le
cracticus streperus de M. Vieillot. (CH. D.)

RÉVÉLONGA. (*Ichthyol.*) Voyez POISSON DE NOTRE SEI-
GNEUR. (H. C.)

REVERBÈRE. (*Chasse.*) C'est le nom qui a été donné à une chasse qu'on fait pendant la nuit aux canards. (Сн. **D.**)

REVERBERE. (*Chim.*) On donne ce nom aux parois d'un fourneau, destinées a réfléchir la chaleur rayonnante qui émane du foyer sur la matière qu'on veut chauffer. (Сн.)

REVERSUS. (*Ichtuyol.*) Rondelet, et Gesner d'après lui, disent que les Indiens appellent ainsi un beau poisson qui a la docilité de l'éléphant, dont la chair est bonne, et qui sert aux naturels du pays à prendre d'autres poissons.

Peut-être est-ce un être fabuleux, comme il en existe tant dans les récits des anciens naturalistes. (H. C.)

REVEZOL. (*Ornith.*) Nom italien du rossignol de muraille, *motacilla phœnicurus*, Linn. (Сн. **D.**)

REVIROMENU. (*Bot.*) Nom provençal du dompte-venin, *asclepias vincetoxicum*, cité par Garidel. (J.)

RÉVIVIFICATION. (*Chim.*) Opération par laquelle on réduit un oxide à l'état métallique. (Сн.)

REVOLUTÉ. (*Bot.*) Roulé en dehors; exemples : le bord des feuilles du romarin; celui des feuilles des polygonées, du tussilage, etc., avant leur développement; les divisions du périanthe des protéacées, du *sterculia platanifolia*; le limbe de la corolle du *cestrum cauliflorum*; le stigmate du *saururus*, de la campanule. (Mass.)

REX AVIUM. (*Ornith.*) Nom du roitelet, *motacilla regulus*, Linn., dans Aristote et dans Pline. Le manucode ou roi des oiseaux de paradis, *paradisea regia*, Linn., est aussi désigné sous la dénomination de *rex avium paradisearum*. Le roi des vautours, *vultur papa*, Linn., est le *rex warwouwarum* de Klein (*Ordo avium*, p. 46); et le *falcinellus rex florum* du même, pag. 107, est le colibri des Indes, *polytmus indicus*, Brisson. (Сн. **D.**)

REX SIMIORUM. (*Mamm.*) Ce nom est donné à l'alouatte roux par quelques anciens auteurs. (Desm.)

REY-PETIT. (*Ornith.*) Nom catalan, suivant Barrère, du troglodyte, *motacilla troglodytes*, Linn., que l'on appelle *rezeto* en Savoie. (Сн. **D.**)

REYAN. (*Bot.*) Nom donné dans le Mexique au *myrtus xalapensis* de M. Kunth. (J.)

REYNAUBY. (*Ornith.*) Nom que porte, dans les environs

de Nîmes , le cul-blanc roussâtre ou motteux à gorge blanche, *mo acilla hispanica*, Linn. , et *œnanthe gutturalis*, Vieill. (Ch. D.)

REYNOUTHRIA. (*Bot.*) Genre qui , d'après Gmelin, *Syst. reg.*, offre un calice à cinq folioles ; point de corolle ; dix étamines ; les filamens très-courts ; un ovaire trigone. (Poir.)

REZETO. (*Ornith.*) Voyez Rey-petit. (Ch. D.)

RHA, RHACOMA, RHECOMA. (*Bot.*) La plante citée sous ces noms par Pline, est, selon Dodoëns et C. Bauhin, la même que le *rhaponticum* de Lacuna, le *centaurea rhapontica* de Linnæus. Il existe aussi un autre *rha* ou *rheum* de Dioscoride , mentionné par C. Bauhin et qu'il rapproche de la rhubarbe. (J.)

RHAA. (*Bot.*) Flacourt cite sous ce nom l'arbre de Madagascar de l'écorce duquel, lorsqu'elle est entamée, suinte une résine rouge comme du sang , qui l'a fait nommer l'arbre du sang-dragon. Il est probable que c'est le *pterocarpus draco.* (J.)

RHAAD. (*Ornith.*) Petite outarde huppée d'Afrique, dont il est question dans les Voyages de Shaw en Barbarie , p. 326 du premier volume de la traduction françoise. Voyez-en la description dans ce Dictionnaire , tome XXXVII, p. 112 et 113. (Ch. D.)

RHABARBARUM. (*Bot.*) Tournefort donnoit à la rhubarbe ce nom latin , qui a été changé par Linnæus en celui de *rheum.* (J.)

RHABDOCHLOA. (*Bot.*) Ce genre de graminées, fait par Beauvois, a été réuni par M. Trinn au *leptochloa* du même auteur, dont il ne diffère que par une des paillettes de la fleur surmontée d'une soie. (J.)

RHACOMA. (*Bot.*) Ce genre de Linnæus a été réuni par M. Smith au *Myginda*, dont il ne diffère que par ses pétales soudés à la base et ses quatre styles réunis par le bas. Adanson désigne aussi sous le nom de *rhacoma* le *centaurea conifera* de Linnæus , dont M. De Candolle fait également un genre distinct sous le nom de *Leuzea*. Voyez aussi Rha. (J.)

RHÆBUS. (*Entom.*) M. Fischer, de Moscou, a désigné sous ce nom grec Ῥαιϐός, qui signifie *à cuisses courbes*, un genre d'insectes coléoptères voisin des bruches, au moins par les mœurs, mais que M. Schœnherr regarde plutôt comme appartenant à la famille des phytophages, près des chrysoméles. (C. D.)

RHAGADIOLE, *Rhagadiolus*. (*Bot.*) Ce genre de plantes, établi en 1694 par Tournefort, appartient à l'ordre des Synanthérées, à la tribu naturelle des Lactucées, et à notre section des Lactucées-Crépidées, dans laquelle nous l'avons placé entre les deux genres *Lampsana* et *Koelpinia*. (Voyez notre tableau des LACTUCÉES, tom. XXV, pag. 61.)

Les deux espèces qui composent le genre *Rhagadiolus* nous ont offert les caractères génériques suivans :

Calathide incouronnée, radiatiforme, bisériée, pauciflore (6 à 11), fissiflore, androgyniflore. Péricline inférieur aux fleurs extérieures, formé de cinq à huit squames unisériées, contiguës, égales, appliquées, embrassantes, oblongues, concaves ou canaliculées, foliacées, uninervées, membraneuses sur les bords ; la base du péricline entourée d'environ cinq squamules surnuméraires, appliquées, courtes, larges, ovales. Clinanthe petit, plan, nu. Ovaires en fleuraison oblongs, obcomprimés, glabres, lisses (les intérieurs quelquefois hérissés de papilles cylindriques), un peu amincis au sommet en un col court et gros, peu distinct, privé d'aigrette. Fruits mûrs très-longs, cylindracés, amincis de la base au sommet, plus ou moins arqués, ayant l'aréole basilaire très-large et très-adhérente au clinanthe ; les extérieurs étalés, presque entièrement enveloppés par les squames du péricline, qui se sont prodigieusement alongées comme eux après la fécondation , et qui deviennent presque ligneuses. Corolles entièrement glabres.

On connoît deux espèces de ce genre : 1.° le *Rhagadiolus stellatus*, dont la calathide est composée d'environ onze fleurs, dont le péricline est formé de huit squames carénées sur le dos, et garnies sur la carène de gros poils coniques, charnus, enfin, dont les ovaires intérieurs sont lisses et sans papilles, comme les extérieurs ; 2.° le *Rhagadiolus edulis*, dont la calathide est composée de six à neuf fleurs, dont le péricline est formé de cinq ou six squames dénuées de poils, et dont les fruits intérieurs sont tout hérissés de poils et arqués en dedans, tandis que les extérieurs sont glabres et étalés horizontalement.

Les botanistes attribuent encore au genre *Rhagadiolus* une

troisième espèce, qui est le *Kalpinia* de Pallas; mais cette plante mérite, selon nous, d'être considérée comme un genre, ou au moins comme un sous-genre distinct. (Voyez notre article Kœlpinie, tom. XXIV, pag. 482.)

L'ovaire ou le fruit des *Rhagadiolus* est particulièrement remarquable en ce que son aréole basilaire est très-large, orbiculaire, absolument continue par toute sa surface avec le clinanthe. Après la fleuraison, l'ovaire ne grossit presque pas, mais il s'alonge prodigieusement et s'arque souvent en dedans; il contient une graine très-longue, très-étroite, cylindracée, amincie de bas en haut, qui n'occupe que la partie inférieure de sa cavité, en sorte que la partie supérieure, restant vide, doit être considérée comme un col. (H. Cass.)

RHAGADIOLOÏDES. (*Bot.*) Vaillant nommoit ainsi le genre *Hedyphois*, de Tournefort, dans la famille des chicoracées, que Linnæus a réuni à l'*Hyoseris*, et que nous avons cru devoir rétablir. Il est également adopté par M. Cassini. (J.)

RHAGIE, *Rhagium.* (*Entom.*) Genre d'insectes coléoptères tétramérés, à antennes longues, en soie, non portées sur un bec, de la famille des lignivores ou xylophages, caractérisé par le peu de longueur relative des antennes, qui atteignent au plus la moitié du corps, et qui sont insérées entre les yeux et très-rapprochées à leur base; par la forme de la tête, qui est large, mais qui se rétrécit en arrière où elle forme une sorte de col; par la forme du corselet, qui est comme étranglé, chiffonné, et qui porte une épine ou un tubercule de chaque côté; par les élytres, qui sont rétrécis à la pointe ou à l'extrémité libre.

Ces divers caractères distinguent facilement les espèces de ce genre d'avec toutes celles qui peuvent être rapportées à la même famille des xylophages, comme le lecteur pourra s'en assurer en comparant les huit figures de la planche 18 de l'atlas de ce Dictionnaire, et en consultant le tableau analytique qui sera inséré à l'article de cette famille. En effet, les élytres ne sont véritablement bien rétrécis à la pointe que dans les seuls genres Lepture et Rhagie, et dans le premier de ces deux genres le corselet n'est pas garni d'épines sur ses côtés. Dans tous les autres, les élytres sont peu rétrécis à la pointe, et

dans les saperdes, les callidies et les molorques, il n'y a point
d'épines au corselet ; d'ailleurs, dans les deux derniers le corselet est globuleux ou presque aussi large que long, et dans
les saperdes il est cylindrique et alongé, et dans les priones,
les capricornes et les lamies, le corselet étant épineux, les
élytres sont à peu près de même largeur dans toute leur étendue, et les antennes sont autrement insérées sur la tête.

Le nom de Rhagie a été imaginé par Fabricius ; il est probable qu'emprunté du grec ῥήγιον, qui signifie *rupture*, l'auteur aura voulu indiquer l'espèce de brisure que présente le
corselet. Malheureusement cette dénomination avoit trop de
rapport avec les noms de Rhingie et de Rhagion, qui ont été
donnés à deux genres de diptères ; d'ailleurs Geoffroy avoit,
avant Fabricius, rangé la plupart de ces insectes dans le genre
qu'il avoit appelé Stencore, *Stenocorus*, voulant indiquer par
là le rétrécissement de l'extrémité libre de l'élytre : le mot
ςενοχωρος, signifiant resserré, *angustatus*, *coarctatus*, rendu
étroit. Olivier et M. Latreille ont supprimé le nom de Rhagie pour adopter celui de Stencore ; cependant ils n'ont admis
dans ce genre que les espèces de rhagie de Fabricius.

Les mœurs des rhagies paroissent être à peu près semblables
à celles des lignivores. Sous la forme de larves, ils se creusent
des galeries sous les écorces des arbres, et ils s'y métamorpho-
sent à peu près comme les Callidies (voyez tom. VI, p. 249).
Sous la forme d'insectes parfaits, les rhagies ont un port et
une démarche tout-à-fait singuliers ; au moindre bruit, au
plus petit mouvement qui s'opère auprès d'eux, ils s'arrêtent
subitement, les antennes portées parallèlement en avant comme
les Donacies : ils restent ainsi tout-à-fait immobiles, tant qu'ils
craignent le danger, probablement pour se soustraire ainsi
au bec des oiseaux, et surtout des pics, qui les recherchent
sous les deux périodes de leur existence. Leurs pattes sont
munies, sous les tarses, de pelottes veloutées et de crochets
acérés, qui les font adhérer fortement aux écorces ou aux
feuilles sur lesquelles ils s'attachent.

Les principales espèces de ce genre sont les suivantes :

1. Rhagie mordant, *Rhagium mordax*. C'est celui que nous
avons fait représenter sur la pl. 18 de l'atlas de ce Dictionnaire,
n.° 1.

Car. Gris-foncé, tacheté de jaune velouté, offrant quelques bandes transversales sur les élytres.

On le trouve dans les bois, principalement sur les souches des chênes qu'on réserve pour obtenir des balivaux.

2. Rhagie inquisiteur, *Rh. inquisitor.* C'est le stencore noir, velouté de jaune, de Geoffroy.

Car. Il est noir, à taches grises ou jaunâtres, formées par des poils rapprochés et comme veloutés.

3. Rhagie a deux bandes, *Rh. bifasciatum.* Il est probable que c'est l'espèce que Geoffroy a décrite comme le stencore lisse à bandes jaunes.

Car. Noir, à duvet gris ; élytres noirs, luisans, à deux grandes taches jaunes, dont une grande à la base, l'autre à la pointe.

Il se trouve, ainsi que les deux précédens, dans les bois des environs de Paris.

4. Rhagie du saule, *Rh. salicis.*

Car. D'un rouge fauve ; à élytres concolores ou noirs.

Le mâle diffère de la femelle parce qu'il a les élytres noirs.

On trouve ces insectes sur les vieux maronniers d'Inde cariés, sur l'orme et sur les saules. (C. D.)

RHAGION, *Rhagio.* (*Entom.*) Nom d'un genre d'insectes à deux ailes, à antennes sans poil latéral, à bouche formée d'une trompe rétractile, reçue dans une cavité du front ; par conséquent de la famille des aplocères ou simplicicornes.

Ce nom de *Rhagio* est indiqué par Fabricius dans sa Philosophie entomologique comme ayant une étymologie grecque, mais obscure, le mot ῥάγιον signifiant en effet un *petit grain de raisin, parvus acinus.*

Quoique le nom soit mal trouvé, le genre est bien établi, et peut être ainsi caractérisé :

Antennes courtes de trois articles arrondis, le dernier portant un poil terminal simple ; tête de la largeur du corselet, qui est un peu convexe ; abdomen alongé, glabre, conique ; ailes longues, écartées ; à ailerons courts ; balanciers longs ; pattes longues.

A l'aide de ces caractères, comme on peut s'en assurer en consultant l'article Aplocères, dans le Supplément du tome II de ce Dictionnaire, page 101, où le genre Rhagion est indi-

45. 20

qué sous le nom de *leptis*, par une raison que nous ferons connoître plus bas.

Parmi les aplocéres, un grand nombre de genres n'ont pas de soie isolée aux antennes; tels sont en particulier les *Stratyomes* ou mouches armées, les *Némotèles* et les *Siques*, dont l'abdomen est aplati; les *Mydas* et les *Céries*, dont le ventre est alongé-arrondi. Parmi les genres qui ont un poil terminal, les *Hypoléons*, les *Anthrax* et les *Ocgodes* ont l'abdomen obtus, tandis qu'il est conique dans les *Bibions*, qui l'ont en même temps velu, et qu'il est sans poils dans les *Rhagions* ou *Leptis*.

Fabricius, dans son Système des Antliates, publié en 1805, a changé le nom de Rhagion en LEPTIS (voyez ce mot). voulant éviter la confusion qui pourroit naître des deux noms de genres *Rhagium* et *Rhagio*. Comme il n'y a pas en françois le même inconvénient à cause de la terminaison, nous conservons le nom de Rhagion, quoique MM. Latreille et Cuvier aient adopté celui de *Leptis*, dont le genre féminin a exigé le changement de terminaison des espèces du genre Rhagion, qui étoit masculine.

Les espéces, rapprochées par les caractères que nous venons d'indiquer, ont entre elles beaucoup d'analogie pour les formes; mais les habitudes de la plupart ne sont pas connues. On a étudié les mœurs de quelques-unes, et il est présumable qu'elles sont semblables chez les autres.

Nous avons fait représenter, sous le n.° 1 de la planche 48, des insectes que renferme l'atlas de ce Dictionnaire, l'espèce suivante, qui est

1. Le RHAGION BÉCASSE, *Rhagio scolopaceus*. C'étoit une némotèle de Degéer. Réaumur l'a indiqué dans le tome 4 de ses Mémoires, et l'a représenté pl. 10, fig. 5 et 6.

Car. Cendré, abdomen jaunàtre, avec trois lignes ou bandes de points noirs; pattes jaunes; ailes tachetées de brun avec une grande tache à l'extrémité.

La larve de cette espèce vit et se développe dans la terre.

2. RHAGION VANNEAU, *Rh. tringarius*.

Car. Cendré, abdomen à trois lignes de points noirs; ailes sans taches.

C'est peut-être une variété de sexe de l'espèce précédente.

3. RHAGION VER-LION, *Rh. vermi-leo.*

Car. Cendré, abdomen à trois lignes de points noirs; corselet tacheté.

Réaumur en a fait connoître l'histoire dans les Mémoires de l'Académie des sciences. de Paris, pour l'année 1763, pag. 402, et l'y a fait figurer sur la pl. 17.

Car. Corselet jaunâtre avec deux lignes latérales noires; abdomen à trois lignes de points noirs; ailes transparentes; pattes de devant jaunes; les autres brunes et plus longues.

Cette espèce est de moitié plus petite que la bécasse; elle provient d'une larve apode qui creuse dans le sable des sortes d'entonnoirs ou de fosses, comme celle du fourmilion : elle suce les insectes qui y tombent. Elle se meut avec facilité, en se débandant comme la mouche du fromage. (C. D.)

RHAGIONIDES. (*Entom.*) M. Latreille avoit ainsi nommé la tribu des insectes qui comprenoit le genre Rhagion; il a depuis indiqué d'autres genres, comme appartenant à cette tribu, qu'il a nommée Leptides; il n'y rapporte plus les genres Thérève et Anthrax, mais ceux des Leptis, Athérix et Clinocère. (C. D.)

RHAGODIA. (*Bot.*) Genre de plantes dicotylédones, à fleurs incomplètes, polygames, de la famille des *atriplicées*, de la *polygamie monoécie* de Linnæus, offrant pour caractère essentiel : Des fleurs polygames; un calice à cinq divisions; point de corolle; cinq étamines, quelquefois moins; un style bifide; une baie formée par le calice; une semence comprimée.

Ce genre, d'après les observations de M. Rob. Brown, ne diffère des *Chenopodium* (Ansérine) que par ses fleurs polygames, par son calice, qui devient charnu à mesure que les semences mûrissent. C'est séparer, d'après de bien foibles caractères, des espèces de leur genre naturel, qui auroient pu y être rattachées par une simple subdivision. Il faut y rapporter le *Chenopodium baccatum* de M. de Labillardière, avec raison, plus sévère pour la formation de nouveaux genres.

RHAGODIA DE LABILLARDIÈRE : *Rhagodia Billardieri*, Rob. Brown, *Nov. Holl.*, 1, page 408; *Chenopodium baccatum*, Labill., *Nov. Holl.*, 1, p. 71, tab. 96. Arbrisseau de quatre à cinq pieds et plus, dont les rameaux sont striés; les feuilles alternes, pétiolées, entières, lancéolées, pulvérulentes, glauques en dessous, sans nervures apparentes. Les fleurs sont polygames; les hermaphrodites ramassées par paquets avec des fleurs mâles ou femelles, formant par leur réunion des grappes terminales, ramifiées, presque dépourvues de feuilles. Le calice est à cinq découpures ovales; les filamens sont des étamines élargis, subulés, barbus vers leur base, insérés au fond du calice, opposés à ses divisions; les anthères à deux loges, à deux lobes, un peu globuleuses; l'ovaire est libre, presque orbiculaire; le style à deux, rarement à trois divisions. Le fruit est une baie un peu comprimée, pulpeuse, orbiculaire, à une loge, à moitié entourée par le calice, renfermant une semence lenticulaire, luisante et noirâtre. Cette plante croît au cap Van-Diémen.

RHAGODIA A FEUILLES GRASSES; *Rhagodia crassifolia*, Rob. Brown, *loc. cit.* Arbrisseau à tige droite, dont les rameaux sont dépourvus d'épines, garnis de feuilles entières, charnues, ovales ou oblongues, linéaires, convexes en dessous, pulvérulentes. Les fleurs sont disposées en épis rameux dans le *Rhagodia linifolia*, Rob. Brown. Les tiges sont tombantes, à peine ligneuses; les feuilles planes, linéaires, lancéolées, très-entières. Les fleurs ne renferment qu'une ou deux étamines. Le *Rhagodia hastata*, Rob. Brown, a une tige droite, peu ligneuse; les rameaux étalés, les feuilles presque opposées, rhomboïdales, presque en fer de pique, glabres, entières; les épis terminaux, point acompagnés de feuilles.

RHAGODIA PARABOLIQUE; *Rhagodia parabolica*, Rob. Brown, *loc. cit.* Arbrisseau dont la tige est droite, divisée en rameaux non épineux, garnis de feuilles triangulaires, obtuses, pulvérulentes. Les fleurs disposées en un épi rameux. Le *Rhagodia spinescens*, Rob. Brown, est un arbrisseau à tige droite, pourvue de rameaux épineux, garnis de feuilles alternes ou opposées, hastées, rhomboïdales, très-entières, blanchâtres et pulvérulentes à leurs deux faces. Les fleurs sont disposées en épis non ramifiés. Dans le *Rhagodia nutans*, Rob. Brown, la tige est herbacée, couchée; les rameaux sont fertiles, ascendans, inclinés à leur sommet; les feuilles opposées, hastées, lancéolées, aiguës. Ces **plantes croissent à la Nouvelle-Hollande. (POIR.)**

RHAGROSTIS. (*Bot.*) Nom donné par Buxbaum au *corispermum squarrosum* de Linnæus. (J.)

RHAMNÉES. (*Bot.*) Cette famille de plantes, qui tire son nom du nerprun, *rhamnus*, un de ses genres, et que l'on pourroit aussi nommer les nerprunées, avoit été primitivement indiquée par Bernard de Jussieu dans son Catalogue du jardin de Trianon. Nous l'avons retracée dans le *Genera plantarum* en la divisant en deux sections principales, caractérisées par les étamines, alternes avec les pétales dans la première, opposées à ces pétales dans la seconde. M. R. Brown, adoptant ces divisions, trouva le caractère énoncé suffisant pour former deux familles distinctes, mais toujours voisines, et laissant à la dernière le nom de rhamnées, il donne à l'autre celui de célastrinées. Cette séparation a été suivie par M. De Candolle, qui a complété le travail dans le second volume de son *Prodromus*, en donnant le caractère détaillé des deux familles et de tous les genres et espèces qui leur appartiennent. Comme, dans les principes de l'ordre naturel, il est à peu près indifférent que deux groupes de plantes, liés ensemble par une masse de caractères, forment deux sections dans une même famille, ou deux familles voisines, nous n'hésitons pas à adopter ces nouvelles dispositions, en observant néanmoins que, comme la famille des célastrinées, trop récente, n'a pu être mentionnée à sa lettre alphabétique dans les premiers volumes de ce Dictionnaire, nous sommes forcés de la rappeler ici pour rendre ce recueil plus complet. Ainsi nous reproduirons ici la famille des rhamnées, comme composée encore des deux sections, en ajoutant à chacune les genres nouveaux, et retranchant ceux qui, mis d'abord à la suite, ne doivent plus en être rapprochés.

Les rhamnées avoient été placées à la fin de la classe des péripétalées ou dicotylédones polypétales à étamines insérées au calice, pour servir de transition à la classe des diclines, commençant par les euphorbiacées, avec lesquelles cette famille a plusieurs points de contact. Son caractère général est formé de la réunion des suivans :

Un calice d'une seule pièce, ordinairement à cinq divisions, quelquefois à quatre ou à six. Pétales en nombre égal (rarement nuls), insérés au calice ou autour d'un disque calicinal, à onglet tantôt élargi, tantôt rétréci. Étamines en nombre égal aux pétales, insérées au calice ou sous son disque, alternes avec les pétales à base élargie, opposées à ceux qui ont un onglet rétréci ; filets distincts ; anthères arrondies, biloculaires ; ovaire simple, libre, ou adhérent au calice en tout ou plus souvent en partie ; style simple ou multiple, ainsi que le stigmate, ou presque nul. Fruit à plusieurs loges mono- ou polyspermes, dans plusieurs genres capsulaire, et s'ouvrant en plusieurs valves munies d'une cloison dans leur milieu ; dans d'autres charnu, contenant plusieurs graines ou coques osseuses monospermes, attachées au bas des loges. Graines contenant un embryon dicotylédone, droit, à lobes planes et à radicule descendante, entouré d'un périsperme charnu.

Gærtner, et par suite d'autres, n'admettent pas de périsperme dans le *Staphylea*, le *Ziziphus*, le *Paliurus* et le *Ceanothus* : ce qui sembleroit établir une grande différence entre des genres très-voisins et diminueroit beaucoup l'importance du périsperme ; mais après un nouvel examen nous avons reconnu l'existence d'un périsperme mince, à la vérité, dans le *Ziziphus*, le *Paliurus* et le *Ceanothus*, beaucoup plus gros, mais de la même couleur que l'embryon dans le *Staphylea*.

Les plantes de la famille des rhamnées sont des arbres ou des arbrisseaux. Les feuilles sont opposées ou plus souvent alternes, simples ou rarement composées, accompagnées souvent de stipules. La disposition des fleurs n'est pas uniforme. Dans quelques-unes l'un des organes sexuels avorte.

Nous avons dit que cette famille étoit séparée en deux grandes sections, changées en famille dans les ouvrages modernes.

La première, qui constitue la famille des célastrinées de MM. Brown et De Candolle, est caractérisée par une préfloraison imbriquée du calice, des pétales à large onglet alternes avec les étamines, un ovaire toujours libre, contenant dans ses loges un ou plusieurs ovules. Nous la divisions en deux sous-sections.

Dans l'une étoient placés les genres à fruit capsulaire : *Staphylea* ; *Turpinia* de Ventenat ou *Dalrympelea* de Roxburg ; *Evonymus* ; *Polycardia* ; *Celastrus* ; *Maytenus* de Molina, qui en diffère peu , ainsi que le *Catha* de Forskal, le *Hænkea* de Ruiz et Pavon, et peut-être l'*Alzatea* des mêmes et le *Mappia* de Jacquin.

Une autre sous-section réunit les genres à fruit charnu : *Ptelidium* de M. Du Petit-Thouars ; *Curtisia* de M. Aiton ; *Myginda* ; *Hartogia* de Thunberg ; *Perrotetia* de M. Kunth ; *Elæodendrum* de Jacquin , ou *Rubentia* de Commerson , dont le *Portenschlagia* de Trattenik est congénère ; *Tralliana* de Loureiro ; *Nemopanthes* de M. Rafinesque ; *Cassine* ; *Ilex* et ses congénères ; *Paltoria* de la Flore du Pérou, et *Macoucoua* d'Aublet ; *Prinos*. M. De Candolle y ajoute le *Skimmia* de Thunberg et le *Lepta* de Loureiro ; mais il en retranche le *Schæfferia* de Jacquin et le *Goupia* d'Aublet, qu'il reporte à la section suivante, quoique, suivant ces auteurs, ils aient les étamines alternes avec les pétales.

La seconde section , qui renferme les vraies rhamnées de MM. Brown et De Candolle, présente pour caractères distinctifs un calice à préfloraison valvaire ; des pétales à onglet rétréci, opposés aux étamines ; un ovaire tantôt libre, tantôt adhérent au calice en tout ou en partie, contenant dans chaque loge un seul ovule. On peut également établir ici deux sous-sections.

Celle des fruits renflés en baie ou en drupe contient les genres *Rhamnus* ; *Ziziphus*, dont le *Condalia* de Cavanilles et le *Berchemia* de Necker diffèrent peu ; *Paliurus* et son congénère *Aubletia* de Loureiro ; *Ventilago* de Gærtner, dont le fruit, coriace, indéhiscent, monosperme par avortement, équivaut à un drupe. Nous ajoutons ici le *Samara*, omis par M. De Candolle ; le *Mayepea*, qu'il reporte avec M. Brown aux Oléinées ou Jasminées, quoique, suivant Aublet, il ait quatre étamines alternes avec les pétales ; l'*Opilia* de Roxburg, qu'il reporte aux Ardisiacées, auxquelles il appartient cependant, si son embryon est transversal dans le périsperme ; l'*Olinia* de Thunberg, qu'il laisse avec doute à la suite des rhamnées, et peut-être le *Carpodetus* de Forster. qui, cependant, suivant la description manuscrite de l'auteur, a un réceptacle central qui s'élève au milieu des loges du fruit.

Dans la seconde sous-section viennent les genres à fruit capsulaire, *Colletia* ; *Ceanothus* ; *Pomaderis* de M. Labillardière; *Hovenia* de Thunberg; *Phylica*; *Cryptandra* de Swartz.

Nous supprimons ici d'autres genres que nous avions placés avec doute à la suite des Rhamnées, comme ayant avec elles quelque affinité, mais qui sont trop peu connus ou appartiennent à d'autres familles. (J.)

RHAMNOIDES. (*Bot.*) Tournefort nommoit ainsi l'arbrisseau que Columna croyoit être le *hippophaes* de Dioscoride, et que Matthiole et d'autres anciens prenoient pour un nerprun, *rhamnus*. Linnæus, reconnoissant, comme Tournefort, que c'étoit un genre distinct, et n'adoptant pas les finales de genre en *oides*, l'a conservé sous le nom de Dioscoride. Comme on lui attribuoit un ovaire adhérent au calice, il avoit d'abord été associé à l'*osyris* et à ses congénères. Mais la connoissance de son ovaire libre l'a fait placer avec l'*elæagnus* dans une famille distincte, à laquelle ce dernier donne son nom. (J.)

RHAMNUS. (*Bot.*) Nom latin du genre Nerprun. (L. D.)

RHAMPHASTOS. (*Ornith.*) Nom latin, tiré du grec, donné par Linné aux oiseaux du genre Toucan. (Desm.)

RHAMPHE. (*Entom.*) Voyez Ramphe. (C. D.)

RHANGIUM. (*Bot.*) Voyez Forsythia. (Lem.)

RHANTERIUM. (*Bot.*) Ce genre de plantes, établi en 1798, par M. Desfontaines, dans sa Flore atlantique, appartient à l'ordre des Synanthérées, à notre tribu naturelle des Inulées, et à la section des Inulées-Prototypes, dans laquelle nous l'avons placé entre les deux genres *Iphiona* et *Cylindrocline*. (Voyez notre tableau des Inulées, tom. XXIII, pag. 565.)

M. Desfontaines ayant bien voulu nous permettre d'analyser deux calathides de *Rhanterium*, prises sur un échantillon de son herbier, nous pouvons décrire ici les caractères de ce genre, d'après nos propres observations.

Calathide radiée : disque pluriflore, régulariflore, androgyniflore; couronne unisériée, liguliflore, féminiflore. Péricline ovoïde, à peu près égal aux fleurs du disque; formé de squames régulièrement imbriquées, appliquées, lancéolées, coriaces, surmontées d'un appendice étalé, arqué en dehors, subulé, subtriquetre, corné, spinescent; les squames intérieures enveloppant les ovaires extérieurs. Clinanthe plan, muni de squamelles inférieures aux fleurs, demi-embrassantes, linéaires-lancéolées, membraneuses sur les bords. *Fleurs du disque* : Ovaire oblong, subpentagone, glabre, muni d'un petit bourrelet basilaire ; aigrette composée de cinq squamellules égales, unisériées, distancées, persistantes, continues à l'ovaire, filiformes, nues inférieurement, garnies supérieurement de deux rangées latérales de barbelles immédiatement contiguës, presque entregreffées, offrant l'apparence de deux bordures membraneuses. Corolle très-glabre, à cinq divisions très-aiguës. Anthères munies d'appendices apicilaires très-aigus et d'appendices basilaires membraneux. Stigmatophores d'inulée-prototype, un peu aigus au sommet. *Fleurs de la couronne* : Ovaire entièrement ou presque entièrement enveloppé par une squame intérieure du péricline, qui se moule sur lui ; aigrette nulle, presque nulle, rudimentaire, ou réduite à une seule squamellule située sur la face intérieure. Corolle à languette oblongue, un peu élargie de bas en haut, terminée par trois grandes dents aiguës.

On ne connoît qu'une seule espèce de ce genre.

Le *Rhanterium suaveolens*, Desf., a une tige ligneuse, droite, rameuse, et des feuilles alternes, lancéolées, dentées ; ses derniers rameaux sont cylindriques, cotonneux, blanchâtres, grêles, roides, un peu tortueux, très-divergens, munis de petites feuilles alternes, sessiles, lancéolées, très-pointues et un peu recourbées au sommet, un peu concaves, épaisses, coriaces, roides, très-entières sur les bords, glabres en dessus, pubescentes en dessous ; les calathides, composées de fleurs jaunes, sont petites, terminales, solitaires ; leur péricline est très-glabre, lisse, presque luisant. Cette plante a été découverte par M. Desfontaines, en Barbarie, sur les sables maritimes du pays de Tunis.

M. Jaume Saint-Hilaire, dans son Exposition des familles naturelles (tom. 1, pag. 420), place le *Rhanterium* avec l'*Iva*, le *Clibadium*, le *Parthenium*, dans une section comprenant, selon lui, les Corymbifères anomales, à anthères non réunies, mais seulement rapprochées, et à calice monoïque. Il seroit superflu de réfuter des erreurs aussi palpables. Le *Rhanterium* est évidemment une inulée-prototype, voisine des *Iphiona*, *Pentanema*, etc. Nous avons remarqué que la corolle des fleurs femelles étoit quelquefois biligulée, ayant une languette intérieure, étroite, linéaire. Cette observation est précieuse, en ce qu'elle peut fournir un argument à l'appui de nos conjectures sur le *Denekia* de Thunberg, que nous n'avons point vu, et que nous avons rangé avec doute parmi les inulées-prototypes, auprès des *Columellea*, *Pentanema*, *Iphiona*, etc. Les fleurs les plus extérieures du disque, qui se trouvent interposées entre celles de la couronne, ont, comme celles-ci, l'ovaire enveloppé et l'aigrette avortée. L'avortement de l'aigrette résulte de ce qu'elle n'a pas pu se développer sous la squame qui l'enveloppe. (H. Cass.)

RHANTHIER. (*Mamm.*) L'un des noms que le renne a reçus chez les peuples du Nord de l'Europe. (Desm.)

RHAOU. (*Bot.*) Nom caraïbe du *laurus borbonia*, cité par Surian. (J.)

RHAPEION. (*Bot.*) Voyez Léontopétalon. (J.)

RHAPHIOLEPIS. (*Bot.*) Genre de plantes dicotylédones, à fleurs complètes, polypétalées, de la famille des *rosacées*, de l'*icosandrie digynie* de Linnæus, offrant pour caractère essentiel : Un calice inférieur, surmonté d'un limbe caduc, infundibuliforme ; une corolle à cinq pétales, des étamines nombreuses, insérées sur le calice ; les filamens filiformes ; un ovaire inférieur, à deux loges ; deux styles. Le fruit est une baie à deux loges, fermée par le disque épaissi, couvert d'une écorce cartilagineuse ; deux semences en bosse, couvertes d'un test coriace, très-épais.

Rhaphiolepis des Indes : *Rhaphiolepis indica*, Lindl., *Trans. linn.*, 13, page 105 ; *Cratægus indica*, Linn., *Spec.* Grand arbre des Indes orientales, dont les rameaux sont glabres, cylindriques, dépourvus d'épines, garnis de feuilles presque opposées, pétiolées, élargies, lancéolées ou ovales, aiguës, glabres à leurs deux faces, foiblement dentées en scie. Les fleurs sont disposées en corymbes à l'extrémité des rameaux ; les pédoncules écailleux ; les bractées subulées ; le calice est un peu coloré ; la corolle blanche ; les pétales sont ovales, obtus.

Rhaphiolepis a fruits rouges : *Rhaphiolepis rubra*, Lindl., *loc. cit.; Cratægus rubra*, Lour., *Fl. Coch.*, 1, page 391 ; *Mespilus sinensis*, Poir., Enc., Supp. Cette espèce a le port d'un grand arbre dépourvu d'épines, chargé de rameaux étalés, garnis de feuilles alternes, réunies par paquets à l'extrémité des rameaux, glabres, ovales, crénelées, rétrécies à leur base, presque en forme de coin. Les fleurs sont disposées, vers le sommet des rameaux, en grappes courtes, médiocrement ramifiées ; leur calice est rougeâtre, pileux, campaniforme, à cinq divisions alongées, subulées, étalées, caduques ; environ vingt filamens inégaux, sont insérés sur le calice, plus courts que la corolle ; les anthères arrondies ; deux styles filiformes, de la longueur des étamines ; les stigmates un peu épais. Le fruit est une baie rouge, arrondie, à deux loges, bonne à manger. Les semences sont ovales. Cette plante croît en Chine, aux environs de Canton. (Poir.)

RHAPHIUS. (*Mamm.*) Voyez Raphius. (Desm.)

RHAPIS. (*Bot.*) Ce genre de palmier, fait par Linnæus fils et adopté par l'Héritier, contient deux espèces, dont l'une est reportée au *sabal* d'Adanson, l'autre au *chamærops* ; une troisième espèce, *rhapis arundinum* d'Aiton, remarquable par ses feuilles simplement bilobées, suivant la description, est reportée par M. Poiret au *corypha*, mais elle est conservée par M. Steudel. Un examen de la plante et de ses vrais caractères décidera la question. Voyez Coryphe. (J.)

RHAPONTIC, *Rhaponticum*. (*Bot.*) Genre de plantes dicotylédones, à fleurs complètes, de la famille des *composées flosculeuses*, de la *syngénésie polygamie égale* de Linnæus, offrant pour caractère essentiel : Un involucre très-grand, composé d'écailles scarieuses, imbriquées, arrondies au sommet, sans épines ; des fleurons tous hermaphrodites, égaux ; cinq étamines syngénèses ; les semences couronnées par une aigrette à poils simples, inégaux ; les paillettes du réceptacle divisées en lanières capillaires.

Ce genre, rangé d'abord parmi les Centaurées par Linnæus, sous le nom de *Centaurea rhapontica*, avoit été ensuite placé parmi les *Serratula*, dont, en effet, il est très-voisin par ses fleurons tous hermaphrodites, par le caractère de ses aigrettes ; mais dont il diffère par son involucre, par les paillettes du réceptacle, divisées en filets capillaires : considérations qui ont déterminé M. De Candolle à conserver le genre *Rhaponticum*, établi par Vaillant, conservé par MM. de Jussieu et de Lamarck.

Rhapontic scarieux : *Rhaponticum scariosum*, Dec., Ann.

Mus., 16, page 188; *Centaurea rhapontica*, Linn., *Spec.*; *Serratula rhapontica*, Dec., Fl. fr., vol. 4. page 87 ; Lobel, *Icon.*, 288, fig. 1; Daléch., Hist., 1700. Belle espèce, dont la racine est épaisse, aromatique, presque fusiforme, munie de quelques fibres simples, alongées. Sa tige est droite, presque simple, haute d'environ deux pieds, garnie de feuilles alternes, amples, pétiolées, alongées, un peu en cœur à la base, médiocrement dentées, chargées en dessous d'un duvet blanc, cotonneux ; les feuilles supérieures moins pétiolées, alongées, plus étroites. La tige se termine par une grande fleur solitaire ; les folioles de l'involucre sont arrondies au sommet, scarieuses ou desséchées, déchirées en leurs bords; la corolle est purpurine; tous les fleurons égaux, hermaphrodites ; les semences alongées, surmontées d'une aigrette sessile, à poils roides, simples, jaunâtres, inégaux ; l'ombilic des semences non latéral, comme dans les centaurées, mais placé immédiatement sous la graine. Cette plante croit dans les Alpes, en Provence, dans le Dauphiné, etc.

Bellardi en distingue une variété dont les feuilles radicales sont en lyre ; celles des tiges pinnatifides. Haller rapporte encore à la même plante, comme variété à feuilles plus étroites, le *rhaponticum*, figuré par Lobel, *Icon.*, 288, fig. 5, et Daléch., Hist., 2, page 1701.

Rhapontic uniflore : *Rhaponticum uniflorum*, Dec., Ann. du Mus., vol. 16, page 188; *Cnicus uniflorus*, Linn., *Mant.*, 572 ; Gmel., *Sibir.*, 2, page 86, tab. 38, *benè*. Cette plante a l'aspect d'une centaurée. Sa tige est droite, haute d'environ deux pieds, légèrement anguleuse, de la grosseur du petit doigt, un peu lanugineuse, garnie de feuilles alternes, sessiles, pinnatifides, un peu blanchâtres, à découpures alternes; les feuilles supérieures sont beaucoup plus petites, trèsentières; les radicales fort grandes, pétiolées, laciniées, à lobes lancéolés, dentés en scie. Il n'existe qu'une seule fleur, située à l'extrémité des tiges. Le calice est grand, globuleux, composé d'écailles imbriquées, scarieuses, lâches, ovales, velues, de couleur grisâtre; la corolle est grande, violette, uniquement formée de fleurons tous hermaphrodites, divisés au sommet en six découpures linéaires, aiguës; les étamines sont blanches, plus longues que la corolle; le style filiforme est violet, plus long que les étamines; les semences sont surmontées d'une aigrette sessile, plumeuse; le réceptacle est garni de paillettes partagées en filets sétacés. Cette plante croît dans la Sibérie. (Poir.)

RHAPONTICA. (*Bot.*) Nom de la jusquiame chez les anciens. (Lem.)

RHAPONTICOÏDES. (*Bot.*) Vaillant faisoit sous ce nom un genre des centaurées dont les écailles du périanthe ou péricline sont entières et simplement obtuses, et il nommoit *rhaponticum*, celles dont les écailles sont arides et scarieuses. Les unes et les autres sont maintenant réunies sous le nom de *centaurea*. (J.)

RHAPONTICUM. (*Bot.*) Prosper Alpin cite sous ce nom le rhapontic, espèce de rhubarbe, *rheum rhaponticum* de Linnæus. Un autre *rhaponticum* est celui de Vaillant, donné à des centaurées. Voyez Rhapontic et Rhaponticoïdes. (J.)

RHAPONTIQUE DES ALPES. (*Bot.*) C'est la patience des Alpes. (L. D.)

RHAPTOSTYLE, *Rhaptostylum*. (*Bot.*) Genre de plantes dicotylédones, à fleurs complètes, polypétalées, de la famille des *rhamnées*, de la *décandrie trigynie* de Linnæus, offrant pour caractère essentiel : Un calice à cinq divisions; cinq pétales; dix étamines insérées sur le réceptacle; les filamens dilatés, subulés, adhérens par la base, entre eux et les pétales; cinq plus courts opposés aux pétales; les anthères à deux loges, s'ouvrant dans leur longueur; un ovaire supérieur, à trois loges; dans chaque loge un ovule pendant : un stigmate sessile, à trois lobes. Le fruit n'a point été observé.

Rhaptostyle acuminé : *Rhaptostylum acuminatum*, Humb. et Bonpl., *Plant. æquin.*, 2, page 139, tab. 125; Poir., *Ill. gen.*, tab. 957; Kunth *in* Humb., 7, page 78. Arbrisseau d'environ douze pieds, chargé de rameaux alternes, pendans, flexibles, striés, d'un brun grisâtre, garnis de feuilles alternes, médiocrement pétiolées, ovales, oblongues, aiguës, luisantes, très-entières, glabres à leurs deux faces, longues de quatre à cinq pouces, larges d'un pouce et demi. Les fleurs sont fort petites, axillaires, réunies six à huit sur un pédoncule commun, en une grappe plus courte que les pétioles. Le calice est glabre, campanulé, à cinq divisions égales, alongées, aiguës; la corolle blanche, trois fois plus longue que le calice, à pétales étalés, elliptiques, obtus; les étamines sont plus courtes que la corolle: l'ovaire est grand, sessile, glabre, conique, à trois loges; point de style; le stigmate sessile, à trois lobes. Cette plante croit sur les montagnes de la Nouvelle-Grenade, proche la ville de Popayan. (Poir.)

RHAZUT, RUMIGI. (*Bot.*) Noms sous lesquels les Maures désignent l'*aristolochia Maurorum*, suivant Rauwolf. (J.)

RHEA. (*Bot.*) Il est dit dans le Voyage dans le Darfour, par Brown, que dans ce royaume de l'intérieur de l'Afrique on nomme *rhea*, une mousse qu'on y transporte de la Turquie européenne, et qu'on y mange ou qu'on emploie comme parfum. Elle nous est inconnue. (Lem.)

RHEA. (*Ornith.*) Nom, en latin moderne, du genre Touyou, qui est le *struthio rhea*, Linn., ou autruche d'Amérique, originairement confondu avec le *struthio camelus*, ou autruche de l'ancien continent. (Ch. D.)

RHEAS. (*Bot.*) Nom spécifique d'une espèce de pavot. (L. D.)

RHÉE. (*Bot.*) Un des noms de la rave, *brassia rapa*, cité dans le Dictionnaire économique. (J.)

RHÉE. (*Mamm.*) Désignation hollandoise du chevreuil mâle, dont la femelle porte dans le même idiome *le nom de zeeg* et le jeune celui de *rheetje*. (Desm.)

RHEEDIA. (*Bot.*) Voyez Cyboyer. (Poir.)

RHEIN-SCHWALBE. (*Ornith.*) Ce nom allemand désigne, suivant Aldrovande, l'hirondelle de rivage, *drepanis* ou *hirundo riparia*, Linn. (Ch. D.)

RHEINÉ. (*Bot.*) C'est au Sénégal le nom que les naturels donnent au *sesuvium*, dont ils emploient la cendre à la confection de l'indigo. (Lem.)

RHEN, RHENNE. (*Mamm.*) Quelques auteurs allemands et françois ont écrit de cette manière le nom du renne, espèce de cerf. (Desm.)

RHESUS. (*Mamm.*) Nom donné par Audebert à une espèce de singe du genre des Macaques. (Desm.)

RHÉTIZITE. (*Min.*) Werner a désigné sous ce nom, et en la considérant comme une espèce, une variété blanche de disthène, qui avoit été regardée jusque-là comme une variété de grammatite (trémolite) vitreuse. M. Breithaupt, dans la suite qu'il a faite au Traité de minéralogie de Hoffmann, a admis cette distinction; mais elle ne s'est pas soutenue plus long-temps : lui-même, dans sa Caractéristique du système de minéralogie, M. Léonhard, etc., ont réuni cette pierre avec le disthène. Cette variété se trouve à Pfirtsch en Tyrol, ou dans la Rhétie; de là son nom. Elle est engagée dans du quarz avec du mica. Voyez DISTHÈNE. (B.)

RHEUM. (*Bot.*) Voyez RHUBARBE. (POIR.)

RHEXIA. (*Bot.*) Voyez QUADRETTE. (POIR.)

RHIGUS. (*Entom.*) Nom d'un genre de coléoptères de la division des charansons, établi par les professeurs Dalman et Germar, et conservé par M. Schœnherr pour y réunir les espèces à antennes brisées en masse; à bec court, dilaté en dehors. Le nom est emprunté du grec ῥίγος, roideur. (C. D.)

RHINA, *Rhina.* (*Ichthyol.*) M. Schneider a fait de ce mot le nom d'un genre de poissons chondroptérygiens, appartenant à l'ordre des trématopnés et à la famille des plagiostomes.

Ce genre, formé aux dépens de celui des RAIES de Linnæus et de la plupart des autres ichthyologistes, est reconnoissable aux caractères suivans :

Squelette cartilagineux ; ni opercule, ni membrane aux branchies, qui s'ouvrent par des trous arrondis en dessous ; catopes distincts ; bouche large, située en travers sous le museau, qui est obtus, court, large et arrondi ; queue longue, très-grosse à la base, charnue et garnie de deux nageoires dorsales et d'une nageoire terminale bien distinctes ; dents serrées en quinconce comme de petits pavés plats.

Il est donc aisé de distinguer les RHINA des RHINOBATES, qui ont le museau pointu ; des RAIES, des MYLIOBATES, des CÉPHALOPTÈRES, qui ont la base de la queue étroite ; des TORPILLES, qui ont la queue courte ; des SQUATINES, des ROUSSETTES, des CARCHARIAS, des MARTEAUX, des MILANDRES, des GRISETS, des EMISSOLES, des CESTRACIONS, des AIGUILLATS, des HUMANTINS, des LEICHES, des PÉLERINS, des AODONS, qui ont les trous des branchies latéraux. (Voyez ces divers noms de genres et PLAGIOSTOMES.)

Le poisson qui fait le type de ce genre a été nommé par M. Schneider *Rhina ancyclostomus.*

On a aussi rapporté au même genre,

Le Rhina chinois, *Rhina sinensis*. Forme des dents non connue; corps un peu ovale; trois aiguillons derrière chaque œil;
plusieurs aiguillons sur le dos; deux rangées d'aiguillons sur
la queue; dessus du corps d'un brun jaunâtre; dessous d'un
rose blanchâtre; nageoire terminale de la queue bilobée.

Feu de Lacépède, le premier, d'après un dessin chinois,
a fait connoître aux naturalistes, sous le nom de *Raie chinoise*,
ce poisson que M. Cuvier regarde comme plus voisin des Torpilles. Sonnini a pensé qu'on pouvoit lui rapporter ce que
Gemelli Carreri et d'autres voyageurs ont raconté de ces
raies extrêmement grandes des mers du Japon, et dont les
peaux sont très-estimées dans le pays pour faire des fourreaux
de cimeterre. (H. C.)

RHINA. (*Entom.*) Nom latin du genre Rhine. (C. D.)

RHINACTINA. (*Bot.*) Genre de plante composée, fait par
Willdenow et réuni par M. Kunth au *Dumerilia* de M. De
Candolle, qui seroit peut-être mieux nommé *Merilia*. (J.)

RHINANTHÉES. (*Bot.*) Nous avons préféré ce nom pour
la famille de plantes qu'il désigne, à celui de pédiculaires,
qu'il portoit auparavant, parce qu'il exprime mieux un de
ses caractères les plus importans. Elle tire son nom du *Rhinanthus*, un de ses genres, et fait partie de la classe des
hypo-corollées ou dicotylédones à corolle monopétale, insérée sous le pistil.

Elle présente les caractères suivans : Un calice d'une seule
pièce, divisé à son limbe plus ou moins profondément; une
corolle monopétale, irrégulière, le plus souvent tubulée, à
limbe divisé souvent en deux lèvres, insérée sous le pistil;
étamines insérées au tube de la corolle, le plus souvent au
nombre de quatre, didynames, c'est-à-dire deux plus grandes
et deux plus petites, quelquefois réduites à deux ou s'élevant jusqu'à huit; un ovaire simple et libre, surmonté d'un
style, terminé par un ou deux stigmates; une capsule bivalve, à deux loges polyspermes, séparées par une cloison
transversale, attachée sur le milieu des deux valves, qui
s'ouvrent dans chaque loge en deux demi-valves; graines
portées sur des placentaires appliqués au fond des loges sur
chaque face de la cloison; embryon dicotylédone, presque

cylindrique, plus ou moins long, occupant le centre d'un périsperme charnu, et à radicule dirigée vers l'ombilic de la
graine.

Les tiges sont ordinairement herbacées; les feuilles alternes
ou opposées; les fleurs également opposées ou alternes, diversement disposées et accompagnées chacune d'une bractée.

Cette famille étoit d'abord divisée en trois sections. On en
a plus récemment détaché la troisième, qui constitue la famille des orobanchées. On a aussi retranché dans la première le *polygala*, qui est le type d'une autre famille très-
éloignée, placée parmi les hypo-pétalées. Les deux sections
qui restent, sont distinguées principalement par le nombre et
la proportion de leurs étamines.

On met dans la première les genres *Microcarpœa* de M.
R. Brown; *Veronica*; *Leptandra* de M. Nuttal, qui en a été
détaché; *Sibthorpia* et *Disandra* qui ont deux étamines ou
quatre à huit, mais non didynames, et dont le calice est
divisé profondément, ainsi que la corolle, dont les lobes
sont inégaux. Cette section pourra dans la suite faire partie
d'une famille distincte.

La seconde, qui comprend les vraies rhinanthées, présente
un calice plus tubulé, à limbe plus court, une corolle également plus tubulée, à limbe irrégulier, divisée souvent en
deux lèvres et quatre étamines didynames. Elle réunit les
genres *Ourisia*; *Erinus*; *Manulea*; *Castilleia*; *Bartsia*; *Eucroma*
de M. Nuttal; *Escobedia* de Ruiz et Pavon; *Mimulus*, dont
l'*Uvedalia* de M. Brown est très-voisin; *Lamourouria* de
M. Kunth; *Gymnandra* de Pallas ou *Lagotis* de Gærtner;
Euphrasia; *Buchnera*, auquel Swartz réunit le *Piripea* d'Aublet, *Centranthera* de M. Brown; *Pedicularis*; *Rhinanthus*;
Melampyrum; *Mazus* de Loureiro; *Lafuentea* de M. Lagasca.
M. De Candolle y ajoute le *Tozzia*, quoique sa capsule soit
uniloculaire, monosperme, peut-être par suite de l'avortement d'une seconde loge que M. Desvaux dit avoir observée
un seule fois dans un fruit non mûr.

Nous ne laisserons pas ignorer que M. Brown, dans son
Prodromus, a supprimé cette famille pour la réunir aux
scrophularinées, qui en diffèrent principalement par la
cloison de la capsule, qui est parallèle aux valves, au lieu

de leur être opposée. Il attache moins d'importance à cette différence, que nous continuons à regarder comme ayant une valeur suffisante pour laisser les deux familles très-distinctes. (J.)

RHINANTHOIDES. (*Bot.*) Synonyme de rhinanthées. (Lem.)

RHINANTHUS. (*Bot.*) Voyez Cocrète. (L. D.)

RHINAPTÈRES ou PARASITES. (*Entom.*) M. Cuvier avoit donné ce nom, et nous l'avons adopté, comme propre à indiquer une famille d'insectes aptères, caractérisés par le défaut des mâchoires qui sont remplacées par une sorte de bec ou de suçoir, et parce que leur tête et leur corselet sont distincts. Le nom de Rhinaptères est tiré du grec et des mots ῥὶν, qui signifie *nez*, et d'ἄπτερα, *sans ailes*; tandis que le nom de parasites, adopté par les Latins et par la plupart des peuples, sert à indiquer des êtres qui vivent aux dépens des autres.

Cette famille diffère de toutes celles que renferme l'ordre des insectes aptères, par ce caractère essentiel du défaut de mâchoires, et par la présence d'un bec ou suçoir, et parce que leur tête est mobile et distincte du reste du corps.

Les six genres rapportés à cette famille, quoique réunis par les caractères précédens, diffèrent cependant beaucoup entre eux, et par les mœurs, et par leur conformation générale. Ces genres sont ceux des *Pous*, des *Puces*, des *Smaridies*, des *Tiques* ou *Ixodes*, des *Leptes* et des *Sarcoptes*, que nous avons fait figurer dans l'atlas de ce Dictionnaire, sur les planches 52 et 53. Il est impossible de donner d'autres caractères généraux à ces insectes, dont chacun des genres offre, dans la conformation et les mœurs, des particularités remarquables. Nous renverrons à chacun de leur nom les détails qu'ils peuvent présenter, nous n'en ferons connoître ici que la classification, et nous la présenterons sous la forme d'un tableau analytique, après en avoir indiqué rapidement la méthode.

Ainsi, il est deux genres qui ont huit pattes, ce sont les Sarcoptes et les Ixodes. Les premiers ont les pattes écartées les unes des autres et terminées par de petites vésicules; ils vivent dans les pustules de la gale. Les Ixodes ou les tiques des chiens ont les pattes très-courtes, rapprochées. Parmi les espèces à six pattes, le seul genre des Pous les a égales en longueur; dans les trois autres genres, il y a une différence notable dans la longueur : ainsi les *smaridies* ont les antérieures beaucoup plus alongées; les *leptes* ou *rougets* ont celles du milieu ou les intermédiaires plus longues ; tandis que dans les puces ce sont celles de derrière qui ont acquis plus de développement, et qui ont fourni à ces insectes le moyen de sauter à une hauteur prodigieuse relativement à leur grosseur.

Voici le tableau de cette classification des Rhinaptères.

```
                    ⎧         ⎧ égales en longueur........... 2. Pou.
                    ⎪ six.....⎨ inégales ; plus  ⎧ antérieures.. 5. Smaridie.
Pattes au           ⎨         ⎩ longues les. ... ⎨ moyennes ... 4. Lepte.
nombre de..         ⎪                            ⎩ postérieures.. 1. Puce.
                    ⎪         ⎧ rapprochées, très-courtes..... 3. Tique.
                    ⎩ huit...⎨ écartées, longues............. 6. Sarcopte.
```

(C. D.)

RHINASTE, *Rhinastus.* (*Entom.*) Nom donné par M. Schœnherr à un genre de charansons ou de rhinocères à antennes brisées et en masse. Voyez Rhinocères, genre 150. (C. D.)

RHINCHÆNE. (*Entom.*) Voyez Rhynchène. (C. D.)

RHINCHITES. (*Entom.*) Voyez Rhynchites. (C. D.)

RHINCHOPHORES ou PORTE-BEC. (*Entom.*) C'est ainsi que se trouve indiquée, dans le Règne animal de M. Cuvier, et dans les ouvrages postérieurs de M. Latreille, la famille des rhinocères ou rostricornes, dont le nom devoit être, d'après l'étymologie, rynchophores, de ϱυγχος, *nez*, et non de ϱὶν. (C. D.)

RHINCOLITHE. (*Foss.*) On a donné ce nom à divers corps fossiles. Selon Bertrand, il est appliqué par Aldrovande à des pointes d'oursins. Nous avons vu des pétrifications qu'on pouvoit comparer à la base des os de sèches, et qui avoient été ainsi dénommées. (Desm.)

RHINCOLUS. (*Entom.*) Voyez Ryncholus. (C. D.)

RHINE, *Rhina.* (*Entom.*) Nom d'un genre de Charansons, proposé par M. Latreille et adopté par Olivier et Illiger. Le nom de *Rhina* avoit déjà été donné à un genre de poissons cartilagineux plagiostomes. Voyez l'article Rhinocères, dans l'extrait de M. Schœnherr, genre 189. (C. D.)

RHINGIE, *Rhingia.* (*Entom.*) Genre d'insectes à deux ailes, à suçoir saillant, corné, et de la famille des haustellés ou sclérostomes.

Ce genre, établi par Scopoli, dans son Entomologie de la Carniole, peut être ainsi caractérisé : Antennes en palette, à poil latéral simple ; suçoir saillant, presque horizontal, reçu et protégé par un prolongement corné de la face ; abdomen ovale, obtus.

Le nom de ce genre paroît être tiré du mot grec Ρυγχος, qui signifie un *museau de cochon*, un *groin*; mais l'orthographe en seroit mauvaise.

Il est facile de distinguer ce genre de tous ceux de la même famille par les considérations suivantes. D'abord, il n'y a que trois genres chez lesquels les antennes offrent un poil isolé, mais il est terminal dans les Hippobosques, plumeux dans les Stomoxes; et dans les Myopes, qui l'ont simple, l'abdomen est alongé, arrondi presque en masse ; tandis qu'il est court, plat et obtus dans les Rhingies. Tous les autres genres ont des antennes munies d'un poil isolé ; elles sont en fuseau dans les Conops, en fil dans les Asiles et les Cousins ; en fer d'alène dans les Bombyles, les Empides les Taons et les Chrysopsides.

On connoit très-peu l'histoire et les mœurs des Rhingies ; on n'en a même reconnu qu'une seule espèce en France. Réaumur dit, dans ses Mémoires, qu'il présume que la larve se développe dans les bouses, car il en a observé un individu qui étoit né dans un poudrier, où il avoit déposé d'autres larves avec le résidu des alimens de la vache ; mais peut-être cet insecte vit-il en parasite dans le corps d'une autre espèce ?

Nous avons fait figurer la seule espèce qui se trouve en France, sur la planche 47 et sous le n.° 7 de l'atlas entomologique de ce Dictionnaire : c'est

La RHINGIE A BEC, *Rhingia rostrata*. Degéer l'a figurée, dans le 6.ᵉ volume de ses Mémoires, pl. 7, n.ᵒˢ 21 et 22, sous le nom de mouche à bec, n.° 10, pag. 130. C'est la volucelle à ventre jaunâtre de Geoffroy qui l'a ainsi rangée avec les Cénogastres.

Car. La tête, l'abdomen et les pattes sont d'un jaune rougeàtre ou fauve ; les yeux et le corselet sont bruns ; les ailes sont transparentes, avec une teinte jaunâtre.

Cet insecte se trouve dans les bois humides et de basse futaie, aux environs de Paris : il n'y est pas rare ; on le prend quelquefois sur les fleurs du panicaut. (C. D.)

RHINIUM. (*Bot.*) Schreber nomme ainsi le *Tigarea* d'Aublet, genre maintenant supprimé et reconnu comme espèce
du *Tetracera* de Linnæus, dont il ne diffère que par l'avortement de quelques parties de la fructification, et notamment
de quelques ovaires. Le *Tetracera*, auparavant mal rapporté
aux rosacées, a été rangé par M. De Candolle dans sa famille
des dilléniacées. Voyez Tigaré. (J.)

RHINOBATE. (*Entom.*) Ce nom a été donné par M. Germar
à un genre de Charansons. Voyez Rhinocères, extrait de M.
Schœnherr, genre 19. (C. D.)

RHINOBATE, *Rhinobatus*. (*Ichthyol.*) D'après le mot grec
Ρινόϐαῖος, que Gaza a traduit par *Squatino-raja*, M. Schneider
a ainsi appelé un genre de poissons chondroptérygiens, de
l'ordre des trématopnés et de la famille des plagiostomes,
et reconnoissable aux caractères suivans :

*Squelette cartilagineux; ni opercule, ni membrane aux bran-
chies, qui s'ouvrent en dessous; catopes distincts; bouche large,
située en travers sous le museau, qui est pointu; queue longue,
très-grosse à la base, charnue et garnie de deux nageoires dorsales et d'une nageoire terminale, bien évidentes; dents serrées en
quinconce, comme de petits pavés.*

Il est facile, à l'aide de ces notes et du tableau synoptique
que nous avons fait imprimer à l'article Plagiostomes, de
distinguer les Rhinobates des Rhina, qui ont le museau obtus; des Myliobates, des Raies, des Céphaloptères, qui ont
la base de la queue grêle et étroite; des Squatines, des
Roussettes, des Carcharias, des Émissoles, des Marteaux,
des Aodons, des Aiguillats, des Leiches, des Cestracions,
des Pélérins, des Humantins, qui ont les trous des branchies
ouverts latéralement; des Torpilles, dont la queue est courte.
(Voyez ces divers noms de genres et Plagiostomes.)

Parmi les espèces de ce genre nous citerons :

Le Rhinobate bohkat : *Rhinobatus dsjiddensis; Raja dsjiddensis*, Forskal. Trois rangs d'aiguillons sur la partie antérieure du dos; la première nageoire dorsale située au-dessus
des catopes; dos d'un cendré pâle et parsemé de taches
ovales blanchâtres; dessous du corps d'un blanchâtre plus
ou moins clair, avec quelques raies inégales brunes et blanches
auprès de l'anus; nageoires pectorales triangulaires, termi-

nées par un angle obtus et quatre fois plus grandes que les catopes ; un rang de piquans autour des yeux et sur la partie supérieure de l'animal entre les deux nageoires dorsales.

Ce poisson, dont la chair est fort bonne à manger et que Forskal a observé à Loheia et à Dsjidda, parvient à la taille de deux aunes environ. Il fréquente aussi dans la mer Rouge les côtes de Hedsjas et celles de Suez et de Mokka.

Les Arabes prétendent que son foie est un antisyphilitique éprouvé.

Le RHINOBATE ORDINAIRE : *Rhinobatus vulgaris*, N.; *Raja rhinobatus*, Linn. Corps alongé, avec un seul rang d'aiguillons et beaucoup de tubercules ; première nageoire dorsale plus en arrière que dans l'espèce précédente ; nageoires pectorales proportionnément moins étendues ; dessus du corps d'une couleur obscure ; dessous d'un blanc rougeâtre ; taille de trois à quatre pieds.

Ce poisson, commun dans la mer de Naples et dans le golfe Adriatique, fréquente parfois la Méditerranée ; ce qui a donné occasion à Belon de s'étonner de ce qu'il n'a point de nom en françois. A Gênes et à Venise on l'appelle *squatrolino*.

On le connoissoit dès le temps d'Aristote, et les anciens, qui l'ont parfois désigné sous le nom de *squatro-raja*, le regardoient comme né de l'accouplement de l'ange-de-mer avec la raie. Par sa forme générale, en effet, il établit le passage des raies aux squales.

Sa chair a la saveur de celle de la roussette.

La *raie halavi*, que Forskal a décrite dans sa faune d'Arabie, ne paroît point distincte du rhinobate, et la *raie thouin* de Lacépède semble, selon M. Cuvier, n'en être qu'une simple variété.

Le RHINOBATE ÉLECTRIQUE : *Rhinobatus electricus*, Schn.; Marcgrave, 152. Cette espèce, qui participe aux propriétés de la torpille, a la première nageoire dorsale fort en arrière.

Elle vient du Brésil. (H. C.)

RHINOBATOS. (*Ichthyol.*) Mot grec, Ρινόϐατος. Voyez RHINOBATE. (H. C.)

RHINOCARPE, *Rhinocarpus*. (*Bot.*) Genre de plantes dicotylédones, à fleurs polygames, de la famille des *térébin-thacées*, de la *polygamie monoécie* de Linnæus, offrant pour caractère essentiel : Des fleurs polygames; un calice caduc, à cinq divisions; cinq pétales insérés sur le calice, ainsi que les dix étamines plus courtes, inégales, dont deux ou quatre au plus sont pourvues d'anthères; les autres stériles et plus courtes; les filamens connivens à leur base et soudés avec les pétales par un de leur côté; un ovaire supérieur, à une loge, un ovule; un style presque latéral. Le fruit, peu connu, est oblong, comprimé, indéhiscent, monosperme, soutenu par un pédicelle charnu.

RHINOCARPE ÉLEVÉ : *Rhinocarpus excelsa*, Bertero et Balbis, *Mss.*, Kunth *in* Humb. et Bonpl., *Nov. gen.*, 7, pag. 6, tab. 601. Arbre de cent quarante pieds et plus, dont les feuilles sont grandes, simples, éparses, pétiolées, oblongues, arrondies au sommet, en coin à leur base, courantes sur le pétiole, glabres, coriaces, très-entières, longues de dix pouces et plus, larges de quatre; les pétioles longs d'un pouce n'ont point de stipules. Les fleurs sont disposées en corymbes paniculés; les ramifications éparses, anguleuses, étalées, presque dichotomes au sommet; les dernières ramifications presque fasciculées, tomenteuses, ferrugineuses; toutes les fleurs sont pédicellées; ordinairement il n'en existe qu'une seule hermaphrodite dans chaque faisceau; les autres sont mâles. Les divisions du calice sont profondes, ovales, un peu arrondies, obtuses, inégales, deux intérieures un peu plus grandes; les pétales une fois plus longs que le calice, égaux, oblongs, lancéolés, obtus, très-étalés, recouverts d'un duvet ferrugineux; les anthères elliptiques, obtuses, échancrées en cœur à leur base, glabres, à deux loges, s'ouvrant dans leur longueur. Cette plante croît proche Turbaco, sur les rives du fleuve de la Magdeleine, dans la Nouvelle-Grenade. (POIR.)

RHINOCÈRES ou ROSTRICORNES. (*Entom.*) Noms sous lesquels nous avons désigné, il y a plus de vingt-six ans, en 1799, une famille très-naturelle parmi les insectes coléoptères, à quatre articles à tous les tarses ou tétramérés, correspondans au genre Charanson ou *Curculio* de Linnæus. Cette famille est caractérisée essentiellement, ainsi que ses noms l'indiquent, par l'insertion des antennes qui sont portées sur un bec, une sorte de nez ou de prolongement du front; le premier nom étant composé des mots grecs Ρίνρῖνὸς, qui signifie *nez*, et de κερας, qui indique la *corne* ou *l'antenne*, comme l'autre expression (rostricornes) tirée des deux noms latins *rostrum* et *cornu*.

La plupart des auteurs qui ont distribué les insectes en familles, ont désigné celle qui nous occupe, tantôt sous le nom de charansonites ou charansonides (*curculionites vel curculionoides*), tantôt sous celui de rhynchophores, comme s'ils avoient craint d'adopter l'expression plus générale et plus sonore que nous avions proposée, même en adoptant l'idée qu'elle représente.

Les deux derniers auteurs qui aient traité d'une manière générale des insectes rapportés aux différens genres de cette famiile, sont : M. Latreille, en 1825, dans son ouvrage, intitulé : Familles naturelles du règne animal, et, en 1826, M. Schœnherr, de Stockholm, dans son Prodrome à la synonymie des insectes, part. 4.*, publié en latin, à Leipzic, sous le titre de *Curculionidum dispositio methodica cum generum caracteribus*, etc.

Nous nous proposons de donner à la fin de cet article un extrait fort détaillé de ce dernier ouvrage, dans lequel l'auteur a présenté un système complet de distribution pour cette famille qu'il a partagée en ordres, en sections diverses, et qu'il a enfin divisée en cent quatre-vingt-quatorze genres, auxquels il suppose qu'on pourra rapporter les deux mille especes qu'il a cru reconnoître, tandis que Linnæus en avoit distingué cent au plus; Olivier sept cents; Fabricius entre sept a huit cents, et que lui-même, M. Schœnherr, en a pu examiner plus de dix-sept cents.

M. Latreille caractérise la famille des rhynchophores par leur museau prolongé en trompe, qu'il nomme *proboscirostre*, avec une bouche terminale. Leurs antennes sont insérées sous ce museau-trompe et elles sont en massue chez le plus grand nombre. Leur abdomen est grand; l'avant-dernier article de leurs tarses est presque toujours bilobé; tous sont phytophages ou rongeurs; leurs larves sont apodes ou elles n'ont que de petits mamelons à la place des pieds.

A la première division générale il rapporte les genres

chez lesquels les antennes ne sont pas coudées; chez lesquels le
labre et les palpes sont plus ou moins apparens, et ces derniers en fil ou un peu plus gros à leur extrémité, et dont
le museau-trompe est court, un peu alongé, aplati, élargi
et arrondi à l'extrémité.

Il y distingue deux tribus, 1.º celle des Bruchèles, et 2.º
celle des Anthribides.

1.º Les Bruchèles ont les antennes en fil ou graduellement
plus grosses vers le bout, quelquefois dentées en scie ou en
peigne, à articles aussi larges ou presque aussi larges que
longs; le labre occupe toute la largeur du bord antérieur
de la tête; les yeux, ordinairement en croissant, sont toujours oblongs, transversaux; le troisième article des tarses
est dégagé ou très-distinct du précédent; le corselet est lobé
postérieurement; l'abdomen est grand, carré, avec l'anus
découvert; le menton est en forme de carré transversal.

Les larves se nourrissent à l'intérieur des graines, où elles
se tiennent cachées et où elles subissent leur métamorphose.

M. Latreille rapporte deux genres à cette famille, les *Pa-
chymères*, qui ont les cuisses postérieures très-grosses; les
jambes très-arquées, et les *Bruches*, qui n'ont pas les cuisses
aussi grosses et dont les jambes sont droites, triangulaires.

2.º Les Anthribides, dont les antennes sont formées d'articles généralement alongés, terminées en masse formée par
les trois derniers, diffèrent souvent en longueur, suivant les
sexes; le labre petit et souvent caché dans une échancrure
du menton; les yeux globuleux ou ovales; l'abdomen est en
carré long, et la courbure postérieure des élytres est plus
brusque que dans la tribu précédente; les pattes postérieures
diffèrent peu des autres; l'avant-dernier article des tarses
est souvent engagé dans le précédent et semble en faire
partie; le menton est souvent grand, lunulé et encadre la
languette.

Leurs larves vivent pour la plupart dans le bois.

M. Latreille les partage, d'après le nombre des articles aux
tarses, en Tétramérés et en Hétéromérés.

La première de ces divisions est subdivisée d'après la
forme des antennes, et il rapporte les genres dont les noms
suivent : *Xylinade*, insecte de Java, *Anthribe*, *Platyrhine*,

Urodon, *Rhinomacre.* Deux autres genres sont hétéromérés : ce sont ceux qu'il nomme *Rhinosime* et *Salpingue.*

Les rhynchophores, à antennes le plus souvent coudées, n'ont pas de labre apparent ; leurs palpes sont si petits qu'ils échappent à la simple vue ; le museau-trompe est généralement plus long et plus étroit que dans les précédens ; ils sont partagés en trois tribus, nommées Attélabides, Brentides et Charansonites.

3.° Les Attélabides ont toujours l'avant-dernier article des tarses bilobé ; les antennes, droites, terminées en massue formée par le dernier article ou par les trois derniers, sont insérées sur le museau-trompe, mais non dans une fossette ; le corps est ovalaire ou ovoïde, rétréci en avant.

Cette tribu se partage en deux groupes, d'après le nombre des articles qui forment la masse des antennes. Il n'y a qu'un seul dans le genre *Cylas*, et trois dans ceux des genres dont les noms suivent : *Rhinaire*, *Eurhine*, *Apodère*, *Attélabe*, *Rhynchite* et *Apion.*

4.° Les Brentides ont aussi l'avant-dernier article des tarses bilobé ; leurs antennes sont droites et insérées sur le museau-trompe ; elles sont formées de onze articles, qui sont filiformes ou grossissent insensiblement. Ce museau-trompe, toujours avancé, est souvent très-long, de même que le corps, qui est linéaire.

M. Latreille partage cette tribu d'après la forme et la structure du museau-trompe et des mandibules qu'il supporte, d'après la forme et le mode d'articulation de la tête et d'après la forme des antennes. Les genres qu'il y rapporte sont les suivans : *Arrhénode*, *Eutrachèles*, *Brente* et *Uroptère*, *Némocéphale*, *Bélorhynque*, *Cladione*, *Rhinotie.*

5.° Les Charansonites, dont l'avant-dernier article des tarses est souvent entier ou peu bilobé, dont les antennes sont ordinairement coudées, presque toujours terminées en massue, avec le premier article reçu dans une fossette du museau-trompe, qui est le plus souvent incliné ou fléchi en dessous.

Les uns, qui correspondent aux genres *Curculio* et *Brachycerus* de Fabricius, ont les antennes insérées près du bout d'un museau-trompe, court et épais. Ils sont brévirostres, et n'ont pas les pattes disposées de manière à sauter.

Dans la subdivision des genres dont les espèces sont ailées et les antennes courtes, sont rangés ceux dont voici les noms : *charanson, rhigus, cyphus, cenchrome, chlorime, clorophane, tanymechus, sitone, hypsonote, eustalis, gastrodore, polydruse, métallite;* ceux dont les antennes sont longues, sont : *phyllobie, polydie* et *leptocère.*

Parmi les non-ailés : les *liophlées* et les *herpistiques* ont un écusson distinct, qui ne se voit pas dans les genres *Hyphante, Brachyrhine, Péritèle, Eusome, Syzygops,* qui ont les antennes plus longues que le corselet, et dans les genres *Omias, Barynote, Thylacite, Trachyphlée, Trachode, Pachyrhynque, Psallidie,* dont les antennes égalent au plus la longueur du corselet.

Le seul genre *Brachycère* offre des antennes droites, composées de neuf articles, dont le dernier forme une masse et dont les articles des tarses sont entiers.

Tous les autres genres de la tribu des *charansonites* de M. Latreille, ont les antennes insérées à une distance assez notable de l'extrémité libre du museau-trompe, le plus souvent dans son milieu et quelquefois entre les yeux. Ce museau-trompe est ordinairement long; plusieurs ont les pattes propres au saut, et alors les cuisses postérieures sont plus grosses. Ces genres correspondent à quelques espèces du genre *Curculio* de Fabricius; mais surtout à celles des genres qu'il nomme *Rhynchænus* et *Lixus.*

Cette sous-tribu nombreuse, que M. Latreille divise et subdivise d'après des considérations diverses, tirées du nombre des articles aux antennes, de la forme des pattes postérieures, de la direction et de la manière dont se fléchit en dessous le museau-trompe, etc., comprend les genres dont les noms suivent et se trouvent indiqués comme rapprochés quand leur série n'est pas séparée par un trait.

Bronchus, Plinthe — *Lipare* — *Lixe, Lepire, Hylobie, Chrysolope, Sicinie, Bradybate, Tanysphyre* — *Heilipe, Pissode, Bagous, Hypère, Tychie, Magdalis, Notaris, Aspis, Baris* — *Dionychus, Ameris, Cholus, Poecilme, Anthonome, Dorytome* — *Balaninus* — *Eccopte, Cryptorhynque, Macrorhine, Orobitis, Mononychus* — *Mécine, Dryophthore* — *Cione* — *Anople, Rhyn-*

chêne, *Ramphe* — *Oxyrhynque* — *Calandre*, *Rhine*, *Cossone*, *Rhyncole* et *Hylurge*, en tout quatre-vingt-dix-huit genres, rapportés à deux grandes sous-familles et à cinq tribus.

Nous n'avons pas cru devoir adopter tous ces genres dans un ouvrage tel que celui-ci. Nous nous sommes tenus à faire connoître les principaux, comme devant constituer la famille des rhinocères.

Tous proviennent de larves molles qui vivent à l'abri, soit dans l'intérieur des tiges de certaines familles de plantes et d'arbres à tronc et à rameaux ligneux, soit sous les écorces, soit dans les fruits et les semences les plus dures et les plus cornées, quelques-uns même dans l'intérieur du corps des insectes.

Sous l'état parfait les rhinocères se nourrissent des diverses parties de plantes, mais surtout des feuilles et des pétales des fleurs.

Le tableau suivant, que nous allons extraire de la Zoologie analytique, donnera une idée des onze genres principaux, dont nous avons présenté l'histoire dans ce Dictionnaire, et la planche 16 de l'atlas en montrera les figures.

Famille des ROSTRICORNES OU RHINOCÈRES.

Coléoptères tétramérés, à antennes portées sur un bec ou sur un prolongement du front.

```
                                                               ( entre les yeux.        9.  RAMPHE.
                                     ( renflées; anten- {
                ( brisées; cuis-     {   nes insérées        ( au milieu du bec      8.  ORCHESTES.
                (   ses posté-       {
                (   ricures          ( non renflées; à  { très-prolongés.   10.  LIXE.
                {                        élytres          { courts, obtus..    7.  CHARANSON.
  en masses    {
                (                    ( entier; corps rugueux.........   4.  BRACHYCÈRE.
                ( droites; tar-      {
                (   ses à article    { bilobé, à  (  carré; ( long......    5.  ATTÉLABE.
Antennes {      (   pénultième       {   ventre   {  bec    { plat, court. 3.  ANTHRIBE.
                                                  ( ové; bec en alène...    6.  OXYSTOME.
         {
            ( non en masse ...  ( grossissant insensiblement ...   1.  BRUCHE.
            (                   {                    ( très-longue. 11. BRENTE.
                                ( filiformes; à tête {
                                                     ( très-courte.  2. BECMARE.
```

Ainsi que nous l'avons annoncé, nous terminerons cet article de la famille des rhinocères par l'extrait de l'ouvrage de M. Schœnherr.

Extrait de l'ouvrage de M. Schœnherr sur l'arrangement méthodique des Curculionoïdes.

Caractères essentiels des insectes de cette famille: Tarses de quatre articles; tête prolongée en bec, portant la bouche à son extrémité, avec des mandibules petites, mais solides, des palpes et d'autres parties très-peu développées et cachées; à antennes insérées sur le bec, le plus souvent en masse à l'extrémité; à corps dur et solide dans le plus grand nombre.

Deux ordres partagent cette famille, suivant que les antennes sont droites ou non coudées, les ORTHOCÈRES; et suivant qu'elles sont brisées ou coudées, les GONATOCÈRES.

Le premier ordre, les ORTHOCÈRES, qui n'ont pas les antennes coudées, c'est-à-dire dont le second article n'est point brisé et dont le premier n'est pas alongé, comprend les espèces rapportées par les auteurs aux genres Bruche, Anthribe, Attélabe, Rhinomacre, Apion, Ramphe, Brachycère, et autres moins connus, qui sont devenus autant de chefs de groupes ou de divisions, au nombre de douze, comme nous allons les indiquer, et divisés en deux sections, d'après le nombre des articles aux antennes.

1.re SECTION.

§. 1.er *Antennes à onze ou douze articles.*

1.er *Groupe.* Les BRUCHIDES. Bec large, fléchi; antennes dentelées ou pectinées, grossissant insensiblement, insérées dans l'angle des yeux, plus longues que la moitié du corps; avant-dernier article des tarses bilobé.

1. Genre *Bruche.* Tel est la bruche du pois ou mylabre à croix blanche, de Geoffroy.

2. Genre *Rhœbus.* Genre nouveau décrit par M. Fischer, de Moscou.

3. Genre *Urodon,* établi par l'auteur, dont le type seroit l'*Anthribus sericeus* de Fabricius et le *Bruchus suturalis* du même auteur.

11.e *Groupe.* Les ANTHRIBIDES. Bec large, fléchi; antennes en masse, de onze articles; élytres ne cachant pas entièrement l'abdomen; les quatre articles des tarses peu distincts: le second recevant et cachant ainsi le plus ordinairement le troisième.

Trois sous-groupes ou cohortes, d'après la forme et la composition de la masse des antennes.

4. Genre *Anthribus* des auteurs, tels que l'*albinus* des auteurs, distribué en douze sous-genres. A. *Phlœtragus.* B. *Ptychoderes.* C. *Platyrhinus.* D. *Tropideres.* E. *Euparius.* F. *Phleobius.* G. *Phœnithon.* H. *Gymnognathus.* I. *Brachytarsus.* K. *Stenocerus.* L. *Corrhecerus.* M. *Arœcerus.*

5. Genre *Eucorynus,* dont le type est l'Anthribe crassicorne de Fabricius.

IIIe *Groupe.* Les ATTÉLABIDES, qui ont le bec arrondi, fléchi, filiforme ou dilaté à l'extrémité, la tête prolongée après les yeux; les antennes en masse de onze ou douze articles; les élytres presque en carré alongé; l'extrémité du ventre (*pygidium*) à nu.

6. Genre *Apoderes.* C'est l'attélabe du coudrier.

7. Genre *Attelabus.* Le type est l'*Attelabus curculionoides.*

8. Genre *Rhynchites.* Tels sont l'attélabe du peuplier, le bacchus, le becmare doré de Geoffroy.

IVe *Groupe.* Les RHINOMACÉRIDES, dont le bec, alongé, le plus souvent dilaté à la pointe, est ordinairement cylindrique; la tête courte, plus large que longue; les antennes en masse de onze articles; les élytres alongés, à peu près linéaires; l'extrémité du ventre presque cachée.

9. Genre *Rhinomacer.* Tels sont les *rhinomacer attelaboides* et *lepturoides* de Fabricius.

10. Genre *Auletes.* Genre nouveau, établi d'abord, mais sans caractères, par M. le comte Dejean, dans son Catalogue, sous le nom de *tubicenus,* pag. 79.

Ve *Groupe.* Les APIONIDES, à bec ou rostre avancé, cylindrique ou légèrement conique, mais pointu à l'extrémité; antennes en masse de onze articles, insérées à la base du bec, en dessous et au milieu; tête prolongée après les yeux; élytres couvrant l'anus.

11. Genre *Apion.* Ce genre correspond à nos oxystomes de la Zoologie analytique, tels que l'*attelabus craccæ, pomonæ, malvæ,* etc.

vi.ᵉ *Groupe.* Les Ramphides, à bec alongé, courbé en dessous; antennes en masse, à onze articles, insérées sur le haut du front; pattes postérieures propres au saut.

12. Genre *Ramphus.* Ce genre, établi par Clairville dans l'Entomologie helvétique, comprend de très-petites espèces, telle est celle que nous avons fait figurer dans l'atlas de ce Dictionnaire, pl. 16, n.° 9.

vii.ᵉ *Groupe.* Les Thamnophilides, à bec alongé, arrondi, fléchi; antennes en masse, arquées, de douze articles, insérées dans un sillon au milieu du bec; tête non prolongée en arrière des yeux; partie postérieure du tronc (*pygidium*) à nu.

13. Genre *Læmosaccus.* Tel est le *rhynchænus plagiatus* de Fabricius.

14. Genre *Thamnophilus,* qui comprend les rhynchènes du prunier et le violet de Fabricius.

viii.ᵉ *Groupe.* Les Ithycérides, à bec court, rond ou anguleux, droit; à antennes courtes, en masse de douze articles.

15. Genre *Chlorophanus* de Dalman et de Germar, qui comprend les *curculio viridis, flavescens, pollinosus.*

16. Genre *Ithycerus* de Dalman, dont le nom grec indique la direction du bec, qui n'est pas courbé, et auquel l'auteur ne rapporte encore que l'espèce nommée *rhynchites curculionoides* de Herbst.

17. Genre *Mecapsis.* Ce nom, qui signifie grand écusson, ne comprend encore que le *lixus palmatus* d'Olivier.

18. Genre *Pachycerus,* auquel l'auteur rapporte le *lixus madidus* d'Olivier et le *curculio varius* de Herbst.

19. Genre *Rhinocyllus* ou *Rhinobatus* du comte Dejean: il comprend, entre autres espèces, le *curculio thaumaturgus* de Rossi, le *lixus antiodontalgicus* d'Illiger.

20. Genre *Lachnæus,* auquel l'auteur ne rapporte encore qu'une nouvelle espèce du Caucase.

21. Genre *Nerthops* : il ne comprend aussi qu'une espéce, nommée par Wiedemann *rhynchites multiguttatus.*

22. Genre *Oxyops*, établi par Daiman, qui n'y rapporte qu'une espéce du Brésil, observée dans le cabinet de l'Académie dés sciences de Stockholm.

23. Genre *Tanaos*, pour y placer un insecte rapporté des Indes par Thunberg.

24. Genre *Stenocorynus*, auquel l'auteur rapporte le *curculio crenulatus* de Fabricius.

IX.ᵉ *Groupe.* Les Cryptosides, dont le bec, court, épais, est un peu infléchi; dont les antennes, courtes, grêles, arquées en masse, sont composées de douze articles; dont le corselet est profondément sillonné, pour recevoir le bec, chez lesquels il n'y a point d'écusson et dont les tarses sont resserrés et velus.

25. Genre *Cryptops* : il comprend des espéces du cap de Bonne-Espérance, et celles que Wiedemann nomme brachy-cères carré et spinicolle.

X.ᵉ *Groupe.* Les Antliarhinides, dont le bec est avancé, les antennes en masse étroite de trois piéces, et de onze articles en tout, à écusson distinct, à corps aplati.

26. Genre *Antliarhinus.* Tel est le *Rhynchœnus haustellatus* de Fabricius.

XI.ᵉ *Groupe.* Les Brenthides. A bec avancé, dirigé dans le sens du tronc ; à antennes de onze articles non en masse, à col distinct; sans écusson ; les premier et deuxième anneaux de l'abdomen très-longs; à corps dur, cylindrique, alongé.

27. Genre *Brenthus.* Ce genre, qui comprend la plupart des espéces qui portoient ce nom dans les Éleuthérates de Fabricius. est divisé par notre auteur en trois sous-genres, qu'il nomme *Hormocerus, Arrhenodes. Nemorhinus.*

28. Genre *Taphroderes.* Tel est le *Brenthus foveatus* de Fabricius.

XII.ᵉ *Groupe.* Les Bélides. A bec un peu avancé; à antennes non en masse, de onze articles; à col à peine distinct; à écusson manifeste; à abdomen à cinq segmens égaux; à corps étroit, mollasse, en bateau.

29. Genre *Belus.* Tel est le *Lixus semi-punctatus* d'Olivier et de Fabricius.

2.ᵉ SECTION.

§. II. *A antennes de neuf ou dix articles.*

XIII.ᵉ *Groupe.* LES CYLADES. A bec avancé; à antennes en masse de dix articles, très-alongée, d'une seule pièce, de même largeur.

3o. Genre *Cylas.* Ce genre, formé par M. Latreille, a été adopté par les auteurs, en particulier par Olivier, qui a décrit une espèce sous le nom de *formicarius.*

XIV.ᵉ *Groupe.* LES ULOCÉRIDES. A bec avancé, un peu pointu; à antennes courtes, grosses, de neuf articles, en masse petite, un peu solide; à corps presque cylindrique, étroit.

31. Genre *Ulocerus*, établi par M. Dalmann: il ne diffère de celui des brenthes que par le nombre des articles aux antennes.

XV.ᵉ *Groupe.* LES OXYRHYNCHIDES. A bec alongé, fléchi, filiforme; à antennes grosses, dressées, courtes, de sept articles avant la masse, qui est solide et comme spongieuse à son sommet, où peut-être elle couvre des articles peu distincts; tarses élargis, spongieux; corps oblong, dur.

32. Genre *Oxyrhyncus.* Telle est la *calandra discors*, Fabr.

XVI.ᵉ *Groupe.* LES BRACHYCÉRIDES, dont le bec, court, épais, varie pour la courbure; antennes fortes, courtes, de sept à huit articles avant la masse, qui est comme tronquée, peut-être spongieuse à son sommet; tarses étranglés, velus, non spongieux; corps court, ovale, dur, aptère.

33. Genre *Episus*, de Billberg : il comprend le *brachycerus rostratus* des auteurs.

34. (Dernier genre de l'ordre.) *Brachycerus* des auteurs, tel que l'*obesus* en particulier.

45. 22

Le second ordre des curculionoïdes porte le nom de GO-NATOCÈRES, parce que les antennes sont coudées; l'article de la base étant très-alongé et le plus ordinairement reçu et caché dans un sillon latéral du bec; tous ont les antennes en masse formée d'articles très-rapprochés. L'auteur les divise en plusieurs légions, et celles-ci en phalanges, puis en autres coupes et sous-divisions.

Les légions, au nombre de deux, portent les noms de Brachyrhinchi et de Mécorhynchi.

Les Brachyrhinchi correspondent aux charansons de Fabricius, *curculiones*, dont le bec, court, peu arqué, est irrégulier; les antennes, de douze articles, sont insérées très-près de l'extrémité du bec ou de la bouche; ils se divisent en deux phalanges.

La première phalange se distingue parce que tous les genres qu'on y rapporte ont le sillon qui porte l'antenne situé sous l'œil, et qu'il est courbé ou oblique : elle se partage en neuf groupes.

1.er *Groupe.* Les Entimides. A bec court, courbé, arrondi, très-gros et fort épaissi en dehors : il se subdivise en genres ailés et en aptères.

* Ailés, à épaules élargies. anguleuses, saillantes; à corselet lobé.

35. Genre *Rhigus.* Ce genre, établi par Dalman et Germar, comprend le *curculio tribuloides* de Pallas, et plusieurs espèces nouvelles.

36. Genre *Polydius.* On n'y a rapporté qu'une nouvelle espèce du Brésil.

37. Genre *Entimus.* Le charanson impérial est le type de ce genre, ainsi que le *sumptuosus*, le *splendidus* de Fabricius; le *nobilis* d'Olivier.

** Aptères à corps alongé, à épaules arrondies.

38. Genre *Hipporhinus.* Genre nombreux, divisé en deux sous-genres, auxquels on rapporte les *curculio* nommés par Fabricius *pilularius, spectrum, globifer,* etc., et les *verrucosus, capensis,* etc.

39. Genre *Epirhynchus.* Tel est le *curculio argus* de Sparmann, seule espèce qui ait été rapportée à ce genre.

4o. Genre *Prypnus*, auquel l'auteur assigne une nouvelle espèce de l'Australasie, et le *curculio porculus* de Sparmann, qui l'a décrite dans les actes de Stockholm.

ii.ᵉ *Groupe.* Les Pachyrhynchides. A bec très - court, épais, fléchi, le plussouvent anguleux, à peine élargi à la pointe; épaules non anguleuses; corps sans ailes : ils sont divisés en deux cohortes.

* Corselet lobé.

41. Genre *Cherrus.* L'auteur, qui l'avoit auparavant nommé *psapharus*, y range le *curculio plebeius*, et peut-être l'*infaustus* d'Olivier.

42. Genre *Deracanthus*, dont le corselet est épineux: il comprend le *curculio spinifera* de Fabricius, et *linderiensis* de Pallas et d'Olivier.

** A corselet non lobé.

43. Genre *Pachyrhynchus* de Germar : il ne comprend encore que l'espèce décrite par cet auteur sous le nom de *moniliferus*.

44. Genre *Psalidium*, d'après Illiger, qui est le *curculio maxillosus* de Fabricius.

45. Genre *Syzygops*, dont les yeux, ainsi que le nom l'indique, sont comme rapprochés et confondus, désigne une espèce de l'île Bourbon, que M. Schœnherr décrit sous le nom de *cyclops*.

iii.ᵉ *Groupe.* Les Brachycérides. A bec presque horizontal et de la largeur de la tête, souvent plat en dessus, rarement arrondi, variable pour la longueur.

Ce groupe est subdivisé en deux autres, auxquels l'auteur croit devoir rapporter près de trente genres, partagés eux-mêmes en plusieurs sous-genres.

1.ʳᵉ *Subdivision.*

46. Genre *Thylacites.* Tels sont les *curculio robiniæ* d'Herbst, et les *C. fritillum, pilosus*, de Fabricius. Il y a six sous-genres sous des noms différens, tels que *cneorhinus, strophosomus, sciaphilus, brachysomus, blosyrus, platycopes.*

47. Genre *Herpisticus* de Germar, dont l'auteur ne cite que l'espèce décrite par celui qui a établi le genre.

48. Genre *Brachyderes*, dont le type est le *curculio incanus* des auteurs, le *lusitanicus* de Fabricius, etc.

2.ᵉ *Subdivision.*

49. Genre *Leptocerus*. Tel est le *curculio longimanus* de Fabricius, le *rivulosus*, etc.

50. Genre *Cyphus*, comme les *curculio gibber*, *sexdecimpunctatus* de Fabricius. Ce genre comprend trois sous-genres, dont voici les noms : *Platysomus*, comme le *curculio niveus* de Fabricius ; *Compsus*, comme le *curculio elegans* d'Olivier ; *Clarus* de Fabricius ; enfin, *Oxyderces*, tel que le *curculio cretaceus* de Fabricius.

51. Genre *Hadropus*, qui ne comprend encore qu'une espèce du Brésil.

52. Genre *Phædropus*, qui est le *curculio candidus* de Fabricius, le *tomentosus* d'Olivier.

53. Genre *Eustales*, tel que le *curculio religiosus* d'Olivier.

54. Genre *Exophthalmus*, comme le *curculio quadrivittatus* d'Olivier.

55. Genre *Diaprepes*. Là sont rapportés les *curculio Spengleri*, *Rohrii*, *affinis* de Fabricius ; le *quadrilineatus* d'Olivier.

56. Genre *Ptilopus*, comme les *curculio aurifer*, *curvipes*, *valgus*, dont les pattes sont longues, les jambes courbées, ciliées.

57. Genre *Cratopus*, tels que les *curculio striga*, *roralis*, de Fabricius.

58. Genre *Pachnæus*. L'auteur y rapporte une espèce que lui a fait connoître M. Bosc sous le nom d'*opalus*.

59. Genre *Callizonus*, qui comprend le *curculio regalis*, le *sexdecimpunctatus* de Fabricius.

60. Genre *Hypomeus*. Ce sont les espèces de charansons décrites par Fabricius sous les noms de *squammosus*, *pulverulentus*, *unicolor*.

61. Genre *Anæmerus*. C'est le *curculio tomentosus* de Fabricius.

62. Genre *Tanymecus*. L'auteur, qui subdivise ce genre, y range les *curculio palliatus*, *griseus*, *rusticus* de Fabricius.

63. Genre *Astycus*, pour la seule espèce décrite par Olivier comme *curculio adultus*.

64. Genre *Lissorhinus;* espèce nouvelle de Sierra Leone, qui diffère des *lixus* par son bec, qui n'est pas sillonné.

65. Genre *Protenomus,* espèce du Mongol.

66. Genre *Artipus,* espèce unique décrite par M. le professeur Sahlberg, de Finlande, sous le nom trivial de *corycæus.*

67. Genre *Sitona,* comme les *curculio gressorius, lineatus, caninus, tibialis, hispidulus.*

68. Genre *Promecops,* qui ne réunit que deux espèces, dont l'une décrite par le professeur Sahlberg.

69. Genre *Hadromerus.* C'est le *curculio sagittarius* du Sénégal, d'Olivier.

70. Genre *Polydrusus,* tels sont les *curculio undatus, fulvicornis, picus, micans, cervinus,* de Fabricius.

71. Genre *Metallites,* comme les *curculio iris, atomarius,* d'Olivier.

72. Genre *Entyus,* tels sont les *rembus auricinctus* de Germar et une autre espèce, que M. Schœnherr nomme *albicinctus.*

73. Genre *Prostomus.* C'est le *curculio scutellaris* de Fabricius et d'Olivier.

74. Genre *Leptosomus.* C'est le *curculio acuminatus* des mêmes auteurs.

ive *Groupe.* Les Cléonides, dont le bec, un peu long et gros, est fléchi ou courbé, le plus souvent arrondi, rarement un peu anguleux, et le plus ordinairement épaissi en dehors. Il se subdivise en espèces ailées et en aptères.

* Corps ailé le plus souvent.

75. Genre *Cleonus.* Tels sont les charansons, *sulcirostris, marmoratus, perlatus, costatus,* de Fabricius et d'Olivier, et l'*albidus* des auteurs, dont M. Schœnherr a fait, avec plusieurs autres espèces, un sous-genre sous le nom de *Bothynoderes,* qu'il a subdivisé encore en plusieurs races.

76. Genre *Chrysolopus.* C'est le *curculio spectabilis* de Fabricius.

77. Genre *Rhytideres.* C'est le *curculio plicatus* d'Olivier.

78. Genre *Hypsonotus,* divisé en trois sous-genres sous les noms d'*eurylobus, lordops* et *lasiopus.*

79. Genre *Lepropus.* C'est peut-être le *curculio lateralis* de Fabricius.

80. Genre *Aterpus*. Ce sont les *curculio cultratus* et *bicristatus* de Fabricius.

81. Genre *Gronops*. L'auteur y rapporte la seule espéce, que Fabricius a décrite comme *curculio lunatus*.

82. Genre *Listroderes*. Espéce nouvelle du Brésil, de Gyllenhall.

     ** A corps toujours sans ailes.

83. Genre *Liophlæus*. C'est le *curculio nubilus* de Fabricius.

84. Genre *Geophilus*, qui comprend le *curculio octotuberculatus* de Fabricius.

85. Genre *Rhytirrhinus*. C'est le *curculio inæqualis* du même.

86. Genre *Minyops*. Le *curculio variolosus* de Fabricius, le *liparus carinatus* d'Olivier.

87. Genre *Barynotus*. C'est le *curculio obscurus* de Fabricius, ainsi que l'espèce qu'il nomme *mercurialis*.

88. Genre *Alophus*, dont le type est le *curculio triguttatus* de Fabricius.

v.^e *Groupe*. Les Molytides. A bec alongé, fléchi, cylindrique, un peu arqué, le plus souvent peu épais.

     * Les jambes armées à la pointe d'un ongle solide; ailés.

89. Genre *Lepyrus*. C'est le *rhynchænus colon* de Fabricius, et son *curculio binotatus*.

90. Genre *Tanysphyrus*. C'est le *rhynchænus lemnæ* de Fabricius.

91. Genre *Hylobius*. Ce sont les *rhynch. pineti, abietis*, etc.

     ** Corps aptère; les élytres échancrés en haut et en dedans; pattes à jambes munies d'un ongle.

92. Genre *Molytes*. Ce sont les *curculio germanus, fusco maculatus, glabratus*, de Fabricius; le *liparus bajulus* d'Olivier.

93. Genre *Plinthus*. Ce sont : le *curculio Megerli*, le *rhynchænus porculus*, et le *lixus caliginosus* de Fabricius.

     *** Toutes les jambes sans épines; corps le plus souvent ailé.

94. Genre *Phytonomus*. Tels sont les *rhynchènes* de Fabricius, nommés *rumicis, polygoni, pollux, viciæ, arundinis, plantaginis*, qu'on trouve sur ces plantes.

95. Genre *Coniatus*. M. Schœnherr rapporte à ce genre les espèces dont Fabricius avoit fait des *curculiones* sous les noms de *tamarisci*, *repandus*, *splendidulus*.

La seconde phalange des gonatocères comprend les genres chez lesquels le sillon de la trompe, où sont insérées les antennes, est presque droit, ou quand il remonte directement sous l'œil. Cette phalange a quatre groupes, que l'auteur nomme *Phyllobides*, *Cyclomides*, *Otiorhynchides* et *Tanyrhynchides*.

vi.ᵉ *Groupe*. Les PHYLLOBIDES ont le bec court, presque horizontal, un peu épais, le plus souvent rond, quelquefois cependant un peu épaissi; le corps alongé et les épaules obtusément anguleuses. Cinq genres appartiennent à ce groupe.

96. Genre *Myllocerus*. Ce sont les *curculio curvicornis*, *dentifer*, *viridanus* de Fabricius.

97. Genre *Macrocorynus*. C'est le *curculio discoideus* d'Olivier, et peut-être le *dorsalis* de Fabricius.

98. Genre *Phyllobius*. On rapporte à ce genre les *curculio pyri* de Linnæus, *argentatus*, *parvulus*, *viridicollis*. On les trouve sur les feuilles, dont ils se nourrissent.

99. Genre *Cyphicerus*. Ce sont des espèces de charansons étrangères, dont une du Bengale.

100. Genre *Amblyrhinus*. L'auteur n'y rapporte qu'une seule espèce de Tranquebar, qu'il nomme *poricollis*.

vii.ᵉ *Groupe*. Les CYCLOMIDES. A bec court, plus ou moins épais, de même largeur, plus souvent rond, mais quelquefois un peu anguleux à la pointe, variable pour l'inflexion; à corps court, ovoïde, sans ailes; épaules arrondies ou obtuses.

101. Genre *Episomus*. M. Schœnherr, qui a établi ce genre, y rapporte le *curculio avarus* de Fabricius, l'*echinus* et le *pauperatus* du même auteur, et le *curculio lacerta* d'Olivier.

102. Genre *Pholicodes*. Nouvelle espèce non décrite du Caucase.

103. Genre *Ptochus*, correspondant au genre *Omias* du ca-

talogue du général Dejean ; l'auteur y rapporte une espéce de Tauride qu'il nomme *porcellus.*

104. Genre *Stomodes.* Nouvelle espéce de la Tauride.

105. Genre *Trachyphlæus,* qui comprend les *curculio scabriculus* des auteurs, et l'*erinaceus* de Fabricius.

106. Genre *Omias.* Genre nombreux en espéces, que l'auteur subdivise en quatre sous-genres ou races. C'est là qu'il rapporte les *curculio rotundatus, holosericeus* de Fabricius ; le *gracilipes* de Panzer et plusieurs autres.

107. Genre *Peritelus,* que l'auteur partage en quatre sous-genres sous les noms d'*holcorhinus, pycloderes, oosomus, phlyctinus,* qui tous comprennent des insectes exotiques.

108. Genre *Cosmorhinus,* pour une espéce du Cap.

109. Genre *Sciobius,* qui réunit deux espéces de charansons d'Afrique, décrites par Sparmann dans les actes de Stockholm sous les noms de *curculio tottus* et *pullus.*

110. Genre *Cyclomus.* Espéces du cap de Bonne-Espérance, décrite par notre auteur, avec lesquelles il range comme sous-genre, sous le nom d'*epichthonius,* une autre espéce du même pays, décrite par Wiedemann sous le nom de *curculio simus.*

111. Genre *Eremnus.* Autres espéces du cap et de Ténériffe.

112. Genre *Amycterus.* Espéce unique de la Nouvelle-Hollande, décrite par Kirby dans les Transactions linnéennes, dont les formes sont tout-à-fait bizarres.

VIII.ᵉ *Groupe.* Les Otiorhynchides. A bec court, épais, presque horizontal, dilaté et épaissi à l'extrémité, aplati en dessus, à pointes des ailes écartées ; support des antennes étendu en arrière des yeux.

113. Genre *Otiorhynchus.* Genre nombreux en espéces et subdivisé en un grand nombre de coupes, parmi lesquelles l'auteur rapporte les espéces suivantes :

Les *curculio Gœrzensis, planatus, lævigatus, gemmatus, orbicularis, picipes, ligustici,* Fabr.

114. Genre *Tyloderes.* L'auteur n'y rapporte que l'espéce de charanson décrite par Herbst sous le nom de *chrysops.*

115. Genre *Hyphanthus.* Espèce unique, décrite par M. Germar.

116. Genre *Elytrodon.* Nouvelles espéces de Tauride et de Hongrie, décrites par MM. Steven et Sturm.

117. Genre *Phytoscaphus.* Nouvelle espèce du Bengale. L'auteur en rapproche, comme formant un sous-genre, sous le nom de *chlöebius*, une autre espèce du Caucase.

ix.ᵉ *Groupe.* Les Tanyrhynchides. A bec vertical, alongé, linéaire; support des antennes toujours avancé sur les yeux.

118. Genre *Tanyrhynchus.* Espèce unique du Cap.

119. Genre *Myorhinus.* Rapporté du Caucase par M. Steven.

La seconde légion des Gonatocères porte le nom de Mecorhynchi, par opposition aux Brachyrhinchi, dont l'exposition commence avec le 35.ᵉ genre de M. Schœnherr. Ils sont caractérisés par un bec cylindrique ou filiforme, plus ou moins alongé; les antennes sont insérées à peu près vers le milieu du bec et non près de la bouche. Cette légion se partage en sections au nombre de deux, d'après le nombre des articles qui forment les antennes ou leur masse.

La première comprend les genres qui ont douze ou quinze articles à leurs antennes et quatre à leur masse. Elle se divise en trois groupes, qui portent le nom, 1.º d'*érirhinides*, 2.º *cholides*, 3.º *cryptorhynchides*.

La seconde section réunit les espèces dont les antennes n'ont que neuf ou dix articles, dont cinq forment le support de la masse. Ils se partagent en groupes, qui sont nommés, 4.º *cionites*, 5.º *calandreoides*, 6.º *cossonides*, 7.º *dryophthorides*.

§. I.ᵉʳ Mecorhynchi. A antennes de onze à douze articles, dont la masse n'est composée que de quatre.

1.ᵉʳ *Groupe.* Les Érirhinides. *Pattes antérieures rapprochées à leur base.*

* Genres ailés, à écusson plus ou moins distinct.

120. Genre *Lixus.* Ainsi nommé par la plupart des auteurs. Tel est le *paraplectique*, que nous avons fait figurer sous le

n.° 10 de la planche 16 de l'atlas joint à ce Dictionnaire. Telles sont les espèces dites *ascanii, cylindricus, algirus, filiformis, bardanæ, lividus,* etc.

121. Genre *Pacholenus.* Deux nouvelles espèces du Brésil, dont les pattes antérieures sont armées sur les cuisses d'une forte saillie.

122. Genre *Brachypus.* Nouvelle espèce, que l'auteur nomme *lixoides,* et dont il n'indique pas la partie.

123. Genre *Larinus.* Ce genre, établi par MM. Schupp et Germar, réunit les espèces de rhynchènes que Fabricius nommoit *cynaræ, jaceæ, onopordinis,* et un sous-genre sous le nom d'*ileomus,* qui rapproche le *lixus pulverulentus* d'Olivier, le *rorcus* de Fabricius et le *curculio cafer* de Sparmann.

124. Genre *Heilipus,* de Germar : il correspond aux espèces de rhynchènes nommées *clavipes* et *multiguttatus* par Fabricius, à celle qu'Olivier appelle *apiatus.*

125. Genre *Orthorhinus.* M. Schœnherr n'y rapporte que le *rhynchænus cylindrirostris,* Fabr.

126. Genre *Paramecops.* C'est le *curculio farinosus* de Wiedemann.

127. Genre *Pistodes.* C'est le *rhynchænus pini* des auteurs et autres espèces qui habitent le tronc des arbres résineux, d'où leur nom est tiré.

128. Genre *Penestes.* C'est le *rhynchænus tigris* de Fabricius.

129. Genre *Euderes.* Nouvelle espèce du Cap, décrite par Wiedemann.

130. Genre *Erirhinus.* Ce genre nombreux comprend la plupart des espèces de *rhynchænes* des auteurs, tels que les R. *æthiops, vorax, tremula, tortrix, festucæ.* L'auteur y comprend un sous-genre, avec le nom de *grypidius,* ou à nez aquilin, comme le rhynchène de la prêle.

131. Genre *Hydronomus.* C'est le *rhynchænus* de l'*alisma* ou plantain d'eau, ainsi nommé par Gyllenhal.

132. Genre *Brachonyx.* Nouvelle espèce décrite par le même sous le nom de rhynchène indigène.

133. Genre *Bradybatus.* Une seule espèce est décrite par Germar sous ce nom de genre, qu'il désigne par l'épithète de Creutzer.

134. Genre *Derelomus.* C'est le *rhynchœnus chamœropis* de Fabricius.

135. Genre *Anthonomus.* M. Germar, qui a établi ce genre, y range les *rhynchœnus druparum, avarus, pomorum, varians,* qui rongent les fleurs.

136. Genre *Erodiscus.* Tel est le *lixus attenuatus* de Fabricius, le *rhynchœnus disjacatus* d'Olivier.

137. Genre *Balaninus.* C'est le charanson des noisettes, *rhynchœnus nucum, crux,* etc.

138. Genre *Amalus.* Une seule espèce, décrite par Gyllenhal comme *rhynchœnus scortillum.* .

139. Genre *Coryssomerus.* Autre espèce du même genre, décrite par Beck sous le nom de *capucinus.*

140. Genre *Hydaticus.* Autre espèce du même, sous le nom de *velatus.* L'auteur y rapporte aussi le *rhynchœnus myriophylli* de Gyllenhal, ainsi que le *quadri-nodosus* et le *camari.*

141. Genre *Anoplus.* C'est le *rhynchœnus plantaris* de Gyllenhal.

142. Genre *Tychius.* Genre nombreux, qui comprend beaucoup de rhynchènes des auteurs, tels que les *quinque-punctatus, venustus, picirostris, carpini,* de Gyllenhal.

143. Genre *Sibynes.* Il renferme le *rhynchœnus viscariœ* des auteurs, le *sibinia potentillœ* et *vittata* de Germar.

144. Genre *Accalopistus.* Espèce unique de Tranquebar.

145. Genre *Endacus.* Nouvelle espèce de Sierra Leone.

146 et 147. Genres *Sternechus* et *Tylomus.* Ces deux genres ont été établis d'après celui de l'*orobitis* de Germar et sur deux espèces.

148. Genre *Orchestes.* Établi par Illiger, très-naturel, dont nous avons fait représenter une espèce sous le n.° 8 de la planche 16 de l'atlas de ce Dictionnaire, qui est celui de l'aulne. Il comprend aussi les *O. viminalis, lonicerœ, fagi,* etc. L'auteur forme, sous le nom de *tachyerges,* un sous-genre, auquel il rapporte les *rhynchœnus, salicis, saliceti,* etc.

** Érirhinides sans ailes et sans écusson.

149. Genre *Solenorhinus.* C'est le *curculio porifer,* décrit par Sparmann dans les Actes de Stockholm.

150. Genre *Anchonus.* L'auteur rapporte à ce genre les

rhynchœnes décrits par Fabricius sous les noms de *suillus* et *subspinosus.*

151. Genre *Styphlus.* Nouvelle espéce, décrite par notre auteur, d'après un individu conservé dans le Muséum de l'Académie des sciences de Stockholm et qu'il croit provenir de la France méridionale : il le nomme *penicillus.*

152. Genre *Trachodes.* D'après Germar, qui y rapporte le *curculio hispidus* de Linnæus.

11.ᵉ *Groupe.* Les Cholides, dont les pattes antérieures sont éloignées à leur base, où l'on voit saillir un sternum plat.

153. Genre *Rhinastus.* C'est le *cholus sternicornis* de Germar et le *rhinastus pertusus* de Dalman.

154. Genre *Cholus.* Genre établi par Germar pour y ranger les espèces que Fabricius nomme *rhynchœnus rana, annulatus.* M. Schœnherr distingue sous le nom de *callinotus,* comme un sous-genre, une espèce du Brésil, qu'il nomme *præfectus.*

155. Genre *Dionychus,* de Germar. C'est le *rhynchœnus miliaris* de Fabricius et son *calandra indus,* dont l'auteur forme un sous-genre, qu'il appelle *Homalinotus.*

156. Genre *Amerhinus.* Ce genre renferme quatre espèces nouvelles, indiquées comme non décrites encore, plus le *rhynchœnus Dufresnii* de Kirby et le *pardalis* de Dalman. Le nom signifie nez en faucille.

157. Genre *Solenopus.* Nouveau genre, établi sur deux insectes décrits l'un sous le nom d'*ontoderes cacicus* par Sahlberg, l'autre sous celui de *dionychus granicollis* par M. Germar.

158. Genre *Nettarhinus.* Espèce nouvelle du Brésil, que l'auteur désigne sous le nom d'*Anthribiforme.*

159. Genre *Alcides.* C'est le *lixus trilobus* de Fabricius, et ses *rhynchœnus subcatulus, dentipes, bubo,* etc.

160. Genre *Platyonyx.* C'est le *baris ornatus* du Catalogue du comte Dejean.

161. Genre *Madarus.* M. Schœnherr distingue sous ce nom la *calandra corvina* de Fabricius, et il en rapproche une autre espèce, qu'il appelle *pectoralis.*

162. Genre *Baridius.* Là se groupent les *calandra nitens, saba. rhynchœnus chloris, famulus,* de Fabricius, et deux sous-

genres sous le nom de *Cyphirhinus*, décrits sous le nom de *baridius* par Gyllenhal, et de *Solenosternus*, nouvelle espèce de l'Amérique méridionale, que M. Schœnherr nomme *puncticollis*.

III.ᵉ *Groupe.* Les Cryptorhynchides à bec courbé en dessous, reçu dans un canal sous-pectoral. Pattes antérieures distantes à la base le plus souvent.

163. Genre *Cratosomus.* Genre nouveau, qui comprend plusieurs espèces de *cryptorhyncus* de Germar et de *rhynchœnus* de Fabricius, tels que les R. *taurus*, *vaginalis*, *scaber* et son *lixus dubius.*

164. Genre *Cryptorhynchus* d'Illiger, tels que le *Rhynchœnus*, *piger*, *mangifera*, *hemorrhois*, *hebes*, *palpebra*, *calidus*, de Fabricius, et plusieurs autres, qui forment des sous-genres sous les noms de *Mecocorynus*, *Camptorhinus*, *Cælosternus.*

165. Genre *Macromerus.* Tel que le *Rhynchœnus chimaris* de Fabricius.

166. Genre *Arthrostenus*, établi sur trois espéces, dont une avoit été indiquée par Bœb comme *rhynchœnus-fullo.*

167 et 168. Genres *Lybrus* et *Bagous.* Ces deux genres sont établis aussi sur quelques espéces de rhynchènes.

169. Genre *Scleropterus.* Espèce unique, décrite par Germar sous le nom de cryptorhynque dentelée.

170. Genre *Tapinotus.* Nouvelle espéce d'Europe.

171. Genre *Ulosomus.* D'après une espéce de l'île de Saint-Barthélemy.

172. Genre *Tylodes.* Trois espèces non décrites. Une autre appelée *armadillo* par Sahlberg.

173. Genre *Centorhynchus.* Genre nombreux auquel M. Schœnherr rapporte les *Rhynchœnus quercus*, *umbraculatus*, *didymus*, *sisymbrii*, *assimilis*, *erysimi*, *echii*, *castor*, *gramineus*, etc.

174. Genre *Mononychus.* C'est le *rhynchœnus pseudo-acori*, *vulpeculus* des auteurs.

175. Genre *Zygops.* Tel est le *Rhynchœnus strix* de Fabricius ; le *Lamella* du même auteur, dont M. Schœnherr fait le sous-genre *Coptorus* ; le *Pleuronectes*, qui fait aussi un sous-

genre *Piazorus*, et enfin un troisième sous-genre, *Coryssopus*, avec une espèce de Sierra Leone.

176. Genre *Mecopus*. D'une seule espèce, qui est le *rhynchœnus bispinosus* de Fabricius.

177. Genre *Lechriops*, qui se compose d'une espèce voisine de celle que Fabricius nomme *rhynchœnus sciurus*.

178. Genre *Pinarus*, correspondant au *Poelcima spiculum* de Germar et au *Cryptorhyncus squalidus* du comte Dejean.

179. Genre *Centrinus*, qui comprend le *Rhynchœnus quadrivittatus* de Fabricius et plusieurs autres.

18o. Genre *Diorymerus*, qui est le *Rhynchœnus gagates* de Fabricius.

181. Genre *Eurhinus*, qui est le *Rhynchœnus festivus* du même.

182. Genre *Orobitis*, qui est le *Rhynchœnus* et l'*Attelabus globosus* de Fabricius; *Curculio cyaneus* de Linnæus.

183. Genre *Cleogonus*, qui est le *Rhynchœnus rubetra* de Fabricius.

184. Genre *Ocladius*, qui est le Rhynchène de la salicorne d'Olivier.

§. II. Mecorhynchi. A antennes de dix ou de neuf articles seulement, dont le support est de cinq constamment.

IV.ᵉ *Groupe.* Les Cionides. A antennes courtes.

185. Genre *Cionus*. Genre établi par M. Clairville et adopté par la plupart des auteurs. Il comprend ceux de la scrophulaire, du bouillon-blanc, du thapsus, de la blattaire, du frêne, du solanum.

186. Genre *Gymnætron* : il comprend d'autres espèces de *cionus*, tels que ceux appelés du beccabunga, de la véronique, de la campanule, de la linaire, du muflier, etc.

187. Genre *Mecinus*. Établi par MM. Germar et Dejean, pour y ranger avec trois autres espèces le *rynchœnus semicylindricus* de Gyllenhal.

188. Genre *Nanodes*. Sous ce nom M. Schœnherr rapporte le *Rhynchœnus lythri* des auteurs, l'*Orobitis tamarisci* de M. Dejean.

§. III. Mecorhynchi. A antennes de sept, huit, neuf ou dix articles, dont le support est de six, sept ou huit.

v.ᵉ *Groupe.* Les Calandræides. Antennes moyennes ; support de six articles, masse à un ou deux articles ; bec saillant ou fléchi.

* *Cryptopygi*, dont les élytres cachent le bout de l'abdomen.

189. Genre *Rhina* d'Olivier et de Latreille ; tel que le *barbirostris*.

190. Genre *Sipalus*. C'est la *Calandra granulata* de Fabricius.

** *Gymnopygi*, dont les élytres ne couvrent pas l'extrémité du ventre.

191. Genre *Rhynchophorus*. Tel est la *Calandra palmarum* et la *granaria* des auteurs, dont M. Schœnherr fait un sous-genre avec celles nommées *Frumenti*, *Oryzæ*, etc.

vi.ᵉ *Groupe.* Les Cossonides. Antennes courtes, à support de sept articles, à masse solide ou de deux articles, bec fléchi ; élytres couvrant le bout de l'abdomen.

192. Genre *Amorphocerus*. Nouvelle espèce du cap de Bonne-Espérance, que l'auteur décrit sous le nom de *talpa*.

193. Genre *Cossonus*. Tel est le *Cossonus linearis* des auteurs et plusieurs autres, parmi lesquels M. Schœnherr établit le sous-genre *Rhyncolus*.

vii.ᵉ et dernier *Groupe.* Les Dryophthorides. A antennes courtes, supportées par quatre articles ; bec fléchi ; élytres couvrant tout l'abdomen.

194. (Dernier Genre). *Dryophthorus*. Tel est le *lixus lymexylon* de Fabricius. (C. D.)

RHINOCÉROS, *Rhinoceros*. (*Mamm.*) Les quadrupèdes pachydermes, à doigts impairs et sans trompe, qui portent ce nom, composent un genre maintenant formé de quatre espèces vivantes et de quatre espèces fossiles.

Les caractères les plus apparens des animaux qu'il comprend, consistent en des formes lourdes et massives ; une peau sèche, rugueuse, presque sans poils, extrêmement épaisse et formant comme une cuirasse; une tête courte, triangulaire, à chanfrein droit ou plutôt concave, et occiput relevé, dont les yeux sont très-petits et latéraux; les oreilles en cornet, pointues et très-mobiles; le museau court et tronqué, toujours surmonté en avant et dans son milieu d'une corne pleine, qui est quelquefois suivie d'une seconde beaucoup plus courte[1]; trois sabots courts et arrondis, indiquant seuls le nombre des doigts à chaque pied; une queue médiocrement longue et grêle. Tous les animaux de ce genre sont de grande dimension; deux d'entre eux prennent immédiatement rang après les éléphans, pour la taille et la force, parmi les quadrupèdes terrestres.

Les rhinocéros vivent ou ont vécu de végétaux. Leur système dentaire, approprié à ce genre de nourriture, est, pour ainsi dire, intermédiaire à celui des chevaux et celui des ruminans, et il a de l'analogie avec ceux du daman, des palæothériums et des tapirs; mais il présente néanmoins avec ceux-ci des différences notables. Le nombre total des dents est de trente-quatre, trente-deux ou trente, selon les espèces. Tantôt il n'y a pas d'incisives supérieures, tantôt elles existent, et dans ce dernier cas ces dents sont, ou au nombre de deux, très-développées, ou au nombre de quatre, deux fortes et obtuses occupant presque en entier les os intermaxillaires, et deux très-petites, latérales et placées une à droite et une à gauche des mitoyennes. Quelquefois aussi il y a des incisives inférieures, et d'autres fois elles manquent; et lorsqu'elles existent, il y en a tantôt quatre, dont deux intermédiaires, beaucoup plus petites que les latérales, et tantôt deux fortes seulement. Des mâchelières supérieures, la cinquième et la sixième sont les plus grosses, et les antérieures croissent successivement à mesure qu'elles sont placées plus proche de celles-ci; depuis la troisième jusqu'à la sixième elles ont leur couronne de forme carrée et marquée d'une colline d'émail très-saillante, qui borde leur face externe, et de laquelle partent, pour se porter transversalement en dedans, deux autres lignes saillantes, dont la postérieure figure un crochet : la première

---

[1] Leur nom vient de *ῥίν, nez*, et *κέρας, corne.*

molaire est simplement triangulaire et mousse à sa couronne;
la seconde n'a qu'une ligne transversale d'émail et la bordure extérieure; enfin, dans la septième, cette bordure
disparoît et la dent prend une forme triangulaire. Les mâchelières inférieures croissent successivement depuis la première jusqu'à la dernière, et, comme dans les anoptothé-
riums, les palæothériums et les damans, les six dernières sont
formées de deux croissans émailleux, simples, placés l'un
au bout de l'autre, avec la convexité en dehors, et réunis
complétement dans les dents très-usées; la première est
comme rudimentaire. L'ouverture de la bouche, qui renferme ce système dentaire, est petite, relativement au volume de ces animaux, et elle est close supérieurement par
une lèvre pendante, terminée en pointe dans son milieu et
douée d'une mobilité assez grande; la langue est lisse; le
bout du museau, sans mufle ou partie nue et muqueuse,
est plat et comme tronqué perpendiculairement au-dessus
de la bouche; les narines sont placées sur ses côtés et ont
de la ressemblance avec celles du cheval; les yeux, latéraux
et très-petits, à pupille ronde, sont situés à une distance à
peu près égale du bout du museau et des oreilles, qui ont
la forme de cornet et sont mobiles aussi, comme celles du
cheval; des replis d'une peau fort épaisse, plus ou moins
saillans, forment en arrière de l'occiput comme une sorte
de collier. En général, la tête est assez petite, relativement
au corps, courte, de forme triangulaire, dont l'occiput est
très-élevé et le front et le chanfrein plats ou légèrement
concaves.

Le cou est très-court; le corps est assez élevé sur ses jambes,
si on le compare surtout à celui de l'hippopotame et de l'éléphant; le ventre est assez gros dans son milieu; le garrot est
un peu plus élevé que la croupe, qui est arrondie et terminée par une queue assez mince, qui ne descend pas jusqu'au
talon, et qui est comprimée; les jambes, moins épaisses et
plus longues relativement que celles de l'éléphant, ont les
angles de leurs articulations plus sentis, c'est-à-dire que leur
genou et leur talon font plus de saillie, et les pieds sont plus
courts et moins larges; les doigts, qui y sont au nombre de
trois, ne sont apparens au dehors de la peau que par leurs

45.   23

ongles, dont la forme est arrondie et la position presque
verticale. La peau, fort semblable à celle de l'éléphant par
sa nature, offre des plis plus ou moins marqués dans des endroits déterminés et principalement derrière la tête, sur la
région des épaules et sur celle de la croupe. Dans l'espèce
où la peau est le plus lâche, on en voit encore sous le cou
et en travers du haut des membres; dans celles qui ont
cette peau plus serrée, les plis des épaules et de la croupe
ne sont plus qu'indiqués sur les côtés; enfin, dans le plus
petit des rhinocéros, celui des iles de la Sonde, les épaules
ont deux plis assez distans l'un de l'autre, et l'épiderme de
la peau est divisé en petits compartimens polygones, qui lui
donnent un aspect tout particulier. Il n'y a que deux mamelles inguinales. La verge du mâle est terminée par un
gland en forme de fleur de lis.

L'attribut le plus remarquable des rhinocéros consiste dans
la présence d'une corne solide, conique, plus ou moins
grande, légèrement recourbée en arrière, fixée à la peau
sur une voûte rugueuse, résultant de la réunion des os
propres du nez au-dessus des fosses nasales, et qui est, dans
une espèce fossile, consolidée par une cloison perpendiculaire à son plan. Cette corne, dont la nature n'est pas osseuse, comme celle des cerfs, est persistante comme celle
des bœufs et autres ruminans; mais elle n'entoure point une
cheville osseuse. Sa structure est fibreuse et paroît résulter
d'une agglutination de poils par la matière cornée. Sa longueur est plus ou moins considérable, selon les espèces, et
l'on en connoît qui ont jusqu'à trois et quatre pieds de longueur, tandis que d'autres ne forment qu'un tubercule à
peine saillant d'un pouce.

Deux espèces de rhinocéros, l'une d'Asie et l'autre des iles
de la Sonde, ont cette corne simple; mais deux autres,
les rhinocéros d'Afrique et de Sumatra, ont une seconde
corne, beaucoup plus petite et comprimée, placée en arrière
de la première et sur le commencement des os du front.

Dans les rhinocéros on compte dix-neuf vertèbres dorsales, trois lombaires, cinq sacrées et vingt-deux coccygiennes; et dix-neuf paires de côtes, dont sept vraies. L'humérus et le fémur ont des crêtes et des apophyses très-sail-

lantes; les deux os de l'avant-bras et ceux de la jambe sont distincts, mais dans une position fixe; l'omoplate est très-alongée. Les intestins ont une grande longueur; l'estomac est simple et fort grand; le cœcum est très-developpé; il n'y a point de vésicule du fiel, etc.

Tels sont les traits principaux de l'organisation et des formes extérieures des rhinocéros, dont on connoît aujourd'hui quatre espèces, qui habitent les contrées les plus chaudes de l'ancien continent, généralement dans les lieux où vivent aussi les éléphans. La nature de leurs tégumens les porte à rechercher de préférence les lieux humides et ombragés, et ils se vautrent à la manière des hippopotames et des cochons pour assouplir leur cuir. Leur intelligence paroît fort bornée, et leur naturel est farouche et indomptable. Ils ont pour ennemis principaux les tigres, les lions et autres grands animaux du genre des Chats ou *Felis*, et, suivant quelques auteurs, les éléphans; ils se défendent avec leur corne et cherchent surtout à éventrer leurs adversaires, après quoi ils les foulent aux pieds. Leur nourriture consiste en feuilles et en branchages, qu'ils arrachent au moyen de leur lèvre supérieure mobile, et l'on assure aussi qu'ils labourent la terre avec leur corne pour en tirer les racines, dont ils se nourrissent également.

Les rhinocéros appartiennent à cet ordre de quadrupèdes à sabots et non ruminans, qui paroît avoir anciennement peuplé la terre presque exclusivement, et dont les débris se rencontrent de toute part dans les alluvions les plus superficielles; aussi avoient-ils leurs représentans dans ce monde antérieur au nôtre, ce qui a été constaté d'une manière irréfragable par Pallas et par M. Cuvier, dont les recherches nous ont revelé l'ancienne existence de quatre de leurs espèces, dont une étoit plus grande que le rhinocéros qui vit maintenant dans les forêts de l'Afrique, et une autre à peine de la taille de nos cochons domestiques.

Les deux espèces vivantes qui ont été les plus anciennement connues, sont d'abord le rhinocéros des Indes, et ensuite le rhinocéros d'Afrique; les deux autres n'ont été distinguées que depuis une vingtaine d'années, l'une par M. W. Bell et l'autre par M. Cuvier.

Le Rhinocéros des Indes (*Rhinoceros indicus*, Cuv.; *Rhinoceros unicornis*, Linn.; Rhinocéros, Buff., tom. 11, pl. 7) est le plus grand de tous. Ses caractères consistent principalement dans l'existence d'une seule corne sur le nez ; dans les plis très-profonds que forme sa peau, sur les épaules, sur les lombes, ainsi qu'en travers du haut des membres antérieurs, en arrière des membres postérieurs et sous le cou ; enfin, dans le nombre des incisives, qui est de quatre à chaque mâchoire, deux grosses et deux petites latérales à celle d'en haut, et deux grosses avec deux petites intermédiaires à celle d'en bas. Les proportions de ses diverses parties (mesurées sur l'individu conservé dans la galerie du Muséum) sont les suivantes : Hauteur du corps au garrot, cinq pieds ; du ventre au-dessus de terre, un pied deux pouces ; longueur de la tête, deux pieds huit pouces ; de l'occiput au pli de l'épaule, sur le haut du dos, deux pieds deux pouces ; du pli de l'épaule à celui de la croupe, trois pieds quatre pouces ; du pli de la croupe à la base de la queue, un pied sept pouces ; longueur de la queue, deux pieds ; de la corne, deux pieds quatre pouces ; distance du museau à l'œil, un pied un pouce ; de l'œil à la base de l'oreille, un pied deux pouces ; longueur de l'oreille, dix pouces ; hauteur du genou de devant, un pied ; du talon des jambes de derrière, un pied un pouce ; diamètre antéro-postérieur de la plante du pied, neuf pouces. La peau, très-rugueuse, est épaisse d'un pouce et demi et l'enfoncement de ses plis a une profondeur égale ; sous le cou elle paroît assez lâche pour y former deux ou trois grosses rides ou bourrelets transverses. Les poils, courts et usés, sont extrêmement rares, mais moins cependant sur les jambes qu'ailleurs.

Cet animal, qui paroît avoir été inconnu d'Aristote, ne se trouve mentionné pour la première fois que dans les ouvrages d'Athénée, de Pline, de Strabon. Le premier individu de son espèce dont il soit fait mention dans l'histoire, dit M. Cuvier, fut celui qui parut à la fête célèbre de Ptolémée Philadelphe : le premier que vit l'Europe parut aux jeux de Pompée. Auguste en fit combattre un avec un hippopotame, dans le cirque, lorsqu'il triompha de Cléopatre. Antonin, Héliogabale et Gordius III ont fait également voir des rhinocéros ; mais il n'est pas certain que ceux-ci appartinssent à l'espèce qui nous occupe. Dans les temps modernes on cite seulement le rhinocéros unicorne, qui fut envoyé des Indes, en 1512, à Emmanuel, roi de Portugal, et dont Albert Durer a fait une figure, très-longtemps recopiée dans tous les ouvrages d'histoire naturelle; celui qui fut amené en Angleterre, en 1685; ceux qui furent promenés en divers états de l'Europe, en 1739 et 1741, qui, selon M. Cuvier, donnèrent vraisemblablement matière aux descriptions et aux figures que publièrent le peintre Oudry et les naturalistes et anatomistes Edwards, Albinus, Daubenton et Meckel. Un cinquième vécut entre 1771 et 1793 (c'est-à-dire vingt-deux ans), soit à la ménagerie de Versailles, soit à celle du Muséum, et c'est de lui dont il est fait mention dans les Supplémens à l'Histoire naturelle de Buffon, tom. 3. Un sixième, destiné pour la ménagerie de l'empereur d'Allemagne, est mort à Londres en 1800; enfin, un septième a été montré en France et dans les pays étrangers, il y a environ dix à douze ans. Quelques voyageurs ont aussi vu cette espèce d'animal dans son pays natal et en ont donné des descriptions plus ou moins complètes.

Les individus que l'on a élevés dans les ménageries, et dont on n'a pu étudier les mœurs que très-imparfaitement, étoient des animaux d'un naturel assez doux pour l'ordinaire, mais donnant de temps à autre des marques d'impatience et se livrant parfois à des actes de fureurs. Leur regard étoit stupide et leur vue paroissoit médiocrement bonne; mais leurs oreilles, toujours en mouvement, sembloient indiquer chez eux une grande finesse du sens de l'ouie. Leur voix avoit de l'analogie avec celle du sanglier, c'est-à-dire que c'étoit une sorte de grognement qui se transformoit en tons aigus, lorsque ces animaux étoient irrités; leurs excrémens ressembloient à ceux du cheval, etc.

On assure qu'à l'état de liberté, la femelle du rhinocéros de l'Inde ne fait qu'un petit à la fois et que ses portées sont de neuf mois. En naissant, le jeune est pourvu d'un très-petit rudiment de corne, qui se développe ensuite avec l'âge; sa taille est, assure-t-on, à peu près égale à celle d'un de nos cochons domestiques.

Dans l'Inde la corne de rhinocéros est très-employée pour

faire des vases, que l'on prétend avoir la propriété d'anéantir la qualité vénéneuse des liqueurs empoisonnées qu'on y verse. Ces vases ont souvent beaucoup de prix, à cause des ornemens très-délicats dont ils sont surchargés et qui sont ménagés dans la substance même de la corne. Cette matière est aussi mise en usage pour fabriquer des poignées de sabres, des manches de poignards, des tabatières, etc. La peau du rhinocéros sert aussi, dit-on, à faire des manches de fouets.

L'espèce que nous venons de décrire est particulière au continent asiatique et se trouve surtout dans les contrées qui sont situées au-delà du Gange. Il est très-probable que le rhinocéros unicorne, que le voyageur Chardin dit avoir vu à Ispahan et qu'on assuroit être d'Éthiopie, ne lui appartenoit pas.

Le RHINOCÉROS D'AFRIQUE : *Rhinoceros africanus*, Cuv.; le RHINOCÉROS D'AFRIQUE, Buff., Suppl., 6, pl. 6; RHINOCÉROS BICORNE, Camper. Il résulte des recherches de M. G. Cuvier que les anciens Romains ont eu connoissance de cette espèce, mais ne l'ont jamais introduite en Europe, et que les modernes ne l'ont jamais possédée non plus. Pausanias parle du rhinocéros bicorne, sous le nom de taureau d'Éthiopie. Du temps de Domitien on frappa à Rome des médailles sur le revers desquelles étoit gravé un animal de cette espèce. Cosmas et Aldrovande en ont parlé. Parson, dans le dernier siècle, chercha à établir que le rhinocéros unicorne est toujours d'Asie et le bicorne d'Afrique. Le major Gordon fut celui qui donna la première description un peu complète de ce dernier animal. Enfin ce fut Camper qui le fit connoître le mieux.

Le rhinocéros d'Afrique, à peu près de la taille de celui de l'Inde, décrit ci-dessus, en diffère par quatre caractères importans : 1.º il a derrière la grande corne que supporte son nez une seconde corne beaucoup plus petite, conique et comprimée; 2.º sa peau n'a presque pas de plis sur le dos, et l'on voit seulement en arrière des bras et en avant des cuisses deux légères indications de ceux qui sont si prononcés dans le rhinocéros d'Asie : les plis transversaux des membres et celui du dessous du cou manquent complétement; 3.º il n'y a point d'incisives du tout, soit à la mâchoire supérieure, soit à l'inférieure; 4.º sur les os frontaux on reconnoît une surface au-dessus de laquelle la seconde corne est attachée à la peau.

Voici les dimensions de l'individu conservé dans la galerie du Muséum : Hauteur du corps au garrot, quatre pieds neuf pouces ; hauteur du ventre au-dessus de la terre, un pied neuf pouces ; longueur de la tête, deux pieds trois pouces ; de la première corne, un pied deux pouces, et de la seconde, six pouces ; du museau à l'œil, un pied ; de l'œil à la base de l'oreille, onze pouces ; longueur de l'oreille, six pouces et demi ; longueur du pli de l'occiput à la base de la queue, six pieds dix pouces ; de la queue, deux pieds deux pouces ; hauteur du genou de devant au-dessus de terre, onze pouces ; du talon des pieds de derrière, un pied un pouce ; diamètre antéropostérieur des pieds, sept à huit pouces. La peau est rugueuse, nue comme celle du rhinocéros d'Asie ; mais elle paroît plus mince, parce que l'absence des plis ne permet pas d'en apprécier l'épaisseur.

Ce rhinocéros habite les forêts de la contrée africaine qui est terminée au sud par le cap de Bonne-Espérance. Il ne quitte pas le voisinage des fleuves et se nourrit de chardons, de genêts, et particulièrement des petites branches d'un arbuste qui ressemble à nos genévriers d'Europe et que les habitans du Cap nomment *arbrisseau du rhinocéros*.

Salt dit avoir trouvé le rhinocéros bicorne en Abyssinie ; et M. de Blainville pense que si des cornes d'un rhinocéros de ce pays, conservées au Muséum des chirurgiens à Londres, ont été recueillies par ce voyageur, il se pourroit qu'elles dussent être rapportées à une espèce particulière, caractérisée par l'*extrême compression de la seconde corne*. D'un autre côté, si celle que Bruce assure exister dans cette contrée avoit des *grands plis à la peau* et ne différoit pas de celle de Salt, cette espèce unique seroit bien distinguée de toutes les autres par les mêmes caractères que nous avons soulignés ; néanmoins nous ne la croyons pas différente de celle du Cap.

Le major Gordon, en parlant du rhinocéros de ce dernier pays, dit qu'il a vingt-quatre molaires en tout (six de chaque côté), et deux incisives à chaque mâchoire ; ce caractère en feroit une espèce particulière, s'il étoit bien observé : ce dont M. Cuvier doute.

Dans ces dernières années, le voyageur Burchell a donné une notice sur un rhinocéros trouvé par lui aussi en Afrique, et qu'il dit différer de l'espèce à deux cornes du Cap par une taille plus grande, par sa tête beaucoup plus longue à proportion, et aussi par la forme des lèvres et du nez, qui sont très-élargis et comme tronqués; d'où il a tiré le nom de *rhinocéros simus* qu'il a appliqué à cet animal. M. de Blainville croit qu'il se pourroit que celui-ci se rapportât à l'espèce dont le major Gordon a donné une description. Pour nous, l'existence de cette espèce reste encore douteuse.

Le Rhinocéros de Sumatra : *Rhinoceros sumatrensis*, Cuv.; *Sumatran rhinoceros*, W. Bell, *Trans. phil.*, 1793; Shaw, *Gen. zool.*, vol. 1, part. 2; Cuv., Oss. foss., tom. 2, part. 1, pl. 94 (squelette). C'est le troisième en grosseur. Sa taille est à peu près celle d'un petit bœuf. Sa tête est alongée et son nez et son front supportent deux cornes dont la première est médiocrement longue et la seconde comme rudimentaire. La peau présente un pli très-prononcé derrière l'épaule, tandis que celui des cuisses n'est marqué que sur les côtés du corps, et même assez légèrement. Les incisives sont seulement au nombre de deux à chaque mâchoire, et elles sont fort larges.

L'individu de la collection du Muséum nous a présenté les dimensions suivantes : Longueur de la tête (beaucoup plus considérable, relativement à la taille dans cette espèce, que dans les autres), deux pieds; longueur de l'occiput au pli des épaules, deux pieds; de celui-ci à la base de la queue, trois pieds quatre pouces; longueur de la queue, un pied dix pouces; des oreilles, cinq pouces et demi; longueur du bout du museau à l'œil, neuf pouces; de l'œil à la base de l'oreille, huit pouces et demi; longueur de la première corne, huit pouces; de la seconde, deux pouces et demi; hauteur de l'animal au garrot, quatre pieds; hauteur du ventre au-dessus de terre, un pied cinq pouces; du talon au-dessus du sol, un pied; du genou des pieds de devant, dix pouces aussi au-dessus de la terre; diamètre antéro-postérieur des pieds, sept pouces.

Dans cette espèce, que W. Bell a fait connoître le premier, et dont M Cuvier a décrit en détail l'ostéologie, la femelle ne diffère du mâle qu'en ce que ses cornes sont moins

fortes et les plis de sa peau encore moins apparens. Sa patrie
est l'île de Sumatra. Ses mœurs sont inconnues.

Le Rhinocéros des îles de la Sonde : *Rhinoceros sondaicus*,
Cuv.; Raffles; Rhinocéros unicorne de Java, Camper. C'est
le plus petit. D'une taille moindre que le rhinocéros de l'Inde,
il en a, dit M. Cuvier, toute la physionomie; son cuir est
également partagé par de grands plis en compartimens semblables à des pièces de cuirasse; ses dents sont pareilles, et
c'est par les détails de son ostéologie qu'il se distingue le mieux.
La femelle diffère sensiblement du mâle par sa corne, qui est
réduite à une tubérosité demi-ovoïde. La peau de tout le corps
est couverte d'un épiderme un peu luisant et divisé en petites
plaques polyédriques de plusieurs lignes de diamètre, formant
une sorte de mosaïque, donnant chacune naissance à un poil
court, roide et brun, qui sort d'une petite dépression centrale;
la tête est courte, triangulaire, à chanfrein arqué en creux;
les yeux sont très-petits; les oreilles peu évasées, sont garnies
en dehors et sur les bords de leur extrémité de poils d'un
brun roux assez roides; il n'y a point de grands plis sur la peau
de la tête, qui est rugueuse et recouverte d'un épiderme divisé en petites plaques anguleuses, comme celui de la peau du
corps; un pli derrière l'occiput est assez rapproché de la tête;
un autre, transversal (qui n'existe pas dans l'espèce d'Asie), en
forme de collet, se voit sur le haut et le milieu de la région
des épaules, et se rapproche de chaque côté du cou pour se
continuer en dessous; un second pli, qui ceint le corps, est
situé derrière les épaules; un pli transversal existe sur la jambe
de devant, mais il n'y a point de pli dans le sens de l'épine,
comme dans le rhinocéros de l'Inde; un grand pli est sur la
région de la croupe et passe de chaque côté en avant des
cuisses; une légère dépression longitudinale sur les lombes,
part à droite et à gauche de la base de la queue, et indique
un pli très-foiblement marqué; un pli transversal sur la jambe
se réunit à celui de la croupe, et remonte en arrière en
bordant le périnée jusqu'à la base de la queue. (Desm.,
Mamm., 627.) C'est de cette espèce que M. F. Cuvier a décrit le système dentaire dans son ouvrage sur les dents;
bien qu'il n'ait pas fait mention des petites incisives externes
supérieures et mitoyennes inférieures, qui manquoient, par

un accident rare, dans le sujet qu'il a eu sous les yeux.

Le jeune individu femelle de la collection du Muséum, qui a été envoyé de Java par MM. Duvaucel et Diard, présente les proportions suivantes dans ses diverses parties : Longueur totale, mesurée depuis le milieu de la troncature du museau jusqu'à l'origine de la queue, cinq pieds cinq pouces et demi ; longueur de la tête, un pied trois pouces ; de l'occiput au premier pli de l'épaule, huit pouces et demi ; de celui-ci au second pli, dix pouces ; du second pli de l'épaule à celui de la croupe, un pied dix pouces ; de ce dernier à l'origine de la queue, dix pouces ; longueur de la queue, un pied deux pouces ; distance de l'angle antérieur de l'œil au milieu du museau, sept pouces ; des yeux entre eux, neuf pouces ; de l'angle externe de l'œil à la base de l'oreille, neuf pouces un quart : hauteur de la corne, trois quarts de pouce ; hauteur de l'animal au garrot et à la croupe, trois pieds ; hauteur du talon des pieds de derrière au-dessus du sol, un pied ; diamètre antéro-postérieur du pied, cinq pouces et demi.

Ce rhinocéros, sur lequel MM. Diard et Duvaucel ont composé un mémoire non publié, n'a encore été trouvé que dans l'île de Java. Il porte, en langue malaise, le nom de *badak*, d'où M. Cuvier présume qu'est dérivé le nom d'*abada*, donné au rhinocéros par beaucoup d'auteurs. Le fœtus, dans cette espèce, a, dès le ventre de sa mère, les mêmes plis à la peau que l'adulte.

Nous renvoyons pour la description ostéologique de ce rhinocéros à l'ouvrage de M. Cuvier sur les ossemens fossiles. Le squelette de cet animal s'y trouve soigneusement comparé à celui de l'espèce la plus voisine par ses formes extérieures, celle de l'Inde.

Les espèces fossiles dont les ossemens ont été recueillis jusqu'à ce jour, sont au nombre de quatre. Nous n'entreprendrons pas d'exposer ici les caractères qui leur sont propres, car il faudroit entrer dans des détails anatomiques peu susceptibles d'être extraits, de manière à bien faire sentir les différences d'organisation que présentent ces espèces.

Le Rhinocéros de Pallas, *Rhinoceros Pallasii*, est celui dont les dépouilles ont d'abord été signalées et décrites par le cé-

lèbre Pallas, dans les Commentaires de l'académie de Péters-
bourg (1773), et que M. Cuvier a ensuite examinées avec un
nouveau soin. C'est le Rhinocéros fossile de Sibérie, *Rhinoceros tichorhinus*, de ce dernier auteur. Ses ossemens sont extrêmement abondans dans les terrains d'alluvion de la Sibérie,
et accompagnent presque toujours ceux de l'éléphant mammouth. Un des faits les plus curieux que l'histoire de la terre
présente, est celui de la découverte du cadavre d'un rhinocéros de cette espèce, trouvé avec sa peau, sa chair et ses
poils en Décembre 1771, enseveli dans le sable, sur les bords
du Wiluji, rivière qui se jette dans la Léna, au-dessous
d'Iakoutsk, par le 64.e degré de latitude boréale. Ce fait,
ainsi que celui de la trouvaille d'un éléphant mammouth,
dans des circonstances à peu près pareilles, ont donné lieu à
M. Cuvier de présumer que très-probablement ces animaux
ont habité et vécu dans les endroits où l'on trouve aujourd'hui
leurs ossemens, et qu'ils ont dû disparoître par l'effet d'une
révolution subite qui a fait périr tous les individus existant
alors, ou par un changement de climat qui les a empêchés
de s'y propager. La fourrure longue et épaisse dont ils étoient
revêtus, appuie fortement cette supposition, et donne lieu de
penser aussi qu'ils pouvoient vivre dans un climat froid.

Le rhinocéros de Pallas étoit d'une taille plus considérable
que l'espèce à deux cornes d'Afrique. Sa tête, très-alongée,
a dû supporter deux cornes fort longues, dont l'antérieure
étoit placée sur une vaste voûte formée par les os du nez, et
consolidée par une cloison osseuse, verticale et moyenne qui
manque aux espèces vivantes; il n'y avoit point d'incisives
aux mâchoires; le poil qui recouvroit le corps étoit de couleur brune, et particulièrement abondant sur les membres.

Les ossemens de cette espèce ont été rencontrés, non-seulement en Sibérie, mais encore en Allemagne, en Angleterre
et en France : ils y sont seulement beaucoup plus rares.

Le Rhinocéros de Cuvier, *Rhinoceros Cuvieri* (nommé par
ce savant, dans la dernière édition de son ouvrage, *Rhinoceros
ptorhinus*) est celui dont les dépouilles abondent en Italie,
et principalement dans le val d'Arno en Toscane, au Monte
Pulgnasco et dans la vallée du Pô, en Lombardie, etc., mêlées avec des ossemens d'éléphans et d'hippopotames. Il por-

toit deux cornes sur le nez, n'avoit point d'incisives et ses narines n'étoient point cloisonnées : caractères qui sont tous propres au rhinocéros bicorne d'Afrique; mais il avoit les narines, à proportion, beaucoup plus grêles et les os propres du nez plus minces.

Le RHINOCÉROS A DENTS INCISIVES, D'ALLEMAGNE (*Rhinoceros incisivus*, Cuv.), est une espèce fondée uniquement sur la découverte d'incisives de rhinocéros que Camper fit en Allemagne, lesquelles, par leurs dimensions, n'ont pu appartenir qu'à un rhinocéros aussi grand que les deux espèces fossiles dont nous avons parlé d'abord, mais qui sont absolument dépourvues de cette sorte de dents.

Enfin, le RHINOCÉROS PETIT (*Rhinoceros minutus*, Cuv.), étoit aussi une espèce fossile pourvue d'incisives, mais sa taille ne devoit pas excéder de beaucoup celle du cochon, ou le tiers de celle des rhinocéros ordinaires, ainsi que M. Cuvier a pu le déterminer d'après les proportions du volume des dents, et des divers ossemens d'individus adultes et même vieux, qui furent trouvés en 1821, à Saint-Laurent, près de la ville de Moissac, département de Tarn-et-Garonne, sur un des côteaux les plus élevés de ce canton, à peu près à soixante-douze pieds de profondeur, après avoir percé successivement la terre végétale, une marne forte et compacte, un banc de gravier, un banc de grès et plusieurs autres de sable et de gravier. La couche qui les renfermoit avoit l'apparence du gravier de nos rivières, et contenoit aussi des ossemens de crocodiles et de tortues, et divers débris de rhinocéros adultes, les uns de grandeur ordinaire, et les autres des deux tiers ou même de la moitié de cette grandeur.

L'état de ces os a donné lieu à M. Cuvier de penser qu'ils pourroient appartenir à plusieurs espèces différentes entre elles, non-seulement par la taille, mais encore par plusieurs caractères qu'il indique. (DESM.)

RHINOCÉROS. (*Entom.*) Ce nom, qui signifie nez cornu, a été donné à plusieurs insectes qui offrent quelques prolongemens cornés sur la tête ou sur le chaperon. Tels sont le *scarabée nasicorne* et le *géotrupe rhinocéros*, insectes d'Asie, figurés par Olivier, pl. 18, n.° 166. (C. D.)

RHINOCÉROS. (*Conchyl.*) Les auteurs de catalogues de

coquilles désignent quelquefois sous ce nom une espèce de rocher, le *murex femorale*, Linn. (De B.)

RHINOCÉROS AVIS. (*Ornith.*) Ce nom a été donné, par divers auteurs, à plusieurs espèces de calaos, *buceros*, Linn. (Ch. D.)

RHINOCÉROS DE MER. (*Ichthyol.*) Voyez Licorne [Petite] et Licornet. (H. C.)

RHINOCÉROS DE MER ou LICORNE DE MER. (*Mamm.*) Ces noms ont été appliqués au narwhal. (Desm.)

RHINOCURE, *Rhinocurus*. (*Conchyl.*) Genre de coquilles polythalames, établi par Denys de Montfort dans sa Conchyliologie systématique, t. 1, page 235, pour une espèce de nautile microscopique qui rentre dans le genre Lenticuline de M. de Lamarck, et qui a pour caractères principaux, de n'être pas ombiliqué, mais mamelonné ; d'avoir le dos garni d'une carène digitée, et la cloison, fermant l'ouverture, pourvue d'une rimule ovale, plissée en forme de sphincter. L'espèce qui sert de type à ce genre et que Denys de Montfort nomme le R. aranéeux, *R. araneosus*, est figurée dans Soldani, *Testac.*, tab. 58, v. 191, *h, h*. C'est une coquille de plus d'une ligne de diamètre, qui se trouve dans la mer Adriatique. (De B.)

RHINOCURE. (*Foss.*) Denys de Montfort annonce qu'on trouve à l'état fossile, à la Coroncine, le rhinocure aranéeux (indiqué ci-dessus). Il dit que cette coquille, que nous regardons comme une cristellaire, est munie d'une bouche oblongue, arrondie, recouverte par un diaphragme qui porte à son extrémité extérieure une rimule ovale, plissée en forme de sphincter, fendue dans sa longueur ; cette fente se prolonge jusqu'au retour de la spire, qui est reçue dans le milieu du diaphragme. Nous avons fait ce que nous avons pu pour découvrir la rimule dont il est question ci-dessus, mais nous n'avons jamais eu le bonheur de l'apercevoir. (D. F.)

RHINOCYLLUS. (*Entom.*) Nom d'un genre de Coléoptères de la famille des charansons, dont le nom, tiré du grec, signifie nez courbé. Voyez Rhinocères, extrait de M. Schœnherr, genre 19. (C. D.)

RHINODES. (*Entom.*) M. le comte Dejean indique sous ce nom, dans son Catalogue des Coléoptères, pag. 98, un genre de la famille des charansons, qu'il annonce avoir été établi par M. Schœnherr ; mais ce dernier auteur, dans sa Disposition systématique des insectes de cette famille, n'a pas conservé ce nom. (C. D.)

RHINOLOPHE , *Rhinolophus*. (*Mamm.*) Genre de mammifères de l'ordre des chéiroptères, fondé par M. Geoffroy.

Les chauve-souris, renfermées dans ce genre, ont beaucoup de ressemblance avec les vespertilions de notre pays par les formes et l'étendue des membranes qui composent leurs ailes, et par la disposition de celle qui joint leurs deux membres postérieurs, laquelle comprend la queue tout entière ou en partie dans son étendue. Les doigts des ailes sont aussi conformés, à peu près, comme ceux des mêmes animaux, c'est-à-dire qu'outre le petit pouce séparé et onguiculé, placé près du poignet, les quatre doigts suivans sont formés d'osselets très-grêles : à l'indicateur il n'y a qu'un métacarpien sans phalange ; les autres doigts en ont une ou deux, et aucun n'est pourvu d'ongle. La gueule, bien fendue, renferme trente dents en totalité ; savoir, vingt molaires, cinq de chaque côté en haut et en bas, toutes hérissées de pointes aiguës à leur couronne ; deux canines supérieures et deux inférieures médiocrement fortes ; quatre incisives inférieures bien rangées et à tranchant bilobé, et deux supérieures très-petites, souvent caduques, et qui (dans les espèces d'Europe) sont implantées sur des lames osseuses mobiles que l'on doit considérer comme des intermaxillaires rudimentaires non articulés aux autres os de la tête. Les oreilles sont de moyenne grandeur , membraneuses, presque nues, sans oreillon, et placées sur les côtés de la tête. Mais ce qui forme le caractère principal de ces animaux et leur a valu le nom générique qu'ils portent, c'est que leur nez est constamment armé de crêtes membraneuses, dont l'une, ou la supérieure, figure un fer de lance placé à plat sur le bas du front, et la seconde, bordant la lèvre supérieure, ressemble plus ou moins à un croissant ou à un fer à cheval : c'est entre ces deux parties que s'ouvrent de chaque côté les orifices des narines.

Une particularité que l'on a cru long-temps exister dans nos rhinolophes d'Europe, c'est d'être, parmi les chéiroptères, les seuls qui aient quatre mamelles ; mais M. Kuhl, il y a dix ans, a reconnu qu'il n'y avoit chez eux que deux mamelles pectorales, comme à l'ordinaire, et que les deux autres corps que l'on avoit pris pour des mamelles inguinales, ne sont que des verrues de la peau, au-dessous desquelles il n'existe rien de semblable à des glandes mammaires.

On n'a encore trouvé les espèces de ce genre que dans l'ancien continent. Une d'entre elles, connue depuis long-temps sous le nom de *fer-à-cheval*, habite l'Europe; et les autres sont particulières aux climats chauds de l'Égypte, de Timor et de Madagascar. Leur manière de vivre ne diffère pas de celle des chauve-souris, c'est-à-dire qu'elles sont nocturnes et vivent d'insectes.

Le RHINOLOPHE GRAND FER-A-CHEVAL: *Rhinolophus unihastatus*, Geoff.; *Vespertilio ferrum equinum*, var. *A*, Linn.; *Vespertilio hippocrepis*, Hermann; le FER-A-CHEVAL, Buff., tom. 8, pl. 20, fig. 1 et 2. Il a environ quatorze pouces d'envergure, sur deux pouces deux tiers de longueur totale pour le corps et la tête ensemble, et sa queue a environ deux pouces. Sa face est pourvue d'une membrane nue, en forme de fer à cheval, qui borde la lèvre supérieure et entoure les narines, et au-dessus est une seconde crête, dont la partie inférieure s'avance verticalement sous forme d'une plaque à peu près carrée, et la supérieure, assez grande, est applatie et en fer de lance. Son poil est très-doux, d'une couleur mêlée de cendré clair et de roux en dessus et d'un gris teint de jaunâtre en dessous; ses membranes sont d'un brun très-obscur ou même noirâtres.

Cette espèce est assez commune en France. Aux environs de Paris, elle passe l'hiver engourdie dans les carrières abandonnées. Ce sont aussi les lieux qui lui servent de refuge pendant le jour dans les autres saisons de l'année. Elle ne produit ordinairement que deux petits par portée et souvent même elle n'en a qu'un.

Le RHINOLOPHE PETIT FER-A-CHEVAL: *Rhinolophus bihastatus*, Geoff.; *Vespertilio ferrum equinum*, var. *B*, Linn.; *Vesp. hipposideros*, Bechst., et *Vesp. minutus*, Montagu. Il est des trois huitièmes plus petit que le précédent; et c'est même cette différence dans la taille qui l'a fait d'abord distinguer par Daubenton. D'ailleurs, il lui ressemble beaucoup, si ce n'est que la feuille du front est formée de deux pièces en forme de fer de lance, placées au-dessus l'une de l'autre, tandis que dans le grand fer-à-cheval, l'inférieure est en lame verticale carrée. Les oreilles de cette petite espèce sont aussi plus sinueuses.

On trouve le petit fer-à-cheval en France et en Angleterre : il y est plus rare que le grand.

Le Rhinolophe trident (*Rhinolophus tridens*, Geoff., Ann. du Mus., tome 20, page 260, et Ouvrage de la commission d'Égypte, pl. 2, n.° 1), habite les cavernes et les tombeaux en Égypte. Il est presque de moitié plus petit que le grand fer-à-cheval, puisqu'il n'a que huit pouces d'envergure. Son corps et sa tête ensemble mesurent deux pouces, et sa tête a dix lignes de longueur. Outre la feuille en fer à cheval qui borde la lèvre supérieure, il en a une seconde, simple au-dessus des narines, laquelle est en forme de languette trifurquée à l'extrémité : la queue dépasse d'un tiers la membrane interfémorale, qui est carrée, etc.

Le Rhinolophe crumenifère, Péron et Lesueur (*Rhinolophus speoris*, Schneid.; *Rhinolophus marsupialis*, Geoff.), est de Timor. Sa taille est de bien peu supérieure à celle du petit fer-à-cheval; son pelage est d'un gris plus roux que celui des deux espèces d'Europe; mais ce qui le caractérise principalement, c'est la forme de son nez : sa feuille nasale est simple, avec le bord arrondi, et placée au-dessus d'une bourse ou cavité sans issue, située sur le front. Cette bourse a ses parois nues en avant et garnies d'un bourrelet, qui forme le fer à cheval antérieur, de chaque côté des branches duquel se remarquent trois plis du derme.

Le Rhinolophe diadème (*Rhinolophus diadema*, Geoff., Ann. du Mus., tom. 20, page 263), est le plus grand de tous les rhinolophes, l'envergure de ses ailes étant d'environ un pied, et la longueur de son corps et de sa tête ensemble étant de quatre pouces. La feuille de la base de son front, trois fois plus large que haute, est à bord arrondi, et enroulée sur elle-même de dehors en dedans; elle forme, avec le bourrelet en fer à cheval de la lèvre supérieure, comme une espèce de couronne ou de diadème qui entoure les ouvertures des narines. La membrane interfémorale forme un angle saillant. Le pelage est d'un roux vif et comme doré.

Ce rhinolophe a été rapporté de l'île de Timor par MM. Péron et Lesueur.

Le Rhinolophe de Commerson, *Rhinolophus Commersonii*, Geoff., Ann. du Mus., tom. 20, page 263. Cette dernière espèce a été trouvée aux environs du fort Dauphin à Madagascar par Commerson. Sa taille n'est pas de beaucoup moindre de celle du rhinolophe diadème : mais sa feuille est d'un tiers moins large que celle de cet animal : elle est simple, à bord terminal arrondi, et n'a point de bourse à sa base. La queue est assez courte, et la membrane interfémorale qui l'enveloppe, forme un angle rentrant. (Desm.)

RHINOMACER, RHINOMACRE ou BECMARE. (*Entom.*) Nom d'un genre de Coléopteres tétramérés, de la famille des rostricornes ou rhinocéres, dont le nom a été inventé par Geoffroy pour réunir les attélabes, les oxystomes, les anthribes et les rhinosimes; mais ce nom a depuis été détourné par Fabricius, qui l'a appliqué à d'autres insectes, dont Clairville a fait le genre *Myctère*.

Le genre Rhinomacre peut être ainsi caractérisé : Antennes longues, non coudées, insérées au milieu de la trompe dilatée ou aplatie à son extrémité libre; corps en poire, plat en dessus.

Nous avons fait figurer une espèce de ce genre sous le n.° 2 de la planche 16 de l'atlas de ce Dictionnaire.

Le nom de Rhinomacer est tiré du grec, Ρὶν, qui signifie *nez*, et de μακρὸς, *long*. Quant à celui de becmare, il nous paroît fort mal composé du mot françois bec, et de l'abbréviation de macre, qui est l'altération du mot grec.

Il règne la plus grande confusion dans les auteurs, relativement à ce nom, qui a été donné très-arbitrairement à des insectes fort différens de la même famille des Rhinocéres, tels qu'à des anthribes, des attélabes et autres genres voisins.

Voici les caractères auxquels nous nous attachons pour distinguer ce genre, en le comparant à ceux de la même famille : D'abord les antennes, non coudées et filiformes, les éloignent des Ramphes, des Charansons et des Rynchènes, qui les ont en masse et brisées; puis, des Brachycéres, des Attélabes, des Anthribes et des Oxystomes, qui offrent à l'extrémité de leurs antennes une masse globuleuse. Dans les Bruches les antennes, non brisées, ne sont pas en masse, mais grossissant insensiblement, elles sont dentelées ou en peigne; et dans les Brentes la tête, la trompe et le corps sont excessivement alongés et presque filiformes.

On connoît peu l'histoire des insectes de ce genre, auquel on n'a rapporté qu'une seule espèce, qui se trouve rarement aux environs de Paris, et que nous avons fait figurer: c'est

Le Rhinomacre ou Becmare curculionoïde, *Rhinomacer curculionoides.*

C'est le *Mycterus griseus* de Clairville, dont il a donné une figure dans son Entomologie de la Suisse, pl. 16, avec beaucoup de détails.

Car. Noir, velouté de gris-jaunâtre en dessus, argenté sous le corps; antennes et pattes noires. (C. D.)

RHINOPOME, *Rhinopoma.* (*Mamm.*) Sous ce nom M. Geoffroy Saint-Hilaire a établi un genre nouveau de mammifères chéiroptères, ainsi caractérisé : Deux incisives supérieures écartées l'une de l'autre; quatre incisives inférieures; deux canines médiocres à chaque mâchoire; quatre molaires supérieures et cinq inférieures, à couronne hérissée de pointes aiguës, de chaque côté; nez long, conique, coupé carrément à l'extrémité, et surmonté d'une petite feuille; ouvertures nasales étroites, transversales et munies d'un petit lobe en forme d'opercule; chanfrein large et concave; oreilles grandes, réunies et couchées sur la face, pourvues d'un oreillon extérieur; membrane interfémorale étroite, coupée carrément et enveloppant seulement la base de la queue.

Une première espèce, que Brunnich a indiquée sous le nom de *Vespertilio microphyllus,* et dont Belon a fait mention sous celui de *Chauve-souris d'Égypte,* reçoit de M. Geoffroy la dénomination de Rhinopome microphylle, *Rhinopoma microphyllus.* C'est une petite chauve-souris, dont les ailes ont sept pouces quatre lignes d'envergure, dont la queue, très-longue et grêle, dépasse de beaucoup la membrane interfémorale, qui est très-courte, et dont le pelage, long et touffu, est d'un gris cendré. Son appareil olfactif a été décrit avec détail par M. Geoffroy. Il est remarquable par la grande largeur des fosses nasales, qui cause un renflement considérable des os maxillaires; mais surtout par l'existence de petits opercules, qui peuvent, à la volonté de l'animal, boucher les ouvertures de ses narines.

Ce rhinopome, qui a été observé en Égypte, a généralement les mêmes habitudes que les chauve-souris de notre pays, si ce n'est qu'il fait continuellement mouvoir ses narines, les dilatant et ensuite les contractant, de manière à ne laisser voir aucune trace de l'ouverture, qui, de plus, est recouverte par l'opercule membraneux. Il habite les souterrains des pyramides près du Caire.

Le Rhinopome de la Caroline, *Rhinopoma carolinensis*, est une seconde espèce, qui n'est pas regardée sans quelque doute comme particulière aux États-Unis du Sud, et qui n'est que de bien peu plus grande que la première. Son pelage est brun ; les oreilles sont moins grandes que celles du rhinopome microphylle et plus séparées ; sa queue, assez longue et épaisse, n'est engagée par la membrane interfémorale que dans la moitié de sa longueur seulement ; les membranes des ailes et du corps sont obscures. (Desm.)

RHINOSIME, *Rhinosimus*. (*Entom.*) Ce nom, qui signifie nez camus, a été employé par M. Latreille pour désigner un genre d'insectes coléoptères qu'il a constitué avec l'espèce d'anthribe que Fabricius nommoit planirostre, et qu'il regarde comme voisin des bruches. Ils vivent sous les écorces. (C. D.)

RHINOSTOMES ou FRONTIROSTRES. (*Entom.*) Nom d'une famille d'insectes hémiptères, dont les élytres croisés sont à demi coriaces ou opaques, dont le bec ou le rostre paroît être un prolongement du front, dont les antennes sont longues et non en soie, et chez lesquels les tarses sont constamment propres à la marche.

Ces noms sont tirés, le premier du grec Ῥίν-ῥινὸς, qui signifie *nez*, et de Στόμα, synonyme de *bouche* ; le second est emprunté de deux mots latins *frons, frontis*, du front, et de *rostrum*, qui signifie bec.

Les caractères que nous venons d'indiquer suffisent pour séparer cette famille de tous les autres hémiptères.

Ainsi les phytadelges, tels que les pucerons, les cochenilles et les auchénorhynques, comme les cigales, les fulgores, les membraces, etc., ont les élytres d'égale consistance et non croisés ; les physapodes, comme les thrips, ont les tarses vésiculeux ; les hydrocorées ou les naucores et les notonectes, etc., ont les antennes courtes, en soie, et les pattes à tarses aplatis, ciliés, propres à la natation ; enfin, les zoadelges, comme les punaises des lits, les réduves, etc., ont les antennes terminées par une soie : donc les rhinostomes forment une famille bien distincte.

Les mœurs de ces insectes sont absolument les mêmes chez tous : ils sont suceurs de végétaux, sur lesquels on les trouve et auxquels la forme de leurs tarses leur permet d'adhérer fortement. Ils en sucent la séve et le suc de fruits, sous les trois états, de larves, de nymphes agiles et d'insectes parfaits. Beaucoup portent de l'odeur ; aussi les désigne-t-on vulgairement sous le nom de punaises de bois. La forme des antennes a permis de les distinguer en genres très-naturels. Les uns les ont terminées par une petite masse, ce sont les *podicères* et les *corées* ; chez les autres elles sont en fil, mais alors le nombre des articles aux tarses sert à les distinguer ; les *pentatomes* et les *scutellaires* en ont cinq, tandis qu'il n'y en a que quatre dans les genres *Gerre*, *Acanthie* et *Lygée* ; c'est ce qu'indique le tableau suivant.

Famille des FRONTIROSTRES ou RHINOSTOMES.

Hémiptères à élytres demi-coriaces ; à bec paroissant naître du front ; à antennes longues, non en soie, et à tarses propres à marcher.

<pre>
                                    { cinq;   { large, couvrant le dos...... 2. SCUTELLAIRI.
A antennes en { fil; articles   { écusson { ne couvrant pas tout le dos. 1. PENTATOME.
              { au   nombre   { très-longues............. 6. GERRE.
              {   de   { quatre; { médiocres, à an- { courtes. 4. ACANTHIE
              {   { pattes   {   tennes   { longues. 5. LYGÉE.
              {   { très-étroit, linéaire, très-alongé.. 7. PODICÈRE.
              { masse; corps   { large, en bateau, non linéaire... 3. CORÉE.
</pre>

M. Latreille a désigné cette famille sous le nom de *géocorises longilabres* ; mais il n'y range pas les acanthies qui fréquentent les lieux aquatiques.

. Il partage également les genres en groupes, d'abord d'après le nombre des articles aux antennes : ceux qui en ont cinq, sont les *scutellères* (comme il les nomme) ; le *canopus* (espèce unique, très-petite, de l'Amérique méridionale, que Fabricius a cru devoir retirer du genre précédent, qu'il nomme *tetyra*); l'*alia*, qui comprend entre autres espèces le *cimex acuminatus* de Linnæus; le *cydnus*, auquel se rapporte en particulier le *cimex morio* du même auteur; l'*edessa*, qui comprend des espèces des Indes et d'Amérique, tels que les *cimex cervus, taurus;* le *pentatoma*, qui comprend les *cimex* proprement dits de Fabricius; les *halys*, espèces étrangères de la Chine, du Cap et de la Guinée; enfin, les *hétérosciles*. Une seconde division comprend un genre qui n'a que trois articles aux antennes et qu'il nomme, d'après MM. de Saint-Fargean et Serville, *Phlæa*. Parmi les genres qui ont quatre articles aux antennes, M. Latreille distingue le *tessaratome*, qui est l'*edessa papillosa* de Fabricius, ou le *cimex sinensis* de Thunberg; les genres *Corée, Gonocère* et *Syzomaste*, qui ont les derniers articles des antennes plus gros ou aplatis; les genres *Holhyménie, Pachlyde, Anisocèle* et *Nématope*, qui ont les antennes en fil; le genre *Sténocéphale*, qui a de plus la tête rétrécie en devant; les *alydes* et les *leptocorises*, qui ont les antennes droites ou point coudées, et les *néides*, correspondant à nos *podicères*, qui ont les antennes coudées, ou aux *bérytes* de Fabricius; viennent ensuite les genres *Lygée, Salde*, tels que l'*acanthia zosteræ, littoralis;* le genre *Myodoque*, qui a la tête rétrécie en arrière; enfin, plusieurs genres voisins des *mirides*, et par conséquent de notre famille des zoadelges, qui ont les antennes sétacées, tels que les *capsus* de Fabricius, dont il a séparé quelques espèces pour former les deux derniers genres, dont il nomme l'un *Astemme* et l'autre *Hétérotome*, qui comprend en particulier le *capsus spissicornis*, etc.

Au reste, nous avons soin, dans les articles des genres qui correspondent à ceux qu'indique le tableau, de faire connoître la plupart de ces variations qu'ont éprouvées dans leur nom les espèces qui se rapportent à ces sept genres principaux. (C. D.)

RHIPICÈRE, *Rhipicera*. (*Entom.*) M. Latreille a désigné ainsi un genre d'insectes coléoptéres pentamérés, de la famille des sternoxes, pour y ranger quelques espèces étrangères de cébrions, dont M. Dalman a fait le genre *Polytomus*. (C. D.)

RHIPIDODENDRUM. (*Bot.*) C'est un des genres détachés

de l'aloès par Willdenow, lequel est caractérisé, selon lui, par les trois divisions extérieures du calice, unies et nectarifères à la base, et les trois intérieures distinctes, auxquelles il donne le nom de pétales. Ces genres n'ont pas été admis. (J.)

RHIPIPHORE, *Rhipiphorus*. (*Entom.*) MM. Bosc et Fabricius ont établi sous le nom de *ripiphorus*, mais sans la lettre *h* après l'*r*, un genre parmi les insectes coléoptères hétéromérés de la famille des angustipennes ou sténoptères, voisin des mordelles, avec lesquelles on les avoit d'abord confondus.

Le nom de *rhipiphore* vient du mot grec ῥιπίς-ῥιπίδος, qui signifie un *éventail* ou plutôt un instrument propre à activer le feu (*flabellum*), et du mot grec Φορὲς, *qui porte*. Pour conserver alors son étymologie, il devroit être écrit *rhipidophore*, parce que les antennes des mâles sont le plus souvent étalées en éventail ou flabelliforme.

Ces insectes, dont nous avons fait représenter une espèce sur la planche 11 de l'atlas de ce Dictionnaire, sous le n.° 4, diffèrent de tous les genres de la même famille des sténoptères, qui ont tous les élytres durs, rétrécis; d'abord, parce que la ligne suturale qui les réunit, n'est pas distante ou séparée comme dans les deux genres *Œdémère* et *Sitaride*; secondement, parce que les *mordelles* et les *nécydales* ont un écusson à la base des élytres, tandis que les *rhipiphores* et les *anaspes* n'en ont pas, et que dans ce dernier genre les antennes sont en masse alongée et non en éventail.

Les rhipiphores ont une forme tout-à-fait bizarre : leur tête est comme tronquée en devant, à sommet prolongé; leur corselet s'avance en pointe à l'origine de la suture et remplace l'écusson; le corps est en forme de coin : il est très-lisse, très-glissant et comme tronqué à l'extrémité.

D'ailleurs on ne connoît pas beaucoup les mœurs de ces insectes : on présumoit que leurs larves vivoient dans le bois, comme celles des mordelles, dont elles ont d'ailleurs toutes les habitudes sous l'état parfait. On a dit cependant, dans ces derniers temps, que la larve du *rhipiphorus paradoxus* se développoit dans le nid des guêpes.

M. Fischer a décrit, sous le nom générique de *pélécotome*, une espèce qu'on pourroit rapporter à ce genre. On en a aussi distrait d'autres espèces sous les noms de genres *Scraptia* et *Dorthesia*.

Ces insectes se trouvent peu aux environs de Paris : on a recueilli dans le Midi de la France l'espèce nommée

RHIPIPHORE SUBDIPTÈRE, *Rhipiphorus subdipterus*, qui a été décrite sous le nom de Dorthésie, et qui est caractérisée par ses élytres très-courts, ovales, voûtés, de couleur pâle.

Le RHIPIPHORE PARADOXAL, *Rhipiphorus paradoxus*, qui est noir, avec les bords du corselet et les élytres testacés, qui se trouve quelquefois sur les fleurs du panicaut.

L'espèce que nous avons fait figurer vient de la Hongrie, c'est le

RHIPIPHORE DEUX TACHES, *Rhipiphorus bimaculatus*.

Car. D'un rouge terne, les élytres ont deux taches noires, et la poitrine est noire en dessous. (C. D.)

RHIPIPTÈRES, *Rhipiptera*. (*Entom.*) M. Kirby a établi, dans le 11.ᵉ volume des Transactions de la Société linnéenne de Londres, un ordre dans la classe des insectes pour y comprendre deux espèces et en même temps deux genres d'insectes parasites dont les larves se développent dans le corps de quelques hyménoptères, tels que les andrènes et les guêpes. Il avoit désigné cet ordre sous le nom de *strepsiptères*, ce qui signifie ailes torses. M. Latreille a substitué la nouvelle dénomination qui indique mieux la disposition des ailes, qui sont plissées en éventail. Ces insectes, qui se rapprochent des diptères par le nombre de leurs ailes, en diffèrent cependant parce qu'ils ont des parties de la bouche analogues à celles des hyménoptères. Voyez les articles XÉNOS et STYLOPS, où nous présenterons plus de détails sur ces insectes. (C. D.)

RHIPSALIS. (*Bot.*) Ce genre de Gærtner, fait sur le *Cassytha baccifera* de Miller, diffère, ainsi que le *Cassytha polysperma* d'Aiton, du genre *Cassytha*, par son fruit polysperme ; ce qui rapproche ces plantes du cacte, auquel Swartz a reporté la première, sous le nom de *cactus pendulus*. Il conviendra peut-être de laisser le *Rhipsalis* séparé du *Cactus* et seulement voisin. (J.)

RHIZINA. (*Bot.*) Champignon en forme de coupe mince, sessile, crustacée à l'extérieur, charnue en dedans, bulleuse, irrégulièrement étendue ou presque arrondie, concave en dessous, avec quelques fibres radicales, et le bord garni dans sa jeunesse de fibrilles byssoïdes; la surface supérieure est seule séminulifère et offre des sporidies ovales, oblongues, composées de deux sporidioles.

Ces champignons, confondus par les auteurs avec les *helvella* et les *peziza*, en ont été séparés par Ehrhart, puis par Fries, qui en a fait le *Rhizina*, genre actuellement adopté: Ils sont persistans, minces, roides, mais fragiles, inodores, terrestres: ils paroissent en automne et ne sont d'aucun usage pour la table. Leur forme les rapproche des *telephora*; mais leurs autres caractères sont ceux des champignons du groupe des *helvella*.

1. Le Rhizina ondulé : *Rhizina undulata*, Fries, *Syst. myc.*, 2. p. 32: *Elvella inflata*, Schæff., *Fung.*. pl. 153. Étalé, ondulé, d'un brun châtain: bord infléchi, le dessous garni de fibres et de flocons de couleur plus pâle. On trouve ce champignon sur la terre nue, sablonneuse, dans les bois et les lieux brûlés, ainsi que sur les mousses et herbes qui les traversent quelquefois, au printemps, en été et au commencement de l'automne. Il acquiert deux à trois pouces de largeur; dans sa jeunesse il est un peu plan, régulier, lisse, avec le bord blanchâtre.

2. Le R. lisse : *R. lævigata*, Fries, Pers.; *Octospora rhizophora*, Hedw., *Musc. frond.*, 2, pl. 5, fig. *A*; *Peziza rhizophora*, Willd. Orbiculaire, lisse, brun, à bord saillant; le dessous granuleux, garni de fibres de couleur pâle. Ce champignon ne dépasse point un pouce de largeur; il est constamment lisse et sa forme est celle des *peziza*. On le trouve en automne sur les terres sablonneuses, stériles et découvertes.

Le *rhizina prætexta*. Ehrenb., *Syst. mycol.*, est une variété de cette espèce, selon Fries.

3. Le R. des serres; *R. vaporaria*, Fries, *loc. cit.*, pag. 34. Amorphe, étendu, ondulé, brun-jaunâtre, à bord un peu infléchi; le dessous blanchâtre, avec des rudimens de fibres. Cette espèce, large de deux à trois pouces, céracée et très-fragile, a été observée par Fries dans la serre du jardin de Lund, en été sur la terre des pots. (Lem.)

RHIZOBOLUS. (*Bot.*) Ce genre de Gærtner est le **même** que le *Pekea* d'Aublet. Voyez Péki, Pekea. (**J.**)

RHIZOCARPA. (*Bot.*) Voyez Rhizospermes. (Lem.)

RHIZOCARPIUM. (*Bot.*) Ce nom est chez Fries celui du *Rhizocarpon* de M. De Candolle. (Lem.)

RHIZOCARPON. (*Bot.*) Genre de la famille des lichens, proposé par Ramond, adopté et décrit dans la Flore françoise par M. De Candolle. Ses caractères sont ceux-ci : Thallus noir, très-mince, composé de fibrilles menues, adhérentes, d'entre lesquelles sortent des écailles distinctes, un peu foliacées, planes ou rarement convexes, et des conceptacles ou scutelles placés entre les écailles, noirs, plans, munis d'un léger rebord. Ce genre n'a pas été admis par les lichénographes; les espèces peu nombreuses qui le composent faisoient partie des *Urceolaria* et *Patellaria* d'Acharius, et depuis ont été ramenées par lui, d'abord dans son genre *Lecanora*, puis dans le *Lecidea*, ou, d'après Fries, il doit faire un groupe dans la section des *rinodina*.

Ce genre diffère du *Patellaria* par la présence de ses écailles et la position des scutelles entre les écailles, et non sur leur bord.

Les rhizocarpons croissent sur les pierres même les plus dures, et y forment des plaques ou croûtes plus ou moins grandes, qui, par leur dessin réticulaire, la pose des écailles et des scutelles, ainsi que leurs couleurs, imitent, jusqu'à un certain point, des cartes géographiques. L'espèce principale est

Le R. géographique : *Lichen geographicus*, Linn., Hoffm., *Lich.*, tom. 3, fig. 1 ; *Verrucaria atrovirens* et *geographica*, Hoffm., *Lich.*, pl. 17, fig. 4, et pl. 52, fig. 2 ; *Lecidea atrovirens*, Ach., *Synops.*, p. 21 ; Dill., *Musc.*, pl. 18, fig. 5. Croûte composée d'un réseau noir avec des écailles d'un jaune foncé vif, ou d'un jaune verdâtre, selon l'âge ; scutelles noires, planes et un peu convexes. Cette espèce croît sur les rochers et les pierres les plus dures, sur le grès, les pierres siliceuses, les roches d'ardoises, etc. Elle se fait remarquer de loin par sa belle couleur jaune et ses lignes noires, semblables à un réseau à mailles irrégulières. Le thallus est très-mince, fort adhérent et noir; il porte des écailles jaunes et des scutelles, autour desquelles il forme une bordure noire, et par conséquent le réseau noir de la plante. Cette espèce se rencontre communément aux environs de Paris, dans les endroits montagneux et les bois découverts. (LEM.)

RHIZOCTONIA. (*Bot.*) Genre de la famille des champignons, fondé sur une plante parasite, confondue autrefois avec les truffes, puis avec le *sclerotium*. Son caractère générique est celui-ci : Champignon en tubercules cartilagineux ou charnus, ovoïdes ou irrégulièrement arrondis, entourés et réunis par des filamens byssoïdes, grêles, rameux; intérieur celluleux et à cellules peu apparentes, presque tétragones.

Ce genre ne comprend que des champignons parasites qui vivent généralement sous terre à la manière des truffes, et attachées aux racines des plantes, qu'ils font languir et même périr quelquefois par leur abondance. Les filamens qui les entourent les fixent aux plantes, et, en s'étendant au loin, contribuent à la multiplication rapide de ces champignons dévastateurs.

Ce genre, établi par M. De Candolle, a été adopté par Nées, qui a cru avantageux à la science de le nommer *Thanatophyton*, qui signifie, en grec, mort aux plantes; par Fries, qui le croyoit mieux nommé *Rhizogona;* enfin par Link, sans changement de nom. L'espèce principale étoit un *tuber* pour Bulliard, et une espèce de *sclerotium* pour Persoon. Ce dernier genre a en effet beaucoup de rapports avec le *Rhizoctonia*, et lui a fourni une partie de ses espèces, celles qui vivent sous terre après les végétaux et dont la surface est filamenteuse, ce qu'on n'observe pas dans les vrais *sclerotium*.

1. Le RHIZOCTONIA DU SAFRAN : *Rhizoctonia crocorum*, **Dec.,** Fl. fr., 6, p. 111; Fries, *Mycol.*, 2, p. 265; Link *in* Willd., *Sp. pl.*, tom. 6, part. 1, pag. 119; *Sclerotium crocorum*, Pers., *Syn.; Thanatophyton crocorum*, Nées, *Fung.*, pl. 148, fig. 135; *Tuber parasiticum*, Bull., Champ., pl. 456; voy. aussi Duham., Mém. de l'Acad., 1720, pag. 100, fig. 2, et Fougeroux de Bondar., *l. c.*, 1782, p. 105, avec figure; vulgairement MORT DU SAFRAN. Champignon en tubercules arrondis, agrégés, de couleur rousse, ainsi que les nombreux filamens entrelacés qui les entourent, et qui, par leur développement, produisent de nouveaux individus. Cette espèce est, dans l'Orléanais, la désolation de l'agriculteur qui s'est livré à la cul-

ture du safran. Ce champignon s'attache aux racines de cette plante, s'y multiplie d'une manière effrayante, et bientôt épuise et tue la plante; il se propage avec rapidité dans tout un champ, et rien ne peut arrêter sa contagion, si ce n'est des tranchées profondes, établies pour séparer le terrain infecté de celui qui ne l'est pas encore. Cette plante est si tenace et se conserve si long-temps avec la faculté germinative, que des safrans plantés quinze ou vingt ans après, dans le même champ, ont été attaqués de nouveau. Une seule peltée de terre infectée de ce champignon, jetée dans une safranière, suffit pour y introduire la destruction. Les filamens ou racines de ce *rhizoctonia* s'attachent d'abord aux enveloppes extérieures de l'ognon du safran, et pénètrent insensiblement aux enveloppes internes, plus molles, plus humides et plus perméables. Des points de leur insertion naissent d'autres filamens violets qui propagent l'espèce. Cette plante parasite a fait le sujet des observations de plusieurs auteurs, et entre autres de Duhamel, qui assure l'avoir trouvée aussi attachée aux racines des asperges et de l'hièble, espèce de sureau herbacé.

2. Le RHIZOCTONIA DE LA LUZERNE : *Rhizoctonia medicaginis*, Decand., Fl. franç., 6, pag. 11; Mém. du Mus., 2, part. 2, pag. 216, pl. 8; Link, *loc. cit.*, pag. 120. Tubercules irréguliers, charnus, fragiles; intérieurement, d'abord blanchâtres, puis purpurins, enfin noirs, entourés de filamens qui en sortent de tous sens, forts longs, byssoïdes, rameux, entrelacés, d'une belle couleur pourpre voisin de la laque. Ces filamens sont entrecroisés de manière à former une pellicule ou écorce, et à recouvrir quelquefois entièrement l'écorce des racines de la luzerne et à passer de l'une à l'autre. Les racines de la luzerne cultivée en sont quelquefois entièrement recouvertes; les pieds ainsi attaqués se fanent, puis se sèchent entièrement. Les filamens, qui rayonnent en tous sens, portent la contagion aux pieds voisins. Il se forme ainsi dans les prés et les champs cultivés en luzerne, de grands espaces vides. La luzerne attaquée par ce champignon est nommée *luzerne couronnée*, et ne se montre principalement que dans les terrains légers et constamment humides. Elle est fréquente aux environs de Montpellier et de Genève.

Indépendamment des deux espèces ci-dessus, on rapporte au *Rhizoctonia* plusieurs autres espèces, savoir : 1.° le *Rhizoctonia muscorum*, Fries, *Syst. mycol.*, 2, pag. 265, qui croît, en automne, sur les racines de l'*anictangium ciliatum*; 2.° le *rhizoctonia strobilina*, Link *in* Willd., *Sp.*, 6, 1, pag. 121, qu'on trouve sur les écailles des pommes de pin ou de sapin, station toute différente de celle commune aux autres espèces, et qui doit faire douter si c'est un véritable *rhizoctonia*, et s'il n'est pas plus convenable de le laisser dans le *sclerotium*, où Kunze et Schmidt l'avoient placé; 3.° enfin, le *rhizoctonia mali*, Fries, espèce encore mal connue, observée sur les racines du pommier par M. De Candolle.

Les genres *Pachyma*, Fries; *Militta*, Fries; *Anixia*, Fries, et *Rhizoctonia*, Decand., ont beaucoup d'affinités entre eux et forment la première tribu de l'ordre des sclérotiacées dans la nouvelle classification de Fries. Tous ces champignons sont tubéreux, obscurément celluleux, entourés d'un byssus filamenteux, adhérens et parasites des racines de diverses plantes. Nous avons fait connoître le *Pachyma* et le *Rhizoctonia*; voici les caractères des deux autres genres.

Militta. Tubercules (*peridium*, Fries) distincts, d'une consistance cornée, verruqueux et écailleux; intérieurement, presque farineux, avec des loges ou cellules amples, difformes, gélatineuses, discolores et séminulifères.

L'espèce principale, le *M. pseudo-acaciæ*, Fries, a été découverte par M. Chaillet sur les racines de notre acacia. Il faut aussi rapporter à ce genre le *Scl. medicagineum* de Fries.

Anixia. Tubercule charnu d'abord, puis creux, s'ouvrant par le sommet, velu extérieurement, fibrillifère à la base. Ce genre s'éloigne, il nous semble, beaucoup des précédens. Il croît sur la terre humide, parmi les feuilles tombées. (Lem.)

RHIZOGONA. (*Bot.*) Fries pense qu'il seroit convenable de donner ce nom au Rhizoctonia, Decand. Voyez ce mot. (Lem.)

RHIZOMORPHA. (*Bot.*) Genre de plantes cryptogames, placé dans les champignons par Persoon, dans les algues par Eschweiler, dans les lichens par Acharius, et enfin par De Candolle dans la famille des hypoxylées, intermédiaire entre celle des champignons et des lichens, où il nous semble mieux placé quant à présent.

Les *rhizomorpha* ressemblent à des racines de plantes : ils sont noirs, cartilagineux ou membraneux, ou roides, lisses ou velus, d'une nature cotonneuse à l'intérieur ; ils sont rameux, droits ou libres, ou en partie libres, ou, enfin, rampans et appliqués à la surface des corps sur lesquels ils végètent.

Leur fructification consiste en des conceptacles ou pseudo-périthéciums globuleux ou tuberculeux, solitaires ou agglomérés, formés par la substance corticale de la plante, et s'ouvrant par une ou deux ouvertures ; dans leur intérieur est un noyau, compacte d'abord, et qui finit par s'échapper par les ouvertures sous la forme d'une poussière séminulifère, entremêlée de filamens.

Ces plantes forment un genre qui demande encore à être examiné. C'est cependant un de ceux qui ont été le plus tourmentés par les cryptogamistes. C'est aussi celui où il existe le plus de confusion dans les espèces, parmi lesquelles on a compris des substances tout-à-fait étrangères. Ainsi on y avoit placé de véritables racines de divers agarics et même de plantes phanérogames, par exemple les racines du saule blanc. Il est vrai qu'il y a des racines tellement semblables à des rhizomorpha, que, sans la présence des parties fructifères, on ne sauroit les distinguer au premier aspect. Les racines de l'airelle, de la douce-amère, etc., pénétrent les pierres et le bois, absolument à la manière des rhizomorpha ; et dans nos carrières ouvertes on observe dans les fissures des pierres à quinze pieds et plus de profondeur, des racines de végétaux qui ont vécu autrefois sur le sol et qu'on prendroit pour des rhizomorpha. Fries fait observer que le *chara gracilis* de Smith, qui croît sur les rochers de Hoer (Hör) en Scanie, ne sauroit être distingué d'un rhizomorpha ; que les racines de l'*hypnum tamariscinum* pourroient être nommées *rhizomorpha pinnata*. Ainsi on peut excuser jusqu'à un certain point les auteurs qui ont donné pour une espèce de ce genre les racines de la fougère mâle ; ceux qui ont décrit les racines du saule blanc sous le nom de *rhizomorpha obstruens*, Sow. ; les racines de quelques agarics sous le nom de *rhizomorpha filicina*, *fontigena*, Rebent., etc. ; enfin Ehrenberg veut que quelques prétendues espèces ne soient qu'une dégénérescence.

Ces considérations démontrent combien on doit être circonspect dans l'introduction d'espèces nouvelles dans ce genre, et expliquent les nombreuses modifications qu'il a subies. Le rhizomorpha, établi par Roth en 1797, adopté par Persoon, De Candolle, Acharius, etc., s'est considérablement augmenté en espèces ; mais par les nouvelles réformes il en perd beaucoup et même perdra-t-il celles sur lesquelles il a été fondé, savoir les *rhizomorpha subcorticalis* et *setiformis*.

Acharius et Persoon sont dans ces temps modernes les deux auteurs qui ont décrit le plus d'espèces. Acharius les porte à trente-deux. Nées, Eschweiler, Fries et Link sont ceux qui limitent ces espèces à un petit nombre ; celles soustraites sont rejetées dans les nouveaux genres : *Ceratonema*, Pers. ; *Ozonium*, Linck ; *Fibrillaria*, *Thamnomyces*, Ehr. ; *Chœnocarpus*, Reb. ; *Melidium*, Eschw. ; *Phycomyces*, Link, etc. (Voyez Rhizomorphées.)

Fries pense que les rhizomorpha, qui vivent sous terre ou qui sont presque souterrains, sont les seules véritables espèces du genre, et il croit qu'on pourroit établir un genre à part de celles dont les périthéciums n'offrent qu'une ouverture.

Les espèces de ce genre croissent principalement sur les pierres et le bois humide, entre les écorces des arbres, sur le bois, qu'elles pénètrent. Quelques espèces terrestres s'attachent aussi aux feuilles tombées. Elles sont couchées, rampantes ; tantôt à rameaux libres, droits ou entrelacés ; tantôt entièrement appliquées, planes et pénétrant dans toutes les fentes et cavités du bois, et les pierres ; les plus curieuses habitent dans les caves et les souterrains, dans les galeries des mines, à des profondeurs considérables. Parmi celles-ci il en est qui, comme les *rhizomorpha subterranea* et *aidula*, répandent quelquefois une lueur phosphorique très-vive, particulièrement à leur extrémité.

1.º *Espèces libres ou en partie libres.*

1. Le Rhizomorpha des souterrains : *Rhizomorpha subterranea*, Pers. ; *Synops.* et *Mycolog. europ.*, Acharius ; *Lichen radiciformis*, Linn. ; *Usnea radiciformis*, Scop.. *Del.*, 1, page 95, pl. 8. Très-rameux, noir, glabre, cylindrique ; rameaux et

leurs ramifications libres, atténués et entassés. Cette espèce varie un peu ; quelquefois les rameaux sont blanchâtres dans leur premier âge. On la trouve partout en Europe, excepté en Angleterre, sur les poutres presque pourries et sur les pierres dans les galeries des mines les plus profondes, en Hesse, en Saxe, ainsi que dans les puits et les endroits humides clos. M. Persoon fait observer que ses rameaux s'enracinent çà et là. Elle est très-variable et Fries y ramène les *rhizomorpha corrugata* et *dichotoma*. L'intérieur est jaunâtre. Cette plante a la singulière propriété de répandre une lueur phosphorique, ainsi que l'a reconnu M. Heinzmann. La lumière est assez forte pour permettre de lire de l'écriture sur du papier blanc. Cette propriété lui est commune avec le *rhizomorpha aidula*, et se conserve quelque temps, comme l'a reconnu M. Nées. Elle peut être détruite par quelque agent chimique.

Le *rhizomorpha dichotoma*, Ach. ; Sow., *Engl. fung.*, 298, est une espèce voisine de la précédente, trouvée dans les mines de plomb de l'Angleterre. Elle est d'un brun glauque, dichotome, à rameaux ouverts, cylindriques ; elle atteint six pieds de longueur, et offre çà et là les tubercules fructifères.

M. Persoon fait observer que ce n'est peut-être qu'une variété de l'espèce précédente, qu'on dit aussi être dichotome.

2. Le RHIZOMORPHA MÉDULLAIRE ; *Rhizomorpha medullaris*, Smith, *Trans. linn. Lond.*, 12, pag. 372, pl. 20. Plante très-rameuse, d'un blanc de neige, et dont la substance est celluleuse. Sa tige principale est deux fois grosse comme le tuyau d'une plume ; elle est garnie d'un grand nombre de rameaux, divisés en une multitude de ramifications, dont les dernières sont courtes, tronquées et rayonnantes. La plante, desséchée ou morte, prend la couleur jaunâtre. Elle a été découverte dans le réservoir destiné à conserver l'eau pour le bain de l'hospice de Derby en Angleterre. Elle excita l'attention par le trouble qu'elle occasionoit dans cette eau : elle y avoit été introduite par le jeu de la pompe, et arrachée ainsi de l'intérieur des tuyaux de plomb qui amènent l'eau. Sa longueur varie entre un à quinze pieds. Smith pré-

tend qu'elle est arrachée des parois des conduits par la force du courant de l'eau lorsque l'on pompe, et qu'elle peut végéter dans ces conduits, attendu que ceux-ci ne sont pas toujours remplis. Ce même naturaliste fait remarquer qu'on ne doit pas la confondre avec des racines, par exemple avec celles du peuplier ou celles du saule. D'abord elle n'en offre pas la structure à cercles concentriques, ni l'écorce, qui s'en sépare aisément; au contraire, c'est un tissu semblable à de la moelle, composé de tubes longitudinaux qui, à la coupe perpendiculaire, s'offrent en série rayonnante avec des globules ou sporules interposées.

3. Le Rhizomorpha impérial: *Rhizomorpha imperialis*, Sow., *Engl. fung.*, pl. 429; *R. intrudens, ejusd., in tabul. Engl. bot.; R. obstruens*, Pers., *Mycol. eur.*, 1, pag. 55. Plante coriace, fibrilliforme, extrêmement étendue, atteignant cent pieds et plus de longueur. Fibrilles infiniment longues, libres, cylindriques, simples, brunes ou fauves. Substance intérieure semblable, jusqu'à un certain point, à de la moelle ou à du coton, et revêtue d'une écorce d'un brun obscur, qui se déchire aisément en travers à angles droit, et se fend longitudinalement. Les échantillons observés par Sowerby avoient trente à quarante pieds de long; ils avoient été pris à Weymouth, dans les conduits de bois d'orme. La plante y croît en telle abondance, qu'elle obstrue les conduits et empêche l'eau de passer.

4. Le Rhizomorpha crin de cheval: *Rhizomorpha setiformis*, Roth, Ach., *Act. Stockh.*, pl. 9, fig. 2; *Hypoxylon loculiferum*, Bull., Champ., pl. 495, fig. 1; *Ceratonema hippotrichodes*, Pers., *Myc. eur.; Chœnocarpus setosus*, Rebent.; *Usnea*, Dill., *Musc.*, tab. 11, fig. 11, *B*. Espèce noire, brillante et semblable à des crins, tantôt simple, tantôt rameuse, offrant çà et là des conceptacles noirs, globuleux, terminés par une ouverture un peu prolongée. On trouve cette plante communément dans les bois, sur les feuilles tombées, dans les creux des arbres et encore dans les grottes et les lieux presque souterrains. Elle offre quelques variétés, considérées par quelques auteurs comme des espèces. Elle s'éloigne des autres espèces de ce genre et ressemble à un lichen filamenteux des genres *Allectoria* et *Usnea*. (Voyez *Cœnocarpus* à l'article Rhizomorphées.)

2.° *Espèces rampantes et appliquées.*

5. Le Rhizomorpha subcortical : *Rhizomorpha subcorticalis*,
Pers.; Decand., Bull. philom., n.° 74, page 102, pl. 12,
fig. 2 ; Ach., *Act. Holm.*, 1814, page 223, tab. 9, fig. 1 ;
Rhizomorpha fragilis, Roth, Catal., 1, page 23 ; *Rhizomorpha
patens*, Sow., *Fung.*, pl. 392, fig. 1 et 2 ; Mich., *Gen.*, pl. 66,
fig. 3 ; *Mediastine*, Paul., Trait. champ.; Dodaërt, Mém. de
l'Ac., 1675. Cette espèce, extrêmement curieuse, croit sur les
arbres entre l'écorce et le bois. Elle est très-rameuse, noire,
à rameaux plans, souvent anostomosés entre eux, de manière à présenter un réseau très-irrégulier, offrant çà et là
des conceptacles noirs, tuberculiformes. Cette plante prend
beaucoup d'étendue et pénètre souvent entre les écorces les
mieux appliquées, en grimpant très-haut. Elle est accompagnée dans certaines parties d'une matière blanchâtre, qui
la recouvre quelquefois. On la rencontre sur plusieurs arbres et particulièrement sur le chêne. Elle a servi de type à
l'établissement du genre *Rhizomorpha*. (I.em.)

RHIZOMORPHÉES, *Rhizomorpheæ*. (*Bot.*) Première tribu
de la seconde cohorte, celle des byssacées, dans la famille
des algues de Fries, qui répond à celle des lichens des auteurs. Les plantes qui la composent, ressemblent à des racines noires. Elles ont une écorce, et leur intérieur est
formé par des fibres conjointes. Les sporidies ou organes,
considérés comme reproducteurs, sont contenus dans des
gonflemens de l'écorce, qui forment ainsi des espèces de
fausses capsules ou pseudo-périthéciums. Cette tribu représente en quelque sorte le genre *Rhizomorpha*, avant qu'il ne
fut mieux précisé.

Fries place dans cette tribu les genres suivans : 1.° *Rhizomorpha*, Roth ; 2.° *Thamnomyces*, Ehrenb. ; 3.° *Synalyssa*, Fries;
4.° *Cænocarpus* (*Chænocarpus*, Rebent.) ; 5.° *Melidium*, Eschw. ;
6.° *Phycomyces*, Kunz.

Voici les caractères des *Cænocarpus* ou *chænocarpus*, et du
Melidium. Pour les autres genres, on peut consulter leur lettre
dans ce Dictionnaire.

I. Cænocarpus, Reb., Fries. Thallus sétiforme, solide,
continu ; pseudo-périthécium confondu d'abord avec le

45.   25

thallus, puis s'ouvrant en dessus, suivant leur longueur, s'aplanissant et rampant avec leur bord déchiré. Fries prévient qu'on ne doit pas comprendre dans ce genre l'*hypoxylon loculiferum*, Bull., Sow., qui doit rester avec les *rhizostoma monostomes*, ou en faire un nouveau.

II. Melidium, Eschw. Pseudo-périthécium globuleux, soutenu par des rameaux composés de fibres solides ; sporidies quaternées. Le *melidium subterraneum*, Eschw., *Rhizom.*, page 35, est une petite plante mucoroïde, blanche, tenace, qui a été observée par Eschweiler sur un *rhizomorpha*, dans les mines de Freiberg et de Wipperfurth, avec diverses autres cryptogames, le *penicillium expansum*, le *mucor truncorum*, etc. (Lem.)

RHIZOPHAGES. (*Zool.*) Nom par lequel on a désigné les animaux qui vivent principalement de racines. (Desm.)

RHIZOPHORE, *Rhizophora*. (*Bot.*) Genre de plantes dicotylédones, à fleurs complètes, polypétalées, de la famille des *palétuviers* (Lamk.), des *rhizophorées* (Rob. Brown), de l'*octandrie monogynie* de Linnæus, offrant pour caractère essentiel : Un calice à demi supérieur, à quatre divisions ; quatre pétales plus courts que le calice ; huit étamines insérées par paires à la base des pétales ; les filamens très-courts ; un ovaire surmonté d'un seul style ; un stigmate à deux divisions. Le fruit est coriace, presque ligneux, entouré par le calice, à une loge monosperme, d'abord fermé, puis perforé au sommet pour laisser sortir la semence, dont la germination est déjà commencée, reste pendante et se prolonge en un corps cylindrique, très-long, en forme de massue.

Rhizophore manglier : *Rhizophora mangle*, Linn., Jacq., *Amer.*, 141, tab. 89 ; Lamk., *Ill. gen.*, tab. 396, fig. 1 ; Pluken., *Almag.*, tab. 204, fig. 3 ; *Mangium calendarium*, Rumph., *Amb.*, 3, tab. 71 et 72 ; Peckandel, Rhéede, *Malab.*, 6, tab. 34. Arbre d'environ cinquante pieds de haut, revêtu d'une écorce d'un brun foncé. Son bois est blanchâtre et rougit dans l'eau lorsqu'il y a été macéré ; les rameaux forment de longs jets qui pendent jusqu'à terre, s'y attachent par des racines et produisent de nouveaux troncs, qui continuent à se multiplier de la même manière : ces rameaux

sont garnis de feuilles opposées. pétiolées, longues de trois
ou six pouces, ovales, très-entières, luisantes, d'un vert
foncé en dessus, jaunâtres en dessous, couvertes de points
noirâtres. Chaque paire de feuilles, avant son développement, est entourée de deux longues bractées, qui durent
peu, et laissent sur les tiges deux cicatrices, qui alternent
avec les feuilles. Les fleurs sont axillaires, supportées par
un pédoncule long de deux pouces, comprimé, bifide au
sommet, terminé par deux ou trois fleurs pédicellées; les
pédicelles longs d'un demi-pouce; ils s'alongent jusqu'à la
longueur de deux pouces à la maturité des fruits.

Le calice est jaunâtre; la corolle blanche, un peu odorante,
à quatre pétales linéaires, lancéolés, très-velus en dedans,
réfléchis entre les folioles du calice, et un peu plus courts;
les filamens sont presque nuls; les huit anthères linéaires,
lancéolées, s'ouvrant à leur base avec une forte élasticité;
la semence est renfermée dans le disque du calice qui devient
une sorte de capsule épaisse, oblongue; l'embryon environné
par un périsperme charnu, très-épais. Dès que cette semence
est parvenue à sa maturité, la germination commence
aussitôt, quoique renfermée dans la capsule; la radicule en
brise le sommet, se prolonge considérablement; alors la
semence devient pendante, se détache, et par sa chute s'enfonce en terre par son sommet, dans une position verticale,
où elle prend peu après un développement dans une position
inverse de la première. Cet arbre croît en Amérique, dans
les terrains marécageux et sur la côte du Malabar.

Le bois de cet arbre n'est guère bon qu'à brûler; son écorce
est très-propre à tanner les cuirs. Les fruits s'emploient aux
mêmes usages. Ces arbres forment des forêts immenses, très-
épaisses, dans les terrains mous, incultes, inondés par les
eaux de la mer. Ces forêts sont presque impénétrables; elles
sont remplies d'un si grand nombre d'insectes connus sous la
dénomination de *mousquitos*, que les sauvages eux-mêmes peuvent difficilement en supporter les piqûres, auxquelles un Eu-
ropéen pourroit à peine résister. Une multitude innombrable
d'oiseaux, surtout les aquatiques, y établissent leur retraite :
c'est aussi le séjour d'une immense quantité de crabes. Dans
les lieux que les eaux de la mer inondent fréquemment,

elles y déposent beaucoup d'huîtres qui restent attachées aux arbres. Ces terrains mous et inondés seroient inabordables, si les branches et les rameaux des arbres qui composent les forêts n'offroient, par leur entrelacement, leur souplesse et leur solidité, une espèce de sol assez ferme pour que les chasseurs puissent y aborder avec plus de fatigues que de danger ; mais les sauvages sont les seuls que cette sorte de chasse puisse tenter : ils en sont bien dédommagés par l'abondance du gibier de toute espèce qu'elle leur fournit.

Rhizophore mucroné : *Rhizophora mucronata*, Lamk., *Ill.*, tab. 396, fig. 2 ; Poir., Enc., 6, p. 189. Cette espèce a des rameaux épais, revêtus d'une écorce noirâtre, couverts d'aspérités par les impressions des pétioles après leur chute, garnis de feuilles nombreuses, très-rapprochées, pétiolées, glabres, coriaces, ridées et ponctuées à leur face inférieure, lisses, presque luisantes, ovales, entières, obtuses au sommet, avec une longue pointe droite, roide, subulée. Les fleurs sont disposées, vers l'extrémité des rameaux, en grappes courtes, latérales, pendantes ; les pédoncules épais, très-glabres, souvent dichotomes à leurs ramifications ; chacune d'elles munie à la base d'une bractée courte, épaisse, lobée. Le calice est à quatre divisions glabres, ponctuées, courtes, obtuses, concaves ; les pétales sont oblongs, concaves, obtus, ponctués extérieurement. Les étamines sont au nombre de huit ; l'ovaire ovale, presque à quatre faces. Cette plante croît à l'Isle-de-France.

Rhizophore a fruits cylindriques : *Rhizophora cylindrica*, Linn. ; *Karil-Candel*, Rhéed., *Malab.*, 6, tab. 35 ; *Mangium minus*, Rumph., *Amb.*, 3, tab. 69. Arbrisseau qui s'élève à quinze ou dix-huit pieds, dont les rameaux sont peu nombreux, garnis de feuilles opposées, médiocrement pétiolées, ovales, glabres, entières, aiguës à leurs deux extrémités, rétrécies à leur base en un pétiole court. Les fleurs sont latérales, presque solitaires, quelquefois géminées, réunies sur un pédoncule bifide. La corolle est blanche, ordinairement à huit pétales réfléchis ; les fruits sont cylindriques, obtus, de la grosseur et de la longueur du petit doigt. Cette plante croît dans les Indes, aux lieux humides et marécageux.

Rhizophore candel : *Rhizophora candel*, Linn., *Spec.* ; *Tsieu-*

rou-candel, Rhéed., *Malab.*, 6, tab. 35. Arbrisseau d'environ sept pieds de haut, divisé en rameaux garnis de feuilles opposées ou géminées, pétiolées, ovales, oblongues, entières, glabres, obtuses; les pétioles sont plus longs que les feuilles, souvent divisés en deux à leur moitié supérieure; chaque division est terminée par une feuille. Les fleurs sont presque en grappes latérales; la corolle est blanche, à cinq pétales étroits, épais, charnus, linéaires, un peu aigus, très-ouverts et même recourbés en dehors. Les filamens sont nombreux, crépus, très-fins et même rameux, d'après la figure et la description de Rhéede. Les fruits subulés, assez semblables à ceux du *rhizophora mangle*. Cette plante croît au Malabar et dans les Indes, aux lieux aqueux et salés. (Poir.)

RHIZOPHORÉES. (*Bot.*) Lorsque, dans le douzième volume des Annales du Muséum, nous avons séparé de la famille des caprifoliées, sous le nom de loranthées, sa seconde section, distinguée des autres par l'opposition des étamines aux divisions de la corolle, cette section ou nouvelle famille ne contenoit que les genres *Loranthus*, *Viscum* et *Rhizophora*. Plus récemment elle en a acquis de nouveaux, qui ont été mentionnés dans l'article Loranthées de ce Dictionnaire. Mais, peu avant cette dernière publication, M. R. Brown, adoptant cette première séparation dans ses *General remarks*, a pensé que le *rhizophora* devoit encore être détaché des loranthées pour devenir le type d'une autre famille, à laquelle il ajoutoit un nouveau genre, qu'il nommoit *Caraltia*, et le *Bruguiera* de l'Héritier, auparavant *Rhizophora gymnandra* de Linnæus. Il donnoit à cette famille pour caractères distinctifs : l'insertion périgyne des étamines, l'absence d'un périsperme dans la graine et le prolongement de la radicule hors du fruit, avant que ce fruit fut détaché de son rameau. De plus, éloignant cette famille des loranthées, il lui trouvoit une plus grande affinité avec les cunoniacées.

Avant d'adopter ce retranchement et ce transport éloigné, nous ferons les observations suivantes, qui, si elles sont exactes, pourroient s'opposer à ce double changement.

1.° Les cunoniacées étoient primitivement pour nous une section des saxifragées, dont elles diffèrent peu, surtout après la soustraction de l'*Hydrangea*, reporté ailleurs. Elles ont les étamines insérées au calice, en nombre double de celui des pétales, dont la moitié leur est opposée et l'autre alterne ; leur ovaire est de plus libre, dégagé du calice. Dans les rhizophorées, au contraire, il lui est adhérent, et les étamines, en nombre soit égal soit double, sont toujours opposées aux pétales. Le seul motif de rapprochement seroit tiré de la périgynie des étamines, si elle existe réellement ; mais, en la supposant vraie, il faudroit examiner leur insertion ou celle de la corolle dans les loranthées, et s'assurer si elle n'est pas conforme.

2.º L'opposition des étamines aux pétales ou aux divisions de la corolle rapproche certainement les rhizophorées des loranthées, ainsi que l'adhérence de l'ovaire au calice et l'unité de graine dans le fruit ; unité qui les éloigne encore des cunoniacées, dont le fruit est à plusieurs loges polyspermes.

3.º L'existence d'un périsperme dans les loranthées et sa non-existence dans les rhizophorées, indiquée par M. Brown, établiroient une différence remarquable entre les deux familles. Mais, suivant Gærtner, il existe dans la graine du *Loranthus*, ainsi que du *Rhizophora*, autour de l'embryon presque cylindrique, un périsperme charnu, percé par le haut, pour donner ouverture à la radicule qui se prolonge hors de la graine, et il ajoute que, dans ce dernier, les cotylédons de l'embryon sont foliacés, ou veloutés et repliés, et la radicule montante. Il a vu également dans le *Viscum* un périsperme autour d'un embryon cylindrique, à lobes simplement comprimés et se touchant par le côté ; mais il n'y indique point d'ouverture supérieure, ni la sortie d'une radicule. Cependant, d'après nos observations et celles de Richard, consignées dans les Annales du Muséum, cette ouverture existe dans le *Viscum*, et l'on y aperçoit la radicule non dégagée, mais prête à sortir. Ce caractère d'existence du périsperme, de son ouverture supérieure, de la sortie plus ou moins prompte de la radicule, est encore confirmé par le témoignage de Jacquin, qui a vu, dans le fruit du *Loranthus*, la radicule sortie hors de la graine, au milieu d'une substance visqueuse. Le caractère de radicule, prolongée hors du fruit, ne paroit donc pas suffisant pour séparer les rhizophores des loranthées: celui qui est tiré de l'absence du périsperme dans le *Rhizophora* , est également contredit par Gærtner. On peut seulement supposer que le prolongement excessif de sa radicule a été opéré aux dépens du périsperme, qui a été successivement absorbé, et que l'analyse faite par M. Brown a eu lieu à cette époque.

De ces observations, que nous soumettons à ce savant, pour lequel on connoît notre profonde estime, ne peut-on pas conclure presque avec certitude, qu'il y a dans les caractères de l'opposition des étamines aux pétales ou aux divisions de la corolle, du fruit adhérent et monosperme , de la structure et situation de la graine, du périsperme existant et percé supérieurement, de la disposition précoce de la radicule à se prolonger au dehors, une grande conformité entre les deux familles ? Ne peut-on pas ajouter que cette conformité est telle qu'on doit par analogie la supposer égale dans l'insertion épigyne ou périgyne des étamines , et que ces familles, soit distinctes, soit rapprochées en simples sections, ont plus d'affinité entre elles qu'avec les cunoniacées ? (J.)

RHIZOPHYLLUM. (*Bot.*) Ce genre, établi par Beauvois, n'est qu'une division du genre Jungermannia (voyez tom. XXIV, p. 277); il le nomme *Rhyzophyllum* (voy. Fl. d'Owar., p. 22), et il nous prévient que c'est le *Marsilea* de Michéli, et que dans ce genre les fleurs femelles ou semences sont éparses sous l'épiderme, tantôt à l'extrémité des lobes des frondes, tantôt dans toute leur longueur.

Ce qui justifie le nom de *Rhizophyllum* (feuille et racine en grec), c'est que dans ces plantes les frondes elles-mêmes portent les racines. (Lem.)

RHIZOPHYSE, *Rhizophysa*. (*Actinoz.?*) Genre très-incomplétement connu, proposé par MM. Péron et Lesueur dans l'atlas de leur Voyage aux terres australes, adopté et caractérisé par M. de Lamarck dans son Système des animaux sans vertèbres, t. 2, page 477, pour des animaux extrêmement singuliers, que Forskal, qui, le premier, les a fait connoître dans sa Faune arabique, a rangés dans son genre Physsophore, très-probablement avec raison. Voici les caractères que M. de Lamarck a assignés à ce genre, d'après les descriptions et les figures de Forskal ; car il convient ne pas avoir vu ces animaux : Corps libre, transparent, vertical, alongé ou raccourci, terminé supérieurement par une vessie aérienne; plusieurs lobes latéraux, oblongs ou foliiformes, disposés, soit en série, soit en rosette; une ou plusieurs soies tentaculaires, pendantes en dessous : d'où l'on voit qu'il doit renfermer des animaux assez différens entre eux et réellement rapprochés des physophores. Ce genre ne renferme que deux espèces, que nous allons décrire d'après Forskal.

La Rhizophyse filiforme : *R. filiformis; Physsoph. filiformis,* Forsk., *Faun. arab.*, p. 120, et *Icon.*, tab. 35, fig. F, copiée dans l'Enc. méth. pl. 89, fig. 12. Corps ovale, obtus, de la grosseur d'un grain de riz, contenant une bulle aérienne oblongue, à la partie inférieure duquel pend un très-long filament, de la grosseur d'un fil, entièrement hyalin, gélatineux, portant dans sa longueur, et attachés le plus souvent d'un seul côté, des corps ovales, sessiles, pendans, glandiformes d'abord, puis, peu à peu plus grands inférieurement. Quoique Forskal ait vu cet animal vivant, puisqu'il dit qu'il peut s'enfoncer sous l'eau, quoique son corps soit plein d'air, probablement en le comprimant, il ajoute qu'il est d'une telle mollesse, qu'il est bien rare d'en trouver d'entier, et, en effet, il dit qu'il n'a jamais vu l'extrémité inférieure du long filament tentaculaire. Il parle aussi d'une longue soie latérale, qu'il a vue souvent, en sorte que je ne serois pas éloigné de croire que l'individu observé fût incomplet.

MM. Péron et Lesueur, qui paroissent l'avoir observé, puisqu'ils en donnent une figure, pl. 29, fig. 3, de leur Voyage, n'en ont malheureusement pas laissé de description.

La R. rosacée : *R. rosacea; Physsoph. rosacea,* Forsk., *loc. cit.*, p. 120, n.° 46, pl. 43, fig. *B, b*, et Enc. méth., pl. 89, fig. 10 et 11. Corps ovale, obtus, roussâtre, vésiculeux, portant à sa partie inférieure une couronne radiée d'organes foliacés, oblongs, obtus, plans, un peu recourbés, sur plusieurs rangs serrés, et sessiles, et, en outre, quelques tentacules filiformes, brunâtres, extensibles, quelquefois plus longs que les organes foliacés. Forskal se borne à ajouter à cette description que cette espèce, qui a la forme d'une fleur radiée d'un pouce de diamètre, perd ses folioles quand on la conserve dans l'esprit de vin.

La forme de cet animal diffère tellement de celle de l'espèce précédente, qu'on pourroit en faire un genre avec autant de raison que l'on en a de séparer celle-ci des physsophores. Voyez le mot PHYSALE, car je crois ces animaux fort rapprochés. (DE B.)

RHIZOPOGON. (*Bot.*) Genre de la famille des champignons, autrefois compris dans celui des truffes, *tuber*, et qui en a été séparé par Fries, sur la considération que les tubercules qu'ils forment sont radicifères, irréguliers, et se crèvent à la maturité, tandis que dans les truffes ils sont nus et restent entiers; de plus, que dans le rhizopogon les veines qui forment leur réseau intérieur portent des sporidies sessiles, distinctes et très-visibles, pendant que dans les truffes les sporidies sont pédicellées et obscurément visibles. Malgré ces différences, les genres *Rhizopogon* et *Tuber* ont une grande analogie; mais il y a aussi beaucoup de rapports entre le *Rhizopogon* et le *Sclerotium*.

Les espèces de *rhizopogon* sont de gros ou moyens champignons souterrains, comme les truffes, et qui se trouvent dans le Nord : elles sont privés d'odeur, ou bien en exhalent une nauséabonde; elles sont de peu d'usage comme aliment. On les prendroit pour des pommes de terre par leur forme. Leur surface ou leur base est garnie ou couverte de fibres réticulaires, ce qui a fait donner au genre son nom de *Rhizopogon*, formé de deux mots grecs, qui signifient racine et barbe, c'est-à dire *racine barbue*. Ces fibres sont disposées en corymbes et radicantes.

Fries compte quatre espèces dans ce genre, dont la suivante est la plus connue.

1. Le RHIZOPOGON BLANC : *Rhizopogon albus*, Fries, *Syst. mycol.*, 2, p. 293; *Tuber album*, Bull., Champ., pl. 404; Pers., *Syn.*; *Lycoperdon gibbosum*, Dicks. Presque rond ou oblong, légèrement floconneux, d'un blanc roussâtre à l'extérieur, intérieurement blanc, avec des lignes ou veines rousses, mais rougissant par le contact de l'air et l'action de la sécheresse ; muni à sa base de fibres radicales ; surface extérieure quelquefois un peu sillonnée ou inégale. On trouve

cette plante en Europe et en Caroline, dans les endroits sablonneux, montueux et couverts de bruyère. Elle a une odeur un peu nauséabonde ; en naissant elle est blanche en dehors comme en dedans. Les sangliers la recherchent avec. avidité et la déterrent aisément, car elle se trouve près de la surface du sol.

2. Le Rhizopogon jaunatre : *Rhizopogon luteolus*, Fries ; *Tubera*, Mentz.. *Fung. rar.*, pl. 6, fig. 1 ? Oblong, arrondi ou réniforme, jaunâtre, ayant quelques fibrilles radicales, lâches, et un duvet étendu et appliqué sur le tubercule. Cette espèce a une odeur et une saveur nauséabondes ; elle est tantôt éparse, tantôt en groupe de plusieurs individus. Sa grosseur varie depuis celle de la noix jusqu'à celle de la pomme. Elle est livide intérieurement ou d'un gris pâle. On la trouve dans les terrains sablonneux plantés de pins, dans le Nord de l'Allemagne et surtout en Suède, en été et en automne. Mentzel a fait connoître une plante. qu'il découvrit fixée à des racines de graminées, dans des lieux où la truffe croissoit, aux environs de Furstenwalde dans le Brandebourg; ce qui le frappa singulièrement. c'est la forme testiculaire qu'elle affecte, et sa couleur interne d'un brun verdâtre, qui le conduisirent à la comparer au lycoperdon ou vesse-loup. C'est sous l'autorité de Fries que nous l'avons réunie au *rhizopogon luteolus*, mais il nous semble qu'elle a plus de rapports avec le *rhizopogon virens* du même auteur, qui est le *tuber virens*, Alb. et Schw., observé dans de semblables circonstances le long des routes en Lusace et en Caroline. (Lem.)

RHIZOPUS. (*Bot.*) Fries, Link, etc., sont d'avis que ce genre, établi par Ehrenberg, ne doit pas être séparé du *mucor*, où Ehrenberg lui-même avoit d'abord placé l'unique espèce qui le compose, savoir, le *R. nigricans*, Ehrenb., *Nov. act. acad. Leopold.*, 10, p. 1, pag. 198, pl. 11 : c'est le *Mucor stolonifer* du même auteur, *Sylv. mycol.*, Link, *in* Willd., 6, p. 1, pag. 92. Il peut désigner dans les *mucor* le groupe des espèces à filamens rampans. On trouve l'espèce citée, sur les feuilles de vigne tombées et sur les rameaux du bouleau : elle y forme des moisissures blanchâtres, floconneuses, dont les filamens fructifères naissent par bouquets; les filamens rameux, qui forment la base, sont simples, droits et garnis de sporidies d'un vert-olive noirâtre. (LEM.)

RHIZORE, *Rhizorus.* (*Conchyl.*) Genre de coquilles microscopiques, univalves, monothalames, établi par Denys de Montfort dans sa Conchyliologie systématique, t. 2, page 339, pour une très-petite espèce de bulle ou de bullée, à sommet ombiliqué, complétement involvée, et dont l'ouverture, étroite, est beaucoup plus longue que le corps de la coquille elle-même, par une avance assez considérable en avant comme en arrière du bord externe. L'espèce type de ce genre, que Denys de Montfort nomme le R. D'ADELE, *R. Adelaidis,* est figurée dans Soldani, *Testac.,* t. 1, tab. 1, fig. *c, var.* 2. Elle est de la grandeur d'un grain de millet, subverdâtre ou subroussâtre, avec quelques taches quand elle est fraîche; blanche dans le cas contraire. Elle a été trouvée dans le sable du rivage de Toscane. (DE B.)

RHIZOSPERMES (*Bot.*) : *Rhizospermæ,* Roth, Decand.; *Rhizocarpa,* Roth; *Radicalia,* Hoffm.; *Pilulariæ et Salviniæ,* Mirb.; *Marsileaceæ,* R. Brown; *Carpanthæ,* Rafin. (Voyez le cahier n.° 16 de l'atlas de ce Dictionnaire). Famille de plantes cryptogames, autrefois réunie à celle des fougères, et dont elle est fort distincte par ses caractères et ses habitudes. Nous lui avons conservé le nom que Roth lui a imposé le premier, et que M. De Candolle, en établissant cette famille, lui a consacré; il convient mieux que les autres dénominations à ces plantes, qui offrent constamment leur fructification près des racines.

Les rhizospermes sont de petites plantes aquatiques ou qui vivent dans les lieux inondés. Leur tige ou racine principale est rampante, rameuse, quelquefois nageante; elle pousse des radicules fibreuses et des feuilles simples, droites ou planes, quelquefois longuement pétiolées, et composées de plusieurs folioles; la fructification consiste en des globules ou involucres, ou indusium membraneux ou coriaces, capsuliformes, sessiles ou pédonculés, solitaires ou portés plusieurs sur un même pédoncule, qui s'insère dans les aisselles des ramifications de la racine ou sur les pétioles à leur base; ces involucres sont indéhiscens ou s'ouvrent en plusieurs pièces; ils sont uniloculaires ou divisés en plusieurs loges par des cloisous, et renferment des corps de deux sortes mélangées ou distinctes, soit dans le même involucre, soit dans des involucres différens. Ces corps sont, les uns membraneux, transparens, gélatineux, insérés sur les parois internes de l'involucre ; ils enveloppent chacun un corps dur, coriace, considéré comme la graine, offrant un point brun, indice de la place occupée, sans doute, par l'embryon : ces corps sont considérés comme les ovaires ou sont pris pour les graines. Les autres corps mêlés à ceux-ci, ou quelquefois séparés dans le même involucre, sont plus nombreux, plus petits, insérés également sur les parois, ovales, vésiculeux, gélatineux intérieurement et remplis de petites graines sphériques : on veut voir en eux des anthères et du pollen.

Ces deux sortes d'organes, mâle et femelle, sont cependant loin de pouvoir être donnés pour tels ; car, par suite d'expériences contradictoirement faites, on a avancé que les grains des prétendus anthères se sont parfaitement développés en plantes, contre le sentiment de ceux qui ont voulu y voir un organe différent de celui des corps donnés pour les graines, et dont le développement est parfaitement constaté.

Ces deux sortes d'organes sont quelquefois séparés et contenus dans des involucres différens, les uns mâles et les autres femelles. Dans les premiers, c'est-à-dire les involucres mâles, on voit les grains sphériques attachés par des filets à un placenta central; dans les seconds on observe une grappe composée de grains, lesquels offrent un seul embryon ou plusieurs, selon l'espèce de plante. On observe encore quelques caractères dans la nature et la position de ses organes, considérés dans les deux groupes ou sous-familles qui composent les rhizospermes, et que nous croyons inutile de répéter ici, ayant été indiqués dans les articles des genres.

Nous avons exposé à l'article AZOLLA, et d'après R. Brown, la description très-curieuse de la structure des involucres de cette plante, qui donne une excellente idée de la nouvelle manière de considérer les fonctions des organes qui s'observent dans ces végétaux.

Comme dans ces plantes il n'y a pas de fécondation extérieure apparente, on a lieu de douter encore des véritables fonctions des divers corpuscules qui s'observent dans les involucres, d'autant plus que les nombreuses et intéressantes observations faites par Bernard de Jussieu, Robert Brown, Mirbel, Savi, Vaucher, etc., n'ont pas détruit pleinement nos doutes.

Les rhizospermes sont peu nombreuses en espèces; on en compte une quinzaine environ, dont trois seulement croissent en Europe; toutes aiment les marécages et les lieux aquatiques, la plupart flottent à la surface des eaux. Elles forment plusieurs genres, qui constituent deux divisions ou sous-familles assez remarquables, savoir :

I. Marsiléacées ou Pilulariées.

Involucres coriaces, divisés en plusieurs loges, contenant les deux sortes d'organes; feuilles roulées en crosse à leur naissance, simples ou pétiolées, et terminées par plusieurs frondules analogues à celle de certaines fougères par leur structure.

1.° *Marsilea*, Juss.

2.° *Pilularia*, Linn.

II. Salviniées.

Involucres membraneux, hermaphrodites ou plus ordinairement monoïques; feuilles planes, non roulées en crosse.

3.° *Salvinia*, Mich.

4.° *Azolla*, Lamk.

Genres douteux.

5.° *Carpanthus*, Rafin. Schmaltz. Ce genre paroît faire le passage des marsiléacées aux salviniées, et appartient sûrement à cette famille.

6.° *Isoetes*, Linn. Ce genre, rapporté aux rhizospermes par quelques botanistes, a été placé avec doute dans celui des lycopodiacées, par M. De Candolle, où il est effectivement mieux; examiné de nouveau, il pourra offrir des caractères suffisans pour en faire une nouvelle famille, intermédiaire entre les deux que nous venons de citer.

Willdenow réunit, sous le nom commun d'*hydroptéridées*, les rhizospermes et les prêles; mais il suffit de l'examen le plus léger pour démontrer combien ce rapprochement est peu satisfaisant.

Les rhizospermes, les équisétacées, les fougères, ont long-

temps été unis en une seule famille, celle des fougères, Juss.;
mais elle en forme trois aussi bien limitées qu'on peut le désirer, par la considération de la structure de leurs organes
fructifères et par leur forme. Quelques rhizospermes se rapprochent des fougères par leurs feuilles roulées en crosse et
leur organisation. (LEM.)

RHIZOSPERMUM. (*Bot.*) Le genre décrit et figuré sous
ce nom par M. Gœrtner fils, avoit été établi auparavant par
Ventenat sous celui de *Notelæa*, dans la famille des jasminées. Voyez NOTÉLÉE. (J.)

RHIZOSTOME, *Rhizostoma*. (*Actinoz.*) Cette dénomination, qui signifie bouches en racines ou radiculaires, a été
employée par M. Cuvier pour désigner un genre de Méduses,
qu'il a établi avec une grande espèce de nos mers, que Réaumur a fait connoître sous le nom de GELÉE DE MER (Mém. de
l'Acad. des sc., 1710, page 478). MM. Péron et Lesueur, dans
le Prodrome de leur grand travail sur les méduses, ont conservé ce genre, quoiqu'ils n'aient pas admis que les divisions
qui terminent le pédoncule pussent être regardées comme
des radicules buccales, et qu'ils aient au contraire montré que
dans ces espèces de méduses la bouche, située comme à l'ordinaire, étoit quadruple, ou mieux, divisée en quatre par la
manière dont s'attache à l'ombrelle le pédoncule, car elle est
réellement unique, comme nous nous en sommes assurés. Cependant M. Cuvier, dans son Règne anim., t. 4, p. 57, a étendu
le nom de rhizostome à toutes les espèces de méduses qui
n'ont pas de bouche ouverte au centre, et qui, dit-il, paroissent se nourrir, tantôt par la succion des ramifications
de leur pédicule, tantôt par celle des petits filamens disposés à leur surface inférieure, tantôt, enfin, par les simples
pores de leur surface : ce qui comprend les genres Céphée,
Cassiopée, Geronyie, Lymnorée, Favonie, Orythie, Bérénice,
Eudore et Carybdée, c'est-à-dire, des genres dont l'ombrelle
est pourvue en dessous d'une masse pédonculaire et tentaculaire très-considérable, avec une cavité très-grande à la base,
et des genres dans lesquels l'ombrelle la plus simple possible
n'est qu'un disque sans cavité, et, par conséquent, sans ouverture pour y conduire. Quoi qu'il en soit de cette confusion
inadmissible, le type des véritables rhizostomes est le R. BLEU,

Cuv., Journ. de phys, t. 49, p. 436; le *R. Cuvierii*, Péron et Lesueur, Annal., vol. 14, p. 362 la Céphée rhizostome de M. de Lamarck, car cet auteur réunit les rhizostomes de M. Péron à ses céphées, sous ce dernier nom. C'est une très-grande méduse, très-commune sur les côtes de la Manche, et dont l'ombrelle atteint quelquefois près de deux pieds de diamètre. Elle est de couleur bleuâtre. Sa circonférence est pourvue d'auricules plus foncées, et son pédicule, attaché par quatre racines, ce qui partage l'orifice en quatre ouvertures semi-lunaires, se divise inférieurement en huit bras fourchus et dentelés, chaque dent étant uniporée. Il paroît que cette méduse se trouve aussi dans la Méditerranée, et que c'est le poumon marin d'Aldrovande, *Zoophyt.*, liv. 4, p. 575, et de Gmel., Macri, *Polm. mar.* I. En effet, M. Eysenhardt, qui l'a disséquée avec soin, paroît s'en être assuré et avoir reconnu aussi que cet animal n'a qu'une seule bouche, comme il nous l'a dit dans une lettre du 16 Octobre 1819. M. Péron en a distingué, sous le nom de R. d'Aldrovande, *R. Aldrovandi*, la méduse, dont cet auteur a parlé sous la dénomination italienne de *Potta marina*, *Zooph.*, liv. 4, p. 576, et dont les bras, également au nombre de huit, sont plus courts à la pointe. Enfin une troisième espèce, qu'il nomme le R. de Forskal, *R. Forskalii*; *Medusa coronata*, Forsk., *Faun. arab.*, p. 107, auroit pour caractères, d'après cet auteur, les huit bras rameux, bilobés à l'extrémité et dentés de chaque côté à la base; en outre elle est marquée par une croix bleue en dessus.

Elle provient de la mer Rouge. (De B.)

RHIZOSTOMOS. (*Bot.*) C. Bauhin soupçonne que la plante désignée sous ce nom est notre *iris germanica*. (J.)

RHIZOSTROMA. (*Bot.*) Fries (*Nov. Fl. Suec.*, 5, pag. 79) a formé ce genre sur les *rhizomorpha xylostroma* et *corticata*; il le caractérise ainsi : Plantes rampantes dans des directions opposées, couchées, rameuses, dilatées aux extrémités, intérieurement compactes et denses comme de l'étoupe, recouvertes à l'extérieur d'un duvet formé de fibrilles rameuses; des tubercules homogènes, contenus dans la substance; sporidies disséminées sur les extrémités. Ce genre n'est point mentionné dans le *Systema orbis vegetabilis* de Fries, publié récemment, d'où l'on peut croire que l'auteur l'a supprimé. (Lem.)

RHODACINA. (*Bot.*) Aetius désignoit sous ce nom une variété de pêches à chair ferme et d'un blanc rougeâtre. (J.)

RHODEA. (*Bot.*) L'*Orontium japonicum* de Thunberg a été distingué par Roth sous ce nom générique, qui n'a pas encore été adopté. (J.)

RHODIA. (*Bot.*) Adanson et Crantz nomment ainsi le *Rhodiola* de Linnæus. (J.)

RHODIOLE; *Rhodiola*, Linn. (*Bot.*) Genre de plantes dicotylédones polypétales, de la famille des crassulées (Juss.), et de la *dioécie octandrie*, Linn., dont les sexes sont séparés sur des individus différens, et dont les principaux caractères sont d'avoir : Un calice divisé profondément en quatre découpures obtuses, persistantes; une corolle de quatre pétales, une fois plus longs que le calice dans les fleurs mâles, à peine sensibles dans les femelles, munis à leur base interne, dans les unes et les autres, de quatre petites languettes, huit étamines à filamens plus longs que la corolle, et terminés par des anthères simples; quatre ovaires oblongs, dépourvus de styles et de stigmates, et stériles dans les fleurs mâles, surmontés, dans les femelles, de chacun un style droit, terminé par un stigmate obtus; quatre capsules corniculées, s'ouvrant par leur côté interne, et contenant chacune plusieurs graines. Ce genre ne comprend qu'une seule espèce.

Rнodiolerose: *Rhodiola rosea*, Linn., *Sp.*, 1465; *Fl. Dan.*, tab. 183. Ses racines sont épaisses, charnues, vivaces, d'une odeur agréable, ayant quelque rapport avec celles de la rose; elle produit plusieurs tiges simples, cylindriques, hautes de six à huit pouces, garnies, dans toute leur longueur, de feuilles éparses, nombreuses, lancéolées, un peu charnues, dentées en leurs bords, glabres et d'un vert glauque. Ses fleurs sont jaunâtres ou rougeâtres, disposées, au sommet des tiges, en corymbe serré : elles paroissent en Mai et Juin. Cette espèce croît dans les fentes des rochers des Alpes, en France, en Suisse, en Allemagne, en Laponie, etc. Sa racine a passé pour anodine et résolutive. elle communique son odeur de rose à l'eau qu'on distille dessus. Les Islandois et les Lapons mangent cette racine. (L. D.)

RHODITE. (*Foss.*) Gesner et d'autres auteurs anciens ont

désigné sous ce nom des pierres marquées de roses ou d'étoiles à plus de cinq rayons, qui dépendoient sans doute de la famille des polypiers; mais, d'après une telle description, il est difficile de déterminer le genre. Aldrovande a décrit sous ce nom une sorte d'échinite. (D. F.)

RHODITIS. (*Min.*) C'est le nom que Forster a proposé de donner au quarz hyalin rose. Voyez QUARZ. (B.)

RHODIUM. (*Chim.*) Corps simple, compris dans la cinquième section des métaux. Voyez CORPS, tome, X, pag. 511.

Propriétés physiques.

Il est solide. Sa densité, d'après quelques essais, excéderoit un peu 11,000.

Parce qu'il forme des alliages ductiles avec plusieurs métaux, quelques chimistes ont pensé qu'il devoit être ductile. M. Vauquelin a dit au contraire qu'il est cassant.

C'est un des métaux les moins fusibles. M. Vauquelin l'a fondu en employant le borax. Il n'a pu y parvenir sans l'addition de ce corps, lors même qu'il dirigeoit un courant d'oxigène sur un charbon embrâsé, où le métal étoit placé : dans ce cas il n'a obtenu qu'une simple agglutination dans les parties de rhodium qui se touchoient. M. Wollaston est parvenu à le fondre en l'exposant à la flamme d'un mélange de vapeur d'alcool et d'oxigène.

Il est d'un blanc analogue à celui du palladium.

Propriétés chimiques.

M. Berzelius prétend que le rhodium, réduit en poudre fine, s'oxide lorsqu'il est chauffé peu à peu jusqu'au rouge.

A froid, l'air et l'oxigène n'ont pas d'action sur lui.

Il en est de même de l'eau, lors même qu'elle est en contact avec l'air.

Le soufre se combine facilement au rhodium par la fusion.

La plupart des métaux s'y allient.

Le mercure ne s'y amalgame pas.

Les acides sulfurique, nitrique et hydrochlorique, concentrés et bouillans, n'ont pas d'action sur ce métal.

Il est remarquable que l'eau régale n'en a pas davantage.

45.   26

Lorsqu'on veut dissoudre le rhodium, on l'allie avec trois fois son poids de plomb. On met l'alliage dans un mélange de 2 mesures d'acide hydrochlorique et de 1 mesure d'acide nitrique, qu'on porte peu à peu à l'ébullition. Quand la dissolution est opérée, on fait évaporer doucement la liqueur à siccité ; puis, en reprenant le résidu avec une petite quantité d'eau, on dissout le chlorure de rhodium à l'exclusion du chlorure de plomb.

OXIDES DE RHODIUM.

Suivant M. Berzelius il existe trois oxides de rhodium.

PROTOXIDE DE RHODIUM.

	Berzelius.
Oxigène........	6,66
Rhodium	100.

On le prépare en chauffant peu à peu jusqu'au rouge et avec le contact de l'air, le rhodium réduit en poudre fine.

Il est brun ; et M. Berzelius dit qu'il produit une foible détonation quand on le chauffe après l'avoir mêlé avec du sucre ou du suif.

DEUTOXIDE DE RHODIUM.

	Berzelius.
Oxigène.......	13,32
Rhodium	100.

M. Berzelius le prépare en chauffant dans un creuset de platine un mélange de rhodium pulvérisé, de potasse et d'une petite quantité de nitrate de potasse. Il lave le résidu calciné, d'abord avec un peu d'eau chaude, puis avec de l'eau acidulée d'acide sulfurique.

Cet oxide s'unit avec les alcalis et ne sature pas les acides. M. Berzelius le considère sous ce rapport comme électro-négatif.

PEROXIDE DE RHODIUM.

Oxigène........	19,98
Rhodium........	100.

On l'obtient en versant du chlorure de rhodium dans de l'eau de potasse étendue. Il se précipite un hydrate de peroxide de rhodium qui est flocconneux, d'une assez belle couleur rose, mais qui devient jaune par la dessiccation.

Le peroxide de rhodium est soluble dans les acides sulfurique, nitrique et hydrochlorique. Les dissolutions sont roses quand elles sont étendues. C'est de là que dérive le nom de rhodium.

Le nitrate de rhodium concentré est rouge, très-soluble dans l'eau et incristallisable.

Suivant M. Berzelius, quand on le chauffe avec précaution, on le réduit en protoxide.

Comme cet oxide s'unit bien aux acides et ne s'unit pas aux alcalis, et que, sous ce rapport, il est alcalin ou électronégatif, tandis que le contraire a lieu, suivant M. Berzelius, pour le deutoxide qui contient moins d'oxigène; ce chimiste remarque que ce résultat a quelque analogie avec celui que présente dans l'ancienne théorie du chlore l'acide muriatique et l'acide muriatique oxigéné. En effet, le premier de ces corps est acide, tandis que le second ne l'est pas, et cependant, dans cette théorie, celui-ci contient plus d'oxigène que l'acide muriatique.

Chlorure de rhodium.

Nous avons dit plus haut la manière de le préparer.

Le chlorure de rhodium ne cristallise pas.

Il est d'un beau rose.

Il est soluble dans l'alcool.

La potasse précipite du peroxide de sa solution aqueuse.

Le cuivre, le mercure, le zinc, le fer, l'en précipitent à l'état métallique.

La chaleur le réduit en chlore et en rhodium.

Les hydrosulfates ne le décomposent pas, en quoi il diffère du chlorure de platine et de celui de palladium.

L'hydro-cyanoferrate de potasse ne le précipite pas, en quoi il diffère du chlorure de palladium.

Les chlorures de potassium et de sodium ne le précipitent pas, cependant ils s'y unissent; mais les chlorures doubles formés sont très-solubles dans l'eau.

Ils sont au contraire insolubles dans l'alcool.

L'hydrochlorate d'ammoniaque, uni avec le chlorure de rhodium, donne lieu aux mêmes observations.

CHLORURE DE SODIUM ET DE RHODIUM.

Ce chlorure double cristallise en rhomboèdres, dont l'angle aigu est de 75^d environ.

Il est rouge foncé, inaltérable à l'air, soluble dans 1,5 parties d'eau, insoluble dans l'alcool; en quoi il diffère des chlorures doubles de platine et de palladium.

SULFURE DE RHODIUM.

	Vauquelin.
Soufre.........	26,78
Rhodium	100.

Ce sulfure est blanc brillant.

Chauffé avec le contact de l'air, il donne du gaz acide sulfureux, et il reste une matière qu'on peut obtenir fondue en un culot, qui est cassant. On ignore si le rhodium ainsi obtenu est pur, ou s'il retient encore du soufre.

Alliages.

RHODIUM ET PLOMB.

Nous avons vu que l'alliage formé de 1 partie de rhodium et de 5 parties de plomb, est fusible, et, ce qui est remarquable, entièrement attaquable par l'eau régale.

RHODIUM ET OR.

1 Partie de rhodium et 4 parties d'or, chauffées au chalumeau, prennent une forme arrondie. Malgré cela les métaux ne paroissent pas être fondues complétement.

1 Partie de rhodium et 6 parties d'or se fondent très-bien.

Cet alliage est remarquable par sa couleur jaune-d'or fin; en quoi il diffère de l'alliage de platine et d'or, fait dans la même proportion, qui est blanc comme la platine.

L'alliage de rhodium et d'or est facile à analyser par l'eau régale, qui dissout l'or sans toucher au rhodium.

Extraction.

(Voyez PLATINE.)

Histoire.

Wollaston le découvrit en 1804. (CH.)

RHODOCHROSITE. (*Min.*) C'est le nom univoque que M. Haussmann a donné à une espèce de minérai de manganèse, qui paroît être du manganèse carbonaté compacte. Voyez Manganèse. (B.)

RHODOCRINITES. (*Foss.*) Dans un ouvrage intitulé *A natural History of the crinoidea*, M. Miller a donné ce nom a un genre de polypiers fossiles de la famille des encrines, auquel il assigne les caractères suivans :

Animal crinoïdal, avec une colonne ronde et quelquefois légèrement pentagonale, formée de nombreuses jointures, percée par un canal alimentaire, à cinq pétales. Le bassin formé de trois morceaux, supportant cinq pièces carrées, entre lesquelles sont insérés des angles latéraux et cinq pièces costales. De l'épaule part un bras supportant deux mains.

Une espèce de ce genre (le *rhodocrinites verus*, Mill.) a été trouvée près de Bristol et à Dudley, en Angleterre.

Ne connoissant pas ce fossile, nous ne pouvons entrer en aucun détail à son égard. (D. F.)

RHODODAPHNE. (*Bot.*) C'est sous ce nom que Césalpin désigne le laurier rose ou laurose, *nerium*, qui est le *rhododendrum* de Belon et de Dodoëns. Ce dernier nom, donné par Césalpin au rosage, lui a été conservé par Linnæus et ses successeurs. (J.)

RHODODENDRON. (*Bot.*) Nom latin du genre Rosage. (L. D.)

RHODODENDRUM. (*Bot.*) Ce nom, sous lequel Belon et Gesner désignoient le laurose, *nerium*, a été employé par Césalpin pour un arbrisseau que Lobel et d'autres nommoient *chamærhododendros*. Tournefort en faisoit sous ce dernier nom un genre que Linnæus a admis, en supprimant dans la nomenclature les deux premières syllabes. C'est son *Rhododendrum ferrugineum*, auquel d'autres espèces ont ensuite été ajoutées. (J.)

RHODOLŒNA. (*Bot.*) Genre de plantes dicotylédones, à fleurs complètes, polypétalées, de la famille des *chlénacées* (Pet.-Th.), de la *monadelphie polyandrie* de Linnæus, offrant pour caractère essentiel : Un calice à trois folioles concaves, muni de deux écailles à sa base ; une corolle campanulée, à six pétales roulés ; des étamines nombreuses, insérées sur un urcéole court : un ovaire supérieur, trigone, à trois loges polyspermes ; un style ; un stigmate à trois lobes. Le fruit n'a point été observé.

RHODOLŒNA GRIMPANT : *Rhodolæna altivola*, Pet.-Th., *Nov. gen. Madag.*, n.° 56, et îles Austr., fasc. 2, p. 47, tab. 13. Arbuste élégant, qui s'élève, en grimpant, jusqu'au sommet des plus grands arbres. Ses tiges sont cylindriques ; ses feuilles fermes, alternes, pétiolées, ovales, acuminées, très-entières, longues de quatre à cinq pouces sur deux ou trois de large ; les pétioles courts ; les fleurs axillaires, soutenues par un pédoncule long de deux ou trois pouces, partagé au sommet en deux pédicelles uniflores, longs de six lignes, renflés au sommet. Le calice est composé de trois larges folioles visqueuses, concaves, colorées, longues d'un pouce ; la corolle de six pétales contournés, longs de deux pouces, presque aussi larges, d'un très-beau pourpre ; les étamines sont nombreuses, plus courtes que les pétales, attachées à la base d'un urcéole ; les anthères s'ouvrant à leur côté intérieur ; l'ovaire est supérieur, à trois loges, contenant des ovules nombreux ; le style de la longueur des pétales, terminé par un stigmate en tête, à trois lobes. Cette plante croît à l'île de Madagascar, dans les environs de Foule-Pointe. (POIR.)

RHODOMELA. (*Bot.*) Genre de la famille des algues, établi par Agardh, dans la division des *confervoideæ florideæ* de sa méthode, et qui comprend des plantes marines offrant deux sortes de fructification : l'une, consistant en des capsules ovales, contenant un petit nombre de séminules (six à dix) alongées en forme de pyramides ou de queue, obscures, plongées dans une matière transparente, qui leur sert comme de réceptacle ; l'autre fructification, donnée par des espèces d'amas lancéolés, farineux, disposés en une ou deux séries dans chaque articulation, et contenant un petit globule noir, globuleux, solitaire, formé par des granulations infiniment petites, sphériques et brillantes.

Les espèces sont toutes marines : elles naissent d'une racine discoïde ; leurs frondes, disposées en touffes, sont tantôt planes, foliacées, à découpures linéaires, incisées, pinnatifides et le plus souvent munies d'une côte ; tantôt filiformes, fruticuleuses, très-rameuses, à rameaux alternes, fastigiés ou disposés en forme de pinceau; quelquefois, enfin, la fronde est pliée en spirale ou voluble. Ces plantes sont naturellement rouges; mais, desséchées, elles se noircissent et deviennent roides. Dans les espèces foliacées, la substance qui les compose est membraneuse, tandis que dans les espèces filiformes elle est presque cartilagineuse. C'est sur leur propriété de passer du rouge au noir par la sécheresse, qu'Agardh a été conduit a nommer le genre *Rhodomela*, qui dérive de deux mots grecs signifiant *rose* et *noir*.

Plusieurs des espèces de ce genre ont été placées par Lamouroux dans ses genres *Delesseria* et *Gigartina;* un grand nombre d'entre elles sont des *fucus* des botanistes anciens, dont plusieurs ont été connus de Linnæus : l'*odonthalia* de Lyngbye est une des espèces principales. Enfin, le *rytiphlœa* d'Agardh doit en faire partie, si les caractères qui lui ont été assignés par Agardh et Fries ne sont jugés valables. (Voyez RYTIPHLÆA.)

Ce genre, tel qu'il est exposé dans Agardh, *Systema algarum*, contient une vingtaine d'espèces, qui vivent dans les mers tempérées ou froides, et qui n'ont pas encore été signalées entre les tropiques; elles se trouvent principalement dans les mers boréales, quelques-unes ont été rapportées de la Nouvelle-Hollande, et une seule du cap de Bonne-Espérance.

1.° *Fronde plane, ayant une côte peu apparente.*

1. Le RHODOMELA DENTÉ : *Rhodomela dentata*, Agardh, *Syst. alg.*, 196; *Fucus dentatus*, Linn.; Turn., *Hist.*, pl. 13; Stackh., *Ner.*, pl. 15; *Engl. bot.*, pl. 1241; *Delesseria dentata*, Lamx.; *Odonthalia dentata*, Lyngb., *Hyd.*, 9, pl. 3. Fronde plane, dichotome, ailée, bipinnatifide, à frondules linéaires, terminées en coin, et à découpures incisées; capsules urcéolées, pédicellées, disposées en petites grappes. Cette plante a sept ou huit pouces de longueur; elle se trouve dans l'Océan boréal depuis la côte d'Islande jusqu'à celle de France, ainsi que sur les côtes de l'Amérique septentrionale.

2. Le RHODOMELA EN SPIRALE : *Rhodomela volubilis*, Agardh, *loc. cit.*, p. 197; *Fucus volubilis*, Linn.; Turn., *Fuc.*, pl. 2; *Fucus spiralis*, Barr., *Icon.*, 1303; *Epatica*, Gmel., *Op.*, pl. 27, fig. 62. Fronde contournée en spirale, rameuse de distance en

distance, dentée à dents portant les capsules. Cette plante
croit en touffes; sa racine ressemble à une scutelle de la grandeur de l'ongle, elle pousse plusieurs frondes linéaires, de
trois à quatre pouces de longueur, sur six à sept lignes de
largeur, marquée d'une côte sensible. formant des spirales
dont les tours sont nombreux et serrés. Cette plante se trouve
dans la mer Méditerranée et dans la mer Noire.

2.° *Tige comprimée, rameaux pinnatifides.*

3. Le RHODOMELA DES ALÉOUTES; *Rhodomela aleutica*, Agardh,
Icon., pl. 5. Tige cylindrique, très-rameuse, à rameaux plans,
linéaires, alternativement plusieurs fois ailés, à divisions
multifides, et à découpures subulées; capsules ovales. Cette
plante croit en touffes qui ont sept à dix pouces de longueur et plus; elle a été trouvée à Unalaschka aux Aléoutes
par M. de Chamisso.

3.° *Espèces fruticuleuses, à tige filiforme.*

4. Le RHODOMELA BRUNATRE : *Rhodomela subfusca*, Agardh.;
Fucus subfuscus, Wood, *Trans. linn. Lond.*, pl. 12; *Engl. bot.*,
pl. 1164; Esp., *Fuc.*, pl. 117 ; *Fl. Dan.*, pl. 1543; Stackh.,
Ner., t. 19; *Gigartina subfusca*, Lamx. : Lyngb., *Hydrop.*,
p. 47, pl. 10. Fronde filiforme, très-rameuse, à rameaux
sétacés, subulés, pennés, à découpures fasciculées. Cette plante
croit en touffes de cinq à six pouces, dans l'Océan et la
Méditerranée; elle offre plusieurs variétés.

5. Le RHODOMELA SCORPIOÏDE : *Rhodomela scorpioides*, Ag.;
Fucus amphibius, Stackh., *Ner.*, pl. 14; Esp., *Fuc.*, pl. 151 ;
Turn., *Hist.*, pl. 109 ; *Engl. bot.*, 1428; *Plocamium amphibium*,
Lamx. Fronde filiforme, atténuée, flexueuse, rameuse, à rameaux deux fois ailés, à dernières divisions contournées et
recourbées en dedans. Cette plante, longue de deux à trois
pouces, se trouve dans l'Océan, sur les côtes de France,
d'Espagne et d'Angleterre ; elle se rencontre aussi dans les
marécages qui existent le long de ces mêmes côtes.

Agardh rapporte avec doute à cette division le *fucus pi-
nastroides*, Gmel., *Fuc.*, pl. 11, fig. 1, ou *Ceramium incurvum*,
Decand. (voyez à l'article CERAMIUM), que dans son *Synopsis*
il place dans le *rytiphlœa*.

4.° *Fronde plane, dichotome, sans nervures.*

6. Le Rhodomela obtus; *Rhodomela obtusata*, Agardh. Fronde comprimée, plane, linéaire, dichotome, sans nervure. Cette plante a été trouvée au cap Van-Diémen. (Lem.)

RHODON et RHODONION. (*Bot.*) Noms de la rose chez les anciens Grecs. (Lem.)

RHODONIT. (*Min.*) C'est un minérai de manganèse, composé principalement de silicate de ce métal, accompagné d'un peu d'acide carbonique, et quelquefois d'eau. C'est Itner qui lui a donné ce nom. Il a établi cette espèce ou variété sur celui qu'on trouve à Elbingerode au Harz. (B.)

RHODOPHORA. (*Bot.*) Necker nomme ainsi le rosier, réservant probablement le nom *rosa* pour désigner sa fleur. (J.)

RHODOPUS. (*Ornith.*) Ce nom, dans Gesner, désigne le bécasseau ou cul-blanc, *tringa ochropus*, Linn. (Ch. D.)

RHODORA. (*Bot.*) La plante que Pline décrit sous ce nom est, suivant C. Bauhin, le *burba capræ* de Dodoëns et de Daléchamps, que Linnæus a réuni au *spiræa* sous le nom de *spiræa aruncus*. Cet auteur a appliqué cet ancien nom à un de ses genres d'une famille très-différente. Voyez Rhodore. (J.)

RHODORACÉES. (*Bot.*) Cette famille de plantes, qui tire son nom du *Rhodora*, avoit d'abord porté celui de rosages, nom français du *Rhododendrum*, véritable type de cette réunion, et auroit peut-être dû, pour cette raison, le conserver avec la terminaison adjective rosaginées, *Rhododendreæ*, suivant les principes actuels de ce genre de nomenclature. Elle a été placée dans la classe des péri-corollées ou dicotylédons monopétales, à corolle insérée au calice. On la distingue par la réunion des caractères suivans:

Un calice d'une seule pièce, divisé plus ou moins profondément en cinq ou, plus rarement, en quatre ou sept lobes, imbriqués dans la préfloraison; une corolle insérée au fond du calice près du point où il se détache du support de l'ovaire, divisée en autant de lobes que le calice, tantôt tubulée inférieurement, tantôt à tube presque nul et à divisions presque séparées en autant de pétales. Étamines en nombre égal à ces divisions, et alors alternes avec elles, ou plus souvent en nombre double, insérées au tube de la corolle monopétale au fond du calice, lorsqu'elle est presque polypétale. Ovaire simple et libre à plusieurs loges, surmonté d'un seul style et d'un stigmate en tête. Fruit capsulaire (très-rarement charnu), à loges égales en nombre aux divisions du calice et de la corolle, s'ouvrant en autant de valves, dont chacune forme une loge distincte par ses deux bords rentrans, prolongés jusqu'à un axe central anguleux, d'où sort dans chaque loge un placentaire chargé de graines menues. Elles contiennent, dans le centre d'un périsperme charnu, un embryon filiforme à deux lobes courts et à radicule plus longue, dirigée vers le point d'attache.

Les plantes de cette famille sont des arbrisseaux ou des sous-arbrisseaux. Leurs feuilles sont simples, alternes ou plus rarement opposées, souvent à bords roulés en dessous lorsqu'elles sont jeunes. Les fleurs, ordinairement accompagnées de bractées ou écailles, n'ont pas une inflorescence uniforme.

Les divisions plus ou moins profondes de la corolle servent à distinguer deux sections principales dans cette famille.

La première, caractérisée par une corolle véritablement monopétale et staminifère, constituant les vraies rosaginées, présente les genres *Kalmia*, *Rhododendrum*, *Azalea*, *Epigœa*, *Loiseleuria* de M. Desveaux, *Menziezia* de M. Smith, et peut-être le *Sonerila* de Roxburg, dont on ne connoit pas le fruit, ainsi que l'*Enkianthus* de Loureiro, qui diffère tant par un involucre polyphylle, contenant plusieurs fleurs, que par son fruit charnu.

Dans la seconde division à corolle presque polypétale non staminifère, contenant les rhodoracées proprement dites, sont les genres *Rhodora*; *Ledum*, dont on a détaché le *Leiophyllum* de M. Persoon, nommé aussi *Dendrium* par M. Desveaux et *Ammyrsine* par M. Pursh; *Befaria* de Linnæus, ou *Bejaria* de Ventenat, dont l'*Acunna* de la Flore du Pérou paroît congénère. On a retranché de cette série l'*Itea*, reporté avec doute par M. Brown aux cunoniacées.

Les rhodoracées ont beaucoup d'affinité avec les éricinées, qui les suivent dans la même classe, et qui en diffèrent principalement, parce que les valves du fruit, au lieu de former senles une loge entière, portent dans leur milieu une cloison qui va s'appliquer contre un angle de l'axe central, et que le concours de deux demi-valves est ainsi nécessaire pour former chaque loge, contenant plusieurs graines attachées sur cet axe.

Ces caractères n'ont pas paru suffisans à M. Brown pour séparer ces deux familles, qu'il réunit en une seule. Il fonde son opinion sur ce que, suivant son observation, les placentaires des fruits à plusieurs loges sont opposés aux divisions de la corolle, et alternes avec celles du calice; que cette disposition est la même dans les deux familles mentionnées, et qu'il a vu dans un *andromeda*, plante éricinée, les valves, d'abord cloisonnées dans leur milieu, se subdiviser ensuite par la séparation de la cloison en deux lames. On ne peut contredire ces faits et ces assertions; mais une exception n'empêcheroit pas, si l'on réunit les rhodoracées aux éricinées, d'en former une section, caractérisée par la déhiscence du fruit qui lui est le plus ordinaire, et dès-lors, soit qu'on laisse la famille distincte, mais voisine, soit qu'on en fasse une section, pourvu que la série ne soit pas changée, l'objet principal de la méthode naturelle est toujours rempli.

On pourroit objecter contre la réunion aux éricinées, que les genres de la première section ont la corolle staminifère, ce qui n'a pas lieu dans les éricinées, et que de plus cette corolle n'est pas marcescente comme dans ces dernières. Mais, sans insister sur ces différences, nous ajouterons que, pour rendre plus complet le travail de ce Dictionnaire, nous avons dû rappeler ici la famille ou la section des rhodoracées qui n'avoit pu être mentionnée à l'article des éricinées. (J.)

RHODORE, *Rhodora*. (*Bot.*) Genre de plantes dicotylédones, à fleurs complètes, polypétalées, de la famille des *rosages*, de la *décandrie monogynie* de Linnæus, offrant pour caractère essentiel : Un calice persistant, fort petit, à cinq dents; une corolle monopétale, à deux lèvres, la supérieure trifide, l'inférieure à deux divisions profondes; dix étamines insérées sur le calice, un peu inclinées; les anthères à deux loges, s'ouvrant au sommet par deux pores; un ovaire supérieur, à cinq côtes; un style; un stigmate épais, obtus;

une capsule à cinq loges, à cinq valves; des semences nombreuses, fort petites.

RHODORE DU CANADA : *Rhodora canadensis*, Linn., *Spec.*; Lamk., *Ill. gen.*, tab. 364; l'Hérit., *Stirp. nov.*, 1, tab. 68. Arbrisseau dont la tige est droite, cylindrique, haute d'environ deux pieds, offrant le port d'un *azalea*, divisé en rameaux glabres, alternes, un peu diffus, garnis de feuilles alternes, à peine pétiolées, lancéolées, presque elliptiques, la plupart aiguës à leur extrémité, roulées à leurs bords, glabres, luisantes en dessus, un peu pubescentes en dessous. Les fleurs sont fort élégantes, de couleur rose, fasciculées ou presque en ombelle, pédonculées, situées a l'extrémité des rameaux; elles paroissent avant les feuilles, au commencement du printemps. Leur calice est fort petit, presque glabre, à cinq dents courtes, ovales, obtuses; la corolle grande, monopétale, à deux lèvres; les étamines sont presque aussi longues que la corolle; les filamens filiformes, inégaux; les anthères petites; l'ovaire est ovale, oblong, a cinq côtes arrondies; le style plus long que les étamines. Le fruit est une capsule oblongue, obtuse, enveloppée à sa base par le calice. Cette plante croît en Amérique, dans le Canada et à Terre-Neuve. On la cultive dans les bosquets comme plante d'agrément; elle croît dans les sols humides, sablonneux et ombragés. On l'élève dans la terre de bruyère. Ses semences mûrissent dans l'été. (POIR.)

RHOMBA. (*Bot.*) Flacourt mentionne sous ce nom de pays une plante de Madagascar, qui est, selon Vaillant, un basilic, *ocimum*. (J.)

RHOMBE, *Rhombus*. (*Ichthyol.*) De Lacépède a désigné sous ce nom un genre de poissons osseux holobranches, qui appartient à la famille des pantoptères de la Zoologie analytique, et qu'il a démembré du grand genre des CHÉTODONS de Linnæus.

On reconnoît ce genre aux caractères suivans :

Catopes nuls ; nageoires impaires distinctes ; corps presque aussi haut que long et de forme rhomboïdale ; des aiguillons non articulés aux nageoires du dos et de l'anus.

Ce genre ne renferme encore qu'une espèce, c'est

Le RHOMBE ALÉPIDOTE : *Rhombus alepidotus*, Lacép.; *Chætodon alepidotus*, Gmel. Écailles presque invisibles; nageoires du dos et de l'anus falciformes; un seul rang de dents aux mâchoires; deux lignes latérales de chaque côté: la supérieure suivant le contour du dos, et l'inférieure droite et paroissant indiquer les intervalles des muscles; nageoire caudale fourchue.

Ce poisson a été envoyé de la Caroline à Linnæus par le docteur Garden. Voyez CHÆTODON et PANTOPTÈRES. (H. C.)

RHOMBE, *Rhombus. (Conchyl.)* Denys de Montfort, Conch. syst., t. 2, page 403, a établi sous ce nom, que plusieurs auteurs anciens donnoient à un groupe de cônes, un genre particulier pour les espèces de ce genre qui ont la spire couronnée, c'est-à-dire, garnie d'une rangée décurrente de tubercules plus ou moins anguleux à l'angle de chaque tour de spire : ce qui correspond à la première division des cônes de M. de Lamarck. L'espèce que Denys de Montfort décrit comme type de ce genre, est le cône impérial, qu'il nomme le RHOMBE IMPÉRIAL, *R. imperialis.* Il ajoute que parmi les cônes il n'y a que les cônes proprement dits et ces espèces qui aient un opercule, et que les cylindres, les rouleaux et les hermés, autres divisions qu'il établit dans ce grand genre, en sont dépourvus. Voyez CÔNE. (DE B.)

RHOMBISCUS. *(Foss.)* C'est un nom qu'on a donné autrefois aux dents rhomboïdales ou irrégulières des poissons fossiles. (D. F.)

RHOMBITE. *(Foss.)* Aldrovande a donné ce nom à une empreinte de poisson qu'il a regardé comme dépendant du genre Pleuronecte. (D. F.)

RHOMBOÏDALE. *(Erpét.)* Une espèce de couleuvre est désignée par cette épithète. (DESM.)

RHOMBOÏDALES [FEUILLES]. *(Bot.)* Ayant quatre angles, dont deux plus aigus, de façon que le diamètre transversal se rétrécit brusquement aux extrémités depuis le milieu de la longueur; exemples : *hibiscus rhombifolius, sida rhombifolia.* (MASS.)

RHOMBOÏDE ou RHOMBOÏDAL. *(Ichthyol.)* On a donné ce nom à plusieurs espèces de poissons de genres différens, et dont il rappelle en quelque sorte la forme générale. Voyez ACANTHINION, SERRASALME et SPARE. (H. C.)

RHOMBOÏDE, *Rhomboides*. (*Malacoz.*) M. de Blainville, dans son Manuel de malacologie et de conchyliologie, p. 573, a établi sous ce nom un petit genre de malacozoaires lamellibranches, de sa famille des pyloridés, pour un animal que M. Poli a fait connoître sous la dénomination d'*hypogœa barbata*, et qu'il rapporte au *mytilus rugosus* de Gmelin. Les caractères de ce genre peuvent être exprimés ainsi : Corps rhomboïdal, alongé, assez comprimé; manteau fermé en arrière par deux tubes distincts et ouvert à sa partie inférieure et antérieure seulement pour le passage d'un petit pied conique, ayant à sa base un byssus, dont les filets sont élargis à l'extrémité. Coquille rhomboïdale, un peu irrégulière, striée dans sa longueur, équivalve, très-inéquilatérale, à sommets bien distincts et très antéro-dorsaux ; charnière formée par deux petites dents cardinales; ligament externe postérieur assez saillant, et deux impressions musculaires arrondies. M. de Blainville donne à l'espèce qui sert de type à ce genre le nom de R. RUGUEUX, *R. rugosus*, à cause des rugosités de la coquille; il cite la figure de Poli, *Test.*, t. 2, page 21, tab. 15, fig. 13. Il ne veut pas assurer que cette coquille soit la même que le *mytilus rugosus* de Linné, Gmelin, page 3352, n.º 7, dont M. de Lamarck fait sa saxicave ridée, *S. rugosa*, quoique celle-ci soit aussi ovale, rhomboïdale, rugueuse, obtuse, ou à peu près de la même forme. (DE B.)

RHOMBOLINUS. (*Bot.*) Nom sous lequel les Latins paroissent avoir connu l'érable champêtre, *acer campestre*, Linn. On trouve aussi dans les auteurs ce même arbre nommé *Rhombotinus* et *Rumbotinus*. (LEM.)

RHOMBUS. (*Ichthyol.*) Nom latin du TURBOT. Voyez ce mot, et aussi l'article RHOMBE. (H. C.)

RHOMPHAL. (*Bot.*) Nom indien, cité par Zanoni, d'une plante que Linnæus rapporte à son *arum pentaphyllum*. (J.)

RHOPALA. (*Bot.*) C'est ainsi que Schreber orthographie le nom du genre *Roupala* ou *Rupala* d'Aublet, qui appartient à la famille des protéacées. Voyez ROUPALE. (J.)

RHOPIUM. (*Bot.*) Schreber nomme ainsi le genre *Meborea* d'Aublet, dont la place dans l'ordre naturel n'est pas encore

déterminée. C'est le *Tephranthus* de Necker. Voyez Mébo-
rier. (J.)

RHORIA. (*Bot.*) Genre de plantes de la famille des synanthérées, établi par Thunberg sur des espèces de *Gorteria*, et
qui répond au *Berckheia* d'Ehrhard, le même que l'*Agriphyl-
lum* de Jussieu et l'*Apuleia* de Gærtner. (Lem.)

RHUBARBE, *Rheum.* (*Bot.*) Genre de plantes dicotylédones, à fleurs incomplètes, de la famille des *polygonées*, de
l'*ennéandrie trigynie* de Linnæus, offrant pour caractère essentiel : Un calice persistant, à six divisions ; point de corolle ; neuf étamines insérées sur le calice ; un ovaire supérieur, à trois côtes ; trois stigmates presque sessiles ; une semence triangulaire, membraneuse à ses angles.

Les rhubarbes ont de très-grands rapports avec les *rumex*
(patiences). Ils n'en diffèrent que par neuf étamines, au lieu
de six ; par les stigmates presque sessiles, par les semences
garnies à leurs angles d'une aile membraneuse. Les espèces
qu'elles renferment sont des plantes remarquables par leurs
larges et grandes feuilles, par leurs fleurs réunies en amples
panicules. Ces plantes sont encore intéressantes par leurs
grosses racines, qui, toutes. ont la propriété de purger doucement, et de fortifier l'estomac. Celle que l'on nomme
rheum palmatum, qui est la rhubarbe officinale, passe pour
la plus efficace : les autres cependant ne sont pas à négliger.

Rhubarbe rhapontic : *Rheum rhaponticum*, Linn., *Spec.*,
Prosp. Alp., *Exot.*, p. 187 ; Sabb., *Hort. rom.*, 1, tab. 54 ; *Flor.*,
med., 6, tab. 296, vulgairement Rhapontic, Rhubarbe an-
gloise, Rhubarbe pontique, etc. Cette plante a été quelquefois confondue avec le *rumex alpinus*, qu'on nomme également
rhapontic, *rhubarbe des moines*, qui lui ressemble par son
port et par ses grandes et larges feuilles, et dont la racine,
amère et un peu purgative, est quelquefois substituée à
celle de la rhubarbe, et même vendue pour la vraie rhubarbe rhapontic : celle-ci a des racines très-épaisses, divisées
en plusieurs portions charnues, jaunes en dedans, un peu
rougeâtres en dehors. Les tiges sont fortes, lisses, striées,
jaunâtres ou purpurines, divisées en quelques rameaux alternes, garnis, surtout à leur base, de feuilles amples, nombreuses, pétiolées, glabres, ovales, entières, un peu sinuées

à leurs bords, d'un vert foncé, fortement échancrées en
cœur à leur base, obtuses au sommet, marquées de quelques fortes nervures et de veines jaunâtres, parsemées de
quelques poils courts, blanchâtres; les pétioles sont longs,
épais, cannelés en dessus, point anguleux. Les feuilles caulinaires sont plus petites, distantes, alternes; les supérieures
presque sessiles, les dernières embrassantes.

Les fleurs offrent de grandes et belles panicules touffues,
serrées, axillaires et terminales, d'un blanc jaunâtre; les
pédicelles sont courts, serrés, presque capillaires. Aux fleurs
succèdent de grosses semences brunes, triangulaires, garnies
à chaque angle d'une aile mince, membraneuse. Cette
plante croit dans la Thrace, la Tartarie, sur le mont Rho-
dope, le long du Bosphore, etc. Sa racine est un peu âcre,
gluante, astringente, moins odorante et moins amère que
celle de la vraie rhubarbe, à laquelle on la substitue quelquefois. Une viscosité douce et gluante qu'elle laisse dans la
bouche lorsqu'on la mâche, suffiroit seule pour la faire
distinguer. Quand on s'en sert comme purgatif, il faut l'employer à forte dose (d'un à quatre gros). On en fait usage
en décoction, d'une demi-once à une once dans deux livres
d'eau, pour les langueurs d'estomac et pour faciliter la digestion. Dans plusieurs contrées cette plante est employée
comme comestible, apprêtée comme la chicorée, les épi-
nards et autres plantes oléacées. En Suède et en Sibérie
on mange également les feuilles et les jeunes pousses. La
plante entière teint en jaune, et s'emploie plus particulièrement à la teinture des cuirs.

RHUBARBE ONDULÉE : *Rheum undulatum*, Linn., *Spec.*; Lamk.,
Ill. gen., tab. 524, fig. 3; Regnault, *Bot. icon.*, vulgairement
RHUBARBE DE MOSCOVIE. Des feuilles fortement ondulées, des
panicules plus étroites et plus lâches distinguent particulièrement cette espèce de la précédente. Ses racines sont grosses,
arrondies, très-épaisses, divisées en plusieurs portions, qui
s'enfoncent très-profondément dans la terre, d'un jaune
foncé en dedans, d'une couleur brune à l'extérieur. Elles
produisent de fortes tiges, hautes de trois à quatre pieds,
anguleuses, striées, d'un brun pâle ou un peu jaunâtre,
très-glabres, garnies à leur partie inférieure de très-grandes

feuilles nombreuses, pétiolées, la plupart étendues au loin sur la terre, ovales, presque glabres, échancrées en cœur à leur base, arrondies et obtuses au sommet, crépues à leurs bords, longues de deux ou trois pieds; les veines légèrement velues en dessous; les pétioles sont longs, comprimés, charnus, convexes, à demi cylindriques, striés en dessous, aigus sur leurs côtés. Les fleurs sont disposées en panicules étroites, droites, distantes, serrées, point diffuses, situées à l'extrémité des tiges et dans l'aisselle des feuilles supérieures. Ces fleurs sont petites, d'un blanc jaunâtre, pédicellées; les semences sont noirâtres; les ailes assez grandes, entières, arrondies. Cette plante croît dans la Sibérie, aux environs de Moscou et dans plusieurs autres contrées de la Russie. Long-temps on a cru qu'elle fournissoit la rhubarbe des boutiques; on a découvert depuis que cette racine provenoit de l'espèce suivante : au reste, elle jouit des mêmes propriétés, mais à un degré inférieur.

RHUBARBE PALMÉE : *Rheum palmatum*, Linn., *Spec.*; Lamk., *Ill.*, t. 324, fig. 1; Blackw., t. 600, *a*, *b*; *Flor. medic.*, 6, tab. 197. Cette espèce est une des plus intéressantes de ce genre par l'usage habituel qu'on en fait en médecine. Elle est aussi une des plus faciles à distinguer par ses feuilles divisées en lobes aigus, qui les rendent comme palmées. Ses racines sont grosses, d'un beau jaune, divisées en ramifications épaisses; la tige est d'une hauteur médiocre, cylindrique, glabre, un peu jaunâtre, striée, munie à sa base d'un grand nombre de feuilles amples, pétiolées, divisées jusqu'en leur milieu en cinq ou sept segmens lancéolés, aigus; chaque segment partagé à son contour en d'autres plus courts, anguleux, acuminés; ces feuilles sont vertes et rudes à leur face supérieure, un peu blanchâtres, pubescentes et comme veloutées en dessous, traversées de grosses nervures jaunâtres; les pétioles longs, cannelés.

· Les fleurs sont réunies en panicules droites, nombreuses; les ramifications presque simples. Toutes ces fleurs sont d'un blanc jaunâtre, assez petites; elles produisent des semences d'un brun noirâtre, triangulaires, garnies sur chaque angle d'une aile membraneuse, striée, un peu échancrée au sommet, qui prend assez souvent une teinte rougeâtre, assez vive et très-agréable. Cette plante croit dans la Chine, le long de la grande muraille. On la cultive au Jardin du Roi et ailleurs; elle a été reconnue pour être celle dont les racines sont si généralement employées en médecine. Michel Boyn, dans son livre intitulé : *Flora sinensis*, dit que la rhubarbe nait dans toute la Chine, et qu'on la nomme *tay-huam*, ce qui signifie très-jaune : elle croit cependant plus abondamment dans les provinces de *Su-civen*, *Xeu-sy* et *Socicu*, proche de la grande muraille des Chinois. La terre, dans laquelle elle végète, est rouge et limoneuse.

Dès que les Chinois ont tiré cette racine de la terre, ils la nettoient, la raclent et la coupent en morceaux, qu'ils mettent d'abord sur de longues tables, et qu'ils retournent trois ou quatre fois le jour; l'expérience leur ayant appris que, s'ils les faisoient sécher en les suspendant à l'air libre, ces morceaux deviendroient trop légers, et que la rhubarbe perdroit de sa vertu. Au bout de quatre jours, quand les morceaux ont déjà pris une sorte de consistance, on les perce de part en part, et on les enfile, ensuite on les expose au vent et à l'ombre. L'hiver est le meilleur temps pour tirer la rhubarbe de la terre, avant que les feuilles commencent à pousser. Si on l'arrachoit pendant l'été, ou lorsqu'elle pousse des feuilles vertes, non-seulement elle ne seroit pas mûre et n'auroit point de suc jaune, ni de veines rouges; mais elle seroit encore poreuse et très-légère, et par conséquent inférieure à celle qu'on retire pendant l'hiver. On prétend que la meilleure rhubarbe pour l'usage est celle qui a été gardée dix ans. On apportoit autrefois la rhubarbe de la Chine par la Tartarie, à Ormuz et à Alep, de là à Alexandrie, et, enfin, à Vienne : c'étoit celle que l'on appeloit *rhubarbe du Levant*. Les Portugais l'apportoient sur leurs vaisseaux de Canton, port où se tient un marché de la Chine. Les Égyptiens l'apportoient à Alexandrie; on nous l'apporte aujourd'hui des Indes orientales. Les vaisseaux de la compagnie des Indes s'en chargent à Canton et à Ormuz.

On cultive depuis très-longtemps plusieurs espèces de rhubarbe en Europe; mais ce n'est que depuis très-peu d'années qu'on a essayé, avec assez de succès, de cultiver en grand la rhubarbe palmée ou des boutiques. On la multiplie plus rapidement par les œilletons que par les semis. Une racine de quatre à cinq ans peut en fournir jusqu'à trente et plus. Il suffit qu'il y ait un demi-pouce de racine à ces œilletons pour que leur reprise soit assurée. C'est à la fin de l'hiver, un peu avant le retour de leur végétation, qu'on les enlève et qu'on les replante, après les avoir laissé se faner pendant un jour, afin que leur plaie se cicatrise. La distance à laquelle il convient de les mettre, lorsqu'on les dispose en quinconce, ce qui est le mieux, est de six pieds, terme moyen, plus ou moins, suivant que le terrain est meilleur ou moins bon, les feuilles occupant un grand espace par leur ampleur; mais comme ces feuilles, pendant les deux premières années, ne remplissent pas l'espace laissé entre eux, il est bon, pour ne pas perdre le terrain, d'y planter des légumes, comme pois nains, haricots nains, pommes de terre, etc. : couper les feuilles des pieds de la rhubarbe, est toujours nuisible, parce que ce seroit s'opposer à la grosseur des racines; mais couper les tiges, ou mieux les pincer à un pied de terre pour les empêcher de monter, est très-souvent utile.

La rhubarbe ne craint point le froid du climat de Paris, et peut rester en pleine terre toute l'année; mais elle demande à être couverte, pendant les fortes gelées, avec des feuilles sèches ou de la fougère, pour les garantir de leur action. Une terre profonde et de moyenne consistance, c'est-à-dire, où le sable ne domine pas sur l'argile, et qui par conséquent se dessèche lentement, est celle qui convient le mieux à la rhubarbe; cependant elle vient bien dans toutes celles qui ne sont pas très-arides ou très-aquatiques. Elle ne craint ni l'ombre des arbres, ni l'exposition au nord. En temps sec, des arrosemens sont avantageux pour la reprise; mais des pluies trop longues nuisent beaucoup aux pieds, dont elles occasionnent la pourriture. La récolte des racines a lieu la quatrième ou la cinquième année, plus tôt dans les terrains secs et chauds, plus tard dans ceux qui sont humides et froids. Lorsqu'on fait trop tôt cette récolte, la chair de la racine est molle, peu résineuse et susceptible de perdre onze douzièmes de son poids par la dessiccation; lorsqu'on la fait trop tard, les racines se creusent et même se pourrissent au centre, deviennent filandreuses à leurs bords, donnent un déchet considérable lorsqu'on les épluche, et n'offrent plus l'apparence de la rhubarbe du commerce, lorsqu'elles sont desséchées. Le temps de l'année où doit se faire cette récolte, est l'automne, lorsque les feuilles sont entièrement desséchées. Après qu'elles sont arrachées et lavées, on les pèle, on les épluche, on les coupe en morceaux de la grosseur du poing au plus, et on les fait sécher, ainsi qu'il a été indiqué plus haut. Les pieds de rhubarbe vivent environ dix à douze ans dans un bon terrain, et seulement la moitié moins dans un plus mauvais. Dès qu'ils commencent à pourrir par le centre, il est temps de les arracher.

On reconnoît la rhubarbe du commerce à sa couleur, d'un jaune brun à l'extérieur, et en dedans d'un jaune safrané, mêlée de stries blanches et rougeâtres, qui donnent à sa cassure un aspect marbré et une sorte de ressemblance avec la substance de la noix muscade : elle est distribuée en morceaux de différentes grosseurs, presque cylindriques, légers, ordinairement percés d'un trou, friables, plus ou moins cassans, parsemés de points brillans, comme cristallisés. L'odeur est très-désagréable; la saveur amère, astringente, un peu âcre et légèrement nauséeuse. L'analyse chimique en a obtenu une matière extractive, amère, du tannin, de la résine, du muqueux, une substance amylacée, de l'oxalate de chaux et une matière colorante jaune. Les proportions varient dans les différentes sortes de rhubarbe qu'on trouve dans les boutiques. M. Henry a reconnu que celle de la Chine contient plus d'oxalate calcaire que celle de Moscovie et de France, tandis que cette dernière renferme une plus grande quantité de tannin et de matière amylacée. Toutefois les plus abondantes de ces différentes substances de la rhubarbe sont, en général, les parties résineuses et muqueuses, puisqu'elles constituent environ la moitié de son poids. La matière colorante jaune paroit plus spécialement unie à cette dernière, ce qui fait qu'elle est soluble dans la salive et même dans la plupart des liquides des animaux; elle teint fortement en jaune l'urine, le lait, la sueur et même les matières fécales de ceux qui en font usage. La rhubarbe renferme de plus un principe odorant particulier, qui en fait une partie intégrante, d'autant plus essentielle, qu'elle lui doit la plupart de ses propriétés médicales. Ce principe, en effet, s'évapore et disparoît par une longue exposition à l'air, par la décoction prolongée, par la torréfaction, et alors la rhubarbe cesse d'être purgative, tandis que l'eau, qui se charge de ce principe par la distillation, acquiert cette propriété.

La rhubarbe est en même temps tonique et purgative. La première de ces propriétés paroît découler de ses qualités amères et styptiques. On n'a pas de données positives sur la source de la seconde. Toutefois, comme cette racine perd avec son arome la faculté de provoquer les évacuations alvines, on doit croire que sa propriété purgative réside dans ce dernier principe. On peut ainsi faire prédominer l'un ou l'autre de ses effets, selon les préparations qu'on lui fait subir, et suivant son mode d'administration. Comme tonique, on l'emploie pour exciter le ton de l'estomac, pour favoriser la digestion et remédier aux flatuosités, pour arrêter les vomissemens, pour faire cesser les diarrhées par atonie ; comme purgative, elle peut convenir dans certains embarras intestinaux et dans la plupart des maladies exemptes d'inflammation. On peut mâcher cette racine et avaler ce que la salive en dissout : on peut administrer sa poudre en suspension dans un liquide quelconque, incorporée dans un corps mou ou sous la forme de pillules, depuis deux décigrammes jusqu'à un gramme.

Rhubarbe compacte : *Rheum compactum*, Linn., *Spec.*; Lamk., *Ill. gen.*, tab. 324, fig. 2. Cette plante a de grosses racines épaisses, divisées en ramifications qui s'enfoncent très-profondément en terre, d'une belle couleur jaune à leur intérieur. Ses tiges sont hautes de quatre à six pieds, glabres, d'un vert pâle, cannelées, médiocrement rameuses à leur partie supérieure, garnies de feuilles amples, pétiolées, glabres, compactes, coriaces, luisantes en dessus, élargies et échancrées en cœur à leur base, sinuées à leurs bords en lobes arrondis, peu profonds, cartilagineux à leur contour, munis de petites dents aiguës ; les nervures très-grosses, d'un vert pâle ; les pétioles un peu jaunâtres, médiocrement striés. Les fleurs sont d'un blanc jaunâtre, disposées en panicules, dont les ramifications forment presque autant d'épis ou de grappes partielles étroites et pendantes. Ces fleurs sont petites ; leur calice est à six découpures ovales, obtuses ; les semences grosses, d'un brun noirâtre, triangulaires, membraneuses à leurs angles. Cette plante croit dans la Chine et la Tartarie. On lui attribue presque les mêmes propriétés qu'à la rhubarbe officinale, mais à un degré inférieur.

RHUBARBE DE TARTARIE: *Rheum tataricum*, Linn. fils, Suppl. Cette rhubarbe est très-rapprochée de l'espèce précédente : peut-être n'en est-elle qu'une variété. Elle en diffère par ses tiges beaucoup plus basses, par ses feuilles entières et non sinuées à leurs bords, planes, pétiolées, très-glabres, fort amples ; les radicales étendues sur la terre, ovales, en cœur, marquées de larges nervures ; les pétioles rougeâtres, à demi cylindriques, sillonnées, anguleux. Les fleurs sont disposées en panicules à peine plus longues que les feuilles ; le pédoncule est profondément cannelé. Cette plante croit dans la petite Tartarie.

RHUBARBE FULPEUSE : *Rheum ribes*, Linn., *Spec.*; Desf., Ann. du Mus., 2, tab. 49 ; Dill., *Eltham.*, tab. 158, fig. 192. Espèce singulièrement remarquable par ses semences enveloppées d'une pulpe succulente et rougeàtre. Ses racines sont grosses, charnues, profondément enfoncées dans la terre ; elles produisent de fortes tiges striées, peu ramifiées, munies à leur base de feuilles médiocrement pétiolées, étalées sur la terre, ordinairement plus larges que longues, ayant près de deux pieds de diamètre et un de longueur. Leur surface est rude, presque verruqueuse, comme bouillonnée ; les bords ondulés et frisés ; les nervures médiocrement velues à leur face inférieure, couvertes de poils courts, roides, un peu épineux ; les pétioles plans en dessus, striés, arrondis à leurs bords.

Les fleurs sont disposées en panicules et produisent des semences plus grosses que dans les autres espèces, recouvertes d'une chair succulente, d'un rouge foncé, d'une saveur astringente, qui leur donne l'aspect d'une baie ; elles sont néanmoins triangulaires, munies à leurs angles d'une aile membraneuse. Cette espèce croit sur le mont Liban, sur le

Carmel, dans la Perse. Les Persans donnent à cette plante le nom de *ribes*. Elle est l'objet d'une culture particulière dans une partie de la Perse et de la Turquie d'Asie, recherchée à raison de la saveur agréablement acide de ses pétioles, de ses feuilles et de ses jeunes tiges. Les habitans de la Perse surtout font grand cas des jeunes feuilles et des pétioles : ils les mangent crus, assaisonnés avec du sel ou du vinaigre, après en avoir enlevé l'écorce : ils en préparent des conserves avec du vin et du raisiné ; ils les confisent au sucre, soit entiers, soit réduits en pulpe ; ils les emploient, ou comme aliment, ou comme médicament dans les fièvres malignes et putrides. On fait blanchir ces parties en les buttant avec de la terre, ou en les entourant de feuilles sèches. On les vend dans les marchés publics. Les racines passent pour toniques, apéritives, rafraîchissantes, ainsi que les feuilles et les tiges.

Rhubarbe hybride : *Rheum hybridum*, Willd., *Spec.*, Murr, *Comm. Gœtt.*, 1774, tab. 12, et 1779, tab. 1. Ses tiges sont garnies de feuilles planes, pétiolées, acuminées, glabres en dessus, un peu pileuses en dessous, rétrécies et échancrées en cœur à leur base, presque lobées à leur contour ; les radicales munies à chaque côté de leurs bords de deux ou trois dents ; les pétioles à demi cylindriques en dehors, un peu plans, marqués de quelques sillons à leur face supérieure, les fleurs disposées en panicule. Cette plante croît dans les contrées septentrionales de l'Asie.

Rhubarbe a racine blanche : *Rheum leucorrhizum*, Pall., *Nov. act. petrop.*, 1792, p. 381. Cette espèce est fort petite ; ses tiges n'ont pas plus de six à sept pouces de haut ; elles sont striées et ordinairement garnies seulement de trois feuilles radicales plus larges que longues, ovales en largeur, un peu arrondies, ayant quatre ou cinq pouces de diamètre, comprimées à leurs deux extrémités, glabres, coriaces, marquées de trois nervures principales et d'un grand nombre de ces veinules un peu alongées à leur base, munies à leurs bords de très-petites dents serrées, aiguës, roides, cartilagineuses, supportées par des pétioles fermes, lisses, succulens, comprimés. Les fleurs sont disposées en panicules ; le pédoncule commun est cannelé ; deux des divisions du calice sont

beaucoup plus longues que les autres. Cette plante croît en
Sibérie, dans les lieux montueux et déserts. (Poir.)

RHUBARBE DES ALPES. (*Bot.*) C'est la patience des
Alpes. (L. **D.**)

RHUBARBE BLANCHE. (*Bot.*) Le mechoacan, espéce de
liseron, *convolvulus mechoacan*, est aussi indiqué sous ce nom
par Chomel. (J.)

RHUBARBE FAUSSE. (*Bot.*) Suivant Nicolson, les colons
de Saint-Domingue nommoient ainsi le royoc, *morinda*,
plante rubiacée, dont les racines donnent une couleur fauve
et jaune. (J.)

RHUBARBE FAUSSE ou DES PAUVRES. (*Bot.*) Noms
vulgaires du pigamon jaunâtre. (L. **D.**)

RHUBARBE DE LA LOUISIANE. (*Bot.*) C'est le *silphium
terebinthinaceum* de Jacquin, plante composée, qui, dans la
Louisiane, est substituée à la rhubarbe dans le traitement
des maladies. (J.)

RHUBARBE DES MOINES. (*Bot.*) On a donné ce nom
à la grande patience, *rumex patientia*. (J.)

RHUBARBE DE MONTAGNE. (*Bot.*) On nomme ainsi la
patience des Alpes, *rumex alpinus*, dont les feuilles élargies
lui donnent l'aspect de la rhubarbe. (J.)

RHUBARBE NOIRE. (*Bot.*) La racine du liseron jalap a
été désignée sous ce nom lorsqu'on ne connoissoit pas son
origine. (L. **D.**)

RHUBARBE DES PAYSANS. (*Bot.*) C'est sous ce nom qu'est
indiqué, dans plusieurs lieux, le pigamon commun, *thalictrum
flavum*, auquel on attribue une vertu purgative, apéritive et
fortifiante, et qui est quelquefois substituée à la rhubarbe
dans les campagnes ; on a encore donné le même nom au
nerprun bourgéne. (J.)

RHUMBOTINUS. (*Bot.*) Un des noms cités par Cordus
pour l'érable ordinaire, *acer campestre*. (J.)

RHUS. (*Bot.*) Nom latin du genre Sumac. (L. **D.**)

RHUYSCHIA d'Adanson. (*Bot.*) Voyez Ruyschia. (Lem.)

RHYNAY, (*Bot.*) Camelli, dans ses Plantes des Philippines,
imprimées dans les Mémoires de Rai, parle d'un arbre de ce
nom qui porte de grandes feuilles lobées et des fruits de
la grosseur de la tête d'un homme, à écorce raboteuse,

contenant beaucoup d'amandes. Ce fruit, cru, n'est point bon à manger; mais, lorsqu'il est cuit sous la cendre, les Maures s'en nourrissent et c'est leur pain ordinaire. C'est probablement une espéce de jacquier, *artocarpus*, différente seulement du fruit à pain d'Otaïti, parce que sa chair contient encore des graines, avortées dans l'autre. (J.)

RHYNCHÉE; *Rhynchœa*, Cuv. (*Ornith.*) On a déjà dit, dans ce Dictionnaire, au mot Chorlite, t. IX, p. 73, que les oiseaux décrits sous ce nom par M. Vieillot, dans le Nouveau Dictionnaire d'histoire naturelle, tom. 7, p. 1 et suiv., étoient les mêmes que les rhynchées de M. Cuvier, et l'on a ajouté que les quatre premières espèces se trouvoient décrites également dans le Dictionnaire des sciences naturelles parmi les Bécassines, et la cinquième avec les Chevaliers.

M. Cuvier s'étoit contenté d'indiquer quelques-uns des caractères génériques les plus essentiels, et de faire observer que les rhynchées joignoient au port des bécassines les couleurs les plus vives, et se faisoient surtout remarquer par des taches œillées sur les pennes alaires et caudales. Depuis, M. Temminck a, dans l'analyse de son Système général d'ornithologie, complété à peu près en ces termes l'exposition des caractères génériques des rhynchées : Bec droit, très-comprimé, plus long que la tête, renflé et fléchi vers le bout ; mandibules égales et légèrement courbées; la supérieure sillonnée dans toute sa longueur, et l'inférieure seulement à la pointe; fosses nasales se prolongeant jusqu'au milieu du bec, dont la langue atteint l'extrémité; narines latérales, linéaires, percées de part en part; tarse plus long que le doigt intermédiaire; doigts antérieurs totalement divisés; le pouce articulé sur le tarse au-dessus des autres doigts; ailes amples ; les pennes secondaires aussi longues que les rémiges, dont les trois premières sont presque égales.

Quant aux espéces, le même auteur pense que le *scolopax capensis*, planches de Buffon, n.° 270, est l'adulte, et le *scolopax sinensis*, pl. 881, le jeune, ainsi que le *rallus bengalensis*, Gmel., pl. 90, tom. 3 d'Albin, et pl. 922 de Buffon, laquelle représente mieux que les autres le bec propre aux rhynchées. Voyez Bécassine, Chorlite. (Ch. D.)

RHYNCHÈNE, *Rhynchœnus*. (*Entom.*) Genre d'insectes coléoptères tétramérés de la famille des rhinocères, établi par M. Clairville sous ce nom pour y ranger quelques espèces de charansons. Fabricius, en adoptant le nom, y a rangé beaucoup d'autres espèces. Nous avons, d'après Illiger, décrit les petites espèces sauteuses sous le nom d'Orchestes; M. Schœnherr a partagé ce genre en un grand nombre d'autres, qu'il a réunis parmi les gonatocères, dans son troisième groupe, sous le nom de cryptorhynchides. Voyez l'extrait que nous avons donné de sa méthode, à la fin de l'article Rhinocères. (C. D.)

RHYNCHITES. (*Entom.*) Herbst a désigné sous ce nom de genre une réunion de petits coléoptères de la famille des rhinocères, voisin des attélabes ou de petits charansons à antennes non coudées, mais en masse; tels sont les attélabes du peuplier, du bouleau, de l'alliaire, etc. (Voyez Attélabe.) M. Schœnherr a adopté ce genre sous le n.° 8. (C. D.)

RHYNCHOBDELLE, *Rhynchobdella.* (*Ichthyol.*) MM. Schneider et Cuvier ont ainsi appelé un genre de poissons acanthoptérygiens apodes, à corps alongé, à deux épines en avant de la nageoire anale et à épines dorsales nombreuses. Il renferme les Macrognathes de Lacépède et les Mastacembles de Gronow. Voyez ces mots. (H. C.)

RHYNCHOCHASME. (*Ornith.*) Hermann, dans ses *Observationes zoologicæ*, p. 156, a proposé ce nom pour le *bec-ouvert*, oiseau décrit dans ce Dictionnaire, tom. VIII, pag. 51, sous celui de Chænoramphe. (Ch. D.)

RHYNCHONELLE, *Rhynchonella.* (*Conchyl.*) M. Fischer, dans son Mémoire intitulé Notice sur les Térébratules, Moscou, 1809, et qui fait partie de ceux de la Société impériale de cette ville, a établi sous ce nom une section générique parmi les térébratules de Linné et de M. de Lamarck, pour les espèces régulières dont la grande valve a son sommet proéminent, formant un long bec sans trou ou ouverture. L'espèce qui lui sert de type et qu'il désigne sous le nom de R. gros-bec, *R. macrorhyncha*, est figurée dans le Mémoire de M. Fischer; il y rapporte aussi, dit M. Bosc, les térébratules de l'Encyclopédie, pl. 245, fig. 6, et 246, fig. 1.

M. Fischer a aussi séparé des térébratules des auteurs, sous le nom d'*Entélites*, les espèces qui, ressemblant le plus pour

la forme totale aux térébratules, ont la charnière bien close
et large, le bec ou sommet très-court. Il y comprend la plus
grande partie des productus de M. Sowerby et quelques-uns
de ses spirifères.

Enfin, l'année dernière (1825) il a encore établi un nouveau
genre de térébratules, sous la dénomination de CHORISTITE,
Choristites, pour les espèces de forme en général assez variable,
qui, au lieu d'un trou circonscrit au talon de la grande valve,
ont une grande échancrure profonde, entamant le bord, au
milieu d'une large facette cardinale. Outre quelques espèces
nouvelles qui se trouvent communément fossiles aux environs
de Moscou, nous citerons comme type de ce genre la T. ca-
nalifère de M. de Lamarck. Voyez notre *Genera* au mot MOL-
LUSQUES, et le mot TÉRÉBRATULE. (DE B.)

RHYNCHOPHORE. (*Entom.*) Nom de genre donné par
Herbst au genre de coléoptères, qui comprend maintenant la
calandre. Voyez l'extrait de l'ouvrage de M. Schœnherr, sous
le n.° 191, à la fin de l'article RHINOCÈRES. (C. D.)

RHYNCHOPS. (*Ornith.*) Voyez BEC-EN-CISEAUX, tom. IV
de ce Dictionnaire, p. 173. (CH. D.)

RHYNCHOSIE, *Rhynchosia*. (*Bot.*) Ce genre, établi par
Loureiro, *Fl. Coch.*, 2, pag. 562, doit être réuni au *glycine*.
Il offre une plante herbacée, dont la tige est cylindrique,
grimpante, garnie de feuilles alternes, ternées, à folioles arrondies, tomenteuses. Les fleurs sont jaunes; les pédoncules
géminés, axillaires, chargés de plusieurs fleurs. Chaque fleur
est composée d'un calice à deux lèvres; la supérieure plus
large, échancrée; l'inférieure à trois divisions, celle du milieu plus longue; l'étendard de la corolle est ovale, ascendant;
les ailes sont munies d'onglets filiformes, appendiculés; la carène est rhomboïdale en bec; les étamines sont diadelphes,
de la longueur de l'étendard. L'ovaire est alongé, comprimé;
le style presque de la longueur des étamines; le stigmate simple. Le fruit est une gousse ovale, membraneuse, comprimée,
médiocrement acuminée, renfermant deux semences. (POIR.)

RHYNCHOSPORA. (*Bot.*) Genre de plantes monocotylédones, à fleurs glumacées, de la famille des *cypéracées*, de la
triandrie monogynie de Linnæus, offrant pour caractère essentiel : Des écailles en paillettes; les inférieures vides, les su-

périeures renfermant chacune une fleur composée uniquement de deux ou trois étamines; un ovaire supérieur surmonté d'un style simple ou bifide; les stigmates alongés. La semence est ovale ou lenticulaire, aiguë à sa base, ridée ou ondulée, mucronée par la partie inférieure du style qui persiste.

Ce genre a été établi par Vahl : il renferme des plantes dont la tige est droite, trigone, simple, articulée, garnie de feuilles en gaîne à leur base, relevées en carène sur le dos; les fleurs sont disposées en corymbes pédonculés, axillaires et terminaux ; ces derniers beaucoup plus composés que les inférieurs; le rachis est anguleux et flexueux ; une foliole, souvent sétacée est à la base des pédoncules et des pédicelles. Les épis sont bruns, souvent monoïques. Les espèces sont très-nombreuses.

RHYNCHOSPORA POLYPHYLLE; *Rhynchospora polyphylla*, Vahl, *Enum.* et *Ecl. Amer.*, 2, p. 5. Cette plante a des tiges hautes de deux pieds et plus, un peu velues vers leur sommet, souvent entièrement recouvertes par les gaînes. Les feuilles sont très-nombreuses, rapprochées, longues d'un pied et demi, larges de trois lignes, rudes à leurs bords et sur leur carène; les gaînes longues d'environ deux pouces; les corymbes serrés, plusieurs fois ramifiés, solitaires ou géminés, à fleurs nombreuses; les épis solitaires, rapprochés, à trois fleurs; les écailles lancéolées ; les pédoncules velus; les semences brunes, terminées par une pointe ovale de même longueur ; quelques soies glabres à la base de l'ovaire, plus longues que les semences. Cette plante croît au mont Serrat, dans l'Amérique.

RHYNCHOSPORA ÉPARS : *Rhynchospora sparsa*, Vahl, *Enum.*; *Schœnus miliaceus*, Lamk., *Ill. gen.*, 1, p. 137; *Schœnus sparsus*, Mich., *Amer.*, 1, pag. 35. Les tiges de cette plante sont glabres, d'un vert pâle, garnies de feuilles distantes, longues d'environ un demi-pied, plus courtes que les tiges, d'un vert glauque, larges de deux ou trois lignes, rudes à leurs bords et sur leur carène. Les fleurs sont disposées en corymbes paniculés, solitaires, axillaires, latéraux et terminaux ; les pédicelles distans, sétacés, uniflores; les gaînes tronquées, d'un brun jaune; les épis à peine de la grosseur d'un grain de millet, bruns, ovales; les écailles concaves, mucronées; les semences globuleuses, terminées par une petite pointe obtuse; point de soies à la base de l'ovaire. Cette plante croît dans les forêts de la Caroline.

RHYNCHOSPORA A PETITES FLEURS : *Rhynchospora micrantha*, Vahl, *Enum.* ; *Schœnus rariflorus*, Mich., *Amer.*, 1, pag. 35. Cette plante a des tiges hautes de huit à dix pouces, filiformes, à angles émoussés; les feuilles peu nombreuses, plus courtes que les tiges, distantes, linéaires, très-étroites, un peu rudes à leurs bords; les gaînes longues d'un pouce au plus; les fleurs disposées en corymbes peu garnis ; les pédicelles capillaires, presque à un seul épi jaunâtre, fort petit; les écailles ovales; les semences ridées transversalement, surmontées d'une pointe ovale ; des soies à la base de l'ovaire, plus longues que les semences. Cette plante croît dans la Nouvelle - Géorgie et à Porto - Ricco.

RHYNCHOSPORA LACHE : *Rhynchospora laxa*, Vahl, *Enum.*; *Schœnus corniculatus*, Lamk., *Ill.*, 1, p. 132 ; *Schœnus longirostris*, Mich., *Amer.*, *loc. cit.* Ses tiges sont rudes sur leurs angles, garnies de larges feuilles; les fleurs disposées presque en ombelles ou en corymbes alternes, terminaux, très-lâches, composés; les pédoncules inférieurs longs de trois ou quatre pouces, à cinq ou six fleurs ; les supérieurs rudes à leurs bords, à peine longs d'un pouce, à deux ou trois fleurs ; avec une bractée inférieure, longue d'un pouce; les gaînes brunes et tronquées; les épis subulés, presque longs d'un pouce ; les semences comprimées, de la grosseur d'un grain de chenevis, un peu ponctuées, surmontées d'une pointe de moitié plus longue que les écailles, hérissées de petits tubercules; des filets roides à la base de l'ovaire. Cette plante croît dans la Caroline et la Virginie.

RHYNCHOSPORA A CORYMBE SERRÉ : *Rhynchospora inexpansa*, Vahl, *Enum.*; *Schœnus inexpansus*, Mich., *Amer.*, *loc. cit.* Cette plante a des tiges hautes de deux pieds, lisses, à angles obtus, garnies de feuilles distantes, linéaires, filiformes, de la longueur des entre-nœuds, d'un vert glauque, rudes è leurs bords. Les fleurs sont disposées en corymbes serrés; les pédoncules capillaires ; les supérieurs plus longs que les feuilles; les épis petits, subulés, d'un brun ferrugineux ; les écailles lancéolées; les semences transversalement ondulées , avec leur pointe ovale, aiguë, de moitié plus courte que les semences ; les soies denticulées. Cette plante croît à la Caroline.

Rhynchospora sétacé : *Rhynchospora setacea*, Vahl, *Enum.*, *Schœnus glaucus*, Poir., Encycl., Suppl., n.° 63. Cette plante est glauque sur toutes ses parties; sa tige sétacée; ses feuilles sont distantes dans la plante adulte, sétacées, plus courtes que la tige; les fleurs peu nombreuses, disposées en corymbes axillaires et terminaux; les axillaires composés de trois ou quatre pédicelles; les terminaux de six ou sept; les pédoncules lâches, solitaires, capillaires, plus courts que la feuille qui les accompagne; les écailles ovales; les semences surmontées d'une pointe courte, ovale, aiguë; les soies plus courtes que les semences. Cette plante croît dans l'Amérique méridionale.

Rhynchospora fasciculé : *Rhynchospora fascicularis*, Vahl, *Enum.*; *Schœnus fascicularis*, Mich., *Amer.*, loc. cit. Ses tiges sont glauques, anguleuses, hautes d'un pied, garnies de trois feuilles distantes, linéaires, glauques, plus courtes que les tiges, de la même largeur; les corymbes axillaires et terminaux, petits, solitaires ou géminés, ramifiés; les pédoncules et les pédicelles courts, munis à leur base d'une foliole sétacée, un peu plus longue que le corymbe. Les épis sont fasciculés, bruns, subulés dans leur jeunesse, glabres, un peu comprimés; les écailles mucronées; les semences lisses, munies à leur base de soies un peu hispides. Cette plante croît à la Caroline et dans plusieurs autres contrées de l'Amérique septentrionale.

Rhynchospora a tête globuleuse : *Rhynchospora cephalotes*, Vahl, *Enum.*; *Schœnus cephalotes*, Rottb., *Gram.*, 61, tab. 20. Cette plante a des tiges trigones, très-élevées, feuillées, garnies de feuilles longues d'un pied et plus, presque larges d'un demi-pouce, rudes à leur bord et sur leur carène; un involucre à quatre longues folioles pendantes; les fleurs réunies en une tête ovale, presque globuleuse, de la grosseur d'une noix, composées d'épis subulés, aigus dans le temps de la floraison, puis oblongs, obtus, plus épais, presque à trois fleurs; les écailles ovales, aiguës; les extérieures grisâtres, plus petites, concaves; les semences brunes, presque lenticulaires, transversalement ondulées et striées, entourées d'une bordure jaunâtre; leur pointe longue de trois lignes. Cette plante croît à Surinam.

Rhynchospora a petites têtes : *Rhynchospora capitellata*,

Vahl, *Enum.*; *Schœnus capitellatus*, Mich., *Amer.*, *loc. cit.* Cette
espéce a des tiges filiformes, à angles tranchans, feuillées; les
fleurs disposées en épis fasciculés, presque en corymbe, rapprochés en une tête médiocrement pédonculée, quelquefois
double; les épillets oblongs, accompagnés de bractées glabres.
Les semences sont un peu pédicellées, légèrement mucronées
au sommet, environnées de longues soies. Cette plante croît
dans l'Amérique septentrionale et à la Caroline. (Poir.)

RHYNCHOSPORA ou RHYNCOSTOMA. (*Bot.*) Synonymes
du *ceratostoma* de Fries (*Obs. mycol.*), genre qui n'est plus
qu'une division du *sphæria* de cet auteur, et qui comprend
les sphéries dont la bouche s'alonge en forme de bec ou de
corne. (Lem.)

RHYNCHOSTÈNE. (*Ornith.*) Ce terme est employé par
des ornithologistes pour désigner les oiseaux qui ont le bec
étroit. (Ch. D.)

RHYNCHOTHECA. (*Bot.*) Genre de plantes dicotylédones,
à fleurs incomplètes, de la famille des *géraniées*, de la *décandrie monogynie* de Linnæus, offrant pour caractère essentiel:
Un calice persistant, à cinq folioles égales; point de corolle;
dix étamines libres; un ovaire supérieur à cinq lobes; un style
très-court; cinq stigmates étalés. Le fruit est à cinq coques,
surmonté du style alongé, en forme de bec; les coques en
queue au sommet, attachées dans leur longueur à un axe
central, puis se séparant et s'ouvrant longitudinalement; une
semence oblongue, linéaire, dans chaque coque.

Rhynchotheca a feuilles entières; *Rynchotheca integrifolia*,
Kunth *in* Humb. et Bonpl., *Nov. gen.*, 5, pag. 232, tab. 464.
Arbrisseau très-rameux, épineux, à rameaux opposés en
croix, lisses, fragiles, tétragones, de couleur brune, un peu
pubescens dans leur jeunesse. Les feuilles sont opposées, pétiolées, oblongues, un peu obtuses, aiguës à leur base, entières, un peu pubescentes à leurs deux faces, longues d'un
demi-pouce, larges de deux lignes et plus; les pétioles longs
d'une ligne. Les pédoncules sont tétragones et soyeux, réunis
en ombelle au sommet des rameaux; les folioles du calice
oblongues, concaves, obtuses ou un peu mucronées, soyeuses
et un peu pubescentes en dehors, traversées par trois nervures. Point de corolle. Huit étamines persistantes, à peine

plus longues que la corolle. Le fruit est oblong, pentagone, à cinq coques prolongées en bec. Cette plante croît aux lieux tempérés, dans le royaume de Quito, proche la ville d'Alausi.

RHYNCHOTHECA A FEUILLES VARIÉES : *Rhynchotheca diversifolia*. Kunth, *loc. cit.*; *Rhynchotheca spinosa*, Ruiz et Pav., *Prodr.*, 142. Arbrisseau épineux, très-rameux, à rameaux quadrangulaires, étalés, fragiles, opposés, presque glabres, épineux à leur sommet. Les feuilles sont pétiolées, opposées, glabres à leurs deux faces, pubescentes à leurs bords, ovales-oblongues, un peu obtuses, rétrécies en coin à leur base, les inférieures entières; les supérieures à trois lobes oblongs, un peu obtus, longues de six ou huit lignes; les pétioles canaliculés, un peu pubescens. Les pédoncules sont au nombre de trois ou cinq, réunis en faisceau au sommet des rameaux; les folioles du calice concaves, oblongues, obtuses, soyeuses extérieurement, aristées et mucronées un peu au-dessous de leur sommet; les huit étamines un peu plus longues que le calice. Le fruit est à cinq coques presque elliptiques. Cette plante croît au Pérou et aux mêmes lieux que la précédente. (POIR.)

RHYNCOLE, *Rhyncolus*. (*Entom.*) Nom d'un genre ou d'un sous-genre établi, par Creutz et Megerlé, parmi les charansons du genre *Cossonus*. Voyez, à la fin de l'article RHINOCÈRES, l'extrait que nous avons donné de l'ouvrage de M. Schœnherr sur la synonymie des curculionoïdes, le n.° 193. (C. D.)

RHYNCOLITHE. (*Foss.*) Aldrovande (*Mus. Nutall.*, p. 607) désigne sous ce nom une pointe d'oursin qu'il range parmi les glossopètres. Bertrand, Dict. des foss. (D. F.)

RHYNCOPHORES. (*Entom.*) M. Latreille a désigné sous ce nom, qui signifie porte-museau, notre famille des RHINOCÈRES. Voyez ce nom. (C. D.)

RHYNCOPRION. (*Entom.*) Hermann fils a donné ce nom générique à certaines espèces de mites, dont M. Latreille avoit composé son genre *Argas*. (DESM.)

RHYNCOSPERMA. (*Bot.*) Voyez NOTÉLÉE. (LEM.)

RHYNDACE. (*Ornith.*) Nom donné par Séba, *Thes.*, 1, au promérops orangé, qui est figuré pl. 66, n.° 3, sous la dénomination d'*avis paradisiacæ species*, et dont Mœhring a formé son dix-neuvième genre, dans l'ordre des pics de sa méthode. Belon, en parlant de cet oiseau , à l'occasion du phœnix, page 330, écrit *Rhyntace.* (CH. D.)

RHYNGAPTÈRES. (*Entom.*) Voyez RHINAPTÈRES. (C. D.)

RHYNGOTES. (*Entom.*) Fabricius a nommé ainsi l'ordre des insectes hémiptères; il a donné, au dernier ouvrage qu'il a publié sur cette sous-classe, le titre de *Systema rhyngotorum.* C'est à tort et en oubliant l'étymologie, que beaucoup d'auteurs ont écrit *ryngotes;* car le mot grec, qui signifie *bec saillant*, est écrit avec un esprit, ῥὔγχος; il exige par conséquent d'être traduit par *rh*. (C. D.)

RHYNOBATE. (*Entom.*) Voyez RHINOBATE. (C. D.)

RHYPHE, *Rhyphus.* (*Entom.*) M. Latreille a fait, sous ce nom, un genre de quelques espèces de tipules, insectes diptères, de la famille des hydromies : telle est en particulier la tipule des fenêtres de Scopoli, que M. Meigen avoit distingué aussi sous le nom d'*anisopus*. Fabricius l'avoit rangé dans son genre *Sciara.* (C. D.)

RHYPSALIS. (*Bot.*) Plante dont Gærtner a fait un genre particulier, que Swartz place parmi les *Cactus :* c'est son *Cactus pendula, Fl. Ind. occid.*, 2, page 876. Elle a le port d'un *Cassyta.* Ses tiges, dépourvues de feuilles, se divisent en rameaux verticillés, pendans, glabres, cylindriques. Les fleurs, de la grosseur d'un pois, sont sessiles, éparses, blanchâtres, peu nombreuses. Le calice est à six folioles, dont trois extérieures plus courtes, obtuses, en forme de dents; la corolle a cinq à six pétales un peu plus longs, obtus, étalés, insérés entre les folioles du calice; les étamines, au nombre de douze à seize, sont de la longueur de la corolle : le style a trois ou six divisions et les stigmates aigus et velus. Le fruit est une baie blanche, arrondie, transparente, visqueuse en dedans; les semences sont petites, oblongues, noirâtres, luisantes. Gærtner a formé de cette plante un genre particulier, à cause de ses semences pourvues d'un périsperme farineux et de l'embryon presque en spirale. Elle croît à la Jamaïque sur les rameaux des plus grands arbres. (POIR.)

RHYSODE. (*Ent.*) M. Latreille indique ce nom comme propre à faire connoître un genre de coléoptères, voisin des lymexylons : il n'y rapporte qu'une espèce qu'il range près du *Cupès*. (C. D.)

45.

RHYTELMINTHE, *Rhytelminthus*. (*Entoz.*) C'est le nom sous lequel Zeder a, le premier, séparé des véritables tænias les espèces de vers déprimés, articulés, dont la plupart ont passé depuis dans le genre Bothriocéphale de Rudolphi ; mais comme il y confondoit les tricuspidaires, et que la dénomination de rhytelminthe, qui veut dire lombric ridé, n'étoit pas convenable : ce genre, tel qu'il l'avoit établi, n'a plus été admis. Zeder y comprenoit trois espèces seulement, le *R. anguillæ*, *B. claviceps*, Rud. ; le *R. cyprini*, *Tænia torulosa*, Rud., dont Zeder a fait depuis une espèce de son genre Halysis, et le *R. lucii*, type du genre Tricuspidaire de Rudolphi. Voyez ces différens mots. (De B.)

RHYTIDÈRES. (*Entom.*) M. Schœnherr donne ce nom de genre au charanson plissé, d'Olivier, sous le n.° 77. Ce nom vient des mots grecs ῥυτὶς, qui signifie *pli, enfoncement*, et de δέρη, *cou*, et exprimeroit cou rugueux. (C. D.)

RHYTIPHLÆA. (*Bot.*) Voyez Rytiphlæa. (Lem.)

RHYTIRRHINE, *Rhytirrhinus*. (*Entom.*) Des mots grecs ῥυτὶς, *pli, enfoncé*, et de ῥίν, *nez*. Genre de charanson établi, sous le n.° 85, par M. Schœnherr pour y placer le *curculio inæqualis* de Fabricius. (C. D.)

RHYTIS. (*Bot.*) Genre de plantes dicotylédones, à fleurs incomplètes, polygames, de la *polygamie dioécie* de Linnæus, offrant pour caractère essentiel : Des fleurs polygames, dioïques ; un calice à trois ou six découpures ; point de corolle ; trois étamines insérées sur le réceptacle ; un ovaire supérieur ; trois stigmates sessiles, bifides ; une baie à une seule loge, ridée, renfermant trois semences.

Rhytis ligneux ; *Rhytis fruticosa*, Lour., *Flor. Cochin.*, 2, page 812. Arbrisseau dont la tige est droite, haute de six pieds, divisée en rameaux étalés, garnis de feuilles alternes, ovales-oblongues, presque acuminées, glabres, très-entières. Les fleurs sont terminales, disposées en longs épis grêles, serrés ; les fleurs, hermaphrodites, offrent un calice à trois ou six découpures profondes, obtuses, étalées ; point de corolle ; trois filamens droits, filiformes, plus longs que le calice ; les anthères à deux lobes ; l'ovaire alongé ; point de style ; trois stigmates bifides, réfléchis. Le fruit est une baie comprimée, molle, ovale, ridée, à une seule loge, contenant trois petites semences ovales. Les fleurs femelles sont placées sur des individus séparés ; elles n'ont point d'étamines ; leur calice est à plusieurs découpures lancéolées, pileuses, étalées ; les autres parties sont comme dans les fleurs hermaphrodites. Cette plante croît dans les forêts, à la Cochinchine. (Poir.)

RHYTIS. (*Entoz.*) Zeder, dans son Histoire naturelle des vers intestinaux (*Naturgeschichte*, page 290), a proposé ce nom pour celui de rhytelminthe, qu'il avoit employé dans ses *Nachtræge*; mais, en outre, il rectifia son genre, en retira le *R. torulosa*, et le caractérisa ainsi : Ver alongé, plat ou déprimé ; tête à plusieurs côtés, tronquée en avant ; deux ou quatre lèvres oblongues, disposées par paires sur ses côtés : en sorte qu'il correspond presque exactement au genre Bothriocéphale de M. Rudolphi, dont le nom a cependant prévalu. Il renferme en effet dix espèces de véritables bothriocéphales, et, par conséquent, d'après les règles reçues, M. Rudolphi auroit eu tort de ne pas admettre la dénomination de son prédécesseur, et même quelquefois de changer les noms d'espèces ; il en donne cependant pour raison qu'il y a un genre de plante établi par Loureiro, dans sa Flore de la Cochinchine, sous le nom de Rhytis. (De B.)

RHYTIS. (*Entoz.*) M. Oken (Manuel d'hist. zool., page 160) emploie ce nom, imaginé par Zeder, pour un nouveau genre, qu'il forme avec deux espèces de bothriocéphale, les *B. nodosus* et *solidus*, et auquel il donne pour caractères : Corps articulé, épais, plat ; un pore à chaque articulation ; deux fossettes céphaliques, divisées chacune en deux par une ligne élevée ; point de cavité ni d'intestin ; ovaires noueux ou en longues lignes sinueuses. Voyez Bothriocéphale. (De B.)

RHYTISMA. (*Bot.*) Genre de la famille des hypoxylées, très-voisin du *phacidium* : il est constitué par des plantes composées de petits péridiums noirs, difformes, enfoncés dans l'épiderme des branches et des feuilles des arbres qui leur sert de base, s'ouvrant par une fente flexueuse ou en lanières transversales, distinctes d'un noyau interne submultiloculaire, charnu, persistant, qui fait les fonctions d'un placenta sur lequel sont des parties presque en forme de massues droites, qui sont composées de sporidies placées en série et mêlées avec des paraphyses. Ces caractères sont ceux que Fries a fixé à son genre *Rhytisma*, dans son nouvel ouvrage intitulé *Systema orbis vegetabilis*, excepté que nous y avons ajouté aussi, d'après Fries, *Syst. mycol.*, 2, p. 565, le caractère donné par la structure du noyau intérieur. Fries, dans ce dernier ouvrage, a fait connoître les espèces de ce genre; mais, depuis (*Syst. orb.*) il divise le *Rhytisma* en deux genres, dont un est le *Cliostomum*, qui comprend une seule espèce de l'ancien *rhytisma*, le *rhytisma corrugatum*, Fries, placé dans les lichens par presque tous les botanistes; c'est le *limboriu corrugata*, Ach., le *lichen graniformis* de l'*English botany*, pl. 46. Son périthécium est arrondi, entier, marqué de plis transversaux, d'abord fortement clos, puis s'ouvrant.

En considérant le genre *Rhytisma* tel qu'il a été d'abord établi, il se compose d'une vingtaine d'espèces, dont la plupart sont des espèces de *xyloma* et de *sphæria* des auteurs. Le genre *Placuntium* d'Ehrenberg représente le *rhytisma* modifié.

Voici quelques espèces remarquables de ce genre.

1. Le RHYTISMA LARGE; *Rhytisma maximum*, Fries, *Syst. myc.* Il forme sur les rameaux de saules vivans des plaques bulleuses, d'un à trois pouces de large, d'une demi-ligne d'épaisseur, inégales, un peu lobées dans leur contour, d'une couleur livide et pâle au milieu.

2. Le RHYTISMA GÉANT : *Rhytisma giganteum*, Fries; *Xyloma*, Rebent., *Fl. Neom.*, pl. 2, fig. 8. Plane, orbiculaire, grand, brun, s'ouvrant par une fente en deux lèvres laciniées, blanchâtres. Cette espèce, dont le périthécium a un pouce de largeur, se trouve sur les feuilles de chou; il est facile de l'en détacher lorsqu'il est sec.

3. Le RHYTISMA DES ÉRABLES : *Rhytisma acerinum*, Fries, *loc. cit.*; *Mucor granulosus*, Bull., Champ., pl. 504, fig. 13; *Xyloma acerinum*, Pers.; Dec., Mém. du Mus., 3, pl. 3, fig. 9; Nées, *Syst.*, fig. 21. Il croît sur les feuilles et y forme des taches un peu enfoncées, difformes, confluentes, rugueuses, s'ouvrant par une fente flexueuse très-irrégulière, rameuse; ces taches sont d'une couleur pâle dans le centre, et blanchâtre à l'intérieur; mais dans une variété (*xyloma pseudo-platani*, Dec.) elles sont limitées de jaunâtre; dans une autre, qui vit sur l'*acer rubrum*, la bordure est rouge; enfin, dans une troi-

sième, propre à l'*acer Negundo*, elle est jaunâtre. Ces différences de teinte coïncident avec celle de l'épiderme desséché des plantes qui produisent ces variétés.

On peut voir dans Fries (*Syst. myc.*) la description de beaucoup d'autres espèces. (Lem.)

RHYZOCARPIENS [Végétaux]. (*Bot.*) M. De Candolle nomme caulocarpiens, les végétaux dont la tige porte fruit plusieurs fois, et rhyzocarpiens, ceux dont la tige est monocarpienne, c'est-à-dire ne porte fruit qu'une fois, mais dont la racine reproduit de nouvelles tiges fructifères; exemples : *aster Novæ Angliæ, spiræa ulmaria,* bananier. (Mass.)

RHYZOPHAGE. (*Entom.*) Nom d'un genre de petits coléoptères, voisin des *Bostriches*, parmi les coléoptères tétramérés, établi par Herbst, et adopté par MM. Latreille et Dejean : tel est le *lyctus politus* de Fabricius.

Ce nom devroit, d'après son étymologie, être ainsi orthographié : Rhizophage, *mangeur de acines.* (C. D.)

RHYZOPHORE. (*Entom.*) Nous trouvons ce nom cité par Fabricius, dans son Sytème des éleuthérates, tom. 2, pag. 561, n.° 4, comme celui d'un genre établi par Herbst (*Coleopt.,* 5, pl. 45, fig. 10) pour y ranger le *lyctus,* que Fabricius nomme *bipustulatus,* et que Paykull appelle *dispar.* (C. D.)

RHYZOPHYLLUM. (*Bot.*) Voyez Rhizophyllum. (Lem.)

RI. (*Bot.*) Cet arbre japonois est, selon Thunberg, le *prunus domestica.* Le même nom est donné au *pyrus communis,* suivant Kæmpfer. On trouve dans ce dernier auteur les noms de *ri* et *sjo,* cités pour le mûrier à papier. (J.)

RIAM. (*Bot.*) Dans une partie de l'Arabie on nomme ainsi, suivant Forskal, une campanule dont la racine est bonne à manger, *campanula edulis.* (J.)

RIANA. (*Bot.*) Nous avions placé à la suite des berbéridées ce genre, ainsi que le *Passura,* le *Conoria* et le *Rinorea,* tous quatre de la Guiane, établis par Aublet. Richard et M. De Candolle les ont réunis en un seul, sous le nom de *Conoria,* qu'ils ont reporté à la famille des violacées, à laquelle il convient mieux. (J.)

RIANE, *Riana.* (*Bot.*) Genre de plantes dicotylédones, à fleurs complètes, polypétalées, de la famille des *violacées,* de la *pentandrie monogynie* de Linnæus, offrant pour caractère : Un calice à cinq divisions; dix pétales, les extérieurs plus grands, connivens à leur base, alternes avec les intérieurs ; cinq étamines à la base des pétales intérieurs ; un ovaire supérieur à cinq côtes; un style en massue. Le fruit est une capsule oblongue, à une seule loge, à trois valves comprimées; trois semences. (Voyez ci-dessus l'article RIANA.)

RIANE DE LA GUIANE : *Riana guianensis*, Aubl., Guian., 1, page 257, tab. 94; Juss., *Gen.*; Lamk., *Ill. gen.*, tab. 135, fig. 1. Arbrisseau de huit à dix pieds, dont la tige a trois ou quatre pouces de diamètre : il pousse dès sa base des rameaux droits, ramifiés, garnis de feuilles opposées en croix, pétiolées, fermes, lisses, ovales, vertes et glabres à leurs deux faces, longues de six à sept pouces, larges de deux, dentées en scie à leurs bords, terminées par une longue pointe, supportées par un pétiole court, convexe en dessous, canaliculé en dessus, muni à sa base d'une petite stipule ovale, aiguë, caduque. Les fleurs sont alternes, pédicellées, disposées en épis à l'extrémité des branches et des rameaux; leur calice est divisé en cinq découpures aiguës; la corolle blanche; les pétales extérieurs sont alongés, terminés en pointe, rapprochés à leur partie supérieure en forme de grelot; les filamens très-courts; les anthères jaunes, à deux loges. L'ovaire est velu, à cinq côtes, surmonté d'un style charnu et d'un stigmate obtus et renflé. Le fruit est une capsule uniloculaire, à trois valves; une semence sous chaque valve. Cette plante croît à la Guiane, dans les forêts d'Avoura. (POIR.)

RIBARD. (*Bot.*) Le nénuphar jaune porte ce nom dans quelques cantons. (L. D.)

RIBAUDET. (*Ornith.*) Nom vulgaire du pluvier à collier, *charadrius hiaticula*, Linn., dans l'ancienne Picardie. (CH. D.)

RIBBAN. (*Bot.*) Le basilic, *ocimum*, est ainsi nommé chez les Arabes, suivant Forskal. (J.)

RIBEIROU. (*Ornith.*) Nom provençal de l'hirondelle de rivage, *hirundo riparia*, Linn. (CH. D.)

RIBÉLIER. *Bot.*) Voyez EMBÉLIER. (POIR.)

RIBES. (*Bot.* Le vrai *ribes* des Arabes et des anciens est le *rheum ribes*, plante acide comme l'oseille, et pouvant être employée aux mêmes usages, laquelle croît dans plusieurs pays du Levant. Linnæus a transporté ce nom au groseiller, *grossularia* de Tournefort et d'autres anciens. C'est le *ribesium* de Dillen. Voyez Groseillier. (J.)

RIBÉSIÉES. (*Bot.*) Quelques auteurs, voulant séparer de la famille des nopalées, *opuntiaceæ*, le groseiller, *grossularia*, de Tournefort, *ribes* de Linnæus, qui lui étoit associé dans une section distincte, ont proposé d'en faire une famille nouvelle sous le nom de Ribésiées. Si, malgré la grande affinité qui existe entre ces deux sections par l'intermède de quelques genres, affinité rappelée dans l'article Nopalées de ce recueil, on persiste à vouloir former deux familles voisines (ce qui est indifférent dans l'ordre naturel), il sera peut-être convenable de donner à la nouvelle famille le nom de grossulariées, qui ne peut convenir qu'à elle, et que nous avons proposé, plutôt que celui de ribésiées qui rappelle aussi le vrai *ribes* des anciens, espèce de *rheum* dans la famille des polygonées. (J.)

RIBESIOIDES. (*Bot.*) L'arbre que Linnæus nommoit ainsi dans son *Fl. Zeyl.*, est l'*Embelia* de Burmann, genre rapporté maintenant à la famille des ardisiacées. (J.)

RIBESIUM. (*Bot.*) Voyez Ribes. (Lem.)

RIBET. (*Bot.*) C'est le groseillier rouge. (L. D.)

RIBOULICHI. (*Bot.*) Nom caraïbe, cité par Surian, d'une espèce d'*acalypha*, décrite et figurée dans les manuscrits de Plumier sous le nom de *Ricinoides*, vol. 4, t. 132. (J.)

RICACO. (*Bot.*) Dans le Pérou on donne ce nom aux diverses espèces d'*Alansoa* de la Flore du Pérou, genre de la famille des personées, voisin de la digitale. (J.)

RICARDIA. (*Bot.*) Houston et Adanson donnent ce nom au genre *Richardia*, Linn. Voyez Richarde. (Lem.)

RICCIA. (*Bot.*) Genre de plantes cryptogames, de la famille des hépatiques, établi par Michéli, adopté par les naturalistes, et caractérisé ainsi : Capsules ou sporanges presque globuleuses, plus ou moins complétement renfermées dans la substance de la fronde, prolongée chacune en un tube ou style plus ou moins proéminent, perforé à l'extrémité; sporidies presque rondes, libres, privées de toutes espèces de filamens. On observe en outre sur les frondes quelques corpuscules, considérés comme des organes mâles, blanchâtres, coniques, sessiles, saillans, grenus à l'intérieur.

Ces petites plantes sont formées par une fronde herbacée, de la nature de celle des *marchantia*, lancéolées ou bifurquées, disposées sans ordre, ou le plus souvent semblables à de petites étoiles planes, appliquées sur la terre grasse ou nageantes sur les eaux. Ces plantes sont tantôt glabres, tantôt ciliées. Presque toutes les espèces connues ont été observées en Europe. Michéli en a donné, le premier, une monographie. Il en porte les espèces à neuf. Ch. Raddi, en 1818, publia une nouvelle description des espèces de riccia de la Toscane, et il en compte également neuf. Cependant la principale espèce de Michéli n'y est pas comprise : elle est le type du genre *Corsinia*, Rad., nommé depuis Guentheria (voyez ce mot) par Treviranus. On doit à Villars, Gmelin, Hoffmann, Dickson, Muller, Poiret, De Candolle, la connoissance de quelques autres autres espèces. On a rejeté de ce genre 1.° le *riccia arachnoidea*, *Flor. Dan.*, pl. 898, fig. 2, reconnu par Lyngbye pour son *vaucheria terrestris*, qui est le *vaucheria Dillwynii*, Agardh, *Synops.*; 2.° le *riccia fluitans*, *Flor. Dan.* (non Linn.), qui est le *chœtophora elongata*, Agardh. Dans le nombre des espèces il en est deux, le *riccia canaliculata*, Hoffm., et le *fluitans*, Linn., qui s'éloignent des autres par leur port et leur fructification différente ou inconnue. Elles forment le *ricciella*, Braun.

* *Capsules saillantes hors de la fronde.*

1. Riccia pyramidée : *Riccia pyramidata*, Willd., Raddi, *Opusc. bot.*, 2, page 350, pl. 15, fig. 1; *Riccia media*, Mich., *Gen.*, pl. 57, fig. 2. Frondes simples ou bifurquées, disposées en rosette d'un pouce et plus de diamètre, chacune canaliculée, presque triangulaire, ciliée ou un peu velue en dessous, portant dans leur milieu des capsules pyramidales, assez nombreuses. Cette plante croît appliquée contre terre, aux environs de Florence.

** *Capsules contenues dans la substance de la fronde.*

2. Riccia cristallin : *Riccia cristallina*, Linn., Raddi, *loc. cit.*, pl. 16, fig. 6; *Riccia minima*, Mich., *Gen.*, pl. 57, fig. 3; Dill., *Musc.*, pl. 78, fig. 12. Fronde en forme de rosette, arrondie, ayant quatre à cinq rayons charnus, cunéiformes,

et obtusément lobés. Cette espèce croît dans les bois, le long des ruisseaux ; sa surface est couverte de petits trous, plein d'humidité, qui lui donne l'aspect cristallin. On ne doit pas confondre cette espèce avec le *riccia cavernosa*, Hoffmann, (Schmied., *Icon.*, pl. 45, fig. 5 ; Mich., *loc. cit.*, fig. 7 ; Raddi, *loc. cit.*, fig. 1), dont les rosettes sont plus petites, plus divisées, dichotomes, planes, à extrémités à peine dilatées et émarginées, et dont la surface est couverte d'un nombre infini de petits trous. Cette plante croît dans les mêmes lieux que la précédente.

3. RICCIA GLAUQUE : *Riccia glauca*, Linn., Hedw., *Theor.*, pl. 31 ; Raddi, *Opusc.*, *loc. cit.*, pl. 16, fig. 4 ; Sow., *Engl. Bot.*, pl. 2549. En rosettes de quatre à cinq lignes de diamètre, arrondies, d'un vert glauque ; frondes une ou deux fois bifurquées, réticulées, ponctuées, un peu obtuses et canaliculées à l'extrémité. On trouve cette espèce autour des étangs, en Italie, en France, en Angleterre, etc.

4. RICCIA BIFURQUÉ : *Riccia bifurcata*, Hoffm., Decand. ; *Riccia lamellosa*, Raddi, *loc. cit.*, fig. 2 ; Mich., *Gen.*, pl. 57, fig. 4. En rosette de douze à dix-huit lignes de diamètre, à frondes bifurquées une ou plusieurs fois, étroites, concaves en dessus, à surface unie. Elle croît dans les lieux humides, dans les bois, le long des chemins, dans les jardins, etc.

5. RICCIA NAGEANT : *Riccia natans*, Linn., Schmied., *Icon.*, pl. 74 ; Sow., *Engl. Bot.*, pl. 252 ; Dill., *Musc.*, pl. 78, fig. 18. Fronde plane, nageante, cordiforme ou arrondie, ou lobée, ou bien, disposée en petites rosettes, garnies en dessous d'un grand nombre de longs cils verdâtres, comprimés, foliacés, qui, vus au microscope, présentent un tissu réticulaire, analogue à celui des feuilles des mousses. La surface des frondes est lisse, mais légèrement réticulée. On ne connoît point la fructification de cette plante, qui croît sur les eaux stagnantes dans les bois, en France, en Angleterre, etc. Nous l'avons recueillie en abondance à l'étang de la chasse, à Montmorency. Les cils de la circonférence brunissent avec l'âge, et cette couleur brune qui fait contraste avec le vert des frondes, donne à la vieille plante un aspect différent de celui qu'elle a dans sa jeunesse. Elle ressemble aux lentilles d'eau.

6. **R**iccia **flottant** : *Riccia fluitans*, Linn., Schmied., pl. 74;
Sow., *Engl. Bot.*, pl. 251 ; *Ulva palustris*, Rai, Mich., *Gen.*,
pl. 4, fig. 6 : Dill., *Musc.*. pl. 74, fig. 47. Frondes d'un vert
clair, planes, nageantes, linéaires, plusieurs fois bifurquées,
à divisions écartées, avec les dernières divergentes, obtuses,
un peu calleuses à l'extrémité, transparentes et celluleuses.
Cette plante végète et flotte sur les eaux stagnantes, dans
les étangs et les rivières tranquilles. On soupçonne que les
corpuscules jaunâtres qu'on observe dans son intérieur, forment sa fructification. Elle s'éloigne des autres espèces de ce
genre par son port assez semblable à celui du *jungermannia
furcata*, autre plante hépatique mais terrestre ou parasite
sur les écorces des arbres, à fructification bien connue, mais
qui cependant, privée de celle-ci, a beaucoup d'analogie
avec le *riccia fluitans*, et encore plus avec le *riccia nodosa* de
MM. Boucher et De Candolle, qui ne diffère de celui-ci que
par sa fronde un peu convexe, marquée de distance en distance de lobes noueux, et qui croît à Abbéville. Raddi rapproche le *riccia fluitans*, qui est pour lui une espèce douteuse,
à fructification inconnue, du *marsilea*, pl. 4, fig. 5, de Michéli,
plante terrestre et probablement une espèce du genre *Blan-
dowia*, Willd. (Voyez **Marsilea**, tome XXIX, page 199.)

Nous avons dit plus haut que le *riccia fluitans* formoit avec
l'espèce suivante le genre *Ricciella*, Braun.

7. **R**iccia **canaliculée**; *Riccia canaliculata*, Hoffm., Dec.
Frondes rampantes, s'entrecroisant en tous sens, dichotomes, linéaires, obtuses, à bords relevés, canaliculées dans
leur milieu, foliacées, vertes, sans nervures longitudinales,
munies en dessous de petites fibrilles radicales, blanchâtres.
Cette plante a été observée en petits tapis vert-clair et sans
fructification par M. De Candolle, sur la terre humide, au
bord de la rivière d'Èdre, près Nantes. Elle rappelle les
jungermannia encore mieux que la précédente. Weber et
Mohr ne la considèrent que comme une variété du *riccia
fluitans*. (**Lem.**)

RICCIELLA. (*Bot.*) Ce nom, diminutif de celui de *riccia*,
est celui du genre formé par Braun sur les *riccia fluitans* et
canaliculata, dont la fructification n'est pas reconnue ou
constituée par des corpuscules ou tubercules, sans organi-

sation, et innés dans la fronde. Voyez ci-dessus Riccia. (Lem.)

RICCIO. (*Mamm.* et *Ichthyol.*) *Riccio* est le nom italien du hérisson, et *riccio marino*, hérisson marin, celui de quelques poissons couverts de pointes : tels le tétrodon et le diodon épineux. (Desm.)

RICE-BIRD. (*Ornith.*) Catesby désigne par cette dénomination l'agripenne ou ortolan de riz, *emberiza oryzivora*, Linn., dont M. Vieillot a fait une passerine. (Ch. D.)

RICHÆIA. (*Bot.*) Ce genre, fait par M. du Petit-Thouars sur un arbre de Madagascar, doit être réuni, dans la famille des salicariées, au *cassipurea* d'Aublet, dont il ne diffère que par sa capsule un peu charnue, dont les loges contiennent quelquefois deux graines au lieu d'une seule. Voyez Richeia. (J.)

RICHARD. (*Entom.*) Geoffroy avoit décrit, sous ce nom françois, le genre d'insectes coléoptères que Linnæus, Fabricius, et par suite la plupart des auteurs, ont désigné sous le nom de Bupreste, *Buprestis* en latin. Voyez ce mot. (C. D.)

RICHARD. (*Ornith.*) Un des noms vulgaires du geai d'Europe, *corvus glandarius*, Linn. (Ch. D.)

RICHARDE, *Richardia*. (*Bot.*) Genre de plantes dicotylédones, à fleurs complètes, de la famille des *rubiacées*, de l'*hexandrie monogynie* de Linnæus, offrant pour caractère essentiel : Un calice persistant, à cinq, six ou huit divisions égales, une corolle infundibuliforme, divisée en son limbe en lobes égaux ; six ou huit étamines saillantes ; un ovaire inférieur à trois loges ; un style ; trois stigmates oblongs en tête ; une capsule à trois coques monospermes, couronnée par le calice.

Richarde velue : *Richardia pilosa*, Ruiz et Pav., *Flor. Per.*, 3, page 50, tab. 279, fig. *B*; *Richardsonia pilosa*, Kunth *in* Humb. et Bonpl., *Nov. gen. et Spec.*, 3, pag. 350, tab. 279. Cette plante a une racine perpendiculaire ; elle produit des tiges herbacées, fortement velues, droites ou renversées, longues de cinq à six pouces, garnies de feuilles pétiolées, opposées, oblongues, aiguës, rétrécies à leur base, entières, rudes à leurs deux faces, velues particulièrement sur leurs bords, d'un vert blanchâtre, longues d'environ un pouce, larges de trois ou quatre lignes ; les stipules sont vaginales, découpées à leur sommet en filamens sétacés. Les fleurs sont disposées en petites têtes sessiles au sommet des rameaux, entourées de feuilles florales sessiles, opposées ou quaternées, les deux extérieures plus grandes; les divisions du calice sont oblongues, hispides, lancéolées, acuminées, une fois plus courtes que la corolle : celle-ci est blanche, avec les divisions du limbe ovales, oblongues, aiguës, toutes égales, hispides au sommet; les six étamines attachées à l'orifice du tube ; l'ovaire est scabre et pileux ; les stigmates sont en tête, globuleux et pubescens; le fruit est de la grosseur d'un grain de chenevis, à trois coques presque turbinées. Cette plante croît au Pérou, dans les moissons et les lieux incultes, aux environs de Lima.

RICHARDE A FEUILLES RUDES : *Richardia scabra*, Linn., *Spec.*; Lamk., *Ill.*, tab. 254. Cette plante a des tiges assez élevées, très-rameuses, médiocrement articulées, à quatre faces, hérissées de poils roides, épars, réfléchis, garnies de feuilles presque sessiles, ovales, lancéolées, très-entières, rudes à leur superficie, marquées de nervures alternes. Les fleurs sont réunies en petites têtes terminales, accompagnées de quatre feuilles, quelquefois plus, ouvertes en étoile; les alternes plus petites, sessiles, aiguës, ciliées à leurs bords; d'autres fleurs sont réunies en verticilles autour des rameaux. Le calice est presque campanulé, au moins une fois plus court que la corolle; celle-ci est petite; son tube s'élargit en forme d'entonnoir, et se divise à son orifice en six petits lobes courts, presque droits, aigus; la capsule a trois coques conniventes. Cette plante croît à la Véra-Cruz. (POIR.)

RICHARDIA. (*Bot.*) Voyez RICHARDE, RICHARDSONIA et CULHARIA. (J.)

RICHARDSONIA. (*Bot.*) M. Kunth désiroit consacrer un genre spécialement à Richard, que son *Analyse du fruit* et ses divers mémoires sur les graminées, les potamées, les balanaphorées et d'autres familles, ont placé sur la première ligne des botanistes. Il a voulu auparavant donner au *Richardia* de Linnæus, genre de rubiacées, le nom qu'il auroit dû recevoir primitivement, pour conserver la mémoire de Richardson, botaniste anglois. Ensuite, regardant le *calla œthio-*

pica comme assez différent du *calla palustris*, pour devenir un genre distinct, très-remarquable par sa grande spathe blanche, contournée en cornet, il l'a nommée *Richardia*. Ce nouveau genre peut mériter d'être adopté, mais ce sera peut-être sous un autre nom, à moins que le *Richardia* de Linnæus ne soit détruit et réuni au spermacoce dont il est très-voisin. Voyez RICHARDE. (J.)

RICHARDSONIA. (*Bot.*) Ce genre de Necker n'est qu'une division du *Jungermannia* de Linnæus; il n'a pas été admis. (LEM.)

RICHE. (*Mamm.*) C'est le nom d'une variété du lapin domestique. (DESM.)

RICHE-DÉPOUILLE. (*Bot.*) Variété du citronnier oranger. (L. D.)

RICHE-PRIEUR. (*Ornith.*) C'est un des noms qu'on donne vulgairement au pinson ordinaire, *fringilla cœlebs*, Linn. (CH. D.)

RICHEA. (*Bot.*) Genre de plantes de la famille des *éricinées*, Juss., des *épacridées*, Rob. Brow., de la *pentandrie monogynie* de Linnæus, offrant pour caractère essentiel : Un calice membraneux, dépourvu de bractées; une corolle fermée, en forme de coiffe, s'ouvrant transversalement, la partie inférieure persistante; cinq étamines persistantes, placées sur le réceptacle, qui reçoit également cinq petites écailles; un ovaire supérieur; un style. Le fruit est une capsule dans laquelle les placentas sont libres, suspendus au sommet d'une colonne centrale.

M. Rob. Brown a reconnu que le genre *Richea* de M. Labillardière étoit le même que le *Craspedia* de Forster, plante à peine indiquée par cet auteur, qui nous a été très-bien décrite par M. de Labillardière, et qui, sous ce rapport, devoit rester sous le nom qu'il lui a donné, n'ayant pas eu, comme M. Brown, l'occasion de voir en herbier le genre de Forster : c'est donc à tort qu'il a plu à M. Brown de supprimer un nom sous lequel elle étoit beaucoup mieux connue, pour en rappeler un qui ne nous a presque rien appris. Le nom de *richea* est appliqué ici à une autre plante.

La seule espèce, appartenant à ce genre, est le *richea dra-sophylla*, arbrisseau variable dans son port, à tige basse, à peine haute d'un pied et demi; lorsqu'il croît sur les hautes montagnes, parvenant à la hauteur d'environ dix pieds, dans les forêts et sur le revers des montagnes, à la Nouvelle-Hollande. Il a, par son port, des rapports avec le *dracophyllum*, et par sa corolle avec le cyrthante. (Poir.)

RICHEIA. (*Bot.*) Genre de plantes dicotylédones, établi par M. du Petit-Thouars, de l'*icosandrie monogynie* de Linnæus, dont la famille naturelle n'a pas encore pu être reconnue. Il ne renferme qu'une seule espèce, *richeia madagascariensis*, Pet. Th., *Nov. gen.*, n.° 84. Cette plante se présente sous la forme d'un arbrisseau, à tige droite, garnie de feuilles opposées, à peine pétiolées, légèrement dentées à leur contour. Les fleurs sont axillaires; le pédoncule uniflore, entouré à sa base d'une bractée en forme d'urcéole.

Chaque fleur offre un calice campanulé, profondément divisé en cinq découpures. La corolle est composée de cinq pétales rétrécis à leur base, frangés au sommet, plus courts que le calice, insérés à sa base, ainsi que les étamines en grand nombre. L'ovaire est hémisphérique, occupant le fond du calice, marqué de cinq sillons, surmonté d'un style plus long que les étamines. Le calice est persistant, étalé; il renferme une capsule en forme de baie, rétrécie à sa base, à trois sillons, à trois valves, à trois loges; chaque loge renferme une ou deux semences, attachées par le sommet, pendantes, à demi-arillées à leur base, munies d'un périsperme charnu. L'embryon est renversé; la radicule alongée; les cotylédons plans. Cette plante croît à l'île de Madagascar. (Poir.)

RICHÉRIE, *Richeria*. (*Bot.*) Genre de plantes dicotylédones, à fleurs incomplètes, de la famille des *euphorbiacées*, de la *polygamie dioécie* de Linnæus, offrant pour caractère essentiel : Des fleurs polygames dioïques; dans les hermaphrodrites un calice à quatre ou cinq divisions; quatre ou cinq pétales, autant d'étamines, autant de glandes placées à la base de l'ovaire; point de style. Dans les fleurs femelles le calice et la corolle comme dans les fleurs hermaphrodites; un disque entourant la base de l'ovaire; un style très-court; trois stigmates roulés; une capsule couverte d'une écorce, à trois loges, à trois valves, s'ouvrant à sa base; chaque loge **renfermant une semence.**

RICHÉRIE A GRANDES FEUILLES; *Richeria grandis*, Vahl, *Egl.*, 1, p. 3o, tab. 4. Arbre très-élevé, dont les rameaux sont garnis de feuilles alternes, pétiolées, alongées, glabres, coriaces, veinées, très-entières, aiguës au sommet, très-rétrécies à leur base, longues de six à sept pouces. Les fleurs sont situées dans l'aisselle des feuilles, disposées en épis solitaires, plus longs que les pédoncules. Cette plante croît à la Guadeloupe et au mont Serrat. (POIR.)

RICHNOPHORA. (*Bot.*) Genre de la famille des champignons, établi par Persoon dans sa Mycologie européenne. Il répond en quelque sorte au *phlebia* de Fries, mais il en diffère un peu. Il a, comme lui, des rapports avec les *telephora*. M. Persoon le caractérise ainsi : Chapeau charnu, trémelloïde, renversé ou retourné; hyménium rugueux, plissé, à plis simples, crêtés ou tuberculeux. Fries (*Syst. orb.*, 1, page 552) semble ne vouloir point admettre ce genre. Une seule espèce est décrite par M. Persoon.

Le RICHNOPHORA COULEUR DE CHAIR; *Richnophora carnea*, Pers., *Mycol. eur.*, 2, page 7, pl. 18, fig. 5. Elle croît appliquée sur le bois et les écorces; elle s'étale inégalement; sa couleur est d'un rouge de chair foncé. Sa surface est lisse et son bord presque nuancé de jaune et fimbrié. Ce champignon a été trouvé dans les Vosges, sur le mont Jura et dans les bois; il croît sur l'écorce et le bois du chêne. (LEM.)

RICIN, *Ricinus*. (*Bot.*) Genre de plantes dicotylédones, à fleurs incomplètes, monoïques, de la famille des *euphorbiacées*, de la *monoécie monadelphie* de Linnæus, offrant pour caractère essentiel : Des fleurs monoïques; dans les fleurs mâles, un calice à cinq divisions; point de corolle; des étamines très-nombreuses; les filamens réunis en plusieurs faisceaux ramifiés. Dans les fleurs femelles, un calice partagé en trois; un ovaire supérieur; trois styles bifides; une capsule à trois coques, à trois loges; dans chaque loge une semence lisse, luisante, oblongue, ayant l'ombilic placé au sommet.

RICIN COMMUN : *Ricinus communis*, Linn., *Spec.*; Lamk., *Ill. gen.*, tab. 792; Jacq., *Ic. rar.*, 1, tab. 27; Camer., *Epit.* 959; *Ricinus albus*, Rumph., *Amb.*, 3, tab. 41 : on lui donne le nom vulgaire de *palma Christi*. Cette plante, originaire de Barbarie, est un arbre assez fort, de vingt à vingt-cinq pieds de haut; il produit un très-bel effet par ses feuilles amples et palmées. Cultivé dans nos climats, ce ricin n'est plus qu'une plante annuelle qui fleurit et fructifie dans la même saison. Sa tige est droite, haute de six à huit pieds, fistuleuse, cylindrique, de couleur glauque ou un peu purpurine, rameuse, garnie de feuilles très-amples, alternes, pétiolées, peltées, lisses à leurs deux faces, divisées en six ou neuf lobes inégaux, lancéolés, aigus, dentés à leurs bords; les pétioles cylindriques, glanduleux, accompagnés à leur base d'une stipule embrassante, concave, membraneuse, caduque.

Les fleurs occupent la partie supérieure des tiges et des rameaux, disposées en un long épi ramifié, accompagnées de petites bractées membraneuses. Les fleurs mâles occupent la partie inférieure; leur calice est d'un vert glauque; les étamines forment un gros paquet presque globuleux; les filamens sont réunis à leur base et ramifiés vers le sommet, chaque branche munie d'une petite anthère à deux lobes. Les fleurs femelles sont nombreuses, situées à la partie supérieure de l'épi : disposition remarquable dans les plantes monoïques, dont les fleurs mâles, quand elles sont sur le même châton, occupent ordinairement la partie supérieure, ce qui facilite l'émission du pollen sur le stigmate, tandis qu'ici c'est l'inverse. Les fleurs femelles sont pourvues d'un ovaire surmonté de trois styles et d'autant de stigmates bifides, de couleur purpurine. Le fruit consiste en trois coques conniventes, ovales, hérissées de pointes subulées; chaque coque renferme une semence ombiliquée au sommet et surmontée d'une caroncule, marquée de taches inégales; l'embryon placé au milieu d'un périsperme oléagineux.

Le ricin en arbre n'est point une espèce distincte. Les individus que j'en ai observés en Barbarie ne différoient de notre ricin herbacé et annuel que par sa tige ligneuse, arborescente, par ses fruits un peu plus petits, presque glabres ou bien moins garnis de pointes. Au reste, comme l'observe M. Desfontaines, si l'on abrite le ricin annuel dans l'orangerie ou dans la serre chaude, la tige persiste et devient ligneuse : il est donc évident que notre ricin n'est une plante herbacée que parce que la tige et les racines périssent vers la fin de l'automne ou au commencement de l'hiver, et comme il est de nature à fleurir et à fructifier dès la première année., on le propage de graines.

Les semences du ricin sont composées d'une substance blanche, ferme, de nature émulsive, analogue à celle des amandes ; elles récèlent surtout une grande quantité d'huile grasse et douce, qu'on retire facilement, soit par expression, soit par infusion dans l'eau bouillante; mais il est à remarquer que les qualités émulsives, oléagineuses et adoucissantes de ces semences appartiennent exclusivement au périsperme, et que leurs qualités âcres, irritantes et nauséeuses paroissent uniquement résider dans l'embryon, de sorte qu'elles jouissent de propriétés médicales très-différentes, selon qu'elles conservent cet organe central, ou qu'elles en sont privées ; organe essentiellement vénéneux, auquel elles doivent la propriété d'exciter le vomissement, de provoquer une violente purgation, d'enflammer et d'ulcérer différentes parties de la membrane muqueuse qui recouvre l'appareil digestif.

Les semences entières, lorsqu'elles sont avalées, même en très-petite quantité, à la dose de deux ou trois, ou même d'une seule, excitent des vomissemens, d'abondantes évacuations alvines, et même une violente superpurgation, avec tranchées, écoulement de sang par l'anus, et un sentiment de chaleur brûlante le long de l'œsophage, dans l'estomac et au rectum. Des observateurs dignes de foi attestent en avoir vu résulter les accidens les plus funestes, et même la mort chez des sujets qui en avoient avalé deux ou trois.

L'huile grasse que l'on retire de ces semences, connue depuis long-temps et employée par les anciens sous le nom d'*oleum ricinum*, jouit de qualités opposées et de propriétés très-différentes, selon qu'elle a été fournie par le périsperme seul et séparé de son embryon, ou bien par l'amande entière. Dans le premier cas elle est douce, d'un goût agréable, adoucissante, lubréfiante, émolliente, relâchante; elle constitue un purgatif très-doux, et jouit de toutes les propriétés des autres huiles douces : dans le second cas elle est âcre et plus ou moins nauséeuse; elle excite l'inflammation du pharynx, provoque le vomissement, enflamme l'estomac, irrite l'intestin, produit des superpurgations et autres accidens funestes, quelquefois mortels : mais comme l'huile de l'embryon sort

45.   29

avec beaucoup plus de difficulté que celle du périsperme, et exige une beaucoup plus forte pression, il arrive qu'en soumettant les semences entières de ricin à une pression modérée. ou bien en les plongeant dans l'eau chaude. pour obtenir leur huile. qui vient alors nager à la surface du liquide, on a une huile très-douce, en tout semblable à celle des autres substances émulsives; tandis que si on presse fortement, l'embryon. forcé de céder ses principes âcres et vénéneux, communique à cette huile son âcreté et ses propriétés corrosives. d'où résulte un des purgatifs les plus violens et les plus dangereux que l'on connoisse.

Cette huile, lorsqu'elle est exempte d'âcreté, a été recommandée comme un purgatif très-avantageux dans un grand nombre de maladies, soit aiguës, soit chroniques. On loue ses bons effets dans les hernies étranglées, les embarras intestinaux, les constipations opiniâtres, et presque toutes les coliques; mais, de toutes les maladies contre lesquelles on a plus ou moins vanté l'emploi de l'huile douce de ricin, les affections vermineuses sont celles où elle a été le plus souvent administrée, et contre lesquelles elle a eu le plus de succès. Un grand nombre d'observations prouvent en effet qu'elle est un des médicamens les plus certains que nous possédions contre les ascarides et contre les tænias. On peut l'administrer depuis trente-deux jusqu'à cent trente grammes (une à quatre onces) et au-delà. Pour plus de sûreté on la fait prendre à la dose de demi-once chez les adultes, et d'un ou deux gros chez les enfans. toutes les demi-heures ou toutes les heures, jusqu'à ce qu'elle produise son effet. On peut la prendre, soit seule, soit associée avec le sucre ou un sirop, avec le suc de citron ou toute autre substance aromatique agréable. Souvent on l'unit avec le quart ou la moitié de son poids de jaune d'œuf ou de gomme arabique, et on en fait une émulsion que l'on édulcore et aromatise convenablement. On peut l'administrer en lavement et même en onctions sur le ventre. D'une autre part, les feuilles paroissent jouir de qualités émollientes. relâchantes et adoucissantes. Lorsqu'elles sont fraîches ou légèrement fanées, on les applique quelquefois sur les articulations pour calmer les douleurs de la goutte, sur la tête pour la migraine, sur le ventre pour la cessation des coliques.

On brûle aussi l'huile de ricin dans les lampes, et Rumphius dit que dans l'Inde on la mêle avec de la chaux éteinte pour en faire un ciment qui sert à enduire les maisons, les vaisseaux et les bois exposés à l'air ; il ajoute que ce ciment est employé dans la construction des citernes et des bassins destinés à contenir de l'eau, et qu'il devient avec les années aussi dur que de la pierre.

RICIN VERT : *Ricinus viridis*, Willd., *Hort. ber.*, tab. 49 ; *Ricinus ruber*, Rumph., *Amb.*, 4, tab. 41 ; *Pandi avanacu*, Rhéed., *Malab.*, 2, pag. 60. Cette plante ressemble beaucoup au ricin commun ; mais ses tiges s'élèvent plus haut. Ses feuilles sont plus grandes, moins profondément palmées ; les lobes alongés et dentés ; celui du milieu assez souvent divisé en trois autres petits lobes ; les stigmates divisés jusqu'à leur base en découpures d'un rouge de brique sale, et non de couleur purpurine ; les capsules hérissées de pointes aiguës ; les semences plus grandes. Cette plante croît dans les Indes orientales.

RICIN A FEUILLES ENTIÈRES ; *Ricinus integrifolius*, Willd., *Spec.*, 4, p. 567. Arbrisseau dont la tige se divise en rameaux glabres, cylindriques, de couleur brune, divisés en d'autres beaucoup plus petits, comprimés, garnis de feuilles glabres, coriaces, ovales, acuminées, très-entières, longues de quatre pouces, soutenues par des pétioles canaliculés, longs de deux ou trois pouces. Les fleurs sont disposées en grappes axillaires. Les fruits n'ont point été observés. Cette plante croît à l'île Maurice.

RICIN A FEUILLES CONIQUES : *Ricinus apelta*, Lour., *Fl. Coch.*, 2, p. 118. Cet arbrisseau s'élève à la hauteur d'environ quatre pieds. Il est très-rameux, garni de feuilles éparses, point peltées, glabres, arrondies à leur base, de forme conique, très-entières, blanchâtres en dessous, soutenues par de très-longs pétioles. Les fleurs sont monoïques, les unes et les autres réunies sur une même grappe terminale. Les fleurs mâles renferment un grand nombre d'étamines. Les fleurs femelles ont le calice partagé en trois divisions profondes : elles contiennent trois stigmates presque sessiles, entiers, lanugineux, réfléchis. Le fruit est une capsule très-velue, à trois coques monospermes. Cette plante croît en Chine, dans les champs, aux environs de Çanton.

Ricin tanabe : *Ricinus tanarius*, Linn., *Spec.; Tanarius mi-nor*, Rumph., *Amb.*, vol. 5, tab. 121. Arbrisseau peu élevé, dont la tige se divise vers son sommet en rameaux opposés, garnis de feuilles peltées, alternes, pétiolées, d'une grandeur médiocre, ovales, aiguës à leur sommet, médiocrement echan-crées ou sinuées à leur contour, même un peu denticulées dans leur jeunesse, glauques à leurs deux faces, munies a la base de leur pétiole de deux stipules écailleuses, et dentées à leurs bords. Les fleurs sont disposées en grappes latérales, qui portent des fruits rougeâtres à l'époque de leur maturité, et chargées de pointes un peu courbées. Cette plante croit à l'île d'Amboine, dans les campagnes et sur le bord des forêts. (Poir.)

RICIN. (*Entom.*) Voyez Ricins, ci-après, page 458. (Desm.)

RICINELLE, *Acalypha*. (*Bot.*) Genre de plantes dicotylé-dones, à fleurs incomplètes, monoïques ou dioïques, de la famille des *euphorbiacées*, de la *monoécie monadelphie* de Lin-næus, offrant pour caractère essentiel : Des fleurs monoïques ; dans les fleurs mâles un calice à quatre divisions profondes, point de corolle, huit ou seize étamines monadelphes à leur base ; dans les fleurs femelles, un calice à trois divisions pro-fondes, un ovaire surmonté de trois styles laciniés, les stig-mates rameux, une capsule à trois coques, à trois loges, une semence dans chaque loge.

Ricinelle a feuilles de charme : *Acalypha carpinifolia*, Poir., Encycl.; Burm., *Amer.*, 165, tab. 172, fig. 1. Plante ligneuse, dont les branches sont glabres, noueuses ; les rameaux alter-nes, effilés, garnis de feuilles assez semblables à celles du charme, pétiolées, alternes, lancéolées, plus ou moins larges ; les supérieures étroites, glabres, acuminées, dentées en scie à leurs bords, à nervures latérales, obliques ; les pétioles courts et droits. Les fleurs mâles sont disposées en épis grêles, presque filiformes, axillaires, latéraux, chargés de très-petites fleurs. Plumier dit que les fleurs femelles sont placées sur des épis solitaires, terminaux, entre deux rameaux opposés et bifur-qués, tandis que les autres sont alternes. Ces fleurs sont mu-nies de bractées palmées. Cette plante croît à l'île de Saint-Domingue.

Ricinelle tubulée ; *Acalypha corensis*, Jacq., *Stirp. amer.*, pag. 254, tab. 161. Arbrisseau de cinq à six pieds, dont la tige est droite, glabre, striée, garnie de feuilles ovales, oblongues, alternes, acuminées, dentées à leurs bords, glabres à leurs deux faces, longues de deux ou trois pouces, à nervures saillantes, presque parallèles; les pétioles sont très-courts. Les fleurs mâles sont disposées sur des épis droits, solitaires, axillaires, longs d'un pouce, la plupart des fleurs munies à leur base d'un involucre tubulé, entier, quelquefois enveloppant trois à quatre fleurs pédicellées. Le calice renferme huit étamines. Les fleurs femelles sont réunies sur un épi séparé, terminal, épais et court; leur calice est à cinq découpures profondes, et renferme trois styles bifides, persistans. Les semences sont anguleuses. Cette plante croît à Saint-Domingue et à la Martinique; elle est commune sur le bord des forêts.

Ricinelle velue : *Acalypha villosa*, Linn. fils, Suppl.; Jacq., *Hort. vind.*, 3, tab. 47. Cette espèce a des tiges foibles, ligneuses, un peu sarmenteuses, soutenues par les plantes qui les avoisinent, souvent hautes d'environ quinze pieds, divisées en rameaux cylindriques, velus dans leur jeunesse, glabres et ligneux en vieillissant. Les feuilles sont alternes, pubescentes à leur face inférieure, ovales, dentées en scie, longues de trois ou quatre pouces; les pétioles longs de deux au plus. Les épis mâles sont axillaires, épais, cylindriques, droits, solitaires, longs d'environ un pouce et demi; ceux des femelles sont lâches, axillaires, sur des rameaux différens. Leur calice est à cinq divisions; les bractées sont petites, dentées et velues.

Ricinelle effilée : *Acalypha virgata*, Linn., *Amœn. acad.*, 5, pag. 410; Brown, *Jam.*, 346, tab. 36, fig. 1. Cette plante a des tiges glabres, cylindriques, médiocrement rameuses. Les feuilles sont alternes, assez larges, un peu pétiolées, glabres, lancéolées, obtuses, dentées en scie; les pétioles à peine longs d'un demi-pouce. Les fleurs sont disposées en épis solitaires, axillaires, les uns ne portant que des fleurs mâles, d'autres des fleurs femelles. Les premiers sont grêles, filiformes, nus; les autres garnis dans toute leur longueur de bractées alternes, échancrées en cœur, incisées ou dentées en scie. Cette plante croît à la Jamaïque.

Ricinelle a longs épis : *Acalypha spiciflora*, Burm., *Flor. Ind.*.

tab. 61 , fig. 2 ; **Lamk.**, *Ill. gen.*, tab. 89, fig. 3 ; **Pluk.**, *Amalth.*, tab. 449 , fig. 3; **Burm.**, *Zeyl.*, tab. 93 , fig. 1. Une tige glabre et cylindrique supporte des feuilles alternes, pétiolées, rudes, comme chagrinées à leurs deux faces, ovales, lancéolées, à grosses crénelures, acuminées et comme rongées au sommet ; les pétioles sont courts; les épis mâles plus longs, sans bractées, réunissant, en paquets interrompus, des fleurs sessiles et distantes; les épis femelles sont plus courts, à fleurs plus rapprochées, garnies de bractées embrassantes, concaves, aiguës, crénelées. Cette plante croît dans les Indes et à l'île de Bourbon.

RICINELLE DE VIRGINIE : *Acalypha virginica*, Linn., *Spec.*; **Lamk.**, *Ill.*, tab. 789, fig. 2; **Pluken.**, *Phyt.*, tab. 99. fig. 4. Cette plante a des tiges herbacées, divisées en rameaux nombreux, glabres, alternes, striés, garnis de feuilles pétiolées, alternes, ovales, oblongues, quelquefois lancéolées, vertes, minces, rudes à leurs deux faces, à larges crénelures, rarement aiguës ; les pétioles sont grêles, un peu pendans, à peine de la longueur des feuilles. Les fleurs sont disposées en petites grappes ou en épis axillaires, droits, fort grêles, sur lesquels les fleurs femelles, au nombre de trois ou quatre, occupent la partie inférieure, et sont accompagnées à leur base d'une bractée assez grande, ovale, incisée ou dentée. Les fleurs mâles sont fort petites, verdâtres, sessiles, rapprochées; elles terminent l'épi. Cette plante croît dans la Virginie et à l'île de Ceilan.

RICINELLE DES INDES : *Acalypha indica*, Linn., *Herm.*, *Lugd.*, *Bat.*, tab. 687; *Cupameni*, Rhéed., *Malab.*, 10, tab. 81 ? *an potius*, *Wallia cupameni?* tab. 83. Plante herbacée, dont la tige est droite, cylindrique, presque glabre, divisée en rameaux alternes. Les feuilles sont pétiolées, vertes, glabres, alternes, ovales ou un peu arrondies, finement dentées en scie, un peu rétrécies vers leur base; les pétioles un peu plus longs que les feuilles. Les fleurs sont disposées en longs épis grêles, axillaires; leur partie inférieure est chargée de six à huit fleurs femelles, accompagnées à leur base de bractées ovales, embrassantes, échancrées en cœur, légèrement crénelées; les fleurs mâles, grêles, sessiles, très-serrées, terminent l'épi. Cette plante croît dans les Indes.

RICINELLE QUEUE-DE-RENARD; *Acalypha alopecuroides*, Jacq.,

Icon. rar., 5, tab. 620. Ses racines produisent plusieurs tiges hautes d'environ un pied et plus, très-rameuses, velues, un peu anguleuses à leur partie supérieure; les feuilles sont alternes, pétiolées, ovales, en cœur, un peu rudes, velues à leurs deux faces, dentées en scie, longues d'environ deux pouces; les pétioles courts et velus. Les épis sont épais, solitaires; les mâles plus grêles, axillaires, longs d'un pouce; les épis femelles droits, terminaux, cylindriques. Quelquefois du centre de leur sommet sort un pédoncule droit, filiforme, terminé par un ou deux corpuscules ovales, velus. Toutes les fleurs sont petites, verdâtres, nombreuses, munies d'une bractée concave, soyeuse, à trois divisions terminées par un long filet sétacé. Cette plante croît dans l'Amérique.

RICINELLE CILIÉE; *Acalypha ciliata*, Vahl, *Symb.*, 1, tab. 20. Ses tiges sont herbacées, hautes d'un à deux pieds, droites, rameuses, velues, cylindriques, garnies à leur partie supérieure de feuilles alternes, pétiolées, ovales, acuminées, la plupart aussi longues que le pétiole, crénelées, pubescentes, parsemées en dessus de quelques poils courts. Les épis sont axillaires, quelquefois géminés dans chaque aisselle, droits, longs d'environ un pouce; les fleurs femelles occupent la partie inférieure; elles sont enveloppées à leur base par une bractée concave, connivente, munie à ses bords de très-longs cils. Le calice est peu apparent; les fleurs mâles occupent la partie supérieure de l'épi; elles sont nombreuses, fort petites. Leur calice est tétragone, à quatre divisions; les anthères blanches. Le fruit est une capsule à trois valves, à trois loges monospermes. Cette plante croît parmi les moissons, dans l'Yémen, au pied des montagnes.

RICINELLE CUSPIDÉE: *Acalypha cuspidata*, Willd., *Spec.*; Jacq., *Hort. Schœnbr.*, 1, tab. 243. Arbrisseau très-rameux, haut d'environ dix pieds; les rameaux sont un peu velus dans leur jeunesse; les feuilles alternes, ovales, en cœur, cuspidées, dentées en scie, longues d'environ quatre pouces, à nervures rougeâtres, ainsi que les pétioles, un peu velues à leurs deux faces; les stipules petites et subulées. Les épis mâles sont solitaires, grêles, axillaires, longs d'un pouce; le calice a quatre folioles ovales, étalées, d'un blanc jaunâtre; les femelles sont sessiles, axillaires, solitaires ou placées de chaque côté de l'épi mâle; leur calice a trois folioles droites, ovales, aiguës, hérissées; l'ovaire est velu. Cette plante croît aux environs de Caracas.

RICINELLE PILEUSE ; *Acalypha pilosa*, Cavan., *Ic. rar.*, 6 , tab. 568 , fig. 2. Cette plante a des tiges filiformes, grêles et simples, hautes de trois à quatre pouces , chargées de poils blancs. Les feuilles sont alternes, plus longues que les pétioles, pileuses, ovales, aiguës, dentées en scie, longues de six à huit lignes; les stipules très-courtes , subulées, caduques. Les épis sont axillaires, géminés, plus courts que les feuilles; les mâles très-grêles; leur calice fort petit, à trois ou quatre folioles velues, ovales, aiguës : les épis femelles épais, plus courts ; l'involucre concave, à peine long d'une demi-ligne, à sept dents : l'ovaire velu , globuleux; trois styles capillaires, trifides; les semences glabres, noires, très-petites. Cette plante croît à l'isthme de Panama.

RICINELLE ERRANTE : *Acalypha vagans*, Cavan., *Icon. rar.*, 6, tab. 569 , fig. 1. Sa tige est droite , grêle , élancée, haute d'environ trois pieds, garnie de feuilles alternes, ovales, lancéolées, longues d'un pouce et demi, larges de huit lignes, dentées en scie et ciliées; les supérieures sont plus étroites; les stipules courtes, lancéolées; les épis solitaires axillaires; les femelles sessiles, longs de trois pouces et plus; les épis mâles pédonculés, plus courts ; leur calice a trois petites folioles ovales, aiguës; un involucre en cœur, plus large que long, plissé, cilié sur ses dents, renferme deux fleurs sessiles; la capsule est arrondie, velue, à trois coques. Cette plante croît à Acapulco.

RICINELLE A UN SEUL ÉPI; *Acalypha monostachya*, Cavan., *Ic. rar.*, 6, tab. 568 , fig. 3. Plante herbacée, dont les tiges sont velues, cylindriques, hautes de six pouces, terminées par un épi mâle, presque long de deux pouces. Les feuilles sont alternes, pétiolées, rapprochées, un peu arrondies, crénelées, velues, larges de trois ou quatre lignes; les stipules fort petites, subulées. Les fleurs femelles sont sessiles, réunies deux ou trois dans l'aisselle des feuilles, munies d'un involucre à sept dents ovales, aiguës. Leur calice est à quatre folioles ciliées : le calice des fleurs mâles a trois folioles velues, ovales, aiguës. Cette plante croît au Mexique. (POIR.)

RICINOCARPE, *Ricinocarpus*. (*Bot.*) Genre de plantes dicotylédones, à fleurs incomplètes, de la famille des *euphorbia-*
cées, de la *monoécie monadelphie* de Linnæus, offrant pour
caractère essentiel : Des fleurs monoïques ; un calice à cinq
divisions profondes ; cinq pétales ; des étamines nombreuses
réunies en un cylindre entouré à la base de cinq petites
glandes. Dans les fleurs femelles, un ovaire supérieur, entouré
à sa base de cinq petites glandes : trois styles bifurqués presque
jusqu'à la base ; une capsule hérissée de nombreux aiguillons,
à trois valves, à trois loges monospermes.

Ricinocarpe a feuilles de pin ; *Ricinocarpus pinifolia*, Desf.,
Mém. du Mus., vol. 3, *cum icon.* Arbrisseau très-voisin du
croton, dont la tige s'élève à la hauteur de deux ou trois
pieds. Ses feuilles sont médiocrement pétiolées, glabres,
éparses, rapprochées, linéaires, entières, persistantes, à bords
roulés en dessus, longues d'environ un pouce sur une demi-
ligne de large, terminées par une petite pointe. Les fleurs
sont monoïques, disposées en petits corymbes entourés à leur
base d'écailles aiguës, fort petites, soutenues chacune par un
pédicelle filiforme. Le calice est partagé en cinq divisions profondes, ovales, un peu aiguës, légèrement ciliées sur les
bords, appliquées contre les pétales ; la corolle composée de
cinq pétales ouverts, étroits, en spatule, obtus au sommet,
plus longs que le calice, alternes avec ses divisions, attachés sur le réceptacle ; les étamines sont nombreuses, réunies en un cylindre entouré à sa base de cinq petites glandes,
couvert dans toute sa longueur de petites anthères pédicellées,
globuleuses, à deux loges, s'ouvrant dans leur longueur par
leur face extérieure. Dans les fleurs femelles, le calice et la
corolle sont comme dans les fleurs mâles ; mais leur pédoncule
est plus épais, renflé de la base au sommet ; l'ovaire est arrondi, couvert de petits mamelons très-serrés, accompagné à
sa base de cinq petites glandes, et porte trois styles, partagés
presque jusqu'à la base en deux divisions grêles, aiguës. Le
fruit est une capsule globuleuse, à trois sillons, à trois valves,
à trois loges monospermes, couvertes d'un très-grand nombre
de pointes non piquantes, comme celles du ricin. Les semences
sont oblongues, convexes d'un côté, lisses, obtuses, parsemées
de taches brunes. Cette plante croît au port Jackson. (Poir.)

RICINOCARPOS. (*Bot.*) Ce nom a été donné par Boerhaave, soit au *Solandra capensis* de Linnæus, genre d'ombellifère, réuni à l'*hydrocotyle*, soit au *croton ricinocarpos*, de la famille des euphorbiacées; par Burmann, pour le *tragia involucrata* de la même famille. M. Desfontaines l'a employé récemment pour un autre genre d'euphorbiacées, qui le conservera probablement. (J.)

RICINOÏDES. (*Bot.*) Le genre de la famille des euphorbiacées que Tournefort nommoit ainsi, est maintenant le *croton* de P. Browne et de Linnæus, dont les espèces nombreuses offrent, dans leur fructification, des différences qui ont déterminé quelques auteurs à le subdiviser. (J.)

RICINS ou ORNITHOMYZES. (*Entom.*) Nous avons désigné sous ces noms une famille d'insectes aptères et parasites, qu'on appelle vulgairement les poux des oiseaux.

Quant aux noms, celui de *Ricinus* donne lieu a beaucoup de confusion; d'abord, c'est le même, en latin et en françois, que celui par lequel on désigne un genre de plantes euphorbiacées dont la graine, il est vrai, imite parfaitement le corps de certains insectes qui s'attachent sur les oreilles des chiens de chasse et qui y grossissent, que l'on appelle des Tiques, en latin *Crotonus*, et que l'on a nommé aussi Ixodes et Cynorhæstes. (Voyez Ixode et Cynorhætes, et surtout le premier). C'est Varron, parmi les Latins, qui avoit indiqué ce mot de *Ricinus* dans ce sens.

L'expression d'*Ornithomyzes* est tout-à-fait nouvelle dans ce sens qu'elle indique des insectes qui sucent les oiseaux : des mots grecs ορνιθος, oiseau, et de μυζαω, je suce.

Il paroît que c'est à Degéer qu'on doit attribuer l'application particulière du nom de Ricins au genre qui comprend les poux des oiseaux. Le docteur Leach n'a pas cru devoir adopter cette innovation; mais, en employant le nom de *Nirmus*, il a aussi détourné le sens que Hermann fils avoit affecté à cette expression.

Les ricins constituent tout à la fois une famille et un genre faciles à distinguer de tous les autres aptères par les considérations suivantes :

D'abord, leur abdomen est distinct du corselet, ce en quoi ils diffèrent des myriapodes, comme des scolopendres et des polygnathes, tels que les cloportes; ensuite ils ont des antennes évidentes, ce en quoi ils se distinguent des acères, comme les araignées; enfin, leur abdomen ne se termine pas, comme dans les podures et autres nématoures, par des soies ou filamens plus ou moins alongés; mais le caractère qui les distingue mieux des poux, des cirons, des puces et de tous les rhinaptères, c'est que ceux-ci ont constamment un suçoir à l'aide duquel ils piquent les animaux, et que les ricins ont de véritables mâchoires.

Ces insectes paroissent se nourrir sur les plumes des oiseaux, soit de la matière cornée même, soit du suint ou de la matière grasse qui s'y attache et qui les garantit de l'action de l'eau.

Ce genre est nombreux en espèces; quoiqu'elles n'aient pas été décrites chez tous les oiseaux, on sait que la plupart en nourrissent quelquefois de deux sortes souvent fort différentes l'une de l'autre.

Rédi a donné des figures grossières, mais exactes, d'un grand nombre d'espèces. Panzer, dans sa Faune d'Allemagne, en a présenté de plus exactes; nous avons fait figurer nous-même une espèce de ce genre pour l'atlas de ce Dictionnaire, pl. 54, n.° 4, c'est le

1. RICIN DU PAON, *Ricinus pavonis.*

Car. Sa tête est très-large; l'abdomen est ovale, à bords dentelés et légèrement marqués de brun-rougeàtre.

2. RICIN DU PIGEON, *R. columbæ.*

Car. Corps très-étroit, très-alongé; abdomen un peu en masse : il a tout au plus une ligne de longueur.

3. RICIN DE LA POULE, *R. gallinæ.*

Car. Il ressemble au pou de l'homme, mais sa tête est plus large, moins distincte du corselet. (C. **D.**)

RICINULE, *Ricinula.* (*Conchyl.*) Genre de coquilles, établi par M. de Lamarck dans son Système des animaux sans vertèbres, t. 7, page 230, pour quelques espèces de murex de Linné, qu'il n'a pu trouver à ranger convenablement parmi ses pourpres, et qu'il est réellement assez difficile de caractériser autrement que par leur forme ovale ou subglobuleuse, les tubercules ou épines dont elles sont hérissées, et surtout parce que le bord columellaire est plus ou moins denté, ou au moins bombé dans son milieu, au lieu d'être lisse et excavé. Voici les caractères que M. de Lamarck assigne à ce genre : Coquille ovale, le plus souvent tuberculeuse ou épineuse en dehors: ouverture oblongue, offrant antérieurement un demi-canal recourbé vers le dos et terminé par une échancrure oblique; des dents inégales sur la columelle et sur la paroi interne du bord droit, rétrécissant en général l'ouverture. Dans la caractéristique donnée par M. de Blainville à l'article MOLLUSQUES, on voit que ces coquilles, en général petites, n'ont réellement pas le demi-canal recourbé; que l'animal est tout semblable à celui des buccins et des pourpres; les tentacules portant les yeux au milieu de leur côté externe, et que l'opercule est ovale, transverse, à élémens un peu imbriqués. Des neuf espèces de coquilles que M. de Lamarck rapporte à ce genre, celles dont on connoît la patrie, viennent de la mer des Indes.

A. *Espèces à canal évident en avant comme en arrière de l'ouverture.*

La RICINULE DIGITÉE : R. *digitata*, de Lamk., *loc. cit.*, n.° 5; Enc. méth., pl. 595, fig. 7, *a*, *b*. l'etite coquille ovale, déprimée, ombiliquée, à spire très-courte; les tours transversalement subtuberculeux; ouverture ovale par l'excavation du bord columellaire lisse, prolongée en avant par un canal droit, et en arrière par un canal oblique, encore plus long; bord droit digité en dehors, denté en dedans. Couleur jaunâtre en dehors, jaune en dedans.

Cette coquille, dont on ignore la patrie, a réellement peu des caractères de ce genre.

B. *Espèces sans canal et hérissées de tubercules épineux.*

La R. MURIQUÉE : R. *horrida*; *Murex neritoideus*, Linn., Gmel., pag. 3557, n.° 43, vulgairement la MURE. Coquille épaisse, solide, ovale, subhémisphérique, a spire aplatie, mucronée, hérissée par plusieurs rangées décurrentes de gros tubercules épineux, courts et épais; ouverture très-rétrécie, grimaçante par deux ou trois plis transverses au milieu de la columelle, et des dents plus nombreuses au côté interne du bord droit. Couleur blanche avec les **tubercules** noirs en dehors, violacée en dedans.

De l'océan Indien.

La Ricinule arachnoïde : *R. arachnoidea*, de Lamk., *l. c.*, n.° 4; Enc. méth., pl. 395, fig. 3, *a*, *b*. Coquille obovale, à spire très-courte, hérissée d'épines un peu subulées, inégales et beaucoup plus longues et plus aiguës au bord droit; ouverture comme dans l'espèce précédente. Couleur d'un blanc jaunâtre, avec des taches noires à la base des épines, en dehors, blanche, tachetée de jaune, en dedans.

De l'océan Indien.

Je ne serois pas éloigné de croire que c'est essentiellement cette espèce que Gmelin, *Syst. nat.*, page 3537, n.° 41, a nommée *murex ricinus;* du moins elle ressemble bien à la figure qu'il cite de Gualtiéri, pl. 28, fig. *N*.

La R. doucette : *R. miticula*, de Lamk., *loc. cit.*, n.° 2. Coquille obovale, hérissée de tubercules oblongs, obtus, disposés en cinq séries; spire très-courte, obtuse; des plis à la columelle; le bord droit denté. Couleur d'un gris rougeâtre en dehors, violette en dedans.

Patrie inconnue.

La R. gaufrée : *R. clathrata*, id., ibid., n.° 3; Enc. méth., pl. 395, fig. 5, *a*, *b*. Coquille ovale, hérissée par quatre séries de tubercules épineux, canaliculés, disposés en outre le long de grosses côtes longitudinales; ouverture assez large; columelle tortueuse et un peu rugueuse; le bord droit fortement denté en dedans. Couleur d'un jaune orangé.

Patrie inconnue.

Je ne serois pas étonné quand ces trois dernières espèces ne seroient que des variétés de la R. muriquée.

C. *Espèces sans canal et tuberculeuses.* Genre Sistre (Denys de Montfort).

La R. raboteuse; *R. aspera*, id. ibid.; Enc. méth., pl. 395, fig. 4, *a*, *b*. Petite coquille ovale, sillonnée en travers, assez aiguë aux deux extrémités, un peu scabre, avec cinq à six carènes transverses, décurrentes, coupant en travers des côtes longitudinales peu marquées et se prononçant fortement au bord droit; ouverture rétrécie par de fortes dents.

Couleur cendrée, avec des bandes longitudinales noires et les carènes blanches ; l'ouverture violette.

Patrie inconnue.

La RICINULE MURE : *R. morus*, *id. ibid.* ; *R. nodus*, Enc. méth.. pl. 395, fig. 6, *a*, *b*. Coquille épaisse, solide, ovale, un peu obtuse aux deux extrémités, couvertes de huit ou neuf séries décurrentes de tubercules noduleux ; ouverture rétrécie par de fortes dents. Couleur blanche, avec les tubercules noirs en dehors ; l'ouverture violacée.

Des mers de l'Isle-de-France.

D. *Espèces sans canal et mutiques.*

La R. MUTIQUE : *R. mutica*, *id. ibid.* ; Enc. méth., pl. 395, fig. 2, *a*, *b*. Petite coquille ovale, subglobuleuse, très-solide, très-épaisse, à spire très-obtuse, striée en travers ; ouverture fortement rétrécie par les dents du bord droit, fort épais. Couleur d'un brun noirâtre en dehors, d'un blanc violacé en dedans.

Patrie inconnue.

La R. PISOLINE ; *R. pisolina*, *id.*, *ibid.*, n.° 9. Petite coquille subglobuleuse, striée en travers, à spire courte, aiguë ; ouverture à bord droit denté à l'intérieur. Couleur brunâtre, linéolée de noir en dehors, violacée à l'entrée.

Des mers de l'Isle-de-France.

Qu'est-ce que le *murex nodus* de Gmelin, *Syst. nat.*, p. 3537, n.° 42 ? C'est très-probablement une espèce de ricinule. Cependant elle est bien grande (trois pouces et demi).

M. Schumacher, dans son Nouveau système de conchyliologie, partage les espèces de ce genre en deux, les *morules* et les *ricinelles*. (DE B.)

RICINUS. (*Bot.*) Voyez RICIN. (LEM.)

RICINUS. (*Foss.*) Luid a donné ce nom à une dent fossile recourbée, faite en cosse de pois ou de haricot. Luid, *Lit. Brit.*, n.° 1403. (D. F.)

RICOPHORA. (*Bot.*) Plukenet, cité par Linnæus, désigne sous ce nom quelques ignames, *dioscorea*. Il ne faut pas les confondre avec les mangliers ou palétuviers, dont le nom latin est *rhizophora*. (J.)

RICOTIE, *Ricotia*. (*Bot.*) Genre de plantes dicotylédones , à fleurs complètes, polypétalées, de la famille des *crucifères*, de la *tétradynamie siliqueuse* de Linnæus, offrant pour caractère essentiel : Un calice à quatre folioles droites ; deux bosses à sa base ; quatre pétales onguiculés, échancrés au sommet ; six étamines tétradynames ; un ovaire à quatre ovules, de la longueur des étamines ; un stigmate aigu, presque sessile ; une silique oblongue, comprimée, à une seule loge dans sa maturité, à deux valves planes ; environ quatre semences orbiculaires, dont trois avortent très-souvent.

Rɪcoᴛɪᴇ ᴅ'Éɢʏᴘᴛᴇ : *Ricotia ægyptiaca*, Linn., *Spec.;* Lamk., *Ill. gen.*, tab. 561 ; *Lunaria ricotia*, Gært., *De fruct.*, tab. 142. Plante glabre, herbacée. Sa tige est cylindrique et rameuse ; les feuilles sont alternes, pétiolées, presque ailées, à trois ou quatre lobes à chaque bord, avec un impaire, oblongs, sinués, anguleux, rétrécis en pétiole. Les fleurs sont disposées en grappes lâches, terminales, un peu flexueuses ; les pédicelles d'abord à peine plus longs que la corolle. Les folioles du calice sont droites, glabres, serrées, linéaires, un peu obtuses, les deux latérales en bosse saillante à leur base ; la corolle droite, les pétales pourvus d'un onglet blanc, de la longueur du calice ; la lame de couleur lilas, étalée, échancrée en cœur au sommet. L'ovaire est linéaire, divisé en deux loges par une cloison très-mince, qui se détruit : il lui succède une silique ovale, lancéolée, aiguë. Cette plante croît dans l'Égypte.

Rɪcoᴛɪᴇ ᴀ ꜰᴇᴜɪʟʟᴇꜱ ᴍᴇɴᴜᴇꜱ : *Ricotia tenuifolia*, Sibthorp, *Fl. græc.*, tab. 630, et Smith., *Prodr.*, 2, pag. 17 ; Decand., *Syst.*, 2, pag. 285. Cette plante a des tiges élancées, glabres, cylindriques, presque dichotomes, très-rameuses, garnies de feuilles presque deux fois ailées ; les divisions, principalement les supérieures, sont linéaires, très-menues, presque filiformes. Les fleurs sont disposées en grappes alongées ; les pédicelles filiformes, dépourvus de bractées. Les siliques sont planes, comprimées, obtuses, en ovale renversé : elles ne renferment qu'une seule semence, grande, comprimée, roussâtre, sans échancrure. Cette plante croît dans la Cilicie.

Rɪcoᴛɪᴇ ᴅᴇ Cᴀɴᴛoɴ : *Ricotia cantoniensis*, Lour., *Fl. Cochin.*, 2, pag. 482 ; *Lunaria ricotia*, Desv., Journ. bot., 3, pag. 174. De ses racines s'élèvent plusieurs tiges droites, glabres, caunelées, longues à peine d'un pied, garnies de petitesfeuilles glabres, sessiles, oblongues, ailées, incisées. Les fleurs sont jaunes, solitaires; le calice à quatre folioles médiocrement étalées; la corolle est composée de quatre pétales ouverts, en cœur renversé; la silique grêle. presque sessile, alongée, comprimée, à une seule loge, à deux valves, renferme plusieurs semences ovales. Cette plante croit aux environs de Canton et dans la Chine, aux lieux incultes. (Poir.)

RICTRHEEBOCK. (*Mamm.*) Ce nom hollandois et celui de *Ritlock*, sont appliqués par les habitans de Bonne-Espérance à une espèce d'antilope qui habite l'extrémité méridionale de l'Afrique. (Desm.)

RIDAN. (*Bot.*) Sous ce nom Adanson fait un genre du *corcopsis alternifolia* de Linnæus, qui a les feuilles alternes et décurrentes sur la tige. (J.)

RIDÉ. (*Bot.*) Exemples : feuilles du *marrubium rugosum*, du *salvia officinalis;* fruit du *melilotus officinalis;* graines de l'aconit. de l'*antirrhinum cymballaria.* (Mass.)

RIDÉ. (*Mamm.*) Vicq-d'Azyr a donné cette désignation spécifique à un phoque à trompe qui habite les côtes des îles Malouines, lequel est communément désigné par le nom d'éléphant marin. (Desm.)

RIDÉE. (*Chass.*) Pour cette chasse, que l'on fait en hiver aux alouettes, les deux nappes du filet ordinaire se réunissent et se tendent avec trois guides. Le filet étant tendu, on passe le cordeau qui sert à le faire tourner, dans une poulie attachée à un piquet solidement fiché en terre, et lorsque tout est préparé, plusieurs personnes vont faire lever les alouettes et tacher de les amener vers le piége, dans lequel elles ne donneraient pas, si ce n'était la saison où elles ont l'habitude de voler très-bas. (Ch. D.)

RIDEH. (*Bot.*) Nom arabe de l'*asclepias stipitacea* de Forskal, dont on mange les sommités sans danger. (J.)

RIDELLE. (*Ornith.*) Ce nom et celui de *Ridenne* sont donnés dans le département de la Somme au canard chipeau, *anas strepera*, Linn. (Ch. D.)

RIDJLE. (*Bot.*) Nom arabe du pourpier ordinaire, *portulaca oleracea*, suivant Forskal. M. Delile le nomme *kigleh.* et il dit que c'est le *segeltemam* des Nubiens. (J.)

RIDJLET-EL-CHRAB. (*Bot.*) Nom arabe d'une chélidoine, *chelidonium dodecandrum* de Forskal, laquelle croît dans les déserts voisins du Caire. M. Delile la reporte au *chelidonium hybridum* de Linnæus, maintenant *glaucium*. (J.)

RIEBLE. (*Bot.*) Un des noms vulgaires du gratteron, *galium aparine*, cité par Chomel. Il est aussi nommé *reble*, suivant M. Poiret. (J.)

RIÈBRE. (*Bot.*) Variété de rave, cultivée dans la Vendée, citée par M. Poiret. (J.)

RIEDLEA. (*Bot.*) Genre de la famille des fougères, proposé par M. Mirbel, pour placer une plante qui, par ses caractères difficiles à déterminer, a été portée aussi dans plusieurs genres différens : c'est l'*osmunda crispa*, Linn., regardé comme un *onoclea* par Roth et Hoffmann ; maintenant c'est une espèce du genre *Pteris*. Une seconde espèce de ce genre est l'*onoclea sensibilis*. Le caractère essentiel du *Riedlea* est donné par sa fructification qui couvre toute la superficie des frondes roulées par leurs bords adhérens à la nervure longitudinale.

D'après ces caractères il est présumable que l'*onoclea sensibilis* cité ici, n'est point l'*onoclea sensibilis* de Linnæus, et, d'après les caractères génériques de l'*onoclea* par Swartz, Willdenow et Bernhardi (qui fait son genre *Calypterium* de l'*onoclea sensibilis*); il est présumable que deux plantes différentes sont confondues sous le même nom. L'*onoclea sensibilis*, Mirb., est représentée pl. 2 du cahier 26 des planches qui accompagnent ce Dictionnaire. (LEM.)

RIEDLÉE, *Riedlea*. (*Bot.*) Genre de plantes dicotylédones, à fleurs complètes, polypétalées, de la famille des *hermanniées*, de la *monadelphie pentandrie* de Linnæus, offrant pour caractère essentiel : Un calice double, persistant : l'extérieur à trois folioles très-étroites ; l'intérieur plus court, campanulé, à cinq dents ; cinq pétales ; cinq filamens réunis en un tube cylindrique ; un ovaire supérieur ; un style à cinq divisions ; une capsule à cinq valves, à cinq lobes monospermes ; un réceptacle central.

RIEDLÉE DENTÉE ; *Riedlea serrata*, Vent., Choix de pl., tab. 37. Plante vivace, herbacée, assez semblable, par son port, au *melochia hirsuta*. Ses tiges sont droites, velues, rameuses, hautes de deux ou trois pieds ; ses rameaux alternes, garnis de feuilles pétiolées, alternes, ovales, en cœur, aiguës, longues d'environ quatre pouces, larges de deux et plus, très-velues, inégalement dentées en scie: les stipules étroites, lancéolées, ciliées. velues en dessous. Les fleurs sont solitaires ou presque verticillées, presque sessiles, disposées en un épi terminal, alongé, interrompu; les bractées opposées, semblables aux stipules. Les calices sont velus: l'extérieur a trois folioles étroites, linéaires; l'intérieur est plus court, campanulé, à cinq dents; les pétales sont onguiculés; les onglets jaunâtres, de la longueur du calice; les lames jaunâtres, parsemées de veines nombreuses; les étamines plus courtes que la corolle; les anthères ovales, à deux loges; le style a cinq découpures pubescentes; la capsule est brune, très-velue, de la grosseur d'un pois, à cinq valves bifides, à cinq loges monospermes; le placenta est central, pentagone à sa base. Cette plante croît à Porto-Ricco. (Poir.)

RIEGERLE. (*Ornith.*) Nom allemand de la glaréole ou perdrix de mer, *glareola austriaca*, Gmel., que quelques auteurs appellent aussi giarole. (Ch. D.)

RIEGHER. (*Ornith.*) Nom flamand du héron commun, *ardea major* et *cinerea*, Linn., que les Allemands appellent *reiger* et les Hollandois *reigher*. (Ch. D.)

RIEMANNITE. (*Min.*) On a proposé de donner ce nom à l'allophane, minéral suffisamment bien dénommé, si c'est une espèce, et de le consacrer à M. Riemann, qui le premier l'a fait connoître. (B.)

RIEMEN-REIN. (*Ornith.*) Ce nom, dans Sibbald, désigne l'échasse, *charadrius himantopus*, Linn. (Ch. D.)

RIEMENSTEIN ou RIEMENTALK. (*Min.*) Nom univoque pour les minéralogistes allemands, qui veut dire pierre cannelée, et qui a été donné au disthène, mais seulement dans quelques ouvrages allemands. (B.)

RIENCOURTE, *Riencourtia*. (*Bot.*) Ce genre de plantes, que nous avons proposé dans le Bulletin des sciences de Mai 1818 (pag. 76), appartient à l'ordre des Synanthérées, à la tribu naturelle des Hélianthées, et à notre section des Hélianthées-Millériées, dans laquelle il est voisin du genre *Milleria*. Voici les caractères génériques du *Riencourtia*, tels qu'ils résultent de nos observations sur deux espèces de ce genre.

Calathide subcylindracée, demi-couronnée, discoïde : disque tri-sexflore, régulariflore, masculiflore; demi-couronne uniflore, tubuliflore, féminiflore. Péricline oblong, inférieur aux fleurs du disque; formé de quatre squames bisériées à la base, unisériées au sommet, égales et semblables, appliquées, ovales-oblongues, coriaces, uninervées. Clinanthe petit, nu. *Fleurs du disque* (s'épanouissant successivement) : Faux-ovaire très-long, étroit, linéaire, presque filiforme, membraneux, privé d'aigrette. Corolle à tube court, à limbe grand, à quatre ou cinq divisions surmontées d'une houppe de longs poils membraneux. Quatre ou cinq étamines, à anthères entregreffées, noires. Style masculin simple, exsert. *Fleur (unique) de la couronne* : Ovaire obcomprimé, obovale ou orbiculaire, glabre, privé d'aigrette. Corolle longue, étroite, tubuleuse, cylindrique, tridentée au sommet. Style féminin, à deux stigmatophores munis de bourrelets stigmatiques.

Nous connoissons deux espèces de *Riencourtia*.

Riencourtie a épillets : *Riencourtia spiculifera*, H. Cass., Bull. Soc. philom., Mai 1818, pag. 76. C'est une plante herbacée, haute de plus d'un pied et demi (sur l'échantillon incomplet que nous décrivons), munie sur toutes ses parties de poils roides, épars; la tige, qui est dressée, offre sous chaque articulation un nœud épais et arrondi; les branches sont opposées, divariquées, et elles forment une sorte de panicule à la partie supérieure de la plante; les feuilles, opposées, courtement pétiolées, sont longues de deux pouces, étroites, oblongues-lancéolées-aiguës, trinervées, munies de quelques petites dents rares, très-distancées; les derniers rameaux sont simples, nus, longs, très-grêles, pédonculiformes, droits, terminés chacun au sommet par environ cinq épis verticillés, à peu près égaux, courts, arqués; chaque épi est formé d'un axe filiforme, denté, hispide, qui porte plusieurs calathides très-rapprochées, disposées alternativement sur deux rangs, sur le côté intérieur de l'axe, et accompagnées de bractées squamiformes, imbriquées, alternes sur deux rangs, situées sur le côté extérieur du même axe; ces bractées sont ovales-lancéolées, uninervées, bordées de quelques longs cils; chaque calathide est composée de trois ou quatre fleurs mâles, qui ne s'épanouissent que successivement, et d'une seule fleur femelle; les quatre squames du péricline sont subbisériées à la base, deux opposées embrassant à la base les deux autres, qui sont aussi opposées et qui croisent les précédentes; elles sont ovales-oblongues, et terminées au sommet par une petite corne calleuse; il y a souvent en outre une cinquième squame plus petite, située en dedans: l'ovaire de la fleur femelle est obovale; la corolle des fleurs mâles a le limbe long, divisé en cinq lobes bordés de longues papilles sur leur face interne et munis au sommet de longs filets membraneux.

Nous avons fait cette description sur un échantillon sec en mauvais état, qui se trouvoit parmi les Synanthérées innommées et non classées de l'herbier de M. de Jussieu, sans aucune indication sur son origine.

Riencourte agglomérée; *Riencourtia glomerata*, H. Cass. Plante herbacée, à tige dressée, rameuse, haute de plus d'un pied, droite, striée, plus ou moins garnie de longs poils; rameaux longs, dressés, droits, presque simples; feuilles opposées, distantes, longues de plus de deux pouces, larges de quatre à cinq lignes, à pétiole très-court, à limbe lancéolé, aigu, trinervé, à peine denté en scie; la face supérieure hérissée de longs poils, l'inférieure garnie de poils très-longs sur les trois nervures, courts sur le reste de la surface; les calathides sont rassemblées en groupes capituliformes, larges d'environ deux à trois lignes, subglobuleux, irréguliers, hispides; ces petits groupes sont solitaires au sommet de longs pédoncules grêles, filiformes, nus, très-hispides, peu nombreux; il y a ordinairement trois pédoncules, dont l'un termine un rameau pédonculiforme, très-long, très-grêle, presque nu, et dont les deux autres sont latéraux, alternes, nés chacun dans l'aisselle d'une petite feuille longue, étroite, linéaire; chaque groupe capituliforme est composé de calathides nombreuses, immédiatement ou presque immédiatement rapprochées, accompagnées de bractées squamiformes, ovales, comme imbriquées, hérissées de longs poils roides sur leur partie supérieure; la calathide est petite, composée de quatre, cinq ou six fleurs mâles, et d'une seule fleur femelle, qui est extérieure ou marginale; le péricline est plus court que les fleurs mâles, obovoïde-oblong, formé de quatre squames égales et semblables, bisériées à la base, unisériées au sommet, les deux extérieures, opposées l'une à l'autre, ne recouvrant en haut que les bords des intérieures, qui sont également opposées; ces quatre squames sont obovales-oblongues, concaves, uninervées, coriaces-foliacées, membraneuses sur les bords, hérissées de longs poils roides sur leur partie supérieure; le clinanthe est petit et absolument nu: cependant nous croyons avoir trouvé dans une calathide quelques squamelles linéaires, membraneuses; les fleurs mâles n'ont que quatre étamines, à anthères noires et entregreffées; leur corolle a le tube court, et le limbe large, campanulé, à quatre divisions ovales, arquées en dehors, surmontées d'une houppe de longs poils membraneux: la fleur femelle a l'ovaire court, large, orbiculaire, et la corolle longue, étroite, tubuleuse, cylindrique.

Nous avons fait cette description sur un échantillon sec, en mauvais état, recueilli dans la Guiane françoise, par M. Poiteau, et qui se trouve dans l'herbier de M. Gay, où il étoit étiqueté *Tetrantha suaveolens*, Poit. Il faut croire, d'après cette étiquette, que la plante vivante exhale une odeur agréable. Quant au nom générique de *Tetrantha*, il ne peut, sous aucun rapport, être adopté, 1.° parce que la plante de M. Poiteau appartient indubitablement à notre genre *Riencourtia*, publié en 1818; 2.° parce qu'il existe un genre *Tetranthus* de Swartz, fort différent de celui-ci; 3.° parce que le nom de *Tetrantha*, qui signifie *quatre fleurs*, est inapplicable à la plante dont il s'agit, et prouve que M. Poiteau ne l'a pas soigneusement observée. C'est pour ces motifs que, dans notre article PRONACRE (tome XLIII, page 370), nous avons proposé de nommer la plante de M. Poiteau *Riencourtia glomerata*. Elle diffère de la *Riencourtia spiculifera* principalement en ce que ses calathides sont rassemblées en petits groupes capituliformes, subglobuleux, irréguliers, solitaires, terminaux. (H. CASS.)

RIET-HAHN. (*Ornith.*) L'oiseau auquel on donne, en Souabe et en Écosse, ce nom, qui signifie coq de marais, est le tétras ou grand coq de bruyère, *tetrao urogallus*, Linn. (CH. D.)

RIETSCHE. (*Bot.*) Voyez RIJIK. (LEM.)

RIEUR. (*Ornith.*) Ce nom a été donné au *tacco* ou *qua-*

pactol, espèce de coucou, dont le cri ressemble à un éclat de rire. (Ch. D.)

RIFET. (*Conchyl.*) Adanson, Sénégal. page 172, pl. 12, fig. 4, décrit et figure une très-petite coquille du genre *Turbo,* que Gmelin nomme *turbo afer.* J'ignore pourquoi Bruguière, dans sa Traduction des principes de testacéologie de Murray, la rapporte au *turbo cimex* de Gmelin. (De B.)

RIGAOU. (*Ornith.*) Ce nom et celui de *rigaud,* sont vulgairement donnés au rouge-gorge, *motacilla rubecula,* Linn. (Ch. D.)

RIGETO. (*Ornith.*) Nom italien du loriot, *oriolus galbula,* Linn., qu'on appelle aussi, dans la même langue, *rigeyo, regalbuto, reigalbero, galbedro,* et en Sardaigne, *rigogolo.* (Ch. D.)

RIGL-EL-HERBAYEH. (*Bot.*) Voyez Naym-el-salyb. (J.)

RIGNOCHE. (*Bot.*) Voyez *Hydnum sinué,* à l'article Hydnum. (Lem.)

RIGOCARPUS. (*Bot.*) Necker donne ce nom au pastèque, *anguria* de C. Bauhin et Tournefort, *cucurbita citrullus* de Linnæus, qu'il veut rétablir comme genre à cause de son fruit hérissé et rempli d'une pulpe aqueuse. (J.)

RIITZ, KURI. (*Bot.*) Kæmpfer cite ces noms japonois du châtaignier cultivé. (J.)

RIJIK. (*Bot.*) Selon Pallas, les habitans de Mourom, en Russie, donnent ce nom à l'*agaricus deliciosus,* Linn. (voyez Fonge), dont ils font une grande consommation. Ce champignon est aussi d'un grand usage en Bohême, où on le nomme *rizek;* c'est le *rizik* ou *ryzik* des Hongrois et des Polonois. Le *ritzke* ou *rietsche* de Kœnigsberg, en Prusse, est le même champignon, partout estimé; il est encore appelé *Rödling* ou *Radling* dans diverses parties de l'Allemagne, bien que ces noms soient particulièrement ceux de la chantrelle. (Lem.)

RI-JUU. (*Bot.*) Nom japonois de la mâcre ou châtaigne d'eau, *trapa,* suivant Kæmpfer, qui cite aussi le nom *vis,* écrit *fis* par Thunberg. (J.)

RIKEBEH. (*Bot.*) Nom arabe du *panicum numidianum* de M. de Lamarck, suivant M. Delile. (J.)

RIKINTCHIR. (*Ornith.*) Nom kourile de l'alouette. (Ch. D.)

RIKOURS. (*Mamm.*) Quelques anciens voyageurs ont désigné par ce nom un singe des Indes, qu'on ne sauroit rapprocher d'aucune espèce maintenant connue ; on dit seulement qu'il est sans barbe. Pourroit-on le regarder comme le même que le *rillow* de Ceilan, qui paroit être le macaque bonnet chinois? (Desm.)

RILLA. (*Bot.*) Nom donné dans l'île de Ceilan à plusieurs fougères, selon Hermann. (J.)

RILLE, *Rilla.* (*Ichthyol.*) Nom spécifique d'un poisson du genre Salmone. Voyez ce mot. (H. C.)

RILLOW. (*Mamm.*) Voyez Rikours. (Desm.)

RIM. (*Ichthyol.*) Nom arabe d'un poisson qui paroit appartenir au genre Sériole. Voyez ce mot. (H. C.)

RIMA. (*Bot.*) Dans la Nouvelle-Guinée, suivant Sonnerat, c'est sous ce nom qu'on connoit l'arbre qui porte le fruit à pain, *artocarpus incisa.* (J.)

RIMARINA. (*Bot.*) Nom péruvien du *Masdevallia*, genre d'orchidée, mentionné dans la Flore du Pérou. (J.)

RIMBOT. (*Bot.*) Nom donné dans le Sénégal, suivant Adanson, à un arbre qui est l'*Oncoba* de Forskal, genre de la famille des tiliacées. (J.)

RIMELLA. (*Bot.*) Champignon voisin du *lycoperdon*, établi en genre par Rafinesque : il est terrestre, sessile, sans volva ni épiderme, homogène, tubéreux ; il a supérieurement une fente en sillon entouré d'un rebord ; la fructification est pulvérulente et s'échappe par cette fente. Fries place ce genre près du *tulostoma*, c'est-à-dire dans les lycoperdacées ou vesse-loups.

Le *Rimella obovalis*, Rafin., Journ. de phys., Août 1819, p. 106, est brunâtre extérieurement, blanc intérieurement, obovale, obtus, lisse, comprimé, semi-agrégé, à fente oblongue, obtuse. Il croit en Virginie sur les rives de l'Ohio. (Lem.)

RIMNON. (*Bot.*) Celsius, dans son *Hierobotanicon*, cite sous ce nom le grenadier, *punica.* (J.)

RIMULAIRE ou RIMULE. (*Foss.*) J'ai trouvé dans le sable du calcaire grossier de Hauteville, département de la Manche, deux espèces de très-petites coquilles qui se rapprochent du genre Fissurelle, mais qui portent un caractère particulier. Leur sommet est marginal comme dans quelques espèces de ce genre, mais leur entaille ne s'étend pas jusque dans le bord. Comme ce caractère n'appartient à aucun des genres déjà signalés, je propose de placer ces deux espèces dans un nouveau, qui porteroit le nom de Rimule, et auquel j'assigne les caractères suivans : Coquille ovale-conique, à sommet incliné sur un de ses bords, à cavité simple, ayant une entaille longitudinale et médiane.

L'animal des émarginules, en augmentant sa coquille échancrée antérieurement, porte de la matière calcaire pour boucher l'entaille par le bout opposé au bord, ainsi que le fait celui des pleurotomes ; mais celui des rimules doit alonger l'entaille à mesure que le bord de la coquille augmente. On pourroit cependant supposer que l'entaille s'étendoit jusque dans le bord de la coquille, quand celle-ci n'avoit point encore acquis toute sa grandeur.

J'ai cru distinguer deux espèces de ce genre : l'une, à laquelle j'ai donné le nom de *rimula Blainvillii*, porte son entaille entre le sommet et le bord, et l'autre, que j'ai nommée *rimula fragilis*, est entaillée depuis la pointe du sommet jusqu'à une certaine distance du bord. Ces coquilles n'ont pas une ligne de longueur et sont figurées dans l'atlas de ce Dictionnaire, pl. foss. (**D. F.**)

RINCHAON. (*Bot.*) Nom portugais ou brésilien de l'*erysimum officinale*, cité par Vandelli. (**J.**)

RIND. (*Mamm.*) Nom allemand du bœuf. (Desm.)

RINDEN. (*Ornith.*) Ce nom et celui de *Rinnenklacher* désignent en allemand le grimpereau commun, *certhia familiaris*, Linn., qui s'écrit aussi *rinderkleber*. (Ch. **D.**)

RINDERA. (*Bot.*) Genre de Pallas réuni aux cynoglosses, qui n'en diffère que par ses semences planes et lisses. (Poir.)

RINDERSTAR. (*Ornith.*) Nom allemand de l'étourneau commun, *sturnus vulgaris*, Linn. (Ch. **D.**)

RINDILL. (*Ornith.*) Nom islandois du roitelet, *motacilla regulus*, Linn., suivant Muller, n.° 280. (Ch. **D.**)

RING-AMSEL. (*Ornith.*) Ce nom désigne, en allemand, le merle à collier, *turdus torquatus*, Linn., et il s'écrit en anglois *ring-amzel*. (Ch. **D.**)

RING-DOVE. (*Ornith.*) Nom anglois du ramier, *columba palumbus*, Linn., qui se nomme en suédois *ring-dufwa*, en hollandois *ring-duve*, et en allemand *Ringel-Taube*. (Ch. D.)

RING-GANS. (*Ornith.*) Un des noms que le tadorne, *anas tadorna*, Linn., porte en Norwége. (Ch. D.)

RING-OUZEL. (*Ornith.*) Un des noms anglois du merle à collier, *turdus torquatus*, Linn. (Ch. D.)

RING-SWALA. (*Ornith.*) Nom suédois du martinet noir, *hirundo apus*, Linn., qui s'écrit *ring-swale* en norwégien. (Ch. D.)

RING-TAIL-EAGLE. (*Ornith.*) C'est, dans la Zoologie britannique, l'aigle commun, *falco fulvus*, Gmel. (Ch. D.)

RINGAN-RINGAN. (*Bot.*) Suivant Burmann, on nomme ainsi à Java l'*hedysarum strobiliferum* de Linnæus, qui est l'*ostryodium* de M. Desvaux, le *moghania* de M. Jaumes. (J.)

RINGAU. (*Ornith.*) Nom picard du tadorne commun, *anas tadorna*, Linn. (Ch. D.)

RINGÉL-BÆR. (*Mamm.*) L'un des noms allemands de l'ours. (Desm.)

RINGEL-SPATZ. (*Ornith.*) Les Allemands donnent ce nom et celui de *Ringel-Sperling* au moineau friquet, *fringilla montana*, Linn. (Ch. D.)

RINGENTE [Corolle]. (*Bot.*) Corolle dont les deux lèvres, écartées, imitent assez bien la gueule ouverte d'un animal; exemples : *salvia officinalis*, *lamium album*, *dracocephalum*. (Mass.)

RINGHŒK. (*Ornith.*) Ce nom suédois est indiqué par Retzius comme correspondant au *falco rusticolus*, Linn., ou *collared falcon*, Pennant, *Arct. zoolog.*, tome 2, page 222. (Ch. D.)

RINGUIA. (*Ornith.*) Nom islandois, employé comme épithète par Brunnich, dans son Ornithologie boréale, pour désigner l'espèce de guillemot indiquée sous le n.° 111, *uria ringuia*. (Ch. D.)

RINODINA. (*Bot.*) Acharius donne ce nom à la première division de son genre *Lecanora* de la famille des lichens. Elle comprend les espèces dont le thallus, uniforme, adhérent, porte des scutelles ou apothéciums à disque constamment noir et nu. Fries fait usage du même nom pour dési-

gner des divisions dans les genres *Biatora*, *Lecidea*, etc.
(LEM.)

RINOREA. (*Bot.*) Genre de plantes dicotylédones, à fleurs complétes, polypétalees, de la famille des *berbéridées* (des *violacées*, Dec.), de la *pentandrie monogynie* de Linnæus, offrant pour caractère essentiel : Un calice à cinq divisions ; dix pétales : les intérieurs plus petits, opposés aux extérieurs ; cinq étamines insérées sur les onglets des pétales ; un ovaire supérieur ; un style ; un stigmate obtus. Le fruit n'a point été observé. (Voyez l'article RIANA.)

RINORE DE LA GUIANE : *Rinorea guianensis*, Aubl., Guian., 1, tab. 93 : Lamk., *Ill. gen.*, tab. 134. Arbre de moyenne grandeur, élevé à six ou sept pieds de haut, sur un tronc de huit pouces de diamètre. Son écorce est lisse et grisâtre ; son bois blanc, peu compacte. Il produit à son sommet des branches droites, divisées en rameaux alternes, grêles, cassans, garnis de feuilles pétiolées, alternes, ovales, lisses et vertes à leurs deux faces, terminées par une longue pointe, denticulées à leur contour ; les pétioles sont courts, accompagnés à la base de deux stipules caduques. Les fleurs sont disposées en longues grappes axillaires, terminales, dont les premières divisions sont distantes, alternes : chaque division est munie à sa base de deux petites écailles ovales. Le calice est velu, à divisions oblongues, aiguës, courtes, élargies à leur base. La corolle est blanche, à pétales ovales, oblongs, concaves : les extérieurs plus grands. les intérieurs plus petits, opposés aux extérieurs ; les filamens sont courts ; les anthères sagittées, s'ouvrant de bas en haut : l'ovaire est velu, arrondi, surmonté d'un style velu. Cette plante croit à la Guiane. (POIR.)

RINTSJO. (*Bot.*) Voyez RANTSJOGE. (J.)

RIO - TADE. (*Bot.*) Nom japonois du *polygonum barbatum*, suivant Kæmpfer. (J.)

RIOTSJO. (*Bot.*) L'arbrisseau grimpant, indiqué sous ce nom par Kæmpfer, est le *bignonia grandiflora* de Thunberg. (J.)

RIPA. (*Ornith.*) Nom suédois de la gelinotte blanche ou lagopede ordinaire, *tetrao lagopus*, Linn., qu'on appelle aussi *snoe - ripa*. Voyez RIUPA. (CH. D.)

RIPARIOLA. (*Ornith.*) Ce nom et ceux de *drepanis* et de *falcula*, sont donnés à l'hirondelle de rivage, *hirundo riparia*, Linn. (Ch. D.)

RIPIDIUM. (*Bot.*) Genre de la famille des fougères, établi par Bernhardi sur la considération que les capsules, groupées sur une ligne, sont nues, sans anneaux, presque turbinées, striées concentriquement en dessus, et s'ouvrant par une rainure latérale. Ces caractères sont, à très-peu de chose près, ceux du *Schizæa* de Swartz, genre définitivement adopté, et auquel on réunit le *ripidium*; celui-ci ne contient qu'une espèce, le *ripidium dichotomum*, Bernh. *in* Schrad., *Diar. bot.*, 1802, 2, p. 127, pl. 2, fig. 3, fougère des îles de la Société, qui est l'*acrostichum dichotomum*, Forst., le *schizæa Forsteri* de Sprengel, et le *schizæa cristata* de Willdenow. (Lem.)

RIPIDIUM. (*Bot.*) L'*andropogon strictum* de Host, plante graminée, a été séparé sous ce nom par M. Trinnius, comme genre nouveau, qui nous paroît devoir être adopté. (J.)

RIPIPHORE. (*Entom.*) Voyez Rhipiphore. (C. D.)

RIPOGONE, *Ripogonum.* (*Bot.*) Genre de plantes monocotylédones, à fleurs incomplétes, de la famille des *asparaginées*, de l'*hexandrie monogynie* de Linnæus, offrant pour caractère essentiel : Des fleurs hermaphrodites; un calice accompagné de deux bractées, à six divisions profondes; point de corolle; six étamines ; les filamens très-courts; un ovaire supérieur; un style; un stigmate obtus; une baie globuleuse à trois loges; une semence.

Ripogone grimpante : *Ripogonum scandens*, Forst., *Gen.*, tab. 25. Lamk., *Ill.*, tab. 254. Cette plante a des tiges presque ligneusés, grimpantes, qui s'élèvent quelquefois jusqu'au sommet des plus hauts arbres : elles sont tenaces, cylindriques, articulées , noueuses aux articulations; les nœuds distans les uns des autres d'environ un pied; les branches sont lisses, cylindriques, peu nombreuses, d'un brun verdâtre; les rameaux diffus, munis à leur base de deux écailles vaginales et opposées; les feuilles pétiolées, opposées, ovales, lancéolées, acuminées, lisses, très-entiéres, longues de trois pouces, à cinq nervures; les pétioles longs d'un demi-pouce. Les fleurs sont disposées en grappes droites, composées, longues d'un pied; les ramifications opposées, étalées; chaque fleur est soutenue par un pédicelle court, muni à sa base d'une glande axillaire. Le calice est fort petit, à six divisions aiguës. Il n'y a point de corolle. Les étamines sont presque sessiles; les anthères vertes, très-longues. Les fruits sont de petites baies rouges, globuleuses, à deux loges; dans chaque loge est une semence blanche, convexe d'un côté, plane de l'autre. Cette plante croit dans les iles de la mer du Sud: elle est radicante à ses articulations, d'où il résulte qu'elle recouvre souvent une vaste étendue de terrain.

RIPOGONE BLANCHE; *Ripogonum album*, Rob. Brown., *Nov. Holl.*, 295. Cette espèce est remarquable par ses tiges pourvues d'aiguillons, mais qui n'existent pas sur les rameaux. Les feuilles sont alternes, opposées ou ternées, veinées, réticulées, soutenues par des pétioles tors. Les fleurs sont disposées en grappes axillaires, terminales, très-simples. Le calice est à six divisions égales, étalées, caduques, accompagnées en dehors de deux bractées. Les anthères sont un peu plus courtes que les divisions du calice. Cette plante croît à la Nouvelle-Hollande. (POIR.)

RIPOTON. (*Ornith.*) Un des noms vulgaires du petit plongeon ou castagneux, *colymbus minor*, Gmel. (CH. D.)

RIQUET. (*Entom.*) On donne, dit-on, ce nom au cri-cri ou grillon des fours, peut-être comme diminutif du mot criquet. (C. D.)

RIQUEURIE, *Riqueuria*. (*Bot.*) Genre de plantes dicotylédones, à fleurs complètes, polypétalées, de la *tétrandrie tétragynie* de Linnæus, offrant pour caractère essentiel: Un triple calice persistant; quatre pétales: autant d'étamines; un ovaire supérieur; quatre styles courts; une capsule à quatre faces, à quatre valves, à quatre loges, couronnée par le style, contenant des semences nombreuses.

RIQUEURIE DU PÉROU, *Riqueuria avenia*, Ruiz et Pav., *Fl. Per.*, 1, pag. 70. Arbrisseau d'environ quinze pieds, dont la tige se divise en rameaux nus à leur partie inférieure, garnis vers leur sommet de feuilles opposées, pétiolées, glabres, oblongues, très-entières, sans nervures. Les fleurs sont disposées en grappes courtes, terminales; les pédicelles rameux, à trois fleurs. Leur calice est triple: les deux extérieurs sont d'une seule pièce, à deux divisions; l'intérieur à deux divisions

droites, concaves, arrondies. La corolle est composée de
quatre pétales droits, concaves, presque ronds; les filamens
sont des étamines comprimés; les anthères ovales; l'ovaire
est ovale; la capsule ovale. Cette plante croît au Pérou, dans
les forêts de Auchao et de Cuchero. (Poir.)

RIRJO. (*Bot.*) La plante de ce nom au Japon est l'*orontium japonicum* de Thunberg, que Kæmpfer décrit sous celui
d'*arum acre*. (J.)

RIS. (*Bot.*) Voyez Riz. (Lem.)

RIS SAOUVAGÉ. (*Bot.*) Gouan cite ce nom vulgaire de
la trique, *sedum album*, dans le Languedoc. (J.)

RISAGON. (*Bot.*) Voyez Cassumuniar. (J.)

RISKA. (*Ornith.*) Nom suédois du gros-bec à gorge rousse
ou de montagne de M. Temminck, *fringilla montium*, Gmel.
(Ch. D.)

RISPENFARN. (*Bot.*) Willdenow donne ce nom allemand
aux fougères du genre *Polybotrya*. (Lem.)

RISSOA. (*Foss.*) Voyez Rissoaire [fossile]. (D. F.)

RISSOAIRE, *Rissoaria*. (*Conchyl.*) Genre de coquilles,
établi par MM. de Freminville et Desmarest, dans le Bulletin
par la Société philomatique, pour un certain nombre de petites coquilles qu'il étoit assez difficile de placer d'une manière absolument convenable dans aucun des genres établis
par M. de Lamarck, quoiqu'on ne puisse nier qu'elles n'aient
un grand nombre de rapports avec les phasianelles; aussi est-
ce un genre intermédiaire à ces phasianelles, aux sabots à
opercule corné et aux paludines à ouverture ovale. Voici les
caractères qu'on peut assigner à ce genre : Animal spiral ; pied
trachélien court, arrondi en avant comme en arrière; tentacules coniques, latéraux et distans, portant les yeux au côté
externe de la base; un mufle proboscidiforme. Coquille oblongue outurriculée, non ombiliquée, le plus souvent garnie
de côtes longitudinales; ouverture entière, ovale, oblique,
évasée, sans canal, ni dents, ni plis; les deux bords réunis
ou presque réunis; le droit renflé et non réfléchi; opercule
calcaire ou corné, rentrant profondément, unispiré, à spire
latérale.

On connoît déjà dix ou douze espèces de ce genre.
Toutes sont petites, marines, littorales et la plupart de la

Méditerranée. On peut les partager en trois ou quatre sections, d'après leur forme générale.

A. *Espèces turriculées et côtelées.*

La Rissoaire aiguë ; *R. acuta*, Freminv., Monog. nouv. Bull. par la Société phil. , tome 4, n.° 76, pl. 1, fig. 4. Petite coquille turriculée, aiguë, à côtes longitudinales, interrompues, de couleur d'un gris sale.

Des côtes de la Méditerranée.

B. *Espèces subturriculées et côtelées.*

La R. a côtes ; *R. costata*, id., ibid., fig. 1. Petite coquille ovale-alongée ou subturriculée, avec des côtes longitudinales sur tous les tours de spire, si ce n'est sur le dos du dernier, qui est à peu près lisse ; ouverture grande, évasée. Couleur d'un blanc roussâtre.

Des côtes de la Méditerranée.

La R. oblongue : *R. oblonga*, id., ibid. fig. 3. Coquille de même grandeur et de même forme que la précédente, mais dont les côtes du dernier tour s'arrêtent dans la moitié de sa longueur en dessus comme en dessous.

Des mêmes mers.

Ce n'est très-probablement qu'une variété de la précédente.

La R. ventrue ; *R. ventricosa*, id., ibid., fig. 2. Petite coquille ovale, un peu ventrue, à spire assez pointue, égalant le dernier tour ; des côtes sur toute la spire et sur la moitié du dernier tour en dessous.

De la mer Méditerranée.

Cette espèce pourroit bien n'être qu'un individu femelle de la R. à côtes.

La R. violette ; *R. violacea*, id., ibid., n.° 7. Coquille ovale, un peu aiguë, à spire proportionnellement encore plus courte, comparativement avec le dernier tour, qui est côtelé comme elle dans la plus grande partie de son étendue ; ouverture large et évasée. Couleur violacée.

Des mêmes mers.

C. *Espèces subturriculées, parfaitement lisses.*

La Rissoaire hyaline ; *R. hyalina*, id., *ibid.*, fig. 6. Petite coquille ovale, un peu ventrue, à spire à peine turriculée, égalant à peu près le dernier tour, parfaitement lisse, mince et hyaline ; ouverture grande, à bord droit un peu rebordé.
De la mer Méditerranée.

D. *Espèces subglobuleuses.*

La R. cancellée ; *R. cancellata*, id., *ibid.*, fig. 5. Petite coquille subglobuleuse, ventrue, à spire un peu pointue, cancellée par des sillons décurrens bien marqués, traversés par des stries d'accroissement moins sensibles ; ouverture grande, à columelle courte, un peu tordue. Couleur presque noire en dehors, blanche en dedans.
De la Méditerranée. (De B.)

RISSOAIRE ou RISSOA. (*Foss.*) Les coquilles fossiles de ce genre ne se rencontrent que dans des couches plus nouvelles que la craie.

Nous avions dit, p. 469, tom. XXIX de ce Dict., à l'article Mélanie [fossile], que nous pensions que la *melania cochlearella*, Lamk., pouvoit dépendre du genre Rissoa plutôt que de celui des Mélanies, et plusieurs conchyliologistes se sont trouvés de cet avis. Dans son Mémoire sur les fossiles des environs de Bordeaux, M. de Basterot a rangé cette espèce dans le premier de ces genres, en annonçant qu'on la trouve à Mérignac, et il ajoute qu'une variété à côtes plus grosses se trouve aux environs de Dax.

Rissoaire punaise : *Rissoa cimex*, de Bast., *loc. cit.*, pag. 37 ; *Turbo cimex*, Brocc., *Conch. foss. subapp.*, pag. 363, pl. 6, fig. 3. Coquille courte, cannelée, portant un bourrelet au bord gauche : longueur, deux lignes. On trouve cette espèce fossile à Monte-Biancano près Bologne, dans l'île d'Ischia (Brocc.), à Mérignac, et à Grignon, département de Seine-et-Oise. On en a recueilli des variétés à Dax et à Thorigné près d'Angers. Il existe sur les côtes d'Angleterre une espèce à l'état vivant qui a les plus grands rapports avec celle-ci.

RISSOAIRE VARIQUEUX ; *Rissoa varicosa*, de Bast., *loc. cit.*, pl. 1, fig. 2. Coquille turriculée, couverte de stries transverses et de côtes longitudinales variqueuses, à bord droit, denté intérieurement : longueur, trois lignes. Elle a été découverte à Mérignac et à Thorigné.

RISSOAIRE DE GRATELOUP; *Rissoa Grateloupi*, de Bast., *l. c.*, même pl., fig. 5. Coquille ventrue, couverte de côtes longitudinales et à bords épais : longueur, six lignes. Elle provient du gisement de Mérignac.

RISSOAIRE ALONGÉ; *Rissoa elongata*, Def. On trouve cette espèce à Grignon, à Hauteville, département de la Manche, et à Fontenai-Saints-Pères près de Mantes. Elle n'a que trois lignes de longueur, mais elle a beaucoup de rapports avec le *rissoa cochlearella*, dont elle n'est peut-être qu'une variété.

RISSOAIRE TURBINÉ, *Rissoa turbinata*. Cette espèce est la même qui a été décrite, sous le nom de *bulinus turbinatus*, dans le tome V de ce Dict., Suppl., pag. 123. On la trouve à Pontchartrain près de Versailles. On en rencontre une variété un peu plus raccourcie à Léognan près de Bordeaux, à Thorigné et dans la Touraine. Une espèce qui vit dans nos mers a de très-grands rapports avec celle-ci.

RISSOAIRE DOUTEUX : *Rissoa dubia*, Def.; *Melania dubia*, Lamk., Ann. du Mus., tom. 4, Vélins, n.° 9, fig. 1. Coquille ovale-conique, couverte de côtes longitudinales et de très-fines stries transverses, et à ouverture un peu canaliculée : longueur, cinq lignes. On trouve cette espèce à Pontchartrain près de Versailles. M. de Lamarck, qui n'a pas reconnu le genre Rissoaire, avoit placé cette espèce dans les mélanies, mais en soupçonnant qu'elle pouvoit appartenir à celui des Rochers. Il semble qu'elle doive plutôt entrer dans celui des Rissoaires qué dans tout autre.

RISSOAIRE LUISANT; *Rissoa nitida*, Def. Cette espèce, qui n'a que trois lignes de longueur, a beaucoup de rapports avec le *rissoa elongata*; mais elle est lisse et luisante. On la trouve à Hauteville, où elle est rare.

On rencontre aussi dans ce dernier endroit une coquille qui a les plus grands rapports avec le *rissoa costata* (Desm.), qui se trouve à l'état vivant sur les côtes de Cherbourg. (D. F.)

RISUM. (*Bot.*) Nom latin du riz. (Lem.)

RITA. (*Bot.*) Voyez Pala. (J.)

RITBOCK. (*Mamm.*) Nom d'une espèce de mammifère du genre des Antilopes. Voyez ce mot. (Desm.)

RITINOPHORA. (*Bot.*) Nom donné par Necker au genre *Icica* d'Aublet. (J.)

RITO. (*Ornith.*) Nom languedocien du canard, dont la femelle ou la cane s'appelle *rite*. (Desm.)

RITREBOCK ou RITBOCK. (*Mamm.*) Voyez l'article Antilope. (Desm.)

RITRO. (*Bot.*) La plante citée sous ce nom par Lobel, appartient à la famille des cinarocéphales ou carduacées, ou peut-être à une famille nouvelle. C'est une espèce d'échinope, *echinops ritro* de Linnæus, qui est aussi le *ruthrum* de Théophraste. Ces deux noms sont encore donnés à l'*echinops sphærocephalus*. (J.)

RITTERA. (*Bot.*) Schreber, et après lui Vahl et Swartz, ont substitué ce nom générique à celui de *possira*, donné par Aublet à l'un de ses genres dans la famille des légumineuses. C'est le *Swartzia* de Willdenow. (J.)

RITUR. (*Ornith.*) Ce nom est donné, en Islande, à l'espèce de mouette appelée par Linnæus *larus rissa*. (Ch. D.)

RITZKE. (*Bot.*) Voyez Rijik. (Lem.)

RIU, AUJAKI. (*Bot.*) Nom japonois, suivant Thunberg, du *salix japonica*. (J.)

RIUNO-FIGE, MONDO. (*Bot.*) Noms japonois, suivant Kæmpfer et Thunberg, du *convallaria japonica* de nos jardins, dont M. Desvaux a fait un genre distinct sous celui de *slateria*. (J.)

RIUPA. (*Ornith.*) Ce nom est donné, dans le Voyage en Islande d'Olafsen et Povelsen, comme étant celui de la gelinotte des bois, *tetrao lagopus*, Linn. (Ch. D.)

RIVACHE. (*Bot.*) Nom donné au *selinum palustre*, suivant M. Poiret. (J.)

RIVERAINS. (*Ornith.*) Ce terme, qui peut être employé comme traduction du mot *grallæ* de Linné, désigne les oiseaux de rivage, dont les principaux caractères sont d'avoir les jambes hautes, grêles, dégarnies de plumes au-dessus du talon, les doigts séparés, et le bec long en général. Le corps est petit, le cou est alongé et la tête comprimée; les plumes sont grandes et peu touffues; la queue est courte; l'œsophage est susceptible d'une grande dilatation; l'estomac, quoique musculeux, est grand, et ses parois sont minces. Le vol des grandes espèces est léger, élevé et long-temps soutenu; ces oiseaux ne nagent point, mais ils vont à gué dans les marécages, où ils cherchent des poissons et des mollusques. La plupart sont monogames et font leur nid dans les endroits marécageux.

On peut diviser cet ordre d'oiseaux en plusieurs familles, dont la première contiendroit ceux qui ont le bec fort, plus mince à son extrémité et plus long que la tête. Les oiseaux de cette famille, dont le cou et les jambes sont très-longs et dont les ailes ont une grande envergure, volent très-haut et tiennent les pattes dirigées en arrière. La trachée-artère des mâles forme plusieurs circonvolutions à son entrée dans le sternum, et leur voix est forte. Tels sont le kamichi, la spatule, le savacou, le jabiru, le héron, l'ibis.

Dans la seconde famille seroient les riverains d'une taille plus petite, à bec grêle, cylindrique, plus long que la tête, dont le vol est moins élevé et plus court, qui cherchent des vers au fond de la vase et font leur ponte dans les marais. Ce sont les genres Avocette, Courlis, Bécasse.

Dans la troisième famille se trouveroient les riverains à bec court, pointu, quelquefois un peu renflé à son extrémité, dont les doigts sont courts et qui sont pourvus d'une queue, caractères qu'offrent les genres Vanneau, Pluvier, Glaréole, Huitrier.

On formeroit la quatrième famille des riverains casqués, dont le bec est moyen, pointu, la queue presque nulle, et dont les doigts sont très-longs, souvent bordés. Ces oiseaux, qui diffèrent surtout de ceux des autres familles par leur peau grasse et épaisse; leur cou mince et leurs ailes courtes, qui leur donnent des rapports avec les palmipèdes, vivent dans les marais, nagent et plongent; ils font un grand nombre d'œufs, et leurs petits courent peu après leur naissance. Cette famille renferme le jacana, le râle, la poule d'eau ou gallinule, la foulque. (Ch. D.)

RIVIER-PAARD ou CHEVAL DE RIVIÈRE. (*Mamm.*)
Nom donné à l'hippopotame par les Hollandois du cap de
Bonne-Espérance. (Desm.)

RIVIÈRES. (*Géognos.*) En continuant à considérer l'eau
comme espèce minérale, il en résulte que tous les amas et
tous les courans d'eau doivent être décrits à la manière des
amas, des couches, des bancs et des filons des autres substances minérales, quoique cette espèce diffère essentiellement
des autres par son état habituel de fluidité et par la plus
grande abondance avec laquelle on la trouve répandue à la
surface du globe terrestre, soit à l'état pur ou mélangé, soit
à l'état stagnant ou mobile.

Les rivières font partie des gisemens mobiles et tiennent
le milieu entre les ruisseaux et les fleuves qui sont d'autres
courans d'eau; les premiers sont plus foibles que les rivières, et
les seconds plus importans qu'elles, tant par leur volume que
par le long trajet de leurs cours. En géographie, le fleuve diffère de la rivière en ce que le fleuve porte ses eaux directement à la mer, après avoir parcouru un grand espace de terrain sans changer de nom; tandis que la rivière se jette dans
le fleuve, en perdant son nom, et avant d'avoir traversé un
aussi grand développement de pays. On sent, au reste, combien il seroit difficile d'assigner des limites précises à l'accep-
tion de ces mots, et combien il seroit embarassant de décider
irrévocablement si tel grand courant d'eau est un fleuve ou
une rivière, si tel autre est un ruisseau ou un torrent, si tel
filet est une source ou une fontaine, etc. Heureusement ces
distinctions ont fort peu d'importance, même en géographie,
et à plus forte raison en géognosie; ce seroit donc sous des
rapports d'un ordre plus relevé que nous nous occuperions
des rivières, si tout ce qui tient à leur action mécanique, à
leur pente, à leurs chutes, à leurs débordemens périodiques,
à leur lit, à leur fond, à leurs rives, au sable, au gravier
et au limon qu'elles charrient à leur embouchure dans les
fleuves ou dans la mer, aux barres et aux atterrissemens qu'elles
y forment, à leur disparution partielle, totale, entière ou mo-
mentanée, et, en un mot, à tout ce qui a trait au rôle que
ces courans d'eau remplissent par rapport à l'état actuel de
la surface du globe terrestre, n'avoit été décrit de la manière

la plus satisfaisante et la plus complète à l'artice Eau, qui commence le tome XIV de ce Dictionnaire, et auquel nous renvoyons. (Brard.)

RIVIÈRES. (*Géognos.*) On appelle rivières, dans certaines parties de la France, des vallées étroites et sinueuses dont le fond est généralement occupé par des prairies, mais où il ne coule plus d'eau, si ce n'est quelques foibles sources qui s'échappent du pied des montagnes qui les bordent de droite et de gauche.

Ces petites vallées ont en effet tous les caractères de l'ancien lit d'une rivière qui auroit cessé de couler, les angles rentrans correspondent exactement aux angles saillans du bord opposé. Les bancs calcaires, au milieu desquels on observe le plus ordinairement ces espèces de lits sinueux, semblent avoir été corrodés à différentes hauteurs, et paroîtroient porter les traces successives de la retraite des eaux; mais quand on examine ces prétendues traces de la rivière desséchée, on s'aperçoit qu'elles ne sont autre chose que l'effet de la gelée sur les lits ou les bancs qui n'ont pu résister à son action, et qui se sont creusés à la longue: tandis que les autres, plus compactes et plus solides ont résisté et font saillie. On ne peut affirmer que les petites vallées, dont il est ici question, n'aient pas réellement servi de lits à des rivières antiques, mais il paroit à peu près certain que leur disparution remonte à une époque antérieure aux temps historiques.

La partie calcaire du département du Lot et de la Dordogne, présente plusieurs exemples de ces rivières sèches, parmi lesquels je citerai celle qui renferme les ruines pittoresques du grand château de Caumarc. (Brard.)

RIVINE, *Rivina.* (*Bot.*) Genre de plantes dicotylédones, à fleurs incomplètes, de la famille des *atriplicées*, de la *tétrandrie monogynie* de Linnæus, offrant pour caractère essentiel : Un calice persistant, à quatre divisions; point de corolle; quatre, huit ou douze étamines; les filamens persistans; un ovaire supérieur; un style court: une baie à une seule semence.

Rivine velue: *Rivina humilis*, Linn., *Spec.*; Lamk., *Ill. gen.*, tab. 81, fig. 1; Gærtn., *De fruct.*, tab. 77; Commel., *Hort.*, 1, tab. 66. Plante peu élevée, presque ligneuse. Sa tige est cylindrique, pubescente: les rameaux alternes, velus, très-ouverts ; les feuilles alternes, pétiolées, épaisses, pubescentes, ovales, entières, acuminées. Les fleurs sont disposées en épis alternes, alongés, un peu arqués, sur lesquels les fleurs sont éparses, pédicellées, velues, un peu pendantes. Le calice est pubescent, d'un vert jaunâtre en dehors, un peu blanchâtre en dedans, à quatre divisions obtuses, réfléchies à la base des fruits. Le fruit est une petite baie rouge, presque globuleuse, renfermant une seule semence un peu pubescente. Cette plante croit dans plusieurs contrées de l'Amérique, à la Jamaïque, aux Antilles, etc.

RIVINE LISSE : *Rivina levis*, Linn., *Mant.;* Lamk., *Ill. gen.*, tab. 81, fig. 2; *Botan. Magaz.*, tab. 1781. Toute cette plante est glabre ; ses tiges peu élevées ; les feuilles minces, alternes, pétiolées, un peu rudes au toucher, entières, ovales, acuminées, quelquefois un peu purpurines à leurs bords. Les grappes ou épis sont droits, axillaires, obliques ; les fleurs alternes, pédicellées, munies, à la base des pédicelles, de petites bractées courtes, subulées, caduques. Le calice est glabre, vert ou un peu rouge en dehors, blanc en dedans, à quatre divisions concaves, obtuses ; les étamines sont au nombre de quatre ; les baies sont petites et globuleuses. Cette plante croit aux Antilles.

RIVINE A HUIT ÉTAMINES : *Rivina octandra*, Linn., *Amœn.;* Brown., *Jam.*, tab. 25, fig. 2; Jacq., *Obs.*, 1, tab. 2; Plum., *Amer.*, tab. 241; *Rivina dodecandra*, Lamk., *Ill.*, 1, n.° 1599, vulgairement LIANE A BARIL. Ses tiges sont ligneuses, longues, flexibles, grimpantes, rameuses ; les feuilles nombreuses, alternes, pétiolées, glabres, ovales, lancéolées, acuminées, très-entières, quelquefois longues au moins d'un demi-pied ; les pétioles de moitié plus courts ; les grappes droites, simples, presque terminales ; les fleurs pédicellées ; leur calice est partagé en quatre découpures ovales, concaves, obtuses, de couleur purpurine à la maturité des fruits ; les étamines sont au nombre de huit ou douze. L'ovaire est surmonté d'un stigmate presque sessile, en forme de pinceau : il lui succède une petite baie d'un pourpre foncé, de la grosseur d'un petit pois, pulpeuse, renfermant une semence noirâtre. Cette plante croit dans les contrées méridionales de l'Amériqne, parmi les broussailles, sur les revers des montagnes. Ses rameaux, souples et coriaces, servent, dans plusieurs contrées, à faire des liens et des cercles de tonneau.

RIVINE DU BRÉSIL; *Rivina brasiliensis*, Willd., *Spec.*, 1, p. 695. Cette plante a des tiges droites, ligneuses, longues, glabres, cannelées, divisées en rameaux alternes, garnis de grandes feuilles ovales, alternes, pétiolées, glabres à leurs deux faces, médiocrement échancrées en cœur à leur base, ondulées et ridées. Les fleurs forment des grappes ou plutôt des épis très-simples, axillaires: chaque fleur est pédicellée et renferme quatre étamines. Les baies sont remarquables par leur grosseur. Cette plante croît dans l'Amérique.

RIVINE A LARGES FEUILLES: *Rivina latifolia*, Poir., Encycl., n.º 5; Lamk., *Ill.*, 1, pag. 524. Espèce remarquable par ses grandes et larges feuilles, par ses baies bien moins succulentes que dans les autres espèces. Ses tiges sont fistuleuses, herbacées, verdâtres, rameuses, presque cylindriques, garnies de feuilles alternes, pétiolées, glabres, ovales, acuminées, très-larges, entières, vertes à leurs deux faces: les pétioles presque de la longueur des feuilles. Les épis sont axillaires, grêles, simples, un peu plus courts que les feuilles; le calice est court, d'un brun pourpre, à quatre divisions ovales, un peu aiguës; il renferme quatre étamines, un style très-court, auquel succède une baie globuleuse, presque sèche. Cette plante croît à l'île de Madagascar.

RIVINE A FLEURS UNILATÉRALES; *Rivina secunda*, Ruiz et Pav., *Fl. Per.*, 1, tab. 102, fig. 2. Ses tiges sont droites, ligneuses, hautes de deux pieds, un peu pubescentes vers leur sommet. Les feuilles sont alternes, pétiolées, ovales, oblongues, très-entières, glabres, acuminées, denticulées; les pétioles un peu pubescens, de couleur purpurine. Les grappes sont solitaires, axillaires, terminales, simples, courtes et lâches. Les fleurs, d'abord éparses, deviennent ensuite unilatérales; les pédicelles munis à leur base d'une bractée concave, subulée. Le calice est blanchâtre, à quatre divisions: la supérieure plus courte, entière; les trois inférieures ovales, inégales: celle du milieu plus longue. Quatre étamines. L'ovaire a la forme d'une lentille: il lui succède un petit fruit sec, noirâtre, farineux. Cette plante croît au Pérou, dans les forêts des Andes.

Rivine acuminée; *Rivina acuminata*, Kunth. *in* Humb. et Bonpl., *Nov. gen.*, 2. p. 184. Sa tige est ligneuse, très-glabre, rameuse, haute de deux ou quatre pieds; les feuilles sont pétiolées, elliptiques, terminées par une longue pointe, arrondies à leur base, glabres, membraneuses, un peu pubescentes sur leurs nervures inférieures, longues de trois à quatre pouces, larges d'un pouce et demi; les pétioles pubescens, longs d'environ deux pouces. Les épis sont grêles, latéraux, inclinés, longs de trois pouces; les fleurs accompagnées à la base des pédicelles de bractées linéaires, ciliées. Le calice est glabre et blanchâtre; il renferme quatre étamines. Cette plante croît à la Nouvelle-Grenade.

Rivine pubescente; *Rivina puberula*, Kunth, *loc. cit.* Arbrisseau de deux ou trois pieds, divisé en rameaux glabres, alternes, cylindriques, cannelés : les plus jeunes pubescens. Les feuilles sont pétiolées, ovales, acuminées, membraneuses, arrondies à leur base, veinées, réticulées, à crénelures irrégulières, pubescentes à leurs deux faces, longues de deux pouces et plus, larges d'un pouce et demi. Les épis sont un peu inclinés, longs de deux ou trois pouces; les pédoncules et les pédicelles pubescens; les bractées linéaires, pubescentes. Le calice est un peu velu, pourpre on blanchâtre; il renferme quatre étamines. L'ovaire est glabre, ovale; le style court; le stigmate en tête. Les baies sont glabres, sèches, globuleuses, de la grosseur d'un grain de chenevis, accompagnées du calice persistant. Cette plante croît dans les environs de Cumana, aux lieux découverts.

Rivine glabre; *Rivina glabrata*, Kunth, *loc. cit.* Cet arbrisseau est glabre, à tige cannelée. Les feuilles sont pétiolées, ovales, acuminées, un peu tronquées et inégales à leur base, très-glabres, membraneuses, à crénelures irrégulières, veinées, réticulées, longues d'un pouce et demi sur un de large; les pétioles pubescens en dessus, canaliculés, longs de quinze à dix-huit lignes et plus. Les épis sont droits, pédonculés, axillaires, longs de deux pouces et plus; les fleurs munies, sur leur pédicelle, de bractées linéaires, ciliées, acuminées : le calice est glabre, de couleur purpurine, renfermant quatre étamines. Les baies sont sèches, glabres, globuleuses, verdâtres, entourées par le calice, de la grosseur d'un grain de chenevis.

Cette plante croît dans les plaines, au royaume de la Nouvelle-Espagne. (Poir.)

RIVULARIA, Rivulaire. (*Bot.*) Genre de cryptogames, de la famille des algues, institué par Roth, pour y placer des plantes confondues jusque-là dans les genres *Tremella* et *Ulva*, mais qui se conviennent par leur nature membrano-cartilagineuse, par leur forme diversement lobée, par l'enduit gélatineux qui les revêt, et par l'absence de gelée ou de filamens intérieurs.

L'examen attentif des espèces mentionnées par Roth fait reconnoître qu'une grande partie d'entre elles sont des espèces de nostocs (*Linckia*, Mich., non Lyng.), de *chætophora*, Agardh, d'*alcyonidium*, Lamx. Les autres espèces, assez nombreuses, que les auteurs y ont ramenées, appartiennent aussi à d'autres genres voisins, ou même très-éloignés. Ces rapports, trop longs à exposer ici, seront saisis en un coup d'œil dans le *Nomenclator botanicus*, de Steudel, vol. 2, article *Rivularia*. Il ne reste qu'un très-petit nombre d'espèces dans ce genre.

Le *Rivularia* est maintenant placé près du nostoc, et se trouve caractérisé ainsi par Agardh, Fries, etc.: Plantes subglobuleuses, gélatineuses et solides, formées de filamens qui naissent d'un même point central, rayonnans, continus, annulés intérieurement, tenant par la base à un globule distinct, et ayant à leur extrémité une pointe hyaline. Dans le *chætophora*, Schrank, Agardh, etc., les filamens partent d'une base commune, mais ils sont étalés, cloisonnés et alternes à l'extrémité. Lyngbye nomme le *rivularia*, *linckia*; mais ce n'est pas celui de Michéli (voyez Nostoc), chez lequel les caractères sont donnés par les filamens moniliformes et entremêlés, qui sont dans la substance gélatineuse interne de la plante. MM. Bonnemaison et Bory de Saint-Vincent ont adopté le nom imposé par Lyngbye. M. Bory fait remarquer que, dans ce genre, la matière colorante des filamens ne forme point des globules, mais comme des taches carrées ou confuses. Toutes ces plantes se rencontrent dans les terrains marécageux, sur les bords des rivières et des ruisseaux, dans la mer ou sur ses bords, attachées à la terre, aux pierres, au bois ou à d'autres corps, ou même flottantes. Les *rivularia* ont des formes arrondies, presque globuleuses; ils sont gélatineux, d'une couleur olive ou olive foncé, quelquefois presque noirs. On ne connoît rien sur leur manière de se propager. Leur structure et leur analogie avec les nostocs et les genres voisins, annoncent qu'ils appartiennent au même groupe, à celui qui paroît devoir unir le règne animal au règne végétal; mais cependant moins bien que certains genres de conferves, et les oscillatoires, etc., avec lesquels leurs filamens, au reste, ont de la ressemblance.

1. Le RIVULARIA ANGULEUX: *Rivularia angulosa*, Roth, *Catal. bot.*; *Tremella natans*, Hedw., *Theor.*, pl. 36, fig. 7 — 10; *Linckia natans*, Lyngb., *Hydr.*, p. 196, fig. 67; *Ulva pruniformis*, *Engl. Bot.*, pl. 968. Sa fronde est globuleuse, de dix à douze lignes de diamètre, creuse ou solide, bossue, inégale, olivâtre. On trouve cette singulière espèce, qui ressemble par sa forme et sa couleur à certaines prunes, sur les plantes aquatiques, dans les fossés, et aussi dans la mer, sur le *fucus vesiculosus*; ses filamens intérieurs sont vert-jaunâtre.

2. Le RIVULARIA NOIR : *Rivularia atra*, Roth, *Catal.*, 3, p. 340; *Engl. Bot.*, pl. 179; *Batrachospermum hemisphæricum*, Decand.; *Linckia atra*, Lyngb., *Tent. hydr.*, tab. 57; *Tremella hemisphærica*; Linn., Weigl, *Obs. bot.*, 39, pl. 2, fig. 5. Petite plante hémisphérique, d'une ligne au plus de diamètre, solitaire, rapprochée; fronde dure, luisante, d'un vert noir; filamens intérieurs très-denses, fasciculés à la base, verdâtres, hyalins, concentriques. Cette espèce croît sur les bords de la mer, sur les varecs et sur les pierres.

Nous terminerons cet article en faisant observer:

1.º Que le *rivularia lubrica*, Decand., est maintenant un *ulva*; que le *rivularia tubulosa*, Decand. (*ulva gelatinosa*, Vaucher), est le *tetraspora* de Desv.; que le *rivularia fœtida*, Dec., est le *bangia fœtida* de Lyngbye; enfin, qu'on y a ramené beaucoup de plantes rameuses, qui sont des espèces de *gigartina* et de *batrachospermum*, comme, par exemple, le *gigantina opuntia*, l'*alcyonidium vermiculatum*, les *batrachospermum verticillatum*, *fasciculatum* (*Conf. incrassata*, Bosc);

2.º Que le *rivularia calcarea*, *Engl. Bot.*, pl. 1799, s'éloigne de ce genre par ses filamens, qui ne partent point d'un point central commun, mais d'une base étendue, ce qui le ramène au genre *Chætophora*;

5.° Que le *rivularia natans*, Roth, est le *linckia natans* de Lyngbye (*Tent. hydrop.*, pl. 67, *a*), et le *gaillardotella natans*, Bory, Dict. class. Il se distingue génériquement par ses filamens simples, atténués en cils, muqueux, divergens, munis à leur base d'une sorte de bulbe ou d'article globuleux. Sa grosseur est celle d'un pois ou d'une aveline. Il croît au fond des eaux, sur la terre et les plantes submergées, d'où il se détache avec l'âge, et vient flotter à la surface de l'eau, en présentant l'apparence d'une trémelle.

4.° Le *rivularia tuberiformis*, *Engl. Bot.*, pl. 1956, est formé par une fronde tuberculiforme, creuse, s'ouvrant au sommet par un déchirement. Une coupe perpendiculaire de cette fronde, vue à la loupe, s'est montrée formée par un amas de filamens entremêlés à leur base, mais parallèles en leur partie supérieure seulement, et se terminant au même niveau à la surface. L'extrémité de chaque filament contient trois ou quatre séminules ou grains bruns, disposés à la suite les uns des autres. Ces caractères, différens de ceux du *rivularia* et des genres voisins, paroissent autoriser à faire de cette plante un genre nouveau qu'on pourroit nommer *Leathsa*, en l'honneur de M. G. R. Leathes, qui découvrit cette plante sur les côtes de l'île de Wight, et la communiqua à MM. Turner et Sowerby.

Cette plante, lorsqu'elle est très-jeune, ressemble, pour la forme et la couleur, à des pommes de terre naissantes. Elle est vert-jaunâtre ou brune dans son parfait développement, et de huit à douze lignes de diamètre. Elle croît en groupes ou solitaire, sur les rochers submergés et les plantes marines, sur les côtes du Cornouailles et aux îles Hébrydes. (LEM.)

RIVULINÉES, *Rivulineæ*. (*Bot.*) Rafinesque nomme ainsi un groupe de la famille des algues, où il rapporte les genres *Rivularia*, *Nostocus*, *Endosperma*, *Sclernax*, *Pexisperma* et *Spermipole*; son laconisme ne nous permet pas de juger de l'exactitude de ces rapprochemens. (LEM.)

RIVURALES, *Rivurales*. (*Conchyl.*) Denys de Montfort, dans son Système de conchyliologie, a proposé de désigner par cette dénomination les coquillages qui habitent les plages

et les bords de la mer et des rivières, par opposition sans
doute aux espéces pélagiennes. (DE B.)

RIZ , *Oryza*. (*Bot.*) Genre de plantes monocotylédones , à
fleurs glumacées, de la famille des *graminées*, de l'hexandrie
digynie de Linnæus , offrant pour caractère essentiel : Une
balle calicinale fort petite, bivalve, uniflore ; une balle corol-
laire, à deux valves naviculaires : l'extérieure cannelée, terminée par une longue arête ; deux petites écailles caduques
à la base de l'ovaire ; six étamines ; un ovaire surmonté de
deux styles ; les stigmates plumeux, en massue : une semence
comprimée , striée , enveloppée par la balle.

RIZ CULTIVÉ : *Oryza sativa*, Linn., *Spec.*; Lamk., *Ill.*, t. 264 ;
Lobel., *Icon.*, 55 , fig. 2. Le riz est une de ces intéressantes
graminées que l'industrie a multipliées dans tous les climats
dont la température et le sol en permettent la culture. Ses racines sont fibreuses, capillaires et touffues : elles produisent
plusieurs chaumes droits, épais, cylindriques, hauts de trois
à quatre pieds. Les feuilles sont larges, fermes, très-longues,
assez semblables à celles de nos roseaux ; leur gaine cylindrique , finement striée , très-longue, munie à son orifice
d'une large membrane ferme , glabre , entière ou bifide. Les
fleurs forment une ample et belle panicule terminale, fort
longue, un peu serrée , pendante à l'époque de la maturité.
Les ramifications ou les rachis sont rudes, comprimés , anguleux , un peu flexueux. Chaque fleur est supportée par un
pédicelle court, renflé au sommet ; les valves du calice blanchâtres ; celles de la corolle bien plus grandes : l'extérieure
terminée par une longue arête. Les semences sont blanches,
oblongues et varient par leur forme, leur grosseur, et fournissent un assez grand nombre de variétés.

Que d'immenses contrées seroient restées en partie incultes,
abandonnées, si la nature n'eût pas accordé à une simple graminée la faculté de croitre exclusivement dans les terrains
couverts d'eau ou très-humides ! Ces belles contrées de la Chine
et des Indes, aujourd'hui si populeuses, seroient réduites à
un très-petit nombre d'habitans , sans la culture du riz. Il y occupe de vastes plages inondées, et offre à ces peuples les
mêmes ressources alimentaires que le seigle et le froment aux
habitans de l'Europe. On ne peut douter que ce ne soit à cette

précieuse graminée que cette partie de l'ancien continent doive sa très-ancienne civilisation : aussi est-il impossible de pouvoir fixer, d'après aucune tradition historique, d'après aucun monument, l'époque de cette heureuse découverte.

Le riz, dès la plus haute antiquité, étoit connu dans les Indes, dont il est originaire, bien long-temps avant qu'il le fût dans l'Égypte et la Grèce. Il est, à la vérité, mentionné dans Théophraste, Pline, Dioscoride ; mais, d'après le peu qu'en disent ces auteurs, il paroit que, dès leur temps, le riz étoit peu cultivé, qu'ils le tiroient de l'Inde, qu'il étoit plutôt employé en tisane ou en gruau que comme comestible ; ils n'ignoroient pas cependant l'usage qu'en faisoient les Indiens. Par la suite, il fut introduit en Égypte, en Grèce, dans plusieurs provinces de l'Afrique, en Amérique, puis en Europe, dans les contrées que l'on jugea assez chaudes pour le conduire à maturité, tel que dans le royaume de Valence en Espagne, dans le Piémont, où croit le meilleur, le plus estimé. Les Grecs donnoient au riz le nom d'*oruza*: les Latins, celui d'*oryza*, qui s'est conservé jusqu'à nos jours. Son étymologie est très-obscure. M. Detheis croit qu'elle vient du mot arabe *eruus*. Quelques auteurs pensent que l'*olyra* et l'*oryza* des anciens désignoient la même plante : mais il est plus probable que l'*olyra* étoit une espèce d'épeautre.

On ne connoît qu'une seule espèce de riz, qui produit plusieurs variétés très-remarquables. Ces variétés consistent particulièrement dans la forme du grain : on distingue le riz avec ou sans arête ; à grains longs et plats, à grains longs et ronds, à grains rouges, etc. ; enfin le riz barbu et vivace. Ce dernier, dont quelques auteurs ont voulu faire une espèce, pousse des drageons avant la maturité de ses graines, qui prennent racine, se conservent jusqu'à l'année suivante, et peuvent servir à le multiplier. Il a été apporté de la Cochinchine à l'Isle-de-France par M. Poivre ; mais il est peu cultivé. Son grain est petit, alongé, couvert d'une pellicule brune ; il ne réussit que dans l'eau.

On a beaucoup parlé du *riz sec* ou *riz de montagne*, transporté également par M. Poivre de la Cochinchine à l'Isle-de-France. On considéroit cette découverte comme d'autant plus précieuse, qu'on avoit l'espoir que ce riz pourroit prospérer sans irrigation ; mais on ne faisait pas attention que, provenant des hautes montagnes situées entre les tropiques, ces montagnes étoient tous les jours inondées de torrens de pluies pendant l'été; que ce riz exigeoit, comme les autres variétés, un sol inondé, surtout lorsqu'il commence à croitre , et une chaleur suffisante pour mûrir le grain. D'ailleurs il est bon d'observer que le riz n'est pas une plante des marais, mais seulement des lieux bas, sujets aux inondations pendant l'été, d'où il résulte que partout où la chaleur est suffisante, le riz est susceptible d'être cultivé, non-seulement dans les terrains qu'on peut inonder par des saignées faites aux étangs, aux rivières ; mais encore dans tous ceux où l'on peut conduire de l'eau par des machines, ainsi que dans ceux où il pleut beaucoup. A la Chine on le cultive même au milieu des rivières et des lacs, au moyen de radeaux de bambou couverts de terre.

Il seroit bien important d'avoir des notions exactes sur les nombreuses variétés du riz, afin de pouvoir choisir celles qui conviennent le mieux aux terrains et aux localités. Les unes sont préférables à raison de la grosseur ou de la bonté de leurs grains ; les autres à cause de leur plus grand produit ou de leur précocité, de leur plus ou moins grande délicatesse au froid , à la sécheresse, etc. Les peuples qui se sont le plus appliqués à la culture du riz, sont les Indiens, les Malaies, les Chinois et les habitans des îles voisines. La quantité qu'on en récolte chaque année dans ces pays est immense. Lorsqu'il manque, la famine y exerce ses ravages : quelquefois plusieurs milliers d'hommes en sont les victimes dans le court espace de quelques mois.

« Le riz, dit Hasselsquist, est une des principales denrées
« de l'Égypte, et fait par conséquent la plus grande richesse
« de ses habitans. Il ne croit que dans les environs de Damiette
« et de Rosette, à cause de la facilité qu'il y a à les inonder.
« Il y a toute apparence que les Égyptiens ont appris la ma-
« nière de le cultiver du temps des califes : car ce fut sous leur
« règne qu'on y apporta, par la voie de la mer Rouge, quan-
« tité de plantes utiles, qui aujourd'hui y croissent naturel-
« lement et enrichissent cette contrée. »

Le riz croit presque dans toute espèce de terre, pourvu

que le sol soit humide , ou au moins susceptible d'être inondé à volonté : il ne peut être cultivé avec profit que dans les climats chauds et tempérés. On a essayé diverses fois d'en introduire la culture dans les contrées méridionales de la France ; mais on a été obligé d'y renoncer , à cause des vapeurs malfaisantes et meurtrières qui s'élevoient des rizières, et qui en rendoient le voisinage dangereux. On avoit établi des rizières en Auvergne, sous le cardinal Fleury ; mais le gouvernement fut forcé de les interdire, parce qu'elles infectoient l'air, et causoient des épidémies. Il y en a eu, pendant quelques années, dans le Roussillon, que l'on a été également obligé de détruire. En Espagne il est défendu d'établir des rizières , à moins qu'elles ne soient à plus d'une lieue de distance des villes. Quoique cette culture existe toujours dans le Piémont aux environs de Navarre et d'Alexandrie , elle y offre les mêmes inconvéniens ; les fièvres intermittentes et malignes y sont très-fréquentes, pour ne pas dire continuelles.

Dans l'Inde, à la Chine et en Égypte , les rizières n'exhalent point de vapeurs malfaisantes. On a cru que cela provenoit de la chaleur du climat, qui occasionoit une prompte évaporation : il paroit plutôt que la véritable cause est dans la situation des rizières, et dans la manière dont on les dirige. En Europe elles sont toujours placées dans des terrains bas et naturellement marécageux ; l'eau que l'on y fait entrer n'est pas assez souvent renouvelée ; elle est stagnante et se putréfie : il faudroit qu'elle fût, pour ainsi dire , courante, et que le terrain fût tellement disposé, qu'on pût le mettre entièrement à sec à volonté en peu de jours , dès qu'on auroit supprimé l'eau. Dans l'Inde elle est courante, ou très-souvent renouvelée pendant la croissance du riz. Dès que le grain est formé, on ne met plus d'eau, on la laisse écouler, et l'on fait dessécher les rizières; la chaleur fait évaporer promptement l'humidité de la terre : d'où il résulte que, lorsque le grain est mûr, le champ est desséché; alors on fait la récolte à sec , et, lorsqu'elle est faite , on arrache les chaumes avec leur racine, on les expose à l'air et au soleil, et ensuite on les brûle pour engraisser le terrain. Dans les pays où les rizières infectent l'air, on laisse l'eau dans les champs, ou bien elle ne s'écoule pas en totalité, et le terrain n'est pas mis entièrement à sec : on y fait même assez souvent la moisson, les pieds et les jambes dans l'eau ; il en résulte que la paille, les racines pourrissent, et que les miasmes putrides qui s'en exhalent, corrompent l'air.

Le riz est un aliment très-sain ; mais comme il se digère facilement et donne peu de forces, seul, il ne pourroit convenir aux personnes dont les travaux exigent l'action de leurs corps. Il adoucit l'âcreté du sang, et modère le cours de ventre. On en fait une décoction qui est pectorale et astringente. Le grain du riz manquant de gluten, on ne peut en fabriquer un pain semblable à celui de froment ; mais on en forme, après qu'il a été cuit, des masses qui se conservent deux ou trois jours, et qui se coupent par morceaux. Sa farine, mêlée avec celle de froment, lorsqu'elle n'y est que pour la moitié, donne un pain très-agréable au goût, et qui reste frais plus long-temps. Le riz réduit en farine cuit bien plus promptement que lorsqu'il est en grain. On le donne ainsi aux malades et aux convalescens, comme plus facile à digérer. En Chine on fait fermenter le riz en le mettant dans l'eau avec quelque substance sucrée ; on en tire, par la distillation, une liqueur alcoolique, qu'on appelle *arrak* ou *rak*. Cette liqueur y remplace notre eau-de-vie ; elle enivre très-promptement ; on la charge de sucre et de divers aromates. Dans ce même pays on fait usage de la farine de riz en guise d'amidon, et même on en compose, en la comprimant dans des moules, après qu'elle a été cuite, des ouvrages de sculpture d'une grande dureté et d'une grande blancheur.

Chacun connoît la plupart des opérations que l'on fait subir au riz de commerce, dont le grain, dépouillé de son enveloppe, est blanc, très-dur. Je me bornerai à en citer quelques-unes moins connues, et qui abrégent beaucoup le travail nécessaire pour le convertir en aliment. La première méthode fournit le moyen d'en avoir toujours de tout prêt à employer dans du bouillon ou du lait. On met du riz dans un sac de toile que l'on coud exactement : on le fait crever et cuire dans l'eau ; on le retire, et on le laisse égoutter pendant quatre ou cinq heures : puis on ouvre le sac et on étend le riz sur une nappe blanche ou sur une table, pour le faire sécher au même au point où il étoit en premier lieu : il acquiert un goût plus fin , plus agréable. Lorsqu'il est bien sec, on le ramasse et on le serre; en cet état il se conserve très-long-temps. Il suffit, pour s'en servir, de faire chauffer le bouillon ou le lait, et d'en mettre dedans la quantité que l'on juge à propos, en couvrant le vase pendant un quart d'heure.

Quand on veut faire cuire le riz sans aucune préparation antécédente, au lieu de le faire bouillir au feu pendant plusieurs heures de suite, il suffira de le mettre dans une quantité de lait ou d'eau convenable, y ajoutant tout de suite les assaisonnemens qu'on veut y faire entrer. Dès que le riz commence à bouillir, il faut enlever le vase, le bien fermer, et le placer entre deux matelas : de cette manière il achèvera de se crever sans aucun autre soin. Au bout de quelques heures il est bon à manger et très-délicat. Il faut avoir soin de ne mettre de liquide qu'autant que le riz en peut absorber.

On fait encore avec le riz une boisson que les Nègres nomment *déguet*. On le fait cuire dans beaucoup d'eau, et on le laisse bouillir jusqu'à ce que l'eau soit toute évaporée : il se forme, au fond du vase, un grattin que l'on mange comme des galettes. On met alors ce riz cuit dans une grande cruche ou dans un pot contenant huit litres ; on y jette deux litres de riz ; on y ajoute cinq bonnes poignées de farine de riz et un peu de levain ; après quoi on remplit la cruche d'eau, et on la laisse ainsi trois ou quatre jours sans y toucher ni la couvrir. Le riz fermente, et bout comme le vin nouveau dans le tonneau. La fermentation achevée, la liqueur est faite, et on peut la boire ; elle a un goût agréable et sucrée ; elle rafraîchit, conforte l'estomac et engraisse. Le marc est aigrelet et sucré : il n'est point mauvais à manger. Lorsqu'une cruche a servi une fois à faire cette boisson, il n'est plus besoin, quand on la réitère, d'y mettre du levain : la première fois suffit pour toutes.

Les matelots indiens préparent avec le riz une espèce de mets qu'ils nomment *awols*, et dont ils se servent à la place du biscuit. L'on met du *nesly*, c'est-à-dire du riz dépouillé de sa balle, tremper dans de l'eau un peu tiède. Il y reste vingt-quatre heures : on l'étend ensuite à l'ombre sur des nattes, où on le laisse égoutter pendant une heure ou deux : on jette ensuite quelques poignées de ce *nesly* dans un vase de terre bien chauffé sur un feu ardent ; on l'y remue jusqu'à ce que la chaleur du feu le fasse crever. Il faut aussitôt le retirer, et le piler pendant qu'il est encore chaud, non pas pour le réduire en farine, mais assez seulement pour faire détacher l'enveloppe du grain, et écraser celui-ci de façon qu'il demeure aplati. Telle est la préparation des *awols*. Une poignée mise avec du sucre dans de l'eau, dans du lait chaud ou froid, renfle promptement, et fournit un aliment sain.

Les Turcs préparent avec le riz un mets dont ils font continuellement usage, qu'ils appellent *pilau*. Il consiste à faire cuire le riz avec de la volaille, d'y mêler du jus de viandes, de l'assaisonner avec du sel et du safran : c'est un mets très-vanté parmi tous les Orientaux. En Europe on ne consomme guère le riz que cuit avec du lait, soit en bouillie simple, soit en gâteau sucré et aromatisé, ou avec des viandes, des graisses, qui lui servent de condiment. Il remplace souvent le pain dans les potages.

Les balles du riz se donnent aux chevaux, et les grains de déchet à la volaille. La longue paille ne sert qu'à faire de la litière, encore n'est-elle pas très-bonne pour cet objet, à cause de sa roideur. On assure que les terres à riz rendent six fois plus que les terres à froment : aussi établiroit-on des rizières partout où cela seroit possible, si les réglemens de police ne s'y opposoient pas. En Europe le riz n'est attaqué que par la rouille, que les Piémontois attribuent au vent qu'ils nomment *sirocco* ; mais, ce qui nuit le plus à l'abondance des récoltes, c'est la coulure, espèce d'avortement du grain plus ou moins complet, que l'on nomme en Toscane *annebiato* (retrait). Le riz emmagasiné est attaqué par un charançon qui ne diffère de celui du froment que parce qu'il est un peu plus petit, marqué d'une tache rouge sur chacun de ses élytres. Il n'attaque pas le grain quand celui-ci est pourvu de ses enveloppes ; motif suffisant pour ne le dépouiller qu'à mesure que cela devient nécessaire.

M. de Choiseul-Gouffier a inséré, dans les *Mémoires de la société d'agriculture de Paris, année* 1789 , *trimestre du printemps*, un mémoire dans lequel il expose les détails de la culture employés dans le Piémont pour le riz, ainsi que les machines et les moulins nécessaires pour dépouiller le grain de son écorce, et le rendre tel qu'on le voit dans le commerce. Nous y renvoyons le lecteur, nous bornant à quelques détails généraux sur cet objet.

Le riz n'est point une plante vorace ; elle ne consomme pas beaucoup de principes. Une terre quelconque en a toujours assez pour favoriser la végétation de cette plante, et la faire parvenir à parfaite maturité. Les terres légères lui sont propres, pourvu que la couche inférieure ne laisse point échapper des principes de végétation que les eaux dissolvent. Il faut que le terrain destiné à une rizière soit bien de niveau et exposé au soleil, afin qu'il retienne l'eau, et qu'on puisse, par une pente douce, la faire écouler chaque fois qu'on veut renouveler l'inondation. Les eaux de rivière sont préférables aux eaux de source : les eaux des mares et des étangs occupent le second rang ; mais, si l'on n'avoit que de l'eau de pluie ou de fontaine, il faudroit avoir l'attention de faire passer ces eaux à travers une fosse où l'on mettroit de la vase de rivière, une certaine quantité de fumier de cheval, et une égale quantité de crottin de mouton.

Il faut bien labourer le terrain : plus la terre est ameublie, et plus elle est favorable à la végétation du riz ; on la fume bien. On divise la rizière par espaces carrés, à peu près comme les espaces des jardins ; on environne chaque espace d'une espèce de petite levée ou chaussée de terre, exhaussée de quinze pouces et épaisse de deux pieds. Cette chaussée est destinée à retenir l'eau dans la rizière : il faut qu'elle puisse soutenir un homme qui passe et repasse dessus pour l'arrosement. Ces compartimens doivent être arrosés si commodément que l'eau y découle avec facilité, et y séjourne sans s'extravaser par aucune crevasse. Il faut enfin qu'elle y soit retenue comme dans un petit étang. On voit par là qu'il n'y a que les plaines qui soient propres à former des rizières. On fait couler l'eau d'un espace à l'autre par de petites ouvertures, ou ce que l'on appelle *clefs* pour les étangs, de sorte que l'on peut y introduire l'eau et l'en faire sortir à volonté.

On sème le riz au commencement d'Avril, à peu près aussi épais que le froment, et on le recouvre avec la charrue ou avec la herse. On observera surtout de faire tremper la semence dans l'eau pendant l'espace d'un jour ou deux, et de

la répandre toute humide sur le terrain, même quand elle
commenceroit à germer ; elle ne pousse que plus facilement
et plus vîte. On couvre le terroir d'eau à la hauteur de deux
doigts. On voit en peu de temps le riz s'élever au-dessus de
la surface de l'eau, et quelquefois si vigoureusement, qu'il
verseroit si on n'y apportoit remède. Lorsque l'on s'aperçoit
de cet inconvénient, on n'a qu'à lui ôter l'eau pendant quelques jours, jusqu'à ce que, faute d'humidité, il prenne plus
de consistance, plus de nerf, et se remette en bon état. Dès
qu'on voit qu'il est fané par le soleil, on lui redonne de l'eau,
mais en plus grande quantité qu'auparavant, c'est-à-dire au
moins de quatre à cinq doigts, pour proportionner toujours
l'eau au degré de l'accroissement de la plante ; on l'augmente
lorsque l'on s'aperçoit qu'elle fleurit, et que par conséquent
elle va commencer à grainer, et on ne l'en ôte plus, tant pour
favoriser son accroissement, que pour le préserver de la nielle,
qui ne manqueroit pas de l'attaquer si on le privoit d'eau.
On la fait écouler pour ne plus l'y remettre, lorsque les épis
commencent à blanchir. Si le riz produit beaucoup, il demande aussi beaucoup d'attentions journalières. Le proprié-
taire qui entreprend cette culture doit aller visiter très-fré-
quemment tous les endroits de la rizière, examiner les chaus-
sées, les aqueducs, les écluses, afin que l'eau ne manque
point, et qu'elle ne s'échappe pas par quelques lézardes : il
faut, au contraire, qu'elle y séjourne continuellement à la
même hauteur ; c'est pourquoi on en introduit tous les jours
de nouvelle pour remplacer celle que la terre, l'évaporation
et le riz consomment.

Dès que le riz a acquis sa maturité parfaite, ce qui arrive
ordinairement au mois d'Août, et ce que l'on reconnoît à la
couleur jaune de sa paille, on le coupe, après avoir toutefois fait dessécher la rizière, pour donner au riz le temps de
se dépouiller de son humidité. Quant aux moyens employés
pour le moissonner, ils sont les mêmes que ceux des autres
grains, avec cette différence que dans certains cantons on
coupe la paille aussi près de l'épi que faire se peut ; il suffit
qu'on puisse les lier en petites gerbes : elles donnent moins de
peine à battre quand il s'agit d'en séparer le grain. On conserve le riz dans les greniers comme le blé, pourvu qu'on ait

soin de le faire sécher avant de le renfermer, et de le remuer de temps en temps jusqu'à la moitié de l'hiver, et plus, s'il est nécessaire. Lorsque le grain est bien sec, on le porte au moulin, en tout semblable aux moulins à blé, à l'exception que la meule d'en bas est couverte de liége par dedans, c'est-à-dire entre les deux meules, afin qu'elles n'écrasent point les grains, et, pour cet effet, on hausse un peu celle de dessus jusqu'à ce qu'il y ait le vide nécessaire pour que le riz puisse bien s'écorcer. En Piémont et en Espagne, la machine est différente; ce ne sont pas des meules, mais des pilons. Quelquefois on se sert de chevaux pour battre le riz: pour cela on fixe solidement un poteau au milieu de l'aire, et on range autour des bottes bien serrées, les épis tournés en haut; puis on dispose huit à dix chevaux sur une file, dont le premier est attaché au poteau, et le dernier est dirigé par un homme qui les fait tous tourner. Lorsque la paille est bien brisée d'un côté, on retourne les bottes et on recommence. Quand les bottes sont entièrement égrainées, on retire les pailles, qu'on met en tas à part; puis on ramasse le grain, on le vanne, ensuite on le porte sous le hangar, et on l'étend pour le faire sécher. On le remue de temps en temps avec des rateaux. Quelquefois, lorsque le temps est beau, on le fait sécher sur l'aire même, en le remuant également: on le passe plus tard par différens cribles, afin de le nettoyer entièrement. On a remarqué, dans les pays où croit le riz, que celui qui étoit anciennement dépouillé avoit perdu de sa délicatesse. En conséquence les personnes aisées le font dépouiller à mesure qu'elles en ont besoin pour leur consommation; cependant, même dépouillé, il se conserve un grand nombre d'années, pourvu qu'il soit tenu dans un lieu sec, et à l'abri des charansons et autres insectes qui vivent à ses dépens. Dans quelques lieux on sale le riz, soit pour augmenter ou conserver sa saveur, soit pour frauder sur le poids. (Poir.)

RIZ D'ALLEMAGNE. (*Bot.*) C'est l'orge faux-riz. (L. D.)

RIZ DU CANADA. (*Bot.*) Selon M. Bosc, c'est la graine de la zizanie clavelluleuse. (Lem.)

RIZ DU PÉROU. (*Bot.*) Graine d'une espèce d'anserine, *chenopodium*, qu'on mange au Pérou, et qui est plus connue sous le nom de *Quinoa*. (Lem.)

RIZ SAUVAGE. (*Bot.*) Nom vulgaire de l'orpin blanc. (L. D.)

RIZEK. (*Bot.*) Voyez Rijik. (Lem.)

RIZIK. (*Bot.*) Voyez Rijik. (Lem.)

RIZOA. (*Bot.*) Genre de plantes dicotylédones, à fleurs complètes, monopétalées, de la famille des *labiées*, de la *didynamie gymnospermie* de Linnæus, offrant pour caractère essentiel : Un calice persistant, tubulé, à cinq dents égales; une corolle labiée; le tube très-long; les lèvres courtes, égales ; la supérieure trifide, l'inférieure à deux lobes; quatre étamines didynames; un ovaire supérieur à quatre lobes; un style; deux stigmates sétacés, divergens; quatre semences ovales au fond du calice.

Rizoa a feuilles ovales; *Rizoa ovatifolia*, Cavan., *Icon. rar.*, 6, tab. 578. Plante herbacée, dont la tige est glabre, tétragone, haute d'un pied et demi, divisée en rameaux opposés, garnis de feuilles pétiolées, opposées, ovales, dentées en scie; les dentelures souvent obtuses et oblitérées, vertes à leur face supérieure, glauques en dessous, longues de douze à quinze lignes; les pétioles à peine longs de deux. Les fleurs sont disposées en petites panicules axillaires, opposées, solitaires ou deux à deux, ramifiées par dichotomies, munies à leur base de deux petites bractées subulées. Le calice est glabre; la corolle d'un rose clair, longue d'un pouce; les deux lèvres très-courtes : la supérieure droite, l'inférieure pendante; les filamens et les anthères couleur de rose; les semences ovales. Cette plante croît au Chili. (Poir.)

RIZOLE. (*Bot.*) Voyez Oryzopsis. (Poir.)

RIZOLITHES. (*Foss.*) Des auteurs anciens ont donné ce nom a des racines pétrifiées, ou à ce qu'ils ont cru être des racines. (D. F.)

RIZOPHORA. (*Bot.*) Voyez Rhizophora. (Lem.)

RO. (*Bot.*) Suivant Kæmpfer le pétasite, *tussilago petasites*, est ainsi nommé au Japon. (J.)

ROALO. (*Bot.*) Suivant Garidel, les Provençaux donnent ce nom à la plante du coquelicot, *papaver rhœas*, et celui de *manduy* à sa fleur. (J.)

ROAZ. (*Mamm.*) Nom du marsouin en portugais. (Desm.)

ROB. (*Chim.*) Nom qu'on donne aux extraits obtenus

des sucs de presque tous les fruits, et particuliérement de ceux du suc de groseille et du suc des baies de sureau. (Ch.)

ROBAI. (*Bot.*) Voyez Obai. (J.)

ROBBÆJRE. (*Bot.*) Nom égyptien de l'*alsine prostrata*, selon Forskal. (J.)

ROBBE ou ROBBEKEN. (*Mamm.*) Noms hollandois du lapin. (Desm.)

ROBE. (*Mamm.*) Ce nom est employé pour désiguer le pelage d'un quadrupède. On l'emploie surtout, lorsqu'il s'agit de décrire les couleurs de l'animal. (Desm.)

ROBE. (*Conchyl.*) Quelques conchyliologistes, et entre autres Denys de Montfort, ont employé ce nom pour désigner l'ensemble de la coloration des coquilles, comme cela a lieu quelquefois pour les mammifères. (De B.)

ROBE BIGARRÉE. (*Conchyl.*) Nom marchand d'une espèce de volute, *voluta cymbium*, Linn. (De B.)

ROBE DE PERSE. (*Conchyl.*) C'est la dénomination que les marchands de coquilles donnent aussi à une espèce de fasciolaire, *F. trapezium* de M. de Lamarck; *murex trapezium*, Linn., sans doute à cause de sa coloration blanche ou roussàtre, bariolée de lignes rousses. (De B.)

ROBE PERSIENNE. (*Conchyl.*) C'est encore un nom marchand d'une espèce de cône, *conus regius*, mais rarement employé. (De B.)

ROBE DE SERGENT. (*Bot.*) Variété de prune cultivée à Toulouse et dans quelques parties du Midi de la France. (L. D.)

ROBERGIA. (*Bot.*) Genre de plantes dicotylédones, à fleurs complètes, polypétalées, de la famille des *térébinthacées*, de la *décandrie pentagynie* de Linnæus, dont le caratère essentiel consiste dans un calice persistant, à cinq divisions; cinq pétales; dix étamines; un ovaire supérieur; cinq styles; un drupe à une semence revêtue d'une enveloppe fragile.

Robergia frutescente : *Robergia frutescens*, Willd., *Spec.*, 2, pag. 752; *Rourea frutescens*, Aubl., Guian., 1, tab. 187. Arbrisseau dont la tige est tortueuse, haute de quatre à cinq pieds; l'écorce roussàtre; le bois dur, compacte et blanchàtre; elle produit des branches tortueuses qui se répandent sur les

arbres voisins. Les feuilles sont alternes, pétiolées, ailées avec
une impaire, composées de sept à neuf folioles inégales, opposées, ovales, lisses, entières, vertes en dessus, couvertes
en dessous d'un duvet court et blanchâtre, munies à la base
du pétiole commun de deux stipules caduques et coriaces.
Les fleurs sont disposées en panicules axillaires, terminales,
médiocrement étalées, plus courtes que les feuilles. Le calice
est divisé en cinq folioles verdâtres, fermes et velues; la corolle blanche, à cinq pétales arrondis, d'une odeur très-
agréable, plus douce que celle du lilas; les étamines sont filiformes, un peu plus longues que la corolle; les anthères
rondes, petites, à deux loges; l'ovaire arrondi; les cinq
styles de la longueur des étamines; les stigmates oblongs,
épais, sillonnés; un drupe ovale, noirâtre, renfermant une
semence verdâtre. Cette plante croît dans les forêts de la
Guiane. (Poir.)

ROBERGIA GLABRE : *Robergia glabra; Rourea glabra,* Kunth *in*
Humb., *Nov. gen.*, 7, pag. 41. Ses rameaux sont glabres, cylindriques, d'un pourpre noirâtre, couverts d'une poussière
cendrée. Ses feuilles sont éparses, pétiolées, ailées avec une
impaire, composées de trois à cinq paires de folioles oblongues, acuminées, arrondies et un peu en cœur à leur base,
très-entières, glabres, coriaces, un peu luisantes en dessus,
longues, par gradation, d'un pouce à un pouce et demi, la
terminale longue de trois pouces; les panicules sont géminées, munies de petites bractées ovales, concaves, velues
à leurs bords; les fleurs blanchâtres, pédicellées. Le calice
est glabre, ses divisions sont ovales, arrondies, un peu aiguës,
frangées et velues à leurs bords; les pétales, en ovale renversé, arrondis et un peu concaves au sommet, sont insérés à
la base du calice; des cinq ovaires, quatre avortent très-
souvent; chaque ovaire offre deux ovules. Le fruit n'a point
été observé. Cette plante croît sur les bords du fleuve de
l'Orénoque. (Poir.)

ROBERT LE DIABLE. (*Entom.*) Nom donné par Geoffroy
à un papillon de jour, qu'il appelle aussi *gamma*, et qui est
une vanesse de Fabricius; nous l'avons décrit dans ce Dictionnaire, tome XXXVII, page 411, sous le n.° 110. Voyez PAPIL-
LON. (C. D.)

ROBERTIA. (*Bot.*) Genre de plantes dicotylédones, à fleurs composées, de l'ordre des chicoracées, de la *syngénésie polygamie égale* de Linnæus, offrant pour caractère essentiel : Un involucre composé de folioles égales, placées sur un seul rang ; des demi-fleurons tous fertiles et hermaphrodites ; cinq étamines syngénèses ; le réceptacle garni de paillettes membraneuses, semblables aux folioles de l'involucre ; les semences couronnées d'une aigrette sessile et plumeuse.

ROBERTIA DENT-DE-LION : *Robertia taraxacoides*, Decand., Fl. franç., Suppl., 453 ; *Seriola taraxacoides*, Lois., *Fl. Gall.*, 530, tab. 18. Cette plante, très-rapprochée des *seriola*, en diffère par son aigrette sessile et non pédicellée. Elle ressemble par son port à quelques variétés de la dent-de-lion. Sa tige est glabre, ainsi que toutes ses autres parties. Les feuilles naissent toutes immédiatement de la racine ; elles sont pétiolées, rongées ; les lobes intérieurs étroits, aigus, recourbés du côté de la base, le lobe terminal plus grand, ovale, ou un peu échancré à sa base, de manière à former deux petites oreillettes aiguës ; les hampes sont longues de deux ou trois pouces, à demi étalées, nues ou chargées de deux folioles linéaires, très-petites ; chaque hampe se termine par une fleur jaune, plus petite que dans la dent-de-lion ; l'involucre n'est point imbriqué, mais composé d'un seul rang de folioles. Cette plante croit dans l'ile de Corse. (POIR.)

ROBERTIA. (*Bot.*) Scopoli, sous ce nom, a voulu séparer du genre *Sideroxylum* les espèces qui ont dix étamines et une baie à trois ou cinq loges. Plus récemment M. Merat, dans sa Flore parisienne, a donné le même nom à l'*helleborus hyemalis*, dont il fait un genre, caractérisé par une sixième partie ajoutée au calice et à la corolle, et par une feuille formant un involucre autour de la fleur. Ce genre avoit déjà été fait par Boerhaave et Adanson, sous le nom de *helleboroides*, et par M. Biria sous celui de *kœllea* ; mais il n'a pas encore été adopté. (J.)

ROBERTSONIA. (*Bot.*) Genre de M. Haworth, qui ne paroît pas différer assez du *saxifraga*. (J.)

ROBERY. (*Ornith.*) Ce nom et celui de *Roable* sont au nombre des dénominations vulgaires du troglodyte, *motacilla troglodytes*, Linn. (CH. D.)

ROBET. (*Conchyl.*) Adanson (Sénég., page 248, pl. 18,
fig. 6) décrit et figure une coquille bivalve du genre Arche,
que Gmelin a nommé *A. senegalensis.* (De B.)

ROBGI. (*Ichthyol.*) Voyez Rabaji. (H. C.)

ROBIN. (*Ornith.*) L'oiseau connu sous ce nom dans l'Amérique septentrionale, est la grive erratique ou litorne du
Canada, *turdus migratorius*, Linn., dont la description se
trouve au tome XXX de ce Dictionnaire, p. 146. (Ch. D.)

ROBINE. (*Bot.*) C'est une variété de poire. (L. D.)

ROBINET. (*Bot.*) On donne ce nom, dans quelques cantons,
à la lychnide dioïque. (L. D.)

ROBINET DÉCHIRÉ. (*Bot.*) C'est la lychnide fleur de coucou. (L. D.)

ROBINIA. (*Bot.*) Voyez Robinier. (Lem.)

ROBINIER, *Robinia.* (*Bot.*) Genre de plantes dicotylédones, à fleurs complètes, papilionacées, de la famille des
légumineuses, de la *diadelphie décandrie* de Linnæus, offrant pour caractère essentiel : Un calice fort petit, tronqué
ou à quatre lobes peu marqués ; une corolle papilionacée ;
dix étamines diadelphes ; l'ovaire oblong ; le stigmate velu
antérieurement ; une gousse oblongue, comprimée, à plusieurs semences.

Parmi les nombreuses et belles espèces renfermées dans ce
genre, on en trouvoit dont les gousses étoient renflées ou
cylindriques et non comprimées, renfermant des semences
presque globuleuses ; un stigmate glabre. M. de Lamarck en a
formé un genre particulier décrit dans cet ouvrage. (Voyez
Caragan.)

Robinier faux acacia : *Robinia pseudo-acacia*, Linn., *Spec.*;
Duham., Arbr., édit. nouv., 2, tab. 16 ; Mich., Arb. amér.,
3, tab. 1. Grand et bel arbre de l'Amérique septentrionale,
aujourd'hui généralement cultivé en Europe sous le nom vulgaire d'*acacia*. Sa forme est très-élégante ; ses rameaux sont
armés, surtout dans leur jeunesse, de fortes épines ; son feuillage est transparent et léger, il est composé de feuilles alternes, pétiolées, ailées avec une impaire, à quinze ou vingt-
cinq folioles, glabres, pédicellées, presque opposées, ovales,
entières, d'une verdure très-agréable. Les fleurs sont d'une
blancheur de neige, d'une odeur très-agréable qui se répand

au loin ; elles s'épanouissent au printemps, et sont réunies en belles grappes nombreuses et pendantes ; il leur succède des gousses planes, comprimées, relevées en bosse, contenant des semences un peu aplaties et en forme de rein.

Le nom de *robinia*, appliqué à ce genre par Linné, est celui de Jean Robin, auquel on doit l'introduction en France de cet arbre précieux. Il le cultiva, sous le règne de Henri IV, vers l'an 1600, de graines qu'il avoit reçues de l'Amérique : elles ont si bien réussi, qu'aujourd'hui cet arbre est devenu une acquisition assurée, et peut rivaliser avec plusieurs des arbres de nos forêts. « C'est, dit M. Desfontaines, un des plus « beaux que l'on puisse employer à l'ornement des jardins « et des bosquets. Les usages nombreux auxquels il peut ser- « vir, lui assignent un des premiers rangs parmi les végétaux « utiles qui nous ont été apportés des pays étrangers. Les trou- « peaux mangent avec avidité les feuilles du faux acacia nou- « vellement cueillies, et lorsqu'elles sont sèches, elles four- « nissent un excellent fourrage pour l'hiver. Ses fleurs sont « employées en médecine comme antispasmodiques ; elles en- « trent dans la préparation d'un sirop agréable et rafraîchis- « sant que l'on boit délayé dans de l'eau pour se désaltérer. « On est aussi parvenu à en retirer une teinture jaune, par « un procédé dont M. François de Neufchâteau a donné la « description. Le bois du faux acacia est dur, pesant, d'un « grain serré, uni et susceptible d'un beau poli ; on en fait « des meubles et des ouvrages de tour. Sa couleur est jaune, « veinée de bandes brunes tirant sur le vert. En Amérique « on l'emploie dans les constructions, et les Anglois le pré- « fèrent à tout autre bois pour des chevilles de vaisseaux. « Il résiste à l'humidité, et est très-bon pour des pilotis ; « il est excellent pour le chauffage. M. d'Ambournai dit « qu'en le faisant bouillir avec les laines, il leur commu- « nique une couleur jaune à laquelle on peut donner diffé- « rens degrés d'intensité. On fait avec les jeunes branches « des cerceaux et des échalas d'une longue durée pour sou- « tenir la vigne.

« Le faux acacia se multiplie de graines et de drageons. On « sème les graines, en automne ou vers le commencement de « Mai, dans une terre légère et ombragée, que l'on arrose

« de temps en temps si la saison est sèche. Lorsqu'on sème
« au printemps, il est bon de laisser tremper la graine dans
« l'eau pendant deux ou trois jours avant de la mettre en
« terre, pour la ramollir et faciliter l'éruption du germe : on
« abrite les jeunes plants des gelées de l'hiver en les couvrant
« avec de la paille, et on peut les transplanter à demeure
« lorsqu'ils ont deux ou trois ans. Si on veut multiplier le
« faux acacia de rejets et s'en procurer une grande quantité,
« il faut scier par la base de jeunes pieds, découvrir un peu
« les racines, et leur faire de petites entailles d'espace en
« espace; alors on verra paroître au printemps des forêts de
« pousses nouvelles, qu'on pourra planter l'année suivante.
« Le faux acacia vient également isolé ou en massifs; il ne
« craint pas le voisinage des autres arbres, et il réussit très-
« bien au milieu de jeunes chênes et de châtaigniers, aux-
« quels il sert d'abri contre l'ardeur du soleil. Son accroisse-
« ment est très-rapide; on en a mesuré des jets d'une année
« qui avoient jusqu'à deux mètres et plus de longueur. Quoi-
« qu'il parvienne à une grande élévation, on peut cependant
« le tailler et le tenir à la hauteur que l'on veut, et comme
« il pousse un grand nombre de branches latérales armées
« de fortes épines, il est très-propre à former des clôtures. Il
« ne faut pas le planter sur la lisière des champs cultivés,
« parce que ses racines tracent à une grande distance. Lors-
« qu'on veut en obtenir des cerceaux et des échalas, on lui
« coupe la tête à l'âge de trois ou quatre ans. Je suis persuadé
« que le faux acacia cultivé en taillis, seroit d'un grand pro-
« duit : il vient dans presque tous les terrains, mais il aime
« de préférence ceux qui sont légers et exposés au nord ; peut-
« être seroit-il possible d'employer cet arbre à fertiliser des
« terrains sablonneux et incultes sur le bord de nos mers.
« Les habitans de l'Amérique septentrionale en font le plus
« grand cas et le cultivent avec beaucoup de soins. Il est
« commun dans les forêts du Maryland, de New-York, de la
« Pensylvanie, etc. On le regarde comme un des arbres les
« plus précieux de ce continent. Les lecteurs qui désirent
« avoir des détails plus étendus sur le faux acacia et sur sa
« culture, peuvent consulter le Mémoire intéressant de M.
« Saint-Jean Crève-Cœur, imprimé parmi ceux de la Société

« d'agriculture de Paris, année 1786, et l'ouvrage de M. Fran-
« çois de Neufchâteau, publié en 1803, sous le titre de Lettre
« à un de ses amis sur le robinier; on y trouvera tout ce qu'il
« importe de savoir relativement à cet arbre utile. On cul-
« tive dans les jardins une variété de faux acacia, ou peut-
« être même une espèce distincte qui n'a point d'épines, qui
« s'élève beaucoup moins et qui est surtout remarquable par
« ses rameaux inclinés et extrêmement touffus; elle est moins
« avantageuse que l'autre, mais elle est propre à former des
« ombrages impénétrables aux rayons du soleil. » (Desf.,
Arbr., 2, pag. 504.)

ROBINIER VISQUEUX : *Robinia viscosa*, Vent., Jard. de Cels,
tab. 4; Mich., Arb. amér., 3, tab. 2; *Robinia glutinosa*, *Bot.
Magaz.*, 560. Cet arbre, par sa grandeur et sa force, ressemble
beaucoup au précédent : il en diffère par ses fleurs nuancées
de rose et sans odeur, par ses épines plus courtes, et surtout
par une matière visqueuse qui abonde dans les jeunes rameaux. Son tronc s'élève à douze ou quinze mètres; ses jeunes
rameaux sont velus; ses feuilles ailées avec une impaire, composées de dix-neuf à vingt-une folioles presque sessiles,
ovales, obtuses, terminées par une petite pointe, d'un vert
foncé en dessus, plus pâles en dessous, munies de quelques
poils rares et couchés; la base des pétioles est garnie de deux
aiguillons ou stipules roides, piquantes, subulées, dont une
seule à l'insertion de chaque pédicelle. Les fleurs sont disposées
en grappes simples, solitaires, plus courtes que les feuilles. Les
pédoncules sont pubescens et glanduleux; les calices rougeâtres,
pubescens; les gousses oblongues, comprimées. Cet arbre est
originaire des hautes montagnes de la Caroline, sur les monts
Alleghanys et vers les sources de la rivière de Savanah, où il fut
découvert par Michaux père. Il est aujourd'hui très-répandu
dans les jardins; il mérite d'y être multiplié pour l'ornement
des bosquets. On le greffe avec succès sur le faux acacia; on
le multiplie de graines et de drageons enracinés. Son bois,
peu différent du premier, pourra être employé aussi utile-
ment.

ROBINIER HISPIDE : *Acacia hispida*, Linn., *Mant.*; Duham.,
Arbr., éd. nouv., 2, tab. 18; *Bot. Magaz.*, tab. 311; Schum.,
Arb., 1, tab. 31, vulgairement ACACIA ROSE. Cette espèce est

très-distincte par ses belles et grandes fleurs, et par les poils roides dont sont garnis ses tiges et ses calices. Cet arbrisseau est assez fort, d'une grande élégance; il s'élève à la hauteur de six ou dix pieds, quelquefois de vingt et plus. Ses rameaux sont étalés, un peu pendans, velus, rarement épineux; les feuilles ailées, composées de treize à quinze folioles alternes, pédicellées, larges, ovales, un peu arrondies, presque glabres, obtuses. Les grappes sont axillaires, presque simples, chargées de grandes et belles fleurs d'une couleur de rose très-éclatante, quelquefois mélangée de pourpre. Le calice est court, d'un brun roussâtre, très-hispide, ainsi que le pédoncule, à cinq dents très-aiguës; la corolle au moins une fois aussi grande que celle du faux acacia.

Cet arbrisseau croît sur les hautes montagnes de la Caroline, C'est à Lemonnier, dit M. Desfontaines, que les amateurs des fleurs et des jardins doivent ce charmant arbrisseau, l'un des plus beaux ornemens de nos parterres, lorsqu'au retour du printemps il est paré de son feuillage et couvert de ses belles grappes de fleurs, qui sont inodores, mais qui brillent du plus vif éclat. Il est très-rare qu'il porte des graines dans nos climats. On le greffe en fente ou en écusson sur le faux acacia; comme son bois est cassant, il faut le greffer très-bas, recouvrir la souche de terre et l'appuyer avec des tuteurs, ou bien l'abriter contre un mur, sans quoi il court risque d'être brisé par les vents, ou même par son propre poids quand il est chargé de fleurs.

ROBINIER PANACOCO : *Robinia panacoco*, Aubl., Guian., 2, tab. 3o7; *Robinia tomentosa*, Willd., *Spec.* Il est douteux que cette espèce appartienne à ce genre. D'après Aublet, cet arbre est un des plus grands et des plus gros qu'il y ait dans la Guiane. Son tronc s'élève à soixante pieds et plus, sur environ trois pieds de diamètre, composé à sa base de sept à huit côtes réunies, tellement écartées à leur partie inférieure, qu'elles forment des cavités de six à huit pieds de profondeur sur autant de largeur, cavités entre lesquelles se retirent les bêtes fauves. L'écorce est brune et laisse écouler une résine rougeâtre, liquide, qui se dessèche et devient noirâtre. Le bois est dur, compacte, rougeâtre : il noircit en vieillissant; son aubier est blanc. Les branches sont très-fortes;

les rameaux tortueux, tendres, moelleux, striés, couverts d'un duvet roussâtre. Les feuilles sont alternes, ailées, composées de onze à quinze folioles sessiles, opposées, de grandeur inégale, ovales, ridées, glabres en dessus, revêtues en dessous d'un duvet cendré, entières à leurs bords, acuminées; les pétioles velus, munis de deux larges stipules, épaisses, concaves, caduques, couvertes d'un duvet brun. Les grappes sont simples, terminales; le calice à cinq petites dents aiguës; la corolle rougeâtre; les étamines saillantes; les gousses comprimées, alongées, aiguës à leurs deux extrémités, renfermant quatre à cinq semences anguleuses. Cette plante croit dans l'ile de Cayenne.

On emploie l'écorce de cet arbre dans les tisanes sudorifiques. Son bois passe pour incorruptible. On s'en sert dans les constructions des bâtimens, et particulièrement pour les cases qui sont entourées de palissades, où il se conserve très-long-temps. Lorsqu'on fait quelques entailles à l'écorce de cet arbre, il en découle une liqueur balsamique et résineuse très-abondante. Les Indiens noiragues, venus du Para, appellent cet arbre *palo-santo*, nom que lui donnent les Portugais. Il est appelé *panacoco* par les Galibis, et *bois-de-fer* par les habitans européens qui sont à Cayenne.

ROBINIER NICOU : *Robinia nicou*, Aubl., Guian., 2, tab. 308; *Robinia scandens*, Willd., Spec.; *Lonchocarpus nicou*, Dec., Prodr., 261. Arbrisseau dont la tige est épaisse de deux ou trois pouces, divisée en grosses branches sarmenteuses et en rameaux qui s'étendent sur les arbres voisins et en couvrent la cime. Les feuilles sont ailées, composées de sept folioles opposées, pédicellées, lisses, vertes, entières, ovales, très-acuminées au sommet, fort grandes, réticulées, munies à leur base de deux petites stipules caduques. Les fleurs sont axillaires, disposées en épi; le calice est d'une seule pièce, à cinq dents aiguës, inégales; la corolle purpurine; l'ovaire un peu arqué : il lui succède une gousse plane, oblongue, étroite, aiguë à ses deux extrémités, renfermant trois ou quatre semences roussâtres. Cette plante croît dans la Guiane à Orapu. Elle est nommée *nicou* par les Galibis, et *liane à enivrer les poissons* par les habitans. Ils se servent des sarmens fendus, nouvellement coupés et mis en paquets, pour battre l'eau des ruisseaux, ce qui occasionne une espéce d'engourdissement aux poissons qui s'y trouvent ; alors ceux-ci viennent au-dessus de l'eau et y restent immobiles.

ROBINIER DES HAIES ; *Robinia sepium*, Jacq., *Amer.*, 211, tab. 179, fig. 101. Arbre d'environ trente pieds, dépourvu d'aiguillons, dont le port approche de celui du faux acacia. Il se divise en rameaux étendus, alongés, cylindriques, garnis de feuilles composées de onze ou treize folioles ovales, obtuses, entières, rétrécies vers leur sommet, opposées, luisantes à leurs deux faces, longues de deux pouces. Les fleurs sont disposées en grappes axillaires ; le calice est campanulé, à cinq petites dents, les deux supérieures plus rapprochées, la corolle inodore, couleur de rose ; les gousses brunâtres, planes, oblongues. Cette plante croît en Amérique, à Carthagène. On l'emploie, dans son pays natal, pour former les haies des jardins : elle croît par rejetons avec beaucoup de rapidité et résiste très-bien aux intempéries de l'air. Les naturels l'appellent *raton* ou *mata-raton*.

ROBINIER AMBIGU : *Robinia ambigua*, Poir., Encycl., Suppl.; *Robinia dubia*, Foucault, Journ. bot., 4, pag. 204. Cet arbre, dit M. de Foucault, paroît être une espèce hybride, mitoyenne entre le *robinia viscosa* et le *pseudo-acacia ;* il n'affecte point la forme de buisson comme le *robinia viscosa*. Son tronc, revêtu d'une écorce d'un vert foncé, se divise en branches alternes; les jeunes rameaux, les pétioles sont manifestement glanduleux, mais très-rarement visqueux, même dans les plus grandes chaleurs. Les feuilles sont composées de quinze à dix-sept folioles ovales, arrondies, d'un vert un peu sombre, plus pâles en dessous, couvertes de quelques poils à peine sensibles; deux stipules courtes, épineuses, triangulaires. Les fleurs sont disposées en grappes simples, axillaires, lâches, pendantes, alongées, odorantes; les corolles couleur de rose; les pédicelles glanduleux; les calices rougeâtres, pubescens, à trois dents aiguës et une quatrième bifide; les bractées colorées, concaves, un peu déchiquetées, terminées par une longue pointe sétacée. Cet arbre paroît être une espèce hybride. (POIR.)

ROBINSONIA. (*Bot.*) Genre de plantes dicotylédones, à

fleurs complètes, polypétalées, de l'*icosandrie monogynie* de Linnæus, offrant pour caractère essentiel : Un calice persistant,
à cinq dents; cinq pétales; des étamines nombreuses, insérées
sur le calice; un ovaire adhérent avec le calice; un stigmate
sessile; une baie charnue, à deux loges, contenant chacune
une semence couverte de poils.

Robinsonia a feuilles de mélianthe : *Robinsonia melianthifo-
lia*, Willd., *Spec.*, 2, pag. 999; *Touroulia guianensis*, Aubl.,
Guian., 1, tab. 194; Lamk., *Ill. gen.*, tab. 424. Grand arbre
de quarante à cinquante pieds, d'un diamètre de deux pieds :
le bois est roussàtre; l'écorce épaisse et ridée; les branches sont
très-étalées: les rameaux noueux, quadrangulaires, garnis à
chaque nœud de deux feuilles opposées, pétiolées, ailées
avec une impaire, composées d'environ quatre paires de folioles sessiles, opposées, vertes, lancéolées, glabres, dentées,
acuminées, longues de quatre à cinq pouces sur un pouce et
demi de large, dont les nervures se terminent au bord des
folioles en un filet aigu ; le pétiole commun est canaliculé,
bordé entre les folioles d'une membrane courante, muni à
sa base de deux petites stipules intermédiaires et caduques.
Les fleurs sont presque sessiles, disposées en grappes terminales, paniculées; les ramifications opposées, munies de deux
bractées courtes, concaves, jaunàtres; le calice est de forme
conique; la corolle jaune, à cinq pétales arrondis, concaves,
onguiculés; les étamines insérées sur le calice, plus courtes
que la corolle; les anthères à deux loges divergentes. L'ovaire
se convertit en une baie de la grosseur d'une cerise, roussàtre, striée, couronnée par les dents du calice, d'une saveur agréable, acidulée, bonne à manger, divisée en plusieurs
loges, de deux à sept, séparées par des cloisons membraneuses. Chaque loge renferme une semence oblongue, comprimée
à ses deux faces, revêtue d'un duvet roussàtre. Cet arbre
croît dans les forêts désertes de la Guiane, proche la rivière
de Sinémari. Les Galibis le nomment *touroulia*. (Poir.)

ROBLE. (*Bot.*) Nom du chêne, *quercus robur*, dans les environs de Bayonne, suivant Clusius, *in Aquitanià cantabris
finitimà*. (J.)

ROBLE ou ROBRE. (*Bot.*) On donne ces noms au chêne
dans les Pyrénées orientales. (L. D.)

ROBLE DE DUELA. (*Bot.*) Dans le Mexique , près de Xalapa, on donne ce nom à un chêne, *quercus xalapensis*, de la Flore équinoxiale. (J.)

ROBLOT. (*Ichthyol.*) Un des noms vulgaires des petits Maquereaux. Voyez ce mot et Scombre. (H. C.)

ROBOLO. (*Ichthyol.*) Nom spécifique d'un Lépisostée, décrit dans ce Dictionnaire , tome XXVI, page 56. (H. C.)

ROBULE, *Robulus.* (*Conchyl.*) Denys de Montfort (Conch., syst., t. 1, page 2i5) a établi sous ce nom un genre distinct de coquilles polythalames, microscopiques, pour une espèce qui rentre dans le genre Lenticuline de M. de Lamarck, dont le dos est caréné et armé, les centres mamelonnés, les cloisons simples et la dernière triangulaire étant percée à l'angle dorsal par une ouverture pyriforme. C'est peut-être une simple variété du *nautilus calcar*, figurée dans von Fichtel, t. i3, fig. *e, f, g*, et que Denys de Montfort nomme le R. tranchant, R. *cultratus.* Cette coquille, qui a trois quarts de ligne de diamètre, se trouve, dit celui-ci, à la Coroncine en Toscane. (De B.)

ROBUR. (*Bot.*) Nom latin du chêne rouvre, *quercus robur*, espèce la plus commune dans nos bois. Plusieurs autres sont citées sous le même nom par Clusius et C. Bauhin, et particulièrement celles qui sont chargées de galles ou excroissances produites par des piqûres d'insectes. (J.)

ROBUS. (*Bot.*) Columna et Dodoëns citent ce nom comme appartenant au blé barbu. (J.)

ROC. (*Ornith.*) Cet oiseau, si fameux dans les contes arabes, qui est aussi appelé *ruch* par les Orientaux, est le condor, *vultur gryphus*, Linn. (Ch. D.)

ROCAIREUL. (*Ornith.*) C'est en Piémont un des noms du guépier commun, *merops apiaster*, Linn. (Ch. D.)

ROCAMA. (*Bot.*) Ce genre de Forskal est le *trianthema pentandra*, qui a cinq étamines et deux styles. (J.)

ROCAMBOLE. (*Bot.*) Espèce d'ail, *allium scorodoprasum*, cultivée dans les potagers et mêlée dans les alimens. Voyez Ail. (J.)

ROCAME. (*Bot.*) Voyez Trianthème. (Poir.)

ROCAR. (*Ornith.*) Le merle du cap de Bonne-Espérance, auquel Levaillant a donné ce nom, est le *turdus rupestris*,

45.   33

Vieill., dont la description se trouve au tome XXX de ce Dictionnaire, page 157. (Ch. D.)

ROCCARDIA. (*Bot.*) Le genre de composées, fait sous ce nom par Necker, étoit auparavant connu sous celui de *vernonia*, donné par Schreber, adopté par Michaux, Willdenow et tous les modernes. (J.)

ROCCELLA, Orseille. (*Bot.*) Genre de la famille des lichens, établi par M. De Candolle, adopté par Acharius et la plupart des botanistes, excepté Meyer, qui le réunit au *Parmelia*, genre où il en ramène beaucoup d'autres qui, cependant, sont généralement admis (voyez Ramalina). Acharius aussi avoit été d'abord de cet avis.

Le *Roccella* est distingué, 1.° par son thallus coriace et cartilagineux, divisé en tiges rameuses et découpées, à rameaux alongés, aplatis ou plans, quelquefois cylindriques, redressés ou pendans, pleins et cotonneux intérieurement; 2.° par les apothéciums ou scutelles épaisses, sessiles, d'abord hémisphériques, puis planes, colorées, entourées par un rebord formé par le thallus lui-même, dans lequel les scutelles se trouvent logées; 3.° par des paquets épars sur le thallus, et formés d'une poussière blanche, comme on l'observe dans le *Physcia* et autres genres; 4.° par des tubercules noirs, épars et rares.

Les espèces sont peu nombreuses, au nombre de six ou sept; elles se font remarquer par leur roideur, leur couleur généralement blanc-grisâtre ou verdâtre avec les scutelles noires, toujours glauques. Elles croissent sur les rochers, particulièrement sur ceux maritimes : elles tirent même leur nom générique de cette manière de croître.

1. L'Orseille des teinturiers : *Roccella tinctoria*, Decand., Fl. fr., n.° 906; Ach., *Synops.*, p. 243; *Lichen Roccella*. Linn.; Sowerb., *Engl. Bot.*, pl. 211; Dill., *Musc.*, pl. 17, fig. 39, vulgairement Orseille et Orceille, Orseille des Canaries. Thallus en tige redressée, cylindrique ou à peu près, blanchâtre ou d'un vert glauque, simple ou peu rameuse; scutelles éparses, élevées, à disque plan, d'un noir bleuâtre ou noir, et comme givreux; tubercules noirâtres, épars. Cette plante croît sur les rochers des bords de la mer, partout dans l'Europe méridionale, aux Açores, aux îles Canaries, à Bourbon,

etc.; elle forme de petites touffes ou bouquets d'un à trois pouces de longueur, qui couvrent quelquefois les rochers. Cependant elle varie beaucoup, et il est possible que les botanistes confondent en elle plusieurs espèces.

Depuis long-temps cette plante est employée, dans l'art du teinturier, pour donner à la soie et à la laine diverses teintes roses ou purpurines. Ces teintes sont très-riches, mais fugaces, de sorte qu'elles sont peu en usage maintenant : cependant on est parvenu à en fixer quelques-unes. Elle entre aussi dans les compositions qui donnent la couleur nommée *carmélite*. Il paroît que les Anglois teignent d'abord en orseille les laines qu'ils destinent à la cuve d'Inde, et que c'est de là que procède le chatoyant de leurs bleus foncés. (Voyez *Dambourney*, Traité des teint.) Les marbriers emploient l'orseille pour colorer le marbre blanc, et y faire des veines et des taches bleues agréables.

L'on recueille ces lichens et plusieurs autres espèces. en grattant les rochers, ensuite on les fait sécher, puis on les met dans des sacs ou des tonneaux, et on les livre au commerce sous les noms d'*orseille* ou *orceille*, et d'*orcelle*, qui paroissent des dérivés de *roccella*, nom donné à cette plante, en Italie, sans doute parce qu'elle croît sur les rochers.

L'orseille qu'on tire des Canaries est la plus estimée : on la prépare du reste comme la parelle, en la réduisant en poudre et en la faisant macérer dans l'urine. On en compose une pâte molle, rouge-violette, qui est proprement l'*orseille d'herbe* ou l'*orseille des Canaries*. On nomme *orseille de terre* ou d'Auvergne, la même pâte, préparée avec la paralle ou perelle.

On a avancé que la pourpre des anciens avoit pu être donnée par l'orseille, mais cela n'est pas ; cependant elle a pu être remplacée quelquefois par la teinture d'orseille. On a attribué la même chose à quelques plantes marines, ou *fucus*, de la famille des algues, encore employées en teinture ; et ce sont elles qu'Imperato a nommées *roccella* : il en a été question à l'article CERAMIANTHEMUM. Il ne faut pas les confondre, à cause de la similitude de leur nom de *roccella*, avec les lichens dont nous traitons. Toutes ces plantes croissent sur les rochers, *roccia* et *rocca*, en italien, et elles ont reçu de là le nom de *roccella*, qui leur a été donné bien avant qu'il fût appliqué à l'orseille.

On trouve, au cap de Bonne-Espérance, une variété du *roccella tinctoria*, remarquable par son thallus filiforme, cylindrique, très-long, presque simple, couché et pendant.

2. Le Roccella faux varec : *Roccella phycopsis*, Achar.; Dill., *Musc.*, pl. 22, fig. 60. Cette espèce est cylindrique-comprimée, un peu anguleuse, d'un vert cendré, très-rameuse, à rameaux, et leurs divisions disposés presque en petits faisceaux; les scutelles sont éparses, à disque d'abord plan et givreux, puis nu, noir, avec un rebord irrégulier, qui finit par disparoître. Cette espèce croît communément sur les roches maritimes, en Angleterre, en France, en Italie, et, dit-on, dans les Indes orientales. Elle est d'une petite stature, et a été souvent confondue avec l'espèce précédente.

3. Le Roccella varec : *Roccella faciformis*, Decand., Fl. fr.; Ach., *Lichen faciformis*, Linn.; Sowerb., *Engl. Bot.*, pl. 728; Dill., *Musc.*, pl. 23, fig. 61, et pl. 22, fig. 61. Thallus comprimé-plan, très-coriace, ferme, d'un gris ou blanc cendré, glauque, couvert d'une poussière fine, rameux, plusieurs fois dichotomes, à découpures linéaires ou lancéolées; scutelles situées sur les bords tranchans du thallus hémisphérique, noirâtre. Cette espèce est plane, longue de deux à quatre pouces, et quelquefois plus; on la trouve sur les rochers, au bord de la Méditerranée, de l'Océan, en France, en Angleterre, et même dans les Indes orientales. Acharius indique une variété dont les découpures sont rétrécies, presque linéaires, blanches ou glauques, bordées de tubercules farineux. Elle se trouve en Espagne et à Sumatra.

Enfin, une variété d'une petite stature se trouve sur les écorces des arbres. Elle est indiquée par M. de Candolle.

Nous ne ferons que citer ici le *roccella Boryi*, Delis., Fée, Essai, p. 101, pl. 2, fig. 25, trouvé, sur les rochers, aux îles de Bourbon et de Maurice, par Bory de Saint-Vincent. (Lem.)

ROCELLA. (*Bot.*) La plante nommée ainsi par Cardan est, selon C. Bauhin, un groseiller épineux, *ribes uva crispa*. L'orseille des Canaries, employé dans les teintures, espèce de lichen, est aussi nommé *roccella* par Imperato et Bauhin; c'est le *lichen roccella* de Linnæus. Voyez Roccella ci-dessus. (J.)

ROCH. (*Ichthyol.*) Nom hollandois de la *raie bouclée*. Voyez Raie. (H. C.)

ROCHAM. (*Ornith.*) Nom arabe du percnoptère d'Égypte, *vultur percnopterus, leucocephalus* et *fuscus*, Gmel. (Ch. D.)

ROCHASSIÈRE. (*Ornith.*) Magné de Marolles dit dans sa *Chasse au fusil*, page 523, qu'on connoit en Dauphiné trois espèces de perdrix rouges, dont la plus grosse est appelée *perdrix de roche*, et vulgairement *rochassière*, parce qu'elle n'habite que les montagnes arides et escarpées. (Ch. D.)

ROCHAU. (*Ichthyol.*) Un des noms vulgaires du spare clavière. Voyez Spare. (H. C.)

ROCHE. (*Min.*) Voyez Roches. (B.)

ROCHEA. (*Bot.*) C'est sous ce nom ou sous celui de *larochea*, que quelques auteurs ont séparé du genre *Crassula* les espèces dont les pétales, réunis par le bas, forment un tube divisé par le haut en cinq lobes. Elles paroissent devoir appartenir au *cotyledon*, dont elles diffèrent cependant par le nombre des étamines, réduit à cinq au lieu de dix. (Voyez Larochea.) Il y a encore un *Rochea* de Scopoli, genre non admis, qui est le *mantodda* de l'Hort. Malab. (J.)

ROCHEFORTE, *Rochefortia*. (*Bot.*) Genre de plantes dicotylédones, à fleurs complètes, monopétalées, de la famille des *rhamnées?* de la *pentandrie digynie* de Linnæus, offrant pour caractère essentiel : Un calice à cinq divisions, une corolle infundibuliforme; le tube court; le limbe à cinq lobes; cinq étamines; un ovaire supérieur; deux styles; le fruit globuleux, à deux loges polyspermes.

Rocheforte a feuilles en coin; *Rochefortia cuneata*, Swartz, *Fl. Ind. occid.*, 552. Arbrisseau de trois ou quatre pieds, dont la tige est chargée de branches droites, divisées en rameaux flexueux, lisses, cylindriques, épineux; les épines sont solitaires, proche l'insertion des pétioles. Les feuilles sont pétiolées, réunies par fascicules ordinairement au nombre de trois, ovales, presque cunéiformes, glabres, échancrées au sommet; les pétioles courts. Les fleurs sont petites, d'un vert blanchâtre, disposées en cimes plus courtes que les feuilles; les pédoncules presque dichotomes. Le calice est d'une seule pièce, à cinq divisions droites , ovales. pubescentes. La corolle est en entonnoir; le tube court, à cinq pouces ; le limbe à cinq découpures ouvertes, ovales, oblongues; les étamines sont insérées à l'orifice du tube de la corolle ; les anthères oblongues; l'ovaire est supérieur. velu, à stigmates velus, presque plumeux. Le fruit est arrondi, à deux loges. renfermant plusieurs semences petites, anguleuses. Cette plante croît sur les rochers arides, à la Jamaïque.

ROCHEFORTE A FEUILLES OVALES ; *Rochefortia ovata*, Swartz, *loc. cit.* Petit arbrisseau, dont les rameaux glabres, cylindriques, garnis de feuilles pétiolées, alternes, entières, ovales, échancrées au sommet, un peu velues, longues d'un pouce; les pétioles courts. Les fleurs sont réunies deux à deux en petits corymbes axillaires; le calice est divisé jusqu'à la base en cinq découpures ovales, droites, velues à leurs bords. La corolle a un tube campanulé, ouvert, de la longueur du calice; le limbe a cinq divisions oblongues. obtuses, un peu plus longues que le tube; les filamens sont plus courts que les divisions du limbe; les anthères grosses, oblongues, un peu pendantes; l'ovaire est glabre, comprimé, arrondi, surmonté de deux styles coniques, subulés, à stigmates aigus. Cette plante se trouve dans les buissons aux lieux pierreux, à la Jamaïque. (POIR.)

ROCHELIA. (*Bot.*) MM. Rœmer et Schultes ont, sous ce nom, séparé du *myosotis* les espèces à fruits chargés d'aspérités. La même séparation avoit été faite, par d'autres, sous les noms de *lappula* et *echinospermum* qui de même n'ont pas encore été admis. (J.)

ROCHER, *Murex.* (*Conchyl.*) Genre de coquilles établi par Linné d'une manière assez large pour renfermer la plupart des espèces que l'on comprend maintenant dans la famille des siphonostomes, mais qui a été successivement élagué, d'abord par Bruguière, qui ne comprenoit sous ce nom que les espèces qui offrent des bourrelets persistans, ce qui en éloignoit les fasciolaires, les fuseaux, les pyrules; ensuite par M. de Lamarck, qui en a retiré encore les espèces qui n'ont qu'un ou deux bourrelets, comme les struthiolaires, les ranelles et les tritons; et surtout par Denys de Montfort, Schumacher, et quelques autres conchyliologistes, qui en ont retranché celles qui ont un canal fort long et droit, et qui même ont été jusqu'à former des genres d'après le nombre des varices. Quoiqu'on puisse sans inconvénient réunir dans ce genre toutes les espèces qui ont des bourrelets, comme le faisoit Bruguière, nous adoptons la manière de voir de M. de Lamarck, comme facilitant davantage la connoissance des espèces, et nous définirons ce genre ainsi qu'il suit : Animal trachélipode, à manteau digité ou lobé au côté droit, pourvu d'un long canal respiratoire; la tête, avec deux tentacules, portant les yeux sur leur côté externe; une trompe à la bouche; pied rond ou ovale, court, avec un opercule corné, rond ou elliptique, à élémens imbriqués, ayant le sommet à une extrémité; sexes séparés; l'organe excitateur mâle exserte. Coquille ordinairement ovale, quelquefois oblongue ou claviforme; la spire constamment assez peu élevée, hérissée de bourrelets longitudinaux ou de varices, au moins au nombre de trois; ouverture petite, ovale ou subarrondie, symétrique par l'excavation égale des deux bords, et terminée en avant par un canal plus ou moins long, quelquefois fermé; bord gauche formé par une lame calleuse, appliquée sur la columelle; bord droit plus ou moins garni de varices. Ainsi, pour distinguer un rocher, suivant M. de Lamarck, il faut soigneusement considérer le nombre de ces varices ou bourrelets sur le dernier tour de la coquille. Quelquefois, par leur correspondance avec ceux des autres tours, il en résulte que la coquille est triquètre ou polygonale, tandis que dans les ranelles, qui n'en ont que deux bout à bout, elle est comme partagée en dos et en ventre. Dans les tritons, qui n'en ont également que deux, comme ils ne se correspondent pas sur les tours de spire, on distingue aisément ces coquilles des rochers véritables. Les struthiolaires s'en distinguent encore plus aisément, parce qu'il n'y a de bourrelet qu'au bord droit.

On connoît encore un assez grand nombre d'espèces de rochers ainsi définis : il en existe dans toutes les mers; mais elles sont toujours plus grosses, plus rameuses, plus chicoracées dans les mers des pays chauds que dans les nôtres. Nous allons en donner la caractéristique en les distribuant, autant que nous pourrons, en sections correspondantes aux genres proposés par les conchyliologistes.

A. *Espèces à tube grêle, fort long et épineux.*

Le Rocher forte-épine : *Murex crassispina*, de Lamk., Anim. sans vert.. t. 7, p. 157. n.° 3; *Murex tribulus*, Linn., Gmel., p. 3525, n.° 2; Martini. Conch.. 3. t. 113, fig. 1052-1054; vulgairement la grande Bécasse épineuse. Coquille un peu ventrue, à spire assez saillante, striée et sillonnée en travers; à canal très-long, garni dans toute sa longueur d'un triple rang d'épines longues. épaisses : couleur d'un fauve pâle.

De l'océan des grandes Indes.

Le R. fine-épine : *M. tenuispina*, de Lamk., *loc. cit.*, n.° 4; *M. tribulus*, var. β; Chemn., *Conch.*, 11, tab. 189, fig. 1821, et tab. 190, fig. 1822. Coquille de même forme que la précédente, mais dont les épines sont beaucoup plus fines, plus longues, plus serrées, et formant des rangées plus élégantes.

De l'océan des grandes Indes et des Moluques.

Le R. rare-épine : *M. rarispina*, id., ibid., n.° 5; Martini, *Conch.*. 3, t. 113. fig. 1056. Coquille de même forme que les précédentes; sillons transverses, submuriqués; épines antérieures longues, rares et subcourbées, les autres plus courtes et inégales, nulles à l'extrémité grêle du canal : couleur d'un gris violâtre.

Des mers de Saint-Domingue.

Le R. triple-épine; *M. ternispina*, id., ibid., n.° 6. Coquille à spire courte, muriquée, à trois rangs d'épines, dont trois sont beaucoup plus grandes que les autres, qui sont subcourbées : couleur blanche.

Patrie inconnue.

Le R. courte-épine; *M. brevispina*, de Lamk., *loc. cit.*, p. 159, n.° 7. Coquille de même forme que les précédentes, très-finement striée en travers, à spire courte, muriquée, avec trois séries d'épines, toutes très-courtes, et deux rangées transversales de tubercules distans les uns des autres; canal sub-épineux dans sa moitié antérieure seulement : couleur d'un blanc bleuâtre en dehors; ouverture rousse.

Patrie inconnue.

Je n'ai vu aucune de ces quatre dernières espèces de bécasses épineuses qui faisoient partie de la riche collection de coquilles de M. de Lamarck, maintenant en la possession du fils du maréchal Masséna : mais je ne suis pas éloigné de penser que ce ne sont que des variétés du *murex tribulus* de Linné.

B. *Espèces à tube fort long et sans épines.* (Genre BRONTE, Den. de Montf.)

Le ROCHER TÊTE-DE-BÉCASSE : *M. haustellum,* Linn., Gmel., p. 3524, n.° 1 ; Martini, *Conch.,* 3, t. 115, fig. 1066 ; vulgairement la TÊTE-DE-BÉCASSE. Coquille ronde ou ventrue, à spire courte, garnie de bourrelets mutiques et de trois séries de tubercules entre eux ; canal très-long et grêle ; ouverture mince, ronde, formée à gauche par une lame dépassant la columelle ; couleur d'un fauve rougeâtre, linéé de bai-brun en dehors ; l'entrée couleur de chair et sillonnée.

De l'océan des grandes Indes et des Moluques. Gmelin dit aussi qu'elle se trouve dans la mer Rouge et même dans les mers de l'Amérique méridionale.

Le R. TÊTE-DE-BÉCASSINE ; *M. tenuirostrum,* de Lamk., *loc. cit.,* pag. 159, n.° 9. Coquille de même forme que la précédente ; corps médiocre, entouré de stries transverses noduleuses ; canal extrêmement long, fort grêle ; ouverture à lame columellaire peu relevée : couleur uniforme, d'un blanc jaunâtre en dehors, blanche en dedans.

Patrie inconnue.

C'est une espèce fort voisine de la précédente et peut-être une simple variété.

C. *A tube long et subit, et à trois varices.*

Le R. MOTACILLE : *M. motacilla,* Linn., Gmel., pag. 3530, n.° 165 ; Chemn., *Conch.,* 10, p. 368, t. 163, fig. 1563 ; vulgairement le HOCHE-QUEUE. Coquille ventrue, submuriquée, garnie dans son corps de plis longitudinaux, noueux, à canal nu, assez long, ascendant : bord droit crénelé et sillonné : couleur blanche, cerclée de bai-brun.

De l'océan Indien.

Chemnitz, dans la caractéristique qu'il donne de cette espèce, dit qu'elle est triangulaire, noduleuse, à trois varices, et sillonnée en travers.

D. *Espèces multiépineuses, et à tube long, droit et subit.*

Le Rocher cornu : *M. cornutus*, Linn., Gm., p. 3525, n.° 3; Martini, *Conch.*, 5, t. 114, fig. 1057; vulgairement la grande Massue d'Hercule. Coquille subclaviforme, ventrue, striée en travers, à spire très-courte, hérissée de deux rangées de tubercules cornus, canaliculés, assez épais et courbes; canal long, armé d'épines éparses : couleur blanchâtre, zonée de jaune ou de brun.

De l'Océan des grandes Indes et des Moluques.

Le R. droite-épine : *M. brandaris*, Linn., Gmel., p. 3526, n.° 4; Chemn., *Conch.*, 10, t. 64, fig. 1571; vulgairement la petite Massue. Coquille subclaviforme, ventrue, striée assez fortement en travers et hérissée de tubercules épineux, droits, canaliculés, sur un rang à la spire et sur trois au dernier tour, dont l'antérieur est à la racine du canal : couleur d'un brun cendré, plus souvent d'un brun marron en dehors, jaune en dedans.

De la mer Méditerranée et de l'Adriatique.

C'est cette espèce de *murex* qui fournissoit plus particulièrement la pourpre des anciens, suivant M. Cuvier.

E. *Espèces à tube médiocre, non subit, et à trois varices.*

Le R. chicorée-renflée : *M. inflatus*, de Lamk., *loc. cit.*, n.° 11, p. 160; *Murex ramosus*, Linn., Gmel., p. 3528, n.° 13; Chemn., *Conch.*, 5, t. 102, fig. 980, et t. 103, fig. 981. Coquille ovale-oblongue, ventrue, sillonnée et striée en travers, hérissée de trois rangs de varices divisées en digitations grandes, courbes, canaliculées, incisées et serrées, sublaciniées et d'une rangée de tubercules entre les varices; ouverture arrondie, avec une lame relevée sur la columelle et un canal un peu recourbé : couleur nuée de brun et de blanc en dehors, rose sur la columelle.

Des Indes orientales.

Le R. chicorée-longue: *M. elongatus*, id., ibid., n.° 12. Coquille fusiforme, alongée, a stries transverses, rudes; trois rangs de varices, à digitations assez courtes, crépues, incisées, serrées et hérissées du côté du canal; un tubercule assez

gros entre chaque varice; point de lame sur la columelle :
couleur d'un roux très-brun en dehors, blanche à l'entrée.

De l'océan Indien.

Cette espèce, qui paroît ne jamais atteindre tout-à-fait la
taille de la précédente, est en général plus alongée, et cependant avec des digitations plus courtes.

Le ROCHER PALME DE ROSIER : *M. palmarosa*, id., ibid., n.° 13;
Bonnani, *Recr. ment.*, 3, fig. 276. Coquille fusiforme, alongée, étroite, striée en travers; les digitations des trois vârices
très-courtes, crispées, dentées; les tubercules des interstices
très-petits et inégaux : couleur fauve, rayée de brun, avec
du rose violacé à l'extrémité des digitations; ouverture blanche.

De l'océan Indien?

Le R. LAITUE-SANGUINE : *M. brevifrons*, id., ibid., n.° 14;
Martini, *Conch.*, 3, t. 103, fig. 983, et t. 104, fig. 984-986.
Coquille épaisse, pesante, subfusiforme, ventrue, sillonnée
et striée en travers; digitations des trois varices courtes, avec
un tubercule intermédiaire fort grand : couleur quelquefois
toute blanche, et plus souvent avec des lignes rouges, transverses.

De l'océan Américain.

Le R. CHAUSSE-TRAPE : *M. calcitrapa*, id., ibid., n.° 15; Mart.,
Conch., 3, t. 103, fig. 982. Coquille fusiforme, sillonnée en
travers; digitations antérieures des trois varices très-longues,
arquées au sommet, muriquées et dentées, avec des tubercules entre elles : couleur d'un jaune roussâtre, cerclé de
lignes brunes; ouverture blanche.

Patrie inconnue.

Le R. CHICORÉE-BRULÉE : *M. adustus*, id., ibid., n.° 16; *M. ramosus*, Linn., Gmel., var. *B*; Martini, *Conch.*, 3, t. 105,
fig. 990 et 991. Coquille épaisse, fusiforme, raccourcie, sub-
ovale, ventrue, sillonnée en travers; digitations courtes, recourbées, dentées, muriquées, avec un tubercule interstitial
très-grand : couleur générale très-noire, avec une raie
blanche étroite au côté gauche des trois varices; ouverture
très-blanche, columelle teinte de jaune.

De l'océan des grandes Indes.

Le R. CHICORÉE-ROUSSE; *M. rufus*, id. ibid., n.° 17. Coquille
ovale, subfusiforme, sillonnée et striée en travers; les digi-

tations des trois varices grandes, droites, comprimées, les antérieures plus grandes; tubercules interstitiaux médiocres: couleur rousse en dehors, blanche en dedans.

Patrie inconnue.

Le Rocher bois d'axis: *M. axicornis, id., ibid.,* n.° 18; Mart., *Conch.,* 3, t. 105. fig. 989. Coquille ovale, fusiforme, striée en travers; digitations des trois varices écartées, menues, dilatées et subrameuses à l'extrémité; deux tubercules interstitiaux : couleur roussâtre en dehors, blanche en dedans.

De l'océan des grandes Indes et des Moluques.

Le R. bois de cerf ; *M. cervicornis, id., ibid.,* n.° 19. Coquille assez petite (17 lig.), ovale, striée en travers; digitations des trois varices étroites, droites, assez rares, bifurquées au sommet pour les antérieures; tubercules interstitiaux presque effacés : couleur d'un blanc jaunâtre en dehors, blanche en dedans.

De la Nouvelle-Hollande.

C'est une espèce fort rare.

Le R. a aiguillons; *M. aculeatus, id., ibid.,* n.° 20. Assez petite coquille oblongue, striée en travers; digitations des trois varices courtes, rameuses, aculéiformes au sommet; un tubercule interstitial, plissé en arrière : couleur blanche, rosée aux deux extrémités.

Le R. petites feuilles: *M. microphyllus, id., ibid.,* n.° 21; Encycl. méth., pl. 415, fig. 5. Coquille subfusiforme, assez épaisse, sillonnée en travers, à spire saillante; digitations des varices très-courtes; les postérieures subrameuses; deux tubercules interstitiaux : couleur blanchâtre, linéée de brun.

Patrie inconnue.

Le R. capucin : *M. capucinus, id., ibid.,* n.° 22; Chemn., *Conch.,* 11, tab. 192, fig. 1849 et 1850, d'après un jeune individu. Coquille épaisse, pesante, alongée, fusiforme, turriculée, sillonnée en travers; à trois varices subdéprimées, scabres; bord droit crénelé : couleur d'un brun roux en dehors, blanche en dedans.

Patrie inconnue.

Le R. raboteux : *M. asperrimus, id., ibid.; M. pomum,* Linn., Gmel., p. 3527, n.° 6. Coquille assez grande (4 p. 2 lig.), fusiforme, très-ventrue, très-scabre, striée en travers, à trois

varices hérissées de lamelles compliquées et courtes : ouverture assez grande, à lamelle columellaire, droite, dentée[?] :
sillonnée au bord droit, et à canal large, aplati et ascendant : couleur fauve ou roussâtre.

De l'océan Atlantique.

Le Rocher phylloptère : *M. phyllopterus, id., ibid.*, n.° 24. Coquille oblongue, fusiforme, sillonnée en travers, à trois ailes
membraneuses, larges, incisées et fimbriées à leur bord ; deux
petites côtes tuberculifères dans les interstices ; ouverture
ovale, étroite, très-dentée à son bord droit, et à canal assez
long et un peu relevé : couleur blanche, teintée de rose.

Patrie inconnue.

Cette coquille très-rare, dit M. de Lamarck, a été figurée
dans les dessins posthumes et inédits de Chemnitz.

Le R. acanthoptère : *M. acanthopterus, id., ibid.*, n.° 25 ;
Enc. méth., pl. 417, fig. 2, *a, b*. Coquille oblongue, fusiforme, sillonnée et striée en travers, à trois ailes membraneuses, incisées à leur bord, interrompues à chaque tour de la
spire, qui sont anguleux ; ouverture ovale, arrondie, crénelée au bord droit : couleur blanche.

Le R. triptère : *M. tripterus*, Linn., Gmel., p. 3530, n.° 21 ;
Chemn., *Conch.*, 10, tab. 161, fig. 1538 et 1539. Coquille
oblongue, subfusiforme, sillonnée en travers, à trois ailes
membraneuses, crénelées et incisées à leur bord, interrompues à chaque tour de spire ; deux carènes interstitiales,
chacune avec un seul tubercule : couleur blanche, avec une
ou deux zones rousses, décurrentes.

De l'océan des grandes Indes. Gmelin, qui cite la même
figure que M. de Lamarck, dit qu'elle est fossile en Cham-
pagne.

Le R. trigonulaire : *M. trigonularis*, de Lamk., *loc. cit.*,
n.° 17 ; Martini, *Conch.*, 3, t. 110, fig. 1031 et 1032 ? Coquille oblongue, subfusiforme, assez lisse, à trois ailes fort
étroites, continuées sur toute la coquille, avec deux tubercules interstitiaux ; ouverture ovale : couleur blanc-jaunâtre.

Océan Indien ?

Le R. a crochets : *M. uncinarius, id., ibid.*, n.° 28 ; Martini,
Conch., 3, t. 111, fig. 1034 et 1035 ? Coquille ovale, triailée ;
les ailes latérales partagées en avant en divisions aiguës, re-

courbées en dessus ; ouverture ovale-arrondie : couleur d'un blanc fauve.

Patrie inconnue.

Le Rocher hémitriptère : *M. hemitripterus, id., ibid.*, n.° 29; Enc. méth., pl. 418, fig. 4, *a, b.* Petite coquille oblongue, subclaviforme, sillonnée en travers. à spire courte, triailée sur son dernier tour seulement, pourvu de côtes tuberculeuses interstitiales : couleur d'un blanc sale.

Patrie inconnue.

Le R. gibbeux : *M. gibbosus, id., ibid.*, n.° 30; *M. satonus*, Enc. méth., pl. 418, fig. 1, *a, b;* le Saton, Adans., Sénég., pl. 9, fig. 21; vulgairement la Langue-de-mouton. Coquille ovale, trigone, triailée sur le dernier tour seulement; la spire gibbeuse et calleuse; varices calleuses et assez obtuses en avant; un tubercule interstitial assez grand : couleur rousse, avec les varices, les tubercules et l'ouverture de couleur blanche.

Des mers du cap Vert.

Le R. triquètre : *M. triqueter*, de Born, *Mus.*, t. 11, fig. 1 et 2; *M. trigonulus*, Enc. méth.. pl. 417, fig. 4, *a, b.* Coquille oblongue, subfusiforme. trigone, sillonnée en travers, plissée dans sa longueur; varices mutiques, arrondies sur le dos : ouverture ovale-arrondie : couleur blanche, quelquefois tachée de rouge.

De l'océan Indien?

Une variété plus petite (Enc. méth., pl. 417, fig. 4, *a, b*) est plus ventrue, plus plissée et teinte de rouge.

Le R. trigonule: *M. trigonulus*, de Lamk., *loc. cit.*, n.° 32. Coquille oblongue, subfusiforme, plus étroite que la précédente, striée en travers, à peine plissée dans sa longueur; les trois varices subanguleuses : couleur nuée de blanc et de roux.

Patrie inconnue.

F. *Espèces à tube médiocre, non subit, et pourvues de plus de trois varices ou bourrelets.*

Le R. feuille de scarole : *M. saxatilis*, Linn., Gmel.. p. 3529, n.° 15: Martini, *Conch.*, 3, t. 108. fig. 1011-1014: vulgairement la Pourpre de Gorée. Très-grande coquille (7 p. 4 l.) subfusiforme. très-ventrue, striée et rugueuse en travers.

avec six rangées de lames foliacées, assez droites, canaliculées, non-laciniées et un peu ponctuées au sommet; canal
ombiliqué et comprimé : couleur blanche, zonée de rose ou
de pourpre dans l'état adulte, d'un roux brun dans la jeunesse; ouverture grande, d'un rose pourpre.

De l'océan des grandes Indes. Gmelin la dit aussi de la Méditerranée.

Le Rocher pomme-de-chou; *M. brassica*, de Lamk., *loc. cit.*,
n.° 33. Coquille très-ventrue, tuberculée et sillonnée en travers; six rangées de varices aplaties, tombantes, lamelliformes, quelquefois serrées; ouverture grande, à canal ombiliqué, à bord droit, denté en scie : couleur blanche, rose
sur les varices et aux bords de l'orifice. Longueur, six pouces
deux lignes.

Patrie inconnue.

Ne seroit-ce pas une simple variété de la précédente?

Le R. endive : *M. endivia ; M. cichorium*, Linn., Gmel.,
p. 3530, n.° 17; Martini, *Conch.*, 3, t. 107', fig. 1008; vulgairement la Pourpre impériale. Coquille médiocre (3 p. 9 l.),
ovale, subglobuleuse, ventrue et sillonnée en travers, à six
rangs de franges foliacées, un peu courtes, très-laciniées,
muriquées; canal déprimé et ascendant; bord droit denté :
couleur blanche, quelquefois fasciée de brun, les franges
presque noires.

Patrie inconnue.

Le R. hérisson : *M. radix*, Linn., Gmel., p. 3527, n.° 10;
d'Argenv., Append., pl. 2, fig. K. Coquille ovale, globuleuse,
arrondie, à spire très-courte, hérissée d'un grand nombre
de ramifications foliacées, laciniées, muriquées, assez courtes;
canal court et ombiliqué : couleur blanche, les ramifications
noires.

De la mer Pacifique, sur les côtes d'Acapulco.

Cette coquille paroît être fort rare.

Le R. échidné : *M. melanomathos*, Linn., Gmel., pag. 3527,
n.° 9; Enc. méth., pl. 418, fig. 2, *a, b*. Coquille obovale,
globuleuse, à spire courte, hérissée de six varices garnies
d'épines simples, subfistuleuses et closes : couleur blanche,
varices noires.

Patrie inconnue.

Le Rocher scolopendre : *M. hexagonus*, de Lamk., *l. c.*, p. 169, n.° 38 ; Encycl. méth., pl. 418, fig. 3, *a*, *b*. Coquille subfusiforme, sillonnée en travers, hexagone, à spire saillante, hérissée de six rangs d'épines fines, simples, assez courtes et nombreuses : couleur blanchâtre ou fauve, les épines rousses.

Patrie inconnue.

Cette coquille paroît être extrêmement rare.

Le R. scorpion : *M. scorpio*, Linn., Gmel., p. 3529, n.° 14, Martini, *Conch.*, 3, tab. 106, fig. 998-1003 ; vulgairement la Patte-de-crapaud. Coquille oblongue, à spire très-courte, subcapitée dans la partie antérieure de son dernier tour ; la dernière suture étant très-rétrécie ; cinq rangs de varices foliacées, subpalmées, dilatées au sommet, dentées, surtout au bord droit : couleur d'un blanc roussâtre ; les varices noires.

De l'océan des grandes Indes et des Moluques.

Le R. unilatéral ; *M. unilateralis*, de Lamk., *loc. cit.*, n.° 40. Coquille obovale, sillonnée en travers, à spire courte ; la suture du dernier tour subrétrécie, comme dans l'espèce précédente ; six rangées de varices, dont celle du bord droit beaucoup plus large que les autres ; les ramifications simples, planes, serrées, non palmées à l'extrémité.

Patrie inconnue.

Est-ce une simple variété de la précédente ?

Le R. quaterné ; *M. quadrifrons*, id., *ibid.*, n.° 41. Coquille ovale, ventrue, sillonnée en travers, à spire saillante et rude ; quatre rangées de ramifications courtes, inégalement muriquées, avec des tubercules interstitiaux obtus, subsolitaires ; bord droit denté, à limbe interne crénelé : couleur rousse, ouverture très-blanche.

Patrie inconnue.

Le R. fascié : *M. trunculus*, Linn., Gmel., pag. 3526, n.° 5 ; Martini, *Conch.*, 3, tab. 109, fig. 1018-1020. Coquille subfusiforme, ventrue, sillonnée et striée en travers, à spire saillante, muriquée ; les tours anguleux et couronnés de tubercules sur leur angle ; six varices peu prononcées ; ouverture ample, à canal subombiliqué et subascendant : couleur zonée de blanc et de brun.

De la Méditerranée et de l'océan Atlantique.

C'est cette espèce, suivant F. Columna, qui fournissoit la

pourpre des anciens; en effet, elle est très-commune, et l'animal rend beaucoup de matière pourprée.

Le Rocher turbiné; *M. turbinatus*, de Lamk., *l. c.*, n.° 42. Coquille subturbinée, ventrue, sillonnée en travers, à spire courte, conique, couronnée; sept rangs de varices, terminés supérieurement par un tubercule aigu, compliqué, assez grand: couleur blanche, cerclée de bandes brunes interrompues.

Patrie inconnue.

Le R. angulière : *M. anguliferus*, id., ibid., n.° 44; *M. costatus*, Linn., Gmel., pag. 3549, n.° 86, et *M. senegalensis*, p. 3557, n.° 40; le Sivat, Adans., Sénég., pl. 8, fig. 19. Coquille épaisse, pesante, fusiforme, racourcie, très-ventrue, striée en travers, subtrigone, à trois ou quatre varices, terminées antérieurement sur le dernier tour par un gros tubercule conique ; un grand tubercule interstitial, se terminant en pli en arrière ; spire pointue, muriquée; canal ascendant, également muriqué : couleur d'un blanc jaunâtre; ouverture rosée sur les bords.

De l'océan Atlantique, sur les côtes d'Afrique.

Le R. côte de melon : *M. melonulus*, id., ibid., n.° 45; *M. rosarinus*, Chemn., Conch., 10, t. 161, fig. 1528 et 1529. Coquille ovale, subglobuleuse, ventrue, sillonnée en travers, à spire conoïde; sept varices noueuses, tuberculeuses en avant: couleur blanche, rose et ornée de larges taches carrées, noires sur les côtés.

Patrie inconnue.

Il paroît que cette espèce est fort rare.

Le R. feuilleté : *M. magellanicus*, Linn., Gmel., p. 3548, n.° 8; Enc. méth., pl. 419, fig. 4, *a, b*; et *M. peruvianus*, ibid., fig. 5, *a, b*; vulgairement le R. feuilleté. Coquille ovale, subfusiforme, ventrue, à tours de spire anguleux et aplatis en dessus, garnie d'un grand nombre de varices simples lamelliformes, dont les interstices sont striées; ouverture ample, à canal ombiliqué et ascendant, à bord simple : couleur blanchâtre en dehors, à ouverture roussâtre.

Du détroit de Magellan.

Cette espèce de coquille a ses varices quelquefois extrêmement étroites et constitue la variété figurée dans l'Encyclopédie méthodique sous le nom de *M. peruvianus*.

45.   34

Le Rocher foliacé: *M. lamellosus*, Linn., Gmel., pag. 3536, n.º 174; Chemn., *Conch.*, 11, t. 190, fig. 1823 et 1824; vulgairement le Buccin feuilleté. Coquille ovale, oblongue, mince, légère, à tours de spire anguleux à leur partie supérieure, garnis d'un grand nombre de varices lamelliformes, à peu près droites, tronquées au sommet, subépineuses à leur angle externe, à intervalles lisses; canal assez court : couleur blanche, l'ouverture fauve roussâtre.

Des iles Falkland ou Malouines.

Cette espèce diffère-t-elle réellement de la précédente? J'en doute beaucoup. Un individu, que je dois à la générosité de M. Lesson, de l'expédition du capitaine Duperey, et qui vient des iles Malouines, a des stries transverses entre les varices, comme le rocher feuilleté.

Je regarde aussi comme une simple variété un plus petit individu, provenant de la même expédition, et qui a tout-à-fait la même forme, la même couleur en dehors et en dedans, avec cette différence, que les stries décurrentes, alternativement plus grosses et plus fines, ne sont pas traversées par des varices, en sorte qu'on pourroit en faire un fuseau.

Le R. érinacé : *M. erinaceus*, Linn., Gmel., p. 3530, n.º 19; Encycl. méth., pl. 421, fig. 1, *a*, *b*, *c*; *M. decussatus*, Linn., Gmel., p. 3527, n.º 7. Coquille ovale, subfusiforme, très-scabre, sillonnée en travers, avec quatre ou sept varices très-élevées, frondoso-muriquées; la spire contabulée et échinée; canal court et fermé : couleur d'un blanc jaunâtre.

Dans toutes les mers d'Europe.

Cette espèce, très-commune dans la Manche, offre un grand nombre de variétés. M. de Lamarck en signale une plus petite et dont les interstices des rugosités sont squameuses, imbriquées.

Le R. de Tarente; *M. tarentinus*, de Lamk., *loc. cit*. n.º 49. Coquille ovale-oblongue, sillonnée transversalement, à six rangs de varices mutiques, noduleuses antérieurement; canal plus court que la spire, recourbé; bord droit, crénelé à l'intérieur : couleur fauve roussâtre en dehors, blanche en dedans.

Du golfe de Tarente, dans la Méditerranée.

Le R. scabre : *M. scaber*, id. ibid., n.º 50; Encycl. méthod., pl. 419, fig. 6, *a*, *b*, et pl. 438, fig. 5, *a*, *b*. Petite coquille ovale-conique, ventrue, scabre, sillonnée en travers, à tours de spire anguleux supérieurement, à huit rangs de varices; canal assez court, subombiliqué : couleur grise en dehors, blanche en dedans.

Patrie inconnue.

Une variété est plus petite et moins scabre.

Le ROCHER COSTULAIRE: *M. costularis*, de Lamk., *l.c.*, n.° 51; Encycl. méth., pl. 419, fig. 8, *a*, *b*. Coquille assez petite (16 l.), ovale, ventrue en avant de son milieu, sillonnée profondément en travers, de manière à rendre le bord droit subdenté ; sept varices; spire plus longue que le canal : couleur grise en dehors, violette dans l'ouverture.

Patrie inconnue.

Le R. POLYGONULE; *M. polygonulus*, *id.*, *ibid.*, n.° 52. Coquille ovale, subfusiforme, ventrue, sillonnée et striée en travers, à tours de spire anguleux et aplatis supérieurement, à spire proéminente et couronnée de tubercules; neuf varices; ouverture grande et ovalaire : couleur blanche.

Patrie inconnue.

Le R. RAPE : *M. miliaris*, Linn., Gmel., pag. 3536, n.° 39; *M. vitulinus*, de Lamk., Enc. méth., pl. 419, fig. 1, *a*, *b*, et fig. 7, *a*, *b*; vulgairement la TÊTE-DE-VEAU. Coquille ovale-oblongue, ventrue, un peu scabre, à spire médiocre, émoussée au sommet; sept varices obtuses, un peu rudes ; canal étroit, subaigu ; ouverture à bord droit, denté intérieurement : couleur blanche dans les intervalles des varices, qui sont d'un roux rougeâtre, l'intérieur blanc.

Patrie inconnue.

Le R. ANGULAIRE : *M. angularis*, de Lamk., *loc. cit.*, n.° 54; le COFAR, Adans., Sénég., pl. 9, fig. 12? Coquille ovale, très-ventrue, striée et sillonnée en travers; sept varices élevées, anguleuses, tuberculifères; ouverture arrondie, légèrement crénelée en dedans, à canal assez court, subombiliquée : couleur blanche, dans les intervalles des varices, d'un rouge orangé.

Patrie inconnue.

Le R. CRISPÉ : *M. crispatus*, *id.*, *ibid.*; Enc. méth., pl. 419, fig. 2 mauvaise. Coquille ovale, turriculée, ventrue en avant, hérissée de rugosités transversales et de varices nombreuses, lamelleuses, caréniformes et crispées; canal très-court; bord droit lisse : couleur d'un jaune roussâtre.

Cette espèce, dont on ignore la patrie, a le port d'une cancellaire. Elle me paroit très-voisine du *M. erinaceus*.

Le Rocher croisé: *M. fenestratus*, Chemn., *Conch.*, 10, t. 161, fig. 1556 et 1557; vulgairement le Cul-de-dé. Coquille fusiforme, assez épaisse, cancellée par des sillons transverses et sept varices, formant ainsi des aires carrées enfoncées: canal assez long; bord droit denté en dedans : couleur blanche sur les parties saillantes et rousse dans les creux.

Patrie inconnue.

C'est une espèce fort rare et très-précieuse.

Le R. cerclé; *M. cingulatus*, de Lamk., *loc. cit.*, n.° 57. Coquille ovale-aiguë, ventrue, cordonnée en travers, à tours de spire anguleux supérieurement, le dernier couronné de nodosités; huit varices; canal très-court, ombiliqué; bord droit très-sillonné en dedans : couleur d'un blanc fauve.

Patrie inconnue.

Le R. cingulifère; *M. cinguliferus*, id., *ibid.*, n.° 58. Coquille ovale, fusiforme, subventrue, sillonnée en travers, à tours de spire anguleux en dessus, à six varices; canal court, clos : couleur rousse, avec une ligne blanche, décurrente sur l'angle des tours de spire.

Patrie inconnue.

Le R. subcariné; *M. subcarinatus*, id., *ibid.*, n.° 59. Coquille ovale, fusiforme, ventrue au milieu, sillonnée en travers, à tours de spire carénés à leur partie supérieure, aplatis; un sillon au-dessous de l'angle du dernier tour; neuf varices; canal assez long, étroit; bord droit sillonné en dedans : couleur grise.

Patrie inconnue.

Le R. cordonné : *M. torosus*, id., *ibid.*, n.° 60; Enc. méth., pl. 441, fig. 5, *a, b*; vulgairement le Faux cabestan. Coquille ovale, oblongue, ventrue au milieu, finement cordonnée, à tours de spire anguleux et noduleux dans leur partie supérieure, aplatie : interstices des cordons très-profonds; sept varices; canal plus long que la spire : couleur rousse.

Patrie inconnue.

Le Rocher turriculé : *M. lyratus*, de Lamk., *l. c.*, n.° 61 ; Enc.
méth., pl. 458, fig. 4, *a, b*. Coquille turriculée, fusiforme, mince,
à tours de spire convexes, à varices nombreuses, minces, lamelliformes, séparées par des interstices lisses ; canal court ;
bord droit simple.

Patrie inconnue.

Le R. enchaîné : *M. concatenatus*, *id.*, *ibid.*, n.° 62 ; Martini,
Conch., 4, tab. 124, fig. 1155-1157. Coquille ovale, très-
finement striée en travers, avec huit varices formées par autant de séries de tubercules, qui la rendent tuberculo-nodu-
leuse ; canal court ; bord droit assez épais, denté en dedans :
couleur jaune ou rougeâtre.

Des mers de l'Isle-de-France.

Le R. chagriné : *M. granarius*, *id.*, *ibid.*, n.° 63 ; Martini,
Conch., 4, t. 122, fig. 1124 et 1125 ? Coquille ovale, aiguë,
avec des sillons en travers, croisant des varices nombreuses,
séparées par des sillons nombreux et lisses ; ouverture étroite,
à bord droit épais, denté intérieurement, à canal assez court :
couleur jaune orangée, les sillons blancs.

Patrie inconnue.

Le R. côtes-aiguës ; *M. fimbriatus*, *id.*, *ibid.*, n.° 64. Coquille
ovale, aiguë, scabre, sillonnée en travers, avec sept varices
aiguës, subridées ; canal très-court ; bord droit denticulé et
sillonné en dedans : couleur cendrée, l'ouverture d'un rose
violacé.

Des mers de la Nouvelle-Hollande, port du roi George.

Le R. élégant ; *M. pulchellus*, *id.*, *ibid.*, n.° 65. Petite coquille (6 lig.), ovale, turriculée, striée en travers, avec un
grand nombre de varices fines, à tours de spire convexes :
couleur blanche, d'un brun roussâtre aux varices, le dernier
tour avec une zone blanche.

Patrie inconnue.

Le R. aciculé ; *M. aciculatus*, *id.*, *ibid.*, n.° 66. Petite coquille (6 l.) étroite, turriculée, subaciculée, avec neuf ou
dix varices fines et lisses ; ouverture étroite, à canal assez
court : couleur de corne bleuâtre, linée transversalement.

Des côtes de Bretagne.

On trouve dans Gmelin un bien plus grand nombre d'espèces
que dans M. de Lamarck, et en effet le nombre en est de cent

soixante-trois; mais, comme nous avons eu soin de le faire observer dans le commencement de cet article, cela tient à ce que le dernier en a retranché un très-grand nombre, pour établir les genres Fasciolaire, Fuseau, Pyrule, Ricinule, Struthiolaire, Ranelle et Triton. Celui-là les partage en sections, qui correspondent jusqu'à un certain point aux divisions de celui-ci.

La première renferme les espèces épineuses, à canal très-long: outre celles que nous avons caractérisées, il y joint

Le Rocher a épines noires : *M. melanomathos*, p. 3527, n.° 9; Martini, *Conch.*, 3, tab. 108, fig. 1015. Coquille raccourcie, striée transversalement, hérissée d'épines canaliculées, noires, sur huit rangs, dont la patrie est inconnue.

Le R. blanc : *M. candidus*, pag. 3528, n.° 11; d'Argenv., Conch., t. 16, fig. G. Coquille de deux pouces de long, à canal assez court, hérissée d'épines assez mal rangées : de couleur blanche, dont la patrie est également inconnue.

Le R. fascié : *M. fasciatus*, p. 3528, n.° 12; Knorr, *Vergn.*, 6, t. 40, fig. 6. Coquille à quatre tours de spire renflés, bien séparés, garnie d'épines disposées par séries, et fasciée de blanc et de brun, dont on ignore aussi la patrie.

La seconde section contient les espèces chicoracées, à canal raccourci, auxquelles il dit qu'on donne vulgairement le nom de *pourpres*. (Ce ne sont cependant pas les espèces de coquilles que M. de Lamarck a nommées ainsi.)

Les espèces que nous n'avons pas trouvées indiquées dans M. de Lamarck sont :

Le R. foliacé : *M. foliaceus*, pag. 3529, n.° 174; Martini, *Univ. Conch.*, 2, t. 66. Coquille avec trois rangs de frondes, et une dent à l'ouverture.

Des rivages de l'Amérique septentrionale.

Le R. diaphane : *M. diaphanus*, p. 3530, n.° 16; d'Argenv., Conch., t. 16, fig. F. Coquille blanche diaphane, garnie de six rangs de frondes, noires au sommet.

Patrie inconnue.

Cette espèce, que je possède, m'a été donnée par M. Hachard, jeune chirurgien françois, qui l'a rapportée de l'Inde; mais elle n'a pas six rangs de frondes; elle n'en a que trois, comme l'indique la figure de d'Argenville, qui dit qu'on la nomme la rôtie. (De B.)

ROCHER. (*Conchyl.*) Nom souvent employé par les anciens conchyliologistes pour désigner, en y joignant une épithète plus ou moins complexe, non-seulement différentes coquilles, dont la plupart appartiennent réellement au genre *Murex*, Linn., Rocher en françois, mais encore quelques genres voisins ou même assez éloignés ; ainsi ils entendoient par le nom de

ROCHER AILÉ, des espèces de strombes ;

ROCHER FEUILLETÉ ou BUCCIN DE MAGELLAN, le *Murex magellanicus*, type du genre Trophone de Denys de Montfort ;

ROCHER FRISÉ, le ROCHER CHICORÉE, *M. ramosus*, Linn., dont Denys de Montfort forme son genre CHICORÉE ;

ROCHER MARBRÉ A CLAVICULE ÉLEVÉE ou R. DE FRANCE, le *Strombus lucifer* ;

ROCHER NOIR A DENT DE CHIEN ET A SPIRES COMPRIMÉES, le *Voluta turbinellus*, type du genre Turbinelle de M. de Lamarck ;

ROCHER LARDÉ ou COUTIL, le *Murex melongena*, Linn., faisant maintenant partie du genre Pyrule de M. de Lamarck ;

ROCHER EN CORNET, le *Strombus luhuanus*, Linn. ;

ROCHER A GAUCHE, le *Buccinum prærorsum*, Linn., qui paroit être une espèce de mélanopside des conchyliologistes modernes ;

ROCHER PETIT VENTRE, le *Buccinum avicularia*, Linn. ;

ROCHER PEIGNE DE VÉNUS, le *Murex tribulus*, plus connu sous le nom de bécasse épineuse ;

ROCHER TROMPETTE, le *Murex Tritonis*, Linn., type du genre Triton de Denys de Montfort et de M. de Lamarck :

ROCHER TUBIFÈRE, le *Murex tubifer*, Linn., coquille fossile, dont Denys de Montfort fait son genre TYPHIS ;

ROCHER A DROITE et ROCHER A GAUCHE, le *Voluta capitellum*, Linn., qui entre maintenant dans le genre Turbinelle de M. de Lamarck. (DE B.)

ROCHER. (*Foss.*) Les espèces de ce genre ne se rencontrent en général, à l'état fossile, que dans les couches plus nouvelles que la craie, et je ne connois d'exception, à cet égard, que pour une petite espèce, dont il sera parlé ci-après, qu'on trouve à Blakdown, en Angleterre, dans le *green sand*, audessous de cette substance, ou plutôt dans une de ses couches inférieures. Il paroît que toutes les autres se rencontrent dans le calcaire grossier ou dans les couches qui le représentent.

Rocher triptéroïde : *Murex tripteroides*. Lamk., Anim. sans vert., tom. 7, p. 177 ; *Murex tripterus*. Ann. du Mus., t. 2, pag. 222. n.° 1. et tom. 6. pl. 45. fig. 4 : Enc. méth., pl. 417, fig. 5. Coquille alongée, trigone, striée transversalement, portant sur chaque tour trois ailes membraneuses, entre chacune desquelles il se trouve un tubercule assez élevé. Quand la coquille est parvenue à toute sa grandeur, le bord droit est large, crénelé, et composé de dix à douze feuillets ; mais il n'est pas denté intérieurement, comme M. de Lamarck l'a annoncé : longueur, plus de deux pouces. On trouve cette espèce à Grignon, département de Seine-et-Oise. Ce savant avoit cru trouver beaucoup d'analogie entre elle et le *murex tripterus*, mais depuis il a reconnu qu'elles avoient des caractères différens.

On trouve à Hauteville, département de la Manche, de petites coquilles qui n'ont que huit à neuf lignes de longueur ; le bord droit de leur ouverture est denté intérieurement, et du reste elles ressemblent à l'espèce ci-dessus, dont elles ne sont probablement qu'une variété modifiée par le lieu où elles ont vécu. Il semble que c'est cette variété qui se trouve représentée dans l'ouvrage de Brander (*Foss. Hant.*, pl. 5, fig. 79 et 80). Il est très-remarquable que ce soit la seule espèce qui représente, dans la falunière de Hauteville, le *murex tripteroides* des environs de Paris.

Rocher tricariné : *Murex tricarinatus*, Lamk., Anim. sans vert., ibid. ; Ann., ibid. ; Enc. méth., pl. 418., fig. 5 ; *Murex asper* Brand., même pl., fig. 77 et 78 ; Sow., Min. conch., tab. 416, fig. 1. Coquille ovale-oblongue, trigone, transversalement striée, portant sur chaque tour trois varices crépues et épineuses à leur partie supérieure, et à bord droit un peu denté intérieurement.

Ces coquilles, un peu plus raccourcies que le *murex tripteroides*, et avec lequel on les rencontre, ont tant de rapports avec lui, que je soupçonne qu'elles dépendent de la même espèce et qu'elles peuvent être seulement de sexe différent, puisqu'il est reconnu que les animaux de ce genre sont dioïques : longueur, dix-huit lignes. On en trouve à Parnes, département de Seine-et-Oise, qui sont d'une taille un peu plus grande, et dont les stries transverses sont moins marquées. On rencontre à Valmondois, même département, une espèce de rocher qui a beaucoup de rapports avec celles qui précèdent : elle en diffère en ce que, au lieu d'un tubercule qui se trouve entre chaque varice, celle-ci porte une côte longitudinale qui s'étend depuis la suture jusqu'à la base.

M. Brongniart a trouvé dans les collines calcaréo-trappéennes du Vicentin, une espèce qui a de si grands rapports avec le *M. tricarinatus*, qu'il n'a pas cru devoir les séparer. Les varices sont plus grosses et les sillons transverses sont moins nombreux (Brong., Terr. du Vicent., p. 67).

Les coquilles figurées par Brander et Sowerby, dont il est question ci-dessus, et qu'on trouve dans le Hampshire, portent une forte épine à la partie supérieure de chaque tour; mais, quoiqu'elles s'éloignent un peu de la forme de notre *murex carinatus*, je pense qu'elles en sont une variété, modifiée par la côte vaseuse où elle a vécu.

On trouve à Thorigné, près d'Angers, une espèce qui se rapproche beaucoup du *M. tricarinatus*, mais les stries transverses sont moins nombreuses; les varices sont moins saillantes, et la spire est moins épineuse. Il existe, à l'état vivant, une espèce qui a les plus grands rapports avec elle.

On rencontre au même lieu une petite espèce de rocher qui n'a que huit lignes de longueur, dont l'ouverture est arrondie, et qui a de très-grands rapports avec le *murex hemitripterus* figuré dans l'Enc. méth., pl. 418, fig. 4.

On trouve dans la Touraine une petite espèce de rocher qui n'a que sept lignes de longueur, quoiqu'il paroisse être parvenu à toute sa grandeur. Il a beaucoup de ressemblance avec le rocher tricariné, dont il pourroit être une variété.

Rocher frondiculé : *Murex frondosus*, Lamk., Anim. sans vert., pag. 573, n°. 4; Vélins du Mus., n.° 5, fig. 4, 5; Sow., *loc. cit.*, tab. 416, fig. 3; Ann. du Mus., *ibid.*, n.° 6. Coquille ovale-oblongue, portant sur chaque tour sept à neuf bourrelets élégamment feuilletés, plissés et comme crépus ou frisés, ainsi que toute sa superficie. Elle est couverte de rides transverses, et le canal de sa base est alongé. Les individus de cette espèce que j'ai trouvés à Grignon, n'ont pas plus de cinq lignes de longueur; cependant j'en possède un qui a quatorze lignes de longueur, et qu'on m'a assuré avoir été trouvé dans le Plaisantin; mais, ayant vu qu'il contenoit des ovulites, je pourrois affirmer qu'il provient d'une couche des environs de Paris. On trouve aussi cette espèce à Barton, en Angleterre.

ROCHER CALCITRAPOÏDE : *Murex calcitrapoides*, Lamk., Anim. sans vert., *ibid.*, n.° 2; Vélins du Mus., n.° 6, fig. 10; *Murex calcitrapa*, Ann., *ibid.*, n.° 4; *an Murex cristatus?* Sow., *loc. cit.*, tab. 230. Coquille ovale, portant sept à huit bourrelets très-minces et épineux à leur partie supérieure; elle est ridée transversalement, et toute sa superficie est légèrement feuilletée et crépue : longueur, quatorze lignes. On la trouve à Grignon et dans les couches du calcaire grossier des environs de Paris. Le *murex cristatus*, figuré par M. Sowerby, se trouve à Highgate près de Londres, et acquiert jusqu'à deux pouces de longueur.

ROCHER CRÉPU : *Murex crispus*, Lamk., Anim. sans vertéb., n.° 3; *Murex crispus*, Ann. du Mus., *ibid.*, n.° 5; Vélins du Mus., n.° 5, fig. 6. Cette coquille a de si grands rapports avec la précédente, que M. de Lamarck a cru qu'elle n'en étoit qu'une variété. Elle n'est presque pas épineuse; sa spire est plus alongée; son ouverture est plus courte, ainsi que le canal de sa base, et elle devient un peu moins grande. Toutes ces différences ne proviennent peut-être que de celles du sexe. On la trouve à Grignon et à Orglandes, département de la Manche.

ROCHER GRILLÉ : *Murex clathratus*, Lamk., Anim. sans vert., *ibid.*, n.° 5; Ann. du Mus., *ibid.*, n.° 7; Vélins, n.° 5, fig. 7. Coquille ovale, striée transversalement, à bord denté intérieurement et à canal court. Ce rocher avoisine les buccins par son aspect. Il a sur chaque tour de spire dix à douze côtes longitudinales, entre lesquelles on voit des rides transverses qui le font paroître grillé ou cancellé. Celles de ces coquilles que j'ai recueillies à Grignon, n'ont que quatre à cinq lignes de longueur; mais on en trouve à Néhou, département de la Manche, qui ont sept à huit lignes de longueur.

ROCHER SUBANGULEUX ; *Murex subangulatus*, Lamk., Anim. sans vert., *ibid.*, n.° 6. Coquille ovale-oblongue, subanguleuse, couverte de rides transverses, écailleuses et à canal

fermé. Fossile de Courtagnon, où il est assez commun (Lamk.).
Il a quelques rapports avec le *murex craticulatus* de Linné;
mais il est moins grand, moins chargé de varices, et les interstices de ses rides transverses sont écailleux, ce qui l'en distingue fortement. Longueur, un pouce et demi.

ROCHER STRIATULE : *Murex striatulus*, Lamk., Anim. sans vert.,
ibid., n.º 7; Vélins du Mus., n.º 5, fig. 2. Coquille oblongue,
presque lisse, portant des stries transverses inégales, et quelques bourrelets longitudinaux rares et convexes. Le bord droit
de son ouverture est denté intérieurement : longueur, neuf
lignes. Fossile de Grignon.

ROCHER PYRASTRE : *Murex pyraster*, Lamk., Anim. sans vert.,
ibid., n.º 8; Vélins du Mus., n.º 4, fig. 9. Coquille ovale, portant un assez long canal un peu retroussé, transversalement
striée, couverte de côtes longitudinales un peu noduleuses
et mal exprimées, et à ouverture arrondie. Ce rocher se rapproche beaucoup du *murex pyrum* de Linné (*triton pyrum*);
mais ses varices ne sont point alternativent interrompues. Fossile de Grignon : longueur, seize lignes. On trouve dans le
Piémont une espèce qui a les plus grands rapports avec celle-
ci, dont elle n'est peut-être qu'une variété.

ROCHER TRICOTÉ : *Murex textiliosus*, Lamk., Anim. sans vert.,
ibid., n.º 9; Vélins du Mus., n. 45, fig. 3. Coquille ovale-fusi-
forme, portant huit à dix côtes longitudinales sur chaque
tour, couverte de stries transverses, inégales et écailleuses.
La columelle porte une dent à sa base : longueur, un pouce
et demi. Fossile de Chaumont, département de l'Oise.

ROCHER RÉTICULEUX : *Murex reticulosus*, Lamk., Anim. sans
vert., *ibid.*, n.º 11; Vélins du Mus., n.º 45, fig. 8. Coquille
ovale, pointue des deux bouts, réticulée, ayant de petites
côtes longitudinales nombreuses, et des stries transverses qui
se croisent avec ses côtes. Elle a des rapports avec le *murex
magellanicus* de Gmelin; mais elle n'a que quatre lignes de
longueur et pourroit être un jeune individu d'une plus grande
espèce. Fossile de Grignon.

ROCHER TÊTE-DE-COULEUVRE. Nous croyons que cette espèce
est du genre des Tritons, comme M. de Lamark l'a soupçonné
(voyez TRITON FOSSILE).

ROCHER TUBIFÈRE : *Murex tubifer*, Lamk., Ann. du Mus., *ibid.*,

n.° 12; *Murex pungens*, Brand., *loc. cit.*, pl. 3, fig. 81 et 82;
Murex fistulosus? Brocc., *loc. cit.*, tab. 7, fig. 12; *Murex horridus?* Brocc., *ibid.*, même pl., fig. 17; *Murex fistulosus*, Sow., *loc. cit.*, tab. 189, fig. 1 et 2; *Murex tubifer*, *ibid.*, même pl., fig. 3 — 8; *Murex tubifer*, Brug., Journ. d'hist. nat., n.° 1, pag. 28, pl. 2, fig. 3 et 4; *Typhis tubifer*, de Bast., Mém. géolog. sur les envir. de Bord. Coquille ovale, atténuée en pointe aux deux bouts, garnie de quatre rangées de bourrelets épineux, à épines montantes, arquées et fistuleuses. Dans les interstices de ces bourrelets on voit, à la partie supérieure de chaque tour, des tubes courts, isolés dans chaque intervalle, et dont le dernier seulement est ouvert. Quand cette coquille a acquis toute sa grandeur, elle présente trois ouvertures, savoir : la bouche, qui est arrondie, la base ou le bout du canal, et le tube, qui se trouve entre les deux derniers bourrelets. Quelques-unes des coquilles de cette espèce, qu'on trouve à Grignon, ont jusqu'à un pouce de longueur. Celles auxquelles M. Brocchi a donné le nom de *murex horridus*, et qui proviennent du Plaisantin, sont beaucoup plus raccourcies et ont l'ouverture plus ronde et plus petite. Je n'ai jamais vu celles qu'il a nommées *murex fistulosus*, mais je pense qu'elles ne sont que des variétés de la même espèce, modifiées par les localités où elles ont vécu. On les trouve aussi à l'état fossile à Barton, à Highgate, à Léognan (de Basterot), et à Dax.

Il est surprenant qu'on ne trouve pas cette espèce à Hauteville, dans la Touraine, dans l'Anjou et dans d'autres localités.

Bruguière a annoncé que l'analogue à l'état frais de cette espèce existoit à Londres, dans le cabinet de M. Hunter.

Rocher torulaire; *Murex torularius*, Lamk., Anim. sans vert., *ibid.*, n.° 15. Coquille ovale, épaisse, ventrue et élargie antérieurement comme celle des pyrules, à sept ou huit rangées de varices; à spire déprimée, presque mutique et mucronée au centre; le dernier tour offre supérieurement deux rangées de grands tubercules bien séparés et fort épais. La queue est un peu alongée, subombiliquée, hérissée de tubercules presque spiniformes. La surface de la coquille est sillonnée transversalement : longueur, deux pouces neuf lignes. Fossile du Piémont.

Cette description pourroit convenir au *murex Brandaris,* qu'on trouve fossile dans le Piémont , si cette espèce se rapporte, comme le dit M. de Lamarck, à la figure de d'Argenville, Zoomorph.. pl. 4, fig. *C*, et à celle de Favannes, pl. 71, fig. *N* 1, mais non à celle du même auteur, pl. 58, fig. *E* 1, qui a aussi été citée par M. de Lamarck, à moins qu'elle ne porte quelquefois plus de deux rangées d'épines à la partie supérieure du dernier tour.

Murex coronatus, Sow., *loc. cit.,* tom. 3, pag. 52, tab. 230, fig. 5. Coquille oblongue , transversalement striée, portant sur chaque tour sept à huit varices feuilletées, terminées à leur partie supérieure par une épine dont la pointe est dirigée du côté du sommet de la spire, à bord droit denté intérieurement, à spire et à canal courts : longueur, onze lignes. Fossile de Highgate en Angleterre.

Murex carinella, Sow., *loc. cit.,* tom. 2, pag. 196, pl. 187, fig. 3 et 4. Coquille très-alongée, couverte de côtes longitudinales et de stries transverses, dont une au milieu est plus grosse et plus élevée que les autres, à canal très-long et à ouverture ovale : longueur, plus de deux pouces et demi. Cette espèce, dont M. Sowerby n'indique pas la patrie, mais qui paroît avoir été trouvée à Barton-Cliff, a de très-grands rapports avec le *murex craticulatus* de Linné, figuré dans l'ouvrage de Brocchi, tab. 7, fig. 14, et peut-être avec le *murex polymorphus* du même auteur, dont il sera parlé ci-après.

M. Sowerby a donné, dans la même planche, la figure du *murex regularis* trouvé à Barton-Cliff, et du *murex coniferus,* trouvé à Highgate; mais nous croyons que ces coquilles pourroient dépendre de la même espèce dont elles ne seroient que des variétés ou des individus de sexes différens.

Murex argustus, Sow., *loc. cit.,* tom. 4, pag. 59, tab. 344; *Murex argutus,* Brand., *loc. cit.,* n.° 13. Coquille ovale-pointue, côtelée, couverte de stries transverses très-élevées et chargées de nœuds disposés par rangées longitudinales, à varices rares, à ouverture dentée et à canal retroussé : longueur, quinze lignes. Fossile de Barton-Cliff.

Murex calcar, Sow., *loc. cit.,* tom. 5, pag. 7, tab. 410, fig. 2. Coquille ovale-pointue, transversalement striée, portant des côtes longitudinales armées de deux ou trois pointes sur le milieu du dernier tour; à ouverture ronde et à canal un peu retroussé : longueur, dix lignes. On trouve cette espèce dans le sable vert à Blackdown en Angleterre, où elle est souvent changée en silex.

Murex alveolatus, Sow., *loc. cit.*, tom. 5, pag. 9, tab. 411, fig. 1. Coquille ovale-pointue, dont la surface est couverte de stries transverses et de côtes longitudinales qui se croisent et forment de petits enfoncemens quadrangulaires. L'ouverture est ovale et un peu dentée intérieurement sur le bord droit : longueur, un pouce et demi. On trouve cette espèce à Norfolk et à Suffolk en Angleterre.

Murex defossus, Sow., *loc. cit.*, même pl., fig. 1. Cette espèce n'est pas aussi grande que la précédente, ses stries et ses côtes sont moins grosses, son ouverture est plus dentée; mais du reste elle paroît avoir beaucoup de rapports avec elle. On la trouve à Hordwell en Angleterre.

Murex sexdentatus, Sow., *loc. cit.*, même pl., fig. 3. Coquille ovale-pointue, portant sept à huit varices minces sur chaque tour; l'intervalle qui les sépare est rempli par des stries longitudinales, croisées par d'autres qui sont transverses; l'ouverture est alongée et garnie de cinq à six dents sur le bord droit : longueur, dix lignes. On trouve cette espèce à Colwell-Bay, île de Wight.

Murex bispinosus, Sow., *loc. cit.*, pl. 416, fig. 2. Coquille ovale-oblongue, portant trois varices foliacées sur chaque tour; au milieu de chacune d'elles il se trouve deux épines fistuleuses; le canal est droit : longueur, treize lignes. Fossile de Barton.

Murex peruvianus, Sow., *loc. cit.*, pl. 434, fig. 1. Cette coquille, qui a été trouvée à Voodbridge, en Angleterre, paroît avoir les plus grands rapports avec le *murex magellanicus* qui vit dans les mers du Pérou. M. Brongniart en a rapporté de Udevalla-Gotheborg, et qui ont été recueillies à une très-grande hauteur au-dessus du niveau actuel de la mer. Elles paroissent être identiques avec celles qui sont figurées dans l'ouvrage de M. Sowerby.

Murex tortuosus, Sow., *loc. cit.*, même pl., fig. 2. Coquille turriculée, subfusiforme, portant trois varices foliacées et tortueuses sur chaque tour; la partie supérieure des tours est anguleuse : longueur, un pouce et demi. Cette espèce a été trouvée à Woodbridge, avec la précédente.

Murex cristatus, Brocc., *loc. cit.*, pag. 394, tab. 7, fig. 15. Coquille turriculée, portant sur le dernier tour sept varices écailleuses et crépues; couverte de stries transverses, muriquées; à bouche ovale, dont le bord droit est denté : longueur, quinze lignes. Fossile du Plaisantin.

Murex doliare, Brocc., *loc. cit.*, pag. 398; *Murex doliaris*, Brongn., Terr. du Vicent., pag. 67, pl. 6, fig. 5; Knorr, *Petrif.*, tom. 2, tab. *C*, II, fig. 5. Coquille épaisse, portant des stries transverses très-profondes et chargées de nœuds, à spire alongée, portant une seule varice au bord droit de l'ouverture, qui est dentée intérieurement, et à canal retroussé : longueur, près de trois pouces. On trouve cette espèce dans le Plaisantin, à Sanèse dans la colline de Pise, et à Banyul-des-Aspres dans les Pyrénées orientales.

Cette espèce, ne portant qu'une seule varice au bord droit, ne réunit pas tous les caractères assignés par M. de Lamarck au genre Rocher, qui doit avoir trois varices ou davantage.

Une espèce qui a les plus grands rapports avec celle-ci, n'est pas rare à l'état vivant dans les collections.

Murex intermedius, Brocc., *loc. cit.*, tab. 7, fig. 10. Coquille ovale, striée transversalement, portant de légères côtes longitudinales avec un bourrelet au côté droit de l'ouverture; à bord denté intérieurement, et à canal droit : longueur, quatorze lignes. Fossile de la vallée d'Andone en Piémont.

Murex heptagonus, Brocc., *loc. cit.*, tab. 9, fig. 2. Coquille oblongue, couverte de stries transverses, crénelées, à tours prismatiques et distans, canaliculés à leur partie supérieure, à ouverture dentée, à canal retroussé et portant une varice au bord droit : longueur, un pouce et demi. Fossile des environs de Parme.

Cette espèce n'ayant qu'une varice, il est douteux qu'elle doive entrer dans le genre des Rochers.

Murex scalaris, Brocc., *loc. cit.*, tab. 9, fig. 1. Coquille ovale-oblongue, couverte de côtes longitudinales et de stries transverses, élevées, un peu crénelées, de deux grosseurs différentes alternant entre elles, à tours renflés, à bord droit sillonné intérieurement, à ouverture ovale, à canal court et clos dans sa longueur : longueur, dix lignes. Fossile de Saint-Miniato dans la Toscane.

Murex fusulus, Brocc., *loc. cit.*, tab. 8, fig. 9. Coquille oblongue, couverte de fines stries transverses et de petites côtes longitudinales, à tours carinés dans leur partie supérieure, où il se trouve de petites épines, à bord denté intérieurement, et à canal un peu alongé et retroussé : longueur, huit lignes. Fossile de la vallée d'Andone et d'autres lieux du Piémont.

Murex angulosus, Brocc., *loc. cit.*, tab. 7, fig. 16. Coquille oblongue, couverte de stries transverses et de côtes longitudinales noduleuses, à tours convexes, et à ouvertures dentées sur les deux côtés : longueur, deux pouces. M. Brocchi n'indique pas où cette espèce a été trouvée.

Murex inflatus, Brocc., *loc. cit.*, tab. 9, fig. 6. Coquille ovale-pointue, portant des côtes longitudinales peu marquées, un peu épineuses vers le milieu des tours et des stries transverses, ayant le dernier tour épais et subglobuleux, à ouverture lisse et presque ronde, à columelle tortueuse, à canal court : longueur, un pouce. Fossile du Plaisantin.

Murex polymorphus, Brocc., *loc. cit.*, tab. 8, fig. 4. Coquille subfusiforme, portant sept à huit varices foliacées sur chaque tour, couverte de stries transverses fortes et écailleuses, dont une, plus grosse que les autres, est située à la partie supérieure de chaque tour ; le bord droit est strié intérieurement, et le canal, assez long, est un peu retroussé : longueur, un pouce et demi. Fossile du Plaisantin et de la colline de Pise.

M. Brocchi a annoncé que cette espèce devoit appartenir au genre des Fuseaux ; mais nous croyons qu'elle dépend plutôt de celui des rochers, et qu'elle a des rapports avec le *murex carinella*, dont il a été question ci-dessus.

Cet auteur annonce dans l'ouvrage ci-dessus cité, que dans le Plaisantin et le Piémont on trouve à l'état fossile le *murex cornutus* de Linné, qui vit dans l'Océan africain ; le *murex trunculus*, Linn., qui vit dans la Méditerranée et à la Jamaïque ; le *murex decussatus*, Linn., qui vit dans la mer d'Afrique ; le *murex ramosus*, Linn., qui se trouve à l'état frais dans la mer de Russie, dans le golfe Persique, en Afrique et dans l'Amérique australe ; le *murex saxatilis*, Linn., qui vit dans la Méditerranée et dans la mer qui baigne l'Asie méridionale ; le

murex tripterus, Linn., qui habite, à l'état vivant, près de
Batavia; le *murex erinaceus*, Linn., qu'on trouve vivant dans
la Méditerranée (Linn.) et dans l'Adriatique; le *murex pileare*,
Linn., qui vit dans la Méditerranée; le *murex lampas*, Linn.,
qui vit dans les Indes; le *murex reticularis*, Linn., qui habite
la Méditerranée; le *murex cancellinus*, Linn., qui vit dans l'O-
céan austral; le *murex plicatus*, Linn., qui se trouve vivant
aux Indes; le *murex magellanicus*, Linn., qui habite près du
détroit de Magellan; le *murex corneus*, Linn., qu'on trouve
vivant dans l'Océan septentrional et dans la mer Adriatique;
le *murex tritonis*, Linn., qui se trouve à l'état vivant dans la
Méditerranée, dans les Indes, etc. (Linn.), et le *murex craticulatus*, Linn., qui vit dans la Méditerranée (Linn.) et dans
la mer Adriatique (Renieri). A l'égard de cette dernière espèce, je trouve qu'il y a bien peu de rapports entre la figure
que M. Brocchi en a donnée dans son ouvrage, tab. 7, fig. 14,
et celle de la variété figurée tab. 16, fig. 3. Je possède ces
deux coquilles, qui paroissent dépendre de deux espèces différentes.

Rocher incertain; *Murex sublavatus*, de Bast., *loc. cit.*, pag.
59, pl. 3, fig. 23. Coquille ovale-oblongue, couverte de stries
transverses et de côtes longitudinales peu saillantes, lamelleuses et imbriquées, à ouverture un peu quadrangulaire et
à bord droit, denté intérieurement : longueur, onze lignes.
Fossile de Mérignac, de Léognan et de Saucats. Cette espèce
a des rapports avec le *fusus excisus*, Lamk., le *murex defossus*
de Sowerby, et avec le *fusus lavatus* de Brander.

Rocher turriculé; *Murex reticulatus*, Def. Cette espèce est
beaucoup plus turriculée que la précédente; les stries transverses sont plus rares et plus grosses; la dernière varice est un
peu crépue, du reste, elle a beaucoup de rapports avec elle :
longueur, sept lignes. Fossile de Saint-Clément et de Thorigné
en Anjou.

Rocher rustique; *Murex rusticus*, Def. Coquille ventrue,
qui a encore beaucoup de rapports avec le *murex sublavatus*,
mais qui est plus grossièrement striée : longueur, dix lignes.
Fossile de la Touraine.

Rocher langue-de-bœuf; *Murex lingua-bovis*, de Bast., *loc.
cit.*, pl. 3, fig. 10. Coquille ovale, couverte de points élevés,

portant neuf à dix côtes longitudinales ou varices lamelleuses sur chaque tour, à columelle aplatie, à ouverture dilatée et un peu dentée : longueur, deux pouces. Fossile des environs de Bordeaux.

Rocher hérisson ; *Murex suberinaceus*, de Bast., *loc. cit.*, pl. 4, fig. 15. Coquille à côtes longitudinales arrondies, striée transversalement, portant un bourrelet au bord droit, qui est denté intérieurement : longueur, un pouce et demi. Fossile des environs de Bordeaux.

M. de Basterot annonce (*loc. cit.*) que dans les environs de Bordeaux, on trouve à l'état fossile le rocher pomme, *murex pomum*, Linn., Gmel.; *murex asperrimus*, Lamk., Anim. sans vert., qu'on trouve à l'état vivant dans l'océan Atlantique, dans la Méditerranée, l'Adriatique et les mers de l'Afrique occidentale. M. Brocchi annonce également qu'on le trouve dans le Plaisantin. Nous ne connoissons aucun fossile qui puisse se rapporter à l'espèce décrite sous ces noms par MM. de Lamarck et de Basterot, dont l'un des caractères est d'avoir trois varices sur chaque tour, et qui se trouve représentée dans l'ouvrage de Favannes, pl. 37, fig. *B* 2 (Lamk.); mais nous en possédons plusieurs, tant des environs de Bordeaux que du Plaisantin, des environs de Sienne et de la Touraine, qui ont de très-grands rapports avec une espèce de rocher qui vit dans la Méditerranée. Celle-ci est ventrue, chargée de fines stries transverses, granulées, et porte six à sept varices lamelliformes et noduleuses sur chaque tour; sa queue est aplatie, large et ascendante. Elle est si commune dans la Méditerranée, que nous croyons bien qu'elle a dû être décrite et nommée; mais nous n'avons vu aucune description ni aucune figure qui puisse s'y rapporter. Dans celles de ces coquilles qui sont fossiles, il règne des épines canaliculées sur chacune des varices, à la partie supérieure de chaque tour.

Celles qu'on trouve aux environs de Bordeaux ont le plus de rapports avec l'espèce vivante; celles du Plaisantin sont les plus grosses et ont plus de trois pouces de longueur, sur plus de deux pouces et demi de diamètre; celles des environs de Sienne ont les varices plus crépues et plus saillantes que celles du Plaisantin.

Le *murex Brandaris*, Linn., qui vit dans la Méditerranée et

dans la mer Adriatique, se trouve aussi à l'état fossile dans
le Plaisantin, à Sienne, à Rome et dans l'Anjou; mais dans
ce dernier endroit il est d'une taille bien moins grande que
dans les autres localités.

Murex angulosus, Brocc., *loc. cit.*, pag. 411, tab. 7, fig. 16.
Coquille oblongue, transversalement striée, couverte de côtes
longitudinales noduleuses, à tours convexes et à ouverture
dentée des deux côtés : longueur, deux pouces; largeur, sept
lignes. Fossile du Plaisantin. Une variété, qui diffère peu
de la coquille ci-dessus, a été trouvée, par M. Maraschini
dans les collines du Vicentin; elle est plus petite, plus fusiforme, et le canal est plus prolongé (Brong., *loc. cit.*,
pag. 67).

Rocher cordonné; *Murex funiculatus*, Def. Coquille ovale,
épaisse, striée transversalement, portant sur chaque tour
cinq à six grosses côtes longitudinales, arrondies en cordons,
à queue large et un peu ascendante; ouverture striée intérieurement sur le bord droit : longueur, deux pouces; largeur, treize lignes. Fossile de la Touraine. Ces coquilles pourroient dépendre de l'espèce qu'on trouve en Touraine, dont
nous avons parlé ci-dessus à l'article *murex pomum*, et dont
elles ne seroient qu'une variété peut être dépendante du
sexe.

Rocher gentil; *Murex pulcher*, Def. Coquille subglobuleuse,
portant cinq à six varices celluleuses sur chaque tour, à ouverture arrondie et à canal court; elle porte sept à huit stries
transverses assez grosses, qui forment chacune dix à douze
petites cellules en passant sur les varices. Cette espèce est
remarquable et très-jolie : longueur, sept lignes. Fossile de
Thorigné.

Rocher raccourci; *Murex abbreviatus*, Def. Cette espèce a
beaucoup de rapports avec la précédente, dont elle n'est peut-
être qu'une variété modifiée par la localité; elle est un peu
plus grossse et plus longue, et ses varices sont un peu épineuses.

On la trouve dans le Plaisantin.

Rocher frangé; *Murex fimbriatus*, Def. Coquille oblongue,
couverte de stries transverses fines et granulées, portant quatre
à cinq varices crépues sur chaque tour, et à bord droit sil-

lonné intérieurement : longueur, près d'un pouce. Fossile de Thorigné. Cette espéce a quelques rapports avec le *murex pulcher*, qu'on trouve avec elle. (D. F.)

ROCHERAIE. (*Ornith.*) Un des noms donnés au pigeon de roche ou biset, *columba livia*, Linn. et Lath. (Cs. D.)

FIN DU QUARANTE-CINQUIÈME VOLUME.

STRASBOURG, de l'imprimerie de F. G. Levrault, impr. du Roi.